普通高等教育"九五"国家级重点教材

无机化工工艺学

第 三 版

中册　硫酸、磷肥、钾肥

陈五平　主编

张　鎏　主审

化学工业出版社
教 材 出 版 中 心
·北京·

图书在版编目（CIP）数据

无机化工工艺学．中册/陈五平主编．—3 版．—北
京：化学工业出版社，2001.8（2025.2重印）
普通高等教育"九五"国家级重点教材
ISBN 978-7-5025-3306-9

Ⅰ．无…　Ⅱ．陈…　Ⅲ．无机化工-生产工艺-高等
学校-教材　Ⅳ．TQ110.6

中国版本图书馆 CIP 数据核字（2001）第 045750 号

责任编辑：徐雅妮　骆文敏　　　　　　　　封面设计：田彦文
责任校对：陈　静

出版发行：化学工业出版社（北京市东城区青年湖南街 13 号　邮政编码 100011）
印　　装：北京盛通数码印刷有限公司
787mm×1092mm　1/16　印张 22¾　字数 563 千字　2025 年 2 月北京第 3 版第 13 次印刷

购书咨询：010-64518888　　　　　　　售后服务：010-64518899
网　　址：http://www.cip.com.cn
凡购买本书，如有缺损质量问题，本社销售中心负责调换。

定　　价：49.00 元　　　　　　　　　　　　　　　　版权所有　违者必究

第三版　前　言

本书第一、二版四个分册分别于 1980 年、1989 年由化学工业出版社出版以来，受到广大读者好评，第一版获 1987 年化学工业部高等学校优秀教材奖，第二版获 1998 年部级化工优秀教材一等奖。各分册连续多次共印刷 29 万多册。

无机化学工业是与国民经济建设密切相关的重要行业，随着新世纪的来临，为跟上科学技术发展和教学改革的需要，要求修订编写第三版新教材。本教材经国家教育部批准为普通高等教育"九五"国家级重点教材。本次修订在教材内容上力求反映世界先进水平以及新工艺、新设备、新进展。同时，对中国在该领域的科技成果有所反映。

全书由原来四个分册调整为三个分册：上册合成氨、尿素、硝酸、硝酸铵；中册硫酸、磷肥、钾肥；下册纯碱、烧碱。

全书由大连理工大学陈五平主编，天津大学张鎏主审（并担任上册合成氨审稿）。各篇、章的执笔人和审稿人如下。

各篇执笔人：陈五平修订上册合成氨篇（绪论，原料气制取和最终净化，氨的合成，生产综述）以及上册硝酸铵；方文骥修订上册合成氨篇（固体燃料气化，原料气脱硫）以及上册硝酸；俞裕国修订上册合成氨篇（原料气脱碳）；袁一修订上册尿素；孙彦平、刘世斌修订中册硫酸；张允湘修订中册磷肥；吕秉玲修订中册钾肥，下册纯碱；钟本和修订下册烧碱。

各分册审稿人：上海化工研究院研究员沈华民审尿素，原化工部第一设计院教授级高工于秋蓉审硝酸，大连化学工业公司教授级高工程义镜审直接合成浓硝酸和硝酸铵，南京化学工业公司设计院教授级高工汤桂华审硫酸，郑州工业大学教授许秀成审磷肥，中国科学院盐湖研究所研究员宋彭生审钾肥，原化工部第一设计院教授级高工王楚审纯碱，中国化工信息中心教授级高工吕彦杰审烧碱。

为了适应拓宽专业、加强基础，培养素质高，有创新能力的优秀化工人才，本书作为化学工程及工艺专业的选修课教材，因此存在学时少、教材内容多的矛盾，建议富有经验的任课教师，根据自己的教学实践，妥善利用本教材安排授课和学生自学。本书也可供科研、设计、生产管理及有关部门的科技人员参考。

在本书修订过程中得到原化工部人事教育司的大力支持，在书稿完成之后，各位审稿人精心审阅，提出了许多中肯的修改意见和建议，有力地提高了书稿质量，编者深表感谢。此外，也得到许多友人各方面的帮助。特此一并致谢。

限于水平，本书仍会有不妥之处，欢迎读者指正。

编　者
2000 年 10 月

目　　录

第一篇　硫　　酸

第三篇　钾　　肥

第一篇 硫 酸

第一章 绪 论

1.1 硫酸的性质和用途

硫酸，H_2SO_4，相对分子质量 98.078，是指 SO_3 与 H_2O 摩尔比等于 1 的化合物，或指 100％H_2SO_4，外观为无色透明油状液体，密度（20℃）为 $1.8305g/cm^3$。工业上使用的硫酸是硫酸的水溶液，即 SO_3 与 H_2O 摩尔比≤1 的物质。发烟硫酸是 SO_3 的 H_2SO_4 溶液，SO_3 与 H_2O 的摩尔比>1，亦为无色油状液体，因其暴露于空气中，逸出的 SO_3 与空气中的水分结合形成白色酸雾，故称之为发烟硫酸。

硫酸或发烟硫酸的浓度均可用 H_2SO_4 质量分数表示。但发烟硫酸的浓度常用其中所含游离 SO_3（即除 H_2SO_4 以外的 SO_3）或全部 SO_3 质量分数表示。不同表达方式的硫酸浓度可以用下列公式相互换算：

$$C_{H_2SO_4} = 1.225C_{SO_3(t)} = 100 + 0.225C_{SO_3(f)} \tag{1-1-1}$$

式中　$C_{H_2SO_4}$——H_2SO_4 的质量分数，％；

　　　$C_{SO_3(t)}$——SO_3 总含量质量分数，％；

　　　$C_{SO_3(f)}$——游离 SO_3 质量分数，％。

几种典型浓度硫酸的组成如表 1-1-1 所示。

表 1-1-1　硫酸的组成

名　称	$\dfrac{SO_3}{H_2O}$摩尔比	H_2SO_4 质量分数/％	SO_3 质量分数/％	
			游　离	总　和
92％硫酸	0.680	92.00	—	75.10
98％硫酸	0.903	98.00	—	80.00
100％硫酸	1	100.00	—	81.63
20％发烟酸	1.30	104.50	20	85.30
65％发烟酸	3.29	114.62	65	93.57

硫酸是强酸之一，具有酸的通性。但浓硫酸有其特殊的性质。物理性质方面，有相对密度大、沸点高、液面上水蒸气的平衡分压极低等特性；化学性质方面，有氧化、脱水和磺化的特性，有关物理、化学性质及有关数据可查阅文献。

硫酸用途非常广泛，无论在工业部门，还是在发展农业生产、满足人民物质生活需要、加强国防力量，都起着重要作用。硫酸在大宗生产的化学品中产量居于前列，是最重要的化工原料之一。

硫酸的最主要用途是生产化学肥料，用于生产磷铵、重过磷酸钙、硫铵等。在中国，硫酸产量的 60％ 以上用于生产磷肥和复肥。

在化学工业中，硫酸是生产各种硫酸盐的主要原料，是塑料、人造纤维、染料、油漆、药物等生产中不可缺少的原料。在农药、除草剂、杀鼠剂的生产中亦需要硫酸。

在石油工业中，石油精炼需使用大量硫酸作为洗涤剂，以除去石油产品中的不饱和烃和硫化物等杂质。

在冶金工业中，钢材加工及成品的酸洗要用硫酸；电解法精炼铜、锌、镉、镍时，电解液需使用硫酸；某些贵金属的精炼亦需用硫酸溶去夹杂的其它金属。

在火炸药及国防工业中，浓硫酸用于制取硝化甘油、硝化纤维、三硝基甲苯等炸药。原子能工业中用于浓缩铀。运载火箭所用燃料亦离不了硫酸。

1.2　硫酸工业发展简史[1,2]

8 世纪左右，阿拉伯人干馏绿矾（$FeSO_4 \cdot 7H_2O$）得到一种腐蚀性液体，该液体即为硫酸。15 世纪后半叶，有人将硫磺与硝石一起在潮湿的空气中焚烧，制得稀硫酸。16 世纪初，在波西米亚（Bohemia）开始以硫酸铁干馏法制造发烟硫酸。

1570 年，G. 窦纳阿斯（Donaeus）阐明了硫酸的多种性质，此后人们才真正认识了硫酸。1740 年前后，英国人 J. 沃德（Ward）在玻璃器皿中燃烧硫磺和硝石混合物，并将产生的含二氧化硫、氮氧化物及氧气的混合气体与水反应制成了硫酸。1746 年，英国人 J. 罗巴克（Roebuck）依照以上方法，在伯明翰建成一座 6 英尺见方的铅室，以间歇方式制造硫酸。成为世界上最早的铅室法制酸工厂。1810 年，英国人金·赫尔克开始采用连续方式焚硫，这是连续法生产硫酸的开端。此后，铅室法在发展中不断得到完善。其中，法国著名科学家盖·吕萨克（Gay·Lussac）于 1827 年提出在铅室后设置吸硝塔；英国人 J. 格洛弗（Glover）于 1859 年提出在铅室前设置脱硝塔。这两项技术的结合使用实现了氮氧化物的循环，至此铅室法工艺基本成熟。

早期的铅室制酸厂，所用原料为硫磺。19 世纪 30 年代，英国和德国相继开发成功以硫铁矿为原料的制酸技术。之后，利用冶炼烟气制酸亦获成功。

1911 年，奥地利人 C. 奥普尔（Opl）以塔替代铅室，在赫鲁绍建成了世界上第一套塔式法制酸装置。自此，硫酸工业的发展进入塔式法时代。1923 年，H. 彼德森（Peterson）在匈牙利乌扎罗尔建成 1 塔脱硝、2 塔成酸、4 塔吸硝的七塔式制酸装置，并对酸循环流程和塔内气液接触方式进行了改进，使生产效率有较大提高。

铅室法和塔式法制酸均以氮氧化物为媒介，使 SO_2 在 O_2 及 H_2O 存在的情况下生成硫酸，因此又称之为硝化法。硝化法制得的硫酸，H_2SO_4 含量低（$<78\% H_2SO_4$），杂质含量高（主要含有尘及氮氧化物），且需耗用大量硝酸或硝酸盐，远远满足不了染料、化纤、有机合成、石油化工等部门的要求。因此，此法的发展受到限制。

1831 年，英国人 P. 菲利普斯（Philips）提出在铂丝或铂粉上进行 SO_2 转化制 SO_3 的方法，后人称之为接触法。1875 年开始在工业应用。19 世纪末 20 世纪初，相继建成一些接触法制酸装置。但是，以铂为催化剂的接触法，酸成本较高，尽管酸的需求量日益增大，限于经济原因，该项技术的发展较为缓慢，硝化法仍占优势。

钒化合物作为 SO_2 转化催化剂是由 R. 迈耶尔斯（Meyers）于 1899 年提出的。1913 年，德国 BASF 公司开发出添加碱金属盐的钒催化剂，使催化剂活性达到了铂催化剂的水平，而且价格低、不易中毒。此后，在世界范围内，钒催化剂很快取代了铂催化剂的地位。在硝化法和接触法的竞争中，由于钒催化剂的广泛应用，接触法占明显优势，从此硝化法逐渐被淘汰。

第二次世界大战后，硫酸需求量迅速增加，硫酸工业发展逐渐加快。生产技术的发展主要表现为：生产装置大型化，开发和采用生产强度更高的新型反应技术和新型单元操作设备，生产控制自动化，节能与废热利用，新型材料的采用等。

20世纪50年代初，德国和美国同时开发成功硫铁矿沸腾焙烧技术。

1964年，德国拜耳公司首先采用两转两吸技术。

1971年，德国拜耳公司又首先建成一座直径4m的沸腾床转化器。

1972年，法国尤吉纳-库尔曼公司建成第一座以硫磺为原料的加压法装置，装置操作压力为0.5MPa，日产酸550t（100%H_2SO_4）。

20世纪80年代初，前苏联学者提出非稳态转化器，1982年实现工业化。

其它还有：低温位废热利用的发展，环状及含铯低起活温度新型催化剂的应用，三废治理及综合利用等，都标志着硫酸生产技术的进展。

1.3 硫酸工业概况及其发展趋势

1.3.1 国外硫酸工业概况及发展趋势[3,4,5]

接触法制酸几乎是目前世界上硫酸工业的惟一生产方法。其原料为能够产生二氧化硫的含硫物质，一般有硫磺、硫化物、硫酸盐、含硫化氢的工业废气（包括冶炼烟气）等。在不同国家中，由于本国含硫资源的不同，生产硫酸的原料路线有很大的差异，且所用原料的比重随硫资源的供给情况也有所调整。相对而言，硫磺资源较丰富，制酸过程简单，且经济效益好，以硫磺为原料制酸占总酸量的绝大多数。近年来全世界的硫酸产量中，硫磺制酸约占65%，硫铁矿制酸约占16%，其它原料制酸约占19%（1995年）。

自从接触法硫酸生产工艺出现两转两吸技术以来，硫铁矿制酸的基本工艺过程没有大的变化，仍为沸腾焙烧、电除尘、酸洗净化、电除雾、塔式干吸、两转两吸。

硫酸工业提高劳动生产率、降低成本、减少污染的进展主要在以下几个方面。

① 装置大型化。装置大型化可显著降低成本和提高劳动生产率。因此，小型工厂正逐渐被大型工厂取代，发达国家新建装置的规模一般为300~900kt/a。目前，硫酸大部分的产量是由300kt/a以上的装置生产。

② 设备结构和材质的改进。改进设备结构可增强设备生产强度、减小设备尺寸、降低损耗、延长寿命，降低建设投资和运行费用。其中新材质的应用为设备性能的提高、结构的改进和新技术应用提供了保证。这方面的进展是近20年硫酸工业技术发展的主要表现。

③ 节能与废热利用。20世纪70年代广泛利用了含硫原料燃烧热，以及SO_2转化的反应热产生蒸汽发电，其电量除满足本身需要外，一半左右的电能向外输送。对于硫磺制酸装置，热利用率可达到65%~70%。80年代初开发了HRS低温位热量回收系统，使废热利用率达到90%以上。为节省系统动力，普遍提高了原料气中SO_2浓度，广泛采用了环状催化剂、大开孔率填料支承结构、新型填料等技术。

④ 生产的计算机管理。在新建厂中，普遍采用计算机集散控制系统（DCS）和计算机管理系统，以确保装置运行稳定和达到最优操作状态。

⑤ 减少污染物排放，保护环境。目前国外除了广泛采用两转两吸工艺提高SO_2转化率，以及净化几乎全部为酸洗外，为进一步使转化率达到99.9%以上，愈来愈多的装置使用高活性含铯催化剂和"3+2"五段催化床层。据称，该工艺既能降低成本又能达到严格的排放标准。

可以预见，接触法硫酸生产将向增加能量回收、减少排放和降低成本的方向发展，其手段仍然主要依赖以上五个方面。

此外，多年来在 SO_2 沸腾转化、加压转化、非稳态转化等方面的研究成果，为接触法硫酸生产技术的发展提供新的契机。

引人注目的是，新近美国拉尔夫-帕森斯（Ralph-Parsons）公司开发的纯氧非催化法生产工艺和俄罗斯等国开发的利用核能同时生产 H_2SO_4 和 H_2 的工艺为硫酸生产开辟了新天地。

1.3.2　中国硫酸工业概况及发展趋势[1,3,4]

硫酸工业是中国化学工业中建立较早的一个部门。1874 年天津机器制造局三分厂建成中国最早的铅室法装置，1876 年投产，日产硫酸约 2t，用于制造无烟火药。1934 年，第一座接触法装置在河南巩县兵工厂分厂投产。1949 年以前，中国硫酸最高年产量为 180kt（1942 年），硫酸厂 20 余家。

20 世纪 50 年代至 70 年代，在恢复、扩建和改造的基础上，新建不少中小型装置，硫酸产量有较大增加。1979 年硫酸产量达 6998kt（100％ H_2SO_4 计），仅次于美国及前苏联，居世界第三位。

中国是硫铁矿资源较为丰富的国家，硫铁矿产量居世界首位。相对而言，天然和再生硫磺要少得多，因此硫铁矿是中国硫酸生产的主要原料。用它生产的硫酸占硫酸总产量的 80％以上，其它原料在 20％以下，其中冶炼烟气占 16％左右[4]。根据中国硫资源的特点，今后中国的制酸原料仍以硫铁矿为主，同时大力发展冶炼烟气制酸，稳健地发展硫磺制酸、石膏制酸。

80 年代以前，中国硫酸工业的装置数多而规模小，工艺陈旧，三废排放严重，所采用工艺基本都是水洗净化、一次转化，设备效率低，开工率低，能耗大。随着改革开放政策的实施，80 年代后，引进了一批大型生产装置，使得硫酸产量有进一步增加。目前，中国硫酸企业总生产能力为 22Mt/a。1998 年产量为 20.495Mt（以 100％ H_2SO_4 计），仅次于美国，居世界第二位。同时，在技术上也有明显提高。主要表现在：

① 装置大型化，相继新建一批 200kt/a 及 280kt/a 装置，更大规模的具有世界水平的硫铁矿制酸、冶炼烟气制酸装置正在建设之中。

② 利用新工艺改造旧装置，目前多数水洗净化装置已改为酸洗，仍未改造的装置，其废水基本得到治理，两次转化技术得到推广，装置的能力已超过一次转化装置的能力，一次转化装置的尾气多数得到治理；在提高装置热利用率方面，大中型装置基本做到了利用高、中温位热能发电，在建或新建大型装置还将利用低温位热能，使热回收率接近 90％。

③ 广泛采用新结构、新材质的高效设备替代老式设备，很多进口设备，如酸泵、酸冷器、转化器、大型沸腾炉、电除雾器等已基本国产化。

④ 使用环状催化剂，积极引进和开发高活性低温催化剂。

随着设计技术、设备制造及安装技术的不断提高，中国硫酸工业必将在大型化、自动化、低排放、低消耗等方面取得更大进展。

1.4　硫铁矿接触法制酸的基本过程[3]

接触法硫酸生产的原料有多种，其中每一种原料的制酸工艺亦有多种，因此接触法制酸的工艺过程种类很多。原料本身和不同原料的工艺过程各具特色，但从化学途径看，不同原料的制酸过程却是相同的。

我们知道,硫酸是三氧化硫和水化合后的产物,即:

$$SO_3 + H_2O \Longrightarrow H_2SO_4 + Q \tag{1-1-2}$$

水很容易获得,SO_3 相对较难,因此制取 SO_3 是制酸的关键。

在历史上通过干馏绿矾及将硝石、硫磺同时加热的方法获得 SO_3。硝石、硫磺易于获得又易进行反应,从而发展为硝化法。后来发现硫磺及硫化物在空气中易于燃烧,同时生成 SO_2,即:

$$S + O_2 \Longrightarrow SO_2 + Q \tag{1-1-3}$$

并在此基础上,使 SO_2 催化氧化,即可获得 SO_3,即

$$SO_2 + \frac{1}{2}O_2 \Longrightarrow SO_3 + Q \tag{1-1-4}$$

这就是说,接触法制造硫酸的化学途径由以上式(1-1-2)、式(1-1-3)、式(1-1-4)三个化学反应构成。生产过程包含以下三个基本工序:

第一,由含硫原料制取含二氧化硫气体。实现这一过程需将含硫原料焙烧,故工业上称之为"焙烧"。

第二,将含二氧化硫和氧的气体催化转化为三氧化硫,工业上称之为"转化"。

第三,将三氧化硫与水结合成硫酸。实现这一过程需将转化所得三氧化硫气体用硫酸吸收,工业上称之为"吸收"。

不论采用何种原料、何种工艺和设备,以上三个工序必不可少,但工业上具体实现它们还需其它辅助工序。

首先,含硫原料运进工厂后需贮存,在焙烧前需对原料加工处理,以达到一定要求。原料贮存和加工成为必要工序。

如若得到的二氧化硫气体含有矿尘、杂质等,为达到催化剂对二氧化硫气体所含杂质的要求,以及避免矿尘堵塞管道设备等,要求在转化前增设对二氧化硫气体净化的工序。

成品酸在出厂前需要计量贮存,应设有成品酸贮存和计量装置。

另外,在生产中排出含有害物的废水、废气、废渣等,需进行处理后才能排放,因而还需设三废处理装置。

这样,在三个基本工序之外,再加上原料的贮存与加工,含二氧化硫气体的净化,成品酸的贮存与计量,三废处理等工序才构成一个接触法硫酸生产的完整系统。

实现上述这些工序所采用的设备和流程随原料种类、原料特点、建厂具体条件的不同而变化,主要区别在于辅助工序的多少及辅助工序的工作原理。

硫化氢制酸是一典型的无辅助工序的过程,硫化氢燃烧后得到无催化剂毒物的二氧化硫气体,可直接进入后续转化和吸收工序(参见图 1-1-1)。

硫磺制酸,如使用高纯度硫磺作原料,整个制酸过程只设空气干燥一个辅助工序。

冶炼烟气制酸和石膏制酸,焙烧处于有色冶金和水泥制作过程之中,所得二氧化硫气体含有矿尘、杂质等,因而需在转化前设置气体净化工序。

硫铁矿制酸是辅助工序最多且最有代表性的化工过程。前述的原料加工、焙烧、净化、吸收、三废处理,成品酸贮存和计量工序在该过程中均有。通过对硫铁矿制酸过程中各生产环节的深入了解,可举一反三了解其它原料制酸过程。而且,由于中国硫酸原料以硫铁矿为主,故在本教材中着重阐述硫铁矿制酸。

6

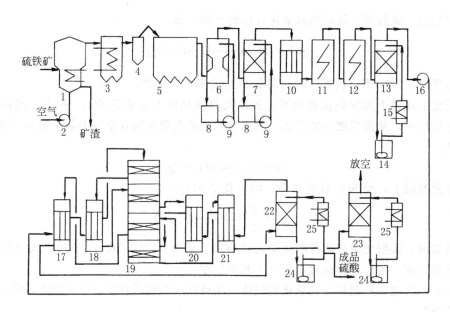

图 1-1-1 硫铁矿为原料的接触法硫酸生产工艺流程简图[1]

1—沸腾焙烧炉；2—空气鼓风机；3—废热锅炉；4—旋风除尘器；5—电除尘器；6—冷却塔；7—洗涤塔；
8—循环槽；9—稀酸泵；10—气体冷凝器；11—第一级电除雾器；12—第二级电除雾器；13—干燥塔；
14，24—循环槽及酸泵；15，25—酸冷却器；16—二氧化硫鼓风机；17，18，20，21—气体换热器；
19—转化器；22—中间吸收塔；23—最终吸收塔

参 考 文 献

1 夏定豪．硫酸工业发展史．中国大百科全书·化工．北京:中国大百科全书出版社,1987.422
2 《化工百科全书》编辑委员会．化工百科全书.第 10 卷.北京:化学工业出版社,1996.815
3 汤桂华主编．化肥工学丛书·硫酸．北京:化学工业出版社,1999.1
4 堵盘兴．硫酸工业．1995,(1):23
5 肖文德等．硫酸工业．1995,(1):1

第二章　硫铁矿焙烧制二氧化硫炉气

硫铁矿与氧反应生成二氧化硫是硫铁矿制酸化学反应途径的第一步，亦是第一个基本工序。

2.1　硫铁矿及其在焙烧前的处理

2.1.1　硫铁矿的性质[1,3]

硫铁矿是硫元素在地壳中存在的主要形态之一，是硫化铁矿物的总称。

最常见的硫铁矿主要成分为二硫化铁（FeS_2）。它有两种结晶形态，一种属于立方晶系称黄铁矿，密度 $4.95 \sim 5.00 g/cm^3$，另一种属于斜方晶系称为白铁矿，密度 $4.55 g/cm^3$，比黄铁矿略轻一些，后者与前者为同质异晶。最常见的是黄铁矿，因而人们常把黄铁矿称为硫铁矿。硫铁矿的颜色因纯度和所含杂质的不同而异，有灰色、褐绿色、浅黄色等，纯度高者为闪光的金黄色。

还有一种矿石近似黄铁矿，而构造较为复杂，其分子通式以 $Fe_n S_{n+1}$（$5 \leqslant n \leqslant 16$）表示（其中 $n=7$ 最多），由于具有强磁性，这类矿石称为磁黄铁矿或磁硫铁矿。

纯二硫化铁含硫 53.45%，含铁 46.55%。纯磁黄铁矿含硫 39%～40%，含铁 60%～61%。

自然界开采出的硫铁矿一般含硫 30%～48%，有的含硫很低，不足 20%。矿石中除黄铁矿或磁黄铁矿外，其余成分主要是脉石 [多半是石英和硅酸盐，有时含重晶石（硫酸钡），其余多为铜、锑、铅、钴、镍、砷和硒的硫化物]，此外，还含少量氟矿物以及钙、镁的碳酸盐和硫酸盐等，有时还含有微量银和金。矿石的品位按实际含硫量划分。

硫铁矿按其来源不同分为普通硫铁矿（亦称原硫铁矿）、浮选硫铁矿和尾砂、含煤硫铁矿三种。

（1）普通硫铁矿

普通硫铁矿是直接或在开采硫化铜矿时取得的，主要成分为 FeS_2，另外还含有铜、铅、锌、锰、钙、砷、硒等杂质。因其一般呈块状，故又称块矿。

（2）浮选硫铁矿和尾砂

含硫较低的硫铁矿需进行浮选加以富集，使原料中硫含量达到预定要求，浮选所得矿料称浮选硫铁矿。有的硫铁矿与有色金属（如铜、铅、锌等）硫化矿共生，共生情况分为两种：一种为有色金属硫化矿与硫铁矿矿脉相隔；另一种为两种矿脉相混。前者可在采掘有色金属矿时直接开采出来，后者在采出有色金属矿后再对两者进行浮选分离。富集有色金属部分称精矿或精砂（例如铜精砂、锌精砂），是冶炼有色金属的原料，另一部分为硫铁矿与废石的混合物，称为尾砂。尾砂再经浮选，把废石分出，其精矿称硫精砂（亦可称浮选硫铁矿）。尾砂中含硫 30%～45%，一般不必经二次浮选，可直接用作制酸原料。浮选硫铁矿和尾砂具有粒度细、水分高和易燃的特点。

（3）含煤硫铁矿

含煤硫铁矿亦称黑矿，与煤共生。采煤时一并采出，然后分离。矿石的含硫量一般在30%～40%左右，其中煤含量有的高达 18% 以上。因含煤，在焙烧时耗氧量高，炉温高，

炉气中 SO_2 浓度低，一般不单独使用，常与其它原料配合使用，或用在耗热量高的炉型中。

硫酸企业使用的硫铁矿和硫精矿应符合中国《硫铁矿硫精矿》行业标准（HG/T 2786—1996）。

2.1.2 硫铁矿的处理

硫铁矿和含煤硫铁矿一般呈块状，浮选硫铁矿和尾砂呈粉状，因含水分较多，在贮存和运输中会结块。块状矿石在进入焙烧炉前应破碎并筛分，使之达到工艺要求。含水较多的浮选硫铁矿和尾砂应烘干。一个工厂所用矿石常由多个矿山供应，品位、杂质成分不一，为保证装置正常运行，应搭配使用。

2.1.2.1 硫铁矿的破碎

块状矿石破碎后所要求达到的粒度应根据使用的焙烧炉炉型及操作工艺而定。进沸腾焙烧炉的原料，其粒度不仅影响硫的烧出率，而且还影响炉子操作，所以对粒度大小和分布都有要求，一般粒度不得超过 3mm（有的定为 4mm）。硫铁矿的破碎通常经过粗碎与细碎两道工序。粗碎使用颚式破碎机、反击式破碎机（或圆锥破碎机），将不大于 200mm 的矿石碎至 25mm 以下。细碎使用反击式破碎机，也有使用球磨机或电磨，将粗碎后的矿石进一步破碎到炉子加料所需的细度，即从 25mm 压碎至 3mm（或 4mm）以下。在以浮选硫铁矿（或尾砂、硫精砂）为原料的工厂，使用鼠笼式破碎机打散结块原料。

目前，有些工厂使用球磨机粉碎矿石，可将较大的块矿一次破碎到 ≤3.5mm，不必设置筛分工序。

2.1.2.2 筛分

矿石破碎后，其中只有一部分达到粒度要求，因此在破碎过程中要进行筛分，将合格的矿石通过震动筛与粗粒度矿石分离。筛下合格部分送至成品矿贮仓或焙烧炉矿斗。筛上部分重新返回破碎。

2.1.2.3 配矿

硫铁矿产地不同，其组成有较大差别。为使焙烧炉操作易于控制、炉气成分均一，应采用恒定品位的矿料。因此常采取多种矿石搭配使用的办法，亦即配矿。

配矿的原则：

① 贫矿与富矿搭配，以使混合矿中含硫量恒定。

② 含煤硫铁矿与普通硫铁矿搭配，使混合矿中含碳量小于 1%。

③ 高砷矿与低砷矿搭配。

配矿不仅可充分合理利用资源，且对稳定生产、降低有害杂质，以及提高硫的烧出率都十分重要。

配矿的方法，通常采用铲车或行车对不同成分矿料按比例抓取翻混。

沸腾焙烧炉所用硫铁矿指标为：

S>20%；As<0.05%；C<1%；Pb<0.6%；F<0.05%；H_2O<8%[1,2]。

2.1.2.4 脱水

块矿一般含水量在 5% 以下，尾砂含水量低的也在 8% 以上，高的可达 15%～18%。沸腾炉干法加料要求含水量在 8% 以内，水量过多，不仅会造成原料输送困难，而且结成的团矿入炉后会破坏炉子的正常操作。因此，干法加料应对过湿的矿料进行干燥，通常采用自然干燥，在大型工厂采用专门设备（如滚筒烘干机）烘干。

2.2 硫铁矿的焙烧

2.2.1 硫铁矿焙烧原理

2.2.1.1 反应热力学[1]

硫铁矿的焙烧过程属于气-固相非催化反应，其机理很复杂，且随着条件的不同得到不同的反应产物，其过程分为两步：

首先，二硫化铁受热分解，生成一硫化铁（FeS）与单质硫：

$$2FeS_2 =\!=\!= 2FeS + S_2(g) \tag{1-2-1}$$

$$\Delta H_{298}^{\ominus} =\!=\!= 295.68kJ$$

在 FeS_2-FeS-S_2 组成的系统中，可用硫磺蒸气分压表示反应的平衡状况，硫磺蒸气压（p_s）与温度的关系见表 1-2-1。

表 1-2-1　硫磺蒸气压与温度的关系[3]

温度/℃	580	600	620	650	680	700
压力/Pa	166.67	733.33	2879.97	15133.19	66799.33	261331.70

温度高于 400℃，反应即开始缓慢进行，500℃时则较为显著。在不同温度阶段分解产物并不相同，反应可写为：

$$FeS_2 \longrightarrow FeS_{(1+x)} + \frac{1}{2}(1-X)S_2 \tag{1-2-2}$$

式中　$X \leqslant 1$，温度达到 900℃以上时 $X = 0$。加热 FeS_2 只能分解到 FeS 为止。

其次，分解后生成的单质硫及一硫化铁与氧反应。其中硫蒸气与氧反应极快，瞬时生成二氧化硫，即：

$$S_2(g) + 2O_2 =\!=\!= 2SO_2 \tag{1-2-3}$$

$$\Delta H_{298}^{\ominus} = -724.07kJ$$

一硫化铁被氧化成二氧化硫及三氧化二铁或四氧化三铁，即：

$$4FeS + 7O_2 =\!=\!= 4SO_2 + 2Fe_2O_3 \tag{1-2-4}$$

$$\Delta H_{298}^{\ominus} = -2453.30kJ$$

$$3FeS + 5O_2 =\!=\!= 3SO_2 + Fe_3O_4 \tag{1-2-5}$$

$$\Delta H_{298}^{\ominus} = -1723.79kJ$$

当气氛中氧分压大于 3.04kPa 时，氧气较充分，焙烧反应按式（1-2-4）进行，矿渣主要成分为三氧化二铁，呈红棕色。当氧含量在 1.0% 左右时，氧不够充分，焙烧反应按式（1-2-5）进行，矿渣主要成分为四氧化三铁，呈黑色。

综合以上各式，反应系统进行以下两个总反应：

$$4FeS_2 + 11O_2 =\!=\!= 8Fe_2O_3 + 4SO_2 \tag{1-2-6}$$

$$\Delta H_{298}^{\ominus} = -3310.08kJ$$

$$3FeS_2 + 8O_2 =\!=\!= 6SO_2 + Fe_3O_4 \tag{1-2-7}$$

$$\Delta H_{298}^{\ominus} = -2366.28kJ$$

当原料为磁硫铁矿时，在不同的气氛下，总反应如下式：

$$4Fe_7S_8 + 53O_2 =\!=\!= 14Fe_2O_3 + 32SO_2 \tag{1-2-8}$$

$$3Fe_7S_8 + 38O_2 =\!=\!= 7Fe_3O_4 + 24SO_2 \tag{1-2-9}$$

从以上的反应式可以看出，硫铁矿用空气或富氧空气焙烧后，炉气主要成分为二氧化硫及未被消耗的氧以及随同空气带入的氮，只是用富氧空气焙烧所得的炉气中二氧化硫浓度相对较高。如用纯氧焙烧，则炉气主要有二氧化硫及剩余氧。矿渣的主要成分是三氧化二铁或四氧化三铁。

事实上炉气及矿渣中还有其它一些组分，这是由于矿石中的杂质以及反应系统中不同组分进一步的相互反应造成的。系统中存在的副反应主要有以下三类：

（1）生成三氧化硫及硫酸盐的反应

反应过程为二氧化硫在三氧化二铁的催化作用下被氧化为三氧化硫：

$$2SO_2 + O_2 \Longrightarrow 2SO_3 \tag{1-2-10}$$

生成的三氧化硫与三氧化二铁或四氧化三铁反应生成硫酸铁和硫酸亚铁：

$$3SO_3 + Fe_2O_3 \Longrightarrow Fe_2(SO_4)_3 \tag{1-2-11}$$

$$Fe_3O_4 + 4SO_3 \Longrightarrow Fe_2(SO_4)_3 + FeSO_4 \tag{1-2-12}$$

在温度高于650℃时，生成的硫酸铁及硫酸亚铁可分解为 SO_2、SO_3 及铁氧化物[1]。钙、镁、钡等金属的碳酸盐在高温下分解出 CO_2 和相应的氧化物，这些氧化物又与三氧化硫反应生成硫酸盐。

（2）高温下矿石与矿渣间的相互反应

反应式如下。

$$FeS_2 + 16Fe_2O_3 \Longrightarrow 11Fe_3O_4 + 2SO_2 \tag{1-2-13}$$

$$FeS + 10Fe_2O_3 \Longrightarrow 7Fe_3O_4 + SO_2 \tag{1-2-14}$$

$$FeS_2 + 5Fe_3O_4 \Longrightarrow 16FeO + 2SO_2 \tag{1-2-15}$$

$$FeS + 3Fe_3O_4 \Longrightarrow 10FeO + SO_2 \tag{1-2-16}$$

在这些反应中，生成的低价铁氧化物易被氧再氧化为高价铁氧化物，然后再与二硫化铁反应，如此形成循环。就其实质而言，铁氧化物成为反应系统中氧的载体和贮蓄库。

（3）硫铁矿中的杂质在焙烧过程中转化为氧化物

一般矿石中所含铜、铅、锌、钴、镉、砷、硒等的硫化物，在焙烧后有一部分成为氧化物。其中铜、锌、钴、镉的氧化物均留在矿渣中，而氧化铅、三氧化二砷及二氧化硒则部分气化，随炉气进入后续工序。如矿石中含有氟化物，则亦会有一部分分解进入炉气中[7,8]。

硫铁矿焙烧的主反应式（1-2-6）和式（1-2-7）均为强放热、体积减小的不可逆反应。提高反应温度及压力有利于反应的进行和提高余热品位。

2.2.1.2 反应动力学[4,5]

硫铁矿焙烧反应是一个气-固相非催化反应。由于硫铁矿的密度大、孔隙小、反应速率较快以及有固体产物生成，可用颗粒尺寸不变的未反应收缩芯模型来描述单颗粒的整个反应过程。焙烧的宏观速率不仅和化学反应速率有关，还与传热传质过程有关。

硫铁矿的焙烧过程，由一系列依次进行和并列进行的步骤组成。化学变化过程中首先进行二硫化铁分解，然后硫磺蒸气和一硫化铁平行氧化，但前者速度相对更快。反应期间，固体颗粒内同时存在 Fe_2O_3（或 Fe_3O_4）外部壳层、FeS 夹层和 FeS_2 未反应核三个部分；反应到一定时期，FeS_2 核消失，剩下 Fe_2O_3（或 Fe_3O_4）及 FeS 两部分；反应后期，FeS 核消失，仅剩下 Fe_2O_3（或 Fe_3O_4）。整个传质过程包括：气相主体的氧通过滞流膜和固相产物壳层（Fe_2O_3 或 FeS 壳层）向内扩散，扩散过程中被遇到的硫蒸气和一硫化铁逐渐消耗并生成二氧化硫；颗粒内部 FeS_2 分解产生的硫磺蒸气通过固相产物层向外扩散，扩散过程中被遇到的氧逐渐消耗；两个燃烧反应式（1-2-3）、式（1-2-4）产生的二氧化硫通过产物层由内向外扩散[4,5]。

由实验数据得到的硫铁矿焙烧反应 $1gK$-$1/T$ 曲线（见图 1-2-1）表明，曲线分三段，第一段为 485～560℃，斜率大，活化能大，基本与二硫化铁分解反应活化能一致，属 FeS_2 分解动力学控制；第三段为 720～1155℃，斜率小，活化能小，由氧的内扩散控制；第二段为 560～720℃，由一硫化铁燃烧和氧扩散联合控制[6]。

在实际生产中，反应温度高于 700℃，硫铁矿焙烧属氧扩散控制。此时反应总速率主要由反应温度、颗粒粒度、气固相相对运动速度、气固相接触面积等决定。提高反应速率的主要途径为以下几方面。

（1）提高反应温度。提高反应温度可加快扩散速率。硫铁矿理论焙烧温度可以达到 1600℃，但要控制在 800～900℃ 之间，以免焙烧物熔结和设备被烧坏。

（2）减小矿料粒度。矿石粒度小，可以减小内扩散阻力并增加空气与矿石的接触面积。这一措施对氧扩散控制总焙烧速率的情况最为有效。

（3）提高气体与矿粒的相对运动速度。气体与矿粒相对运动速度大，会减小氧的外扩散阻力。

（4）提高入炉气体的氧含量。气氛中氧浓度

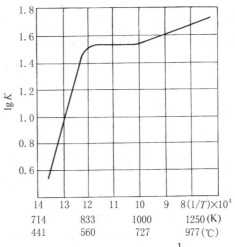

图 1-2-1 硫铁矿焙烧的 $1gK$-$\frac{1}{T}$ 图[6]

高，一则氧的外扩散和内扩散推动力大，氧的扩散速率高；二则可提高炉气中氧含量，有利于 SO_2 催化转化。因此，人们先后开发了富氧焙烧、纯氧焙烧以及加压焙烧工艺。

2.2.2 焙烧过程的物料和热量衡算

2.2.2.1 物料衡算[7,9]

（1）炉气组成的计算

焙烧硫铁矿制二氧化硫炉气，一般采用空气作为焙烧介质。空气中的氧主要消耗在生成 SO_2 及烧渣方面，氮作为惰性气体进入炉气，计算炉气组成的方法，便是从氧气含量的改变着手。

设　　　　m——参加反应的氧的物质的量（摩尔）与反应后生成的 SO_2 物质的量（摩尔）

之比，如按式（1-2-4）反应，则 $m=\dfrac{11}{8}$；

n——空气中氧的体积分数，%；

C_{O_2}，C_{SO_2}，C_{SO_3}——分别表示炉气中 O_2、SO_2、SO_3 的体积分数，%。

如果不考虑炉气中的水分，不考虑矿石中其它成分对氧的消耗，并假设焙烧时不产生 SO_3，则产生 100 体积炉气需要空气量（体积）为

$$V_{in}=100-C_{SO_2}+mC_{SO_2} \tag{1-2-17}$$
$$=100+(m-1)C_{SO_2}$$

其中空气中氧的体积为

$$V_{O_2}=\frac{n}{m}[100+(m-1)C_{SO_2}] \tag{1-2-18}$$

因焙烧时消耗 mC_{SO_2} 体积的氧，则炉气中剩余氧的体积为

$$V_{O_2}=\frac{m}{100}[100+(m-1)C_{SO_2}]-mC_{SO_2}$$

$$= n + \left[\frac{n(m-1)}{100} - m \right] C_{SO_2} \tag{1-2-19}$$

亦即
$$C_{O_2} = n + \left[\frac{n(m-1)}{100} - m \right] C_{SO_2} \tag{1-2-20}$$

式（1-2-20）表明，炉气中氧的含量与 SO_2 含量成线性关系，生成的 SO_2 的含量越高，炉气中氧含量越低。当焙烧使用的空气中的氧全部消耗完，即 $C_{O_2} = 0$，可根据不同含硫原料反应式，计算炉气中二氧化硫理论含量。计算结果见表1-2-2。

表 1-2-2　炉气中二氧化硫的理论含量[10]

原料		焙烧反应	m	n	简化公式	SO_2理论含量/%
硫	空气焙烧	$S + O_2 == SO_2$	1.0	21	$21 - C_{SO_2}$	21.0
硫铁矿	空气焙烧	$4FeS_2 + 11O_2 == 2Fe_2O_3 + 8SO_2$	1.375	21	$21 - 1.296C_{SO_2}$	16.2
		$3FeS_2 + 8O_2 == Fe_3O_4 + 6SO_2$	1.333	21	$21 - 1.26C_{SO_2}$	16.7
磁硫铁矿	空气焙烧	$4Fe_7S_8 + 53O_2 == 14Fe_2O_3 + 32SO_2$	1.656	21	$21 - 1.518C_{SO_2}$	13.8
闪锌矿	空气焙烧	$2ZnS + 3O_2 == 2ZnO + 2SO_2$	1.5	21	$21 - 1.395C_{SO_2}$	15.05
硫化氢	空气焙烧	$2H_2S + 3O_2 == 2H_2O + 2SO_2$	1.5	21	$21 - 1.395C_{SO_2}$	15.05
一硫化铁	空气焙烧	$4FeS + 7O_2 == 2Fe_2O_3 + 4SO_2$	1.75	21	$21 - 1.592C_{SO_2}$	13.2

图1-2-2为不同原料在空气中焙烧时，干炉气中 SO_2 理论含量与 O_2 含量的关系。

实际上，在焙烧矿石过程中，一小部分 SO_2 会变成 SO_3，因此应从剩余氧中再扣除生成 SO_3 所消耗的氧，此时炉气中氧含量为：

$$C_{O_2} = n + \left[\frac{n(m-1)}{100} - m \right] C_{SO_2} - \left[m' - \frac{n(m'-1)}{100} \right] C_{SO_3} \tag{1-2-21}$$

式中　m'——参加反应的氧物质的量（摩尔）与生成 SO_3 物质的量（摩尔）之比。

该式表明，获得相同浓度 SO_2 炉气，其氧含量相对无 SO_3 生成时的值要低。

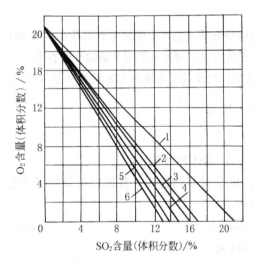

图 1-2-2　在空气中焙烧各种含硫原料时所得炉气中的 SO_2 与 O_2 含量间的关系

1—硫磺；2—硫铁矿（按 $3FeS_2 + 8O_2 == Fe_3O_4 + 6SO_2$）；

3—硫铁矿（按 $4FeS_2 + 11O_2 == 2Fe_2O_3 + 8SO_2$）；

4—闪锌矿；5—磁硫铁矿；6—一硫化铁

实际生产中，为使原料中的硫最大限度地焙烧出来及考虑矿料中杂质的氧耗，供给焙烧炉的空气量，比理论计算值要大。空气过剩量的多少，习惯上用过剩系数 α 表示，即实际上送入焙烧炉中的空气量对理论上所必需数量的比。随着炉型、原料性能以及对烧渣及炉气浓度的不同要求，空气过剩系数有所不同。对普通硫铁矿，经验值一般不少于1.1，与此对应的 SO_2 为13.36，O_2 约为2%，否则将在炉气中出现未燃烧完的硫磺蒸气。

当炉气中 SO_2、SO_3 含量确定后，氧含量也即确定，氮含量可由下式求得：

$$C_{N_2} = 100 - C_{SO_2} - C_{SO_3} - C_{O_2} \tag{1-2-22}$$

（2）炉气体积及所需空气量的计算

炉气体积和所需空气量，可根据炉气中 SO_2 含量及硫铁矿释出的硫量计算。

焙烧1t含硫干原料，可制得 SO_2 浓度为

C_{SO_2} 的干炉气的体积为（设不生成 SO_3）：

$$V_{炉气(矿)} = \frac{1000 \cdot C_{S(烧)} \cdot 22.4 \times 100}{32 \cdot C_{SO_2} \cdot 100} = \frac{700 C_{S(烧)}}{C_{SO_2}} \qquad (1\text{-}2\text{-}23)$$

式中　$V_{炉气(矿)}$——炉气的体积（标准状况），m^3；

$C_{S(烧)}$——释出硫量占原料总量的质量分数，%；

22.4——标准状况下气体千摩尔体积（实际上 SO_2 标准状况下千摩尔体积为 21.9），m^3。

当炉气中含有二氧化硫和三氧化硫时，

$$V'_{炉气(矿)} = \frac{700 \cdot C_{S(烧)}}{C_{SO_2} + C_{SO_3}} \qquad (1\text{-}2\text{-}24)$$

生产 1t100% 硫酸所需 SO_2 浓度为 C_{SO_2} 干炉气的体积为

$$V_{炉气(酸)} = \frac{1000 \times 22.4 \times 100}{98 \cdot C_{SO_2} \cdot \eta} = \frac{22860}{\eta \cdot C_{SO_2}} \qquad (1\text{-}2\text{-}25)$$

式中　$V_{炉气(酸)}$——炉气的体积（标准状况），m^3；

η——SO_2 在产品酸中的利用率，%。

焙烧 1t 含硫干原料，制取 SO_2 浓度为 C_{SO_2} 炉气（干）所需空气（干）体积为

$$V_{空(矿)} = \frac{700 C_{S(烧)}}{C_{SO_2}} - \frac{700 C_{S(烧)}}{C_{SO_2}} \cdot \frac{C_{SO_2}}{100} + m \frac{700 C_{S(烧)}}{C_{SO_2}} \cdot \frac{C_{SO_2}}{100} \qquad (1\text{-}2\text{-}26)$$

化简后得：

$$V_{空(矿)} = \left[\frac{700}{C_{SO_2}} + 7(m-1) \right] C_{S(烧)} \qquad (1\text{-}2\text{-}27)$$

式中　$V_{空(矿)}$——焙烧 1t 矿石所需空气量（标准状况），m^3。

如按生产 1t100% H_2SO_4 计，所需空气体积（标准状况）为

$$V_{空(酸)} = \frac{22860}{\eta C_{SO_2}} \cdot \frac{100 + (m-1) C_{SO_2}}{100} \qquad (1\text{-}2\text{-}28)$$

（3）炉气中水分的计算

炉气中水分有两个来源，一为矿石带入，二为空气（或其它焙烧用气）带入。

由矿石带入炉气中的水分：

$$W'_{矿} = \frac{1000 W_{H_2O}}{100 - W_{H_2O}} \qquad (1\text{-}2\text{-}29)$$

式中　$W'_{矿}$——1t 干矿石带入炉气中的水分，kg；

W_{H_2O}——矿石中的含水量（质量分数），%。

由空气（或其它焙烧用气）带入炉气中的水分：

$$W''_{矿(空)} = \frac{V_{空(矿)} \cdot a_{H_2O}}{1000} \qquad (1\text{-}2\text{-}30)$$

式中　$W''_{矿(空)}$——焙烧 1t 干矿石，由空气带入炉气中的水分，kg；

a_{H_2O}——标准状况下 $1m^3$ 空气（或其它焙烧用气）中水含量，kg；

$V_{空(矿)}$——焙烧 1t 干矿石需用空气的体积（标准状况），m^3。

综合式（1-2-29）和式（1-2-30），炉气中的水分为

$$W_{\text{矿(炉)}} = W'_{\text{矿}} + W''_{\text{矿(空)}} \tag{1-2-31}$$

式中　$W_{\text{矿(炉)}}$——焙烧 1t 干矿石带入炉气中的总含水量，kg。

（4）烧渣的产率

焙烧硫铁矿所得的烧渣量占硫铁矿量的百分率为烧渣产率。一般情况，烧渣产率与矿石组成、焙烧炉的型式及操作条件有很大关系。理想情况下，烧渣产率可按 FeS_2 转变为 Fe_2O_3 计算，当焙烧不完全时，残硫以 FeS 计算。

设：干硫铁矿中含硫量 $C_{S(\text{矿})}$（质量分数），%；烧渣中含硫量 $C_{S(\text{渣})}$（质量分数），%。

则在 100kg 硫铁矿中含 FeS_2 量为

$$C_{S(\text{矿})} = \frac{120}{64} = 1.875C_{S(\text{矿})} \qquad \text{kg}$$

在 100kg 烧渣中含 FeS 量为

$$C_{S(\text{渣})} = \frac{88}{32} = 2.75C_{S(\text{渣})} \qquad \text{kg}$$

又设 X 为烧渣产率，则 100kg 硫铁矿所得的烧渣中含 FeS 为 $2.75C_{S(\text{渣})}X$（kg），相当于 FeS_2 的量为

$$\frac{120}{88} \times 2.75C_{S(\text{渣})} = 3.75C_{S(\text{渣})}X \quad \text{kg}$$

其余部分的 FeS_2 为：$1.875C_{S(\text{矿})} - 3.75C_{S(\text{渣})}X$（kg），该部分 FeS_2 以 Fe_2O_3 转入烧渣中，相当于 Fe_2O_3 的量为

$$(1.875C_{S(\text{矿})} - 3.75C_{S(\text{渣})}X)\frac{160}{2 \times 120} = 1.25C_{S(\text{矿})} - 2.5C_{S(\text{渣})}X \quad \text{kg}$$

则 100kg 硫铁矿焙烧后渣的组成（kg）

FeS	$2.75S_{S(\text{渣})}X$
Fe_2O_3	$1.25C_{S(\text{矿})} - 2.5C_{S(\text{渣})}X$
杂质	$100 - 1.875C_{S(\text{矿})}$

总烧渣量

$$100X = 100 - 0.625C_{S(\text{矿})} + 0.25C_{S(\text{渣})}X$$

烧渣产率

$$X = \frac{100 - 0.625C_{S(\text{矿})}}{100 - 0.25C_{S(\text{渣})}}$$

或

$$X = \frac{160 - C_{S(\text{矿})}}{160 - 0.4C_{S(\text{渣})}} \tag{1-2-32}$$

如 FeS_2 焙烧时铁氧化物均转化为 Fe_3O_4，残硫以 FeS 形式存在，同理可得如下算式：

$$X = \frac{100 - 0.677C_{S(\text{矿})}}{100 - 0.334C_{S(\text{渣})}}$$

或

$$X = \frac{148 - C_{S(\text{矿})}}{148 - 0.5C_{S(\text{渣})}} \tag{1-2-33}$$

此外，也可利用有关手册中算图直接进行烧渣产率计算。

（5）硫铁矿中硫的烧出率的计算

100kg 硫铁矿硫含量为 $C_{S(矿)}$ kg，如烧渣产率为 X，则烧渣中残余的硫为 $C_{S(渣)} \cdot X$。这时硫的烧出率

$$C_{S(烧出率)} = \frac{C_{S(矿)} - C_{S(渣)} \cdot X}{C_{S(矿)}} \times 100\% \qquad (1\text{-}2\text{-}34)$$

式中　$C_{S(烧出率)}$——硫烧出率，质量分数。

2.2.2.2　热量衡算

（1）焙烧过程燃烧热

硫铁矿焙烧时，其燃烧热可根据焙烧反应方程式，由各物质的生成焓计算。

如反应产物为 Fe_2O_3 和 SO_2，则 FeS_2 的燃烧热为（各物质的标准生成焓见表1-2-3）。

$$\Delta H_{298}^{\ominus} = -297.095 \times 8 - 882.706 \times 2 + 178.023 \times 4 = -3430.08 \text{kJ/molFeS}_2$$

或

$$\Delta H_{298}^{\ominus} = \frac{-3430.08 \times 1000}{4 \times 120} = -7146.000 \text{kJ/kgFeS}_2$$

表 1-2-3　二硫化铁及其焙烧产物的标准生成焓/(kJ/mol)[9,10]

FeS_2	SO_2	Fe_2O_3	Fe_3O_4
-178.023	-297.095	822.706	-1117.876

同样方法亦可计算 FeS_2 焙烧产物为 Fe_3O_4 和 SO_2 的燃烧热。

硫铁矿硫含量为 $C_{S(矿)}$，其硫的烧出率为 $C_{S(烧出率)}$，焙烧时不计其中杂质所产生的热量，则100kg硫铁矿产生的热量为

$$-\frac{7146.000}{53.45} \times C_{S(矿)} \cdot C_{S(烧出率)} = -1.29 \times C_{S(矿)} \cdot C_{S(烧出率)} \quad \text{kJ/kg} \qquad (1\text{-}2\text{-}35)$$

表1-2-4列举了有关各种含硫原料焙烧时的热效应数据。

表 1-2-4　各种含硫原料焙烧反应热效应及产生的热量[1,3]

原料	焙烧反应的热效应（$\Delta H_{298}^{\ominus}$）/kJ	热量/(kJ/kg)			
		纯焙烧物	烧去硫分	得 SO_2	干燥矿石
硫磺	$S + O_2 \Longrightarrow SO_2 - 297.10$	92.67	9267	4637.8	$92.67 \times C_S$（烧）
硫铁矿	$4FeS_2 + 11O_2 \Longrightarrow 2Fe_2O_3 + 8SO_2 - 3309.70$	6898	12905.8	6459.2	$129 \times C_S$（烧）
	$3FeS_2 + 8O_2 \Longrightarrow Fe_3O_4 + 6SO_2 - 2369.73$	6696	12528	6269.7	$123.09 \times C_S$（烧）
一硫化铁	$4FeS + 7O_2 \Longrightarrow 2Fe_2O_3 + 4SO_2 - 2476.12$	6978	19130	9613.2	$194.27 \times C_S$（烧）
含煤硫铁矿	$4FeS_2 + 11O_2 \Longrightarrow 2Fe_2O_3 + 8SO_2 - 3309.75$	—	—	—	$129 \times C_S$（烧）
	$C + O_2 \Longrightarrow CO_2 - 393.77$	—	—	—	$336.9 \times C_S$（烧）
闪锌矿	$2ZnS + O_2 \Longrightarrow 2ZnO + SO_2 - 884.50$	4538.7	13794.5	6903.7	$146.54 \times C_S$（烧）

（2）硫铁矿的理论燃烧温度与实际燃烧温度

计算硫铁矿的燃烧温度，要考虑炉内的热平衡，也即进入炉内的和燃烧释出的热量与带出的和物料升温消耗的热量的平衡。进入炉内的热量包括：A. 空气带入的热；B. 硫铁矿带入的热；C. 硫铁矿在炉内的燃烧热。前两项热量和第三项比较起来可忽略不计。理论燃烧温度，是指在绝热情况下矿石燃烧热加热炉气和矿渣所能达到的最高温度。计算方法可由焓值变化计算。

根据盖斯定律得:

$$\Delta H = \Delta H_1 + \Delta H_2 + \Delta H_3 + \Delta H_4 + \Delta H_5 \tag{1-2-36}$$

由上式可计算出理论燃烧温度。理论燃烧温度由矿石的硫含量决定,中等品位硫铁矿的理论燃烧温度可达 1600℃。沸腾炉一般维持的焙烧温度在 800～900℃ 之间,多余的热量设法移走,以免使焙烧的物料熔融结疤,破坏沸腾操作。

2.3 沸腾焙烧

2.3.1 沸腾焙烧原理

2.3.1.1 沸腾炉的使用

由硫铁矿焙烧动力学及热力学可知,提高焙烧强度及硫的烧出率,应强化氧的扩散速率、增大矿粒与空气的接触面积、提高反应温度。硫铁矿焙烧炉型的改进就是在以上几个方面取得的。

历史上硫铁矿焙烧炉的型式有多种,其中,块矿炉、机械炉、沸腾炉三种炉型代表了焙烧技术三个不同发展阶段。

块矿炉使用的矿石大小一般在 12～75mm,硫含量高于 30%,炉气中 SO_2 含量为 6%～7%,残硫率 3%～5%,焙烧强度为 240～480kg/(m² · d)。特点是矿石尺寸大,气流速度小,反应温度低。该炉型从 40 年代以后很少使用。

机械炉使用矿石粒度<5mm,硫含量要求在 25% 以上,炉气中 SO_2 含量可接近 8%～9%,残硫率<2%,焙烧强度 200～280kg/(m² · d)。特点是矿粒粒径小,焙烧温度较高,炉内焙烧炉床面积大。

沸腾炉要求炉中矿粒粒径小,气流速度大。一般矿粒粒径<5mm,气流速度 1m/s 以上。SO_2 含量可接近理论值,焙烧强度可达 40t/(m² · d),烧渣残硫率<1.0%。从 50 年代起,开始采用沸腾炉、机械炉被逐渐淘汰。现代工业装置均使用沸腾炉。

几种焙烧炉的比较见表 1-2-5。

表 1-2-5 几种焙烧炉的比较[10]

名 称	焙 烧 强 度		SO_2 含量/%	矿渣含硫(硫化物硫)/%
	kgS/(m² · d)	kgS/(m³ · d)		
机械炉	60～80	—	8～9	<2
回转窑	—	100	8～10	<3
悬浮焙烧炉	1650～2640	225～360	10～12	<3
沸腾焙烧炉	2640～10500	263～473	13～13.5	<0.5

2.3.1.2 沸腾过程[8,11]

固体流态化,是在流动流体的作用下将固体颗粒群悬浮起来,从而使固体颗粒具有某些流体表观特征的一种技术。

对硫铁矿在沸腾炉里的焙烧过程来讲,是气体流化固体的情况,它同理想的散式流态化有较大的差别,其主要原因是颗粒的大小、形状很不一致,流固体间的密度相差较大。实际生产中炉内床层表面会鼓起一个个小气泡,随风速增大,鼓泡逐渐激烈,并变得很不均匀,床层内部分成固体颗粒的浓密区和气泡的稀疏区,气泡从床底上升过程中很不稳定,互相合并,逐渐长大,到达床面时破裂,导致床面频繁波动,整个床层没有平稳的界面,如同水沸腾一样,所以称之为沸腾床。实际流态化的床层压降 Δp 与气体流速的关系见图 1-2-3。

由图 1-2-3 可看到，AB 段内随风速增大，床层压降增大，到达 B 点时，床层膨胀，空隙率增加，但并不流化，膨胀程度最多可达原床层高度 5%～10%。很明显，AB 段表现有曲度，也即床层压降 Δp 随风速增加的程度相对的较理想状态缓慢一些。

流化态开始时（D 点），大量粒径小的颗粒进入流化状态，但有一些较大颗粒以固定床状态存在，虽被小粒子冲击带动起来，但基本有下沉趋势。当气流速度超过 D 点，这些大粒子亦陆续流化，因而压降随风速增加亦有所增加。当风速增加到 E 点后，随着颗粒被大量吹出，压降开始迅速下降直至终点 F。床层开始沸腾后，即使风速保持不变，亦会由于气流对细小粒子的夹带，床层压降随时间延长慢慢下降，直到炉内矿粒不再被气流夹带。由于这个原因，实际生产中在炉子进入沸腾状态后应连续加料。

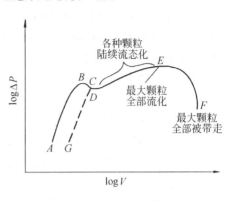

图 1-2-3　实际流态化状况[11]

图 1-2-3 中出现的 CD 线段，是当固体颗粒转为沸腾的一瞬间，即在绝大部分矿粒被拉开时，需要的"开锁"能量比已经沸腾的颗粒所需的能量要大，造成沸腾开始前炉底压降下降一下又上升。

2.3.1.3　影响沸腾焙烧的主要因素

沸腾过程同炉内原料物性、气流速度、床层高度、气体分布等密切相关。

（1）原料物性

原料的粒度、密度、形状等物理性质，对沸腾过程都有很大影响。在一定密度下，粒度的大小决定了临界流化速度和吹出速度，因而也决定了操作速度。小颗粒对应的临界流速小，易于流化；而较大的颗粒只有风速足够大才能流化。实际生产中，原料粒度不均匀，颗粒粒度存在一定的分布，既有小于 0.1～0.2mm 的细粒，也有大至 3mm 的粗粒。因此在设计中，要根据粒度分布状况，引用"颗粒平均直径"来描述原料粒度，并依此计算临界速度与吹出速度。颗粒的密度对临界流速也有较大影响，但一般情况下硫铁矿的密度变化不大。

（2）气流速度

决定固定床转为沸腾床，并使沸腾床正常操作，最主要的因素就是气流速度（指炉内线速度）。临界流化速度和吹出速度均是颗粒粒度和密度及气体粘度和气体密度的函数，并可用公式计算[1]。

$$u_{mf} = 0.0093 \frac{d_p^{1.82} [\rho_f(\rho_s - \rho_f)]^{0.94}}{\rho_f \mu^{0.88}} \tag{1-2-37}$$

式中　u_{mf}——临界流化速度，m/s；

$\quad\quad d_p$——颗粒平均直径，m；

$\quad\quad \rho_s$——颗粒密度，kg/m^3；

$\quad\quad \rho_f$——气体密度，kg/m^3；

$\quad\quad \mu$——气体粘度，Pa·s。

$$u_t = \left[\frac{4d_p(\rho_s - \rho_f)g}{3C_d\rho_f} \right]^{1/2} \tag{1-2-38}$$

式中　u_t——吸出速度，m/s；

$\quad\quad d_p$——颗粒粒径，m；

C_d——曳力系数，无量纲。

生产中，在确定沸腾床操作速度时，既应保证大颗粒达到流态化，还应不使小颗粒被气流大量带走。对同一粒径的颗粒来说，流化操作速度应处于临界流化速度 u_{mf} 与吹出速度 u_t 之间。对有一定粒径分布的矿料来说，因其粒径相差很大，大粒径与小粒径的 u_{mf} 和 u_t 相差甚远，导致操作气速的确定变得较为复杂。在设计计算中，一般情况下主要依据矿料的平均粒径并采用经验公式来计算。

经验公式如下

$$u_b = c d_{50}^{0.4} \tag{1-2-39}$$

式中　u_b——沸腾床气速，m/s；

d_{50}——与筛下质量累积百分数等于50%相对应的硫铁矿粒度，mm；

c——经验系数，等于 3.2 ± 0.8。

上式适用范围为：$1.0mm \geqslant d_{50} \geqslant 0.01mm$、$c$ 值的范围较大，视设计者经验而定。

为了提高生产能力并适应多种方式的焙烧，倾向于采用较高的气流速度，这将使炉内物料运动激烈，以改善床层流化性能。一般情况下，可以选取远高于进炉矿料平均粒径的吹出速度的数倍。这种情况下，矿料中较小的颗粒不能参予形成沸腾床。沸腾床中的主体部分是矿料中最大粒级部分（约占原矿的5%~10%，对于浮选矿所占比例更少）。沸腾床层中，颗粒粒径的组成与操作气速自动适应。当气速提高时，床层颗粒平均粒径可大些；反之，应小一些。

在实际生产中，操作速度的确定还应考虑炉内气体的停留时间（停留时间保持在7~9s范围内），以确保炉尘的脱硫率。

（3）床层高度

沸腾炉床层高度包括沸腾层高度和分离空间高度，由"浓相流化区"和"稀相流化区"两部分构成。

沸腾层高度 Z 决定于静止料层高度 L 和料层的膨胀比 R，即 $Z = LR$，其大小与操作气速、矿粒大小以及矿粒和炉气的性质有关。通常，气速越大，颗粒越小，则膨胀比越大，沸腾层表面上下起伏越大，固体颗粒运动强度越大，对焙烧反应越有利，但床层阻力也越大。在一定的料层膨胀比下，提高沸腾层高度，会因颗粒停留时间加长，提高了硫的烧出率，增强炉子的操作稳定性，但气体通过床层的阻力亦增大。在沸腾炉内，气泡到达沸腾层表面即破裂，可将颗粒抛入炉子空间中，其中部分颗粒上升到一定高度后又落回沸腾层，一部分颗粒为气流带走。这一颗粒可再返回的空间称为分离空间。分离空间高度随气流速度变化，气速越大，需要分离空间的高度越大。因此，出气管口与床面间的高度要选取适当。过小会使炉气含尘量太大，过大固然能延长矿尘停留时间，提高炉尘脱硫率，但对降低炉气含尘量不再有效，反而会使设备投资增加过多。

（4）气体分布

气体的均匀分布，对沸腾床稳定操作极为重要。床层下面设气体分布器的作用有三：A. 支承炉内物料；B. 使气体均匀分布；C. 抑制聚式流化的不稳定性，也就是创造一个良好的流化条件并得以长期稳定。

（5）焙烧强度

沸腾炉的焙烧强度是指单位炉床截面积日焙烧标准矿（含硫35%）的量，单位为 $t/(m^2 \cdot d)$。它是衡量炉子生产能力的一个重要指标。提高焙烧强度，就须同时增加入炉空气量和投矿量，采用较高的操作速度。但这样一来，会引起料层膨胀率和矿尘夹带量增加，而且必须增大粒子移除反应热的能力。为了不致使操作风速过大，一般采用二次风的方法。

实践证明，矿粒粒径对焙烧强度起着决定性的作用。目前选取的各种矿料的焙烧强度 [t/(m² · d)] 如下：尾砂的为 6～15；块矿为 25～30；混矿为 15～25。

2.3.2 沸腾炉结构

沸腾炉有长方形和圆形两类。前者在有色冶金方面曾一度被使用，由于结构上的缺点和对流化过程并无优点，故很快就被否定。目前都是采用圆形炉。圆形炉因使用原料和操作条件的不同，又分为直筒型和扩大型。

（1）直筒型炉

直筒型炉的沸腾层和上部燃烧空间的直径大致相同，因而两个空间的气流速度几乎一样，较适用于原料粒度较细的尾砂。因矿粒粒度细，沸腾层的风速较低，焙烧强度亦低，操作风量与原料粒度匹配程度较高，入炉矿料须经过过筛，1mm 以上的粒度不得超过 30％～40％，否则会破坏正常操作。但这种炉型结构紧凑，容积利用率高。实践证明，这种炉子也可以适用于掺烧部分块矿，只因操作范围较窄，有较大的局限性。

（2）扩大型炉

异径扩大型沸腾炉见图 1-2-4。

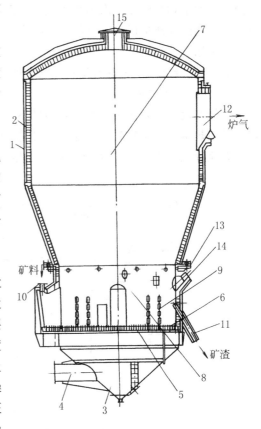

图 1-2-4 沸腾炉炉体结构[1]

1—保温砖内衬；2—耐火砖内衬；3—风室；
4—空气进口管；5—空气分布板；6—风帽；
7—上部焙烧空间；8—沸腾床；9—冷却管束；
10—加料口；11—矿渣溢流管；12—炉气出口；
13—二次空气进口；14—点火口；15—安全口

沸腾炉炉体一般为钢壳内衬保温砖再衬耐火砖结构。为防止外漏炉气产生冷凝酸腐蚀炉体，钢壳外面设有保温层。由下往上，炉体可分为四部分：A. 风室；B. 分布板；C. 沸腾层；D. 沸腾层上部燃烧空间。炉子下部的风室设有空气进口管。风室上部为气体分布板，分布板上装有许多侧向开口的风帽，风帽间铺耐火泥。空气由鼓风机送入空气室，经风帽向炉膛内均匀喷出。炉膛中部为向上扩大截头圆锥形，上部燃烧层空间的截面积较沸腾层截面积大。

加料口设在炉身下段，过去加料处从炉体向外突出，称加料前室，有的大型炉子设有多个，由于设有前室使炉子结构复杂，对炉内矿料的混合和脱硫作用不甚明显，多数沸腾炉不设前室。在加料口对面设有矿渣溢流口。此外，还设有炉气出口、二次空气进口、点火口等接管。顶部设有安全口。

焙烧过程中，为避免温度过高炉料熔结，需从沸腾层移走焙烧释放的多余热量。通常采用在炉壁周围安装水箱（小型炉），或用插入沸腾层的冷却管束冷却，后者作为废热锅炉换热元件移热，以产生蒸汽。

由于异径扩大型沸腾炉的沸腾层和上部燃烧空间尺寸不一致，使沸腾层和上部燃烧层气速不同，沸腾层气速高，可焙烧较大颗粒的矿料，矿料的粒度最大可达 6mm，而细小的颗粒被气流带到扩大段后，因气速下降有部分又返回沸腾层，不致造成过多矿尘进入炉气，而且沸腾层的平均粒度亦不因沸腾层气速大而增加很多。这种炉型对原料品种和原料粒度的适应性强，烧渣含硫量低，不易结疤。扩大型炉的扩大角一般为15°～20°。目前国内外大多数厂家都采用这种炉型。

2.3.3 沸腾焙烧工艺流程和工艺条件

2.3.3.1 工艺流程

焙烧工段的主要作用是制出合格的 SO_2 炉气，并清除炉气中的矿尘。由于焙烧过程中产生较多热量，以及炉气须经降温才可进入除尘设备，因而设置了废热锅炉。整个焙烧工段的工艺流程见图1-2-5。设有沸腾炉、废热锅炉、旋风分离器、电除尘器及排渣装置。

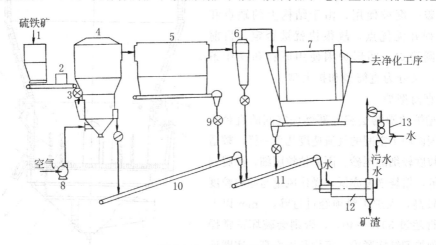

图 1-2-5　沸腾焙烧流程

1—矿贮斗；2—皮带秤；3—星形加料器；4—沸腾炉；5—废热锅炉；6—旋风除尘器；

7—电除尘器；8—空气鼓风机；9—星形排灰阀；10，11—埋刮板输送机；

12—增湿冷却滚筒；13—蒸汽洗涤器

装置运行时，矿料由皮带输送机通过布料器连续加入沸腾炉；空气由鼓风机鼓入气室，经气体分布板与炉料接触，气固接触反应产生 SO_2 炉气；炉气出炉子进废热锅炉降温除尘，进旋风除尘器除去大部分矿尘，最后通过电除尘器进一步除去剩余细小矿尘。

2.3.3.2 沸腾焙烧工艺条件

为获得稳定的一定浓度的 SO_2 炉气，并得到高的硫烧出率，操作时控制好炉温、炉底压力及投矿量很关键。一般炉温控制在 850～950℃，炉底压力（表压）8.82～11.76kPa，所制炉气含 SO_2 12%～14%。这三项指标是互相联系的，其中炉温控制对稳定生产尤为重要，这是因为炉床温度对焙烧反应速率影响最大。

生产中，影响沸腾炉焙烧温度的主要因素有投矿量、矿料的含硫量和水分，以及风量。其中原料含硫量及投矿量对炉温影响最显著，这是因为炉内热量来自于硫分的燃烧反应。单位时间入炉硫量的增加或减少分别对炉温影响有升高和降低两种可能，这要视炉内空气的过剩程度。风量对炉温亦影响较大，如何影响也要视炉内的空气过剩程度。矿料中水分增加可较明显地使炉温下降，平时要保持水分含量稳定，免使炉温受此影响。

炉底压力波动会直接影响进入炉内的空气量，炉温随之产生波动。炉底压力主要表示分布器和沸腾层的阻力。分布器阻力一般变化不大，正常设计占总阻力的23%[1]，所以炉底压力变化主要反映了沸腾层阻力的大小和床层情况。由沸腾原理可知，沸腾层阻力大小决定于静止料层的厚度和它的堆积密度，同炉内流速关系不大，这就是说炉底压力增减表明了沸腾层内炉料多少。调节炉底压力可采用调节风量和投矿量两个措施。

SO_2 浓度决定炉气量，浓度越高，炉气量越小，炉气净化负荷越小，但 SO_2 浓度提高受焙烧过程限制。用空气焙烧时，理论上 SO_2 浓度最高可达 16.2%，但由于过剩空气太小，会产生升华硫进入后续工段，造成设备管道堵塞等问题，且硫的烧出率也不高，因此实际 SO_2 浓度一般不超过 13.5%。

沸腾炉的硫烧出率较高，烧渣中含硫量较低，约为 0.1%～0.5%。其值的大小由渣和矿尘的烧出率两部分构成，主要受矿粒度、反应速度、炉料炉尘停留时间影响。温度高、反应快，有利于硫烧出率的提高；沸腾层高度、气流速度决定渣和尘的停留时间，停留时间长硫烧出率高，但床层阻力大，一般沸腾层的高度维持在 1～1.5m 范围内。

2.3.3.3　几种沸腾焙烧工艺

由于焙烧操作条件不同，焙烧分为下列几种。

（1）常规焙烧

常规焙烧（又称氧化焙烧），系指在氧量较充分的情况下，使烧渣主要呈 Fe_2O_3，部分呈 Fe_3O_4 的一种焙烧法。主要工艺条件为：炉床温度 800～850℃，炉顶温度 900～950℃，炉气含 $SO_2$13%～13.5%，炉底压力 10～15kPa，空气过剩系数约 1.1。

（2）磁性焙烧

磁性焙烧，系指焙烧时控制焙烧炉内呈弱氧化性气氛，使烧渣中的铁氧化物主要呈磁性的 Fe_3O_4，故称磁性焙烧。所得烧渣可通过磁选取得高品位铁精砂（含铁量可高于 55%）。在国外，工业上应用磁性焙烧的实例为数不少，如日本东北矿化工业公司，瑞典波利登（Boliden）公司等分别建成年产 120～200kt 规模的工业装置，并取得长期运转的经验。国内在磁性焙烧方面也取得了丰富的工业生产经验。磁性焙烧技术为大力利用烧渣开辟道路，还可使炉气中 SO_2 浓度提高、SO_3 浓度降低。

生产中，投矿量与空气量相互制约，应严格控制，如氧量过多，烧渣失去磁性；氧量不足，又会使炉气中带有大量硫蒸气，影响正常生产。目前，由于使用自控系统，可实现精确控制。

磁性焙烧的工艺条件：炉温 900～950℃（温度高于常规焙烧），炉气含氧量 0.4%～0.5%，空气过剩系数 1.02。磁选后铁精矿品位 Fe>55%[1]。

（3）硫酸化焙烧

硫铁矿中往往含有钴、铜、镍等有色金属，为回收这些有色金属，在焙烧时使其转化为硫酸盐，同时控制铁不生成硫酸盐而保持氧化物状态。形成的烧渣经浸取，使有色金属硫酸盐溶解，然后进行湿法冶金后续处理。以硫化钴为例，其原理如下：

$$2CoS+3O_2 \!=\!\!=\!\! 2CoO+2SO_2 \tag{1-2-40}$$

$$2SO_2+O_2 \!=\!\!=\!\! 2SO_3 \tag{1-2-41}$$

$$CoO+SO_3 \!=\!\!=\!\! CoSO_4 \tag{1-2-42}$$

硫酸化焙烧中，主要控制焙烧温度和气相组成。与常规焙烧相比，硫酸化焙烧要求炉气中有较高浓度的三氧化硫，空气过剩系数一般采用 1.5～1.8。这样炉气中 SO_2 浓度比常规焙烧低得多。炉温一般控制在 640～720℃。如温度过高，可使生成的硫酸盐分解；炉温过低，金属硫化物的焙烧反应进行不完全。

2.3.4　沸腾焙烧的强化

采用沸腾炉焙烧硫铁矿，其焙烧强度已大大超过机械炉和块矿炉，但同样是烧尾砂或浮

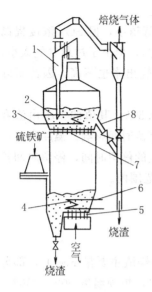

图 1-2-6 双层沸腾焙烧
炉示意图[11]

1—返回旋风分离器；
2—第二沸腾层；
3,6—沸腾层冷却元件；
4—第一沸腾层；
5—第一沸腾层气体分布板；
7—第二沸腾层气体分布板；
8—排渣管

选矿，焙烧强度相差很大，低的仅为 8t/(m² · d) 左右，高的已达 20t/(m² · d)以上，可见沸腾炉的焙烧强度还有很大的潜力。目前已获得的进展主要由以下几方面而来：A. 尽力提高反应温度；B. 进一步提高沸腾层气流速度，有的气速已接近和超过吹出速度；C. 使用富氧或纯氧焙烧。

在中国已有不少厂家对沸腾炉进行了改进，如提高风帽小孔气速（由 30m/s 左右提高到 70m/s 左右），改善流化条件；加高上部燃烧空间，以适应气流速度的提高；提高沸腾层温度至900℃以上，有的上部燃烧空间温度达到 970℃。

俄罗斯等国开发的富氧或纯氧焙烧已进行了工业试验。该工艺可提高焙烧强度，制得高浓度二氧化硫炉气，且设备尺寸大大减小。

对沸腾炉结构改进的尝试，有双层沸腾焙烧炉和高速返渣沸腾炉[11]。

2.3.4.1 双层沸腾炉

装置示意图见图 1-2-6。硫铁矿或尾砂首先在第一沸腾层进行氧化焙烧，操作气速远高于炉料吹出速度十倍甚至几十倍。操作中，一部分烧渣随气流带向第二沸腾层，在第二沸腾层中继续用超过平均粒径带出速度数倍的气流速度进行焙烧。大颗粒留在分布板上沸腾，大量小颗粒被带出，然后借助旋风分离器分离后返回沸腾层，进行往复循环焙烧。在这样高的气流速度下，炉子将作为气流输送管。用旋风分离器收集带出的细烧渣的绝大部分（约 90%），再返回到沸腾层中，烧渣大部分从第二沸腾层的排渣管排出。

2.3.4.2 高气速返渣沸腾炉

炉的结构见图 1-2-7。在双层炉的基础上，采用第二沸腾层和返回旋风分离器原理，开发出高强度的沸腾焙烧炉，即"高气速返渣沸腾焙烧炉"。该炉子已不是传统意义上的沸腾炉，炉内气体速度比颗粒平均带出速度高 10～20 倍，炉内的反应在气固高速运动下完成。因此，反应速率很快，设备的生产强度大为提高。

与双层沸腾炉相比，它的优点在于结构简单，操作简化。与普通沸腾炉相比，可以焙烧普通硫铁矿及粒度很小的浮选硫精砂等不同品种矿料，并且可以在相当广泛的温度范围内（580～850℃）实现任何焙烧制度，如氧化焙烧、硫酸化焙烧、磁性焙烧等。返回旋风分离器是焙烧炉的一个组成部分，炉子出口含尘量为 50～70g/m³，较普通沸腾炉的 300g/m³ 低许多。

2.4 炉气中矿尘的清除

无论采用何种炉型及何种焙烧方法，焙烧硫铁矿制得的炉气都含有矿尘。尘含量的多少与焙烧炉炉型、焙烧方法、焙烧

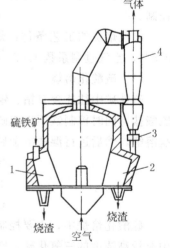

图 1-2-7 高气速返沸
腾炉结构[11]

1—加矿前室；2—返渣前室；
3—控制阀门；4—返回旋风分离器

强度、原料品位和粒度等因素有关。一般沸腾炉出口炉气含尘量 $150\sim300\text{g/m}^3$。若不将炉尘除到一定程度，则不仅堵塞设备和管道，破坏正常生产，而且沉积覆盖在催化剂外表面上影响其活性，甚至造成停车。

目前在硫酸生产中，清除炉气中的尘，大都采用机械除尘和电除尘。

2.4.1 机械除尘

机械除尘分为集尘器除尘和旋风除尘两类。

2.4.1.1 集尘器除尘

可分为自然沉降与惯性除尘。因该类设备效率低，体积大，已很少有厂家单独采用，多以废热锅炉代替，将除尘与回收余热同时进行。

2.4.1.2 旋风除尘

旋风除尘器有标准型、扩散型、渐开线型、直筒型等多种形式。其除尘原理是利用离心力将尘与炉气分离。除尘器的工艺操作参数主要有进风口风速和压降。一般，气流速度在16～28m/s，阻力约在 $0.6\sim1.2\text{kPa}$，除尘效率在 80% 以上。该种设备结构简单、操作可靠、造价低廉、管理方便，但对很细小的尘粒（$<10\mu\text{m}$）除尘效率很低，故多用于炉气的初级除尘。旋风除尘器有时由两个或多个并联组合在一起，有时用两级串联，以提高除尘效率。

2.4.1.3 电除尘

电除尘的特点是除尘效率高，一般均在 99% 以上，最高可达 99.9%，可使含尘量降到 0.2g/m^3 以下，除去尘粒粒度在 $0.01\sim100\mu\text{m}$ 之间，设备适应性好，阻力小。在硫铁矿制酸系统中，置于旋风除尘器后，以除去余留微尘。

电除尘器的除尘原理是：含尘炉气从电极间通过，其中正极与高压直流电源的阳极相连并一同接地，称为沉降极；负极与阴极相连，称为电晕极。两极间的距离一般为 150mm，电晕极一般外接圆直径为 4.8mm 的四角星形不锈钢丝，在两极间通以 $50\sim60\text{kV}$ 的高压直流电时，形成不均匀的高压电场，电晕电极上电场强度特别大，使导线产生电晕放电。随着电压继续升高，电离区逐渐扩大形成电晕区。电晕区即气体电离后的自由电子和离子由于受库仑力的作用，沿着电场线向与其电性相反的电

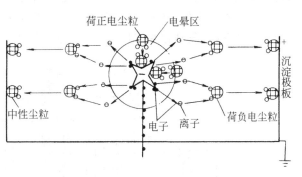

图 1-2-8　电滤器除去尘、雾颗粒过程示意图

极高速运动，在它们的行程中与中性分子碰撞，使中性分子被击出一个或几个外层电子成为新的带正电荷的离子和自由电子，如此不断发展，使生成的电子和离子数目以"雪崩"的形式增加，在负极导线周围的小区域内形成了微弱的浅紫蓝色的光区。带负电荷的离子充满了整个电场有效空间，密度可达 10^7 个离子每立方厘米，处于电晕区的矿尘在带负电荷的离子撞击下移向沉降极正极（也有极少一部分带正电荷的尘粒移向负极）。除尘原理见图1-2-8。

除尘效率可通过下式计算[1]。

$$\eta=1-\exp(-wA/Q) \tag{1-2-43}$$

式中　η——除尘效率；

w——由电晕极到沉降极垂直方向的尘粒移动速度（又称驱进速度），m/s；

A——沉降电极的有效面积，m^2；

Q——通过电场的炉气量，m^3/s。

电除尘器的正极沉降极、负极电晕极的结构形状及连续（或脉冲）放电的稳定性对除尘效率影响很大。为了达到较高的除尘效率，可采用多个电场串联方式（一般为三个电场）。沉降极形状很多，近年来国内外开发出不少新型沉降极，如"C"型、"Z"型、双"C"型等等。如图1-2-9所示。

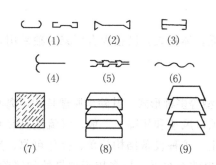

图1-2-9　具有防风沟的沉降极
(1)"C"型；(2)"Z"型；(3)双"C"型；
(4)双钩型；(5)郁金香型；(6)波浪型；
(7)鱼鳞型；(8)喇叭状堆积型；
(9)喇叭圆柱状堆积型

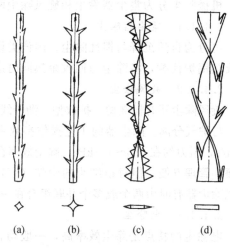

图1-2-10　4种带刺的放电电极

电晕极的型式也很多，有芒刺电极和螺旋电极等型式。其主要几种型式见图1-2-10，采用这些新电极，主要是从有利于电晕放电和避免沉降极上灰尘再飞扬这两个方面考虑。

电除尘器的操作条件：气体温度300～350℃；气体流速0.5～1.0m/s（有的更高）；电压为50～60kV；气体停留时间5～6s；进口气体含尘量≤50g/m^3（国外有的为250g/m^3）；

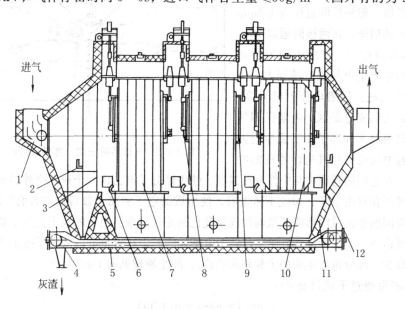

图1-2-11　电除尘器[1]
1—导向板；2—分布板振打机构；3—分布板；4—埋刮板排灰装置；5—保温层；
6—收尘电极振打机构；7—收尘极板；8，9—放电电极振打机构；
10—放电电极；11—壳体；12—出口分布板

出口气体含尘量≤0.15g/m³（国外有的为 0.10g/m³）。电除尘器结构示意图如图1-2-11。

2.5 废热利用

2.5.1 沸腾焙烧的废热

沸腾炉焙烧含硫原料过程中会放出大量的热。由前面热量衡算可知，每燃烧 1kg 含硫 35％的硫铁矿，可放出热量 4521.7kJ，这些热量约 40％左右消耗于炉气、灰渣的加热，其余 60％以上的热量即为余热。余热大致分为两部分：一是为维护炉温需导出的部分，大约 1.264GJ/1t 酸；二是导出炉气从 850℃降到 350～400℃放出的部分，约为 1.482GJ/1t 酸。也就是说，烧 1t 矿可得到的余热相当于 100kg 标准煤的发热量。如把它回收利用可得到 1.0～1.2t 蒸汽。如不把它们利用，须在炉内和炉气出口处设置专门的冷却器移热，这将消耗大量冷却水和电能。由于原料品位、水分和杂质含量不同，以及操作条件（炉温、出口炉气）的不同，在沸腾炉能得到的余热量有较大差别。表 1-2-6 为不同情况下的余热量。

表 1-2-6　不同情况下 1kg 矿的余热量[10]

硫含量/％	水分含量/％	炉温/℃	炉气中 SO_2 含量/％	余热/（kJ/kg）
30	8	850	12	2093
35	5	850	12	2721
40	4	850	13	2931
20	7	850	12	1256

可见，这些余热的回收利用具有很大经济意义。目前国内许多单位已在沸腾炉配置了废热锅炉，用以回收余热。中国第一座废热锅炉于 60 年代初投产，一年利用废热发电达 800 万度，除满足本身生产需要外，还余 1/3 以上电力可供输出，装置投资在一年内即可收回。随着中国科学技术的进步，近些年废热利用已很普遍。

2.5.2 废热利用方法

为降低硫酸成本，有效回收余热，最有效的方法是利用废热锅炉，进而将余热产生的蒸汽发电。

在废热锅炉推广之前，多数厂采用在沸腾炉上安装间接冷却装置生产热水。由于传热系数不高，冷却面积较大，同时由于冷却水进口温度为常温，排出温度不宜超过 60℃（温度高易引起冷却壁结垢），故水耗量及动力消耗均很大。也有厂采用直接喷水的方法控制炉温，此种方法很简便，调节亦十分灵敏，但水气化只把炉内显热转变为潜热，增加了炉气的湿含量，使炉气体积增大，后续净化负荷增大，余热量基本得不到利用。沸腾炉导出的高温炉气如直接进入除尘设备，将会使这些设备很快损坏，所以都采用炉气冷却设备来移热。曾采用过的冷却设备有水夹套、列管式冷却器、水膜冷却器、自然散热式冷却器等。但总的来讲，因炉气冷却器传热效率不高、易损坏，所以耗用钢材多，维修工作量大。

利用废热锅炉串联于工艺流程之中，它既可用来回收余热生产蒸汽，同时也可完成降温除尘的特定工艺作用。因此，这是最有效的余热利用方法。用于制酸的废热锅炉与普通工业锅炉的结构相近，亦是由汽包、炉管和联管三个基本部分组成，只是炉管作为受热元件所处的环境与普通工业锅炉不同。其主要区别：A. 炉气中含硫，它们对炉管有直接和间接的腐蚀作用；B. 炉气中含大量的炉尘，沸腾炉出口炉气含尘量一般在 250～350g/m³，原料粒度多在 100μm 左右，形状多以棱角形为主，因此矿尘对管件的磨损很严重。

炉气中硫腐蚀主要为 SO_3 对管件的腐蚀。炉气中 H_2SO_4 蒸气的露点约为 $190～230℃$。一旦受热面管壁温度低于气体露点，硫酸蒸气将凝成液体硫酸而腐蚀管壁金属。要防止低温腐蚀不外乎通过降低炉气露点或提高管壁温度这两种途径。降低炉气中水蒸气含量，尤其是提高焙烧炉出口的 SO_2 的浓度，严格控制焙烧炉气中的氧含量以抑制 SO_3 的生成，可以达到降低露点的目的。例如，用磁性焙烧方式生成的炉气按其三氧化硫含量小于 0.06%，水蒸气含量为 $5\%～9\%$ 计，露点降低为 $160～190℃$。为了提高管壁温度，可采用提高锅炉的操作压力，即相应提高蒸气受热面管内介质的温度，从而使壁温高于炉气露点。经验表明，维持汽包操作压力等于或高于 $2.45MPa$（对应的饱和温度为 $225℃$），基本上可以使蒸发受热面免受低温腐蚀。

防止炉尘对管件的磨损应从以下几方面着手：A. 炉气速度应适当，速度越快，传热系数越大，矿尘对受热面的磨损程度亦越大，因此气速不宜过大，一般横向气速为 $3～6m/s$，纵向为 $5～7m/s$。B. 炉气进管区前设置惯性除尘室，除去大颗粒尘。C. 炉气流向与管束布置要合理，经验表明，紊乱流动的炉气比稳定流动的炉气对受热面的磨损速度要快得多，炉气纵向冲刷受热管束，矿尘对受热面的磨损快于炉气横向冲刷。然而，炉气横向冲刷受热面的传热系数较纵向冲刷的大得多。目前中国多采用纵向式，即多采用"W"形烟道，此时炉气流速较高，可提高传热系数，但进口锅炉许多采用横向冲刷，其寿命和效率也是令人满意的。D. 加厚受热管壁并选用优质钢材，以延长受热管寿命，不过这是一种消极措施，应与其它措施配合使用。

目前，中国沸腾炉用的废热锅炉水汽循环方式有自然循环、强制循环和混合循环（即炉气受热管部分用强制循环，沸腾炉内用自然循环，受热管分别置于沸腾炉和炉气烟道内）。

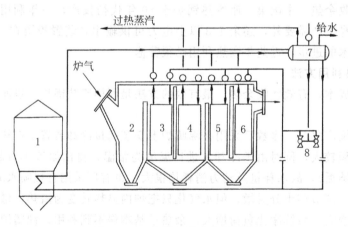

图 1-2-12　水平通道式废热锅炉

1—沸腾炉；2—除尘室；3，5，6—Ⅰ，Ⅱ，Ⅲ蒸发区；

4—高低温过热区；7—汽包；8—循环泵

自然循环和强制循环各有优缺点。强制循环受热管的传热效果好，传热面积小，结构紧凑，水在各受热管内分配较均匀，不会发生汽阻现象，但相对自然循环而言，强制循环要花费的动力多，结构复杂，运转和保养的问题多。混合循环比全强制循环省电，也不发生汽阻现象，并在锅炉的开炉、停炉及突然断电的情况下，对过热器的保护和安全起到缓冲作用，故现在多采用混合循环。

在中国到目前为止，各种汽水循环方式的锅炉已形成系列产品，较有代表性的有：DG

型自然循环锅炉，混合循环锅炉如 F101 型和 FR 型。20 世纪 80 年代以来，中国新建的现代化大型硫铁矿制酸装量都采用水平通道式废热锅炉（结构如图 1-2-12）。在国外，自然循环和强制循环都有采用，但以强制型为多，采用水平通道、炉气横向冲刷受热面较多。具有代表性的锅炉型号有鲁奇型废热锅炉。

参 考 文 献

1　汤桂华主编 . 化肥工学丛书·硫酸 . 北京:化学工业出版社,1999

2　硫酸工业编辑部 . 硫酸工业三十周年纪念册 . 1989

3　Малйн К М. и др. Справочник сернокислотчика 2изд. Москва: Издательство《химия》,1971.480～490

4　刘世斌等 . 硫酸工业 . 1990,(2):10

5　李锦庆 . 硫酸工业 . 1993,(2):3

6　中南矿冶学院冶金原理教研组编 . 有色冶金原理 . 北京:中国工业出版社,1961.125～126

7　同文献 3:498

8　化学工程手册编写委员会 . 化学工程手册.第一卷 . 北京:化学工业出版社,1989.1～125

9　同文献 3:55～56

10　南京化学工业公司氮肥厂编 . 沸腾焙烧 . 北京:石油化学工业出版社,1978.52

11　M. 李伐 . 流态化 . 郭天民等译 . 北京:科学出版社,1963.66

第三章　炉气的净化与干燥

焙烧硫铁矿产生的 SO_2 炉气含有一定量的有害杂质，不能直接送入转化工序，为此设置了这个辅助工序——炉气的净化与干燥。其目的就是向 SO_2 催化转化工序提供有害杂质含量低于规定、比较纯净的原料气体。

3.1　炉气中有害杂质及净化要求

3.1.1　有害杂质及其危害[1]

焙烧炉出口炉气中含有气体组分和固体悬浮物：氮、氧、二氧化硫、三氧化硫、水、三氧化二砷、二氧化硒、氟化氢，以及一些金属氧化物蒸气和矿尘（包括矿中的脉石、三氧化二铁、四氧化三铁、硫酸盐等）。二氧化硫和氧为转化反应反应物，应尽可能不损失，氮为无害惰性气体。

（1）砷和硒

砷和硒在炉气中以气态氧化物形式存在，其含量与原料中砷、硒含量和焙烧工艺条件有关。它们是转化催化剂危害最大的毒物，并影响成品酸的应用范围。

（2）氟

原料中氟化物经焙烧后有一部分进入炉气中，这些氟化物大部分以氟化氢形态存在，小部分以四氟化硅形态存在。氟化氢对硅质设备及填料有严重的腐蚀作用，而且其腐蚀作用是反复的。反应如下：

$$SiO_2 + 4HF \Longrightarrow SiF_4 + 2H_2O \tag{1-3-1}$$

$$SiF_4 + (X+2)H_2O \Longrightarrow SiO_2 \cdot XH_2O \downarrow + 4HF \tag{1-3-2}$$

氟化物进入转化器后，在高温、干燥条件下，发生式（1-3-2）反应，产生的水合氧化硅在催化剂表面形成灰白色硬壳，严重时使催化剂结块，活性下降，甚至使床层阻力增大。

（3）三氧化硫

炉气中三氧化硫含量一般在 0.03%～0.3% 之间，是二氧化硫转化后的产物。照理，它是无害的且多多益善。但在净化三氧化二砷、二氧化硒时，对炉气采取了洗涤降温的方法，使三氧化硫和水蒸气结合为酸雾，这些酸雾又溶解有三氧化二砷和极细的矿尘，如不除去，会使催化剂中毒、设备遭受腐蚀。

（4）水分

炉气中水含量视矿石和空气的水含量而定。水分本身无直接毒害作用，但它会稀释进入转化系统的酸雾和酸沫，严重腐蚀设备和管道，同时水蒸气会与转化后得到的三氧化硫在冷却和吸收过程中生成酸雾，酸雾不易被捕集，绝大部分随尾气排出，使硫损失增大，污染环境。因此炉气必须进行干燥。

3.1.2　炉气净化指标

从上述各项杂质的危害来看，炉气净化的程度愈高愈好。但净化程度越高，净化流程越复杂，还必须采用高性能设备，建设投资和操作费用也会越大。

世界各国硫酸厂对炉气净化指标的规定颇不一致，并且不断进行修改，其趋势是要求愈来愈高。目前，中国执行的指标如下（在二氧化硫鼓风机出口测定点）。单位为标准状况下 mg/m^3。

水分	＜100	（部颁指标）
酸雾，一级电除雾	＜30	（部颁指标）
二级电除雾	＜5	（部颁指标）
尘	＜1	（推荐指标）
砷	＜1	（推荐指标）
氟	＜0.5	（推荐指标）

3.2 炉气净化原理和方法

3.2.1 工业气体净化原则

工业气体的净化按被脱除物的相态，可分为两大类：一类为分离混合气体中某些气体组分；另一类为分离悬浮在气体中的固体或液体颗粒。被分离的质点大小不同，其中最小的为气体分子；大的则为多分子凝聚体，大小从 $0.01\mu m$ 到 $1000\mu m$。粒子的大小不同，它们的物理性质和运动规律也不同，因此分离它们的方法亦有较大差异。

气体组分的分离，最基本的方法有三：A. 利用气体分子自身的物理化学性质，使其通过扩散吸收在液体中或吸附在固体表面上；B. 将其通过化学变化转化为无害成分；C. 将其先进行相转化，使之成为液体或固体，然后再分离。

固体或液体颗粒的分离，通常根据不同粒径粒子在气流中运动规律的不同，借一定外力（如重力、离心力、电场力等）对粒子作用而实现分离。当颗粒较大时（$100\mu m$ 以上），可借重力自然沉降；对 $10\sim100\mu m$ 的小粒子，利用离心力将颗粒分离；对 $0.5\sim5\mu m$ 的小粒子，可使气体连同小粒子绕过障碍物（固体纤维），使之碰撞并粘附在障碍物上；粒子更小时（$<0.5\mu m$），则要靠更强大的外力作用才能分离出来，如让粒子通过高压电场或让气流高速流经几十至几百微米大小的障碍物使粒子获得更大的离心力被障碍物捕集（这种方法所采用的设备有文氏管等）；粒径小到 $0.01\mu m$ 以下，其运动规律与气体分子相似，可以采取吸收或吸附的方法分离。

由上述可知，大小不同的粒子都有其相应的有效分离方法和装置，装置的分离效率一定要与所分离的粒子粒径联系起来考虑才有实际意义，否则会影响装置能力的发挥。

有时为提高分离装置效率，设法使小粒子在进入分离设备前变大一些，如酸雾的分离就采取了降温增湿使酸雾液滴长大的方法。

根据过程分析理论，可得以下炉气净化原则：

① 炉气中悬浮微粒粒径分布很广，在净化过程中应分级逐段进行，先大后小，先易后难。

② 炉气中被除物以气、液、固三态存在，应按微粒的轻重程度分别进行，先固液，后气体。

③ 有害杂质危害范围及程度不同，应先重后轻。

④ 为减少装置投资费用，应考虑多成分共同分离的办法。

3.2.2 炉气净化原理与方法[1,2,3,4,5]

搞清净化炉气中有害杂质净化的先后次序及相互关系，是建立净化工艺流程的依据。下面对清除这些杂质的方法、原理进行分析。

炉气中有害杂质，除矿尘外，均为气态，按理应采用分离气体组分的方法进行分离，但在湿法净化中，由于炉气降温，其中的砷、硒氧化物大部分是在转变为气溶胶的状态下得到分离。这正是硫酸生产炉气湿法净化的一个重要特点。如采用固体吸附剂吸附有害组分（即干法），可避免炉气降温再升温，经济效益差的工艺过程，但由于技术、经济原因，仍未在工业上推广应用。

炉气净化，首先要清除矿尘，以免妨碍对其它杂质的去除，因此炉气出焙烧炉后需经过一系列除尘设备，这些设备虽然设置在焙烧工序，但实质上是净化的开始。电除尘器出口尘含量已在 $0.2g/m^3$ 以下，但仍需进一步净化，以免造成催化剂失活。

分离砷、硒、氟化合物采用湿法净化法。

湿法是传统的炉气净化法，洗涤液一般为硫酸溶液，它不需要预先把矿尘清除得很净，这是因为在洗涤砷、硒、氟化合物的同时就可将矿尘洗去，因此炉气出电除尘器后可直接进入湿法净化设备。在洗涤过程中，炉气温度下降，所含的砷、硒的氧化物在低温下冷凝成固相，其中只有一部分在洗涤中被吸收，多数以微粒悬浮在气相中。炉气中砷、硒的氧化物的饱和含量与温度的对应关系见表 1-3-1。

表 1-3-1　不同温度时标准状况下 As_2O_3 和 SeO_2 在炉气中的饱和含量

温度/℃	As_2O_3 含量/(g/m^3)	SeO_2/(g/m^3)	温度/℃	As_2O_3 含量/(g/m^3)	SeO_2/(g/m^3)
50	1.6×10^{-5}	4.4×10^{-5}	150	0.28	0.53
70	3.1×10^{-4}	8.8×10^{-4}	200	7.9	13
100	4.2×10^{-3}	1.0×10^{-3}	250	124	175
125	3.7×10^{-2}	8.2×10^{-2}			

由表 1-3-1 数据可知，气相中 As_2O_3 和 SeO_2 的饱和蒸气含量随温度降低而急剧下降。当温度降至 50℃ 时，气体中的砷硒氧化物蒸气含量远低于规定指标，因此，在此情况下只要把悬浮在气体中的 As_2O_3 和 SeO_2 微粒分离到规定指标即可。在此温度下，气相中的 HF 及少量的 SiF_4 亦可被洗涤液吸收至规定指标以下。各种含量硫酸对 As_2O_3 的溶解度及对 SiF_4 吸收率的影响见图 1-3-1 和图 1-3-2。

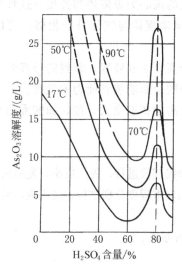

图 1-3-1　硫酸温度及含量对
As_2O_3 溶解度的影响

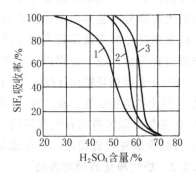

图 1-3-2　硫酸含量及温度对 SiF_4
吸收率的影响
1—80℃；2—50℃；3—20℃

在洗涤和冷却炉气的同时，炉气中三氧化硫与水蒸气按式（1-3-3）进行反应，

$$SO_3 + H_2O \Longrightarrow H_2SO_4 \tag{1-3-3}$$

使 SO_3 基本都生成硫酸分子，反应平衡常数 K_p 可用下式表示。

$$K_p = \frac{p_{SO_3} \cdot p_{H_2O}}{p_{H_2SO_4}} \tag{1-3-4}$$

式中 p_{H_2O}、$p_{H_2SO_4}$、p_{SO_3} 分别为 H_2O、H_2SO_4、SO_3 气相分压，不同温度下 SO_3 与 H_2O 的反应平衡常数见表 1-3-2。因通常 p_{H_2O} 远大于 p_{SO_3}，当气体温度降至 300℃ 以下时，SO_3 已基本形成了硫酸蒸气。

表 1-3-2　不同温度下 SO_3 与水蒸气反应的 K_p 值

温度/℃	100	200	300	400
K_p	5.88×10^{-4}	0.528	45.43	1.043×10^3

硫酸蒸气冷凝可以在表面进行，亦可直接在空间进行。如表面温度低于其蒸气饱和温度，硫酸蒸气即可冷凝。在空间冷凝时，硫酸蒸气在已有的冷凝中心或气相中自发形成的冷凝中心上凝结为液滴。由于液滴小，飘浮在气相中形成雾。表面冷凝可在硫酸蒸气浓度达到饱和以后进行，而空间冷凝在其蒸气压超过其饱和蒸气压后并不能冷凝，而必须使过饱和度达到某一临界值，其蒸气分子才会在空间发生自身凝聚，成为极细小的液粒。生成酸雾的条件可用过饱和度 S 与临界过饱和度 $S_临$（临界过饱和度与温度关系见图 1-3-3）的相对大小来判断。当 $S \geqslant S_临$ 时就形成酸雾，硫酸蒸气的过饱和度（S）可用下式表示：

$$S = \frac{p}{p_h} \tag{1-3-5}$$

式中　p——一定温度下气相中硫酸蒸气分压；

　　　p_h——该温度下硫酸液面上的饱和蒸气压。

当气相中悬浮有气溶胶粒子时（如尘粒、固态砷、硒氧化物等），硫酸蒸气可在这些悬浮粒子的表面上冷凝，所要求的临界过饱和度较没有悬浮粒子的要小得多，但比表面冷凝的大。

在炉气洗涤时，炉气骤然冷却、增湿，硫酸蒸气很快达到过饱和，且来不及在器壁上冷凝，绝大多数转变为酸雾，这些酸雾部分是自身凝聚，部分以悬浮微粒为中心冷凝。酸雾形成后，由于雾粒多且小，表面积极大，

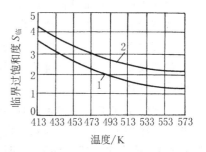

图 1-3-3　临界过饱和度与温度的关系
1—实验数据；2—计算数据

很容易吸收并溶解气相中气态的砷、硒氧化物。因此，在形成酸雾的过程中，不论砷、硒氧化物为气态还是固态，最终大部分溶解到酸雾中。由此可见，在酸液洗涤炉气时，清除残余微尘和清除砷、硒氧化物的任务已与清除酸雾的任务合而为一，其关键为去除酸雾。

酸雾雾粒的大小与洗涤液的温度、酸含量、降温速度及雾粒成长时间有关，通常在几微米范围内，由于它较分子体积大得多，运动速度亦慢得多，不易被洗涤液吸收，仅有一小部分由于惯性作用被洗涤液捕集，其余主要靠除雾设备清除。

根据酸雾液滴的大小，用作清除酸雾的设备有冲挡洗涤器、文丘里洗涤器和电除雾器等，以电除雾器最为可靠。

电除雾效率的高低与酸雾液粒的大小有很大关系。表 1-3-3 数据表明，颗粒直径越大，

驱进速度越大，除雾效率越高。刚形成的雾粒一般在$0.05\mu m$以下，电除雾器对此粒径酸雾的去除效果很低。因此需设法使其长大。

表 1-3-3　尘雾颗粒半径与驱进速度的关系

颗粒半径/μm	2.5	7.5	15	20	30	40
驱进速度/(cm/s)	0.95	2.8	5.7	7.6	11.4	15.1

炉气的冷却方式有两种：一种为只降温不移热量，即绝热降温；另一种为移热降温。前一种，系统中不设置冷却装置，靠液体（酸或水）蒸发，将气体中的显热转化为潜热，这时气体温度下降，湿含量提高。但这种降湿方法有限制，当炉气中水蒸气含量达到饱和时，炉气温度即降至最低点（达到绝热饱和温度）。后一种，系统中设置换热器，从炉气或从洗涤液中把热量移走，达到降低炉气温度的目的。在湿法净化工艺中，分别利用了两种降温方法。首先利用绝热降温法，大幅度降低炉气温度，并提高水蒸气含量，然后利用移热降温法降低饱和炉气温度，使水蒸气充分冷凝，增大雾粒直径。

工艺过程主要涉及的分离机理可归纳于表 1-3-4。

表 1-3-4　气态非均一系分离机理在净化工序中的应用

分离过程 ＼ 分离机理	重力沉降	离心捕集	静电捕集	惯性碰撞捕集	扩散捕集
气-固分离	←——— 干法除尘 ———→				
		←——————— 湿法除尘 ———————→			
气-液分离		←——————————— 除雾 ———————————→			

净化工序由洗涤设备、除雾设备和除热设备组成，这三类设备都可作多种选择。

洗涤设备——空塔、填充塔、泡沫塔、文氏管、动力波洗涤器等。

除雾设备——电除雾器、文氏管等。

除热设备——间接冷凝器（对气体直接冷却）、稀酸冷却器（通过冷却洗涤塔循环酸间接地冷却气体）。

在净化工序中，各种设备有不同的组合方式，形成多种净化工艺。一般情况，净化工艺由两级洗涤加上一级或两级除雾设备组成。除热设备设在第二级洗涤器循环酸回路中（稀酸冷却器），或在第二级洗涤后（间接冷凝器）。

3.2.3　炉气净化工艺流程[1,6,7,8,9]

以硫铁矿为原料的接触法制酸装置的炉气净化流程有许多种。50 年代以前，使用机械炉焙烧制气时，国内外普遍采用鲁奇酸洗流程，为与后来发展的各种净化流程区别，称其为"标准酸洗流程"。随着沸腾焙烧的应用，入炉矿料粒径小、水分含量大，炉气中三氧化硫含量降低，湿含量及矿尘杂质含量增加，而干式除尘系统的效率未能相应提高，大量矿尘及杂质进入净化系统，使净化系统无法维持原来工艺条件。50 年代后期 60 年代初期，国内外采用了水洗净化流程。有些工厂将原塔式酸洗改为塔式水洗。当时，由于开发采用了一些体积小、效率高的洗涤设备（如文氏管、冲击器等）取代了庞大的塔设备，从而出现了多种水洗净化流程。但由于水洗流程有大量污水排放，造成严重环境污染。到 70 年代强调环境保护后，炉气湿法净化朝着封闭型稀酸洗涤方向转变，先后出现新型绝热蒸发酸洗流程。稀酸洗涤流程等。水洗流程，特别是一次通过式（即用大量水）的水洗流程已被逐渐淘汰。

炉气净化流程，大体上分为湿法和干法两大类，目前湿法得到普遍应用。湿法因洗涤液不同分为酸洗和水洗两种，以酸洗为主。酸洗一般以移热方式和使用酸的含量不同分为标准酸洗、稀酸洗。水洗流程一般分一次通过式和部分循环式水洗。

值得注意的是，每一种流程，都是在硫酸工业技术不断发展和社会经济变化的特定条件下得到发展和采用的。

3.2.3.1　酸洗流程

（1）绝热增湿酸洗流程

绝热酸洗流程是目前较具代表性之一的净化流程。该流程分为一段绝热和二段绝热两种。两段绝热增湿酸洗流程如图 1-3-4 所示。

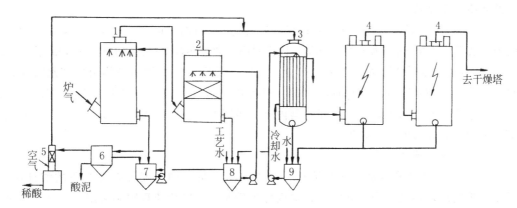

图 1-3-4　绝热增湿酸洗流程

1—冷却塔；2—洗涤塔；3—间接冷凝器；4—电除雾器；5—SO₂脱吸塔；
6—沉降槽；7—冷却塔循环槽；8—洗涤塔循环槽；9—间接冷凝器酸贮槽

经电除尘后的炉气，含尘量降到 0.2g/m³ 以下，温度为 300～320℃，进入冷却塔，由下而上为喷淋下的 10%～20% 稀酸冷却洗涤。为防止矿尘堵塞，冷却塔一般采用空塔。炉气经过该塔后，通过增加湿度而降温，同时产生酸雾。炉气中所含的矿尘、SO_3、HF、As_2O_3、SeO_2 等杂质大部分被洗涤液液滴捕集或吸收；有一部分未被液滴捕集的矿尘成为硫酸蒸气冷凝的核心，以酸雾的形式被炉气带出塔。洗涤液在塔中由于水分蒸发和对炉气中杂质的吸收、捕集各物质的浓度均有所提高，但其温度未发生改变，其原因是塔内气液直接接触，形成了一个绝热蒸发系统。从这一点上说，炉气中的热量仍留在水中，只是炉气的显热转化为水蒸气潜热。

炉气进入洗涤塔，气体中数种杂质部分含于酸雾液滴之中，温度一般在 70～80℃。因炉气含尘量低，不易堵塞设备，所以采用气液接触面积大的填料塔。洗涤塔的作用与冷却塔的作用基本相同。由于使用更低含量的酸，使炉气中水含量进一步提高，酸雾液粒由于水蒸气的冷凝，液粒粒径增大、酸含量下降。

炉气进入管壳式间接冷凝器，被冷却水冷却到 40℃ 以下，所含水蒸气冷凝在器壁及酸雾表面上，使酸雾直径进一步增大。至此炉气由 330℃ 降到 40℃ 以下，全部显热被管外冷却水带走。

炉气进入串联的两级电除雾器，使酸雾含量降到 0.005g/m³ 以下，残存的极微量矿尘几乎被完全除净。

应注意：所有湿法净化流程必须解决好清除酸雾和减少炉气带入干燥塔的水分两个问题，特别是使酸雾含量达标是贯穿整个流程的主要问题。正如净化原理所述，只要把酸雾清除到规定指标，则其它杂质都能达到要求。

本工艺较好地解决了除雾和去掉水分两个主要问题。去除酸雾的方法，采取了逐级增大粒径，逐级分离的方法。逐级增大粒径依靠两个办法：A. 逐级降低洗涤酸浓度，提高炉气湿含量，使较高浓度的酸雾液滴吸收水分，从而稀释增大粒径。B. 气体逐级冷却，促使气体中水分在酸雾表面冷凝、增大粒径。该两个作用同时进行，因而能取得较好效果。

本流程相对于早期的"标准酸洗流程"其基本方法和原理相似。但相比之下该工艺具有以下特点：

① 采用绝热蒸发降低炉气温度。洗涤塔循环系统不设酸冷却器，高温炉气与循环酸直接接触，温度下降，湿度增加，自身的显热转变为潜热，构成绝热冷却过程，因此称该流程为"绝热冷却酸洗流程"。

由于采用绝热蒸发降温，循环酸温较高，对三氧化二砷溶解度大，较好地避免了 As_2O_3 结晶引起的堵塞。又由于不设循环酸冷却器，因而对净化含砷和含尘较高的炉气有较好的适应性。

② 采用间接冷凝器除去炉气中的热量。在间接冷凝中，炉气的潜热由冷却水带走，其传热过程为蒸气与不凝性气混合物的冷却。过程主要为气膜控制，传热系数 K 随炉气中湿含量增加急剧提高。另外，炉气在间冷器内进一步降温，水蒸气不仅在器壁冷凝，同时也在酸雾表面冷凝，使雾滴较大幅度增大。

（2）稀酸洗涤流程

60 年代，曾普遍采用水洗净化流程，由于排出大量含砷、氟等有害杂质的酸性污水，造成了严重的环境污染。为消除污染，国内外先后对水洗净化流程限制采用，这又重新采用酸洗净化流程。因三氧化硫的累积，洗涤水变为稀酸。为防止矿尘氟、砷等杂质在稀酸中累积引起磨损和设备堵塞，需定期排放一定数量稀酸，从而使酸浓度维持在一定范围。故所谓"封闭水洗流程"实际上就是稀酸洗涤流程。为区别于其它几种流程和已形成的习惯称呼，称为稀酸洗涤流程[6,7]。

在稀酸洗涤过程中，溶解了部分二氧化硫的稀酸液，在引出净化系统前需将其进行脱气处理，以免 SO_2 逸出而污染环境，并减少硫损失。由于对稀酸冷却、沉降分离和二氧化硫的吹出采用了不同的工艺和装置，稀酸洗涤流程比较多。现介绍其中之一种——皮博迪（Peabody）塔的稀酸洗涤流程，见图 1-3-5。

采用稀酸洗涤流程一般需要用电除尘器。炉气温度约 350℃，含尘量约 $0.2g/m^3$，进入皮博迪塔中部空间，与喷淋下来的酸液和从筛板流下来的酸液逆流接触，炉气增湿降温，并被洗去大部分矿尘。此空间一般称为增湿洗涤段。

炉气经增湿洗涤后，进入上部冷却洗涤段，依次穿过筛板孔眼，撞击孔眼上方挡板，与冷酸直接接触得到充分洗涤和降温。一般通过三块筛板后，炉气温度被降到 40℃ 以下，矿尘等杂质基本被洗涤除去，部分酸雾被捕集，其余被炉气带出塔。之后，炉气依次通过电除雾器和干燥塔。

稀酸液分两路进塔。一路进入冷却洗涤段，由塔上部溢流堰导入，顺次流过两块泡沫冲击筛板，由第三块淋降冲击板的孔眼流入中部空间。另一路进入增湿洗涤段，由空间上部的喷嘴喷洒在塔的整个空间。过程主要靠酸液中水分蒸发，使炉气增湿降温，降温的热量被洗涤酸带出皮博迪塔。酸液落入塔底后流入底部脱吸段（即脱吸塔），脱去二氧化硫之后流入浓密机，经浓密处理，酸泥由浓密机底部排出，清酸液由上侧流入循环槽。

循环酸槽的稀酸由泵泵出，分两路，一路加入塔中部空间直接使用，另一路加入空气冷却

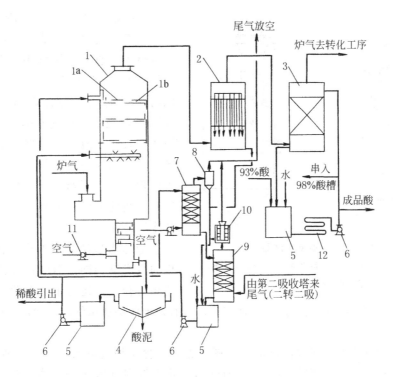

图 1-3-5　稀酸洗涤流程

1—皮博迪洗涤塔；1a—挡板；1b—筛板；2—电除雾器；3—干燥塔；
4—浓密机；5—循环酸槽；6—循环酸泵；7—空冷塔；8—复档除沫器；
9—尾冷塔；10—纤维除雾器；11—空气鼓风机；12—酸冷却器

塔（简称空冷塔），经聚丙烯斜交错波纹填料层，与从塔底鼓入的空气相遇，靠气液间直接传热及液体蒸发，使酸温从 50℃降至 35℃左右，再经尾冷塔（用吸收塔尾气冷却酸液的塔）冷却，酸温进一步降至 30℃左右。冷却后的酸液进入循环槽，由酸泵送至皮博迪塔上部。

该流程的特点：A. 采用三塔一体的皮博迪塔，该种塔也能处理含尘量高达 $30 \sim 40g/m^3$ 的炉气，并有很好的除尘效率。由于结构紧凑，连接管道少，耗用材料少，投资省，占地面积小。B. 稀酸温度高，二氧化硫脱吸效率高，对矿尘含砷量适应性强，在空塔部分主要采用绝热增湿操作，降温增湿效率高。C. 副产稀酸量较少。一般每产 1t100% 硫酸，副产90kg 左右稀酸。由于酸量少，便于处理和综合利用。

但皮博迪塔安装要求高、维修较困难。

目前，中国采用的稀酸洗涤流程，中小型厂多采用电除尘器与"文-泡-间-电"❶ 设备相配套流程，大型厂多采用与"空-填-间-电"❷ 设备相配套流程。

（3）动力波洗涤器及动力波净化工艺[8,9]

动力波洗涤器系美国杜邦公司开发的气体洗涤设备，1987 年孟山都环境化学公司获得使用此技术的许可，开始应用于制造硫酸过程中的气体净化。

动力波洗涤器有多种型式，已成为一个系列。在此系列中，有两种型号洗涤器——逆喷型和泡沫塔型用于制酸的净化。

---

❶ 文-泡-间-电系指文丘里管-泡沫塔-间接冷却器-电除雾器。

❷ 空-填-间-电系指空塔-填料塔-间接冷却器-电除雾器。

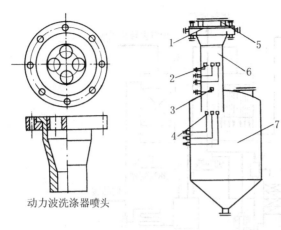

图 1-3-6　逆喷型洗涤器

1—溢流槽；2，4——一、二段喷嘴；3—应急水喷嘴；
5—过渡管；6—逆喷管；7—集液槽

逆喷型洗涤器的装置简图如图 1-3-6 所示。洗涤液通过一个非节流的圆管，逆着气流喷入一直立的圆筒中。在圆筒中，工艺气体与洗涤液相撞击，动量达到平衡，此时生成的气液混合物形成稳定的"驻波"，"驻波"浮在气流中，像一团漂着的泡沫，人们把泡沫所占据的空间称为泡沫区。泡沫区为一强烈的湍动区域，其液体表面积很大且不断更新，当气体经过该区域时，便发生颗粒捕集、气体吸收和气体急冷等过程。

泡沫塔型洗涤器外形与普通有固定挡板的板式塔相同，但塔板开孔率及操作气速相对较大，运行中，在两塔板间的开孔区形成泡沫区。泡沫区中气液接触非常密切，可有效地脱除亚微细粒、冷却气体和多级吸收气体。

图 1-3-7 为动力波三级洗涤器流程简图。首先，含尘炉气进入一个初级逆喷型洗涤器，气体在这里急冷降温，酸雾等冷凝，同时除尘，除尘效率可达 90％ 左右。气体离开初级逆喷洗涤器后，进入泡沫塔进一步冷却（也可用填充塔代替泡沫塔），同时除尘以及去除砷、硒、氟和酸雾等杂质。在泡沫塔后设一台最终逆喷型洗涤器，以脱除残余的不溶性颗粒尘及大部分残余酸雾。在该工艺中，只要设置单级电除雾器，就能达到净化要求。

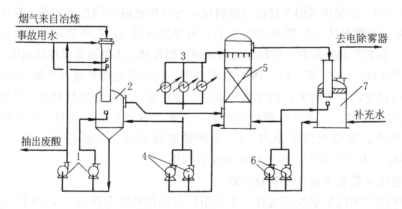

图 1-3-7　动力波三级洗涤器净化流程

1，6——一级和二级动力波洗涤器泵；2，7——一级和二级动力波洗涤器；
3—板式冷却器；4—气体冷却塔泵；5—气体冷却塔

"动力波"洗涤器的主要优点是没有雾化喷头及活动件，所以运行可靠、维修费用少，逆喷型洗涤器通常可以替代文氏管或空塔。多级"动力波"洗涤器组成的净化装置不仅降温和除砷、硒、氟的效率高，而且除雾效率也高于传统气体净化系统，还可减小电除雾器尺寸。

3.2.4　湿法净化主要设备[1]

在炉气湿法净化中，常用的设备有空塔、填料塔、泡沫塔、文丘里洗涤器、间接冷凝器及电除雾器等。

（1）空塔

空塔主要用作炉气洗涤第一塔。它具有操作稳定、适应性强、气流阻力小等优点。目前生产中应用较为广泛。

作为第一洗涤塔，其操作条件在不同流程中存在一定的差异。一般炉气进口温度在300～350℃左右，出塔气温约65～70℃。除尘效率与矿尘的性质和喷淋密度有关，一般约在60％～75％之间。除雾效率在14％～50％以下。气流速度一般在1.0～1.5m/s。

空塔的缺点是容积大、效率较低、投资多，在应用上受到一定限制。

（2）泡沫塔

泡沫塔常用作炉气洗涤的第二塔，气液在泡沫层中进行接触，伴有剧烈扰动，接触面不断更新，大大强化了传质、传热过程。因而该设备具有效率高，结构简单，很高的稳定性和适应性，降温和除砷、氟效果较填料塔更好。

泡沫塔结构上分淋降式和溢流式两种。

淋降式泡沫塔的筛孔有条形、圆形等，与溢流式比较，板面上形成的泡沫层薄，压力降小，筛板上无溢流装置，板面利用率较高。缺点是操作弹性较小，不易适应气速的波动（有的为了提高操作弹性，筛板同时开大孔和小孔）。

溢流式泡沫塔又分为内溢流和外溢流两种，与淋降式相比，结构较为复杂，但操作稳定。另外，可在同一设备中上部用溢流式筛板，用以降温；下部用淋降式筛板，用以除尘。

泡沫塔操作条件：进口气温70～50℃，出口气温40～30℃，液气比一般为1∶450左右，操作气速1.8～2.6m/s。

（3）文氏管

1956年正式将文氏管用于制酸炉气的降温除尘，1960年又用以除雾，以后以文氏管为主形成了水洗净化的"三文一器""文泡文""文泡电"等水洗流程，特别是在小型厂得到了广泛应用。近年来许多厂将以文氏管为主的水洗流程改为稀酸洗涤流程。

文氏管的工作原理是当气流通过喉颈缩口时，气体高速运动，把从颈部射入的液体冲击粉碎成雾状，气液接触面积大大增加，相互湍动混合，因而强化了传质传热过程。另外，气流中夹带的尘粒在气体绕流液滴时被巨大的惯性力带到液滴上而被捕集，由于液滴数量巨大，尘粒和液滴碰撞机会极多，因此捕集几率很高。该种设备的除尘、除砷和氟、降温的效率很高。

由于文氏管与高温、高速且带尘粒的腐蚀性炉气接触，喉管常用磷青铜或硬铅制造，亦有采用铸铁内衬石墨的；收缩管可用碳钢；扩散管用硬铅，亦有用硬聚氯乙烯制作的，而且效果较好。

文氏管的一个显著特点是，在极小的容积内，用少量的水使大量炉气得以快速降温和除尘。一般在短时间内使高温炉气迅速降至60～70℃，这样的降温效率，比一般空塔大50～200倍，是填料塔的60～70倍。其除尘效率亦相当稳定，通常在98.5％以上。文氏管的除雾效率与雾粒直径的大小有关，除雾效率约70％。

（4）电除雾器

电除雾器作为分离炉气中的酸雾微粒是最为有效的设备。酸雾中通常包含有砷、硒、微尘等杂质，因此，它亦是除去炉气中砷、硒等杂质的良好设备。

电除雾器操作原理与电除尘器相同。电晕极发生电晕放电，使炉气中酸雾微粒荷电向沉降电极运动并沉积下来。当聚集到一定量时，靠自重流下，无需振打。由于所处理炉气夹带酸雾，腐蚀性较强，因此，电除雾器需要用耐腐蚀材料制作。过去主要采用铅材，近年开发出多种非金属材料,如硬聚氯乙烯,玻璃钢等。塑料制电除雾器靠液膜导电,有效沉淀极面积小,运行电压、电流略低。铅价格高,施工安装工人易被铅中毒,现已很少采用。

电除雾器常见的均为立式结构,主要由电晕极、阳极管(或板)、上下气室和供电系统组成。结构见图1-3-8。电晕极一般为镍铬钢丝外包铅制成的六角形线(为便于放电,可在线上加设芒刺),悬吊在阳极管中心。阳极有管式和板式两种,目前以管式为多,主要是管式强度好、气体分布均匀、容易制作和检修。阳极管又有圆形和六角形两种。六角形管呈蜂窝状排列,结构紧凑,可省大量材料,但制作困难,检修不便,国内较多采用圆形管。管式电除雾器用厚为 $3\sim5mm$ 铅管制成,内径约 $250mm$,长 $4000mm$。

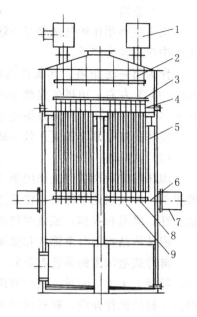

除雾器顶盖和上花板之间称上气室,器底和下花板间称下气室,壳体为 $4\sim5mm$ 厚铅板焊制而成。上下集气箱通过沉淀极管束联接起来。除雾器上部装有绝缘箱,以保证器壳内高压直流电绝缘。为防止酸雾在绝缘体上凝结,恶化电气绝缘,应用绝缘油或沙进行隔离,绝缘部分为石英管,配以电加热器加热。

图1-3-8 电除雾器

1—支撑绝缘箱;2—吊杆;3—上定位架;
4—放电电极;5—沉淀电极;6—拉杆;
7—张紧绝缘箱;8—压盘;9—铅重锤

必须指出,电除雾器净化效率同设计、施工,特别是操作管理关系极大。在正常情况下,两级电除雾器串联,除雾效率可达 $99.5\%\sim99.8\%$;当只有一级电除雾器时,除雾效率一般为 $96\%\sim97\%$。

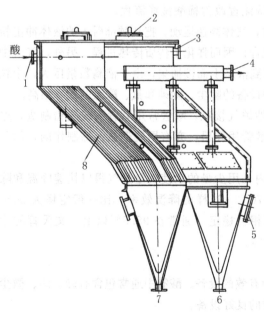

图1-3-9 同向流斜板沉淀器[1]

1—进酸口;2,5—人孔;3—溢流口;
4—清液出口;6,7—排泥口;8—斜板(或斜管)

(5) 斜板沉降器

由于炉气中夹带矿尘,从第一炉气洗涤设备流出的酸液含泥较高,必须进行沉淀分离才能重新加入洗涤塔中。用聚丙烯酰胺絮凝剂配斜板(或斜管)沉淀器分离稀酸中的酸泥可取得较好效果。

图1-3-9 为同向流斜板沉淀器结构示意图。

在其它条件一定时,酸泥沉降效率正比于沉降面积。在一定的沉降容积内,使沉降面形成一定坡度,有利于沉降,亦便于排泥。

外壳一般为钢板内衬铅,斜板为硬聚氯乙烯或聚丙烯,斜板多呈 $45°$ 角。

该种沉淀器效率一般为 63%,底流浓相含固量约 $400\sim600g/L$。

3.2.5 净化系统的硫平衡及水平衡
(1) 净化系统计算数据

炉气成分（进入净化）

炉气温度 350℃　　　　　　　　SO_2　52.03kmol/h

炉气压力 1.96kPa　　　　　　　SO_3　1.04kmol/h

炉气出净化系统温度 40℃　　　O_2　38.50kmol/h

炉气出净化系统压力 6.86kPa　N_2　411.90kmol/h

净化收率 97%　　　　　　　　H_2O　34.79kmol/h

　　　　　　　　　　　　　　　合计 538.26kmol/h

（2）净化系统硫平衡

进入净化系统的总硫包括炉气中 SO_2 和 SO_3，并考虑漏气及稀酸的引出的部分硫。净化系统的硫平衡如图 1-3-10 所示。

进入净化系统总硫量：

$SO_2 + SO_3 = 52.03 + 1.04 = 53.07$　kmol/h

总损失 $53.07 \times 0.03 = 1.59$　kmol/h

其中 SO_2 损失 $1.59 - 1.04 = 0.55$　kmol/h

设 SO_3 全部转化为 30% 稀硫酸，则副产酸量（损失不计）：

副产 $100\% H_2SO_4 = 1.04 \times 98 = 101.92$　kg/h

折合 $30\% H_2SO_4 = \dfrac{101.92}{0.30} = 339.73$　kg/h

图 1-3-10　净化系统硫平衡

图 1-3-11　净化系统水平衡

（3）净化系统水平衡[10,5]

在酸洗净化系统中，洗涤酸循环使用。炉气中 SO_3 和水蒸气，一部分被洗涤液吸收，其余形成酸雾被清除并转入洗涤酸中，使洗涤酸量增加。增加的酸量通常在第一洗涤塔出口引出，其含量与第一洗涤塔喷淋酸含量相当。

如不考虑净化系统中矿尘、砷、氟等杂质因素的影响，则第一洗涤塔排出酸的浓度，将由系统中炉气 SO_3 含量及水平衡决定。见净化系统水平衡示意图 1-3-11。

系统的水平衡计算基准：单位时间内物料的处理量。

进入系统的水有：炉气带入系统的水量 $B_{进}$；系统补加的水量 $B_{补}$。

出系统的水量有：由第一洗涤塔引出酸的含水量 $\left(\dfrac{M_1}{C_1} - M_1\right)$；炉气出电除雾器时从净化系统带出的水量 $B_{出}$。

净化系统水平衡方程式为

$$B_{进} + B_{补} = \left(\frac{M_1}{C_1} - M_1\right) + B_{出} \tag{1-3-6}$$

式中　M_1——炉气中 SO_3 总含量，kg；

　　　C_1——第一洗涤塔引出酸含量（SO_3 的质量分数），%。

则
$$C_1 = \frac{M_1}{M_1 + B_进 + B_补 - B_出}$$
(1-3-7)

由式（1-3-7）可知，当炉气中水分、三氧化硫含量及带出净化系统的水量一定时，第一洗涤塔循环酸浓度由系统的补加水量来维持。当净化系统中冷凝水（$B_进 - B_出$）与炉气中 SO_3 形成的硫酸的浓度与第一洗涤塔循环酸浓度相等时，即 $\frac{M_1}{M_1 + (B_进 - B_出)} = C_1$，则系统循环酸浓度可自动平衡，不需补加水（$B_补 = 0$）；如 $\frac{M_1}{M_1 + (B_进 - B_出)} > C_1$，必须补加水才能维持第一塔循环酸浓度，否则浓度上升；反之，则表示炉气中水含量较高，SO_3 含量相对较低。这时，不仅不能补加水，而且第一洗涤塔只能在较低酸浓度下运行。如果考虑净化系统砷、氟等杂质积累而必须增加系统排出的酸量，补充水量亦相应增加，循环系统的酸浓度相应降低。

3.3 炉气的干燥

矿尘、砷、硒、氟和酸雾清除后，还需清除水分，如此才算完成净化。

3.3.1 干燥原理及工艺条件选择[1,5,11,12]

水分在炉气中以气态存在，应采用吸收方式进行清除。浓硫酸具有强烈的吸水性，常用于气体干燥。炉气的干燥就是将气体与浓硫酸接触来实现的。

用浓硫酸吸收水分的过程，主要是气-液相的传质过程。两相间的传质速率方程式可用下式表示：

$$G = K \cdot F \cdot \Delta p$$
(1-3-8)

式中　G——单位时间内被吸收的水蒸气量，kg/h；

　　　F——两相间有效接触面积，m^2；

　　　Δp——吸收过程的平均推动力，Pa；

　　　K——吸收速度系数，$kg/(m^2 \cdot h \cdot Pa)$。

当接触面积一定时，吸收速率取决于 K 和 Δp。K 主要与气液相对运动速率有关；Δp 主要与吸收酸浓度、温度等有关。吸收过程中除考虑提高吸收速率，还应考虑保证干燥后炉气含水量小于 $0.1g/m^3$，尽量少产生或不产生酸雾，尽量减少二氧化硫在吸收酸中溶解量等几个方面。

3.3.1.1 吸收酸浓度和温度的选择

硫酸液面上有水蒸气、硫酸蒸气和三氧化硫三个组分。这三个组分在气相中的平衡分压主要与硫酸浓度和温度有关。

硫酸含量低于80%、温度100℃以下，硫酸液面上硫酸蒸气和三氧化硫极少，只有水蒸气存在。硫酸含量超过80%以后，硫酸蒸气的含量逐渐增加，水蒸气含量下降；硫酸含量达到94%以上，温度达到100℃时，才有微量三氧化硫出现。具体情况见表1-3-5。

为使炉气干燥到含水量低于 $0.1g/m^3$，硫酸液面上的水蒸气分压最高不能超过124Pa。由表1-3-5可知，H_2SO_4 含量取90%以上，温度低于60℃就可大大地低于该指标。仅从减少水蒸气含量考虑，硫酸愈浓愈好，达到98.3%时液面上几乎没有水蒸气。但是，H_2SO_4 含量高于94%，硫酸液面上的 H_2SO_4 蒸气、SO_3 蒸气增多，易与炉气中水分生成酸雾，而

41

且 H_2SO_4 含量越高，温度越高，生成的酸雾越多，如表 1-3-6 所示。

表 1-3-5　不同硫酸含量液面上的蒸气分压

硫酸含量/%		85	90	94	96	98.3	100	104.5	105.0
蒸气分压 Pa	20℃时 p_{H_2O}	5.333	0.533	0.032	0.005				
	$p_{H_2SO_4}$				0.0001	0.004	0.029	0.012	0.009
	p_{SO_3}						0.017	31.997	69.328
	40℃时 p_{H_2O}	25.331	2.933	0.213	0.040	0.400			
	$p_{H_2SO_4}$			0.004	0.012	0.027	0.187	0.073	0.060
	p_{SO_3}					0.001	0.147	226.65	318.64
	60℃时 p_{H_2O}	97.325	13.332	1.20	0.253	0.027	0.001		
	$p_{H_2SO_4}$		0.003	0.023	0.067	0.173	0.933	0.40	0.320
	p_{SO_3}					0.011	0.933	641.28	1214.56
	80℃时 p_{H_2O}	323.97	51.966	5.333	1.267	0.160	0.011		
	$p_{H_2SO_4}$		0.012	0.107	0.333	0.80	4.0	1.60	1.293
	p_{SO_3}				0.004	0.067	4.933	2229.8	4026.3
	100℃时 p_{H_2O}	941.25	170.65	19.998	5.333	0.80	0.053		
	$p_{H_2SO_4}$		0.053	0.467	1.333	177.75	14.665	5.333	4.666
	p_{SO_3}			0.001	0.021	0.40	21.332	6779.42	11661.68

表 1-3-6　H_2SO_4 含量、酸温和产生酸雾量的关系

喷淋硫酸中 H_2SO_4 含量/%	产生酸雾量/(g/m³)			
	40℃	60℃	80℃	100℃
90	0.0006	0.002	0.006	0.023
95	0.003	0.011	0.033	0.115
96	0.006	0.019	0.056	0.204

其次，在硫酸含量高于 85% 后，溶解的二氧化硫也随之增多。当干燥酸作为产品酸引出或串入吸收系统循环酸槽时，二氧化硫亦随之带走，引起 SO_2 损失。具体如图 1-3-12 所示。

综上所述，干燥酸以 93%～95% H_2SO_4 较合适，而且具有结晶温度较低的优点，可以避免冬季低温下，因结晶带来操作和贮运上的麻烦。

从降低吸收酸液面上水蒸气分压、提高干燥过程推动力、减少酸雾的生成量等方面考虑，希望干燥塔吸收酸温度尽量低些。但是，吸收酸温度降低，SO_2 溶解损失增加（有的工艺中设置一个 SO_2 吹出塔，以回收溶解在浓硫酸的 SO_2，但流程又变得复杂）。

此外，干燥塔酸温度规定得过低，必然会增加酸循环过程中冷却系统的负荷。

实际生产中，在冷却面积一定时，干燥塔进酸温度取决于冷却水温度及循环酸冷却效率。通常进塔酸温度控制

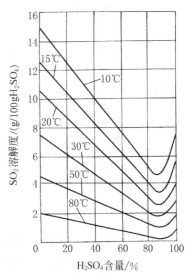

图 1-3-12　二氧化硫在硫酸
中的溶解度

在 40～50℃。

3.3.1.2 喷淋密度的选择

在干燥塔中，气-液相间传质属气膜扩散控制。理论上，喷淋酸量只要保证塔内填料表面全部润湿即可。但硫酸在吸水时，由于被稀释，要产生大量热，使酸温升高。若喷淋酸量少，会使酸浓度过多下降，酸温上升过高，从而降低干燥效果，导致产生酸雾。

据计算，由于吸收水分而使干燥酸中 H_2SO_4 含量下降 0.5%，酸温相应提高约 12℃。因此，干燥塔喷淋酸量应根据塔的物料和热量平衡，以及允许的酸温、酸浓度变化范围来确定。经验表明，以进出塔酸中 H_2SO_4 含量变化在 $0.5\%～0.6\%$ 左右范围内为宜。通常的喷淋密度范围是 $15～20m^3/(m^2 \cdot h)$。喷淋密度过大，不仅增加气体通过干燥塔压力降，亦会增加循环酸量，这两项均导致过多的动力消耗。

3.3.1.3 气流速度

提高气流速度有利于提高气膜传质系数，但气速过高，通过塔的压降迅速增加，其间关系可用下式表示：

$$\Delta p_2/\Delta p_1 = (w_2/w_1)^2 \tag{1-3-9}$$

式中 Δp_1，Δp_2——填料塔内气流速度为 w_1、w_2 时的流体压力降。

同时，气速增加过大，使炉气带出酸沫量增多，甚至造成液泛。目前干燥塔气速大多在 $0.7～1.0m/s$ 范围内。

应当指出，填料塔的操作气速和压力降，与所用填料的型式、装填方式及喷酸量等有关。如大型制酸装置，采用阶梯环或矩鞍形填料，空塔气速取 $1.35～1.5m/s$（湿基）可大大提高填料塔的生产强度。

3.3.2 炉气干燥工艺流程和设备

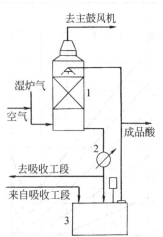

图 1-3-13 炉气干燥工艺流程
1—干燥塔；2—酸冷却器；
3—干燥酸贮槽

（1）工艺流程

图 1-3-13 为炉气干燥工艺流程。

经净化除去杂质的湿炉气及补加空气，在干燥塔内与塔顶喷淋的浓硫酸逆流接触，气相中水分被硫酸吸收，经捕沫器除去气体夹带的酸沫后进入转化系统。

干燥酸吸收水分后温度升高，经酸冷却器冷却后流入酸贮槽，再由泵送到塔顶喷淋。

为维持干燥酸浓度，必须将吸收系统 $98\% H_2SO_4$ 引入酸贮槽中。贮槽中酸由循环酸泵出口引出，作为产品酸送入酸库或引入回收塔循环酸槽。

（2）主要设备——填料塔

填料塔不仅广泛用于炉气的干燥，亦广泛用于炉气的洗涤和 SO_3 的吸收。它具有操作稳定、压降低、对生产负荷变化适应性强等优点，尤其适用于腐蚀性介质，在低阻力条件下，可在广泛范围内选择结构材料。

通常干燥塔上部为进酸口及酸分布装置，中部为填料层，下部为进气口及分气装置。分气装置可采用耐酸材料砌成拱形格栅，上面放算子板作为填料的支架，亦可以直接放置尺寸较大的瓷环，瓷环直径由下往上逐渐减小。在有些干燥塔的顶部还设有捕沫层。

图 1-3-14 为用于炉气干燥的填料塔。

影响填料塔效率的因素除塔本身的结构及操作管理等因素外，选择良好的填料至关重要。目前硫酸生产中用的填料类型甚多，有矩鞍形填料、阶梯环及异鞍形填料等，大都具有良好的流体力学特性。矩鞍形填料具有较多优点：破碎率低；压力降低，仅为拉西环的 1/4 左右；泛点气速高，所以已为中国硫酸厂广泛采用。阶梯环的气体通过能力和异鞍形填料相当，传质效率高，抗污性能较好，也被广泛采用。新型异鞍形填料在机械强度和通气能力高于一般矩鞍形填料。

为除去气体夹带的酸沫和酸雾，在干燥塔上部设置一除沫器。除沫器多采用丝网除沫器。丝网除沫器可除去小于 5μm 的液滴，效率可达 98%～99%，丝网用不锈钢丝、耐酸合金丝、聚四氟乙烯丝、聚全氟乙丙烯（F_{46}）等材料编织，外形有带状和网状两种。

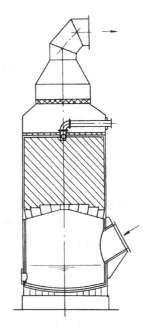

图 1-3-14　典型的鲁奇干燥塔

参 考 文 献

1　汤桂华主编. 化肥工学丛书·硫酸. 北京:化学工业出版社,1999.122

2　汤桂华,俞庆生. 硫酸工业. 1981,(6):18

3　汤桂华. 化学工业. 1963,(16):14

4　范伟平. 硫酸工业. 1997,(4):47

5　[日]硫酸协会委员会. 硫酸手册(修订本). 张弦译. 北京:化学工业出版社,1982.401

6　絮川. 硫酸工业. 1980,(1):15

7　Василье, Б. Т. и др. Технолгия Сернойкнслоты. Москва:Издателство《Химия》,1985.142

8　王忻江等. 硫酸工业. 1989,(4):1

9　Mclean J. E. 等. 硫酸工业. 1993,(4):23

10　南化公司设计研究院. 接触法硫酸工艺设计常用参数资料·第三分册. 1976

11　В. М. 拉默著. 化学工业中的吸收操作. 张震旦译. 北京:高等教育出版社,1955.330

12　А. Г. 阿美林. 硫酸制造. 化工部技术司翻译组. 北京:化学工业出版社,1959.112

第四章　二氧化硫氧化制三氧化硫

炉气除去有害杂质后即进入转化系统以制取三氧化硫气体。该过程为制酸过程的第二个化学变化过程，是主要工序。

4.1　基本原理

4.1.1　二氧化硫氧化热力学[1~4]

4.1.1.1　热效应及平衡常数

二氧化硫催化氧化反应如下：

$$SO_2 + \frac{1}{2}O_2 \rightleftharpoons SO_3 + Q_p \tag{1-4-1}$$

式中　Q_p 为恒压热效应，相当于 ΔH_R，其值为温度的函数，即：

$$-\Delta H_R = 92.253 + 2.352 \times 10^{-2}T - 43.784 \times 10^{-6}T^2 + 26.884 \times 10^{-9}T^3$$
$$-6.900 \times 10^{-12}T^4 \quad kJ/mol \tag{1-4-2}$$

由上式可算出各温度下的 ΔH_R 值，两者的对应关系见图 1-4-1。

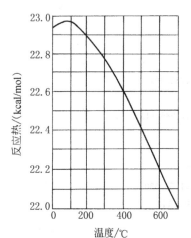

图 1-4-1　SO₂ 转化反应热
与温度关系

（1kcal＝4.1868kJ）

根据质量作用定律，平衡常数可表示为：

$$K_p = \left(\frac{p_{SO_3}}{p_{SO_2} \cdot p_{O_2}^{0.5}}\right)_{eq} \tag{1-4-3}$$

式中　p_{SO_3}，p_{SO_2}，p_{O_2}——分别为 SO_3，SO_2，O_2 的分压，atm（1atm ＝ 0.10133MPa），右下标 eq 表示平衡。

平衡常数 K_p 亦为温度的函数，可由范特霍夫定律推得以下关系式。

$$\lg K_p = \frac{4812.3}{T} - 2.8245\lg T + 2.284 \times 10^{-3}T - 7.02 \times$$
$$10^{-7}T^2 + 1.197 \times 10^{-10}T^3 + 2.23 \tag{1-4-4}$$

由上式计算得到的平衡常数值见图 1-4-2。

温度在 400～700℃时，$-\Delta H_R$ 和 K_p 可由下列简化式计算，计算结果可满足工程设计要求。

$$-H_R = 101342 - 9.25T \tag{1-4-5}$$

$$\lg K_p = \frac{4905.5}{T} - 4.6455 \tag{1-4-6}$$

4.1.1.2　平衡转化率

二氧化硫氧化反应平衡转化率 X_T 可由下式表示。

$$X_T = \frac{p_{SO_3}}{p_{SO_2} + p_{SO_3}} \tag{1-4-7}$$

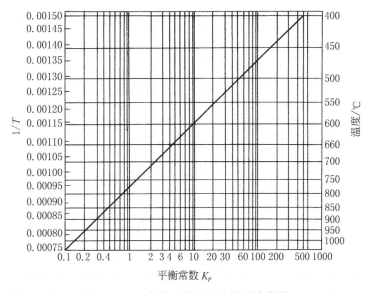

图 1-4-2　二氧化硫氧化反应的平衡常数

由式（1-4-3）和式（1-4-7）可以导出下式：

$$X_T = \frac{K_p}{K_p + \dfrac{1}{p_{O_2}^{0.5}}} \qquad (1\text{-}4\text{-}8)$$

若以 p 表示气体混合物总压，a、b 分别为原始气体混合物中 SO_2 和 O_2 含量（体积分数），并设原始气体混合物的体积为 100，当反应达到平衡时，被氧化的 SO_2 体积为 aX_T，所消耗氧的体积为 $0.5aX_T$，剩余氧体积为 $b - 0.5aX_T$，气体混合物总体积为 $100 - 0.5aX_T$。故平衡时氧分压可表示为

$$p_{O_2} = p \cdot \frac{b - 0.5aX_T}{100 - 0.5aX_T} \qquad (1\text{-}4\text{-}9)$$

将式（1-4-9）代入式（1-4-8）得：

$$X_T = \frac{K_p}{K_p + \sqrt{\dfrac{100 - 0.5aX_T}{p(b - 0.5aX_T)}}} \qquad (1\text{-}4\text{-}10)$$

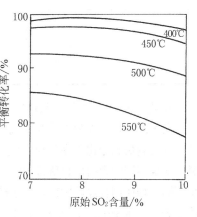

图 1-4-3　原始气体中 SO_2 含量/%

由上式可知，平衡转化率与温度、压力及原始气体混合物组成有关。不同温度下，不同气体组成的平衡转化率如图 1-4-3 所示。

由图 1-4-3 可知，相同气体组成，温度越低，平衡转化率越高；在同一温度下，原始气体中 SO_2 含量越高，平衡转化率越低。不同气体组成下温度与平衡转化率的关系见表 1-4-1。

表 1-4-1　用空气焙烧普通硫铁矿时，X_T 与温度的关系

$t/℃$	$a = 7$ $b = 11$	$a = 7.5$ $b = 10.5$	$a = 8$ $b = 9$	$a = 9$ $b = 8.1$	$a = 10$ $b = 6.7$
400	0.992	0.991	0.990	0.988	0.984
410	0.990	0.989	0.988	0.985	0.980
420	0.987	0.986	0.984	0.982	0.974

$t/℃$	$a=7$ $b=11$	$a=7.5$ $b=10.5$	$a=8$ $b=9$	$a=9$ $b=8.1$	$a=10$ $b=6.7$
430	0.983	0.983	0.980	0.977	0.968
440	0.979	0.973	0.975	0.971	0.961
450	0.975	0.973	0.969	0.964	0.952
460	0.969	0.976	0.963	0.957	0.942
470	0.962	0.960	0.954	0.947	0.930
480	0.954	0.952	0.945	0.937	0.917
490	0.944	0.942	0.934	0.924	0.902
500	0.934	0.931	0.921	0.910	0.886
510	0.921	0.918	0.907	0.895	0.868
520	0.907	0.903	0.891	0.877	0.843
530	0.891	0.887	0.874	0.858	0.826
540	0.874	0.869	0.854	0.837	0.807
550	0.855	0.849	0.833	0.815	0.779
560	0.834	0.828	0.810	0.790	0.754

　　不同温度下，不同压力对应的平衡转化率见表 1-4-2。由表中数据可知，平衡转化率随压力增大而提高，高温比低温状况下平衡转化率随压力增大而提高的程度更大些。

表 1-4-2　平衡转化率与压力的关系（$a=7.5\%$　$b=10.5\%$）

温度/℃	压　　力/MPa					
	0.1	0.5	1.0	2.5	5.0	10.0
	平　衡　转　化　率/%					
400	99.20	99.60	99.70	99.87	99.88	99.90
450	97.50	98.20	99.20	99.50	99.60	99.70
500	93.50	96.90	97.80	98.60	99.00	99.30
550	85.60	92.90	94.90	96.70	97.70	98.30
600	73.70	85.80	89.50	93.30	95.00	96.40

　　由式（1-4-10）可知，气体中氧含量（b）愈大或二氧化硫含量（a）愈小均可提高平衡转化率。在生产中，不能独立地改变气体中 SO_2 和 O_2 含量。如用空气焙烧硫铁矿，只能在焙烧时改变空气过剩量和净化工序补加空气量，空气量大，b 值增加，a 值下降，平衡转化率增大。应注意，焙烧不同的含硫原料所得炉气，其平衡转化率略有不同，原因是原料中其它物质燃烧时耗氧量不同。如使用含煤硫铁矿，由于焙烧过程燃煤耗氧，与使用普通硫铁矿相比，在相同的原始气体中 SO_2 含量条件下，其平衡转化率要低些。焚烧硫磺时，由于耗氧少，其平衡转化率要高些。如使用富氧空气进行焙烧，所得炉气的平衡转化率显著提高。焙烧不同含硫原料所得不同组成的炉气按式（1-4-10）计算，其平衡转化率与温度的关系见图 1-4-4。

　　综上所述，如欲显著提高平衡转化率，可采取降低反应温度、提高系统压力和使用富氧焙烧等措施。另外，如果能在转化中把生成物 SO_3 除去，平衡转化率亦可大大提高。

4.1.2　二氧化硫氧化动力学[1,5]

4.1.2.1　二氧化硫氧化速率及催化剂的使用

　　从热力学上讲，二氧化硫与氧可以自发进行反应。但在动力学方面，由于反应活化能高达 209340J/mol，在温度 400～600℃ 范围内，反应速率很缓慢，达不到工业生产要求，只有温度达到 1000℃ 以上，反应速率才较快。但由于反应是一个可逆放热反应，此时平衡转化率很低。为此，必须采用催化剂降低活化能，提高反应速率，使反应能在较低温度下足够快地进行，并能达到较高转化率，以满足工业生产要求。

在早期硫酸生产中，曾使用氮氧化物作催化剂，但由于所制酸纯度和浓度不能满足需要，逐渐被固体催化剂替代。金属铂和一些金属氧化物均能用作 SO_2 氧化催化剂，其中，以铂的活性最好，在低温区使用时优势更为明显，所以在接触法硫酸生产的初期曾被使用。但由于它价格昂贵，易于被多种物质中毒，原料气净化要求高，故未能在工业上广泛使用。20 世纪初，发现了钒催化剂，30 年代以后逐步取代了铂催化剂，使接触法硫酸生产得以迅速发展。

钒催化剂以五氧化二钒为主要活性组分，以碱金属（主要是钾）硫酸盐为助催化剂，以硅胶、硅藻土、硅酸铝等作载体。钒催化剂化学组成一般为 V_2O_5 6%～8.6%，K_2O 9%～13%，Na_2O 1%～5%，SO_3 10%～20%，SiO_2 50%～70%，并含有少量 Fe_2O_3、Al_2O_3、CaO、MgO 及水分等。产品形状有圆柱状、环状、球状。

中国生产的钒催化剂主要有 S101、S106、S107、S108、S109 等型号，其几何尺寸和主要物理化学性质见表 1-4-3。

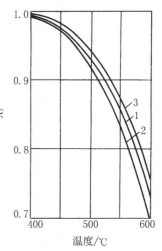

图 1-4-4　焙烧不同含硫原料时，平衡转化率 X_T 与温度的关系

1—普通硫铁矿：7% SO_2，11% O_2，82% N_2；2—含煤硫铁矿：7% SO_2，8.6% O_2，2.4% CO_2，82% N_2；3—硫磺：7% SO_2，14% O_2，79% N_2

S101 为中温催化剂，操作温度 425～600℃，各段均可使用，寿命可达 10 年以上，活性达到国际先进水平。S102 为环状中温催化剂，特点是内表面利用率较高，床层阻力小，但易粉碎。S105、S107、S108 为低温催化剂，起活温度 380～390℃，操作温度 400～550℃，一般装在一段上部和最后一段，以使反应能在低温下进行。这时不仅能提高总转化率和减小换热面积，还允许提高转化器进口气体中 SO_2 含量。

表 1-4-4 为国外有代表性的催化剂的物理化学性能。目前国外生产的催化剂可分四大类：中温催化剂、低温催化剂、沸腾床催化剂、非钒催化剂。美国孟山都公司开发出含铯高活性、低温起燃催化剂，可允许较高 SO_2 浓度，并能达到较高的转化率。非钒催化剂目前尚处于试验阶段。

如上所述，钒催化剂的毒物有砷、氟、酸雾和水分等，分述如下。

① 砷。砷化合物对钒催化剂的危害表现在两个方面：A. 钒催化剂能吸附 As_2O_3 并氧化成 As_2O_5，因而将催化剂孔隙堵塞，增大气体内扩散阻力，减少活性表面；B. As_2O_5 能与 V_2O_5 生成一种 $V_2O_5 \cdot As_2O_5$ 挥发性物质，该物质在 550℃ 以上挥发，然后在稍低温度的后段床层凝结，由此使反应器内催化剂从上至下大面积活性下降。

② 氟。氟在炉气中以 HF 形式存在，它能与硅氧化物作用生成 SiF_4，在催化剂上 SiF_4 水解生成 SiO_2，催化剂表面被 SiO_2 覆盖，严重的结成硬壳，使床层阻力上升，催化剂活性下降。

氟还能与钒反应生成 VF_5（沸点 111.2℃），使 V_2O_5 挥发损失，降低催化剂活性。

③ 酸雾与水分。水分和酸雾在转化器操作温度下，对催化剂并无毒害，但在较低的温度下，却是有害的，这是因为与催化剂中 $K_2S_2O_7 \cdot K_2SO_4$ 相平衡的水蒸气分压很低，在 150℃ 下近于零。当气相中的水汽达到一定含量时，会吸附在催化剂上，又因在表面上存有硫酸盐，使得表面上硫酸的平衡分压极低，因而，硫酸蒸气会在比正常露点高的温度下冷凝下来。此时冷凝下的硫酸能溶解表面上硫酸盐和硫代钒酸钾，导致催化剂活性下降和机械强度降低[1]。

④ 矿尘。矿尘覆盖在催化剂表面，可使其活性降低，并增加催化床层阻力。

表 1-4-3 国产 S1 系钒催化剂的主要物理化学性质[5]

项 目	型 号									
	S161/S101Q	S101—1	S101—2H	S101—3	S106	S107/S107Q	S107—1H	S108	S109—1	S109—2
颗粒尺寸/mm	φ5/φ7~(5~15) 圆柱/球形	φ5~(5~15) 圆柱形	φ9×φ4~(10~20) 环形	φ5~(5~15) 圆柱形	φ5~(5~15) 圆柱形	φ5/φ7~(5~15) 圆柱/球形	φ5×φ4~(10~20) 环形	φ5~(5~15) 圆柱形	φ5~(5~15) 圆柱形	φ5~(5~15) 圆柱形
堆密度/(kg/L)	0.55~0.6/0.4	0.65~0.7	0.5~0.55	0.6~0.7	0.6~0.65	0.55~0.65/0.5	0.5~0.55	0.55~0.65	0.65~0.7	0.6~0.68
比表面/(m²/g)	2~10	3.5~4.1	2~10	10.5	2~10	5~15	5~15	5~15	—	4.7
孔隙率/%	50~60	—	50	56~69	50	50~60	50	50	—	—
机械强度		>15kg/cm²	>7kg/颗			>15kg/cm²	>15kg/cm²	>7kg/颗	>15kg/cm²	
起燃温度/℃		390~400	390~400	390~400		365~375	365~375	365~375		
化学组成/% V₂O₅	7.5~8.0	7.0~8.0	7.5~8.5	7~7.5	8~8.6	6.3~6.7	6.3~6.7	6.2~6.8	8.2~8.6	7.2~7.8
K₂SO₄	19~23	18.7~20.7	19~23	18~21	20~23	15~17	15~17	17~18	20~23	18~21
Na₂SO₄			9~10			9~10	9~10	14~15		
P₂O₅	3.5~4 (SbO₂)	3.5~4 (SbO₂)		2~4 (促进剂)	4.5~5.5 (SnO₂) 4.5~5.5 (CaO)			1~1.5	2.5~3.5 0.7~1.5 (SbO₂) 1~3 (促进剂)	2~6.0 (促进剂)

表 1-4-4　国外 SO₂ 氧化钒催化剂品种及主要性能[5]

国别	公司	型号	外形尺寸/mm	堆密度/(kg/L)	比表面/(m²/g)	孔容/(ml/g)	径向强度/(N/cm)	使用温度/℃	寿命	适宜床层
美国	Monsanto	M516	φ8 条	0.61	0.8	0.71	140	400～600	有 17 年以上记录	第一段
		M210	φ5.5 条 φ6～10	0.71	0.6	0.52	120	580～600		第三段
		LP120	φ9×4×9 环	0.5～0.55	—	—	100	420～600		第一、二段
		LP110	φ9×4×9 环	0.5～0.55	—			400～600		前几段
	UCI	C116－2	φ5.6 条 φ5～8 球	0.59～0.61	1.2		170	400～435		
英国	ICI	33－2	φ6×4 片	0.85				420～450		后几段
		33－4	φ6×4 片	0.80				500～600	8～10 年	第一段
	ISC	T－589	φ5 条	0.61				＞400		标准型
		T－636	φ6 条	0.65				430		低燃点
德国	BASF	04－10	φ6 条	0.60	6.2	0.77	35	＜600		
		04－11	φ4φ6 条					＜600		
		04－Ⅲ	φ8 条	0.55	6.4	0.70	25	400～600		
日本	触媒化学	日触－SS	φ4 条	0.59～0.62			＞100		10 年以上	末段
		日触－S	φ5φ6φ7φ8φ10 条	0.55～0.60			＞100			各段
		日触－H	φ6φ7φ8φ10 条	0.52～0.56			100			第一段
丹麦	TOPSφe	VK	φ6×6 片 φ13/6×7 环							末段
		VK38A	φ6×6 片 φ10/4×7 环	片 0.83				410～650		各段
		VK58	φ10/4×9 环	环 0.70　0.60				低温		
俄罗斯	БАВ ИК-2 СВНТ	TMAIT	φ4.6 条	0.45～0.50				400～600 ＞470 低温		前几段 末段

4.1.2.2　二氧化硫氧化动力学分析

研究反应动力学是为了有效地设计及优化反应器。在可能的情况下，人们通常从反应机理开始，然后在反应机理基础上获得本征动力学方程，继而获得宏观动力学方程。

（1）催化氧化机理

SO₂ 在钒催化剂上的催化氧化是一个较复杂的过程，对这一过程机理的认识，虽然经历了长期的大量的研究工作，但到目前为止仍众说纷纭。总的倾向是，从经典的气-固相催化理论走向气-液相催化理论。

长期以来，人们把钒催化剂上的氧化过程视为 SO₂ 在钒催化剂上的吸附、表面反应、产物的脱附来解释催化氧化机理，这种认识是不正确的。早在 1940 年，J. H. 弗兰泽尔（Frazer）等人提出：碱金属之所以对钒催化剂起助催化作用，是由于生成了熔点较低的焦硫酸盐。1948 年 F. A. 托普索（Topsφe）等人用实验证实了熔融的焦硫酸盐的催化作用。其后许多学者亦证实了该结论。在工业使用条件下，催化剂的活性组分是负载在 SiO₂ 载体上的 V₂O₅ 和碱金属硫酸盐熔融的液相。因此，应用一般的固体催化剂对气体进行化学吸附的概念是不符合事实的。

基于人们对工作状态下钒催化剂活性组分呈熔融态的认识，提出了许多反应机理。其中 P. 马尔斯（Mars）等率先提出单钒机理[6,7]。

第一步为 SO₂ 的化学吸收和钒的还原：

$$SO_2 + 2V^{5+} + O^{2-} \Longleftrightarrow SO_3 + 2V^{4+} \tag{1-4-11}$$

第二步液相中钒的氧化为速率控制阶段：

$$\frac{1}{2}O_2 + 2V^{4+} \Longleftrightarrow 2V^{5+} + O^{2-} \tag{1-4-12}$$

Г. К. 波列斯可夫（Боресков）等通过电子自旋共振（ESR）法的研究，提出与钒价态改变无关的"缔合式"反应机理，第二步仍为控制阶段[8]：

$$V_2O_5 + SO_2 \Longleftrightarrow V_2O_5 \cdot SO_2 \tag{1-4-13}$$

$$V_2O_5 \cdot SO_2 + SO_2 + O_2 \Longleftrightarrow V_2O_5 + 2SO_3 \tag{1-4-14}$$

郭汉贤等根据热重、差热、电导、电镜和 X 射线衍射等实验，提出双钒两段机理[9]：

$$X + SO_2 \Longleftrightarrow Y \tag{1-4-15}$$

$$Y + \frac{1}{2}O_2 \Longleftrightarrow X + SO_3 \tag{1-4-16}$$

式中 X、Y 分别是以双核存在的五价、四价钒化合物。第一段是 SO_2 的化学吸收，第二段是还原钒的再氧化，同时生成 SO_3。

以上机理都有其实验基础，但由于气体被液相催化反应的复杂性，目前还没有一个大家公认的反应机理。

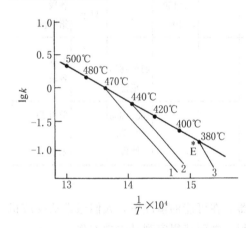

图 1-4-5　钒催化剂的反应速率 k 与
反应温度下的关系
1—$X < 0.60$；2—$X = 0.75$；3—$X = 0.95$
（X 为转化率）

（2）低温区钒催化剂活性急剧下降的分析

Г. К. 波列斯可夫（Боресков）[10]、久保田宏[11]、韩镇海[12]等人根据实验数据绘制的温度与反应速率的关系曲线都出现了转折。这表明 SO_2 在钒催化剂上氧化反应表观活化能不服从阿伦尼乌斯规律，如图 1-4-5 所示。对此有种种理论解释，其中以 Г. К. 波列斯可夫的分析说服力较强。他用电子自旋共振（ESR）法测定活性钒在反应气氛下的组成时，观察到随着温度的降低，无活性的四价钒沉淀析出量增加，"稀释"了液相中活性五价钒的浓度[2,3]。据此，孙彦平等人提出无活性四价钒首先析出，在液相表面上形成"壳层钝化"，严重阻碍了气相组分在液相中的扩散，致使低温活性急剧下降的观点，并建立了析出量与反应速率相关的数学模型。他还指出，无活性四价钒的析出温度、析出量与气相组成及催化剂化学组成的有关，因此转折点温度不是固定不变的[13]。

4.1.2.3　本征动力学

国内外对本征动力学进行了大量的研究工作，迄今提出的 SO_2 催化氧化动力学方程多达 60 多个。但各方程式差别较大，其原因较多，主要原因是该反应发生在固相载体微孔内的熔融活性物液相中，该熔融体的化学组成、粘度等均随微孔内气相组成、温度变化而变化，动力学规律有别于其它气-固相催化反应过程。此外，不同的研究者所用催化剂不同，实验装置不同，实验条件不同，测试手段不同，数据处理方法不同等。值得注意的是，对于工业使用的 SLP（Suppred Liquid Phase，负载液相）钒催化剂，人们在获取动力学数据时，虽然排除了外扩散和孔扩散影响，但实际上无法完全排除液相扩散影响，由此回归出"本征动力学方程"或多或少受液相扩散的影响，因此不是真正意义上的本征动力学方程，只能称作拟本征动力学方程。可见，动力学实验中液相扩散的影响是各本征动力学方程差别较大的重要原因。下面介绍几个重要的本征动力学模型。

（1）马尔斯及梅森（Mars & Meassen）机理模型[6,7]

Mars & Meassen 根据他们提出的催化机理和动力学实验数据，导出下列动力学模型

$$r = k p_{O_2} \frac{K_M p_{SO_2} p_{SO_3}^{-1}}{[1 + (K_M p_{SO_2} p_{SO_3}^{-1})^{0.5}]^2} (1 - \beta)^2 \qquad (1\text{-}4\text{-}17)$$

式中　K_M 为式（1-4-17）的平衡常数，

$$K_M = 2.3 \times 10^{-8} \exp\left(\frac{27200}{RT}\right) \qquad (1\text{-}4\text{-}18)$$

$$\beta = \frac{p_{SO_3}}{K_p p_{SO_2} \cdot p_{O_2}^{1/2}} \qquad (1\text{-}4\text{-}19)$$

　　　r——反应速率；

　　　k——反应速率常数；

　　　K_p——式(1-4-1)的平衡常数；

$p_{O_2}, p_{SO_2}, p_{SO_3}$——分别为气体混合物中 O_2，SO_2，SO_3 的分压。

（2）Г. К. 波列斯可夫（Боресков）半经验模型[14]

波列斯可夫导出的半经验模型如下。

$$r = k p_{O_2} \frac{p_{SO_2}}{p_{SO_2} + 0.8 p_{SO_3}} (1 - \beta^2) \qquad (1\text{-}4\text{-}20)$$

式中　k 为反应速率常数，对于 БАВ 型钒催化剂，不同温区的 k 值如下。

$$k = \begin{cases} 1.25 \times 10^{-15} \exp\left(-\dfrac{293076}{RT}\right) & t < 440\,℃ \\[2mm] 0.7 \times 10^{-1} \exp\left(-\dfrac{83736}{RT}\right) & 400 \sim 560\,℃ \\[2mm] 3.2 \times 10^{-7} & t > 560\,℃ \end{cases}$$

（3）向德辉半经验模型[15]

向德辉提出的本征动力学模型，从形式上看和波列斯可夫动力学模型一样。

$$r = k p_{O_2} \frac{p_{SO_2}}{p_{SO_2} + 0.8 p_{SO_3}} (1 - \beta^2) \qquad (1\text{-}4\text{-}21)$$

基于 SO_2 在 S101 和 S105 型钒催化剂上的催化氧化动力学实验数据，回归出相应的 k 值，列于表 1-4-5 和表 1-4-6。

表 1-4-5　S101 型钒催化剂反应速率常数

温度/℃	k /s^{-1} · MPa^{-1}	温度/℃	k /s^{-1} · MPa^{-1}	k^{*}[①] /s^{-1} · MPa^{-1}
600	107	470	13.5	3.5
590	96.5	460	11.0	8.0
580	86.6	450	8.5	4.7
570	77.4	440	7.1	3.1
560	66.0	430	5.6	1.9

温度/℃	k /$\text{s}^{-1} \cdot \text{MPa}^{-1}$	温度/℃	k /$\text{s}^{-1} \cdot \text{MPa}^{-1}$	k^{*}[①] /$\text{s}^{-1} \cdot \text{MPa}^{-1}$
550	56.0	420	4.4	1.1
540	47.5	410	3.6	
530	40.5	400	2.8	
520	32.6			
510	26.5			
500	21.6			
490	17.9			
480	15.3			

[①] 在转化率小于 60%、温度低于 470℃时，用 k^{*} 数值。

表 1-4-6　S105 型钒催化剂反应速率常数

温度/℃	k /$\text{s}^{-1} \cdot \text{MPa}^{-1}$	温度/℃	k /$\text{s}^{-1} \cdot \text{MPa}^{-1}$	k^{*}[①] /$\text{s}^{-1} \cdot \text{MPa}^{-1}$
600	81.5	460	12.0	12.0
590	72.5	450	10.2	8.1
580	64.0	440	8.5	5.5
570	60.5	430	7.0	3.7
560	50.5	420	5.8	2.5
550	46.0	410	4.9	1.6
540	40.5	400	4.1	1.1
530	35.0	390	3.2	0.72
520	29.2	380	2.6	0.46
510	24.5			
500	21.3			
490	18.6			
480	15.8			
470	13.6			

[①] 在转化率小于 60%、温度低于 460℃时，用 k^{*} 数值。

(4) 郭汉贤机理模型[16]

郭汉贤等提出双钒两段机理，通过动力学实验，导出了下列机理动力学模型：

$$r = \frac{k p_{\text{SO}_2} p_{\text{O}_2}^{0.5}(1-\beta)}{p_{\text{SO}_2} + K_2 p_{\text{O}_2}^{0.5} + K_3 p_{\text{SO}_3}} \tag{1-4-22}$$

式中　k——反应速率常数，

$$k = k_0 \exp\left(-\frac{E}{RT}\right)$$

K_2，K_3——分别为 p_{O_2}，p_{SO_3} 的系数，

$$K_2 = k_{2,0} \exp\left(\frac{Q_2}{RT}\right)$$

$$K_3 = k_{3,0} \exp\left(\frac{Q_3}{RT}\right)$$

E——本征活化能。

上式中参数 k_0，E，Q_2，Q_3 见表 1-4-7。

表 1-4-7　数学模型中各种条件下的参数值

参 数	钾 钒 系		钾 钠 钒 系	
	380～470℃	470～580℃	370～440℃	440～550℃
k_0	9.59×10^7	49.39	2.942×10^5	57.26
$E/(\text{J/mol})$	169124	78967	148665	78146
$k_{2,0}$	6.15×10^{-8}	3.52×10^{-6}	0	5.82×10^{-6}
$Q_2/(\text{J/mol})$	72146	55751	—	55624
$k_{3,0}$	3.021×10^4	5.019×10^4	0	2.889×10^4
$Q_3/(\text{J/mol})$	−69165	−69016	—	−68818
$1-\beta$	0.65	0.55	0.50	0.63

由以上四个本征动力学方程式可以看出，该反应的两个反应物和一个产物均对反应速率有影响。O_2、SO_2 的分压越大，反应速率越高，在距离平衡尚远时，SO_3 分压对反应速率有明显的阻滞作用，并与 p_{SO_3}/p_{SO_2} 比值有关。

4.1.2.4　反应的宏观动力学

在实际生产中，化学过程总是伴随着传质、传热等物理过程。这就要求在 SO_2 氧化本征动力学的基础上，进一步研究传递过程及其对化学过程的影响，也就是宏观动力学问题。宏观动力学的研究，对 SO_2 转化器的设计及其优化，对钒催化剂的制备和使用都十分重要。例如，对载体硅藻土物理结构的选择，利用造孔剂对催化剂孔隙率的控制，以及对催化剂尺寸、形状的选择等，都必须在清楚地了解与 SO_2 氧化有关的物理过程的基础上，才能作出正确的判断。针对钒催化剂这种 SLP 催化反应过程，一般包括以下几个步骤，如图 1-4-6 所示。

Ⅰ反应物 SO_2、O_2 从气相主体向催化剂外表面扩散。

Ⅱ反应物由催化剂外表面通过颗粒微孔向内扩散。

Ⅲ反应物溶入微孔内熔融活性组分的液膜。

Ⅳ反应物在液膜内进行催化转化，生成 SO_3。

Ⅴ生成物 SO_3 从活性组分液膜内脱出。

Ⅵ生成物从催化剂内部通过微孔向催化剂外表面扩散。

Ⅶ生成物从催化剂颗粒外表面向气相主体扩散。

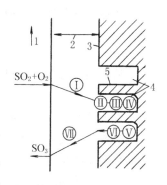

图 1-4-6　SO_2 在催化剂上氧化过程

1—气流主体；2—气体滞流层；3—催化剂外表面；4—催化剂微孔；5—孔的内表面

在工业反应器中，SO_2 氧化总过程速率由最慢的步骤决定。实验证实，在钒催化剂上进行 SO_2 含量≤10.5％的气体转化时，反应物向颗粒表面的扩散不影响过程总速率。钒催化剂是多孔物质，内表面积为 $5.2 \text{m}^2/\text{g}$。气体在细小而曲折的微孔中扩散时阻力很大，故气体反应物在颗粒内的孔扩散相对于其它步骤较慢。因此，颗粒的内表面利用率较低，尤其在反应的初期为甚。由于钒催化剂的热导率较高，催化剂颗粒内部可视为等温。

假定催化剂是一种气体能向其中均匀扩散的物质，催化反应对反应物为 n 级不可逆反应（$n>0$），催化剂为圆柱形，则内扩散效率因子可表示为：

$$\zeta = \frac{\text{有内扩散阻力时的反应速率}}{\text{无内扩散阻力时的反应速率}} = 2\left(\frac{1}{H} + \frac{1}{R}\right) \cdot \sqrt{\frac{2}{n+1} \cdot \frac{D_e}{k(1-X)^{n-1}}} \tag{1-4-23}$$

式中　H——圆柱体催化剂的高，cm；

R——圆柱体催化剂的半径，cm；

k——单位体积催化剂的反应速率常数；

D_e——反应物在催化剂颗粒内部的有效扩散系数；

x——反应物转化率。

由上式可知，效率因子在随 H 和 R 的增大而减小；随 D_e 的增大而增大；随温度的提高（致使 k 提高）而减小。当 $n>1$ 时，效率因子在随转化率 X 增高而增大；当 $n<1$ 时，随 X 增高而减小；当 $n=1$ 时，则保持不变。对中国生产并广泛使用的 S 101 型催化剂，向德辉提出下列经验公式计算内扩散效率因子。

$$\zeta=3 \cdot \sqrt{\frac{D_e \cdot t/400}{0.3k(3+1.5X)}} \cdot \sqrt{\frac{X+0.01}{1+X}}$$

式中　t——反应温度，℃。

韩镇海以马尔斯的式 (1-4-17) 作为活性组分熔盐液膜中本征动力学模型，考虑氧在熔盐中的扩散对熔盐中反应的影响，得到了拟本征动力学方程式[17]：

$$r_g=k_g p_{O_2} \omega_i \zeta_1 F_{eq} \qquad (1-4-24)$$

式中　r_g——受液膜扩散影响的拟本征反应速率，mol/(g·s)；

k_g——相应的速率常数；

ω_i——马尔斯本征速率方程中与 p_{SO_2}、p_{SO_3} 有关的项；

ζ_1——熔盐液相效率因子；

F_{eq}——平衡因子。

其中　　　　　　　　　　　$\zeta_1=\text{th}\varphi_1/\varphi_1$　　　　　　　　　　　(1-4-25)

对于球型催化剂，气相效率因子为

$$\zeta_g=\frac{1}{\varphi}\left[\frac{1}{\text{th}(3\varphi)}-\frac{1}{3\varphi}\right] \qquad (1-4-26)$$

最后得到考虑气液两相内扩散影响的表现动力学方程[18]：

$$r_g=k_g p_{O_2} \omega_i F_{eq} \zeta_1 \zeta_g \qquad (1-4-27)$$

由以上计算效率因子的表达式可知，效率因子与两个方面的参数有关。首先是化学动力学反应参数，如反应速率常数、反应级数等；其次是与催化剂的物理参数，如催化剂颗粒大小、催化剂孔结构等。

由于 SLP 催化剂的复杂性，同本征动力学一样，至今对 SO_2 在钒催化剂上氧化宏观动力学的认识也远未一致。对于效率因子 ζ 随转化率 X 的变化规律，长期以来存在着两种对立的观点：一种是 ζ 随 X 的增高而增大，另一种则相反。在为数不多的有关宏观动力学研究中，А. А. 伊瓦诺夫 (Иванов) 和 Г. К. 波列斯可夫 (Боресков) 首先提出比较明确的观点，即效率因子基本上与转化率无关，但在接近平衡时迅速下降。韩镇海等也观察到类似的实验现象。H. 利布捷格 (Lirbjerg)、韩镇海等均发现工业钒催化剂的曲节因子 τ 值（一般为 3.0～5.0）在接近平衡时明显增大。由于曲节因子 τ 值与有效扩散系数 D_e 值成反比，曲节因子 τ 的明显增大使效率因子迅速减小。

对此现象的可能解释是：由于接近平衡时 SO_3 分压迅速增高，活性组分熔体中所吸收的 SO_3 量随之增多，熔体的物理性质随之发生变化（如流动性增加，体积增大等），从而改变了载体中熔体的分布状态，造成部分微孔堵塞而使曲节因子值迅速增大，即内扩散阻力剧增。

总之，SO_2 在钒催化剂上氧化动力学仍需进一步深入研究。这不仅对硫酸工业的设计、优化有重要意义，亦可丰富催化理论，特别是可对 SLP 催化剂作用普遍规律的认识提供重要借鉴。

4.2 转化过程及工艺条件

4.2.1 转化过程

由 SO_2 催化氧化反应动力学及热力学分析可知，这一反应为可逆放热反应。从平衡转化率角度看，温度愈低，平衡转化率愈高；从反应速率角度看，在一定气体组成下，反应速率与温度的关系见图 1-4-7。在某一温度下反应速率达到极大值，该最大反应速率对应的温度称为最佳温度。由一定原始气体组成，不同转化率下的最佳温度组成的反应速率 X 与温度 T_m 的关系曲线见图 1-4-8，该曲线称为最佳温度曲线。

由于反应存在最佳温度，在设计反应器时，为获得最佳经济效益，选择转化操作温度，应符合以下三点要求：

① 保证获得较高的转化率。

② 保证在尽量高的反应速率下进行转化，以尽量减少催化剂用量，或在一定量的催化剂下获得最大生产能力。

③ 保证操作温度处于催化剂的活性温度范围之内。

由图 1-4-8 可知，转化率愈高，最佳温度愈低。这是由于转化率愈高，对应的平衡温度愈低。不同转化率对应的平衡温度亦绘于图 1-4-8。应该注意，催化剂不同，进气成分不同，最佳温度线也不同。

当反应为化学动力学控制时，可由动力学方程用求极值的方法导出最佳温度计算公式

$$T_m = T_e \bigg/ \left(1 + \frac{RT_e}{E_2 - E_1} \ln \frac{E_2}{E_1} \right)^{-1} \qquad (1\text{-}4\text{-}28)$$

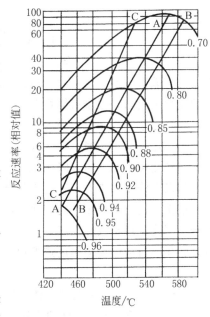

图 1-4-7　反应速率与温度的关系

AA—最佳温度线；

BB—反应温度高于最佳温度时，反应速率为
　　0.5 倍最大反应速率点连线；

CC—反应温度低于最佳温度时反应速率为
　　0.5 倍最大反应速率点连线

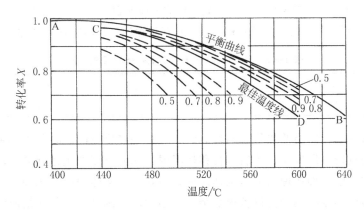

图 1-4-8　温度与转化率的关系

式中　T_m——最佳温度，K；

　　　T_e——平衡温度，K；

R——气体常数，8.314；

E_1，E_2——正、逆反应活化能，J/mol。

由式（1-4-28）可知，欲求某压力、原始气体组成、转化率下的最佳温度，必须首先知道相同条件下平衡温度。不同条件下的平衡转化率可查图 1-4-4。

不同条件下的平衡温度，亦可由下式计算：

$$T_e = \frac{4905.5}{\lg \dfrac{X}{1-X} + 0.5\lg \dfrac{100-0.5aX}{b-0.5aX} - 0.5\lg p + 4.6455} \tag{1-4-29}$$

应注意式（1-4-28）是表征反应为动力学控制的最佳温度与平衡温度关系式。在反应速率受内扩散影响不可忽视时，应使用宏观动力学方程求取，但由于计入内扩散影响的宏观动力学模型很复杂，很难有解析解。式（1-4-28）计算值在下属范围内的修正值为

当转化率为 0.5 时，降 55℃；

当转化率为 0.7 时，降 32℃；

当转化率为 0.9 时，降 12℃。

从以上修正值来看，转化率越高，其差异越小，即越接近动力学控制范围。

根据前述三个原则，随转化率的上升，反应温度的控制最好沿着最佳温度曲线进行。但由于该氧化反应是放热反应，反应随转化率上升的同时，要释放出大量反应热。在绝热操作时，转化率对应的反应温度遵循以下绝热方程：

$$t = t_0 + \lambda(X - X_0) \tag{1-4-30}$$

式中　t_0——进入床层时的气体温度，℃；

　　　t——任一床层高度的气体温度，℃；

　X_0，X——与以上温度对应的转化率，%；

　　　λ——绝热温升，℃。

其中

$$\lambda = 42.64 \frac{a}{C_v} \tag{1-4-31}$$

式中　a——SO_2 初始含量，%；

　　　C_v——$X = 50\%$ 时床层平均温度下的气体平均热容，J/K。

平均温度为 500℃，不同进口气体中二氧化硫的 λ 值如表 1-4-8 所示。因此，要沿着最佳温度线进行反应，须将反应放出的热量及时移出，所移热量随进口气体中 SO_2 含量提高而增多。

表 1-4-8　不同进口气体中二氧化硫含量的 λ 值

SO_2 含量/%	2	3	4	5	6	7	8	9	10	11	12	20
λ	59	88	117	145	173	200	226	252	278	303	328	506

在工业中移去催化床层的热量有两种方法：一种是在反应的同时移去热量，即连续换热式；另一种是先进行一段反应，然后进行移热降温，如此反复数次达到最终转化率，即多段绝热中间换热式。前一种在理论上是很理想的，但在工业实际中由于钒催化剂床层向外传热很困难，如要做到连续换热会使设备很复杂，且温度调节困难，对气体组成和空速的变化适应性也差，所以这种移热形式的转化器在硫酸工业中只使用了一个时期即被淘汰。后一种对每一段的局部是升温过程，从整个反应过程来看，是按最佳温度的要求逐步降温。此过程的设备结构要比前一种简单得多且易于操作，所以该种工艺从 40 年代以后逐渐得到普遍采用。

从理论上讲，绝热转化段数愈多，愈接近最佳温度线，愈能使反应以较快速率进行。但从经济性考虑，转化段数越多，换热设备越多，流程越复杂，投资及占地面积亦随之增多。相反，段数少、反应温度偏离最佳温度较远，这样不仅反应速率小，转化率亦达不到较高的程度，经济上不合理。工业上一般选择用 3～5 段转化器。

多段绝热中间换热式转化器的各段始末温度和转化率的分配不同时，转化过程与最佳温度曲线的偏离程度也不同，即达到同样的最终转化率所需要的催化剂用量不同。具有最小催化剂用量的各段始末温度和转化率分配，称为最佳各段始末温度和转化率分配。

根据反应工程原理，单段绝热床层的催化剂用量可由下式计算：

$$V_{Ri} = V_i \cdot C_{SO_2} \int_{X_{i-1}}^{X_i} \frac{dX}{r_g} \cdot C \tag{1-4-32}$$

式中　C——催化剂使用效率参数（由于热衰退、中毒、气流分布不均匀等因素导致催化剂不能完全发挥作用）；

　　　V_i——进入转化系统的气体流量，m^3/s；

　　　r_g——催化剂宏观反应速率，$kmol/(m^3 \cdot s)$；

　　C_{SO_2}——进入转化系统气体中 SO_2 浓度，$kmol/m^3$。

多段转化器催化剂总用量：

$$V_R = \sum_{i=1}^{n} V_{Ri} \tag{1-4-33}$$

由式 (1-4-32)、式 (1-4-33) 可知，V_R 由各段进出口温度及转化率决定。在确定了最终转化率、转化器段数及一段进口温度的情况下，各段最佳进出口温度和转化率可用以下两类条件组成的方程组联立求解。

$$\int_{X_{i-1}}^{X_i} \frac{\partial}{\partial T_i} \left(\frac{1}{-r_i} \right) dX = 0 \tag{1-4-34}$$

$$(-r_i)_{X=X_i} = (-r_{i+1})_{X=X_i} \tag{1-4-35}$$

在确定了各段进出口温度以后，即可利用式 (1-4-32) 计算各段催化剂的用量。南京化学工业公司研究院利用他们自己的宏观动力学方程及式 (1-4-32)，设计计算不同情况下的转化器催化剂用量，计算结果与工业中使用的转化器的用量相比较，结果基本令人满意。

由于宏观动力学的复杂性，应用以上方法很难得到解析解，只能通过电子计算机求得数值解。目前，仍主要以经验法确定各段进出口温度和转化率。

4.2.2　工艺条件

4.2.2.1　转化器入口气体中二氧化硫含量

转化器入口气体中二氧化硫含量指标是制酸过程中一个极重要的综合性技术、经济及环保指标。其影响主要有五个方面。

（1）二氧化硫含量对操作温度的影响

由绝热方程式 (1-4-30) 可知，转化器内转化率与温度呈线性关系，其斜率为绝热温升 λ。λ 与转化器入口气体中 SO_2 含量成正比，如采用较高 SO_2 含量操作，第一段床层温度会超过 600℃，以至达到催化剂的失活温度。如若气体在床层中分布不均匀，床层局部过热更加严重。

相反，采用较低含量操作，会使装置能力相应降低，动力消耗增加；SO_2 含量越低，转化换热需要的面积急剧增大，对已有装置，换热面积已定，当 SO_2 含量降低到一定限度时，由于热损失超过反应放热会使转化系统无法维持自热平衡。

（2）二氧化硫含量对最终转化率的影响

由硫铁矿焙烧过程可知，炉气中 SO_2 与 O_2 含量存在确定的关系，炉气中 SO_2 含量增高，O_2 含量降低，O_2/SO_2 比值降低，一定温度下的平衡转化率相应降低。因此，在不很影响装置生产能力的情况下，欲获得较高的转化率，应尽量提高进气中 O_2/SO_2 比值。提高 O_2/SO_2 比值有以下 3 种方法。

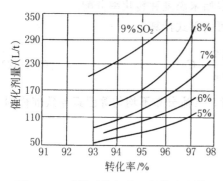

图 1-4-9 硫铁矿炉气中二氧化硫含量、转化率与催化剂用量（每日生产 1t 硫酸所需催化剂量）的关系

① 降低硫铁矿杂质含量（如煤），以减少杂质燃烧耗氧量。

② 以干空气适当稀释炉气，如在干燥前补入空气；或在转化器的段间采用干燥空气冷激。

③ 适时除去转化气中 SO_3，提高后段转化气原始组成的 O_2/SO_2 比值。此法即是提出两次转化两次吸收工艺的出发点。

（3）二氧化硫含量对催化剂用量的影响

图 1-4-9 和图 1-4-10 为不同 SO_2 含量下催化剂用量与最终转化率的关系（一转一吸工艺）。由图可知，达到相同转化率，催化剂用量随二氧化硫含量提高而增大。如进气为焙烧硫铁矿炉气，进气二氧化硫含量从 6％提高到 9％，达到相同转化率，则一定量产品所需催化剂量增加两倍多。

（4）二氧化硫含量对装置生产能力和矿耗的影响

在一定范围内提高二氧化硫含量，可增加硫酸产量，但转化率有所下降，矿耗有一定增大。相对而言，在 O_2/SO_2 比值较大的情况下，转化率随 SO_2 含量提高而下降的幅度相对较小；相反，在 O_2/SO_2 比值较小的情况下，转化率下降的幅度相对较大。进转化器的二氧化硫含量与产酸量、转化率和矿耗的关系，见表1-4-9。

（5）二氧化硫浓度的适宜范围

从制酸全过程及转化工段的局部来看，二氧化硫对经济效益存在着二重性。含量提高时，一方面，使转化装置、催化剂的投资及硫的损失增加；另一方面，在相同产量下，SO_2 含量增加，气量则减小，可使全系统的设备、管道等投资降低。不过，这两种相反的作用在不同的二氧化硫含量范围里作用程度不同。在二氧化硫含

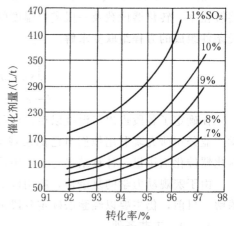

图 1-4-10 焚硫炉炉气的二氧化硫含量、转化率与催化剂用量（每日生产 1t 硫酸所需催化剂量）的关系

表 1-4-9 进气的二氧化硫含量与产酸量、转化率和矿耗的关系（一转一吸工艺）

二氧化硫含量/％	产酸量的增加/％	总转化率/％	矿耗的增加/％
7.0	0	97.0	0
7.5	6.3	96.1	1.9
8.0	11.8	94.9	2.2
8.5	16.7	93.3	4.0
9.0	20.0	90.5	7.1

量较高时，进一步提高其含量，第一方面的作用占主导地位；在二氧化硫含量较低时，提高其含量，第二方面的作用占主导地位。此外，适宜的二氧化硫含量亦与使用的原料和转化工艺有关。

一般情况下，硫铁矿制酸，采用一转一吸工艺，SO_2 含量控制在 7%～8%；硫磺制酸，采用一转一吸工艺，SO_2 控制在 8%～9%。硫铁矿制酸，两转两吸工艺，SO_2 控制在 8.5%～9%；硫磺制酸，采用两转两吸工艺，SO_2 控制在 10%～10.5%。

4.2.2.2 最终转化率

最终转化率是硫酸生产的主要指标之一。提高最终转化率可以减少尾气中 SO_2 含量，减轻环境污染，同时也可提高硫的利用率；但另一方面，则会导致催化剂用量和流体阻力增加。所以最终转化率应选取恰当。

最终转化率的最佳值与所采用的工艺流程、设备和操作条件有关。一转一吸流程，在尾气不回收的情况下，最终转化率与生产成本的关系如图1-4-11所示。

由图可知，当最终转化率为 97.5%～98% 时，硫酸的生产成本最低。如有尾气回收装置，最终转化率可以取得低些。如采用两转两吸工艺，成本与最终转化率亦有图1-4-11相似的规律，最终转化率应控制在≥99.7%以上。

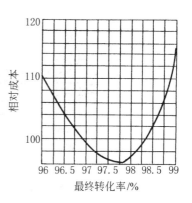

图 1-4-11　最终转化率
对成本的影响

4.3　工艺流程及设备

随着硫酸工业的发展，转化工艺流程经历了很大变化。其目的是提高转化率，节省单位产品催化剂用量，降低基建投资和系统阻力。转化工艺最大的变化是采用两次转化工艺。该技术最早由 C.B. 克拉克（Clark）于 1931 年提出，20 世纪 60 年代初由 BASF 公司实现工业化。在中国，从 1964 年开始设计，1966 年正式投入工业生产，目前，该工艺基本上替代一转一吸工艺，其装置的总生产能力已占硫酸产量的绝大多数。转化工艺很多，在中国的情况如表 1-4-10。

表 1-4-10　转化工艺流程发展概况

年　代	转化器型式	SO_2 含量/%	转化率/%	生产能力/(t/d)	生产单位
1949 年以前	一次二段	5.5～6.5	85～90	100	南京永利宁厂 大连化学厂 葫芦岛锌厂
1953	一次三段	6.5～7.5	92～94	200	南京永利宁厂
1958	一次四段	7.0～7.5	95～97	120	太原化工厂
1963	一次四段炉气冷激	7.0～8.0	94～96	200	南化公司氮肥厂
1964	一次五段空气冷激	7.5～8.5	95～97	300	南化公司氮肥厂
1965	一次五段空气冷激	8.0～9.0	96～97.5	400	南化公司磷肥厂
1966	两次四段（三，一）	9.0～10.0	99.0～99.6	60	上海硫酸厂
1972	一次四段全径向	7.5～8.5	95～96.5	300	大连化学工业公司
1975	两次双段（二，二）	9.0～10.0	99.0～99.7	120	什邡磷肥厂
1989	两次五段（三，二）	9.0～10.0	99.4～99.7	60	南化公司研究院

另外，中国及世界其它国家还深入研究并试验了"沸腾转化工艺""加压法工艺""非稳态法转化工艺"等其它工艺，这些工艺已实现工业化，只是应用并不普遍。

以上转化工艺的类型均以与多段绝热中间换热式转化器区分而命名。对于多段绝热中间换热式工艺亦分多种，分类方法为先区分转化次数，后区分换热方式。一般，换热方式有冷激式、间接换热式、冷激与间接换热组合式，其中冷激式又分原料气冷激和空气冷激两种，示意图见图 1-4-12。

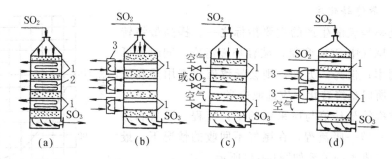

图 1-4-12　多段中间换热式转化器

(a) 内部间接换热式；(b) 外部间接换热式；(c) 冷激式；(d) 部分冷激式

1—催化剂床层；2—内部换热器；3—外部换热器

4.3.1　一次转化工艺

4.3.1.1　间接式换热工艺

此种工艺是接触法制酸最早采用的工艺。绝热段由最初的两段发展为现在的四段或五段。

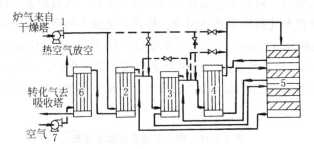

图 1-4-13　三段转化外部换热式转化流程

1—主鼓风机；2—第三换热器；3—第二换热器；4—第一换热器；

5—转化器；6—三氧化硫冷却器；7—空气鼓风机

图 1-4-13 是中国应用较多的三段转化流程。从干燥塔来的净化气由 SO_2 鼓风机依次送入第三、第二、第一换热器，连续被管内转化气加热（420～430℃），然后进入第一段催化床进行反应，转化率达到 68%～71%，之后，转化气经第一换热器冷却进第二段催化床反应，转化率一般达到 90%～92%。最后，转化气经第二换热器、第三段催化床，转化率达到 96%～97%。转化后的气体依次通过第三换热器和 SO_3 冷却器冷却，之后进入吸收塔。将该转化过程的绝热操作线及冷却线一起绘在 $T\text{-}X$ 图内，如图 1-4-14 所示。由图可见，炉气的转化率在第一段增幅最大，随之后面几段的转化率增幅越来越小；各段绝热操作线斜率基本相同；三条冷却线均呈水平。各段催化剂用量及进出口温度转化率如表 1-4-11 所示。各段催化剂的用量比例见表 1-4-12。

表 1-4-11　四段中间间接换热式转化器各段最佳条件

段	项目	气体组成（$a=SO_2\%$，$b=O_2\%$）			
		$a=6.0$ $b=12.7$	$a=7.0$ $b=11.3$	$a=7.5$ $b=10.5$	$a=8.0$ $b=9.8$
I	X_e	0.755	0.725	0.707	0.689
	T_i	440	440	440	440
	T_e	571	585	591	596
	τ	0.448	0.548	0.613	0.680
II	X_e	0.905	0.918	0.920	0.923
	T_i	486	463	451	440
	T_e	512	501	497	493
	τ	0.270	0.582	0.834	1.174
III	X_e	0.961	0.970	0.971	0.971
	T_i	450	438	436	434
	T_e	460	448	446	444
	τ	0.458	0.953	1.271	1.712
IV	X_e	0.980	0.980	0.980	0.980
	T_i	437	432	429	425
	T_e	439	434	434	427
	τ	0.714	0.976	1.418	2.134
	$\Sigma\tau$	1.890	3.059	4.136	5.700

注：X_e——转化率/%；T_i——起始温度/℃；T_e——末尾温度/℃；τ——接触时间/s。

表 1-4-12　各段催化剂量常用的分配比例/%

催化剂床段数	第一段	第二段	第三段	第四段
四段式转化器（一转一吸）	18～22	23～25	23～25	28～32
四段炉气冷激转化器	17～20	25～28	25～28	27～30
两转两吸转化器	18～22	18～22	21～25	27～30

值得注意的是，第一段绝热操作线偏离最佳温度线较远。对此可以这样理解：如使第一段在最佳温度附近操作，则第一段进气温度将很高，很容易使催化剂过热失活，而且由于受平衡转化率的限制，第一段的转化率将很低；相反，如使操作温度偏离最佳温度线远一点，可在一段获得较高的出口转化率，且不会因为反应速率下降，使催化剂用量大幅度增加。这是因为在第一段 SO_2、O_2 含量较高，采用较低进口温度，一段反应速率亦很快，催化剂用量不会因降温增加很多。故实际生产中不要求第一段按最佳温度操作，而是使进口温度尽量低，使其接近催化剂起燃温度，以获得高转化率，减少转化段数。此外，第一段温度越低，预热炉使用的换热面积亦越少。因此，对于S105型和S107型低温钒催化剂，进气温度一般接近 400℃；对于 S101型中温催化剂一般接近 420℃。当催化剂使用到晚期，进气温度应适当提高，以保持其活性。不过，温度过低，酸

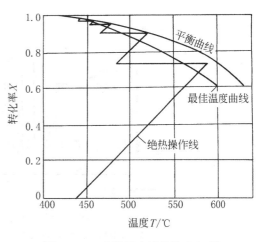

图 1-4-14　多段反应过程的 T-X 图

雾、水分对催化剂的损坏将很严重，这往往是酸厂的一个重要问题。

4.3.1.2 冷激式工艺

冷激式转化器与间接换热式转化器内的反应过程相同，只是冷激式采用冷气体与热反应气体在段间直接混合，达到降低反应气体温度的目的。对于 SO_2 氧化过程，因冷激所用冷气体的组成不同，又可分为炉气冷激和空气冷激两种。

（1）炉气冷激式

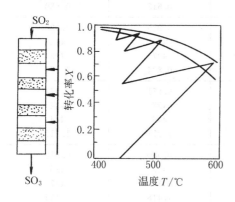

图 1-4-15　四段炉气冷激 *T-X* 图

进入转化系统的新鲜炉气，有一部分进入一段催化床，其余作为冷激气。图 1-4-15 为四段炉气冷激过程 *T-X* 图。该图与间接换热过程图不同之处在于冷却线不呈水平，冷热气体混合后混合物的转化率有所降低。其原因是向转化气加入冷炉气后，气体混合物中 SO_2 浓度增高，SO_3 浓度下降，SO_2、SO_3 浓度比值提高，因此由该气体组成计算的转化率相对较低，冷却线向下偏移。由于冷激气与转化气原始组成相同，整个过程的平衡曲线、最佳温度曲线和绝热操作线斜率均与间接换热式的相同。

计算结果及实践表明，炉气冷激式与多段间接换热式比较，最终转化率相同，所需催化剂用量有较大增加，而且最终转化率愈高，催化剂用量增加得愈多。因此，为利用冷激式的优点，多采用部分段冷激、部分段间接换热的转化器。此时采用炉气冷激的段数越多，或冷激的段位越靠后，则催化剂增量越多，故多在一段或一二段采用。

图 1-4-16 为炉气冷激式五段转化流程。一二段间采用炉气冷激，其余采用间接换热。进入转化系统的炉气的大部分（约 85%），依次经过冷热、中热、热热交换器，加热到

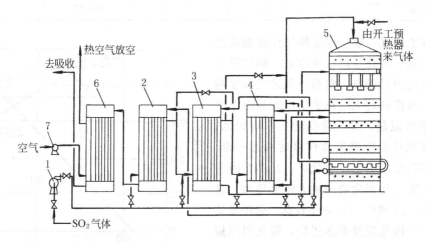

图 1-4-16　炉气冷激式五段转化流程

1—主鼓风机；2—冷热交换器；3—中热交换器；4—热热交换器；

5—转化器；6—SO_3 冷却器；7—冷风机

430℃左右进入转化器，另一少部分（约 15%）冷炉气掺入一段出口热气体，使气温从 600℃左右降到 490℃左右，转化率由 65%～70% 降到 50%～55%。转化气出二段床层依次通过热热交换器壳程、三段床层、中热交换器壳程、四段床层、器内冷却器、五段床层，最

后连续通过冷热交换器、SO_3 冷却器壳程进入吸收塔。

该流程的主要特点：省去一二段间接交换器，使流程简化，占地面积减小。

（2）空气冷激式

空气冷激式转化器在各段间补充干燥冷空气，使混合气体温度降低，满足最佳温度要求。进入转化器的新鲜混合气体全部进入第一段催化床，冷空气为外加，其冷激量视需要调节。为了避免转化后气体混合物气量过大，工艺上采用较间接换热式 SO_2 浓度更高的炉气。

表 1-4-13 为四段空气冷激式转化器各段温度与转化率分配情况，表中数据系根据 SO_2 含量为 12% 硫磺炉气计算所得。这些数据表明，直接加入冷空气进行冷却可以达到更高的转化率。

表 1-4-13　空气冷激式转化器各段温度与转化率的分配

段	气体温度/℃		转化率/%	混合气中的 (SO_2+SO_3)/%	气体体积的相对增量
	入口	出口			
四　段　催　化					
1	440	600	58	12	1.0
2	500	557	81	9.35	1.29
3	460	485	94	7.6	1.59
4	420	427	98.3	6.5	1.86
六　段　催　化					
1	440	530	58	12.0	1.0
2	530	576	70	10.0	1.2
3	510	535	86	8.7	1.37
4	475	490	93.5	7.7	1.55
5	440	447	97.3	6.9	1.74
6	410	413	99	6.3	1.91

空气冷激固然省略了中间换热器，流程也随之简化。但必须指出，采用空气冷激必须满足两个条件：第一，送入转化器的新鲜混合气不需预热，便能达到最佳进气温度的要求。第二，进气中的 SO_2 浓度比较高，否则由于冷空气的稀释，使混合气体浓度过低，体积流量过大。

用不含砷的硫磺或硫化氢为原料制酸时，炉气不含有害杂质，不需净化，只需将高温炉气降温至最佳进气温度后，便可直接进入转化器，段间冷却只能采用空气冷激。因此用硫磺或硫化氢为原料制酸，采用空气冷激式转化器较适宜。如用硫铁矿为原料制酸，因新鲜混合气温度低，需要预热，只能采用部分空气冷激转化器，如图 1-4-12 (d) 所示。

4.3.2　两次转化两次吸收工艺[4,18,19,20]

对一次转化一次吸收工艺的讨论可知，该种工艺可能达到的最终转化率为 97.5% ～98%。如要得到更高的转化率，将使催化剂用量大幅度增加，而且转化的段数亦要增加，这是很不经济的。如果将尾气直接排入大气，将造成严重的大气污染。例如日产 1000t 的硫酸装置，每天排入大气中的 SO_2 约 20～25t（以 H_2SO_4 计）。为了减少 SO_2 对大气的污染，许多制酸装置设置了尾气处理装置，其处理的方法很多，但都存在硫利用率低，投资和运行费用高的缺点。为此，人们在提高 SO_2 转化率方面，从 SO_2 催化转化反应热力学及动力学寻找答案，先后开发出"加压工艺""低温高活性催化剂"及"两转两吸"工艺等技术。但以"两转两吸"最为有效。

4.3.2.1　基本原理

所谓"两转两吸"工艺就是说，炉气进行一次转化、一次吸收后，再进行第二次转化和第二次吸收。

由 SO_2 氧化的热力学、动力学可知，从气体混合物中移去产物，会提高平衡转化率和反应速率。因此，在第一次吸收后进行第二次转化，由于反应气体中不含 SO_3，使 O_2 浓度与 SO_2 浓度比值较一次转化时高得多，平衡转化率明显提高，反应速率亦相对大大提高。在此条件下，可用较少的催化剂就能保证第二次转化率达到 95% 左右。经两次转化后，最终转化率按下式计算。

$$X_f = X_1 + (1-X_1)X_2 \qquad\qquad (1-4-36)$$

式中 X_1，X_2，X_f——分别为第一次、第二次和最终转化率。如 $X_1 = 0.9$，$X_2 = 0.95$，则：

$$X_f = 0.9 + (1-0.9) \times 0.95 = 0.995$$

由此可见，两次转化中，每次转化率虽不很高，但累计以后转化率能达到很高值。

根据宏观动力学及式（1-4-34），可分别计算一次转化和两次转化的接触时间。当 SO_2 含量为 9%，转化率低于 92% 时，两种工艺的接触时间基本相同；而当转化率达到 95% 时，一次转化的接触时间为 4.56s，两次转化是 2.03s，由此可知转化率由 92% 上升到 95%，第一次转化需 2.63s，而第二次转化只需 0.096s，这时第二次转化的催化剂用量为第一次转化用量的 1/26，如转化率继续提高，一次转化所需催化剂将比两次转化催化剂用量高得更多。因此两次转化两次吸收不仅能较容易地获得高转化率，而且在经济上亦更为合算。

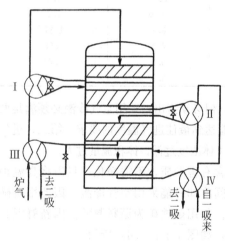

图 1-4-17 3+1，Ⅲ、Ⅰ-Ⅳ、Ⅱ流程

4.3.2.2 两次转化催化床段数及其分配

采用两次转化工艺时，催化剂装填段数及其在前后两次转化的分配与最终转化率、换热面积大小有很大关系。流程的特征，可用第一、第二次转化段数和含 SO_2 气通过换热器的次序来表示。例如：3+1，Ⅲ、Ⅰ-Ⅳ、Ⅱ流程，是指第一次转化用三段催化剂，第二次转化用一段催化剂；第一次转化前，含 SO_2 气体通过换热器的次序为：第Ⅲ换热器（指冷却从第Ⅲ段催化剂床出来的转化气用的换热器），第Ⅰ换热器；第二次转化前，含 SO_2 气体通过换热器的次序为：第Ⅳ换热器，第Ⅱ换热器，如图 1-4-17 所示。此外，常见的还有 3+1，Ⅳ、Ⅰ-Ⅲ、Ⅱ等流程。现在，一般有 "2+1" "3+1" "2+2" "3+2" 等组合方式，而国内外多采用 "3+1" 组合方式，这种方式，气体进入第一吸收塔（中间吸收塔）后，由于经过三段转化，在塔中将会有更多 SO_3 从系统中移去，如果第二次转化反应温度足够低，则可获得稍高的最终转化率。为了进一步提高最终转化率，以适应越来越高的环保要求，采用 "3+2" 组合方式逐渐增多，其段数分配得更好，最终转化率可达到 99.7% 以上，但投资和操作费用有所增加。

4.3.2.3 换热器的配置

两次转化两次吸收工艺的关键是要保证系统的自热平衡。在正常操作条件下，既要满足各催化床气体进口温度的要求，又要使系统所需要的传热面积尽量小。因此，必须合理配置冷气体与热转化气热交换的组合方式。对于硫铁矿为原料的制酸系统，若段数按 "3+1" 分配，换热器的配置按冷炉气与热转化气换热情况的不同，一般有下列三种组合：

第一种组合，第一次转化前的冷 SO_2 气依次与出Ⅲ、Ⅱ段催化床转化气换热升温；第二次转化前的气体与出Ⅳ、Ⅰ段催化床转化气换热升温，组合型式如图1-4-18所示。

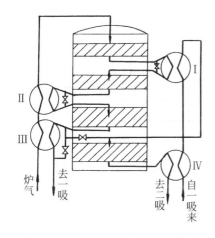

图1-4-18　换热器第一种组合形式
（Ⅲ、Ⅱ-Ⅳ、Ⅰ）

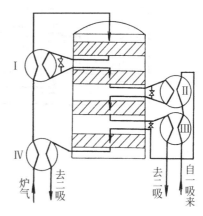

图1-4-19　两转两吸换热器组合型式
（Ⅳ、Ⅰ-Ⅲ、Ⅱ）

该组合的优点：当第一段催化床中催化剂活性降低，反应后移时，Ⅲ、Ⅱ换热器能保证第一次转化 SO_2 气的进口温度。

第二种组合，第一次转化前冷 SO_2 气与出Ⅳ、Ⅰ段催化床转化气换热升温；第二次转化前冷气体与出Ⅲ、Ⅱ段催化床转化气换热升温，组合形式如图1-4-19所示。

该组合的优点：Ⅰ、Ⅳ段催化床总的反应热大于Ⅱ、Ⅲ段，用Ⅳ、Ⅰ换热器预热入Ⅰ段催化床的冷炉气，对于保证Ⅰ段催化床的操作很有利。

第三种组合，第一次转化前冷炉气与出Ⅲ、Ⅰ段催化床热转化气换热升温；第二次转化前冷气体与出Ⅳ、Ⅱ段催化床转化气换热升温。Ⅲ、Ⅰ-Ⅳ、Ⅱ组合型式如图1-4-17所示。

该组合的优点：Ⅰ换热器加热第一次转化冷气，除可节省换热面积外，对开车、平稳操作及调节都很有利。因此，目前中国用Ⅲ、Ⅰ-Ⅳ、Ⅱ流程较多。

以上组合，均能满足两次转化中冷气体升温所要求的热量和温度两个条件。哪种组合方式最好，它们的评价标准是，在保证最佳工艺条件的前提下，总换热面积最小。

因第一次、第二次转化后，热气体与冷气体换热量大，为提高换热器的传热系数，取管内流速较高，故换热管较长，为方便起见，多把"3＋1"流程的Ⅲ、Ⅳ换热器、"2＋2"流程的Ⅱ、Ⅳ换热器都设计成串联的两个换热器，而不采用单个换热器。

4.3.2.4　工艺流程

国内采用较多的两种流程，如图1-4-20、图1-4-21所示，该两种流程分别为："3＋1"，换热器组合为Ⅲ、Ⅰ-Ⅳ、Ⅱ；"2＋2"，换热器组合为Ⅱ、Ⅲ-Ⅳ、Ⅰ。

就最终转化率而言，图1-4-20的流程优于图1-4-21的。在进气 SO_2 浓度为9.5％时，最终转化率可达99.5％左右。就换热情况而言，亦是Ⅲ、Ⅰ-Ⅳ、Ⅱ流程优于Ⅱ、Ⅲ-Ⅳ、Ⅰ流程。

4.3.2.5　两次转化两次吸收的优缺点

两转两吸流程应用之所以越来越广，主要由于以下几点。

① 最终转化率高，转化反应速度快。这样既可满足越来越高的环保要求及提高硫的利用率，而且又不使催化剂用量较一转一吸多（转化率97.5％）。

② 能够处理 SO_2 含量较高的气体。实践证明，硫铁矿制酸一般采用 SO_2 含量8.5％～9.0％，硫磺制酸一般采用10.5％～14％，富氧焙烧烟气制酸可把 SO_2 含量提高到14％～15％。由此可提

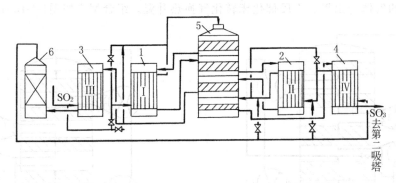

图 1-4-20　两次三、一段式四段转化流程

1—第一换热器；2—第二换热器；3—第三换热器；

4—第四换热器；5—转化器；6—中间吸收塔

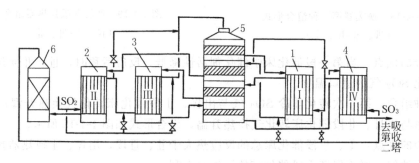

图 1-4-21　两次双段式四段转化流程

1—第一换热器；2—第二换热器；3—第三换热器；

4—第四换热器；5—转化器；6—第一吸收塔

高装置的生产能力。

③ 减轻尾气危害。两转两吸流程尾气中 SO_2 含量低于 0.0328%，仅为一转一吸流程尾气中 SO_2 含量 0.35% 的 1/10。如用氨法和其它方法回收一次转化尾气中的二氧化硫，所需投资和操作费用一般比两次转化增多。

两次转化流程亦有其缺点。

① 由于增设中间吸收塔，转化气温度由高→低→高，整个系统热量损失较大。气体两次从 70℃ 左右升高到 420℃，换热面积较一次转化大。而且炉气中 SO_2 含量越低，换热面积增加得越多。

② 两次转化较一次转化增加了一台中间吸收塔及几台换热器，阻力比一次转化流程增大 3900～4900Pa。

③ 二次转化流程较一次转化复杂，操作亦稍复杂一点。

4.3.3　沸腾转化流程[21,22]

传统上，二氧化硫催化氧化过程均采用固定床转化器，这种转化器的生产强度受到多种因素的限制：A. 催化剂颗粒不能太小（由此造成催化剂内表面利用率不够大），否则反应气体通过催化床的阻力过大。B. 钒催化剂导热系数小，不能采用换热管将固定床中的热量移去；C. 由于绝热过程气体温升与气体中 SO_2 含量成正比，不能采用高含量的二氧化硫气体。

相对而言，沸腾床反应器有以下特点：A. 易于从沸腾层移去热量，实现等温转化。

B. 沸腾床可使用小颗粒催化剂降低内扩散影响。C. 气固接触强度大，对传质、传热有利。D. 可以采用高浓度或较低浓度二氧化硫气体。E. 由于催化剂的蓄热，进气温度可以较传统固定床低很多。因此，为克服固定床的缺点，采用沸腾床反应器是较适宜的。

4.3.3.1 沸腾床用钒催化剂

研制沸腾床钒催化剂最大的技术问题是克服磨损问题。只有当催化剂年磨损率在5％以下，最好在1％以下，才可用于沸腾床。据有关资料报道，前苏联、德国制造的沸腾床钒催化剂用硅铝胶为载体，前苏联的"KC"型钒催化剂具有高活性、低操作温度、耐磨的特点，催化剂粒径在1.5mm左右，用于含SO_2 30％～50％的高浓气体制酸及冶炼烟气制酸，已建有年产15000t硫酸的中试装置。德国生产的沸腾床钒催化剂粒径在0.3～1.5mm，已用于日产200～280tSO_3的制酸装置。

60年代，中国开始沸腾转化用钒催化剂的研制。当时受载体制备技术的限制，催化剂强度较差。现在，中国制备的VF型中温及低温两种型号沸腾床钒催化剂具有较高的活性和强度。在上海硫酸厂年产3000t硫酸中试装置中试用结果表明，活性和强度都很好，磨损率在5％以内。

4.3.3.2 沸腾床转化器的应用前景

（1）简化传统 SO_2 转化工艺

以硫铁矿为原料的两次转化两次吸收系统，由于段间需设置换热器，换热器与转化器需用庞大的管道相联，所以流程复杂，热损失大，可回收热量较少。如若使用一台沸腾床转化器（一段或两段）代替一次转化的两段或三段固定床，则转化流程可大大简化（如图1-4-22所示），回收热量可以直接从床层内的换热器获得。

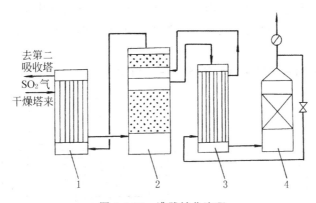

图 1-4-22　沸腾转化流程

1，3—热交换器；2—沸腾转化器；4—中间吸收塔

（2）在非常规浓度 SO_2 气体转化的应用

① 低浓度 SO_2 气体。沸腾床转化装置相对固定床转化系统热损失较小，对采用较低含量气体的两次转化装置来说更显重要。这种工艺允许采用的 SO_2 含量可接近于系统维持自热平衡所需要的最低含量（一次吸收约为4％，两次吸收约为5％）。

② 高浓度 SO_2 气体。采用富氧或纯氧焙烧，可产生高浓度 SO_2 炉气；在铜、锌等冶炼中采用富氧或纯氧焙烧，由此可产生高浓度 SO_2 冶炼烟气。原则上这种高浓度 SO_2 气体能够用固定床转化器处理，但由于各段出口温度不允许超过催化剂失活温度和平衡温度。因此，需要较多段催化床或将转化气循环转化才能保证较高的硫利用率。由于气固间易于传热，催化剂内的热量可迅速传递到气相；另外，颗粒上下跳动，整个床层接近等温，如床内

恰当设置移热元件，不会出现催化剂烧坏的现象，因而允许处理高浓度 SO_2 气体。

（3）无尾气排放的硫酸生产

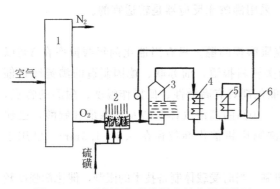

图 1-4-23　采用氧气的沸腾床转化制酸装置
1—空气分离装置；2—焚硫炉；3—沸腾床转化器；
4—换热器；5—冷却器；6—吸收塔

令人感兴趣的一个罕见例子是一套用氧气代替空气的装置，其流程如图 1-4-23 所示。图中焚硫炉与空气分离装置串联。由于吸收塔出口气体可直接返至沸腾床转化器进口处，故这种硫酸装置仅需一段沸腾床、一台换热器、一台冷却器，一台吸收塔。这种没有废气的硫酸生产装置的大小仅为同规模传统硫酸装置的 1/3 或 1/4。粗略计算表明，由这种装置回收的额外热量足以抵偿空气分离制造氧气所需的能量，并且有余。该种制酸方法将是硫酸工业发展的一个新方向。

4.3.4　加压转化流程[2]

目前，进一步发展硫酸工业最有前途的方向之一是采用加压制酸工艺。法国、美国、日本、加拿大、俄罗斯等一些国家的工程技术人员，从 60 年代末就积极从事加压工艺的研究开发工作。法国科技人员最先使加压法工艺实现工业化（1972 年）。他们开发的 PCUK 流程（Produits Cnimiques Uglne Kuhlman 公司），在里昂附近的彼埃尔-贝所特建厂，规模为 165kt/a，以硫磺为原料。

从反应热力学和反应动力学看，增加压力有利于 SO_2 催化氧化反应向生成 SO_3 的方向进行，再者系统压力增高，可较多地减小装置和管道的尺寸，减少装置占地面积，从而减少装置投资。

法国的 PUCK 采用两次转化流程如图 1-4-24 所示。

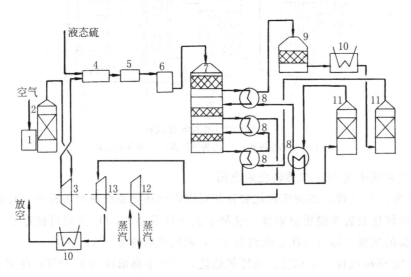

图 1-4-24　加压法硫磺制酸流程
1—过滤器；2—干燥塔；3—压缩机；4—焚硫炉；5—余热锅炉；6—气体过滤器；
7—一次转化器；8—换热器；9—二次转化器；10—省煤器；11—吸收塔；
12—蒸气透平；13—膨胀透平

经干燥后的空气，由压缩机压缩至 0.5MPa，与熔融硫磺一同喷入焚硫炉，制得含 SO_2 12％左右的高温炉气。此炉气依次通过废热锅炉和过滤器，温度降至 430℃左右，然后进入第一转化器，使其转化率上升为 95％。该热转化气经冷却降温送至第一吸收塔移去 SO_3。经一次转化一次吸收的气体，再次进入第二转化器，使总转化率上升至 99.85％。第二吸收塔排出的尾气温度为 85℃，依次进入两个换热器，温度升至 500℃左右，然后进入膨胀透平降低压力并释放能量，为压缩机提供动力，出膨胀透平后温度约 150℃，经过省煤器后排入大气。

这套装置能力 575t/d，使用催化剂 42m³（约合 73L/t 酸·d），1t 酸产出压力 4MPa、温度 440℃的蒸汽 975kg，吨酸耗电 55 度。尾气膨胀透平与压缩机位于同一轴上，能得到生产过程所需大部分能量。主要设备的尺寸和金属耗用量较同规模普通装置减少½~⅔，占地面积减少⅔~¾，如再增加新产品，可直接生产液体三氧化硫和游离 SO_3 65％以上的高浓度发烟硫酸。

4.3.5　非稳态转化流程[23]

硫酸生产中，SO_2 转化系统为获得较高的转化率和实现自热操作，需设置多个换热器且转化器分为多段。实践表明，换热系统的投资和阻力皆占转化系统投资和阻力的一半以上，而且，随进气 SO_2 浓度下降，换热面显著增加，当浓度过低时，又难以维持系统自热平衡。通常，一转一吸要求进气 SO_2 含量大于 4％；两转两吸则要求大于 5％。按此要求，许多冶炼烟气的转化都难以自热操作，需补充热量。

80 年代初，前苏联学者马特罗斯（Матрос）等人提出了一种新颖的转化器，称为非稳态转化器。使用该转化器可不设换热器或减少换热器面积，既显著节省了投资费用，又降低了操作费用。尤其是该转化器可实现很低浓度下的自热操作，节能效果非常明显。

4.3.5.1　基本原理

催化剂床层有双重功能——催化反应和蓄热换热。当一个正常操作的固定床反应器进气温度突然下降时，床层进口端下游温度并不像人们想象的那样，会紧跟着下降，而是会很快上升，形成一个温度突跃，并且温度上升值远远大于绝热温升。随着气体不断通过床层，这种具有突跃的温度分布会向前移动，其移动方式颇像波的运动，因而称为固定床的热波，温度突跃部分称为热峰。一般，进料温度下降得越大，这种现象越明显。

不难想象，冷气体正向进料一定时间后，在进气端形成的热峰将移到出口端，如继续从该方向进料，热峰会很快移出床层，从而使反应器处于习惯概念下的熄灭状态；如在热峰接近出口端时，将气流切换到反向进料，床层中同样会形成一个反向运动的热波，再经一定时间，热峰接近原进口端。如此不断周期性地切换进料方向，热波会在床层中往复移动。温度高于起燃温度的区域是气体进行转化的区域，该反应区亦随着热峰在床层作往复运动。这便是所谓的非稳态（或非定态）操作。由于气体进入反应器的温度可以低至室温，从而可省去换热器。

研究表明，热峰的移动程度取决于过程的动力学性质和反应热效应，并与气流速度、气体热容及密度成正比，与床层的热容、密度成反比。在实际操作中，切换时间主要取决于气体的温度、浓度和气流速度。热峰点温度取决于气体浓度和气流速度。由于过程为非稳态，SO_2 转化率和床层行为受多种因素影响，现在从理论上还没有完全搞清。但总的来讲，气体中 SO_2 浓度越高，切换时间越长。为不使床层温度超过催化剂的失活温度，气流速度亦

应随 SO_2 浓度的增高而降低。

4.3.5.2 生产流程

以俄罗斯阿维尔矿冶公司的装置为例,其流程如图 1-4-25 所示。

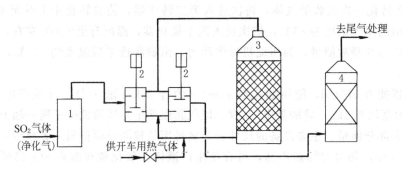

SO_2 气体
(净化气)

供开车用热气体

去尾气处理

图 1-4-25 SO_2 气体非稳态转化流程

1—过滤器;2—气动切换阀;3—转化器;4—吸收塔

到目前为止,非稳态转化器有以下四种形式:单段绝热式;两段中间间接换热式;三段中间间接换热式;三段中间冷激式。它们分别适用于 $0.5\%\sim1.5\%$,$1.5\%\sim2.5\%$,$2.5\%\sim4\%$,$4\%\sim8\%4$ 种不同含量范围含硫烟气的转化。

非稳态转化流程有以下优点:A. 二氧化硫浓度很低时仍能维持反应正常进行,特别适用于处理气量和气体组成波动较大的有色冶炼烟气及其它浓度较低的尾气,对浓度较高的气体可采用多段中间换热反应器。B. 不需将原料气加热到反应温度即可生产,可节省大量钢材,缩短开车时间,降低系统阻力。

但该流程亦存在以下缺点:A. 催化剂易于失活,处于床层两端的催化剂严重地受气体有害杂质的毒害,中部催化床则经常处于较高温度下,易产生热钝化,而且,催化剂温度波动较大,易于受热变形而损坏。B. 采用单段非稳态转化并不理想,实际生产中逐渐采用二段或三段,甚至采用稳态与非稳态相结合的转化工艺,这样并不能节省多少金属材料;C. 换向阀尚未过关,漏气量较大,导致硫损失率较高。D. 管道腐蚀较严重。E. 转化率不高,难以达到环保允许的排放标准。

由于该技术有以上几方面的不足,而且非稳态转化在理论上还不够清楚,要在工业中推广应用,还需做大量研究工作。

4.4 转化系统设备

二氧化硫转化工序的设备主要有转化器、换热器、鼓风机和加热炉等,以及其它许多阀门、仪表等附属设备。下面主要介绍转化器、换热器及鼓风机。

4.4.1 转化器

转化器型式按床层类型分,有固定床和流化床两种;按换热器位置分,有内部换热型和外部换热型;按气流在床内流动方向分,有轴向转化器和径向转化器。

无论何种形式转化器,在设计时应考虑以下因素:A. 转化过程要尽可能满足最佳温度曲线的要求,以减少单位酸产量催化剂的使用量,一般出口温度不超过 $600℃$。B. 转化器单台能力与全系统能力配套。C. 设备阻力既要小,又能使气体在床层内部分布均匀。D. 应最大限度地回收和利用 SO_2 反应热。E. 设备应便于制造、安装、检修,便于更换催化剂。F. 转化器的建设费用应低。

4.4.1.1 外部换热式转化器

图 1-4-26 为孟山都型四段外部换热式转化器，用于两次转化流程，生产能力1000t/d。直径 11m，总高 14.6m。第一、二段内壁衬耐火砖。为防止一次转化气向二次转化气泄漏，第三、四段间采用整体隔板。

外部换热式较内部换热式转化器结构简单，便于制造、安装和维修，易于实现大型化。

4.4.1.2 内部换热式转化器

80 年代初，加拿大 Chemietics 公司设计的"2＋2"式两次转化器，壳体和内件均用不锈钢焊接组合，用于 600t/d 的硫磺制酸系统，结构如图 1-4-27 所示。

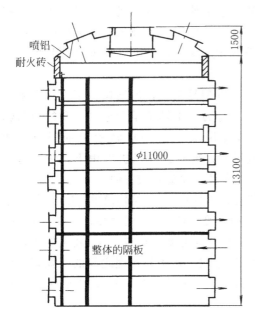

图 1-4-26 外部换热式转化器

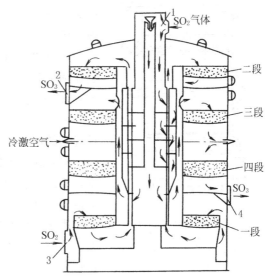

图 1-4-27 内部换热式转化器

1—来自中间吸收塔及冷热交换器的 SO_2 气体出口；

2—去过热器、1号省煤器及中间吸收塔的 SO_3 气体出口；

3—来自余热锅炉的 SO_2 气体入口；4—去冷热交换器、

2 号省煤器及最终吸收塔的 SO_3 气体出口

第一段床层置于底部，床层不与外壳相接。中心设置碟环式换热器，用于冷却一段出口气体。床层的箅子板和层间隔板均呈弧形。此转化器改善了高温部位接管，解决了一段壳壁与高温气接触易损坏的问题，布气较均匀，阻力小，而且一段催化剂不易受污染，也容易处理和更换。但转化器直径较同规模转化器大，修理换热器较困难。

4.4.1.3 沸腾床转化器

图 1-4-28 为前苏联用的四段沸腾床转化器。反应混合气体依次由下而上通过各段催化床。第一段催化床的温度采用部分气体通过预热器来进行调节，其余三段催化床中均设的换热器，通过进入换热管内的冷却水量调节床层温度，使各段温度维持最佳值。转化器顶部装有除尘罩，以捕集气体夹带的粉尘。一般进气温度 300～350℃，流体阻力约 10kPa，总转化率 95％～98％。主要操作指标见表 1-4-14。

表 1-4-14　沸腾床转化器主要操作指标

段号	固定床高度/mm	沸腾床高度/mm	温度/℃	转化率/%
Ⅰ	250	375	550	60～75
Ⅱ	300	450	480	80～90
Ⅲ	350	575	455	90～95
Ⅳ	350	575	415	95～98

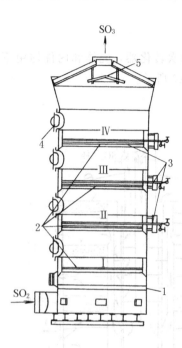

图 1-4-28　四段沸腾床转化器
1—气体分布板；2—箅子板；3—换热元件；4—人孔；5—除尘罩；Ⅰ～Ⅳ—催化剂床

除上述几种转化器外，还有径向转化器，径向-轴向转化器，卧式转化器，空气冷激式转化器等。这些转化器仅仅是结构形式不同，其基本原理是相同的。

4.4.2　鼓风机

目前中国硫酸工业上使用的鼓风机，大多为离心式和容积式两种。容积式通常使用罗茨鼓风机。大型硫酸厂一般采用离心式鼓风机，小型硫酸厂一般采用罗茨式鼓风机。

离心式鼓风机尽管型号不一，但结构差不多。主要区别在轴承和进气口。有的为单轴承单面进气，有的为双轴承双面进气。目前使用最多的是单轴承单面进气，如D700—13—1型鼓风机。离心式鼓风机可用于大中小型各种规模的制酸装置，使用、维修均较方便。

罗茨式鼓风机有以下特点：A. 结构简单。B. 送气量稳定，不因系统阻力而改变。C. 出口压力高，可在 0.4MPa 下运行。D. 制造和维修费用低。缺点：A. 鼓风量小，一般只用于小型制酸装置。B. 转子与机壳之间的间隙容易增大，导致风机效率降低，一般效率在 0.6～0.7 左右。C. 噪音较大。

参 考 文 献

1　向德辉主编. 化肥催化剂实用手册. 北京:化学工业出版社.1992

2　Боресков,г.к.давыдова,д.п.и др. ,*ДАН СССР*.1968,171:648

3　Базарова,ж.г..Воресков, Г.К.. и др.,*Кинеч.и.Катад.*.1971,12:948

4　[日]硫酸协会编辑委员会编. 硫酸手册. 张弦等译. 北京:化学工业出版社.1982

5　汤桂华主编. 化肥工学丛书·硫酸. 北京:化学工业出版社,1999

6　Mars,P. ,Meassen,J. G. H. ,Proc. 3rd Int. Congr. on Catalysis. Amsterdam,1965,1:266

7　Mars,P. ,Meassen,J. G. H.. *J. Catal.*. 1968,10(1):1

8　CA 79,70574V

9　郭汉贤,韩镇海等. 化工学报.1984,(2):139

10　化工设计院技术情报科译. 硫酸生产中的催化过程. 北京:化学工业出版社.1959

11　久保. 硫酸. 石泽译.1959,12(9):243

12　韩镇海,郭汉贤,孙彦平. 太原工业大学学报.1986,(3):8

13　韩镇海,郭汉贤,孙彦平. 催化学报.1984,5(4):389

14　Иванов,А.А.и Боресков,Г.к.. *Kat*.1968,9(3):560

15　向德辉. 硫酸工业增刊(转化专辑).1979,(6):1

16　同[5]1984,(3):244

17　韩镇海等. 硫酸工业.1995,(5):3

18 Амелин, А.Т..Тохнология Сернсй Кислоты.МОСКВА,Химия,1983

19 钟文卓等．硫酸工业．1986,(6):2

20 硫酸工业编辑部．硫酸工业．1982,(1):3

21 硫酸工业编辑部.1981年国际硫酸专业会议论文译文集.1984

22 孙师白．硫酸工业．1983,(2):23

23 肖文德等．硫酸工业．1995,(2):3

第五章　三氧化硫的吸收

吸收即指使用浓硫酸吸收转化气中 SO_3 的过程，该过程是制酸过程中第三个化学变化过程。

5.1　基本原理

二氧化硫转化为三氧化硫之后，气体进入吸收系统用发烟硫酸或浓硫酸吸收，制成不同规格的产品硫酸。吸收过程可用下式表示：

$$SO_3 \text{（g）} + H_2O \text{（l）} = H_2SO_4 \text{（l）} + 134.2kJ \qquad (1\text{-}5\text{-}1)$$

接触法生产的商品酸，通常有大于 92.5% 浓硫酸，大于 98% 浓硫酸，含游离 $SO_3 \geqslant$ 20% 标准发烟硫酸，含游离 SO_3 65% 高浓度发烟硫酸（近年来这种发烟硫酸在化学工业等部门应用愈来愈广泛）。

三氧化硫的吸收，实际上是从气相中分离 SO_3 分子使之尽可能完全地转化为硫酸的过程。该过程与净化系统所述的 SO_3 去除，在机理上是不同的。采用湿法净化时，炉气中 SO_3 先形成酸雾，然后再从气相中清除酸雾液滴。而在这里是采用吸收剂——硫酸直接将分子态 SO_3 吸收。

5.1.1　影响发烟硫酸吸收过程的主要因素

吸收系统生产发烟硫酸时，首先将净转化气送往发烟硫酸吸收塔，用与产品酸浓度相近的发烟硫酸喷淋吸收。

用发烟硫酸吸收 SO_3 的过程并非单纯的物理过程，属化学吸收过程[1]。一般情况下，该吸收过程属气膜扩散控制，吸收速率取决于传质推动力、传质系数和传质面积的大小，即：

$$G = kF \cdot \Delta p \qquad (1\text{-}5\text{-}2)$$

式中　G——吸收速率；

$\quad\quad k$——吸收速率常数；

$\quad\quad F$——传质面积；

$\quad\quad \Delta p$——吸收推动力。

在气液相逆流接触的情况下，吸收过程的平均推动力可用下式表示。

$$\Delta p = \frac{(p'_1 - p''_2) - (p'_2 - p''_1)}{2.3 \lg \dfrac{(p'_1 - p''_2)}{(p'_2 - p''_1)}} \qquad (1\text{-}5\text{-}3)$$

式中　p'_1，p'_2——分别为进出口气体中 SO_3 分压，Pa；

$\quad\quad p''_1$，p''_2——分别为进出口发烟硫酸液面上 SO_3 的平衡分压，Pa。

当气相中 SO_3 含量及吸收用发烟硫酸含量一定时，吸收推动力与吸收酸的温度密切相关。酸温愈高，酸液面上 SO_3 平衡分压愈高，推动力相对愈小，吸收过程的速度亦愈小；吸收酸温升高到一定温度时，推动力接近于零，吸收过程趋于停止，或将达不到所要求的发烟硫酸含量。

当气体中 SO_3 含量为 7% 时，不同酸温下所得发烟硫酸的最大含量如表 1-5-1 所示。

表 1-5-1　不同吸收酸温度下产品发烟硫酸的最大含量

吸收酸温度/℃	20	30	40	50	60	70	80	90	100
产品发烟酸含量/SO_3%（游离）	50	45	42	38	33	27	21	14	7

由表 1-5-1 可见，当气体中 SO_3 含量为 7％时，吸收酸温度超过 80℃，将不会得到标准发烟硫酸，吸收过程将停止进行。

在某条件下用游离 SO_3 为 20％的发烟硫酸吸收 SO_3 时，气相中 SO_3 含量及吸收酸温度对吸收率的影响，可用图 1-5-1 表示。由图可见，吸收酸温度越高，吸收率越低；气相中 SO_3 含量越低，吸收率越低。

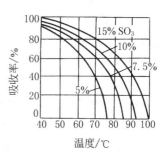

图 1-5-1　用发烟硫酸吸收 SO_3 的吸收率与温度的关系

由传递理论可知，传质系数主要受气液相间相对运动速率影响，相对运动速度越大传质系数越大。而气液相对运动速度及传质面积主要取决于吸收塔的填料类型。

另外，在通常条件下，用发烟酸吸收 SO_3，吸收率不高。转化气经发烟硫酸吸收塔后，气相中 SO_3 含量仍较多，须经浓硫酸进一步吸收。

5.1.2　影响浓硫酸吸收过程的主要因素[1,2,3]

浓硫酸吸收 SO_3 的过程，是一个伴有化学反应的气液相吸收过程，也可以讲是一个气液反应过程。研究表明，该过程属气膜扩散控制，吸收速率亦可用式（1-5-2）表示。影响该过程吸收速率的主要因素有：用作吸收剂的硫酸含量、硫酸温度、气体温度、喷淋酸量、气速和设备结构等。

5.1.2.1　H_2SO_4 含量的影响

由三氧化硫吸收反应方程式可以看出，从单纯完成化学反应的角度看，似乎水和任意含量的硫酸均可作为吸收剂。但从提高 SO_3 吸收率和减少硫的损失着眼，需对酸含量进行认真选择。

研究表明，吸收酸的含量为 98.3％ H_2SO_4 时，可以使气相中 SO_3 的吸收率达到最完全的程度。含量过高或过低均不适宜。参见图 1-5-2。

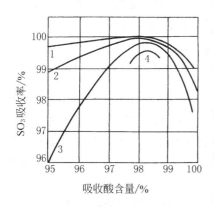

图 1-5-2　吸收酸含量、温度对吸收率的影响

1—60℃；2—80℃；

3—100℃；4—120℃

吸收酸含量低于 98.3％ H_2SO_4 时，酸液面上 SO_3 平衡分压较低（$p_{SO_3} \approx 0$），但水蒸气分压逐渐增大。当气体中 SO_3 分子向酸液面扩散时，绝大部分被酸液吸收，很小部分与从酸液表面蒸发并扩散到气相主体中的水分子相遇，形成硫酸蒸气。所形成的硫酸蒸气同三氧化硫一样可被酸液吸收，且其吸收速率亦由推动力、吸收速率常数决定。当酸含量低到一定程度时，水蒸气平衡分压过高，水蒸气与三氧化硫反应生成的硫酸蒸气过多，以至超过酸液的吸收速率，从而造成硫酸蒸气在气相中的积累，如此时硫酸蒸气含量超过其临界饱和含量，酸雾的形成就成为必然。我们知道，酸雾不易被分离，通常随尾气带走，排入大气。一般吸收酸中 H_2SO_4 含量愈低，温度愈高，酸雾形成量愈大，相应的 SO_3 损失也愈多。

相反，吸收酸含量高于 98.3％ H_2SO_4 时，液面上水蒸气平衡分压接近于零($p_{H_2O}^* \approx 0$)，而 SO_3 的平衡分压较高，且随酸中 H_2SO_4 含量提高逐渐增高。SO_3 平衡分压愈大，气相中 SO_3 的吸收率相对愈低。尾气中 SO_3 在距烟囱一定距离时，会与大气中的水分形成青（蓝）色酸雾。

上述两种情况都能恶化吸收过程，降低 SO_3 的吸收率，尾气排放后可见到酸雾。但两种情况所具特征有差异，前者是在吸收过程中产生酸雾，因而尾气在烟囱出口呈白色雾状；而后者是在尾气离开烟囱一定距离后形成白色雾状。

当含量为 98.3％ H_2SO_4 时，兼顾了酸液液面的 SO_3、H_2O、H_2SO_4 分压，对于三氧化硫具有最高的吸收效率。一般只要进入吸收系统的气体本身是干燥的，在正常操作条件下，可使三氧化硫的吸收率达到 99.95％ 以上。这时，尾气烟囱出口处将看不到酸雾。

5.1.2.2　吸收酸温度

吸收酸温度对 SO_3 吸收率的影响较为明显。在其它条件相同的情况下，吸收酸温度升高，SO_3、H_2O、H_2SO_4 的蒸气压升高，SO_3 的吸收率降低。因此，从吸收率角度考虑，酸温低好。

但是，酸温度亦不是控制得越低越好，主要有两个原因：A. 进塔气体一般含有水分（规定＜ $0.1g/m^3$），尽管进塔气温较高，如酸温度很低，在传热传质过程中，不可避免地出现局部温度低于硫酸蒸气的露点温度，此时会有相当数量的酸雾产生。B. 由于气体温度较高以及吸收反应热，会导致吸收酸有较大温升，为保持较低酸温，需大量冷却水冷却，导致硫酸成本不必要的升高。

在酸液吸收 SO_3 时，如用喷淋式冷却器来冷却吸收酸，酸温度应控制在 60～75℃ 左右，酸温度过高，会加剧硫酸对铁制设备和管道的腐蚀。即使采用新型防腐酸冷器亦会出现腐蚀加剧的情况。

近 20 年来，随两转两吸工艺的广泛应用，以及低温余热利用技术的成熟，采用较高酸温和进塔气温的高温吸收工艺既可避免酸雾的生成，减小酸冷器的换热面积，又可提高吸收酸余热利用的价值。其中关键在于设备和管道的防腐技术。

5.1.2.3　进塔气温的影响

进塔气温对吸收 SO_3 亦有较大影响。在一般的吸收过程中，气体温度低有利于提高吸收率和减小吸收设备体积。但在吸收转化气中 SO_3 时，为避免生成酸雾，气体温度不能太低，尤其在转化气中水含量较高时，提高吸收塔的进气温度，能有效地减少酸雾的生成。

表 1-5-2 为转化气三氧化硫含量为 7％ 时，水蒸气含量与转化气露点的关系。

表 1-5-2　水蒸气含量与转化气露点的关系

水蒸气含量/(g/m^3)	0.1	0.2	0.3	0.4	0.5	0.6	0.7
转化气的露点/℃	112	121	127	131	135	138	141

从表 1-5-2 可以看出，当炉气干燥到含水蒸气只有 $0.1g/m^3$ 时，转化气进吸收塔温度必须高于 112℃。不过是否出现酸雾，还要视吸收酸温度，如其低到一定程度，首先会在液面附近（低温区）形成酸雾。控制酸雾形成在严格控制酸温度、进塔气体温度下，降低净化气中水分是关键。

在高温吸收工艺中，进塔气体温度提高到 180～230℃，这样气体在吸收塔中各部位均能保持在露点温度以上，出转化器的气体不必冷却。在两转两吸工艺中，采用高温吸收，提高进塔气体温度可很好地解决系统热平衡问题，尤其对中间吸收塔更为有利，可以减缓工艺中"热冷热"的弊病。

当然，采用高温吸收操作后，会出现管道、酸泵等腐蚀加剧问题。目前许多装置采用合金管、低铬铸铁及硅铁管替代老式铸铁管，采用耐酸合金等耐腐材料制作酸泵，采用聚四氟乙烯材料制作垫片，较好地解决了高温热酸的腐蚀问题。

5.1.2.4 循环酸量的影响

为较完全地吸收三氧化硫，循环酸量的大小亦很重要。若酸量不足，酸在塔的进出口浓度、温度增长幅度较大，当超过规定指标后，吸收率下降。吸收设备为填料塔时，酸量不足，填料的润湿率降低，传质面积减少，吸收率降低；相反，循环酸量亦不能过多，过多对提高吸收率无益，还会增加气体阻力，增加动力消耗，严重时还会造成气体夹带酸沫和液泛。

循环酸量通常以喷淋密度表示。中国硫酸厂多取喷淋密度在 $15 \sim 25 \mathrm{m^3/(m^2 \cdot h)}$ 范围内。

5.1.2.5 影响吸收速率的因素

为了强化吸收过程，提高单位容积设备的效能和产率，还需注意与吸收速率有关的因素。

用硫酸吸收 SO_3 的速率很快，速率受气膜控制。其中吸收速率系数 k（湍流情况下）可以用下式表示。

$$k = k_o W^{0.8} \tag{1-5-4}$$

式中　k——吸收速率系数，$\mathrm{kg/(m^2 \cdot h \cdot Pa)}$；

　　　k_o——常数，与温度及硫酸含量有关；

　　　W——吸收塔内气体的空塔速度，$\mathrm{m/s}$。

（在实验室条件下测得）常数 k_o 与吸收酸中 H_2SO_4 及温度的关系，如图 1-5-3 所示。

由图可见，用温度为 60℃、含量为 98.3％ H_2SO_4 吸收时（即 SO_3 总量为 80％），$k_o = 0.175 \times 10^{-2}$；而当用含游离 SO_3 为 20％（即 SO_3 总含量为 85.3％）的发烟硫酸吸收时，$k_o = 0.115 \times 10^{-2}$。

吸收速率系数 k 随气流速度的提高而增大。气流速度增大到原来的 2 倍，吸收速率系数即增加到原来的1.7 倍。

但是，在重力场控制之下，气液逆流操作的塔，气流速度不能无限制增大。塔的极限速度为液泛速度的 60％～85％，通常选 60％～70％作为操作速度，采用矩鞍形或阶梯环填料时，一般为 $1.0 \sim 1.5 \mathrm{m/s}$。个别可达到 $1.8 \mathrm{m/s}$。

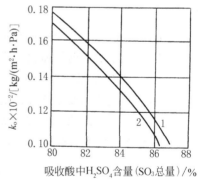

图 1-5-3　吸收酸中 H_2SO_4 含量、温度对吸收速率系数 k_o 的影响

1—30℃时；2—60℃时

压力对吸收速度的影响很大，可从两方面的因素分析：

在 SO_3 与浓硫酸系统中，总的传质速度由气膜控制。在分子扩散的条件下，传质系数与压力与反比。但在实际操作中，气相的湍流程度很大，因而，湍流扩散远远超过分子扩散而占优势。一般传质系数 $k_{传}$ 随压力的提高而下降。这可用下式表示：

$$k_{传} = AP^{-n} \tag{1-5-5}$$

式中　A——系数；

　　　P——压力，Pa；

　　　n——常数，板式塔取 $n = 0.57 \sim 0.6$，填料塔取 $n = 0.2$。

与此同时，气体的质量流速和吸收过程的推动力均随压力的提高而提高。在常压下，吸收速率正比于质量流速的0.8次方，在1.0MPa时，吸收速度正比于质量流速的0.88次方。

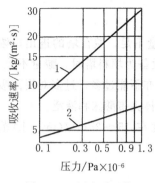

图 1-5-4　压力对吸收
速率的影响
1—填料塔；2—吸收器

综上所述，吸收速率随压力的提高而增加。其间关系可用图 1-5-4 表示。

适当提高吸收过程的压力，可以缩小设备容积，提高单位容积设备的生产能力。加压制酸工艺正是充分利用了这一点。

5.1.3　干燥-吸收系统水平衡及发烟硫酸产率

在干燥塔中，含93％H_2SO_4的硫酸因吸收炉气中水蒸气而变稀；在吸收塔中，98.3％H_2SO_4的硫酸因吸收转化气中SO_3而变浓。为维持两种循环酸中H_2SO_4含量不变，最好的办法就是相互串酸。其实质就是将干燥塔吸收的水分与吸收塔吸收的SO_3合成硫酸，所得硫酸的H_2SO_4含量将由吸收的水分与吸收的SO_3的比例决定。干燥塔吸收的水量取决于进干燥塔炉气的温度（此时气体为水分饱和）。因此，不同H_2SO_4含量产品酸的比例构成，由进干燥塔炉气的温度及SO_2的含量决定。进入干燥塔气体温度越低，带入干燥-吸收系统的水量越少，生成的酸浓度越高或高浓度酸产品的比率越大；如带入水量过少，供给干燥-吸收系统生成产品酸所需的水则嫌不足，尚需在干燥塔或吸收塔循环槽补充水或稀硫酸。补加水量可以从系统的水平衡求得。

取 1t 产品硫酸（折合成100％H_2SO_4）为计算基准。

则
$$B_1+B_2+B_3=B_4+B_5 \tag{1-5-6}$$

式中　B_1——电除雾器后气相水蒸气含量，kg；

B_2——干燥塔前补加空气带入的水蒸气量，kg；

B_3——干燥-吸收系统的补加水量，kg；

B_4——随产品发烟硫酸带出系统的水量，kg；

B_5——随产品浓硫酸带出系统的水量，kg。

电除雾器后气体中水蒸气含量可用下式计算：

$$B_1=\frac{V_干 p_{H_2O} M_{H_2O}}{(p-p_g-p_{H_2O})\times 22.4}=\frac{1.837\times 10^6\times p_{H_2O}}{(p-p_g-p_{H_2O})b\eta} \tag{1-5-7}$$

$$V_干=\frac{10^7\times 22.4}{M_{H_2SO_4}b\eta} \tag{1-5-8}$$

式中　$V_干$——电除雾器出口炉气的干气体积（标准状况），m^3；

p_{H_2O}——气体中水蒸气分压，Pa；

M_{H_2O}——水的相对分子质量；

p——大气压力，Pa；

p_g——电除雾器后气体的负压，Pa；

b——补加空气前炉气中SO_2含量，％（体积分数，干基）；

η——电除雾器出口气体中硫的利用率，％；

$M_{H_2SO_4}$——硫酸的相对分子质量。

干燥塔前补加空气中带入的水蒸气量 B_2 为：

$$B_2 = \frac{V_补 p_{H_2O} M_{H_2O}}{(p - p_{H_2O}) \times 22.4} = \frac{1.837 \times 10^6 p_{H_2O}(b/a - 1)}{(p - p_{H_2O}) b \eta} \quad (1\text{-}5\text{-}9)$$

$$V_补 = \frac{10^7 (b/a - 1) \times 22.4}{M_{H_2SO_4} b \eta} \quad (1\text{-}5\text{-}10)$$

式中　$V_补$——补加空气的干气体积（标准状况），m^3；

　　　a——经空气稀释后，炉气中 SO_2 的含量，%（体积分数）。

随炉气带入干燥塔的总水量为

$$B_1 + B_2 = \frac{1.837 \times 10^6}{b \eta} \left[\frac{p_{H_2O}}{p - p_g - p_{H_2}} + \frac{(b/a - 1) p_{H_2O}}{p - p_{H_2O}} \right] \quad (1\text{-}5\text{-}11)$$

生产发烟硫酸所带走的总水量为

$$B_4 = \frac{8.163X}{C_o}(122.5 - C_o) \quad (1\text{-}5\text{-}12)$$

式中　X——产品发烟硫酸所占比率，%；

　　　C_o——发烟硫酸中 SO_3 含量，% H_2SO_4。

随产品浓硫酸带走的水量 B_5 为

$$B_5 = \frac{8.163(100 - X)}{C_p}(122.5 - C_p) \quad (1\text{-}5\text{-}13)$$

式中　C_p——产品硫酸中 H_2SO_4 的含量，%。

把上列各式代入式（1-5-6）中，可求得系统需要的加水量 B_3，整理后得：

$$B_3 = \frac{816.3}{C_p}\left(122.5 - C_p - 122.5 \times \frac{C_o - C_p}{C_o}\right) - B_1 - B_2 \quad (1\text{-}5\text{-}14)$$

由上式可求得发烟硫酸产率 X：

$$X = \frac{C_p C_o}{C_o - C_p}\left(\frac{100}{C_p} - \frac{B_3}{1000} - \frac{B_1 + B_2}{1000} + 0.8163\right) \quad (1\text{-}5\text{-}15)$$

由式（1-5-15）可见，当产品硫酸浓度确定后，发烟硫酸的产率取决于 B_1、B_2 及加水量 B_3，以及进干燥塔炉气中 SO_2 含量。其中 $B_1 + B_2$ 为炉气进干燥塔所含的总水蒸气量，其大小取决于炉气入塔温度。

图 1-5-5 中曲线表示气相中不同的 SO_3 含量时发烟硫酸产率与干燥塔入口气温的关系。

由图 1-5-5 可见，当气相中 SO_3 含量为 7.5% 时，干燥塔入口气温从 35℃ 升高到 39℃，发烟硫酸产率约减少一半。其它条件不变，发烟硫酸产率还随气相中 SO_3 含量的增加而提高。

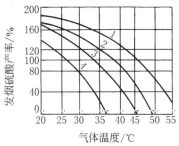

图 1-5-5　气相中 SO_3 含量不同时发烟硫酸产率与干燥塔入口气温的关系

1—15% SO_3；2—10% SO_3；

3—7.5% SO_3；4—5% SO_3

5.2　工艺流程及设备[1]

干燥系统和吸收系统是硫酸生产过程中两个不相连贯的工序。由于在两个系统中均以浓硫酸为吸收剂，彼此需进行串酸维持调节各自浓度，而且采用的设备相似，故在设计和生产上都把它们划为同一工序，称为干吸工序。

干吸工序的工艺流程及设备配置，随转化工艺和产品酸规格不同而异。对于"一转一吸"工艺，干吸工序一般只配置两台填料塔，即干燥塔和吸收塔以及各自的酸循环系统。对于"两转两吸"工艺，干吸工序则要配置三台填料塔，酸的循环系统有两个或三个，即干燥酸循环系统和吸收酸循环系统，中间吸收塔和最终吸收塔可单独设置也可共用一套酸循环系统。如用 98% H_2SO_4 作干燥用酸（硫磺制酸干燥空气场合），则三塔合用一个循环酸槽。若生产发烟硫酸，在上述基础上再加装发烟酸吸收塔和发烟酸的循环系统。

伴随着 SO_3 的吸收，酸液释放出大量反应热和溶解热，这些热量会使塔内酸温度升高。例如，在通常的操作条件下，浓硫酸因吸收 SO_3 而使浓度提高 0.5% 时，酸温相应提高 20～22℃。在串酸过程中，酸温亦有变化。故吸收酸出塔后必须进行冷却，才能循环使用。酸循环系统，由循环酸槽、冷却器及酸泵三个主要设备组成。

由于干吸工序的传质、传热过程，是在气液间直接进行的，气体中必然带有液沫，液体中也必然含有一定的气体，故工艺中还设有除沫设备和脱吸设备。

5.2.1　一转一吸干-吸系统工艺流程

目前中国硫酸生产，由于技术发展的历史原因，仍有采用一转一吸工艺的。产品只有 98% 和 92.5% H_2SO_4 两种产品。少数厂家配有 105% 发烟酸吸收塔，生产 20% SO_3（游离）标准发烟硫酸，其流程见图 1-5-6。

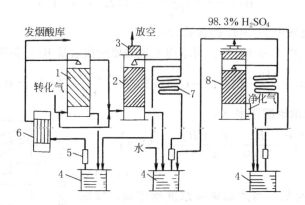

图 1-5-6　生产发烟硫酸时的干燥-吸收流程

1—发烟硫酸吸收塔；2—浓硫酸吸收塔；3—捕沫器；
4—循环槽；5—泵；6，7—酸冷却器；8—干燥塔

从转化工序导入的转化气，一部分进入发烟酸吸收塔，经发烟酸吸收后，与另一部分转化气混合并进入 98% H_2SO_4 的酸吸收塔，经 98% H_2SO_4 的硫酸吸收后，导入尾气回收塔或直接放空。

105% H_2SO_4 的发烟酸由吸收塔上部分酸装置均匀分布在填料上，与转化气逆流接触，酸浓度和温度上升，然后从塔底排出，进入混酸罐（或循环酸槽）与来自 98% H_2SO_4 的硫酸吸收系统的 98% H_2SO_4 的硫酸混合，控制循环酸中 H_2SO_4 含量在 104.6%～105.0% 之间。从酸罐引出的热酸由泵送入酸冷却器冷却，之后，大部分循环使用，少部分作为产品或串入 98% H_2SO_4 的硫酸混酸罐。

98% H_2SO_4 的硫酸吸收系统的酸亦在吸收 SO_3 时浓度升高，温度上升，出塔后在混酸罐中与干燥塔串来的 93% H_2SO_4 的硫酸混合，配成 98.1%～98.5% H_2SO_4 的硫酸，必要

时可加入水。罐中出来的热酸由酸冷却器冷却，其中大部分打入吸收塔循环使用，一小部分分别串入105％和93％H₂SO₄的硫酸混酸罐。根据产品的要求，也可引出少量作为成品酸输出。

5.2.2 两转两吸干-吸系统工艺

工艺流程见图1-5-7。此工艺设置两个98％H₂SO₄的硫酸吸收塔，并各使用一个酸液循环系统。此流程未配标准发烟酸生产塔，如配的话，一般设在第一吸收塔前，其它基本同一次吸收工艺。

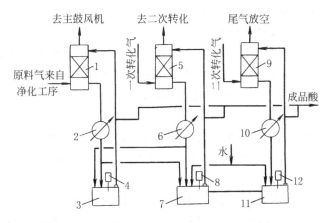

图1-5-7 冷却后、泵前串酸干吸工序流程图
1—干燥塔；2，6，10—酸冷却器；3—干燥用酸循环槽；4，8，12—浓酸泵；5—中间吸收塔；7，11—吸收用酸循环槽；9—最终吸收塔

5.2.3 酸液循环流程

酸液循环系统的塔、槽、泵、酸冷却器四个设备，通常可组成以下三种不同的流程，如图1-5-8所示。

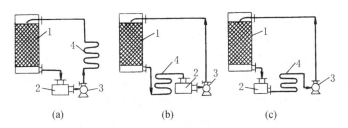

图1-5-8 塔、槽、泵、酸冷却器的联结方式图
1—塔；2—循环槽；3—酸泵；4—酸冷却器

图中流程（a）的特点：A. 酸冷却器设在泵后，酸流速较大，传热系数大，所需的换热面积较小。B. 干吸塔基础高度相对较小，可节省基建费用。C. 冷却管内酸的压力高，流速大，温度较高，腐蚀较严重。D. 酸泵输送的酸是冷却前的热浓酸，酸泵的腐蚀较严重。

流程（b）的特点：A. 酸冷却器管内酸液流速小，需较大传热面积。B. 塔出口到酸槽的液位差较小，可能会因酸液流动不畅而造成事故。C. 冷却管内酸的压力小，流速小，酸对换热管的腐蚀较小。

流程（c）的特点：A. 酸的流速介于以上两种流程之间（一般为0.5～0.7m/s）。B. 该流程只能用卧式泵，而不能用立式泵。

5.2.4 吸收系统的设备

吸收系统的设备主要有吸收塔、循环酸槽、酸泵及酸冷却器等。这些设备同干燥系统的设备在功能与结构上都相近，其中吸收塔类型同干燥系统。

干燥-吸收系统所用酸冷却器可分为管壳式、淋洒式、螺旋板式和板式等。目前，小型硫酸装置多使用铸铁喷淋式冷却器，此种冷却器的缺点是传热系数小、易泄漏、产品酸含铁高，设备笨重等。近年来，采用不锈钢制造的冷却器有带阳极保护的管壳式冷却器及板式冷却器，不仅提高了冷却效率，还有利于低温位热能的回收利用。

5.2.4.1 管壳式阳极保护冷却器

阳极保护是电化学防腐技术之一。它基于使具有不钝化特征的金属阳极极化并达到稳定钝化区域，从而达到防腐目的。一般通电使设备金属阳极极化，使之处于稳定钝化区，在金属表面形成一层高阻抗钝化膜。该膜的化学稳定性很高，不易溶解在与之接触的腐蚀介质中，从而起到防腐效果。

管壳式阳极保护酸冷却器，外配一套电源及其控制系统。控制系统主要由参比电极、控制器、供电箱等组成。管壳和管板用 304L 不锈钢制造，并喷涂碳锌保护层；管材采用 316L 不锈钢。

该设备的特点：A. 结构紧凑，配置简单，占地面积小；B. 传热系数大，换热面积小，耗水量小；C. 传热温差允许值小，适于低温位热能利用；D. 设备腐蚀小，检修次数少，产品酸中金属离子少。

5.2.4.2 板式冷却器

板式冷却器又称板式换热器，由冲压成一定花纹的薄板层层叠加组合而成。板多为长方形，厚度为 0.8~1.0mm，四角开孔，作为冷热流体的进出口，板四周用垫片密封，冷热流体在薄板两侧的流道逆向流动，相邻薄板的距离很小，一般为 4~6mm。

板式冷却器的突出优点：A. 流体在流速较低的情况下（$Re=100~300$）就可达到湍流，因而压降低，传热系数大，可达 2093~2791W/(m²·K)。B. 花纹金属板接触面积较大，强度较高。C. 流体流动湍动剧烈，板面不易结垢。D. 两种流体的温差很小，对回收余热十分有利。缺点：金属板片均由高级耐酸合金 HastelloyC-276 或 RS-2 制造，价格昂贵，而且，对装置的制作安装技术要求较高，板片间的垫片、垫圈要求的质量亦较高。

为了降低投资和有效回收硫酸低温余热，瑞典阿尔法-拉伐公司与贝尔格琴防腐公司合作，开发出带阳极保护的焊接板式冷却器，用于冷却 98.5% H_2SO_4。酸进口温度可达 108℃，板材使用 316L 不锈钢（较 RS-2 价格低得多），较大地降低了造价。目前，中国部分大型制酸装置采用了板式换热器，在新建的制酸装置上，有相当一部分采用了板式冷却器。

有关 SO_3 吸收的主要工艺条件列于表 1-5-3 和表 1-5-4，以供参考。

表 1-5-3　吸收塔主要工艺条件

设备名称	喷淋酸含量 /H_2SO_4%	酸出口温度 /℃	气流速度 /(m/s)	喷淋密度 /[m³/(m²·h)]	气体入口温度 /℃
发烟硫酸吸收塔	104.3~104.6	60~65	0.8~1.2	12~18	180~230
浓硫酸吸收塔	98.0~98.3	80~90	1.0~1.5	15~25	180~230

表 1-5-4　高温吸收操作条件

设备名称	喷淋酸含量 /H_2SO_4%	酸进口温度 /℃	酸出口温度 /℃	气体进口温度 /℃	气流速度 /(m/s)	喷淋密度 /[m^3/(m^2·h)]
发烟硫酸吸收塔	104.3~104.6	60	70~75	200~250	0.8~1.2	12~18
浓硫酸吸收塔	98.0~98.3	75~80	105~110	200~250	1.0~1.5	15~25

5.3　干燥-吸收系统物料衡算[1,2,4,5]

5.3.1　计算数据

工厂生产能力：10t/h（以 100％H_2SO_4 计），全部产品为 20％游离 SO_3 的发烟硫酸。

SO_2 转化率 x：98％

发烟硫酸吸收塔中 SO_3 的吸收率 y：50％

吸收工段总吸收率 z：99.95％

发烟酸吸收塔的喷淋酸 SO_3 总含量 $C_{烟}$：85.3％$SO_{3(总)}$

浓硫酸吸收塔的喷淋酸中 H_2SO_4 含量 $C_{浓}$：98％H_2SO_4

干燥塔喷淋酸中 H_2SO_4 含量 $C_{干}$：93％H_2SO_4

气量（标准状况）　　26820m^3/h

其中　SO_2　　　　　　　　　　　2333.6

　　　O_2　　　　　　　　　　　2220

　　　N_2　　　　　　　　　　　21460

　　　水蒸气　　　　　　　　　660

　　　SO_3　　　　　　　　　　130

　　　当地大气压 p　　　　　　0.98×10^5Pa

　　　干燥塔前气体真空度 p　　2.9×10^3Pa

　　　进入干燥塔的气体温度　　35℃

　　　气体中的水蒸气分压 p_{H_2O}　4.75×10^3Pa

　　　经稀释和干燥后气体中 SO_2 含量 a　7％

净化气在干燥塔前用 20℃的空气稀释，空气中水蒸气的饱和度为 50％。气体由于在净化过程中与稀酸接触，实际上可认为已被水蒸气完全饱和。

5.3.2　计算

进入转化部分的气体总量（标准状况）：

$$V=\frac{V_{SO_2}}{a}=\frac{2333.6}{0.07}=33337 \qquad m^3/h \qquad (1-5-16)$$

在干燥塔前补充空气量（标准状况）：

$$33337-(2333.6+2220+21460)=7323.4 \quad m^3/h$$

加入的空气中含有

O_2　7323.4×0.21=1537.9　m^3/h

N_2　7323.4-1583.6=5785.5　m^3/h

随同补充空气带入的水蒸气量 V'_{H_2O}（标准状况）：

$$V'_{H_2O} = \frac{7323.4 \times 2.34 \times 10^3 \times 0.5}{0.98 \times 10^5 - 2.34 \times 10^3 \times 0.5} = 88.5 \quad m^3/h$$

式中 2.34×10^3 为 20℃下的饱和水蒸气压力（单位 Pa）。

电除雾器后气体的水蒸气量 V''_{H_2O}（标准状况）：

$$V''_{H_2O} = \frac{(26820 - 660 - 130) \times 4.75 \times 10^3}{0.98 \times 10^6 - 2.9 \times 10^3 - 4.75 \times 10^3} = 1368.48 \quad m^3/h$$

因此，进入干燥塔的气体中，O_2、N_2 及 H_2O 的总量分别为：

$$V_{O_2} = 2220 + 1537.9 = 3757.9 \quad m^3/h$$

$$V_{N_2} = 2146 + 5785.5 = 7931.5 \quad m^3/h$$

$$V_{H_2O} = 88.5 + 1368.5 = 1457.0 \quad m^3/h = 1170.8 \quad kg/h$$

设送入干燥系统的 98％ H_2SO_4 和 93％ H_2SO_4 的硫酸量为 $Y_干$ 和 $c_干$，则根据酸平衡：

$$c_浓 Y_干 = c_干 (Y_干 + V_{H_2O}) \tag{1-5-17}$$

代入有关数据后，可得：

$$98Y_干 = 93(Y_干 + 1170.8)$$

解上式，$Y_干 = 21776.9 \quad kg/h$

转化部分所生成的 SO_3 量为：

$$V_{SO_3} = V_{SO_2} X = 2350 \times 98\% = 2286.9 \quad m^3/h$$

或 $W_{SO_3} = 8167.5 \quad kg/h$

换算成标准发烟硫酸的产量：

$$\frac{8167.5}{0.853} \times 0.9995 = 9570.2 \quad kg/h$$

与 10t100％ H_2SO_4 相当的发烟硫酸量为：

$$\frac{10000 \times 0.8163}{85.3\%} = 9569.75 \quad kg/h$$

由此可见，生成的发烟硫酸量与产品发烟硫酸量相符。

在发烟硫酸吸收塔中被吸收的 SO_3 量：

$$8167.5 \times 0.5 = 4083.8 \quad kg/h$$

在浓硫酸吸收塔中应吸收的 SO_3 量：

$$8167.5 \times 0.4995 = 4079.7 \quad kg/h$$

送入发烟硫酸贮槽与 SO_3 化合的 98％ H_2SO_4 的量 Y_m，可根据发烟硫酸贮槽中 SO_3 的平衡来定。

$$0.8Y_m + 4083.8 = 0.853 (Y_m + 4083.8) \tag{1-5-18}$$

解上式，得

$$Y_m = 11326.8 \quad kg/h$$

发烟硫酸吸收塔中生成的发烟硫酸量，可根据浓硫酸与 SO_3 的总和求出：

$$Q_P = 4083.8 + 11326.8 = 15410.6 \quad kg/h$$

其中一部分送入发烟硫酸仓库，其量为 9570.2kg/h，其余部分串入浓硫酸吸收塔的贮槽中，其量为

$$15410.6 - 9570.2 = 5840.4 \quad kg/h$$

设加入浓硫酸吸收塔贮槽中的水量为 Y_{H_2O}，根据系统总物料衡算式求得：

$$\frac{2333.6 \times 98.0\% \times 99.95\% \times 80}{22.4} + 1170.8 + Y_{H_2O} = \frac{23336 \times 98\% \times 99.95\% \times 80}{22.4 \times 85.3\%}$$

$$Y_{H_2O} = 236.0 \quad kg/h$$

上述计算结果，列入表 1-5-5 中。

表 1-5-5　干燥-吸收系统物料衡算表

干　燥　塔				
收入项目	kg/h	支出项目		kg/h
气体带入水量	1170.8	干燥酸送 98%H_2SO_4 硫酸吸收塔		22947.7
98%H_2SO_4	21776.9			
合　计	22947.7	合　计		22947.7
发烟硫酸吸收塔				
收入项目	kg/h	支出项目		kg/h
SO_3	4083.8	发烟硫酸送入仓库		9570.2
98%H_2SO_4	11326.8	发烟硫酸送入 98%H_2SO_4 酸吸收塔贮槽		5840.4
合　计	15410.6	合　计		15410.6
98%H_2SO_4 硫酸吸收塔				
收入项目	kg/h	支出项目		kg/h
SO_3	4079.7	送入发烟硫酸吸收塔贮槽		11326.8
发烟硫酸	5840.4	送入干燥塔贮槽		21776.9
干燥酸	22947.7			
补加水量	236.0			
合　计	33103.8	合　计		33103.7
系　统　总　平　衡				
收入项目	kg/h	支出项目		kg/h
气体带入水量	1170.7	产品发烟硫酸送仓库		9570.2
进吸收系统 SO_3 总量	8167.5	SO_3 未被吸收随气体带走		4.1
补加水量	236.0			
合　计	9574.2	合　计		9574.3

5.4　100%SO_3 及高浓度发烟硫酸的制造

100%SO_3 及高浓度发烟硫酸具有较高的化学活性。提高发烟硫酸中游离 SO_3 的含量，不仅减少运输量，而且可提高利用率，在经济上较合理。

由于 100%SO_3 在 16.8℃ 即结晶，给制造及储运带来困难。因此，在某些情况下可用高浓度发烟硫酸来代替，例如 65%SO_3 的发烟硫酸，因为这种含量的发烟硫酸结晶温度较低，约为 -0.35℃。

高浓度发烟硫酸具有较高的 SO_3 平衡分压，且随温度的升高而迅速增加。如 40℃ 时，65%SO_3（游离）的发烟硫酸的 SO_3 分压为 559×10^2 Pa，而 50℃ 时，则为 937×10^2 Pa，为同一温度下普通发烟硫酸的 SO_3 分压的 247～176 倍。而接触法硫酸生产的转化气中，SO_3 的分压通常在 $73.3 \times 10^2 \sim 100 \times 10^2$ Pa 之间。因此，直接用这种转化气来制造 65%SO_3（游离）的发烟硫酸是不可能的。

通过下述方法可以生产出 100%SO_3 及 65%SO_3（游离）的发烟硫酸。

① 用纯氧与纯 SO_2 氧化生成 100%SO_3，然后用 100%SO_3 制取 65% 发烟硫酸（该法理论上成立，尚未见工业化）。

86

② 用加热蒸发普通发烟硫酸的方法，使其中游离 SO_3 部分蒸发出来，得到 $100\%SO_3$，然后进一步制成高浓度发烟硫酸。

曾经出现过多种生产工艺，其主要区别是加热用热源不同。可用煤气作热源，亦可用转化气作热源；用 $100\%SO_3$ 直接与标准发烟酸混合制取 65% 发烟硫酸，亦可用吸收 100% SO_3 的方法制取 65% 发烟硫酸。生产工艺不同，所用设备也不同，但其原理相同。

生产实践证明，用来生产 $100\%SO_3$ 及高浓度发烟硫酸的普通发烟硫酸，其含量以$25\%\sim$ $30\%SO_3$（游离）左右比较适合，这种发烟硫酸在普通接触法硫酸工厂中可以生产，而且对钢制设备的腐蚀率相对较小。

图 1-5-9 为制取 $65\%SO_3$（游离）发烟硫酸的工艺流程[6]。

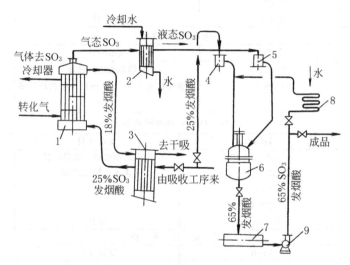

图 1-5-9 65％发烟硫酸工艺流程图

1—预热器；2—蒸发器；3—吸收塔；4—酸冷却器；5—循环槽；

6—贮酸槽；7—呼吸阀；8—冷凝器；9—泵

吸收系统来的 $25\%\sim30\%SO_3$（游离）发烟硫酸在预热器内由出蒸发器的热发烟硫酸预加热，温度升到 110℃ 后进入蒸发器由 300℃ 左右的转化气加热蒸发。蒸出的气态 SO_3（$100\%SO_3$）在吸收塔与 $65\%SO_3$（游离）发烟硫酸逆流接触，大部分 SO_3 被吸收，未被吸收的 SO_3 送至转化系统，与转化气混合。

$65\%SO_3$（游离）发烟硫酸吸收 SO_3 后（浓度升高，温度也升高），经酸冷器冷却回到循环酸槽循环使用，部分酸作为产品送到贮槽。

蒸发后的发烟硫酸降到 $20\%SO_3$（游离），出预热器后温度降为 70℃，送回吸收系统标准发烟酸循环槽。在此，$20\%SO_3$（游离）发烟硫酸作为 SO_3 输送载体循环使用。

如欲生产液体 SO_3，只需将蒸发器出来的气态 SO_3 通过冷凝器冷凝即可。为防止液体 SO_3 冻结，常将其存放在带夹套的贮罐中。目前，常在液体 SO_3（$\geqslant99.82\%$）中加入防冻剂，例如三甲基氯硅烷等[7,8]。

5.5 低温位热能的回收与利用

5.5.1 回收低温位热能的意义

在硫酸生产中，含硫原料的焙烧、二氧化硫的催化氧化及三氧化硫（气）和水生成硫酸，均属放热反应，有大量反应热释出。在含硫原料气的压缩、干燥-吸收系统 SO_3 的吸收及硫酸的稀释过程中，亦产生大量热。对于不同原料在制酸过程中所产生的热量，经整理列于表 1-5-6 中。

表 1-5-6 生成 1t 硫酸（$100\%H_2SO_4$）时，不同含硫原料所释出的热量[9]

过　　程	硫　磺		硫铁矿	硫化氢
	释出热量/GJ	%	释出热量/GJ	释出热量/GJ
含硫原料燃烧	3.03	55.1	4.35	5.29
SO_2 氧化成 SO_3	0.98	17.8	0.98	0.98
生成硫酸	1.34	24.4	1.34	1.34
$100\%H_2SO_4$ 的硫酸稀释到 $93\%H_2SO_4$ 的硫酸	0.15	2.7	0.15	0.15
合　　计	5.50	100.0	6.92	7.76

焙烧反应和二氧化硫氧化反应所产生的热，属于高温位余热，对于这部分余热的利用，国内外均有成熟经验。对于低温位余热的利用，随着能源价格的上涨，已得到普遍的重视。硫酸生产中低温位余热，主要包括干燥-吸收系统三氧化硫的吸收热，硫酸生成热和稀释热，这些热量通常在干燥-吸收系统被冷却水带走。此外，还有气体压缩物理热。硫酸生产中低温位余热占总余热量 $25\%\sim30\%$，如不加回收，不仅浪费能源，还消耗大量冷却水。

5.5.2 回收低温位热能的方法

回收利用低温位余热，目前主要通过如下途径。

（1）改变局部工艺流程

把原属于低温余热转变为高温位形式，或把低温位余热提高温位后集中使用。举例如下。

① 硫磺制酸流程中，空气鼓风机从干燥塔之前移至干燥塔之后。即气体先经干燥，再经鼓风机，使气体因压缩产生的物理热合并到燃硫后热气中，成为高温位热能加以利用。这不仅提高了余热使用价值，而且降低了干燥塔气体入塔温度，减轻了干燥塔冷却器负荷。

② 硫磺制酸流程中，改变干燥-吸收系统传统的循环方式，使干燥塔和第一吸收塔（两转两吸流程）共用一个酸冷却器。即采用如图 1-5-10 所示流程。在保证干燥塔入口循环酸温较低的条件下，提高第一吸收塔循环酸温，同时，因增加了酸和冷却水间温差，从而缩减了系统换热面积。

（2）选用新型酸冷却设备

为了回收利用干燥-吸收系统循环酸低温位余热，必须适当提高循环酸温度。这样，传统铸铁制喷淋式酸冷却器将不适应。近年来，不锈钢制带阳极保护管壳式酸冷却器已较普遍使用。

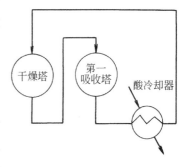

图 1-5-10 节能式干燥-吸收循环

（3）改变工艺条件产生蒸汽以扩大使用范围

由于热水使用范围较小，且只能用其显热。孟山都公司实验结果表明，在含量为 98% H_2SO_4 的介质中，不锈钢腐蚀速率随着温度的提高而加速，但是，当硫酸含量在 $99\%\sim100\%H_2SO_4$ 范围时，即使酸温增高，腐蚀速率变化亦较小。例如，当酸温高达 $143\sim227℃$ 时，310 不锈钢年腐蚀率仅在 <0.04 mm。因此，只要适当控制硫酸含量，便可以使酸

温提高，从而利用热酸生产蒸气，扩大低温位余热的利用效率。

在以上实验基础上，该公司开发出 HRS 低温位余热利用系统。该系统将两转两吸的中间吸收塔酸温提高到 $165\sim200℃$，酸含量提高到 $99.0\%\sim99.9\%H_2SO_4$，经余热锅炉产生低压蒸汽（$300\sim1000kPa$）并供给汽轮机发电。韩国南海化工公司采用的 HRS 系统流程如图 1-5-11 所示。

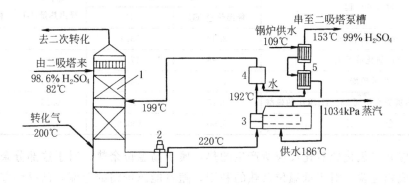

图 1-5-11　南海化工公司 HRS 系统图
1—中间吸收塔（热量回收塔）；2—酸泵；3—余热锅炉；4—稀释器；5—水加热器

参 考 文 献

1　汤桂华主编．化肥工学丛书·硫酸．北京：化学工业出版社，1999．273
2　А．Г．阿美林．硫酸制造．化工部技术司翻译组译．北京：化学工业出版社，1959．112～113
3　[日]硫酸协会编辑委员会编．硫酸手册．张弦等译．北京：化学工业出版社，1982
4　南化公司设计研究院．接触法硫酸工艺设计常用参数资料选·第二，第三分册．1976
5　邓咏佳．高浓度发烟硫酸的制造．硫酸工业．1987，(2)
6　南化公司研究院．硫酸情报．1991，(4～5)
7　上海硫酸厂．液体三氧化硫稳定剂的筛选．硫酸工业．1982，(4)
8　谢锟．硫酸工业．1987，(4)
9　南京化学工业(集团)公司设计院．硫酸工业设计手册·工艺计算篇．南京：化工部硫酸工业信息站出版，1994

第六章　其它含硫原料制造硫酸

中国目前除用硫铁矿制酸外，还有硫磺制酸、冶炼烟气制酸、石膏制造硫酸和水泥，以及硫化氢制酸。

6.1　硫磺制酸[1,2,3]

以硫磺为原料制酸，其炉气无需净化，经适当降温后，便可进入转化工序，然后经吸收成酸。该过程无废渣、污水排出，流程简单，故对建厂地区适应性广。

以硫磺为原料制酸的各种工艺流程，主要区别在于对生产过程中热能回收利用的方式不同。一座年产 80kt 硫磺制酸系统，所排出的高温余热约 30.3GJ/h，中温余热约 9.8GJ/h，低温余热约 14.9GJ/h，可供回收的总热量非常可观。

硫磺制酸流程见图 1-6-1。

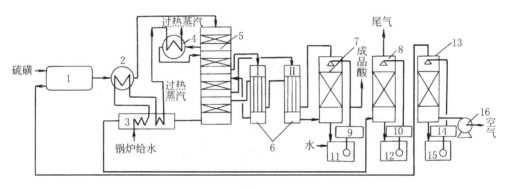

图 1-6-1　硫磺制酸生产流程图

1—焚硫炉；2—废热锅炉；3—省煤-过热器；4—第一过热器；5—转化器；6—第一换热器；7—第一吸收塔；
8—第二吸收塔；9，10，14—冷却器；11，12，15—酸贮槽；13—干燥塔；16—鼓风机

空气经鼓风机加压后送入干燥塔，用浓硫酸干燥。干燥空气在焚硫炉内与喷入的液体硫磺反应，生成二氧化硫气体。高温二氧化硫直接进入废热锅炉，气温降到适合于进转化器温度，进入转化器。转化采用 3+1 式两次转化工艺。一次转化时，转化气分别通过一段床、第二过热器、二段床、第一换热器Ⅰ、三段床、第一换热器Ⅱ，再进入中间吸收塔。经过一次吸收后的转化气再次通过第一换热器Ⅰ（壳程）、第一换热器Ⅱ（壳程），再进入转化器四段，进行第二次转化。从转化器四段出来的气体，在过热-省煤器冷却，然后进入第二吸收塔，用浓硫酸将第二次生成的三氧化硫吸收，然后通过烟囱排入大气。

国外硫磺制酸工艺近十几年来有很大发展，生产规模日趋大型化，不断采用新技术和新设备，制酸过程的自动化水平大大提高。

日产 1800t（以 100% H_2SO_4 计）、0.2MPa 的硫磺制酸布劳德（Browder）流程见图 1-6-2。

据文献报道，布劳德硫磺制酸工艺经济技术指标令人满意。如转化率可达 99.96%，排放尾气中 SO_2 含量 <50ml/m³，投资为现有两次转化两次吸收同等生产规模厂的 88%。

布劳德制酸工艺的最大特点是能回收系统近于全部能量的装置。能量回收利用流程见图1-6-3。

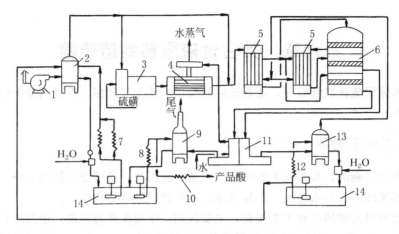

图 1-6-2 布劳德硫磺制酸流程

1—鼓风机；2—干燥塔；3—焚硫炉；4—锅炉；5—换热器；6—转化器；7, 8, 12—
酸冷却器；9, 13—吸收塔；10—成品冷却器；11—省煤器；14—98%酸泵槽

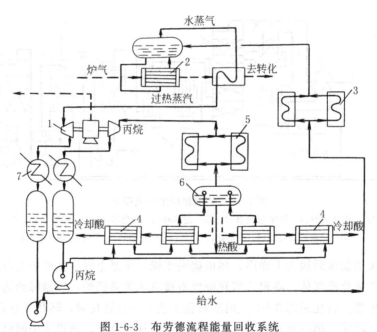

图 1-6-3 布劳德流程能量回收系统

1—蒸汽透平及发电机组；2—锅炉；3—省煤器；4—热交换器；

5—蒸汽过热器；6—蒸汽汽包；7—冷凝器

全系统高、中、低位热能回收后可发电 6200kW。此发电装置由两个透平驱动，一个为过热蒸汽；另一个为过热丙烷（或其它低沸点工作介质）。

6.2 冶炼烟气制酸[3,4,5]

有色金属矿多以硫化物形态存在，在冶炼过程中有 SO_2 烟气产生。因此，冶炼烟气亦是一种制酸原料。

从冶炼烟气的数量多少及其能否直接用以制造硫酸等多方面考虑，最理想的气源是炼铜和炼锌烟气。由于冶炼设备和操作技术水平所限，过去冶炼烟气的气量和浓度波动很大，而且 SO_2 浓度低、成分复杂。近年来，国内外对冶炼技术和设备进行了较大改进，如冶炼过程采用富氧密闭操作，或新型冶炼设备，如采用闪速熔炉、氧气顶吹转炉以及湿法冶金技术等。其结果是烟气中 SO_2 浓度得到提高，能很好地适应烟气制酸的要求。

一般地，冶炼烟气中的杂质可分为灰尘、烟雾和挥发性金属三种。如果这些杂质去除得不彻底，不仅直接影响成品酸的质量，还会堵塞电除雾器，污染催化剂，并加速管道、设备的腐蚀。因此，利用冶炼烟气制酸同硫铁矿炉气制酸具有相似的工序，即净化、干燥、转化、吸收，而且所用工艺和设备亦基本相同。由于这个原因，国外将冶炼烟气制酸及硫铁矿制酸统称为冶金型制酸。

但是，由于冶炼烟气含有的有害杂质种类及含量与硫铁矿烟气的不完全相同，特别是挥发性金属及含尘量差别较大，因此在净化工序的工艺及设备稍有不同。不同点主要是清除挥发性金属。所采用的方法主要为稀酸洗涤，例如多塔洗涤工艺和动力波洗涤工艺。此外，瑞典玻立登公司湿法除砷工艺和氯化法除汞技术等均适应于冶炼烟气制酸的特殊要求。

6.3 H_2S 湿法催化氧化制造硫酸[3,6,7]

在各种可燃气体（焦炉气、发生炉煤气、石油炼厂气及油田气和天然气）中含有数量可观的 H_2S，在使用过程中必须脱除。脱除 H_2S 方法不同，可得到硫磺、硫化氢或其它硫化物。

以 H_2S 为原料生产硫酸的方法：燃烧硫化氢气得湿 SO_2 炉气，用湿法催化氧化，冷凝成酸。国外生产厂的实践说明，从工程投资，生产成本，以及各项经济指标来看，它是有发展前途的。

硫化氢的燃烧反应如下：

$$H_2S + 1.5O_2 \Longrightarrow SO_2 + H_2O \tag{1-6-1}$$

$$\Delta H_{298}^* = 518.86 \text{kJ/mol}$$

硫化氢在氧气中的最低着火温度为 $220℃$；在空气中的最低着火温度为 $292℃$。燃烧后的产物是 SO_2 和水蒸气，同时还有一定量的一氧化硫（SO）中间产物：

$$H_2S + O_2 \Longrightarrow H_2O + SO \tag{1-6-2}$$

SO 随即氧化成 SO_2，当氧不足时，SO 分解成 SO_2 及硫磺蒸气。

用空气燃烧 H_2S 过程中生成 SO_3 极少（0.1％以下）。在生产条件下，从燃烧设备出来的气体冷却时，由于金属设备的壁面能起到一定的催化氧化作用，使 SO_3 含量有所增加。还要指出的是 H_2S 与空气的混合物的爆炸极限范围，下限为 4.3％～5.9％，上限为 19％～45.5％，随火焰延伸方向不同而异。典型的鲁奇康开特（Concat）法 H_2S 制酸流程见图 1-6-4。

从图 1-6-4 可见，含硫化氢尾气在焚烧炉中用轻油或燃料气焚烧。焚烧炉是康开特法的重要设备。转化器进口温度（约 440～500℃）和适宜的 SO_2/O_2 比率通过比例调节来控制。转化器内填充钒催化剂，在焚烧炉中未燃尽的少量 H_2S、COS、CS_2 和硫蒸气在一段转化器中完全氧化成 SO_2。

一段转化器出口气体通过空气冷激降到约 420℃，经二段转化器后形成的湿 SO_3 气体在约 420℃ 以下直接进入热冷凝文丘里器，当气体与高度分散的酸顺流接触时，大部分硫酸从气相中冷凝下来。气体所携带的热量和冷凝热通过与浓循环酸接触直接除去。气体在进入冷凝塔前，通过与冷空气混合而直接冷却，同时降低了气体中硫酸蒸气的分压。冷凝塔中通过喷淋稀硫酸，气体进一步冷却，残余硫酸蒸气从气相中冷凝下来，最后通过纤维过滤器除去

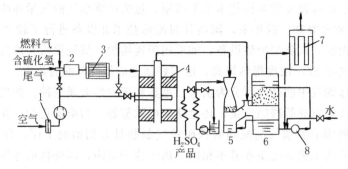

图 1-6-4 鲁奇康开特法硫酸工艺流程

1—空气过滤器；2—焚烧炉；3—余热锅炉；4—转化器；

5—热冷凝文丘里管；6—冷凝塔；7—酸雾清除器；8—泵

残余的酸雾后放空。在过滤器得到的稀硫酸输送到冷凝塔的循环酸槽中，循环酸的浓度用补入水维持不变。

康开特法流程的特点：A. 脱硫率高。燃烧时未氧化的 H_2S、COS、CS_2 及 S 都在钒催化剂上完全氧化，尾气中 $SO_2 < 200ml/m^3$，SO_3 可以降到 $100mg/m^3$，总脱硫率大于99.5%。B. 投资省。与其它尾气脱硫工艺相比，本工艺约为克劳斯脱硫装置投资的 30%。C. 能耗低。除风机和循环泵需电力外，不用其它动力设备，冷却水消耗量少。D. 产品质量可靠。产品为 78%H_2SO_4 或 93%H_2SO_4 的硫酸，不产生废物和副产物。

中国山西化肥厂已建成康开特法回收处理 H_2S 制酸装置，流程见图 1-6-5。

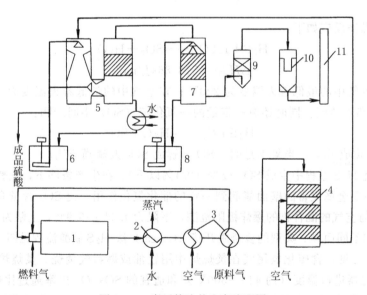

图 1-6-5 康开特法的生产流程图

1—燃烧炉；2—锅炉；3—换热器；4—转化器；5—文丘里冷凝器；

6，8—循环酸槽；7—冷凝塔；9—丝网除沫器；10—纤维除雾器；11—烟囱

6.4 石膏制造硫酸和水泥[3,7]

中国的石膏蕴藏量很丰富，且分布广泛，加之高效磷肥生产时副产大量磷石膏，因此中国硫酸生产以石膏为原料并联产水泥，是综合利用资源的可行方法之一。

天然石膏有两种形态：一种是无水石膏（$CaSO_4$），理论含硫量为 23.53％；另一种是二水石膏（$CaSO_4 \cdot 2H_2O$）。二水石膏用于制酸时，必须经过煅烧脱水变成半水石膏（中国目前生产用）或无水石膏。

硫酸钙受热可直接分解，反应如下。

$$CaSO_4 \longrightarrow CaO + SO_2 + \frac{1}{2}O_2 \qquad (1\text{-}6\text{-}3)$$

由于硫酸钙存在各种不同结构形式，故其直接分解温度范围较大，一般认为 1200℃ 时开始分解，直至 1400℃ 左右分解完全。

如果用在高温下以碳还原的方法，可以降低反应温度。还原反应按下式进行。

$$2CaSO_4 + C \longrightarrow 2CaO + 2SO_2 + CO_2 - 566.2kJ \qquad (1\text{-}6\text{-}4)$$

显然，碳既作为还原剂，也有一部分燃烧用于供给反应所需热量。各种含碳原料对 $CaSO_4$ 的分解有着不同的影响，其中以焦炭最为理想。另外，在燃烧时亦可加入某些矿物质如氧化铁、氧化硅及高岭土（$Al_2O_3 \cdot 2SiO_2$）等，其作用可与 $CaSO_4$ 形成低熔点化合物，加速 $CaSO_4$ 的分解，加入的矿物质和 $CaSO_4$ 的分解产物 CaO 只要有适当的配比，便可形成硅酸盐水泥熟料，并同时制得 SO_2 气体。每生产 1t 硫酸，副产水泥熟料 1t；约消耗 0.4t 燃料煤，焦炭 0.15t 左右，硬石膏 1.5～1.7t，以及适量粘土、硅砂。

如炉料中氧化铁含量不足时，可酌量加入硫铁矿或其烧渣，前者可使炉气中 SO_2 含量提高，且可减少燃料。如使用含煤硫铁矿时，效果更好。

上述生产方法所得窑炉气温度为 500～600℃，成分为：

SO_2	8％～9％	CO	0.1％～0.5％
O_2	0.3％～0.5％	NO	0.005％～0.03％
CO_2	21％～22％	H_2S	0.001％～0.0035％

其余为氮气。

窑炉气中尚有 3％～12％ 矿尘状炉料被带出窑外，矿尘状炉料经旋风分离器和电除尘器予以清除，炉气送制酸系统。

磷石膏制酸的工艺流程与以硫铁矿为原料制酸的传统流程没有多大区别。石膏分解时所生成的 SO_3 比焙烧硫铁矿少得多，且炉气中没有砷、氟、硒和其它有害杂质，因此湿法净化工序只需设两个洗涤塔和一个电除雾装置已足够稳妥。因窑炉气严重缺氧，要在干燥塔前适当补入空气使炉气在进入转化系统之前 $O_2/SO_2 \geqslant 1.1$。

磷石膏制 SO_2 炉气和水泥熟料的生产流程如图 1-6-6 所示。

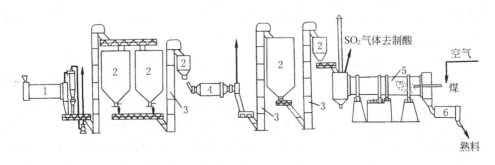

图 1-6-6　磷石膏制硫酸装置的生产流程图

1—干燥窑；2—料仓；3—斗式提升机；4—球磨机；5—回转窑；6—冷却滚筒

石膏制造硫酸，由于炉气 SO_2 浓度较低，故在相同产量下，净化、转化、干吸工序的设备要比普通采用标准浓度炉气的要大，其中转化系统的热交换面积也要大些。但在流程设计和设备结构上，一般与硫铁矿为原料制酸相同。此外，石膏制酸还有两个重要的特点：A. 由于窑气中含有氮的氧化物，所以成品酸中含有 N_2O_3 $0.001\% \sim 0.03\%$，使酸的用途受到一定限制；B. 窑气中还含有碳氢化合物和氢，这些物质在催化反应器中氧化生成水，在 SO_3 吸收过程中会产生酸雾。这两个问题应予以注意。

石膏制酸技术的发展方向是采用流化床分解石膏，这一技术将较大地降低能耗。

6.5　不同原料制硫酸的评比[3,8,9]

如上所述，国内外生产硫酸采用的原料有硫铁矿（包括有色金属硫化物矿、浮选尾砂）、冶炼烟气、硫磺、石膏以及硫化氢等。由于原料不同，工厂布局、生产流程及综合利用都各有其特点，如表 1-6-1 所示。

表 1-6-1　原料与生产过程的关系

原　料	工厂布局与其它工业的关系	生产流程特点	排出物及综合利用情况
天然硫磺	可单独设厂，或与消费硫酸的某些行业联合在一起	原料处理简单，无净化炉气工序，便于自控	无废渣、废水排出
硫铁矿	可单独设厂，或与消费硫酸的某些行业联合在一起	原料处理复杂，需炉气净化，流程复杂	排出烧渣可以炼铁或作水泥配料，酸泥可提取硒等。有污水或污酸排出
冶炼烟气	硫酸车间附设于冶炼厂内，并要求与冶炼车间距离较近	没有原料处理和焙烧工序，其余基本与硫铁矿制酸相同；炉气浓度波动大，受冶炼车间制约	无废渣排出，有污水或污酸排出
有色金属硫化物	硫酸车间附设于冶炼厂内	与硫铁矿制酸相似	烧渣用于冶炼有色金属。有污水或污酸排出
硫化氢气	硫酸车间附设于 H_2S 回收工厂内	流程简单	无废渣、废液排出；高浓度 H_2S 制酸热能可回收
石膏与磷石膏	硫酸厂与水泥厂联合生产	与硫铁矿为原料制酸相似	烧渣为水泥熟料、有污水排出

根据表 1-6-1 所列原料与生产过程的关系，结合各国硫资源条件、技术水平以及对环境保护要求的差异，目前世界各国生产硫酸所用原料路线有很大不同，各种含硫原料所占的比例仍在不断地改变中。总的趋势是硫磺制酸增加，硫铁矿制酸的比重下降，冶炼烟气也已成为制酸的主要原料之一。

中国由于天然硫资源比较缺乏，回收硫磺又少，近年国际硫磺价格较平稳，进口硫磺生产硫酸的量有所增加。硫磺制酸有投资少、流程简单，易于自控，无污染等优点，有条件时应大力发展。硫铁矿和有色金属硫化物矿制酸，有成熟的生产技术经验，今后在提高硫铁矿品位的基础上，辅以烧渣炼铁，在相当长的时间内，生产硫酸仍然会以硫铁矿为主。结合有色金属工业的发展，为了保护环境，不使 SO_2 污染大气，充分利用硫资源，有色金属硫化矿与冶炼烟气制酸必须发展。石膏（包括磷石膏）为原料生产硫酸与水泥，有些国家虽已淘汰，但中国天然石膏贮量丰富，而且在发展高效肥料的同时，充分利用磷石膏生产硫酸和水泥是一有效途径。随着石油工业的发展，将合成气脱硫所得硫化氢，直接用于制取硫酸，对综合利用、保护环境、防止污染都是有益的。

参 考 文 献

1 汤桂华主编 . 化肥工学丛书·硫酸 . 北京 : 化学工业出版社 , 1999 , 492

2 硫酸协会编辑委员会编 . 硫酸手册 . 张弦等译 . 北京 : 化学工业出版社 , 1982

3 《化工百科全书》编辑委员会 . 化工百科全书 (第 10 卷) . 北京 : 化学工业出版社 , 1996 . 815~851

4 冶炼烟气制酸编写组 . 冶炼烟气 . 北京 : 冶金工业出版社 , 1977 . 3~5

5 钟文卓 . 硫酸工业 . 1995 , (4) : 51

6 A. Г. 阿美林 . 用湿法接触法从硫化氢制造硫酸 . 北京 : 中国工业出版社 , 1963

7 汤其香 . 硫酸工业 . 1995 , (1) : 44

8 南京化学工业公司研究院硫酸工业科技情报中心站 . 国内外硫酸工业发展趋势 . 1986 (内部资料)

9 堵盘兴 . 硫酸工业 . 1995 , (1) : 23

第七章　三废治理与综合利用

随着工业生产规模的扩大和人们物质消费水平的提高，也带来了严重的环境污染问题。环境污染问题已成为困扰人类最严峻的四大问题之一，它直接关系到人类的生存与发展。中国的环境状况不容乐观。为此，中国 80 年代初开始逐步加大了治理污染源的力度，并先后制订了有关行业的污染物排放标准和相关法律。1997 年起，中国开始实施新的污染物排放标准，使中国治理污染、保护环境走上了发展的快车道。

硫酸生产过程排放的污染物主要有含 SO_2、SO_3（酸雾）的尾气，固体烧渣和酸泥，有毒性废液、废水等。这些物质的排放情况，与硫酸生产所用原料、工艺流程、设备选型以及管理水平、操作水平等密切相关。

以硫磺、硫化氢为原料，生产过程的污染物主要是尾气中的 SO_2 和酸雾，基本不存在废渣和废液的污染问题。以硫铁矿为制酸原料，特别是含硫 $20\%\sim30\%$ 的中低品位矿，不仅排放大量含有害物的尾气、废水，而且还要排放大量废渣。以冶炼烟气、石膏为原料，制酸过程亦遇到废气、废水、废渣的处理问题。

对三废的处理有两个意义：A. 减轻对环境的污染，保护人类生存环境；B. 充分回收利用三废中各种有用成分，使三废资源化。实践证明，对三废进行处理不但可减少对环境的污染，而且还有它的经济意义。

近年来，一些新建的先进制酸装置不仅合理利用了原料中的各种有用资源，而且亦达到了有害物排放标准，使硫酸生产逐渐成为无污染的工业部门。

7.1　尾气中有害物的处理和利用[1~5]

经转化-吸收系统出来的气体，除含有大量无害的 N_2、O_2 外，还含有有害的 SO_2、SO_3。一转一吸流程排出的尾气，含 SO_2 $0.2\%\sim0.3\%$，含酸雾 $45mg/m^3$；两转两吸流程排出的尾气，含 SO_2 $0.04\%\sim0.05\%$，操作较好的可低于 0.03%，酸雾含量与一转一吸相近。因此，减少尾气中有害物的排放很有必要。

采用一转一吸流程，排放的尾气一般都要经过处理后才可放空；采用两转两吸流程，如操作正常，转化率可达到 99.70% 以上，尾气可以不经处理直接放空，能够达到目前的排放标准。因此，越来越多的制酸装置，特别是新建的装置都采用了该流程。在国外，由于排放标准日趋严格，有的工厂将两转两吸系统排出的尾气再经过卫生塔和尾气电除雾器，进一步除去 SO_2 和酸雾。

尾气中 SO_2 的处理与含低浓度 SO_2 烟气的处理方法基本相同，方法甚多，各具特色，概括起来有以下三个途径：A. 建筑高烟囱，使尾气扩散稀释，在到达地面时达到安全浓度；B. 尾气脱硫，在尾气排放前，将硫含量降低到排放标准；C. 通过改进工艺，减少尾气中硫含量。

第一种途径较为简便，但有两大缺点，一是造价太高，二是没有从根本上解决二氧化硫对大气的污染，现行标准也不允许。第二种途径是国内外研究得最多、也是比较积极的、应用较为普遍的途径。该途径的方法很多，一般采用吸收剂或吸附剂将 SO_2 与尾气分离，所

吸收的 SO_2 重新被利用，但因尾气中 SO_2 含量低（＜0.5％）、气量大，已属于工业应用不经济范围。第三种途径可以从根本上解决制酸尾气对大气污染的问题，目前广泛采用的两转两吸流程就属于该途径。

从实质上讲，第二种与第三种途径皆可解决 SO_2 的污染问题，并能将硫资源加以利用，而且，它们均在提高硫的利用率的同时增加投资、付出额外的运行费。它们的区别仅在于，后者的设备是制酸装置整体的一部分，而前者是在制酸装置上附加的一部分。就目前的技术状况，采用两转两吸流程，可使尾气中 SO_2 达到目前的排放标准，且其投资少于现有的各种尾气脱硫技术，运行费用亦相对较低，所以在世界范围内得到了普遍应用。国外大多采用两转两吸流程。在中国，新建和在建装置均为两转两吸流程，很多早建的一转一吸装置除已建有尾气回收装置的外，近几年已逐步改为两转两吸，但是，由于历史原因及人们对环保认识不足，个别小型装置仍未对尾气进行处理。这是不允许的，应予重视。

因尾气排放的标准日趋严格，采用两转两吸流程的装置对 SO_2 转化率和 SO_3 吸收率仍有必要采取措施加以提高。主要从工艺设计和设备的改进着手。

尾气脱硫技术是一个重要的解决尾气污染的方法，特别是在排放标准日趋严格的今天，仍有其存在和发展的意义。此外，该类技术还对其它行业含硫废气的治理也可资借鉴。

尾气脱硫技术分为湿法、干法两类。湿法就是采用液体吸收剂与尾气接触并将 SO_2 与尾气分离的方法。干法就是采用固体吸收剂（或吸附剂）与尾气接触并将 SO_2 与尾气分离的方法。在目前，湿法技术成熟、脱硫率高，应用较为广泛，但处理后的尾气温度低、湿度大，有"白雾"二次污染产生，而且流程较长。因此，干法脱硫技术的研究和开发受到重视。

湿法脱硫主要有以下几类：氨法、碱法、金属氧化物法等。氨法是指用氨水或铵盐溶液吸收 SO_2 方法。这一大类方法在吸收过程中，都以亚硫酸铵-亚硫酸氢铵为吸收液，如氨-酸法、碳酸氢铵-亚硫酸铵法等。运行时，连续引出部分吸收液进行处理。随着处理方法不同，所获得的产品不同，因而又分为多种。其中应用最广泛的是氨-酸法。碱法是指采用碱液吸收尾气中 SO_2 的方法。该法可以免除氨法中尾气含氨和夹带雾沫的缺陷。常用的碱吸收液有碳酸钠、氢氧化镁溶液和石灰乳等。其中，石灰乳吸收法的突出优点是石灰来源广泛、价格低廉、投资和操作费用都较低，日、美、英等国普遍用来处理烟道气中 SO_2 气体。金属氧化物法即采用金属氧化物形成的碱性溶液吸收尾气中 SO_2 的方法。例如：氧化镁溶液、氧化锌溶液是常用的吸收液。该种方法的脱硫率高，所得硫产品的应用范围较广，因而得到较广泛应用。此外，还有有机物作吸收剂的方法，如柠檬酸钠法、MN 法（以密胺浆液为吸收剂）等。这些方法亦得到了一定范围的应用。

干法脱硫主要有活性炭法、金属氧化物干式脱硫法，以及近年新开发成功的电子束照射法，等等。活性炭法在国外已有工业装置，在国内也有了工业示范装置。该种方法由于活性炭的活化方法及再生方法不同又分为几种类型。中国开发的"PAFP"法即属活性炭法，该法在活性炭再生时得到浓度约 30％稀硫酸，该稀酸进一步与磷矿作用制得约 10％磷酸，然后用氨水中和，最终制得磷铵复肥。工业性装置的实验证明，该法具有良好的推广应用价值。

7.2　烧渣的综合利用[6,7]

用硫铁矿制酸，只是利用了原料矿中的硫资源。据统计，硫的价值仅占伴生矿工业价值的 40％～50％，其它元素的价值约占 50％左右。如果仅仅利用矿石中的元素硫，其余元素不加回收而抛弃，不仅浪费资源，而且，由于烧渣量大（1t 酸排渣量为 700～800kg），长期堆放，占用地面，污染环境而成为公害。

中国制酸原料以硫铁矿为主，且多为含硫 20%～35% 的中低品位矿，其中一部分是伴生金属硫化矿尾砂。硫铁矿中除了硫化铁（FeS_2）外，尚含一定量的 Cu、Zn、Pb、Co 等有色金属及少量的 Au、Ag，在矿石焙烧时，与氧化铁一起以烧渣形式排出。因此，烧渣的综合利用对以硫铁矿为原料的制酸厂消除污染有重要意义，而且对渣的价值亦是一个提高。

渣的利用主要有以下几个方面。

7.2.1 铁资源的回收利用

（1）作为高炉炼铁原料

根据高炉炼铁特性，原料含铁每增加 1%，焦比降低 2%，产量可提高 3%，而原料中杂质含量直接影响到生铁质量。因此，对炼铁原料中铁及杂质的含量有一定的要求和限制，如表 1-7-1 所示。

表 1-7-1　炼铁用原料的要求

成分	总铁	S	Cu	Pb	Zn	P	Sn	As
含量/%	>50	<0.3	<0.2	<0.1	0.1～0.2	<0.2	<0.08	<0.07

高品位硫铁矿的烧渣，其铁含量高，如果其它成分符合要求的话，可直接用作高炉炼铁原料。中低品位硫铁矿的烧渣中，铁含量较低，有害杂质含量较高，不符合炼铁要求，必须进行预处理。烧渣选矿是一种常用的预处理方法，可以利用烧渣中各种物质的不同磁性而分离铁和杂质，称为磁选；亦可利用其相对密度不同而分离，称为重选。具体选择，需根据矿渣的类型和成分而定。

磁选工艺较简单，将水加入粒度一定的烧渣中，搅拌成均匀矿浆，然后送入具有一定磁场强度的磁选机中，进行粗选和精选，选出精矿后，剩余的为尾砂。

如果尾砂还需作一次重选，则可再送入摇床或螺旋溜槽中进行选别。

为了提高铁的选出率，使烧渣中磁性铁的比例增加，可选择适当的硫铁矿焙烧工艺，或是把烧渣进行磁化处理。

（2）制取三氯化铁和铁粉

用温度为 40～50℃ 的盐酸（浓度在 30% 左右）加入烧渣中，搅拌、静置，可得到液体三氯化铁溶液。将溶液过滤、蒸发，并浓缩到 1.6～1.7kg/m³，冷却后即可得纯度达 85% 以上的三氯化铁结晶。

三氯化铁可用作净水剂和防渗剂，也可用于颜料工业。

用氢气还原三氯化铁，可制得还原铁粉，它是一种重要的化工原料。

（3）制造硫酸亚铁和铁红

硫酸亚铁可作为净水剂、消毒剂，以及用作化肥、农药。硫酸亚铁也可制造铁红粉，一种着色力和遮盖力很强的着色剂，广泛应用于橡胶工业、建筑工业及塑料工业。硫酸亚铁还可用于制造电子工业中广泛应用的磁性材料。

用硫铁矿烧渣和硫酸作原料制取硫酸亚铁，再通过干法和湿法处理，即可得到氧化铁红粉。其基本反应如下：

$$Fe_2O_3 + 3H_2SO_4 =\!=\!= Fe_2(SO_4)_3 + 3H_2O \tag{1-7-1}$$

$$FeO + H_2SO_4 =\!=\!= FeSO_4 + H_2O \tag{1-7-2}$$

反应过程中加入铁屑，使硫酸铁还原：

$$Fe_2(SO_4)_3 + Fe = 3FeSO_4 \qquad (1-7-3)$$

生成的 $FeSO_4$ 再加水和水蒸气溶解，除去杂质，清液中的 $FeSO_4$ 经过结晶、干燥脱水后，即为 $FeSO_4$ 产品。然后在高温（700℃左右）下煅烧 $FeSO_4$，得产物三氧化二铁，经研磨即成为氧化铁红粉。

7.2.2 铁和有色金属的综合回收

当硫铁矿烧渣中有色金属含量较高时，如烧渣直接用作高炉炼铁原料，将不仅影响炼铁作业的顺利进行，而且影响生铁质量。因此，在炼铁之前，必须对烧渣进行处理，脱除对炼铁有害的元素。同时回收利用烧渣中的有色金属，提高烧渣的使用价值。

提取有色金属的方法，可根据烧渣的成分及有色金属的性质决定。氯化焙烧法综合利用烧渣是比较成熟的方法。

选用 $CaCl_2$ 作为氯化剂，在一定温度下，使烧渣中各种金属选择氯化，然后分出有色金属氯化物，达到有色金属与铁分离的目的。

氯化的主要反应是：

$$MeO + 2CaCl_2 + \frac{1}{2}O_2 = MeCl_2 + 2CaO + Cl_2 \qquad (1-7-4)$$

式中　Me 代表有色金属元素。

烧渣中的硫在一定温度下分解析出 SO_2 和 SO_3，并与 CaO 反应形成 $CaSO_4$，促进了氯化反应的进行：

$$CaO + SO_2 + \frac{1}{2}O_2 = CaSO_4 \qquad (1-7-5)$$

$$CaCl_2 + MeO + SO_3 = MeCl_2 + CaSO_4 \qquad (1-7-6)$$

氯化钠在 SO_3、SO_2 或水蒸气的气氛中，亦可作为氯化剂，其反应为

$$2NaCl + SO_2 + O_2 = Na_2SO_4 + Cl_2 \qquad (1-7-7)$$

$$H_2O + Cl_2 = 2HCl + \frac{1}{2}O_2 \qquad (1-7-8)$$

$$Cl_2 + MeO = MeCl_2 + \frac{1}{2}O_2 \qquad (1-7-9)$$

氯化焙烧分中温氯化法和高温氯化法。两种方法除氯化反应温度不同外，氯化产物的后处理工艺亦有差异。

中温氯化焙烧法是将氯化剂和烧渣以一定比例混合，在 $430\sim600$℃ 的温度下进行氯化反应，铜锌等有色金属转化成可溶性的氯化物，留在固相烧渣中，氧化铁不被氯化。然后用水或稀酸把可溶性有色金属氯化物浸出并回收。除去了有色金属的氧化铁作为炼铁原料。

高温氯化焙烧法已建立了大规模工业装置，其要点是：把配有氯化钙的烧渣先制成干燥球团，在 $1000\sim1250$℃ 的温度下反应，使生成的有色金属氯化物挥发并进入烟气，然后采用湿法回收烟气中的有色金属。脱除了大部分有色金属后的烧渣球团，每个球的抗压强度可达 500kg，硫及有色金属含量均大大下降（S＜0.03％，Cu、Pb、Zn 均＜0.04％），含铁品位亦有所提高，成为一种优质的炼铁原料。

7.2.3 从烧渣中提取金银

有些硫化矿来自黄金矿山的副产，经过焙烧制取了 SO_2 炉气后，烧渣中金、银等贵金属含量又有所提高（如某厂每吨烧渣含金可达 4g 左右），成为提取金银的宝贵原料。

提取金银等贵金属的各种方法中，最常见的是氰化法。其基本方法如下：

硫化矿烧渣先经预处理，加入石灰研磨，用氰化钠（钾）溶液浸取，烧渣中的金银与氰化钠形成络合物留在溶液中，浸渍渣经多级洗涤，以提高金银的浸出率，然后经过磁选提取其中的铁作为铁精矿回收。含有金银络合物的溶液经脱氰处理后，用金属锌粉还原置换溶液中的金、银，使之沉淀分离，沉淀物经滤出后烘干，即为含金约 5%～10% 的金泥。含有剧毒物氰根的溶液采用碱性液氯法处理，残余的 CN^- 经曝气分解后排放。

干金泥配入纯碱、硼砂、碎玻璃、硝石等物料，在 1200℃ 下熔炼成合质金。后者经破碎，用硝酸溶液除去银、铜等金属，剩余的在高温下熔炼成含金 90%～95% 的金锭。

溶液中的银加入盐酸，生成 AgCl 沉淀，再用锌粉置换，分离出银，然后经加工成为含银 98% 以上的银锭。

提金过程主要反应如下：

$$2Au + 4CN^- + H_2O + \frac{1}{2}O_2 = 2Au(CN)_2^- + 2OH^- \tag{1-7-10}$$

$$Zn + 2Au(CN)_2^- = 2Au\downarrow + Zn(CN)_4^{2-} \tag{1-7-11}$$

$$5Cl_2 + 2NaCN + 5Ca(OH)_2 = 2NaHCO_3 + 5CaCl_2 + 4H_2O + N_2 \tag{1-7-12}$$

7.3 硫酸厂排放液的处理和回收[8]

用硫化矿焙烧制取 SO_2 原料气时，经常有数量不等的污酸、污泥及污水的排出。污酸污泥主要来自炉气的酸洗净化系统。污水来自两个方面：A. 炉气水洗净化系统排出的洗涤水，其量甚大，1t 产品硫酸约为 5～15t；B. 厂区内冲洗被污染地面的排出水。无论是污酸或污水，均含有数量不等的矿尘及有毒杂质，其中还包括一些有色金属及稀有元素。这些液态排出物中所含的各种成分及含量与所用原料有关。表 1-7-2 为两个采用不同原料制酸时的数据。此外，有些净化系统的排出液，还含有少量的汞、硒等元素。

表 1-7-2　硫酸车间排液的主要成分/(g/L)

排出液成分	As	Cu	Fe	Zn	F	Cl	SO_2	H_2SO_4	悬浮物
来自烟气制酸稀酸净化	8.4	0.9	1.9	0.6	1.5	2.3	0.8	150	1.0
来自硫铁矿制酸水洗净化	0.088	—	—	—	0.047		0.21	1.53	6.2（灰）
来自硫铁矿制酸地面水	0.004～0.025				0.04～0.11				12
来自烟气制酸地面水	0.44	0.62	0.33	0.60				3.92	

上述含毒的污酸和污水如直接排入江河山谷，势必严重污染环境，毒害人畜。因此，在排放前必须进行处理并回收其中有用元素，使有害物质含量降低到国家规定的排放标准以下。

7.3.1 处理方法

关于硫酸厂排放的污酸和污水的处理方法，可据根排出液的成分及当地条件因地制宜选用。目前常用的方法是：A. 加入碱性物质的多段中和法。B. 硫化-中和法。后者常用于冶炼烟气制酸系统的污酸处理。

（1）碱性物质中和法

中和法的基本原理，是加入碱性物质使污酸和污水中所含的砷、氟及硫酸根等形成难溶的物质，通过沉淀分离，使固体矿尘及有毒物质从污酸和污水中分离出来。

常用的碱性物质有石灰石、石灰乳、电石渣以及其它废碱液。

为加速污酸和污水中固体物质的沉降，可添加适量凝聚剂，例如氢氧化铁、碱式氯化铝、氯化铁以及聚丙烯酰胺等。

用石灰乳中和的主要反应如下：

$$Ca(OH)_2 + H_2SO_4 \longrightarrow CaSO_4 \downarrow + 2H_2O \tag{1-7-13}$$

$$Ca(OH)_2 + 2H_3AsO_3 \longrightarrow Ca(AsO_2)_2 \downarrow + 4H_2O \tag{1-7-14}$$

$$Ca(OH)_2 + 2HF \longrightarrow CaF_2 \downarrow + 2H_2O \tag{1-7-15}$$

$$FeSO_4 + Ca(OH)_2 \longrightarrow Fe(OH)_2 \downarrow + CaSO_4 \downarrow \tag{1-7-16}$$

$$4Fe(OH)_2 + 2H_2O + O_2 \longrightarrow 4Fe(OH)_3 \tag{1-7-17}$$

$$3As_2O_3(s) + 2Fe(OH)_3 \longrightarrow 2Fe(AsO_2)_3 \downarrow + 3H_2O \tag{1-7-18}$$

从上述化学反应式看出，石灰乳同污水中的硫酸作用生成了难溶的硫酸钙沉淀；与氟化氢作用生成了氟化钙沉淀。砷在酸性污水中主要有两种形态，即固体的三氧化二砷和亚砷酸（H_3AsO_3）。中和反应在低温下进行时作用缓慢，而且生成的偏亚砷酸钙[$Ca(AsO_2)_2$]颗粒很细不易沉淀，主要靠氢氧化铁[$Fe(OH)_3$]的吸附作用除去。氢氧化铁是一种胶体，表面积大，具有强吸附力，可将 As_2O_3,$Ca(AsO_2)_2$,$Fe(AsO_2)_2$ 及其它杂质吸附在表面上。在水中电解质的作用下，丧失了胶体的稳定性而相互凝聚，并把这些表面吸附物包裹在凝聚体内，加速了固体微粒的沉降速度。为加速铁离子氧化，提高沉降效率，可使溶液在空气中曝气氧化，并控制中和过程的 pH 值在 8~9 范围内。此外，溶液中铁和砷离子的比值大小亦影响到砷的去除效率。实验证明，其中铁含量必须大于砷含量的 20 倍以上，方能达到良好的除砷效果。

在经过中和沉降处理后，达到排放标准的清液可以排入下水道或返回系统循环使用。沉淀物用泥浆泵抽出，经过滤，滤饼可混入沸腾炉排渣系统，运出堆放。

(2) 硫化-中和法

冶炼烟气制酸装置排出的稀酸中，常溶有铜、铅、锌、铁以及砷和氟等成分，在中和处理前，先除铅，再经硫化除去铜和砷，然后进行中和处理，使清液达到排放标准，或作其它用。具体流程各厂不一，下面简要介绍其中之一例。

来自净化系统的洗涤稀酸中的铅化合物的溶解度较小，常混入酸泥中。因此，稀酸先经过沉降、浓密、压滤，即得到含铅量较高的铅滤饼，送回冶炼系统回收铅。分出铅以后的稀酸先送脱气塔，除去 SO_2，然后进行硫化处理，分离稀酸中的砷及铜。

硫化法的基本原理，是利用硫化物如 Na_2S、$NaHS$ 等与硫酸反应，释出硫化氢气体，在酸性溶液中，铜、砷等与硫化物形成难溶的 CuS 及 As_2S_3 沉淀，从溶液中分离出来。其反应如下：

$$Na_2S + H_2SO_4 = Na_2SO_4 + H_2S \tag{1-7-19}$$

$$2NaHS + H_2SO_4 = Na_2SO_4 + 2H_2S \tag{1-7-20}$$

$$Cu^{2+} + H_2S = CuS \downarrow + 2H^+ \tag{1-7-21}$$

$$2H_3AsO_3 + 3H_2S = As_2S_3 \downarrow + 6H_2O \tag{1-7-22}$$

未反应的 H_2S，用硫化钠溶液吸收后放空。

分离了铅、铜、砷以后的稀酸，可以作为副产品提供用户使用，亦可以用中和法进行处理后排放。

送往中和沉淀槽处理时，根据溶液中砷的含量，调节加入共沉淀剂 $FeSO_4$，经充分混合后进入一次中和槽，必要时添加氟的共沉淀剂 $Al_2(SO_4)_3$。为使铁离子氧化，在一次中和槽加入 $Ca(OH)_2$，使 pH = 7 左右，然后送氧化槽经过曝气氧化，再在二次中和槽中加 $Ca(OH)_2$,使 pH 值达 9~11，而杂质离子成为氢氧化物沉淀。这种溶液再送入凝聚槽，加入凝聚剂，经凝聚、浓密、过滤得滤饼和清液，清液经 1% H_2SO_4 调整到 $pH=6\sim9$，达到排放标准后排放。所得滤饼再作进一步的回收处理。排放水的成分见表 1-7-3。

表 1-7-3　排放水的成分

成分	Cu	As	Zn	Fe	Pb	F	悬浮物	pH
含量/(mg/L)	≤1	≤1.5	≤5	≤10	≤1	≤10	≤500	6～9

7.3.2　硒的提取

硒是一种稀有元素，在地壳中仅含 $8\times10^{-5}\%\sim10\times10^{-5}\%$（质量分数）。硒是一种重要的材料，广泛用于国民经济许多部门，特别是电子及无线电工业部门。

有色金属硫化矿（如黄铜矿、方铅矿等）含硒量较多，硫铁矿中硒的含量约有 $0.0001\%\sim0.01\%$。因此，从电解有色金属所得阳极泥中提硒和从硫铁矿制酸过程中提硒均十分必要，亦是硒的主要来源。

硫铁矿经焙烧以后，硒有 30% 左右以矿尘形式存在于电除尘器排出的灰中，其余随炉气进入冷却洗涤工序。当采用酸洗方法净化炉气时，炉气中的 SeO_2 由于气体温度下降而冷凝，随洗涤酸带走，并溶解于酸中形成亚硒酸：

$$SeO_2+H_2O \rule[0.5ex]{2em}{0.4pt} H_2SeO_3 \tag{1-7-23}$$

随之洗涤酸中的二氧化硫还原亚硒酸成金属硒沉淀。

$$H_2SeO_3+2SO_2+H_2O \rule[0.5ex]{2em}{0.4pt} Se\downarrow+2H_2SO_4 \tag{1-7-24}$$

在洗涤冷却塔中捕集下来的硒与洗涤酸一起进入沉降槽和酸冷却器，在清理这些设备时，可从酸泥中提取硒。由于这种酸泥中含尘多，含硒少，称作"贫泥"。而随酸雾带走的硒在电除雾器中与酸雾一起被捕集，由于这一部分酸液中含尘量少，沉淀物中硒的含量可达50%，称作"富泥"。

"富泥"提硒的流程如图 1-7-1（a）所示。亦可以从洗涤酸循环过程中直接提取硒。如图 1-7-1（b）所示。

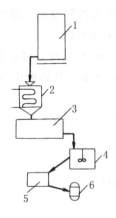

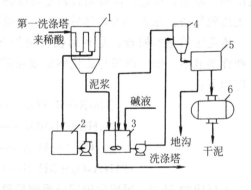

图 1-7-1（a）　由"富泥"中提硒流程

1—电除雾器；2—加热器；3—冷凝液受槽；
4—吸滤器；5—干燥器；6—定量包装设备

图 1-7-1（b）　从洗涤酸中提硒流程

1—弹形过滤器；2—滤液受槽；3—泥浆槽；
4—计量器；5—离心机；6—真空干燥机

在洗涤酸循环过程提硒时，从第一洗涤塔出口的稀酸先进入一过滤器，滤液返回洗涤循环系统，过滤器下部的稠厚物送泥浆槽，用水或稀碱液中和并洗涤，用泵打入计量器，溢流液返回泥浆槽,含硒浆液经离心分离、真空干燥后,可得到含硒 27% 的粗硒。粗硒经进一步精制,去除杂质,得精制金属硒。

参 考 文 献

1　硫酸工业编辑部．低浓度二氧化硫烟气脱硫．上海:上海科学技术出版社,1981

2　罗津克诺普．从工业气体中回收二氧化硫．翁德庆译．北京:化学工业出版社,1966

3　[日]江口良友．硫酸.1965,18(9)

4　曾庆琪．硫酸工业.1989,(2)

5　[日]硫酸协会编辑委员会编．硫酸手册．张弦等译．北京:化学工业出版社,1982

6　邓咏佳．硫酸工业.1984,(5)

7　纪碰辉．硫酸矿渣综合利用选矿．硫酸情报.1993,(4)

8　长葛化工厂．化学工业固体污染物治理技术.1982,35(内部资料)

第二篇 磷肥与复混肥

第一章 绪 论

1.1 氮肥、磷肥与钾肥在农业上的重要作用[1]

1.1.1 概述

氮肥、磷肥与钾肥是作物需要补充量最多的三大营养元素肥料，它们也称为大量元素肥料。需要补充较少的硫肥、钙肥和镁肥称为中量营养元素肥料。需要补充量极少的含硼、锌、铁、锰、铜、钼等元素的肥料称为微量元素肥料。各种营养元素在作物的生命代谢过程中各有其独特的作用。彼此不能互相代替。例如，氮、硫、磷三个元素都是组成蛋白质和原生质等不可缺少的组分，但在作物体内的氧化还原作用上，磷不能代替硫，而在碳水化合物的形成转化过程中，硫不能代替磷等。

氮是组成蛋白质、叶绿素、酶（生物催化剂）、核酸和维生素的主要成分。施氮肥能使作物长得枝壮叶茂。缺氮则生长受到抑制，叶绿素形成受阻，蛋白质含量降低。

磷是组成原生质、核细胞的重要元素。它能促进作物开花结果，籽实早熟，提高籽实的质量。

钾能促进碳水化合物和蛋白质的合成以及 60 种以上酶的反应，也能促进糖的运输，施钾肥后使作物茎杆坚硬，增强抗病和抗倒伏的能力，提高作物质量。

作物吸收的养分，必须是溶解状态的，即能够溶解于土壤的水中或作物根系分泌的弱酸中，呈离子或分子状态存在。化肥进入土壤后，主要是呈离子状态被作物吸收的。作物可吸收的氮主要是指 NH_4^+、NO_3^- 态的氮。$H_2PO_4^-$ 最易被作物吸收，HPO_4^{2-} 次之，偏磷酸根离子 PO_3^- 和焦磷酸根离子 $P_2O_7^{4-}$ 也能被吸收。钾元素主要以 K^+ 状态进入作物体内。作物也吸收一些呈分子态的水溶性有机物，如尿素、腐殖酸、糖类、维生素、生长激素等。

1.1.2 发展磷肥对中国农业增产的重要性

中国是一个拥有 12 亿人口的大国，占世界总人口约 22%，但耕地面积却只占世界耕地面积的 7%。加上耕地逐年减少，人口逐年增加。在这种情况下，为了保证粮食的供给，提高粮食单产是最有效的措施之一。

农业生产是一个能量和物质的转化与循环过程。在农业内部再循环部分是很小的。大部分随农产品的收获而转移到社会的各个方面。因此必须从外部投入必要的能量和物质作为补偿。在各种能量和物质的投入中，化肥约占 50%，对农业增产所起的作用约占 40%。因此，施用化肥是提高粮食单产的极其重要的措施。

当前，中国施氮肥量较多，而施磷肥、钾肥的量相对较少。氮磷钾比例严重失调，多氮少磷缺钾现象严重。这也成为农业增产的一大障碍。近年来，虽然磷钾肥的发展很快，但是仍然远不能满足要求。据最近统计，国产化肥的氮磷钾比例为 $N : P_2O_5 : K_2O = 1 : 0.31 : 0.013$，农业部门提出的要求是 $1 : 0.37 : 0.25$，远低于国际平均水平 $1 : 0.5 : 0.4$，故磷肥与钾肥施用量的差距很大。

中国 21 亿亩耕地中，可供作物吸收的速效性与缓效性的磷、钾含量均很低。耕地中严重缺磷（土壤中速效磷＜5mg/kg）与中等缺磷（土壤中速效磷＜10mg/kg）的土壤约占总耕地面积的三分之二。因此发展磷钾肥对中国农业增产十分重要。

造成上述缺磷状况的主要原因是中国化肥生产中磷钾肥或含磷钾高的复合肥料所占比例太低。例如磷铵是最受欢迎的高浓度氮磷复肥，在发达国家，其产量已占磷肥总产量的70％以上，但在中国经过近十年的大力发展后，到 1998 年还不到磷肥总产量的 20％[2]。

以上分析表明，为了农业增产的需要，今后中国在发展氮肥的同时，必须大力发展磷肥与钾肥。

1.2　磷肥与复混肥工业的发展简述

1.2.1　世界磷肥与复肥工业发展简况[3]

1.2.1.1　初创时期

早在 1842 年，默雷（Murray）和劳斯（Lawes）提出了生产过磷酸钙的专利[4]。1854年，世界上第一个过磷酸钙厂在英国 Ipswich[5] 建立，不久即推广到许多国家。但是，在丰富的磷矿资源被发现之前，生产的主要原料是兽骨。大约在 1867～1868 年，美国 Baltimore厂才开始改用磷矿[6~8]。

湿法磷酸在 1850～1852 年开始投入生产，原料也是兽骨[7]，1870～1872 年，德国首先生产肥料用酸。1900 年西欧已有 12 家公司生产磷酸供制重过磷酸钙，原料也改用磷矿。由于湿法磷酸采用间歇生产，故发展比较缓慢。

热法磷酸的生产则主要依赖于电炉制元素磷工业的发展。第一个制元素磷的工业电炉，在 1890 年建于美国的 Wednesfield。紧接着，法国（1891 年）、德国（1892 年）、加拿大（1893 年）和美国（1897 年）等国也陆续建厂投产[9]。从此，形成了磷肥生产中湿法（酸法）与热法（高温法）两条不同的加工路线。

1.2.1.2　初步发展时期

20 世纪，大致在 1900 年到 1950 年的 50 年间，磷肥进入了初步发展时期，首先是在磷肥生产中以连续法取代各种间歇法。

1915 年，美国 Dorr 公司在一组预分解槽中分解磷矿，在一组稠厚器中逆流洗涤石膏，实现了湿法磷酸的连续操作。次年即由 Rumford 化学公司建厂投产，到 1929 年大约已有 31家公司建造了这种磷酸厂。1932 年，Dorr 在美国 Trail 厂中进一步采用返浆技术，并用奥利佛过滤机连续分离、洗涤石膏。这种原始（多尔-奥利佛）Dorr-Oliver 流程使获得的磷酸浓度从当初间歇法的 10％～15％提高到 30％～32％P_2O_5[7,9]。为了获得更浓的磷酸，对半水硫酸钙和无水硫酸钙分离的方法进行了大量的试验研究[10~12]。虽然未实现工业化但这些研究却加深了对硫酸分解磷矿机理的认识。在实际生产中，浓磷酸还是靠二水物法得到的稀磷酸经过"磷酸浓缩"而制得。

20 世纪初，普通过磷酸钙（SSP）也实现了连续生产[6~8]。在欧洲主要有 Haxwell 法、Nordengren 法、Moritz-Standaert 法和 Kuhlmann 法等。美国主要有 Broadfield 法和 Sackett 法。这些方法大都采用回转式或带式化成装置，得到的混合物一边固化，一边移入仓库熟化。此类流程至今仍是过磷酸钙厂采用的传统工艺。为了改善产品性能和缩短熟化时间，许多工厂又开始生产粒状过磷酸钙和氨化过磷酸钙。重过磷酸钙（TSP）的连续生产比过磷酸钙晚得多。40 年代 TVA首先用皮带化成使之实现连续生产时，采用的还是热法高浓度磷酸[13]。如果用较低浓度的湿法磷酸分解，则重过磷酸钙必须干燥，不然就必须先将稀磷酸浓缩。

20 世纪初到 40 年代热法磷酸与磷肥发展较快。1917～1918 年，Ross 和 Carothers 用 Cottrell 电除雾器回收磷酸酸雾成功，实现了热法磷酸的生产[14,15]。不久，美国 TVA、Monsanto 和 Victor 化学品公司陆续建厂。以 TVA 为中心，先后研究并投产的还有脱氟磷肥、钙镁磷肥、偏磷酸钙和偏磷酸钾等。这些肥料均采用热法加工，使磷矿在电炉或高炉中加热脱氟或和其它添加剂反应而转化为有效磷。其共同特点是产物呈枸溶性。

30 年代新的磷肥品种不断涌现，高浓度复合肥料开始问世，首先是硝酸磷肥（NP）。1927 年 G. I. 利琴罗斯（Liljenroth）提出硫酸盐循环法[16]。1928 年厄尔林（Erling）提出 Odda 法[17]，1935 年罗则勒（Rozler）提出碳化法[18]等，都为以后硝酸磷肥的工业生产奠定了基础。40 年代后期，法本工业联合公司在德国 Oppau 实现了硝酸-磷酸和硝酸-硫酸分解磷矿生产硝酸钾装置的连续运转[8]。磷酸铵在当时主要还是用磷酸吸收焦炉气中氨得到的，直接中和法尚在研究之中[19,20]。

1.2.1.3 迅速发展时期

50 年代以来是磷肥与复混肥发展的全盛时期。这一时期的显著特点是产量迅速增加，以磷酸铵为代表的高浓度磷复肥的新工艺、新品种、新技术不断涌现。

（1）产量大幅度增加[21]

从 19 世纪 40 年代到 20 世纪 40 年代的 100 年中，磷肥年产量只达到 300 万 t P_2O_5。而此后的 50 年中，磷肥最高年产量达 4153 万 t P_2O_5。到 1996 年世界磷肥产量为 3380 万 t P_2O_5，产值约 100 亿美元。世界磷肥产量变化见表 2-1-1。

表 2-1-1　世界历年磷肥产量/万 t P_2O_5

年份	1931	1936	1946	1951	1956	1961	1966	1971	1976	1981	1986	1989	1991	1996
产量	298	310	275	577	718	1006	1507	2080	2362	3444	3463	4153	3278	3380

1996 年，美国磷肥产量为 1050 万 t P_2O_5，占世界磷肥产量的 31%，居第 1 位。中国磷肥产量 575 万 t P_2O_5，占第 2 位。印度磷肥产量 262 万 t P_2O_5，占第 3 位。前苏联 1990 年磷肥产量曾高达 902 万 t P_2O_5，到 1996 年时，原 9 个产磷肥的加盟共和国总产量已降到 271 万 t P_2O_5。1996 年，主要生产磷肥国家的产量见表 2-1-2。这些国家磷肥产量之和约占世界磷肥产量的 75%。

表 2-1-2　1996 年主要国家磷肥产量/万 t P_2O_5

排名	1	2	3	4	5	6	7	8	9	10
国家	美国	中国	印度	俄罗斯	巴西	摩洛哥	突尼斯	法国	波兰	墨西哥
产量	1050	575	262	193	124	93	74	67	43	43

从 80 年代以来，由于发展中国家的金融危机及经济衰退等的影响，使世界磷肥产量始终在 3000～4000 万 t 之间徘徊。根据国际肥料工业协会（IFA）1997 年预测，随着人口增长，2001 年磷肥消费量将上升到 3652 万 t P_2O_5，比 1995 年平均每年增长 2.7%。

（2）以磷酸铵为代表的高浓度磷复肥发展迅速

磷酸铵（AP）是一种适用于所有土壤作物且增产效果显著的高浓度氮磷复肥，是当今磷复肥工业的主导产品。由于磷酸铵（以下简称磷铵）含五氧化二磷高（有效 P_2O_5 > 40%），故国内外均将它归入磷肥类。磷铵生产过程简单、产品浓度高、造粒性好、而且所含磷绝大部分呈水溶性，故在 50 年代后发展十分迅速。60 年代初，美国 TVA 和英国 SAI 分别开始用湿法磷酸生产磷酸二铵（DAP）和磷酸一铵（MAP）。磷酸二铵由于适宜作散装掺合肥料的磷源，因而在美国被广泛采用。而磷酸一铵可以代替过磷酸以混合造粒方式生产复合肥料，因而在其它国家得到了大力推广。1995 年世界磷铵产量为 1913 万 t P_2O_5，占当年世界磷肥总产量 3278 万 t P_2O_5 的 58%。其中，磷酸一铵产量为 422 万 t P_2O_5，磷酸二铵产量为 1112 万 t P_2O_5[21]。磷酸二铵最大的单系列规模已达到 70 万 t/a。

1994 年世界磷铵产量 1872 万 t P_2O_5。美国是主要的磷铵生产国，产量为 723.6 万 t P_2O_5，占 39%，居世界第一。主要国家磷铵产量见表 2-1-3，其产量之和约占世界磷铵产量的 70%[21]。

表 2-1-3　1994 年主要国家磷铵产量/万 t P_2O_5

排名	1	2	3	4	5	6	7	8	9	10
国家	美国	前苏联	摩洛哥	巴西	中国	印度	法国	突尼斯	西班牙	加拿大
产量	723.6	203.7	66.4	58.8	44.4	42.4	37.5	36.5	35.7	35

早期生产的磷酸铵肥料主要是磷酸一铵，50 年代后建立的工厂大多采用双轴造粒流程，产品规格一般为 11-48-0。近年来已将规格提高为 12-52-0。1969 年前苏联肥料与杀虫剂研究院（НИУИФ）针对质量较差的卡拉-塔乌（Kara-Tay）磷矿，开发出料浆法磷铵工艺，并随即在乌兹别克、哈萨克、土库曼等地建设了一批 15 万 t/a 生产装置（产品规格为 10-40-0）。60 年代以后，英、美、法、日等国又相继开发了各种粉状磷酸一铵生产工艺。

磷酸二铵由于含氮高，在 50 年代后发展很快。1954 年，第一个以湿法磷酸为原料生产磷酸二铵的工厂，在美国密苏里州农民联合企业投产，1961 年美国 TVA 开发了预中和-转鼓氨化造粒工艺生产粒状磷酸二铵（18-46-0）产品，并成为磷铵产品中最主要的品种。70 年代中期，美、法、西班牙等国相继开发了管式反应器代替槽式中和器，进一步简化了设备与流程，节省了投资与能耗。

氮磷复肥中另一个重要品种是硝酸磷肥（简称 NP），该产品由于不消耗硫酸，在硫资源缺乏的欧洲国家发展很快。生产工艺以冷冻法为主。1952 年德国 BASF 公司 Ludwigs Hafen 工厂开始采用冷冻法。现在，世界上主要采用的是挪威 Norsk Hydro 公司改进的工艺：冷冻温度 -5℃，除钙率 85%，产品 P_2O_5 水溶率 80%～85%。迄今已在 6 个国家建设了 15 套装置，单系列最大规模为 2970t/d，总能力为 100 万 t/a，产品规格为 27-13-0。除冷冻法外，法国、荷兰、美国、日本等国还相继开发了碳化法、混酸法、硝酸-磷酸法与硝酸-硫酸（盐）法及硫酸盐法等工艺。目前，硝酸磷肥的产量大约 450 万 t P_2O_5，约占世界磷肥总产量的 8%。在主要磷肥品种中，位于磷铵、SSP、TSP 之后居第四位[21]。

（3）品种结构进行了合理的调整[21]

世界磷复肥在品种结构上的发展方向是高浓度品种。1995 年世界主要磷肥品种的比例列于表 2-1-4 中。

表 2-1-4　1995 年世界主要磷肥品种产量和比例/万 t P_2O_5

品种	磷肥	磷铵	过磷酸钙	重过磷酸钙	硝酸磷肥①	热法磷肥①	其它磷肥①
产量	3278	1913	633	342	～300	～100	～40
%	100	58.4	19.3	10.4	～8	～3	～1

① 为估算数据，仅供参考。

① 作为最早生产的低浓度磷肥——过磷酸钙，由于 50 年代以来，高浓度磷复肥的发展，过磷酸钙因有效成分低（含有效 P_2O_5 12%～20%）而逐渐失去在磷肥中的统治地位，比例逐年下降。1956 年以前，过磷酸钙一直占世界磷肥产量的 60% 以上，1962 年降至 50%，1972 年降为 35%，1978 年降为 25%，1983 年降为 20%，1995 年进一步降为 19%。虽然比例下降幅度较大，但绝对产量却下降不多，如 1966～1980 年间，过磷酸钙产量一直在 700～800 万 t P_2O_5 左右，而在 1981～1995 年间仍维持在 600～700 万 t P_2O_5 之间。

② 高浓度磷肥重过磷酸钙（TSP，含有效 P_2O_5＞45%）已发展成为过磷酸钙最好的换代产品，在磷肥中所占比例逐年上升。1995 年世界重过磷酸钙产量为 342 万 t P_2O_5 约占当年世界磷肥产品的 10%。

③ 热法磷肥，如钙镁磷肥、脱氟磷肥、钙钠磷肥，虽然在磷肥中所占比例很少（约 3%），但由于不耗硫酸且对磷矿适应性强，近年来一些硫资源缺乏、磷矿质量较差的国家还有一定发展。不过由于产品有效磷全部为非水溶性，故发展受到限制。在西欧许多国家，钢渣磷肥仍占有一定地位。

④ 各种新型肥料开始研制和发展。近年来，各种含磷的新型肥料，如缓释肥料（包括控制释放肥料）、液体肥料、包膜肥料、微量元素肥料、稀土复合肥料、磁化肥料、生物活性肥料、有机复合肥料，含有农药、除草剂的复混肥料等也开始研制并投入工业生产。使磷肥发展成为具有复合型、功能型和高利用率的专用复混肥料。为适应绿色化学发展的需要，用微生物细菌分解磷矿和钾矿制磷肥和钾肥的研究已取得进展，这将对消除环境污染、生产清洁磷肥具有重要作用。

21 世纪，世界磷复肥工业将面临着环境、节能降耗、资源、技术、效益等一系列问题，因此必须努力开创新的发展战略，以便顺利进入可持续发展的新时代。

1.2.2　中国磷肥与复肥工业的发展和展望[21]

中国磷肥工业的历史，可以远溯到 1942 年。当时，在云南省昆明建设了一个日产 1t 过磷酸钙的裕滇磷肥厂，原料为昆阳磷矿石（含 P_2O_5 37.9%），产品含有效 P_2O_5 17%，供云南草坝蚕业新村公司种植桑树施用，后因销路不畅，开工半年后停产。1949 年新中国建立时，全国除台湾省有基隆与高雄两座过磷酸钙厂（年产约 3 万 t 过磷酸钙）外，大陆上没有磷肥生产。

1.2.2.1　从低浓度磷肥起步

（1）从生产磷矿粉开始

新中国刚建立时，由于受资源、技术和资金等条件的制约，尚不具备大规模建设磷肥工业的条件。为了满足农业对磷肥的需要，国家决定在第一个五年计划期间（1953～1957 年），磷肥工业以发展磷矿粉为主；同时增加过磷酸钙进口，1953 年进口量曾达 5.5 万 t。

中国先后三次进行了大规模地推广磷矿粉的施用，但是其肥效限制条件较多，主要取决于以下三个条件的配合。A. 磷矿性质。必须使用晶粒小、比表面积大、碳氟磷灰石含量多（即 CO_3^{2-} 对 PO_4^{3-} 同晶置换量高）、枸溶性磷含量高的沉积磷块岩。中国多数产地的磷矿活性低，即使昆阳和开阳磷矿中枸溶性 P_2O_5 分别为 7.2% 和 7.5%，也仅属中等水平。早期施用的锦屏磷矿，为沉积变质磷块岩，枸溶性 P_2O_5 只有 1.8%，肥效更差。B. 土壤性质。一般应施用于 pH＜5.5 的酸性土壤上；反应活性特别高的磷矿粉，可用于 pH＜6.5 的微酸性土壤。C. 作物特点。尽量用于吸磷能力强和多年生木本作物。这些都说明磷矿粉在施用上有很大的局限性，加之用量大，运费高，肥效慢，因而未能获得全面推广。

（2）重点发展过磷酸钙

1953 年，重工业部化工局决定以锦屏磷矿精选磷矿粉为原料，着手进行试验研究和工厂筹建工作。1955 年，在上海制酸厂建成了 1 万 t/a 过磷酸钙中间试验厂，为设计大厂提供数据。1952～1957 年间，哈尔滨、辽阳、济南、衡阳也分别建设了 2～6 万 t/a 的小型过磷酸钙厂。1958 年，先后在南京和太原采用立式搅拌、回转化成工艺，建成了 40 万 t/a 和 20 万 t/a 的过磷酸钙装置。60 年代，湛江和株洲采用皮带化成工艺建成 20 万 t/a 过磷酸钙装置。这几个工厂形成了中国早期的磷肥工业。70 年代，大冶、铜陵分别建成了 20 万 t/a 过磷酸钙装置。80 年代末，甘肃金昌建成了 40 万 t/a 过磷酸钙装置。由于过磷酸钙生产的工艺和设备比较简单，1958～1978 年间，各地因陋就简建设了很多生产能力低于 10 万 t/a 的过磷酸钙厂，加快了过磷酸钙的发展。

目前，中国有大小型过磷酸钙厂 400 个左右，多数为中小型厂（5～10 万 t/a），基本上都布置在市场所在地或有色冶炼烟气制酸厂附近（如株洲、大冶、铜陵、金昌等厂）。过磷酸钙产量一直占中国磷肥产量的 65%～75%。突出的问题是产品品位较低，1997 年全国重点过磷酸钙厂的平均有效 P_2O_5 含量为 14.4%，硫酸消耗为 2391kg/tP_2O_5。主要是由于大都采用价格比较低廉的原矿生产，质量较差。过去，中国曾大量进口磷矿（主要是越南、摩洛哥磷矿）用于过磷酸钙生产，1973 年最高时达 173 万 t。到 80 年代已基本上停止进口。

1998 年，中国过磷酸钙产量 418.2 万 tP_2O_5，占全国磷肥产量的 65%。中国历年过磷酸钙产量和在磷肥中的比重见表 2-1-5。

表 2-1-5　中国历年过磷酸钙产量和所占比重

年份	1955	1960	1965	1970	1975	1985	1990	1995	1997	1998
产量/万 t P_2O_5	0.1	13.7	44.1	56.7	102.9	164.6	134.5	290.6	391.4	418.2
占磷肥/%	100	71	64	63	67	71	77	71	63	65

（3）开创高炉法钙镁磷肥的生产

鉴于中国磷矿杂质含量较高，而含硫资源又不足，1953 年确定了磷肥加工路线实行酸法、热法并举的方针。从 1953 年起，四川、云南、浙江、北京等地的工厂、研究和设计单位相继开展了钙镁磷肥（简称 FMP）的研制工作。1958～1959 年，北京化工实验厂和浙江兰溪化肥厂先后采用冷风直筒型高炉生产出钙镁磷肥，但炉龄短、消耗高。1963～1964 年，江西东乡磷肥厂先后将 13m³ 和 40m³ 两台高炉改造成热风腰鼓型，炉腹采用水夹套冷却，连续生产钙镁磷肥取得成功，能力分别达到 3 万 t/a 和 6 万 t/a，从而开创了中国采用高炉生产钙镁磷肥的历史。此后，各地纷纷利用闲置的炼铁高炉（约 180 台），改造生产钙镁磷肥，最大容积为浙江绍兴钢铁厂的 82m³ 高炉。1976 年，原郑州工学院提出玻璃结构因子配料方法，可以使用 $P_2O_5 \geqslant 16\%$ 的低品位磷矿为原料。1980 年，广西鹿寨化肥厂采用精料和大风、高温工艺条件，将产量提高 1 倍，焦炭消耗降低 40%，实现了高产、优质、低耗，使钙镁磷肥生产技术水平得到了进一步提高。

1961 年以后，浙江、湖南、广西、福建、贵州、江西等省的 10 多个工厂，利用当地水电资源，相继建设了 30 多台 400～2800kVA 电炉生产钙镁磷肥，其能力相当 2500～20000t/a 钙镁磷肥，但由于电耗（直接电耗 900kW·h/t）和成本较高，1992 年全部关闭。

钙镁磷肥为直接利用低品位磷矿开创了一条新路。

1997 年，中国生产 FMP 的工厂约 120 多家，产量 91.2 万 t P_2O_5，占全国磷肥产量的 14%。重点企业产品平均含 P_2O_5 15.4%。中国历年钙镁磷肥产量和在磷肥中的比重见表 2-1-6。

表 2-1-6　中国历年钙镁磷肥产量和所占比重

年份	1959	1960	1965	1970	1975	1980	1985	1990	1995	1997
产量 /万 t P_2O_5	1.5	5.3	24.7	33.9	47.6	61.5	38.0	97.5	120.5	91.2
占磷肥/%	17	27	36	37	31	27	22	24	19	14

1961～1964 年，安徽马鞍山钢铁公司曾短期生产钢渣磷肥，1964 年最高产量 766t（实物）。

1.2.2.2　向高浓度复合肥料发展

早在 50 年代初，世界高浓度磷复肥刚刚起步之际，中国已经意识到这是今后磷肥工业的发展方向。上海化工研究院在研制过磷酸钙的同时，利用中国磷矿进行湿法磷酸、热法磷酸、重过磷酸钙、磷酸铵、硝酸磷肥以及脱氟磷肥等产品的研制和中间试验工作，并在 60 年代先后取得了研究成果，为中国发展高浓度复合肥料奠定了基础。

（1）积极探索热法磷酸生产高浓度磷肥的可行性

1976 年广西磷酸盐化工厂建成了年产 1.5 万 t 黄磷、2.5 万 t P_2O_5 热法磷酸（其中泥磷制酸 0.7 万 t P_2O_5）、5 万 t 热法重过磷酸钙和三聚磷酸钠等装置。投产后，由于热法重过磷酸钙生产成本高，不能用作肥料，只能少量生产供糖厂作净化剂用。

80 年代，为了发挥云南省的磷电优势，决定建设 6 万 t 黄磷（2 台电炉）、14 万 t P_2O_5（2×230t/d）热法磷酸、40 万 t（1440t/d）热法重过磷酸钙装置进行试点，总投资约 30 亿元，已于 1997 年建成。但是由于各方面情况发生了很大变化，电站和磷肥投资都增加了好几倍，电价也由当初 0.04 元/度上升到 0.26 元/度，重过磷酸钙成本超过售价，只能用泥磷制的磷酸生产少量重过磷酸钙供作肥料使用。

（2）为了解决硫资源不足开展硝酸磷肥试点

1984 年，开封化肥厂采用硝酸、硫酸混酸法分解磷矿，建成年生产能力（24-14.5-0）13 万 t 硝酸磷肥和（17-13.5-19）3.5 万 t NPK 复肥。但由于技术问题，迄今产量未能达到设计能力。

80 年代，济南化肥厂采用间接冷冻法建成了年产 15 万 t 硝酸磷肥装置，因技术和经济方面的原因，设备处于封存停产状态。

1987 年，山西化肥厂（潞城）建成了以煤为原料的 30 万 t/a 合成氨，54 万 t/a 硝酸，90 万 t/a 硝酸磷肥装置。硝酸磷肥是引进的挪威 Norsk Hydro 间接冷冻法技术，日产能力 2973t 硝酸磷肥（N26.7%，P_2O_5 12.9%），是世界上最大的硝酸磷肥生产装置。但由于部分设备选型不当，酸不溶物分离效果差，磷矿质量不符合技术要求（P_2O_5＞31.5%，MgO ≤1%），虽然 10 年来不断进行改造提高，产量仍未能达到设计能力。

（3）重点发展以湿法磷酸为基础的高浓度磷复肥

① 重过磷酸钙。1982 年，依靠国内开发的技术和设备，在云南磷肥厂内建成了日产 110t P_2O_5 磷酸和年产 10 万 t 重过磷酸钙装置，目前能力已达到 20 万 t。

1997 年，引进技术在湖北荆襄磷化工公司建成了日产 670t P_2O_5 磷酸，年产 56 万 t（1880t/d）化成造粒法 GTSP 装置。

贵州瓮福磷肥厂，包括日产 1000t P_2O_5 磷酸和年产 80 万 t（2×1335t/d）料浆造粒法

GTSP 装置，已于 1999 年投产。

此外，还有开阳磷矿（息峰）10 万 t/a，云南 2 个 4 万 t/a 小厂。

1997 年，中国重过磷酸钙产量为 32.53 万 t（13.8 万 t P_2O_5），占磷肥产量的 2.2％，产品平均含 P_2O_5 42.6％。

② 磷铵　1966 年，南京化学工业公司采用国内开发的技术和设备。建成了日产 50t P_2O_5 磷酸和 3 万 t/a 磷酸二铵生产装置，从而揭开了中国磷铵生产的历史。但是直到 20 年后，中国才从两个方面加快了当今世界磷肥主导品种——磷铵的发展步伐。

A. 引进技术建设大中型磷铵装置。1983～1994 年间，中国有 11 个工厂引进磷酸-磷铵装置，现已全部投产。南京、大连、中阿三个厂是以进口磷酸为原料，生产磷酸二铵为主体的 NPK 三元复合肥料。

B. 采用中国开发的料浆法磷铵技术建设中小型装置。1988 年，原成都科技大学与四川银山磷肥厂合作，针对金河磷矿（27％P_2O_5，3％MgO，5.8％R_2O_3）杂质含量高的特点，采用氨中和稀磷酸，双效浓缩料浆工艺，建成了 3 万 t/a 和 6 万 t/a 磷铵装置共 80 余套。

1990 年，山东鲁北化工总厂与 3 万 t/a 磷铵装置配套，建成了利用磷石膏制 4 万 t/a 硫酸和 6 万 t/a 水泥装置（简称 3-4-6 工程），实现了经济效益、社会效益和环境效益的三统一。现在已有 6 个厂实现了这种资源的循环利用。但由于投资大，产值低，故经济效益尚需进一步验证。

一个放大的 15-20-30 工程，即 15 万 t/a 磷铵、20 万 t/a 硫酸、30 万 t/a 水泥项目，已在鲁北化工总厂建成投产。

1993 年，山东临沂化工总厂利用料浆法磷铵装置，将磷铵、氯化钾转化，NPK 复合肥料三道工序合而为一，生产硫基 NPK（15-15-15）复合肥料，简化了流程，节省了投资，降低了成本，取得了很好的经济效益。1998 年已建成单系列规模为 20 万 t/a 的装置。

1997 年，中国磷铵（实物）产量为 199.02 万 t（折 N26.45 万 t，P_2O_5 88.63 万 t）。其中磷酸一铵产量 120.66 万 t，占 61％；磷酸二铵产量 78.36 万 t，占 39％。磷铵中 P_2O_5 占磷肥产量的 13.9％[2]。

③ 磷酸氢钙　从 60 年代初即开始研究以副产盐酸分解磷矿生产磷酸氢钙，并在自贡、南宁等地分别建成了 0.1～0.5 万 t/a 装置。但直到 80 年代后期，随着饲养业的集约化与饲料加工业的兴起，才获得迅速的发展。现有工厂近百家，总生产能力约 70～80 万 t/a，年产量约 50 万 t 左右。最大的单系列装置已达 10 万 t/a 以上。生产原料也已从盐酸扩大到硫酸、热法磷酸和过磷酸等，并逐步趋向以硫酸法萃取磷酸为主。产品主要用作饲料添加剂。当采用稀磷酸脱氟净化时，副产少量肥料级磷酸氢钙，按饲肥比 8∶2 计，年产量约 5 万 t P_2O_5。为了解决其含磷较低，物理性较差等缺点，有的工厂加入磷酸、碳酸氢铵后喷雾干燥，生产含 N5％、含 P_2O_5 25％～30％、水溶率约 40％的复混肥产品。

1.2.2.3　提高复混肥料在化肥中的比重

从 1959 年开始施用复混肥料，直到 80 年代，才开始组织复混肥料的生产。

从 1979 年开始，上海化工研究院采用团粒法工艺，先后开发成功尿素-过磷酸钙系、尿素-磷铵系、氯化铵-过磷酸钙系、氯化铵-磷铵系、硝铵-过磷酸钙系、硝铵-磷铵系等 10 个体系，30 多个典型品种，10 多种专用粒状复混肥料的生产技术。目前中国生产的复混肥料，绝大多数均采用团粒法。工厂最大规模为 60 万 t/a，单系列最大规模为 10 万 t/a。

掺混法在广东、天津、无锡等地有少量生产。由于中国只有海南富岛化肥厂生产大颗粒尿素

（52 万 t/a），粒状钾盐全靠进口；掺合设备国产化尚未定型，进口则价格过高；原料和产品均带包装。加之南方气候潮湿等原因，掺混法是否能优于团粒法，尚有待于进一步实践证明。

挤压法在昆明化肥厂有从法国引进的装置。主要用于热敏性肥料，如碳酸氢铵系复混肥的生产及含有机质的复混肥生产。

根据中国复混肥料国家标准（GB 15063—94），产品养分（N＋P_2O_5＋K_2O）浓度分为高浓度（≥40%）、中浓度（≥30%）和低浓度（三元为25%、二元为20%）。除大型复合肥料厂生产的三元复合肥均为高浓度（45%）产品外，大量小型复混肥厂生产的主要是低浓度、中浓度产品。近年来，无锡、吴县等厂已开始转向生产高浓度复混肥。

1998 年，全国已发放复混肥许可证的厂家有 2000 多家，但 1997 年统计产量只有 502.8 万 t（实物）。加上未办许可证工厂的复混肥料产量 470.7 万 t（实物），合计为 973.5 万 t（实物），折纯养分（N＋P_2O_5＋K_2O）约 330 万 t，占 1997 年中国化肥产量的 12%。

1.2.2.4 回顾与展望

40 年来，中国磷复肥工业的发展，走了一条与世界磷复肥工业发展基本相同的道路，即从低浓度到高浓度，从单一品种到复合品种，从小型厂到大型厂，工厂布局从邻近市场到邻近原料产地或港口，加工路线从酸热并举到以酸法为主。1997 年，中国磷肥产量已达 640.76 万 t P_2O_5，仅次于美国，占世界第二位，可以满足国内需求的 70%。磷矿产量为 2509 万 t（30% P_2O_5），硫铁矿产量为 1727 万 t（35% S），硫酸产量 1991 万 t，生产磷肥所需的原料完全立足国内。

1997 年，中国磷肥各品种的产量和比重见表 2-1-7。

表 2-1-7　1997 年中国磷肥品种构成

品　　种	SSP	FMP	MAP	DAP	NPK	TSP	NP	总计
产　量 /万 tP_2O_5	418.19	91.21	54.23	34.40	20.38	13.85	7.93	640.76
占/%	65.2	14.3	8.5	5.4	3.2	2.2	1.2	100

1997 年，中国生产各种磷肥约 4000 万 t（实物），平均含 P_2O_5 16%。高浓度磷复肥中的 P_2O_5 占 20.5%，复合肥占 18.3%。

40 年来，中国在发展磷复肥工业中进行了广泛的探索，在实践中不断提高了对客观世界的认识。

磷矿是磷肥工业的原料。直到 70 年代，磷肥工业使用的不是经过矿山加工的商品磷矿，而是从采场直接运来的原矿，"有啥吃啥"，导致磷肥工业被迫增加了含 P_2O_5 12% 的四级品。1978 年后，提出"精料政策""原料均化"等方针，加强了矿山质量管理，改进了采矿方法，开发了新的浮选药剂，采用了擦洗分级、重介质选矿技术，在立项上坚持采选结合、同步建设，使磷矿质量有了较大提高。同时也向加工部门提出了改进工艺，"因矿制肥"。矿肥之间，如何结合，是一个系统工程，不仅要在技术上搞好相互之间的衔接，更重要的是要在经济上找到一个相互之间都能接受的结合点。

根据中国资源的特点，开发了高炉法生产钙镁磷肥、料浆法生产磷铵技术。为了综合利用资源、减少环境污染，开发了磷石膏制硫酸-水泥的技术。1998 年四川大学又开发了磷石膏制硫酸钾铵并联产硫基（无氯）NPK 高浓度三元复肥技术。这些在世界上属于非主流的发展方向，在中国特定的条件下展现出生命力，具有中国特色。

中国磷复肥工业今后的发展方向分述如下。

（1）进一步提高产量[2]

目前中国每年施用的磷肥已达 $850 \sim 900$ 万 $t\,P_2O_5$，产量只有 600 万 $t\,P_2O_5$ 左右，30% 依靠进口。2010 年，预计需要化肥 5000 万 t 以上，氮磷钾比例为 $1:(0.4 \sim 0.45):0.30$，需要 $1180 \sim 1280$ 万 $t\,P_2O_5$。

（2）品种结构有待调整提高

中国磷肥品种中，低浓度的过磷酸钙和钙镁磷肥约占 75%，而高浓度磷复肥只有 20.5%，导致磷肥平均含 P_2O_5 仅 16%，这与世界发达国家平均含 $P_2O_5 > 40\%$ 相比，差距很大。复混肥料在化肥中的比重只有 12%，与世界平均水平 30% 和发达国家 $>50\%$ 相比，差距也很大。根据中国的具体情况，今后，磷复肥发展的重点应以 MAP、DAP、NPK 等高浓度磷复肥为主，硝酸磷肥与重过磷酸钙适当发展，过磷酸钙与钙镁磷肥的产量视需要保持在一定水平。

中国具有丰富的磷矿资源条件，面对日益增长的磷复肥需求，为了保证供应和稳定国际市场价格，中国将加快磷复肥工业的发展，确保 70% 以上的磷复肥由国内供给。复混肥料的比重，要按农业部门的要求争取达到 30%。从长远来说应达到 50% 以上。

（3）大力开发节能降耗、消除环境污染的新技术

能源短缺现已成为世界性问题。为了国民经济发展的需要，工业生产中，一直把以节能、降耗为中心的技术改造放在优先的地位。磷复肥工业是耗能大户之一。单位产品的能耗与主要原料消耗定额与世界先进水平相比，均有较大的差距。近年来，四川大学等在磷酸、磷铵生产中，开发了节能型氨中和管式反应器，节能型搅拌浆及节硫型料浆法磷铵工艺等创新技术，对进一步降低产品成本、提高经济效益起了重要作用。今后还应大力加强节能降耗新工艺、新技术的开发工作。

环境保护是关系到子孙后代幸福与工业持续发展的前提条件。磷复肥生产也是环境污染的大户之一。排出的大量含氟、氨、磷的废气，含氟、磷的酸性污水及大量的磷石膏等固体废渣，严重地污染了环境。现有的综合利用与处理方法尚需在技术上、经济指标上进一步完善和提高，并在此基础上，努力研究开发出新的减小或消除环境污染的新技术：如绿色磷肥技术，环境友好技术及清洁生产技术等，以便为保护环境及磷复肥工业的持续发展作出新的贡献。

参 考 文 献

1 陈五平主编.无机化工工艺学.(三)化学肥料. 第二版.北京:化学工业出版社,1989.200～204

2 周伴学.全国化肥生产经营情况及发展思路.磷复肥与硫酸信息.1999,(7):8～10

3 《化肥工业大全》编委会.化肥工业大全. 北京:化学工业出版社,1988.1～9

4 Brit. 9353.1842

5 Packard, W.G.T, *Superphosphate*.1937,(10):12

6 Waggaman, W. H. Phosphoric Acid, Phosphates and Phosphatic Fertilizers, 2nd ed. New York: Reinhold Publishing Corp., 1952

7 Van Wazar, J.R., Phosphorus and its Compound • Vol.2.New York:Interscience Publishers, Inc.1961

8 Jacob, K.D.Fertilizer Technology and Resources in the United States.New York:Academic Press Inc.1953

9 Slack, A.V.Phosphoric Acid • Part I. New York:Macel Dekker Inc.1968

10 US 1876595.1930

11 US 2049032.1936

12　US 2504544.1950

13　Bridge，G.L.*Ind*.*Eng*.*Chem*.1947，(39)；1255～1272

14　Ross，W.H.，et al.，*Ind*.*Eng*.*Chem*.1917，(9)；26～31

15　Carothers，J.N.*Ind*.*Eng*.*Chem*.1918，(10)；35～38

16　Honti，G.D.，The Nitrogen Industry・Part I.Budapest：Academiai Kiado，1976

17　Ger. 573284.1976

18　Rozler，V.B.*Mineral Udobreniya Insektofungisidni*.1935，(1)；28～42

19　Atwell，J.*Ind*.*Eng*.*Chem*，1949，(41)；1318～1324

20　Thompson，H.L.，et al.，*Ind*.*Eng*.*Chem*.1949，(41)；285～494

21　江善襄主编，方天翰、戴元法、林乐副主编.磷酸、磷肥和复混肥料.北京：化学工业出版社，1999.15～25

第二章 磷矿及磷酸

2.1 磷矿及磷矿粉[1]

2.1.1 磷矿石

天然磷酸盐矿物是生产磷肥及磷化工产品的主要原料。在工业上把具有工业开采价值的磷酸盐矿床通称为磷矿。天然磷矿石主要是磷灰石和磷块岩,它们的主要化学成分都是氟磷酸钙,可以将氟磷酸钙看成是三个分子的正磷酸钙和一个分子的氟化钙生成的复盐,其分子式为 $3Ca_3(PO_4)_2 \cdot CaF_2$,也可写成 $Ca_{10}F_2(PO_4)_6$,$Ca_5F(PO_4)_3$ 为常用的简写形式。

早在 18 世纪末就已发现磷矿并开始研究。随着农业的发展,磷矿开采和富集技术的不断进步,磷矿石的产量有了很大提高。据近统计,以含 $P_2O_5 > 30\%$ 的商品磷矿计,世界磷矿石的年总产量已达 $1.26 \sim 1.35$ 亿 t。中国的磷矿开采经过解放后近 50 年的建设已经取得了很大成绩,建成了一批大中型矿山,磷矿石产量已从 1952 年的 3.8 万 t 提高到 1998 年的 2529 万 t。仅次于美国、摩洛哥和前苏联而居世界第四位。

2.1.1.1 磷灰石

磷灰石矿一般由熔融的岩浆冷却结晶而成,属火成岩矿物,其中的磷呈现磷灰石结晶形式。磷灰石的主要存在形式是钙氟磷灰石,其化学式为 $Ca_5F(PO_4)_3$。纯的钙氟磷灰石含 42.26% 的 P_2O_5、55.65% 的 CaO 与 3.77% 的 F。但由于同晶取代作用与伴生杂质的影响,天然磷灰石往往都比纯氟磷灰石品位低,其 P_2O_5 最高含量为 40.70%,F 为 $2.8\% \sim 3.4\%$。

同晶取代是指氟磷灰石 $Ca_5F(PO_4)_3$ 晶格的一些独立离子被某些结晶化学半径相近的其它离子所取代。如 $Ca_5F(PO_4)_3$ 中的阳离子 Ca^{2+},可部分被 Ba^{2+}、Mg^{2+}、Sr^{2+}、La^{2+}、Ce^{2+}、Pr^{2+}、Na^+ 等其它阳离子取代。阴离子 F^- 和 PO_4^{3-} 的一部分可为 OH^-、Cl^-、CO_3^{2-}、O^{2-}、SO_4^{2-} 和 SiO_4^{4-} 等离子取代。

在同晶取代的情况下,磷灰石矿物可以用 $Ca_{10}R_2(PO_4)_6$ 通式表示,式中 R 代表 F^-、Cl^-、OH^- 等离子。在多数情况下,天然磷灰石中以氟磷灰石最多,其次为羟基磷灰石 $Ca_{10}(OH)_2(PO_4)_6$,氯磷灰石则很少。和氟磷灰石伴生的主要杂质矿物有霞石 $(Na,K)AlSiO_4 \cdot nSiO_2$,辉石-霓石 $NaFe(SiO_3)_2$,钛磁铁矿 $Fe_3O_4 \cdot FeTiO_3 \cdot TiO_2$,钛铁矿 $FeTiO_3$,榍石 $CaTiSiO_2$,长石等。

矿石中的氟磷灰石通常以半透明不规则结晶形态存在,根据所含杂质或共生矿物的不同,可呈灰白色、灰绿色或紫色等,以灰绿色较为普遍。

磷灰石属六角晶系,其结构呈六方双锥晶型结晶,晶形常呈六方柱形或六棱锥状,但多数是不太规则的结晶颗粒,结构坚固致密,不含结晶水。一般磷灰石的密度为 $3.18 \sim 3.41g/cm^3$,莫氏硬度为 $4.5 \sim 5$。氟磷灰石的结晶能约为 $22.19MJ/mol$,比表面结晶能为 $152\mu J/cm^2$,熔点为 $1660℃$ (氟磷灰石熔点为 $1530℃$)。氟磷灰石的比热容为 $0.832J/(g \cdot ℃)$,标准生成热为 $13680kJ/mol$。

目前,世界上最大的磷灰石矿床是在俄罗斯科拉半岛的希宾磷矿 (一般称科拉磷矿)。中国磷灰石矿床贮量较少,主要分布在东北、华北及西北地区。虽然某些磷灰石矿床的品位很低（P_2O_5 3%～5%）但是由于颗粒粗大，很易富集，可选性好，当外地磷矿运距很远、成本很高时，开发当地的低品位磷灰石仍具有一定的工业价值。

2.1.1.2 磷块岩

磷块岩（或称纤核磷灰石）是几百万年甚至数亿年前含磷物质的最小颗粒在海底或湖底沉积而成的，属于水成岩。这种成矿理论称为洋流成矿理论。也可以说分散状态的磷灰石是形成磷块岩的原始物质。磷块岩一般呈细小的结晶体或隐晶质状态，颜色有灰白色、浅绿色、黄褐色或灰黑色等。磷块岩常含有结晶水，且多与含碳酸盐的矿物共生，其分子式通常可写为 $Ca_5F(PO_4)_3 \cdot nRCO_3 \cdot mH_2O$（式中 R 为 Mg 或 Ca 等）。除磷酸盐、碳酸盐外，它尚含硅石（石英）、海绿石、高岭土、褐铁矿和长石等矿物，以及有机物质和微量的稀有元素等。

磷块岩在中国也叫胶磷矿，是一种多物相矿物。磷块岩的特征是细晶结构、高分散性和颗粒的多孔性。它一般由氟磷酸钙、羟基磷酸钙、氟磷酸钙和羟基磷灰石的类质同晶混合物及碳磷灰石构成，其主要成分仍然是氟磷酸钙。外观多为鲕粒状的无定形聚合体。各种磷块岩所含磷酸盐物质的显微结构也显著不同。有接近无定形的凝聚态磷酸盐，也有明显的结晶型磷酸盐。除此以外，还有大量中间状态的基团。由于呈非晶质的胶体结构，故选矿一般较困难。磷块岩的密度一般为 2.8～3.0，莫氏硬度 2～4。磷块岩按照形状，可分为层状磷块岩和结核磷块岩，也有层状和结核状同时存在的矿床。

磷块岩的结构大多疏松多孔，比表面大，易被酸分解。土壤中的酸性溶液也可以缓慢分解它。因此，可以将某些含磷品位低，含铁、铝、碳等有害杂质高，难于富集而又不适于化学加工的磷块岩直接磨成细粉，施到酸性较强的土壤中作基肥或掺入化肥内作中和剂用。

沉积磷块岩矿床通常比磷灰石矿床的 P_2O_5 含量高，贮量大，因此它是磷肥生产最主要的原料来源。中国磷矿主要为沉积型磷块岩，在云南昆阳、贵州开阳、瓮福、湖北荆襄、宜昌、湖南浏阳、四川金河、清平一带拥有比较丰富的磷块岩矿床，约占中国磷矿储量的80%。中国磷块岩的特点是以细晶、隐晶质磷灰石为主，其颗粒细小，含 P_2O_5 多在 15%～25%，矿中所含杂质脉石矿物多数是白云石、方解石、石英、玉髓、云母、粘土等，称为钙质磷块岩。这类矿石利用难度较大。磷块岩中的富矿（高品位矿）或经富集处理后的精矿适合于各种传统的酸法加工。含杂质偏高的中品位以上的磷块岩可用于料浆法磷铵的生产。

世界上主要的磷块岩矿床有美国的佛罗里达、北卡罗来纳和西部磷矿；北非的摩洛哥、阿尔及利亚、突尼斯；西非的撒哈拉、塞内加尔、多哥；中东的埃及、以色列、约旦、叙利亚；前苏联的卡拉-塔乌、哈萨克斯坦磷矿等。

2.1.1.3 磷矿质量的评价

（1）磷矿的品位

磷矿的品位是指磷矿中 P_2O_5 的含量。中国习惯上以 P_2O_5 的百分含量计。国际上则常用 BPL 含量来表示，即将磷矿的 P_2O_5 含量折合成磷酸三钙 $Ca_3(PO_4)_2$ 的含量来表示，磷酸三钙 P_2O_5 理论含量为 45.76%，因此磷矿中含 0.4576% P_2O_5 时表示为 1% BPL。两种表示方法可按下式换算：

$$\%BPL \times 0.4576 = \%P_2O_5$$

用于湿法磷酸和其它酸法磷肥生产的磷矿总是希望力求提高 P_2O_5 的品位，但是，高品位的富矿随着大规模的开采已明显减少。鉴于世界性磷矿的贫化，目前一般要求是：在杂质含量符合规定的前提下，品位大于 68%～78% BPL（31.11%～32.03% P_2O_5）即可。中国现有磷矿按品位的高低一般分为高品位矿（富矿），中品位矿和低品位矿（贫矿）三类。富矿一般含 P_2O_5 在 30％以上，中品位矿含 P_2O_5 在 26％～30％之间；贫矿含 P_2O_5 低于 26％。上述划分方法不是绝对的，品位之间也并没有一个严格的界限，但是由于形成了习惯，故本书仍沿用这种提法。

对于湿法磷酸生产，磷矿 P_2O_5 品位的高低主要影响经济效益。品位越低，生产单位质量 P_2O_5 的经济效益也越低，例如反应槽的容积利用系数、过滤机的生产强度将降低，这样工厂的产量将降低。

在磷酸生产中，磷矿 P_2O_5 品位又是决定系统水平衡的重要因素，当生产的磷酸浓度恒定时，磷矿品位愈低，按物料平衡计算允许加入过滤系统的洗涤水量也愈少，废渣的洗涤程度就会受到影响。当洗涤水量减少到一定限度，不足以洗净滤渣中游离磷酸时，就只能降低生产磷酸的浓度，结果显然将使以后的料浆浓缩或磷酸浓缩装置的生产能力降低。由此可知，磷矿品位愈高，设备的生产强度就愈大，产品质量与经济效益也愈好，这就是对原料磷矿提倡精料政策的主要原因。因此，对于低品位磷矿，应尽可能进行选矿富集，提高它的品位。富集的方法很多，包括药剂浮选，水洗脱泥，擦洗分级，重介质选矿，光电选矿及煅烧消化等。中国的磷矿资源中，大部分是含有害杂质较高而又难于富集的中、低品位磷矿。因此研究与开发直接利用中品位磷矿生产高效复合肥料技术将具有重要的现实意义。

（2）磷矿中有害杂质含量[2]

磷矿中含有多种杂质，如铁、铝、镁、锰、钒、锶等金属离子，有的还含少量放射性元素铀、钍及少量稀土金属铈、镧、镄的化合物，在酸根离子中则有碳酸盐、硅酸盐（或 SiO_2），氟根（有时氟全部或部分为氯或碳酸根所代替）和硫酸盐及有机物等。这些杂质在湿法磷酸及酸法磷复肥的加工中，一般均会增加酸的消耗，降低产品质量和增加产品成本，还使生产装置的生产能力下降，设备材料的腐蚀或磨蚀加剧，降低设备开车率。在湿法磷酸生产中如果有害杂质含量太多，还会使磷矿的反应过程及硫酸钙的结晶过程不能正常进行，甚至有可能根本生产不出磷酸。即使生产出磷酸，也由于含杂质过多而无法浓缩（包括料浆浓缩和磷酸浓缩）或加工利用。

磷矿中杂质种类虽然很多，但影响较大的通常是铁、铝、镁三种，其次是碳酸盐、有机物、分散性泥质和氯等。

① 磷矿中的 CaO 含量（以 CaO/P_2O_5 比值反映）。磷矿中 CaO 含量是决定湿法磷酸生产中硫酸消耗量的关键。CaO/P_2O_3 比值决定了生产单位质量 P_2O_5 所消耗的硫酸量。在磷矿 P_2O_5 含量一定的情况下，CaO 含量愈高，硫酸消耗量愈大（一份 CaO 要消耗 1.75 份硫酸）。同时，CaO 含量升高，石膏值增大，过滤负荷相应增大，单位面积过滤设备的 P_2O_5 生产能力下降。因此，要求 CaO/P_2O_5 比值接近纯氟磷灰石 $Ca_5F(PO_4)_3$ 中 CaO/P_2O_5 的理论比值，其质量比为 1.31，摩尔比为 3.33，不宜超过太多，因为超过此值，需要消耗额外的硫酸。在湿法磷酸生产中，硫酸所占费用约为直接成本的一半。所以这是一个十分重要的技术经济问题。中国磷矿的 CaO/P_2O_5 比值较高，这是由于磷矿中常伴生着白云石、石灰石等碳酸盐附生矿物，难以用一般的选矿方法除去。除去磷矿中多余的 CaO 是湿法磷酸生产中一项极待解决的重要问题。

② 磷矿中的倍半氧化物 R_2O_3 含量。倍半氧化物是指磷矿中铁、铝氧化物的含量，常以 R_2O_3（R 代表 Fe 与 Al，即 $Fe_2O_3 + Al_2O_3$）表示。铁和铝主要来自粘土，通过筛选、磁选可以除去大部分。湿法磷酸生产中，铁和铝不仅干扰硫酸钙结晶的成长，还使磷酸形成

淤渣，尤其是在浓缩磷酸中更为严重。其沉淀或随石膏排出都将使 P_2O_5 遭到较大损失。生成铁和铝的复杂磷酸盐结晶细小，不但增加溶液和料浆的粘度而且容易堵塞滤布和滤饼孔隙；在运输中析出淤泥，给贮存和运输带来困难。铁和铝的磷酸盐还会给后加工如磷酸或磷铵料浆的浓缩、干燥带来困难，并导致产品物性不佳和质量下降。

③ 磷矿中 MgO 含量。磷矿的镁盐（以 MgO 表示）经反应后一般全部溶解并存在于磷酸中，浓缩后也不易析出，这是由于磷酸镁盐在磷酸溶液中溶解度很大的缘故，也是镁盐产生严重不利影响的原因。$Mg(H_2PO_4)_2$ 使磷酸粘度剧烈增大，造成酸解过程中离子扩散困难和局部浓度不一致，影响硫酸钙结晶的均匀成长，增加过滤困难。在磷矿酸解过程中，镁的存在使磷酸中第一氢离子被部分中和，降低了溶液中氢离子的浓度，严重影响磷矿的反应能力。如果为了保持一定 H^+ 浓度而增加硫酸用量，又将使溶液中出现过大的 SO_4^{2-} 浓度，这不但增加了硫酸消耗而且还造成硫酸钙结晶的困难。此外，由于镁盐在反应过程中也会生成一部分枸溶性磷酸盐，并且镁盐对产品的吸湿性影响比铁、铝盐类大，因而会影响产品物理性能，使水溶率降低，质量下降。

镁盐过大的溶解度使磷酸的粘度显著增大，也给后加工工序如磷酸浓缩或料浆浓缩带来十分不利的影响。例如，某高镁磷矿在料浆法磷铵的工艺评价试验中，其技术经济指标都欠佳。由于 MgO 含量高（产品中 MgO 含量高达 10.99%）使得浓缩料浆粘度太高，当中和度为 1.15，料浆终点浓度含水 35.2% 时，料浆粘度已高达 $1.44Pa \cdot s$（料浆温度 106℃），不能进行正常浓缩操作。产品含 N 量约 8%，小于国家标准的要求（N>10%）。

磷矿中 MgO 含量已成为酸法加工评价磷矿质量的主要指标之一。国外生产厂对 MgO 含量的要求是很严的。中国磷矿中 MgO 含量明显偏高，对磷酸、磷铵的生产和其它酸法磷肥生产都带来不良影响。因此研究降低 MgO 含量的富集方法，已成为中国磷矿生产科研中的一个重要课题。但含镁高的磷矿对生产钙镁磷肥十分有利，它能降低熔点，减少熔剂加入量。

④ 硅及酸不溶物的含量。磷矿中总是含有不等量的 SiO_2，多以酸不溶物形态存在。SiO_2 在反应过程中不消耗硫酸，部分 SiO_2 还可以使剧毒性的 HF 变成毒性较小的 SiF_4 气体。在反应过程中，活性较大的 SiO_2 很容易使氢氟酸生成氟硅酸（H_2SiF_6），后者对金属材料的腐蚀性要比前者轻得多。为此磷矿中应含有必需的 SiO_2，当 SiO_2/F 小于化学计量时，还应加入可溶性硅。但过量的 SiO_2 是有害的，一方面湿法磷酸中呈胶状的硅酸会影响磷石膏的过滤；另一方面增加磷矿硬度，降低磨机生产能力，增加磨机的磨损。

⑤ 有机物与碳酸盐的含量。大多数磷矿，尤其是沉积型磷矿常含有机物。有机物含量高会给操作带来很大麻烦。碳酸盐与有机物使反应过程产生气泡；有机物还使反应生成的 CO_2 气体形成稳定的泡沫，泡沫使酸解槽有效容积降低，还给磷矿的反应、料浆输送及过滤造成困难。有机物因炭化而生成极细小的炭粒，极易堵塞滤布，减少滤饼孔隙率，使过滤强度降低。此外，有机物还会影响产品酸的色泽。

⑥ 其它组分。氟是磷矿组成中的主要成分，通常与 P_2O_5 含量按一定的比例而存在，故磷矿中氟含量一般不作为评价的指标。但要注意磷矿中的氯含量。因为氯化氢所造成的腐蚀情况极为严重。当其含量稍高时，对设备材料的要求更高。因此氯根含量在 0.05% 以上的磷矿，采用酸法加工时，就需要选用特殊的材料。据国外资料报道，酸中氯化物的允许含量为 150～200mg/kg，氯化物含量较高时，用 316 或 20 号合金钢制成的搅拌器或泵只能用几个星期，有时甚至几天便会损坏。一般要求，磷酸中的 $H_2SiF_6+HF<2\%$（以 F 计）时，其氯化物含量不得大于 800mg/kg。

磷矿中锰、钒、锌等元素的含量一般均很少，对产品质量没有多大影响，而且还是作物需要的微量元素，有一定的肥效。至于铀、铈、铠等稀有元素，长期接触会损害人们的健康，应采取必要的防护措施。由于它们在国防工业上有特殊的用途，因此，当其含量达到120mg/kg 时，可在加工过程中加以回收。

（3）磷矿的可选性

有些磷矿虽然品位较低，有害杂质含量较高，直接加工困难，但只要可选性好，通过常规的浮选法或其它较简单的选矿工艺，就可得到质量较好、成本较低的精矿，仍然是可取的。料浆法磷铵对磷矿质量的要求比传统法稍低，因而对选矿的要求也可降低。有些选矿工艺如擦洗脱泥、光电、重介质浮选及只需一次粗选的浮选等，方法简单，成本可大大降低，磷回收率又比较高，因此，用这些选矿方法得到的粗精矿，很适合作料浆法磷铵生产的原料。

中国磷矿资源和磷矿供应绝大部分是磷块岩，它含有较多的白云石和硅质磷矿物，又多是构造致密的结晶或隐晶磷灰石（又称胶磷矿），因而富集比较困难。对这种磷矿一般先浮选碳酸盐矿物，再浮选磷酸盐矿物，即采用反浮选法。中国还将正浮选法与反浮法结合选矿，取得了很大进展。此外，将光电、重介质，擦洗脱泥等方法用于这类选矿也很有现实意义。对高碳酸盐磷矿采用煅烧-消化法，对高镁磷矿采用稀硫酸（或稀磷酸）脱镁等化学选矿法，也可因地制宜地选取。

（4）磷矿的反应活性，抗阻缓性及发泡性[3]

磷矿的反应活性、抗阻缓性及发泡性将影响设备的生产强度、经济效益和工艺操作指标。测定反应活性可了解磷矿被酸分解的难易及分解速度的快慢，从而为选择适宜的反应时间提供参考。测定抗阻缓性可了解磷矿在硫-磷混酸中的分解能力及分解速度，可为磷矿细度的选择及液相 SO_3 浓度的选择提供依据。研究发泡特性，可知磷矿在酸解过程中生成泡沫的多少及其稳定性，以便在生产上采取相应措施。发泡严重的，可加入消泡剂抑制泡沫，以减少物料损失和环境污染，避免降低设备利用率。

（5）磷矿质量的综合评价[4]

以上分析表明，评价一种磷矿的质量不能只考虑品位高低，还要对其有害杂质的含量、可选性、反应活性、抗阻缓性及发泡性等进行综合分析评价。

磷矿品位的高低在后加工中体现出来的主要是经济因素。因为有些品位太低的磷矿，即使技术上可行，但经济指标太差，也不合适。磷矿中有害杂质的含量常常是决定后加工工艺在技术上是否可行的主要因素。例如某磷矿品位不低（含 P_2O_5 29%），但含铁很高（Fe_2O_3 达 5%～8%），且铁的分解率也很高，在酸解反应过程中大部分铁进入磷酸溶液，使得中和料浆的粘度高达 1Pa·s 以上，料浆流动性很差，浓缩操作无法进行。在后加工工艺中，由于有害杂质使技术上不可行时，磷矿品位高低体现的经济性也就不存在了。磷矿品位的高低与有害杂质含量是两个不同的概念，它们之间没有固定的关系。但是在一般情况下，品位高的磷矿含有害杂质量相对也少些。

磷矿的可选性、反应活性、抗阻缓性及发泡性等，虽然也是评价磷矿质量的因素，但与磷矿品位及有害杂质含量两个最重要的影响因素相比，是次要的，故一般不作评价，只在特殊情况下才予以综合考虑。

2.1.1.4 磷酸、磷铵生产对磷矿质量的基本要求

在磷酸、磷铵生产中，为了稳定操作、提高技术经济指标、增加工厂的经济效益，通常都希望采用品位高、杂质少、质量稳定的磷矿作原料。工厂生产规模愈大、使用精料的必要

性也愈大，因为规模愈大、单位时间内磷矿需要量愈多，对磷矿质量稳定性的要求也愈严格，否则正常而稳定的运行就难以维持。

磷酸、磷铵生产中，要对原料磷矿的品位及有害杂质的限量提出一个具体要求很不容易。因为既要考虑生产上的需要，又应考虑矿山开采的实际可能。生产客观需要与磷酸、磷铵的生产流程、规模以及磷酸再加工的品种等有关。一般地说，采用二水物流程的工厂，对磷矿质量的要求可以低一些；采用半水物流程制取浓磷酸或生产规模较大的二水物磷酸厂，对磷矿质量的要求就要高一些；当采用半水-二水流程、二水-半水流程等再结晶流程时，还要考虑难溶性杂质的累积，故对有害杂质的限量要求就更高一些。磷酸加工制成磷肥的品种对磷矿品位及质量的要求也有很大差异。生产重过磷酸钙对磷矿质量要求严格，尤其是有害杂质的含量要少。但用于生产磷铵（磷酸一铵或磷酸二铵）对磷矿质量要求可以低一些。如果选用"料浆浓缩法"磷铵生产工艺，则对磷矿质量的要求还可以更低一些。

磷矿中有害杂质的允许含量常与品位有关。P_2O_5 品位高的磷矿允许有较多的杂质存在。为此，规定杂质含量的绝对值意义不大。正确的方法是规定某一杂质对 P_2O_5 含量的比值（质量比），例如 CaO/P_2O_5，MgO/P_2O_5 等。

（1）国外对商品磷矿的要求

国外对商品磷矿（主要用于酸法加工）的一般要求列于表 2-2-1 中。

表 2-2-1　国外对商品磷矿的要求

项　目　要　求	BPL% (P_2O_5%)	CaO/P_2O_5	$(Fe_2O_3+Al_2O_3)/P_2O_5$	MgO/P_2O_5
基本要求	≥68%~70% (31%~33%)	≤1.4~1.45	≤3%	≤0.5%
最低要求	≥68% (31%)	≤1.45	≤10%	≤2%

（2）中国酸法磷肥用矿要求

主要指过磷酸钙、湿法磷酸、磷酸铵、重过磷酸钙、硝酸磷肥和沉淀磷肥等的用矿要求。1995 年中国制订出酸法磷肥用矿化工行业标准列于表 2-2-2。

表 2-2-2　中国酸法磷肥用矿化工行业标准 （HG/T 2673—95）[5]

项　目		优等品		一等品		合格品
		I	II	I	II	
五氧化二磷(P_2O_5)含量/%	≥	34.0	32.0	30.0	28.0	24.0
氧化镁(MgO)/五氧化二磷(P_2O_5)/%	≤	2.5	3.5	5.0	10.0	
三氧化二物(R_2O_3)/五氧化二磷(P_2O_5)/%	≤	8.5	10.0	12.0	15.0	
二氧化碳(CO_2)含量/%	≤	3.0	4.0	5.0	7.0	

注：1. 水分以交货地点计、含量应≤8.0%。2. 除水分外各组分含量均以干基计。3. 当指标中仅 MgO/P_2O_5 或 R_2O_3/P_2O_5 一项超标，而另一项较低时，允许 MgO/P_2O_5 的指标增加（或减少）0.4%，但此时 R_2O_3/P_2O_5 指标应减少（或增加）0.6%。4. 什邡磷矿石合格品的 P_2O_5 含量应≥26.0%。5. 合格品中杂质要求按合同执行。

"料浆浓缩法"磷铵对磷矿质量的要求比传统法的低，但不是什么矿都可用。在建设"料浆法"磷铵厂前，如所选用的磷矿尚未在生产中使用过，仍必须对所选定的磷矿进行全面（系统）或部分主要工艺参数的评价试验，确定该矿是否可用。特别要指出的是"料浆法"工艺也决不是只用质量较差的矿。许多评价实验表明，料浆法制磷铵使用高质量磷矿为原料时，各项工艺技术指标和产品质量与传统法均很接近。

2.1.2 磷矿粉的制备

磷矿与硫酸是液固相反应，固体的比表面积愈大，与液体接触面愈大，反应就愈迅速。相同质量的固体，颗粒愈小，其比表面积愈大。因此磷矿与硫酸的反应速率与磷矿的细度密切相关。当其它条件不变时，颗粒的溶解时间与颗粒的直径成正比。为此，用于湿法磷酸生产的磷矿一般要求 90％以上通过 100 目（0.147mm）标准筛（其中 60％以上通过 200 目 0.074mm 筛）。

对于中、小型磷酸、磷铵厂，磷矿石一般只需经过粉碎（中碎）和研磨（细碎）两个工序即可。粉碎工序常选用反击式破碎机。大型磷酸、磷铵厂还可考虑粗碎。粗碎可用颚式破碎机。对于磷矿进料粒度较大的工厂，粗碎是不可少的。中碎可设置反击式破碎机，研磨工序则应按磷酸生产的要求，选用干法或湿法研磨设备。干法多用风扫磨，湿法则一般选用溢流式球磨机。湿法（亦称矿浆法）研磨的流程短、生产能力大、维修量小、加工成本低、管理方便、劳动条件好、节省燃料和电力、噪音小（当采用橡胶衬板时），所以在酸法磷肥的加工中得到广泛采用。湿法磷酸的生产也普遍采用此流程。在湿磨流程中要注意的是矿浆水分直接影响系统的水平衡、磷酸浓度及磷石膏洗涤率。一般以矿浆含水 25％～28％比较合适。生产上可利用矿浆密度与矿浆水分的对应关系，用测定矿浆密度来控制矿浆浓度。由于不同矿种研磨成可流动性料浆的起始水分值相差较大，可在 25％～35％之间。因此，在决定采用湿法磨矿之前，应该进行矿浆流动性的测定，以确定合适的流程。

2.2 磷酸的性质和用途

2.2.1 磷酸的性质

磷酸是由五氧化二磷（P_2O_5）与水反应得到的化合物。一般情况下，磷酸系正磷酸的简称，其分子式为 H_3PO_4。五氧化二磷结合的水的比例低于正磷酸时可形成焦磷酸（$H_4P_2O_7$）、三聚磷酸（$H_5P_3O_{10}$）、四聚磷酸（$H_6P_4O_{13}$）、偏磷酸（HPO_3）和多聚偏磷酸（HPO_3）$_n$ 等。磷酸是三元酸，可以生成三种不同的取代盐，即一代磷酸盐 XH_2PO_4，二代磷酸盐 X_2HPO_4 和三代磷酸盐 X_3PO_4。在水溶液中25℃时，磷酸三个氢离子的离解常数分别为[6]：

$$H_3PO_4 \rightleftharpoons H^+ + H_2PO_4^- \qquad K_1 = 0.93 \times 10^{-2}$$
$$H_2PO_4^- \rightleftharpoons H^+ + HPO_4^{2-} \qquad K_2 = 0.99 \times 10^{-8}$$
$$HPO_4^{2-} \rightleftharpoons H^+ + PO_4^{3-} \qquad K_1 = 1.8 \times 10^{-12}$$

磷酸或磷酸盐的溶液中，各种离子的存在及其浓度由溶液的 pH 值决定。当 pH＝2 时，溶液中约有一半以一代磷酸离子（H_2PO_4）$^-$ 存在，到 pH＝4.5（弱酸性），$H_2PO_4^-$ 才是稳定的；二代磷酸离子（HPO_4^{2-}）在 pH＝9.5 时才是稳定的；而 PO_4^{3-} 则必须在强碱性溶液（pH＝12.52）中才能稳定存在。

磷酸为中强三元酸，具有酸的一切通性，在室温下磷酸的化学性质是很活泼的。

高温下磷酸可能与大部分金属及其氧化物发生化学反应。

当加热至呈浆状时，磷酸能侵蚀石英。

磷酸的氧化能力很弱，即使在 350～400℃下，与氢、碳等强还原剂作用也不发生明显的化学反应。

纯磷酸在常温下为透明单斜结晶，在空气中易潮解，密度 1.88g/cm³，熔点 42.4℃，含

P_2O_5 72.4%。此外，还存在半水物（$H_3PO_4 \cdot 0.5H_2O$）结晶区，熔点 29.3℃，含 91.6% H_3PO_4。

H_3PO_4-H_2O 体系的相图示于图 2-2-1[7]。

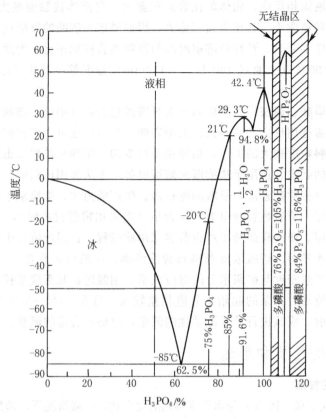

图 2-2-1　H_3PO_4-H_2O 体系相图

半水磷酸与冰的低共熔点为 -85℃，该点的磷酸含量为 62.5% H_3PO_4。磷酸作为商品运输时的含量一般为 75% H_3PO_4 或 85% H_3PO_4，溶液的冰点分别为 -20℃ 及 -21℃，低于此温度时会有半水物结晶析出。含量超过 100% H_3PO_4 时进入无结晶区，包括一组链长不同的缩合磷酸，以焦磷酸 $H_4P_2O_7$ 为起点，接着是三聚磷酸 $H_5P_3O_{10}$、四聚磷酸 $H_6P_4O_{13}$ 等饱和区域。

当正磷酸溶液加热蒸发时，可以得到一组各种链长不同的缩合磷酸混合物，通常称为过磷酸。提高加热温度或延长加热时间，磷酸的脱水作用将达到更高的程度，亦即正磷酸不断减少，缩合磷酸（如三聚磷酸、四聚磷酸、偏磷酸等）不断增加。这时，磷酸的含量已经大于 100% H_3PO_4，所以在工业生产中，常常用 P_2O_5 含量来表示磷酸的含量，而不用 H_3PO_4 的含量来表示。

将磷酸继续浓缩可以得到一组恒沸点混合物，它的组成为 91.1%～92.1% P_2O_5，溶液的蒸汽压将从 13.87kPa 增至 100.39kPa，相应的沸点从 694℃ 提高到 869℃。其水溶液的蒸汽压 p 与溶液组成 % P_2O_5 及沸点 T 的关系可表示如下[1]：

$$\lg p = \left[861 + \frac{-(\%P_2O_5 - 60)^2/0.268 + 2450}{T} \right] \times 0.133322 \quad \text{kPa} \qquad (2\text{-}2\text{-}1)$$

式中　% P_2O_5 在 60%～95% 之间。

接近 1000℃ 时，磷酸蒸气将离解成 H_2O 与 P_4O_{10}。

焦磷酸 $H_4P_2O_7$ 的熔点为 61℃，熔融后很难重结晶，在室温下，熔融后的焦磷酸的固化时间很长，要以周或月来计算。这主要是由于焦磷酸已被离解成正磷酸与多磷酸的混合物。

偏磷酸 $[HPO_3]_n$ 为一无定形磷酸的混合物，也是一个恒沸点的混合物。在 72%～80% P_2O_5 时，偏磷酸为一油状液体；在 80%～89% P_2O_5 时，呈焦油状或脂肪状；高于 90% P_2O_5 时，呈透明玻璃状。

任何组成的聚合磷酸溶解于水均水解成正磷酸。水解速度决定于水解温度。25℃时形成正磷酸，温度提高到 100℃时，几分钟就完成了。因此，可以在室温下研究聚磷酸在水溶液中的性质。

磷酸的稀释热随着稀释倍数的增加而增大。$1mol H_3PO_4$ 在 1mol 水中的溶解热为 7.285J/mol，而在 100mol 水中则增大为 22.046J/mol。

磷酸溶液的密度与粘度在一定温度下，均随磷酸中 P_2O_5 含量的增加而增加。在 75℃下，当从 19.6% P_2O_5 增加到 70.5% P_2O_5 时，磷酸水溶液的粘度相应从 1.976×10^{-3} Pa·s 增加到 59.24×10^{-2} Pa·s。而密度则从 $1.15g/cm^3$ 增加到 $1.49g/cm^3$。

磷酸水溶液（<44% P_2O_5）在 20～100℃范围内的比热容可按下式计算：

$$c_p = 1.0109 - 0.00514X$$

式中 X 为磷酸中 P_2O_5 含量，P_2O_5%。有关磷酸水溶液的密度、蒸汽压、比热容、生成热、电导率和粘度的具体数据请查有关文献。

2.2.2 磷酸的用途

磷酸是重要的中间产品，主要用于生产化学肥料、工业磷酸盐、饲料磷酸盐及食品磷酸盐等。

2.2.2.1 用于化学肥料的生产

制造高浓度磷肥和复合肥料，如重过磷酸钙、沉淀磷肥、磷酸铵类氮磷复合肥料以及氮磷钾混配复混肥料等。

2.2.2.2 用于工业级磷酸盐生产

用磷酸制取的工业级磷酸盐产品很多。热法磷酸由于杂质含量少，绝大部分用于生产三聚磷酸钠和其它工业用磷酸盐。湿法磷酸经过净化也可用于工业级磷酸盐生产。

工业级磷酸铵用作酵母培养剂及防火剂。

工业级磷酸钙是用氢氧化钙中和热法磷酸而制成。控制中和液的酸度可制得各种磷酸钙盐。

磷酸一钙用作发酵剂和蔗糖的脱色剂。磷酸二钙用作动物的辅助饲料和牙膏的填料，优质的磷酸二钙可用于医药。磷酸三钙用作粉状物料流动性的调节剂和陶瓷制品的增白剂。

磷酸钾盐的工业应用比较少。只有焦磷酸钾几乎全部用于液体洗涤剂的生产。焦磷酸钾可由磷酸氢二钾在高温下脱水而成。

磷酸一钠用于酸型去垢剂的缓冲剂，磷酸二钠用作软化剂，除去水中的金属阳离子；也可用于医药和织物染色以及陶瓷釉料。磷酸三钠用作软化剂或重质洗涤剂的配料。酸式焦磷酸钠用于发酵剂和配制油井钻孔泥浆。焦磷酸钠是肥皂和合成洗涤剂的配料，它与酸式焦磷酸钠混合可用作反絮凝剂。三聚磷酸钠是合成洗涤剂的主要助剂，因为它有很强的螯合力。60 年代后期，由于使用三聚磷酸钠后的排水中含有磷，促使湖泊河流中藻类等大量繁殖，造成水生动物缺氧。为此各国都在发展非磷的助剂如复合（聚）二硅酸钠等。

2.2.2.3 用于饲料级磷酸盐的生产

在饲料添加剂中，饲料级磷酸盐占有很大的比重，目前中国饲料工业发展很快，饲料级磷酸盐年需求在 60 万 t（以 P_2O_5 计）以上。饲料级磷酸盐主要有磷酸氢钙、脱氟磷酸钙、磷酸氢二钠、磷酸氢二铵、尿素磷酸盐等。

2.2.2.4 用于食品级磷酸盐的生产

磷酸盐在食品或饮料加工中主要是作为品质改良剂和营养剂。食品级磷酸盐的品种比较多，美国目前使用的有 31 种，日本有 26 种，中国正式批准使用的有磷酸、磷酸氢钙、磷酸氢二钠、磷酸二氢钠、焦磷酸钠、焦磷酸二氢钙、六偏磷酸钠、焦磷酸二氢钠等。过去食品级磷酸盐都是以热法磷酸为原料。近年来，随着湿法磷酸净化技术的进步，湿法磷酸也用于食品级磷酸盐的生产。

2.3 湿法磷酸生产的理论基础[1,7]

2.3.1 湿法磷酸生产的化学反应

用酸（硫酸、硝酸、盐酸等）分解磷矿制得的磷酸统称湿法磷酸，而用硫酸分解磷矿制取磷酸的方法是湿法磷酸生产中最主要的方法。硫酸分解磷矿生成磷酸溶液和难溶性的硫酸钙结晶，其总化学反应式如下：

$$Ca_5F(PO_4)_3+5H_2SO_4+5nH_2O = 3H_3PO_4+5CaSO_4 \cdot nH_2O+HF$$

实际上，反应分两步进行。第一步是磷矿和循环料浆（或返回系统的磷酸）进行预分解反应，磷矿首先溶解在过量的磷酸溶液中生成磷酸一钙：

$$Ca_5F(PO_4)_3+7H_3SO_4 = 5Ca(H_2PO_4)_2+HF$$

预分解的目的主要是防止磷矿与浓硫酸直接反应，避免在磷矿粒子表面生成硫酸钙薄膜而阻碍磷矿的进一步分解。同时也有利于硫酸钙过饱和度的降低。

第二步为上述的磷酸一钙料浆与稍过量的硫酸反应生成硫酸钙结晶与磷酸溶液：

$$Ca(H_2PO_4)_2+5H_2SO_4+5nH_2O = 5CaSO_4 \cdot nH_2O+10H_3PO_4$$

硫酸钙可以三种不同的水合结晶形态从磷酸溶液中沉淀出来，其生成条件主要取决于磷酸溶液中的磷酸浓度、温度以及游离硫酸浓度。根据生产条件的不同，可以生成二水硫酸钙（$CaSO_4 \cdot 2H_2O$）、半水硫酸钙$\left(CaSO_4 \cdot \dfrac{1}{2}H_2O\right)$和无水硫酸钙（$CaSO_4$）三种，故上述$CaSO_4 \cdot nH_2O$中的 n 可以等于 2、$\dfrac{1}{2}$ 或 0。相应地生产中有三种基本方法即二水物法、半水物法和无水物法。反应中生成的 HF 与磷矿中带入的 SiO_2 生成 H_2SiF_6。

$$6HF+SiO_2 = H_2SiF_6+2H_2O$$

H_2SiF_6 又与 SiO_2 反应生成 SiF_4 气体。

$$2H_2SiF_6+SiO_2 = 3SiF_4\uparrow+2H_2O$$

可见，气相中的氟主要以 SiF_4 的形式存在，用水吸收后生成氟硅酸水溶液并析出硅胶沉淀

$$3SiF_4+(n+2)H_2O = 2H_2SiF_6+SiO_2 \cdot nH_2O\downarrow$$

磷矿中的铁、铝、钠、钾等杂质将发生下述反应：

$$(Fe,Al)_2O_3+2H_3PO_4 = 2(Fe,Al)PO_4\downarrow+3H_2O$$

$$(Na,K)_2O+H_2SiF_6 = (Na,K)_2SiF_6\downarrow+H_2O$$

镁主要存在于碳酸盐中，磷矿中的碳酸盐，如白云石、方解石等首先被硫酸分解并放出 CO_2。

$$CaCO_3+H_2SO_4 = CaSO_4+H_2O+CO_2\uparrow$$

$$CaCO_3 \cdot MgCO_3+2H_2SO_4 = CaSO_4+MgSO_4+2H_2O+2CO_2\uparrow$$

生成的镁盐全部进入磷酸溶液中，对磷酸质量和后加工将带来不利的影响。

2.3.2 硫酸钙在 $CaSO_4$-H_3PO_4-H_2O 与 $CaSO_4$-H_3PO_4-H_2SO_4-H_2O 体系的相平衡及转化动力学[1]

2.3.2.1 硫酸钙的结晶形态

二水物硫酸钙（$CaSO_4 \cdot 2H_2O$）只有一种晶型；半水物硫酸钙$\left(CaSO_4 \cdot \dfrac{1}{2}H_2O\right)$有 α-型和 β-型两种晶型；无水物硫酸钙（$CaSO_4$）有三种晶型（无水物 I、无水物 II 和无水物 III）。但是，与湿法磷酸生产过程有关的晶型只有二水物、α-半水物和无水物 II 三种。它们的一些物理常数和理论化学组成列于表 2-2-3。

表 2-2-3　硫酸钙结晶的某些物理常数及化学组成

结晶形态	俗名	密度 g/cm³	理论化学组成/%		
			CO_2	CaO	H_2O
$CaSO_4 \cdot 2H_2O$	生石膏（或石膏）	2.32	46.6	32.5	20.9
α-$CaSO_4 \cdot \dfrac{1}{2}H_2O$	熟石膏	2.73	55.2	38.6	6.2
$CaSO_4$ II	硬石膏	2.99	58.8	41.2	0

2.3.2.2 硫酸钙在 $CaSO_4$-H_3PO_4-H_2O 三元体系的相平衡

图 2-2-2 是 $CaSO_4$-H_3PO_4-H_2O 三元体系的相平衡图。此图也可称为转化多温图或不同温度下硫酸钙不同晶型的转化示意图。图中 AB 线为二水物⇌无水物热力学平衡曲线，虚线 CD 为二水物⇌半水物介稳平衡曲线。这两条曲线将此图分为三个区域（区域 I、II、III）。由此图可从热力学上得到以下四点结论：

① 在 $CaSO_4$-P_2O_5-H_2O 体系中，硫酸钙只有两种稳定晶型：二水物（区域 I）和无水物（区域 II、III）。

② 在三个区域中，硫酸钙结晶的转化顺序为：

区域名称	不稳态→介稳态→稳定态
区域 I	半水物→无水物→二水物
区域 II	半水物→二水物→无水物
区域 III	二水物→半水物→无水物

③ 在 AB 线上，二水物与无水物具有相同的稳定性，在溶液中能同时存在，处于平衡。在 CD 线上，惟一的稳定固相是无水物。

④ 在 80℃下，二水法磷酸的理论最高浓度约为 33% P_2O_5。从图 2-2-2 看出，当磷酸浓度高于 33% P_2O_5 时，首先析出的半水物将直接转化为无水物，得不到二水物结晶，故不能实现二水物流程。

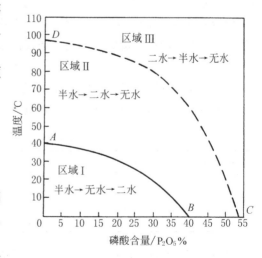

图 2-2-2　$CaSO_4$-P_2O_5-H_2O 体系平衡图

AB——二水物⇌无水物热力学平衡曲线；

CD——二水物⇌半水物介稳平衡曲线

上述 $CaSO_4$-P_2O_5-H_2O 三元相图的分析，为湿法磷酸生产提供了理论依据。

2.3.2.3 硫酸钙在 $CaSO_4$-H_2PO_4-H_2SO_4-H_2O 四元体系的相平衡

$CaSO_4$-P_2O_5-H_2O 三元体系的研究结果只有当反应料浆液相中 Ca^{2+} 与 SO_4^{2-} 浓度以等

物质的量存在时才有意义。但是在湿法磷酸生产中，硫酸都是过量的，即体系中有大量 SO_4^{2-} 存在。应用三元相图进行分析就会产生较大的偏差，因此研究 $CaSO_4$-H_3PO_4-H_2SO_4-H_2O 四元体系是很有必要的。图 2-2-3 即为此四元体系相图。此图是不完全的，只表示了半水

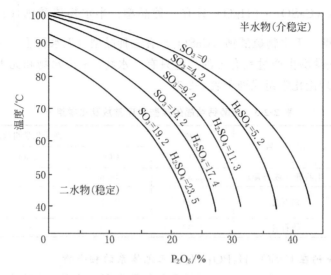

图 2-2-3　$CaSO_4$-H_3PO_4-H_2SO_4-H_2O 四元体系平衡图

物⇌二水物转化过程的一部分。图中曲线是在给定的 H_2SO_4 含量（以 SO_3％表示）下平衡点的移动轨迹。线以上是半水物的介稳定区，线以下是二水物的稳定区，当 $SO_3=0$％时，即是三元体系的结果。图 2-2-3 表明，当增大 H_2SO_4 含量后，半水物⇌二水物的平衡点将向降低磷酸浓度和温度的方向移动。根据此图的数据得出，当温度一定时，四元体系中的半水物⇌二水物转化平衡的轨迹是一条线性很好的直线，可用下面的直线方程式表示[7]：

$$SO_3\% = (A \cdot c_{P_2O_5} + B)\% \tag{2-2-2}$$

式中　$c_{P_2O_5}$ 代表省去百分号（％）的磷酸中 P_2O_5 含量，A 及 B 是直线的斜率和截距，随体系的温度改变而异。现已求出不同温度时的 A 值及 B 值如表 2-2-4。

表 2-2-4　不同温度下的 A 及 B 值

体系温度/℃	A 值	B 值	体系温度/℃	A 值	B 值
50	−0.944	38.0	70	−0.901	30.2
55	−0.928	36.4	75	−0.891	28.2
60	−0.925	34.7	80	−0.885	25.4
65	−0.915	32.9			

应用式（2-2-2）与表 2-2-4 可以更确切地解释和说明生产中的实际问题。如采用二水物流程生产 22％P_2O_5 的磷酸时，在反应温度为 80℃时，按式（2-2-2）计算得到的二水物⇌半水物转化过程平衡点的极限 SO_3％ 应为：

$$SO_3\% = (-0.885 \times 22 + 25.4)\% = 5.93\% \tag{2-2-3}$$

很明显，若平衡点的 SO_3 含量超过此值则会进入半水物的介稳区域而得不到二水物结晶。但是如果降低温度则平衡点的 SO_3 含量将相应提高，这就是在较低温度条件下可以允许有较高 SO_3 含量的道理。二水物法生产中，液相 SO_3 含量均远低于式（2-2-2）的计算值，即使采用含杂质较高的中品位磷矿，在磷酸含量为 22％P_2O_5、温度为 80℃条件下，液

相 SO_3 含量的高限控制范围实际上大多在 4% 左右（约相当于 $0.05g/ml$），显著低于上式计算的 $5.93\%SO_3$ 值，因此生成稳定的二水物结晶并顺利实现二水物法生产是没有问题的。此外，四元体系研究结果还可根据硫酸与磷酸混酸中不同的硫酸含量来解释再结晶流程中的半水物⇌二水物转化过程。

2.3.2.4 $CaSO_4$-H_3PO_4-H_2O 体系转化动力学

（1）转化动力学研究的实际意义

前面介绍的 $CaSO_4$-P_2O_5-H_2O 体系平衡图仅从热力学角度讨论了含不同结晶水的硫酸钙在磷酸水溶液中相互转化的顺序与溶液浓度和温度的关系。但仅了解热力学研究结果是不够的，因为热力学的讨论不涉及硫酸钙结晶的转化速度。而动力学与研究转化速度，对于实际生产具有重要的现实意义。

实验得出，硫酸钙结晶在磷酸水溶液中的转化速度，快的仅在结晶产生后的瞬间发生，慢的可以延续到数月仍没有达到完全转化。这种转化速度的差异为湿法磷酸生产方法的选择提供了重要的理论依据。

在二水物法生产中，由图 2-2-2 可见，工艺条件（主要指磷酸浓度与反应温度）的选择似乎应该在区域Ⅰ内，因为在区域Ⅰ内，二水物是惟一的稳定晶形。但实际上却不能选择此区，这是因为在区域Ⅰ内需要维持的磷酸溶液温度很低（40℃以下），这种低温不但对磷矿分解与硫酸钙结晶不利，而且要移去大量反应热，在工业上也很难办到，故二水物法的工艺条件实际上是在区域Ⅱ进行选择的，其磷酸浓度范围一般为 $20\%\sim30\%P_2O_5$，反应温度为 $65\sim80℃$。然而从图 2-2-2 可见，二水物在区域Ⅱ内并不是处于稳定态而是处于介稳态，该区处于稳定态的晶形是无水物。为什么工业上能在二水物处于介稳态的区域Ⅱ实现二水物法的生产呢，转化动力学研究将回答这一问题。

（2）80℃下，半水物到二水物与无水物的转化动力学

在二水物法的生产中，由于半水物形成晶核需要的活化能最小，故首先析出的是处于不稳态的半水物，然后再转变为介稳态的二水物并最终转变为稳定态的无水物。因此，研究 80℃下它们之间的转化动力学具有指导意义。

80℃，半水物⇌二水物的转化平衡点发生在磷酸溶液含 $33\%P_2O_5$ 时，因此当磷酸溶液的质量分数高于 $33\%P_2O_5$，转化顺序为半水物→无水物；低于 $33\%P_2O_5$，转化顺序为半水物→二水物→无水物。80℃时，半水物到二水物的转化速度见表 2-2-5。由表可见，80℃下半水物转化为二水物在磷酸质量分数为 $10\%\sim25\%P_2O_5$ 的磷酸溶液中进行得很快。当磷酸质量分数为 $10\%P_2O_5$ 时，1 小时内即能完全转化；当质量分数为 $18\%P_2O_5$ 时约 2 小时；在 $25\%P_2O_5$ 时约为 $6\sim7$ 小时。随着磷酸中 P_2O_5 含量的提高，转化时间也相应增加。至于转化形成的介稳态二水物再继续转化为稳定态的无水物则进行极慢。当磷酸质量分数为 30%、19.6% 与 $12.75\%P_2O_5$ 时，所需的完全转化时间分别为 10 天、19 天及 78 天。

上述完全转化时间是包括结晶转化潜期时间与实际转化期所需时间之和。现以半水物转化为二水物为例，所谓转化潜期是指在此期间内，半水物结晶保持不变，主要是进行新相的萌发，转化过程实际上不曾开始。实际转化期则是指半水物结晶开始转变为二水物结晶，其结晶水含量随时间的变化而变化（见表 2-2-5）。

以上分析表明，在二水法实际生产条件下（磷酸质量分数一般为 $20\%\sim25\%P_2O_5$，反应时间 $5\sim6$ 小时）半水物到二水物可以达到完全转化。所以，从半水物到二水物和从二水物到无水物的相对转化速度可以看出，在图 2-2-2 的区域Ⅱ内，二水物虽然处于介稳态，但

由于半水物转化为二水物很快，而二水物转化为稳定态的无水物极慢（可表示为半水物 $\xrightarrow{很快}$ 二水物 $\xrightarrow{极慢}$ 无水物）；因此可以认为，在热力学上处于介稳态的二水物从动力学观点上看则是相对稳定的，故在此条件下可以顺利地实现二水物法的生产。

表 2-2-5　80℃时半水物到二水物的转化速度

磷酸溶液中P_2O_5含量/%	时　间 min	结晶中含水量 %	磷酸溶液中P_2O_5含量/%	时　间 h	结晶中含水量 %
10	结晶后瞬间	6.85	25	沉淀后瞬间	6.72
	10	6.86～8.07		2	6.3～6.6
	15	7.00～8.63		3	6.4
	20	8.40～10.73		4	6.5～6.6
	45	8.44～12.72		5	6.8～8.8
	60	20.42～20.66		6	10.84～19.69
	70	20.42～20.47		8	20.03～20.57
18	沉淀后瞬间	6.56		18	20.56～20.64
	30	6.8～7.03	28.5	12	6.6
	60	6.75		14	6.34
	75	9.15		15	6.56
	90	9.10～12.45		20	7.02～7.96
	105	12.35～15.14		23	9.32
	120	12.40～18.21		24	20.48
	130	20.46～20.51			
	180	20.50～20.83			

由于硫酸钙结晶在磷酸溶液中的转化时间除与磷酸中 P_2O_5 含量及反应温度有关外，还和溶液的 H_2SO_4 含量及回浆操作有关。实际生产中过量的硫酸将大大地促进半水物到二水物的转化。同时由于酸解反应槽多采用有大量循环料浆（回浆）的连续式生产，新结晶可在原有结晶基础上成长，故也可大大加快半水物到二水物的转化过程。因此，由于过量硫酸与回浆的作用，实际生产的反应时间还可进一步缩短。

2.3.3　磷矿的酸分解过程及硫酸钙结晶过程[7,16]

2.3.3.1　磷矿的酸分解过程

磷矿被硫酸分解的反应过程是液-固相反应，其反应速率主要与反应温度、氢离子浓度、矿粒的有效表面积和液膜中的扩散等因素有关。因此，提高反应温度与氢离子浓度，提高矿粉细度以增大向矿粒的有效表面积、提高搅拌强度以增大向矿粒表面的扩散速度，均可以强化反应过程并提高磷矿的分解速度。

提高磷矿分解率还应注意避免"钝化膜"的生成。这是因为硫酸分解磷矿时，生成的硫酸钙结晶会在磷矿颗粒表面逐渐形成一层薄膜并包裹在颗粒表面，使磷矿的继续分解受到阻碍，这种阻碍将会减慢磷矿的分解速度甚至中止分解过程。形成的薄膜称为"固态膜"，如果生成的固态膜对反应物及反应产物透过性很差则称为"钝化膜"，这种现象称为"钝化现象"。试验得出，"钝化现象"与 H_2SO_4 含量、磷酸中 P_2O_5 含量及反应温度有关，当磷酸中 P_2O_5 含量与反应温度愈高时，形成"钝化膜"时对应的 H_2SO_4 含量将愈低。在二水物法的生产条件下，由于 H_2SO_4 含量、磷酸中 P_2O_5 含量与反应温度均不高，故不会发生"钝化现象"。例如，在70℃下，当磷酸质量分数约为25% P_2O_5 时，产生"钝化膜"所对应的硫酸质量分数约为42% H_2SO_4，这个 H_2SO_4 含量远远高于二水物法生产中的实际

H_2SO_4 含量（$2\%\sim4\%\,H_2SO_4$），因此"钝化现象"将不会存在。但是要注意：当提高磷酸中 P_2O_5 含量及温度后，产生"钝化现象"所对应的 H_2SO_4 含量是会显著降低的。如采用半水物法生产 $45\%\,P_2O_5$ 的磷酸时，若反应温度为 110℃，则溶液中的 H_2SO_4 含量只能保持在 $2\%\,H_2SO_4$ 以下，否则将生成可透性很差的固态膜而发生"钝化现象"，导致磷矿的分解速度迅速下降。因此在半水物法的生产中温度宜控制低一些，以 100℃ 左右为宜。

关于酸分解磷矿的动力学，国内外进行过许多研究。酸（包括硫酸、磷酸、硝酸、盐酸等）分解磷矿的化学反应都是在磷矿颗粒表面上进行的。在磷矿颗粒表面通常都存在一个不流动的界面层，反应物（指 H^+）必须扩散通过界面层，到达磷矿颗粒表面才能起反应。当采用硫酸或磷酸分解磷矿时，由于生成了固态产物（硫酸钙或磷酸钙盐），在磷矿颗粒表面上可能沉积形成固态产物膜，固态膜的可透性程度对酸分解磷矿反应速度影响甚大。

在形成了固态膜（如硫酸钙膜）的情况下，液-固相反应过程可能包括下面七个步骤：A. 反应物向矿颗粒扩散；B. 反应物扩散透过固体表面附近的液态膜；C. 反应物进一步扩散通过固态膜；D. 反应物与磷矿发生化学反应；E. 生成的不溶性产物使固态膜增厚，而生成的可溶性产物扩散通过固态膜；F. 生成的可溶性产物扩散通过液态膜；G. 生成的可溶性产物扩散到溶液主体中。若反应只生成可溶性产物而无固态产物时（如用 HCl、HNO_3 分解磷矿时），则反应过程只包括 A、B、D、F、G 五个步骤。

在液固相反应过程中，各个步骤进行的速度是不相同的，而总反应速度取决于最慢步骤的速度。当扩散是最慢步骤时，反应属于扩散控制类型；当化学反应是最慢步骤时，反应属于化学反应控制类型；当扩散速度与化学反应速度相近时，称为中间控制类型。

（1）有液膜存在时的动力学方程

如果反应过程属于扩散控制类型，则扩散过程的规律可用菲克定律表示：

$$\frac{\mathrm{d}n}{\mathrm{d}\tau}=-DA\,\frac{\mathrm{d}C}{\mathrm{d}r} \tag{2-2-4}$$

式中　$\dfrac{\mathrm{d}n}{\mathrm{d}\tau}$——单位时间内经过截面积 A 扩散的溶质的量，$kmol/s$（τ 时间，s；n 物质的量，$kmol$）；

$\dfrac{\mathrm{d}C}{\mathrm{d}r}$——沿扩散方向的浓度梯度，$kmol/m^4$（$c$：摩尔浓度，$kmol/m^3$；$r$ 扩散距离，m）；

D——扩散系数，当浓度梯度为 1 时，单位时间内通过单位面积扩散的物质的量，m^2/s；

A——截面积，m^2。

在仅有液膜存在时，可以近似地将浓度梯度表示为 $-\dfrac{\mathrm{d}C}{\mathrm{d}r}=\dfrac{C-C_i}{\delta}$，这时反应速率：

$$\frac{\mathrm{d}n}{\mathrm{d}\tau}=\frac{D}{\delta}A(C-C_i) \tag{2-2-5}$$

式中　δ——界面层厚度，m；

C——反应物在溶液中浓度，$kmol/m^3$；

C_i——反应物在磷矿表面上浓度，$kmol/m^3$。

若在界面层上，化学反应速率远较反应物扩散到界面层的速率为快，则 C_i 趋近于零。扩散控制类型的反应速率：

$$反应速率=\frac{D}{\delta}AC=k_1AC \tag{2-2-6}$$

式中　k_1——反应速率常数。

如果反应过程属于化学反应控制，这时在界面上化学反应速率比扩散速率慢得多，则过程的反应速率

$$反应速率 = k_2 A C_i^n \tag{2-2-7}$$

式中　n——反应级数；

　　　k_2——反应速率常数。

如果化学反应速率与扩散速率具有相同的数量级，反应属于中间控制过程。此时，在界面层有浓度差，且 $C_i \neq 0$，反应速率方程式为

$$k_1 A (C - C_i) = k_2 A C_i^n \tag{2-2-8}$$

在 $n=1$ 时，$k_1 A (C - C_i) = k_2 A C_i$

$$C_i = \frac{k_1}{k_1 + k_2} C$$

$$反应速率 = k_1 A (C - C_i)$$

$$= k_1 AC - k_1 A \frac{k_1}{k_1 + k_2} C = \frac{k_1 \cdot k_2}{k_1 + k_2} AC = K'AC \tag{2-2-9}$$

式中　$K' = \dfrac{k_1 \cdot k_2}{k_1 + k_2}$。当 $k_1 \ll k_2$，则 $K' \doteq k_1 = \dfrac{D}{\delta}$，此时反应为扩散控制；当 $k_2 \ll k_1$，则 $K' \doteq k_2$，此时反应为化学反应控制。

由于反应表面积 A 难以测得，对于流-固相反应动力学方程式，常常表示为反应时间与残余磷矿颗粒半径或反应时间与分解率的关系。若矿颗粒的几何形状近似球形，初始颗粒平均半径为 r_0，经过时间 τ 后，磷矿颗粒平均半径为 r，则经过时间 τ 后磷矿的分解率 a 为

$$a = \frac{W_0 - W}{W_0} = \frac{\frac{4}{3}\pi r_0^3 \rho - \frac{4}{3}\pi r^3 \rho}{\frac{4}{3}\pi r_0^3 \rho} = 1 - \frac{r^3}{r_0^3} \tag{2-2-10}$$

式中　W_0——初始磷矿量，kg；

　　　W——经过时间 τ 后，残余磷矿量，kg；

　　　ρ——磷矿密度，kg/m^3。

τ 时后，磷矿颗粒半径

$$r = r_0 (1 - a)^{1/3}$$

此时，反应物的面积 $A = 4\pi r^2$；反应物的量 $W = \dfrac{4}{3}\pi r^3 \rho$。将 A、W 值代入反应速率方程式

$$反应速率 = \frac{-dW}{d\tau} = K'AC$$

$$-4\pi \rho r^2 \frac{dr}{d\tau} = 4\pi r^2 K'C$$

$$-\int_{r_0}^{r} dr = \frac{K'}{\rho} \int_{0}^{r} C d\tau$$

当酸浓度基本上不随时间变化时，C 可看作常数：

$$r_0 - r = \frac{K'C}{\rho} \tau$$

$$r_0 - r_0 (1 - a)^{1/3} = \frac{K'C}{\rho} \tau$$

$$1-(1-a)^{\frac{1}{3}} = \frac{K'C}{\rho r_0}\tau = K\tau \qquad (2\text{-}2\text{-}11)$$

$1-(1-a)^{\frac{1}{3}} = K\tau$ 即是液膜存在时的多相反应动力学方程式。将 $1-(1-a)^{\frac{1}{3}}$ 对 τ 作图，可得到通过原点的直线，其斜率为 K。

若在磷矿颗粒表面上形成了固态反应产物薄膜，但此薄膜是疏松可透的，若反应速率不决定于扩散透过此固态产物薄膜，在此情况下仍可使用上述方程式。

（2）生成致密固态反应产物薄膜的动力学方程

如果在磷矿颗粒表面上形成固态反应产物膜，而且是致密的膜，则固态膜的阻力不能忽视，它对反应速率将会产生很大影响。此种多相反应过程属于扩散控制类型。

若在时间 τ 内扩散透过固态产物膜的反应物（如 H^+）的摩尔数为 n，则按照菲克定律：

$$n = -DA\frac{dC}{dr} = -4\pi r^2 D\frac{dC}{dr}$$

$$\int_{c_1}^{c} dC = \frac{n}{4\pi D}\int_{r}^{r_0}\frac{dr}{r^2}$$

$$C - C_i = \frac{n}{4\pi D}\times\frac{r_0 - r}{r_0 r}$$

对于扩散控制过程 $C_i = 0$，故

$$n = 4\pi D\left(\frac{r_0 - r}{r_0 r}\right)C, \quad n \text{ 为函数} \qquad (2\text{-}2\text{-}12)$$

在任何时间 τ 内，尚未反应的磷矿摩尔数为 N。

$$N = \frac{4}{3}\pi r^3\frac{\rho}{M}$$

式中　M——反应物（磷矿）相对分子质量；

　　　ρ——反应物密度。

$$\frac{dN}{d\tau} = \frac{dN}{dr}\ \frac{dr}{d\tau} = \frac{4\pi\rho}{3M}3r^2\frac{dr}{d\tau}$$

但尚未参加反应的磷矿摩尔数的变化情况与通过固态产物膜扩散进入的反应物 H^+ 的摩尔数成正比，故

$$4\pi D\left(\frac{r_0 r}{r_0 - r}\right)C = \beta 4\pi\frac{\rho}{M}r^2\frac{dr}{d\tau}$$

式中　β——计量因数。

$$\frac{MDC}{\beta\rho}d\tau = \frac{r\ (r_0 - r)}{r_0}dr$$

$$\frac{MDC}{\beta\rho}\int_0^\tau d\tau = \int_{r_0}^{r}\left(r - \frac{r^2}{r_0}\right)dr$$

$$\frac{MDC}{\beta\rho}\tau = \frac{1}{2}r^2 - \frac{1}{6}r_0^2 - \frac{1}{3}\frac{r^3}{r_0}$$

将 $r = r_0\ (1-a)^{\frac{1}{3}}$ 代入上式，得到：

$$\frac{MDC}{\beta\rho}\tau = \frac{1}{2}r_0^2(1-a)^{\frac{2}{3}} - \frac{1}{6}r_0^2 - \frac{1}{3}\frac{r_0^3}{r_0}(1-a)$$

$$\frac{2MDC}{\beta\rho r_0^2}\tau = 1\frac{2}{3}a - (1-a)^{\frac{2}{3}}$$

由上式得出形成致密的固态产物膜的多相反应动力学方程式为

$$1-\frac{2}{3}a-(1-a)^{\frac{2}{3}}=K\tau \tag{2-2-13}$$

式中　$K=\dfrac{2MDC}{\beta\rho r_0^2}$

将 $\left[1-\dfrac{2}{3}a-(1-a)^{\frac{2}{3}}\right]$ 对 τ 作图，可得出一通过原点的直线，其斜率为 K。由上式可以看出，生成致密固态膜的磷矿分解反应速率与扩散系数 D、溶液中氢离子浓度 C 成正比，而与磷矿的密度 ρ 及初始矿颗粒半径平方 r_0^2 成反比，这表明矿颗粒半径对反应速率的影响极大。对于已形成的固体膜，用一般搅拌的方式不能减少固态膜的厚度，但充分的搅拌可以减轻固体产物附着在固态膜上的程度。

（3）温度对反应速率的影响和反应活化能

对于不同控制类型的反应，受温度的影响是不相同的。其原因是，在扩散控制过程中，扩散系数 D 与温度成直线关系：

$$D=\frac{RT}{Nf} \tag{2-2-14}$$

式中　N——阿伏加德罗常数；

f——扩散物质在溶液中的阻力系数。

而在化学反应控制过程中，反应速率常数 k 与温度的关系服从阿累尼乌斯方程式：

$$k=Ae^{-\frac{E}{RT}} \tag{2-2-15}$$

式中　A——常数；

E——反应活化能。

若热力学温度 T 成倍增加，扩散系数 D 也成倍增长，而反应速率常数 k 却成百倍地增长。所以，属化学反应控制类型的反应过程中，提高反应温度可使反应速率明显加速；而在扩散控制类型的反应中，随温度升高反应速率增长不大。

在一个化学反应中，温度低时，由于化学反应速率远低于扩散速度，此时反应速度属于化学控制；随着温度的升高，化学反应速率可以加快到远远高于扩散速度，反应过程转变为扩散控制类型。随着温度的升高，反应过程由化学控制转变为扩散控制，也可能还有其它原因，如形成了致密的反应产物固态膜并导致扩散速度减缓。

按照阿累尼乌斯公式：

$$\lg k=\frac{-E}{2.303RT}+\lg A$$

将前述式（2-2-11）或式（2-2-13）的液固相反应动力学方程式求得的不同温度条件下的 K 值代入阿累尼乌斯公式中的 k，并将 $\lg k$ 对 $\dfrac{1}{T}$ 作图，可得一直线，直线的斜率为 $\dfrac{-E}{2.303R}$，由此可以求出该多相反应的活化能。

一般认为，反应过程的活化能小于 20kJ/mol 属于扩散控制过程；活化能大于 40kJ/mol 属于反应动力学控制过程；而活化能在 20～32kJ/mol 之间属于中间扩散控制过程。

（4）磷矿在硫酸-磷酸混酸中的溶解动力学[8]

湿法磷酸生产中，磷矿的酸解实际上是在硫酸-磷酸混酸中进行。关于磷矿在硫酸-磷酸混酸中的溶解动力学，曾有不少人作过研究，他们大多是针对某一种矿或某种影响因素而进行的。但由于混酸分解磷矿经常伴随石膏覆盖膜的形成而使过程复杂化，加之动力学实验技术上的困难，定量数据至今仍然很少。李成蓉等[8]以四川金河磷矿为原料系统地研究了矿粉粒度、硫酸浓度及反应温度对金河磷矿在硫酸-磷酸混酸中的溶解过程的影响；并对所得动力学实验数据进行处理建立酸解动力学的数学模型，同时利用修改后的 Gioia 酸解模型计算酸解过程的有效扩散系数，揭示了硫酸钙覆盖膜对酸解过程的影响。

动力学试验结果表明，在磷矿的酸解过程中有明显的自阻化现象，因此选用时考虑了阻化作用的德罗兹多夫方程对动力学数据进行拟合。对于固体分解反应来说，采用下列形式的德罗兹多夫方程比较合适。

$$\frac{1}{t}\ln\frac{1}{1-K_p}-\beta\frac{K_p}{t}=k \tag{2-2-16}$$

从直线的斜率可求得阻化系数 β，截距即为反应速率常数 k。

试验得知，反应速率常数随硫酸浓度的升高而减小，随粒度的减小而升高，随温度的升高而增大；阻化系数随粒度的减小有增大的趋势，而随温度和硫酸浓度的变化不显著。

磷矿酸解属多相过程，反应物和生成物都需扩散通过相界面，有时还要通过表面覆盖膜。为了对这一扩散过程作客观的定量描述，有效扩散系数的求算具有十分重要的意义。

1977 年，Gioia 等给出磷灰石的酸解模型：

$$\tau=\frac{\varphi_m\rho_m\alpha'}{C_{c,x}}\int_{R_0}^{r}\frac{dr}{K_{Lo}} \tag{2-2-17}$$

式中

$$K_{Lo}=\frac{D_eSc^{0.33}}{D_p}\left(\frac{3D_p}{D_r}\right)^{0.479}Re^{0.359}\exp(-0.533) \tag{2-2-18}$$

在这个模型中，只考虑了硫酸浓度 $C_{c,x}$，而未考虑磷酸浓度。1990 年 Elnashie 把硫酸浓度 $C_{c,x}$ 修正为总酸浓度 $C_{t,x}$，并设矿粉颗粒为球形，用矿粉平均直径代替 D_{po} 及 D_p，并代入分解分数 X 的关系式：$D_p=(1-X)^{0.3333}D_{po}$。再对式（2-2-17）进行微分，可以得到如下的微分方程。

$$\frac{dX}{d\tau}=6(1-X)^{0.6667}\frac{K_{Lo}C_{t,x}}{\varphi_m\rho_mD_{po}} \tag{2-2-19}$$

对式（2-2-19）进行积分，得出分解分数 X 与时间 τ 的关系式。

$$X=1-(1-BD_{po}^{-1.521}\tau)^{1.972}$$

上式中 $B=3.02D_eSc^{0.33}Re^{0.359}C_{t,x}/\varphi_m\rho_m\alpha'D_r^{0.479}$ \qquad (2-2-20)

将 $Sc=\mu/\rho_LD_e$ 及 $Re=\Omega\rho_LD_I^2/\mu$ 代入并整理得

$$B=\frac{3.02\Omega^{0.359}D_I^{0.718}\rho_L^{0.029}C_{t,x}D_e^{0.67}}{\varphi_m\rho_m\alpha'D_r^{0.479}\mu^{0.029}} \tag{2-2-21}$$

式（2-2-21）的有效扩散系数 D_e 是难于确定的，在 Gioia 模型中假定为 7×10^{-8} m²/h，但当有硫酸钙覆盖膜形成时，它的变化是很大的。李成蓉[8]等求 D_e 的方法是，将实验测得的各反应时间的分解分数代入式（2-2-20）中，先求出某条件下的 B 值，然后据式（2-2-21）求出相应条件下的有效扩散系数 D_e 值，这一 D_e 值能明显反映扩散对酸解过程的影响。表 2-2-6 列出了不同条件下有效扩散系数的平均值。

由表 2-2-6 可看出，其它条件一定时，磷矿溶解过程的有效扩散系数随硫酸浓度的升高和矿粉粒度的减小而降低，提高温度可使有效扩散系数升高。

值得提出的是，这里算得的 D_e 只是借助于实验结果确定出的酸解模型中的一个参数，不是直接算得或测得的扩散系数。但用这个参数可以说明酸解中的扩散过程，特别是对有硫酸钙覆盖膜形成的影响。

表 2-2-6　不同条件下的有效扩散系数（$D_e \times 10^8$）

D_{po}/mm	T/℃	H_2SO_4/%			D_{po}/mm	T/℃	H_2SO_4/%		
		1	3	5			1	3	5
0.28~0.45	60	1.03	0.67	0.47	0.28~0.45	80	2.07	1.05	0.67
0.154~0.28	60	0.85	0.45	0.28	0.154~0.28	80	0.89	0.54	0.41
0.071~0.154	60	0.23	0.19	0.14	0.071~0.154	80	0.25	0.22	0.18

上述各式中的符号说明如下：

c——反应物及生成物质量浓度，kg/m^3

D_e——有效扩散系数，m^2/h

D_I——搅拌桨直径，m

D_p——反应过程中矿粉粒度，mm

D_{po}——矿粉初始粒度，mm

D_r——反应器直径，m

k——反应速率常数，$1/min$

K_{Lo}——传质系数，m/h

K_p——磷矿分解率

Re——雷诺数（$Re = \Omega \rho_L D_I^2 / \mu$）

R_0——矿粉初始半径（$R_0 = D_{po}/2$），mm

r——反应过程中磷矿粉半径（$r = D_p/20$），mm

Sc——施密特数 $[Sc = \mu/(\rho_L D_e)]$

T——反应温度，℃

t——反应时间，min

α'——硫酸消耗定额，kg/kg

β——阻化系数

μ——液相粘度，$kg/(m \cdot h)$

ρ_L——料浆液相密度，kg/m^3

ρ_m——矿粉密度，kg/m^3

τ——式（2-2-17）、式（2-2-18）中的反应时间

h_m——颗粒形状因素

Ω——搅拌强度，r/h

2.3.3.2　硫酸钙的结晶过程

前已述及，湿法磷酸生产中的不同工艺流程是根据不同硫酸钙的结晶的水合形态而命名的。因此，湿法磷酸工艺在很大程度上与硫酸钙的结晶化学有关，故研究硫酸钙的结晶过程具有十分重要的意义。

湿法磷酸生产对硫酸钙结晶一般有两个明确的要求：A. 晶形稳定，在生产过程中不会发生任何晶形的转变，以保证生产操作的正常运行；B. 结晶粗大、整齐而均匀、具有良好

的过滤和洗涤性能。

结晶过程必须在足够的推动力下进行，这种推动力就是过饱和度。硫酸钙结晶要达到上述要求必须控制好过饱和度。稳定的、适中的过饱和度是获得均匀、粗大结晶的基本条件。

（1）过饱和度与结晶

① 主要反应的简化式。在二水物法生产中，硫酸分解磷矿的主要反应式可简化为以下三步：

A. 硫酸分散入反应介质

$$H_2SO_4 \longrightarrow 2H^+ + SO_4^{2-}$$

此反应即硫酸的离子化，在酸分散入料浆时立刻发生。

B. H^+ 离子与同时加入并分散到料浆中的磷矿颗粒发生反应：

$$Ca_3(PO_4)_2 \cdot CaF_2 + nH^+ \longrightarrow 2H_2PO_4^- + 2HF + 4Ca^{2+} + (n-6)H^+$$

C. Ca^{2+} 离子遇到 SO_4^{2-} 离子并生成二水硫酸钙结晶

$$Ca^{2+} + SO_4^{2-} + 2H_2O \longrightarrow CaSO_4 \cdot 2H_2O \downarrow$$

这是三步反应中最慢的，是整个反应的控制步骤。为了对结晶过程进行分析的方便，现将 SO_4^{2-}（以%表示）Ca^{2+}（以 CaO%表示）的溶度积表示如下：

$$[SO_4^{2-}][CaO] = K_s \tag{2-2-22}$$

对于 75℃下的湿法磷酸，此值为

$$K_s = [SO_4^{2-}\%][CaO\%] = 0.83 \tag{2-2-23}$$

实际生产中，由于过饱和的存在而使磷酸溶液中 $[SO_4^{2-}\%][CaO\%]$ 的乘积 K 大大高于其饱和时的溶度积 K_s。故硫酸钙的结晶过程可以迅速发生。

② CaO-SO_4^{2-} 相图（图 2-2-4）[9]。

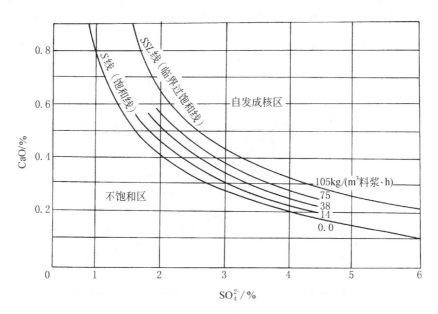

图 2-2-4　75℃下，30%P_2O_5 的磷酸中 CaO/SO_4^{2-} 饱和和过饱和曲线

结晶析出速度线以 kg 石膏/（m^3 料浆·h）表示

A. 饱和与过饱和在相图上的表示。图 2-2-4 为温度 75℃30%P_2O_5 的磷酸中 CaO/SO_4^{2-} 的饱和与过饱和曲线图，纵坐标表示 CaO 质量分数/%，横坐标表示 SO_4^{2-} 质量分数/%。CaO%与

SO_4^{2-} %均指它们所在料浆液相(即磷酸溶液)中所占的百分率。S 线为硫酸钙结晶的饱和溶解度线,SSL 为硫酸钙结晶的临界过饱和线。S 线与 SSL 线之间有若干条等动力学线[即硫酸钙结晶的析出速度线,以 kg/(m^3 料浆·h)表示]。S 线下面为不饱和区,SSL 线上面为结晶的自发成核区。

由式(2-2-23)已知饱和时 S 线上硫酸钙结晶的溶度积 $K_s=0.83$,试验又测得(试验条件:SO_4^{2-} 含量 2%~4%,反应温度 75℃,料浆搅拌功率约为 0.8kW/m^3 料浆)临界过饱和 SSL 线上磷酸溶液中的

$$K_{SSL}=[SO_4^{2-}\%][CaO\%]=1.30 \qquad (2-2-24)$$

在 SSL 线上结晶速度为 90~120kgCaSO$_4$·2H$_2$O/(m^3 料浆·h) [平均为 105kg/(m^3 料浆·h)]。因为,K_{SSL} 比 K_s 大得多,故在 SSL 线上结晶已具有很大的推动力。图 2-2-4 表明,析出的二水硫酸钙已达 105kg/(m^3 料浆·h)。

在自发成核区,结晶以非常高的速度生成。如在此区操作会得到许多细晶,对结晶过程十分不利,故生产中应尽可能避免进入此区域,而选择在 S 线和 SSL 线之间。

B. CaO-SO_4^{2-} 相图的初步应用。图 2-2-5 表示硫酸和磷矿加入到磷酸料浆中在 CaO-SO_4^{2-} 相图上的变化情况。如果从饱和线 S 上的 A 点开始并一次加入 3%SO_4^{2-},所得组成点坐标以 B_1 点表示,那么溶液质量分数变化却并不朝 B_1 方向,而是先经过 B 后又沿 SSL 线转到 C 点。道理很简单,因为一旦溶液质量分数超过 SSL 临界过饱和线时硫酸钙将自发沉淀析出。C 点是 SSL 与通过 B_1 点的 CaSO$_4$·2H$_2$O 理论析出线的交点。此线的斜率为 CaO 和 SO_4^{2-} 的化学计量比 56:96。析出的 CaSO$_4$·2H$_2$O 量可以 SSL 线上 B 点和 C 点 CaO 含量的差值来计算,也可从 B_1 点、C 点 SO_4^{2-} 含量的差值来计算。显然两种方法的计算结果应相同。从 C 点到 D 点为穿过过饱和区到达 S 线的结晶过程,此过程经试验测出需要 14~16min(试验条件:硫酸钙结晶在料浆中体积分数为 25%,温度 75℃)。

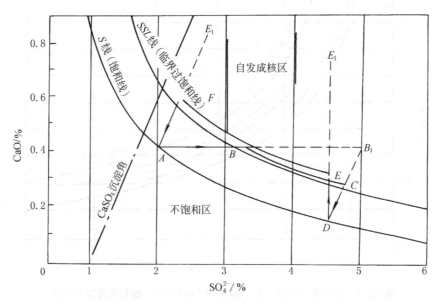

图 2-2-5 硫酸和磷酸加入磷酸料浆中所发生的变化

在 S 线上的 D 点,料浆中的 CaO 和 SO_4^{2-} 组分达到平衡,结晶速度为零。如在此时一次添加等于 1.75% 的 CaO(相当于 3%SO_4^{2-})的磷矿。CaO 含量将从 D 垂直上升到达假想

的 E_1 点并与 SSL 线交于 E 点。此时溶液质量分数变化的轨迹由于自发析出 $CaSO_4 \cdot 2H_2O$ 沉淀而不是沿虚线到达 E_1 点（1.75%＋0.15%＝1.90%CaO），将再一次沿 SSL 线从 E 到 F。F 点是从 E_1 点出发的 $CaSO_4 \cdot 2H_2O$ 沉淀线与 SSL 线的交点。沉淀析出的 $CaSO_4 \cdot 2H_2O$ 量同样可从 E 点和 F 点 SO_4^{2-} 含量之差或 E_1 点与 F 点 CaO 含量之差来计算。最后溶液的质量分数将从 F 点回到饱和线上的 A 点，从而完成整个循环。现举例说明如下。

例 2-1 根据图2-2-5计算，当加入 H_2SO_4 后组成点为 B_1 时，在 $1m^3$ 料浆中，从 B_1 点到 C 点和从 C 点到 D 点析出的 $CaSO_4 \cdot 2H_2O$ 量。

已知条件：A. 磷酸相对密度 1.30；B. $CaSO_4 \cdot 2H_2O$ 相对密度 2.32，摩尔质量 172；

C. 料浆中 $CaSO_4 \cdot 2H_2O$ 的体积分数 25%。

计算如下

从图 2-2-5 查得（以料浆中 H_3PO_4 的%表示）：从 B_1 点到 C 点 SO_4^{2-} 差值为 0.22%，从 C 点到 D 点 SO_4^{2-} 差值为 0.25%

设：基准为 $1m^3$ 料浆

∴ $1m^3$ 料浆中含有的 H_3PO_4 量为 $(1-0.25) \times 1300 = 975$ kg

类 别	从 B_1 点→C 点	从 C 点→D 点
$100kgH_3PO_4$ 中 $CaSO_4 \cdot 2H_2O$ 析出量	$0.22 \times \dfrac{172}{96} = 0.39$ kg	$0.25 \times \dfrac{172}{96} = 0.45$ kg
换算为 $1m^3$ 料浆中 $CaSO_4 \cdot 2H_2O$ 析出量	$975 \times \dfrac{0.39}{100} = 3.8$ kg （以晶核为主）	$975 \times \dfrac{0.45}{100} = 4.4$ kg （以成长的结晶为主）

以上计算表明，由于 B_1 点处于 SSL 线上面的自发成核区，显然从 B_1 点到 C 点析出的 $3.8kgCaSO_4 \cdot 2H_2O$ 应以晶核为主，而从 C 点到 D 点是从临界过饱和线 SSL 到饱和线 S 的操作区域内，故析出的 $4.4kgCaSO_4 \cdot 2H_2O$ 主要是在晶核基础上长大的晶体，以上计算的析出量为理论极限值。因为实际生产中不可能达到 D 点（D 点的结晶速度为零）。如果要使用图 2-2-5 来计算理论上析出的 $CaSO_4 \cdot 2H_2O$ 量，一定要注意该相图的工艺条件与实际生产条件的差别。

（2）晶核的生成与晶体的成长[7]

硫酸钙晶体的生成和其它晶体一样，都包括有晶核生成和晶体成长步骤。

① 晶核的生成。晶核是过饱和溶液中新生成的微小新相粒子，可由溶质的分子、原子、离子形成，是晶体生长过程中必不可少的核心。在磷酸溶液中，Ca^{2+} 和 SO_4^{2-} 不断地碰撞并结合成硫酸钙分子的缔合体，而硫酸钙分子又不断地离解成 Ca^{2+} 和 SO_4^{2-}。实验证明，只有当硫酸钙分子的缔合体达到某一临界尺寸时，才有继续长大的趋势，这种达到临界尺寸的缔合体称为晶核。晶核的生成机理有两种：A. 一次成核。不加晶种而自发形成的晶核，也称为第一类晶核，发生在图 2-2-4 过饱和 SSL 线上部的自发成核区。B. 二次成核。通过在饱和溶液中加入晶种，使之运动或碰撞所产生的新晶核，也称第二类晶核，这是晶核的主要来源。在

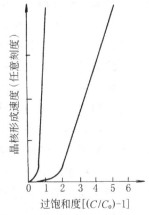

图 2-2-6 晶核形成速度与溶液过饱和度的关系

工业结晶器中，碰撞成核（也称接触成核）占首要地位，其成核方式有晶体与搅拌桨之间的碰

撞、晶体与结晶器内表面之间的碰撞及晶体之间的碰撞。其中晶体与搅拌桨之间的碰撞是主要的。现在 3 万 t/a 磷铵的酸解反应槽设有 8～9 台搅拌桨，因此如何降低由于此种原因形成的硫酸钙晶核的生成速率，减小细晶的产生，是酸解反应槽结构设计中应着重考虑的问题之一。

影响晶核生成速度的主要因素是过饱和度、温度和界面张力等，其中以过饱和度的影响最大。图 2-2-6 示出晶核生成速度与溶液过饱和度之间的关系。图中列出了两种情况下的晶核生成速度。可以看出，在达到临界过饱和度之前，晶核的生成实际上是不可能的；一旦超过了临界过饱和度之后，晶核的生成速度将迅速增加，这一变化使得曲线有一个明显的转折。图中横坐标中 C_0 为溶液的饱和浓度，即溶解度，C 为过饱和溶液浓度。

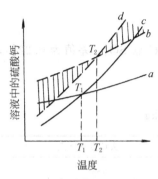

图 2-2-7　溶液过饱和度及
温度对结晶过程的影响

在湿法磷酸生产中，最适宜的硫酸钙过饱和度范围可以定性地示于图 2-2-7。图中曲线 a 是半水物饱和线，b 是半水物临界过饱和线。曲线 c 和 d 分别是二水物饱和线与临界过饱和线。a、c 线的交点 T_1 是半水物和二水物溶解度平衡点。温度低于 T_1 时，二水物比半水物稳定（但仍为介稳状态），高于 T_1 时则半水物比二水物稳定（也为介稳状态）。半水与二水两个过程的临界过饱和度曲线 b、d 相交于 T_2。这是二水物法的最高理论温度，亦是半水物法的最低理论温度。在交点 T_2 左边阴影区是二水物法生产中应保持的过饱和度范围，此区域是在二水物临界过饱和度线 d 之外，在半水物临界过饱和度线 b 之内，因此只能生成二水物晶核，半水物晶核不能自发生成，交点 T_2 右边阴影区则是半水物法生产过程中应保持的最适宜过饱和度范围。

② 晶体的成长。大于临界尺寸的晶核一旦形成，晶体即开始生长。按照扩散学说，晶体生长过程由三个步骤组成：A. 待结晶的溶质藉扩散穿过靠近晶体表面的静止液层，从溶液中转移到晶体表面，此为扩散过程。B. 到达晶体表面的溶质长入晶面，使晶体长大并同时放出结晶热，此为表面反应过程。C. 放出来的结晶热藉传导回到溶液中，称为传热过程。第一步扩散过程是在浓度差，即过饱和度作为推动力的条件下进行的。第二步表面反应过程进行较慢，常常是控制步骤。根据现代晶体生长理论，晶面是一层层地长起来的。最初结晶物质在晶面上形成单分子层的小岛晶核，然后结晶物质的离子或分子就相继连结到这个小岛上，直到整个晶面被布满为止。在这一晶面尚未布满以前，可能在这一新晶面上又生长出小岛晶核，开始第二层新晶面的生成。晶体就这样地不断长大。对于第三传热过程，由于大多数物质的结晶热量不大，对整个结晶过程的影响可以忽略不计。

晶体的生长与晶核的生成一样，与溶液的过饱和度有密切关系。实验证明，在恒定过饱和度且过饱和又不大的等温结晶过程，可以得到比较理想的晶体。此外，过饱和度的控制还应特别注意初始过饱和度，因为初始过饱和度与生成晶体的大小密切相关，如果初始过饱和度愈大，则所得晶体的尺寸愈小。

在二水物湿法磷酸生产中，为了达到上述要求，其酸解反应槽均采用严格控制温度，加矿、加酸速度，加强搅拌并以大量料浆循环（回浆）的连续操作方式，以有效地控制溶液的过饱和度，使二水物的结晶过程尽可能在初始过饱和度不大且过饱和度与温度都比较稳定的条件下进行，以便得到均匀、粗大、易于过滤洗涤的二水物结晶。

（3）杂质及添加剂对硫酸钙结晶过程的影响

湿法磷酸生产中，磷矿所含的杂质将全部或大部分溶解在磷酸里。这些杂质的存在不仅降低了磷酸的质量，影响磷酸的进一步加工利用，而且在相当程度上影响硫酸钙的结晶过程与结晶的转化过程。溶解在磷酸中的无机和有机杂质及少量外加添加剂都能干扰硫酸钙结晶。这些物质不但会改变晶核生成条件还会改变晶体生长速度和晶体的外形。有的杂质能抑制晶体的生长，有的则能促进生长，有的还能对同一种晶体的不同晶面产生选择性的影响。因此了解这些杂质或添加剂对结晶的影响，从而更好地改善硫酸钙结晶过程是很有必要的。

① 对结晶转化过程的影响[7]。根据前面关于硫酸钙在 $CaSO_4$-H_3PO_4-H_2O 体系转化动力学的分析可知，二水物流程能在二水物处于介稳态的区域Ⅱ内，实现生产的主要原因是存在有半水物 $\xrightarrow{\text{快}}$ 二水物 $\xrightarrow{\text{慢}}$ 无水物的相对转化速度关系。杂质对此转化过程有较大的影响，有的加速转化，有的则延缓转化。为了得到相对稳定的二水物，在二水物法的生产中当然希望半水物转化为二水物尽可能快。由于二水物转化为无水物很慢，因此，此处只讨论半水物转化为二水物的影响，即对半水物→二水物转化速度的影响。

A. 铁、铝、镁杂质的影响。铁、铝、镁是磷矿中主要有害杂质，它们对转化过程的影响见图 2-2-8。结果表明：Fe^{3+} 及 Al^{3+} 对转化过程的影响不大；Mg^{3+} 对转化过程有延缓作用，其影响程度随 Mg^{2+} 含量的增加而增大。原因是由于形成的 $MgHPO_4 \cdot 3H_2O$ 沉淀覆盖在二水物结晶表面，从而阻碍了二水物晶体的生长，起了延缓转化的作用。

B. 氟化物的影响。氟化物的影响随加入化合物的形式而异。HF 的影响比 H_2SiF_6 大得多。HF 的存在对加速转化过程起明显的促进作用。试验曾得出，当加入 3％HF 时，半水物结晶很快消失并形成针状二水物结晶。HF 与 Fe^{3+} 同时存在时，对转化过程仍起加快作用。但是 HF 与 Al^{3+} 同时存在时对转化过程却起明显的延缓作用，得到的二水物结晶呈片状。Al^{3+} 的这一作用显然是由于溶液中 Al^{3+} 与 HF 同时存在，生成了 AlF_6^{3-}、$(AlF_5 \cdot H_2O)^{2-}$、$(AlF_4 \cdot H_2O)^{-1}$ 等络合离子，从而消除了 HF 的影响。

C. 其它杂质的影响。试验证明，Ce^{3+}、La^{3+} 及 Sr^{3+} 等金属离子对转化过程起延缓作用。

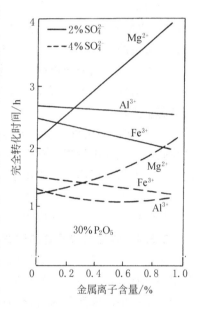

图 2-2-8　Fe^{3+}、Al^{3+}、Mg^{3+} 对半水物转化为二水物过程的影响

② 对晶体外形的影响

A. SO_4^{2-} 离子的影响。溶液中的 SO_4^{2-} 含量对晶体外形影响最大。低 SO_4^{2-} 含量促使生成薄片状二水物，难以过滤和洗涤。SO_4^{2-} 含量略为增加，会生成双晶或形成多个斜方六面体的针状结晶按任意方向的缔合体，易于过滤和洗涤。再增高 SO_4^{2-} 含量，可得到过滤性能良好的斜方六面体单晶。若 SO_4^{2-} 含量再适当提高，则生成由若干针状结晶围绕着一个中心晶核缔结在一起的聚晶。但 SO_4^{2-} 含量的提高也是有限制的，因为过高的 SO_4^{2-} 含量将使结晶向单个针状方向发展，同时可使结晶的不均匀程度增加，滤饼易发生开裂，洗涤率将显著降低，从而导致磷损失的加大。

B. 其它杂质的影响。许多研究认为，铁和铝离子有利于斜方形晶体的形成。大量的溶解态硅可促使晶体成针状。碱金属和碱土金属也可以改变晶体外形，其中锶具有有利作用。氟离子和有机杂质会影响二水物晶体的长大。

③ 添加剂的作用探讨。很多实验研究证明，在磷酸生产中加入极少量的添加剂（也称结晶改良剂）能抑制晶核的生成，改变晶体外形，使硫酸钙晶体成长得更为粗大、均匀，从而显著地提高过滤强度和石膏滤饼的洗涤率。有的添加剂可以影响结晶的转化，有的还具有消除泡沫的作用，因此探讨它们对磷酸生产的影响具有现实意义。但添加剂对结晶过程的影响机理十分复杂，目前研究尚未系统化。

A. 添加剂的种类。添加剂以有机物用得最多，许多表面活性剂都可以作为添加剂。实验表明，适用于硫酸钙结晶改良的添加剂，主要是含 12～30 个碳原子的烷基和芳香基磺酸或烷基、芳香基的磺酸、硫酸衍生物的羧基酸或它们的盐类，如十二烷基磺酸、苯磺酸、异辛基苯磺酸、异丙基萘磺酸、癸基苯磺酸及它们的盐类。近年来，有些无机添加剂如三聚磷酸钠（五钠）$Na_5P_3O_{10}$，硫酸铵 $(NH_4)_2SO_4$、硝酸铵 NH_4NO_3 等已开始用作添加剂并取得良好的效果。上述添加剂可单独使用也可混合使用。有时混合使用的效果十分显著。

消泡剂一般可选用妥尔油松脂、妥尔油脂肪酸、油酸及其硫酸盐。国产 YX-1 和改性 YX-2 型以醇胺脂肪酸酰胺为主体的复合含油基型消泡剂，效果也是好的。消泡剂的用量一般为料浆量的 0.01%～0.3%，按产品的 P_2O_5 计约为 0.05%～1.5%。

美国西方石油公司声称，在半水物双槽流程中加入一种含妥尔油的衍生物或它的有机磺酸、磺酸盐的添加剂，可以显著地控制半水物晶核生成数，从而对形成粗大、均匀的半水物结晶起重要作用。

B. 添加剂的用量。添加剂的用量一般为成品料浆量的 5～100mg/kg。适宜范围应通过试验确定。试验中发现，对不同质量的磷酸，添加剂都有一个临界点。超过这个临界点后，效果反而下降。国内某磷矿用于二水物法的添加剂用量对过滤强度的影响表明：试验中使用三种添加剂 RA-1、RA-2 和 RA-3 均得到相似的临界点。其临界点添加剂用量约为 10mg/kg（以料浆总量计）。过滤强度则以添加剂 RA-3 为最高，可达 900kg/（m² · h）（干渣）左右。

2.3.4 磷酸与磷石膏的过滤分离

过滤是分离悬浮液中固体微粒的有效方法，在化工领域应用很广泛。过滤的基本原理是利用一种具有许多毛细孔的物质作为过滤介质，毛细孔可以通过液体而将悬浮固体截留。湿法磷酸生产中的磷酸与磷石膏的过滤分离是把反应过程产生的磷酸料浆送到过滤机上，连续不断地通过滤布使磷酸与磷石膏分离。得到的磷石膏滤饼，用逆流洗涤法把吸附在磷石膏表面上的绝大部分磷酸溶液充分清除并予以回收。

过滤是湿法磷酸生产中重要的单元操作之一。湿法磷酸生产的发展在很大程度上可以说与磷石膏过滤分离技术的改进密切相关。因此磷石膏过滤的好坏将直接反映磷酸生产的好坏。

2.3.4.1 过滤基本方程式及应用[9]

过滤过程中，滤布表面上生成了一层形状不规则的固体颗粒层（滤饼）。在颗粒之间有无数的毛细管通道。当滤饼一旦在滤布表面开始形成以后，就起着过滤介质的作用。随着料浆的加入，固体颗粒不断的沉积，增加滤饼层的厚度，同时液体不断从滤饼层中的毛细管透过。液体通过毛细管通道的流动始终呈流线形。对于一个给定的通道，可应用泊稷叶方程式来表示：

$$V = \frac{\pi r^4}{8\eta} \cdot \frac{pt}{l} \tag{2-2-25}$$

式中　V——流经毛细通道的液体体积，m^3；

　　　p——经过滤饼和滤布的压力降，Pa；

r——毛细管通道的半径，m；

t——时间，s；

η——滤液粘度，mPa·s；

l——毛细管通道长度，m；

π——圆周率取 3.1416。

对单位滤饼覆盖的有效过滤面积，通道数是恒定的，并且对于给定的料浆，毛细管平均半径也保持恒定，因而可将式（2-2-25）写成：

$$V_f = K_1 \frac{\pi r^4}{8\eta} \cdot \frac{ptS}{l} \tag{2-2-26}$$

式中　V_f——过滤机一个过滤周期的滤液体积；

　　　S——过滤机的有效过滤面积；

　　　t——一个过滤周期的时间；

　　K_1——比例常数。

当料浆给定时，$K_1(\pi r^4/8\eta)$ 是恒定的，故式（2-2-26）可简化为

$$V_f = K_2 \frac{ptS}{l} \tag{2-2-27}$$

式中　K_2——另一个比例常数。

因为滤饼厚度（代表毛细管长度）是 V_f 和 S 的函数，可表示为

$$V_f = \frac{lS}{K_3} \tag{2-2-28}$$

式中　K_3——又一个比例常数。

将式（2-2-27）与式（2-2-28）合并得

$$V_f = \left(\frac{K_2}{K_3}\right)^{\frac{1}{2}} \cdot (pt)^{\frac{1}{2}} \cdot S = K(pt)^{\frac{1}{2}} \cdot S \tag{2-2-29}$$

式中　K——过滤常数，对每种磷矿均有一特定值。

现将 V_f 换算为过滤能力 $Q(tP_2O_5/d)$

$$\therefore \qquad Q = nV_f = \frac{V_f}{t} \tag{2-2-30}$$

式中　t——一个过滤周期的时间；

　　　n——单位时间内操作的周期数，故 $n = \dfrac{1}{t}$。

将式（2-2-30）代入式（2-2-30）得

$$Q = Kp^{\frac{1}{2}}t^{-\frac{1}{2}}S \tag{2-2-31}$$

式（2-2-31）表明，当其它各项因素都为定值时，过滤能力 Q 与过滤机的有效过滤面积 S 及压力降 $p^{\frac{1}{2}}$ 成正比而与过滤时间 $t^{\frac{1}{2}}$ 成反比。而过滤时间与过滤机转速又有直接关系，因为 t 愈短，过滤机转速愈快，Q 也愈大。

利用式（2-2-31）可以简单地计算盘式过滤机的过滤能力 Q。当过滤真空度为 66.66kPa（500mmHg），过滤时间取工业上采用的平均周期时间 4min（0.25r/min），将单位有效过滤面积 $1m^2$ 代入式（2-2-31）中可得每 m^2 有效过滤面积的过滤速度 Q_s

$$Q_s = Kp^{\frac{1}{2}}(4)^{-\frac{1}{2}}(1) = \frac{Kp^{\frac{1}{2}}}{2} \tag{2-2-32}$$

或

$$2Q_s = Kp^{\frac{1}{2}} \tag{2-2-33}$$

将式（2-2-31）与式（2-2-32）合并，则得给定过滤机的能力

$$Q = 2Q_s t^{-\frac{1}{2}} S \tag{2-2-34}$$

如果过滤真空度不是 66.66kPa 则 Q 应乘以 $500^{-\frac{1}{2}}$ 进行校正。

现举例说明此式的用法。

例 2-2　3 万 t/a 料浆法磷铵的湿法磷酸盘式过滤机转速范围为 0.2～0.5r/min，（即过滤周期为 5～2min/r），有效过滤面积为 $35m^2$。现计算当过滤真空度为 53.33 kPa（400mmHg 柱）时，此过滤机最大转速与最小转速时的生产能力。

A. 计算 Q_s

因为 3 万 t/a 磷铵的磷酸生产能力为 $50tP_2O_5/d$

$\therefore$　$Q_s = 50/35 = 1.43$　$tP_2O_5/(d \cdot m^2)$

B. 计算 Q_{max}

最大转速 2min/r 对应的最大生产能力

$\therefore$　$Q_{max} = 2Q_s t^{-\frac{1}{2}} S \dfrac{\sqrt{400}}{\sqrt{500}} = 2 \times 1.43 \times \dfrac{1}{\sqrt{2}} \times 35 \times 0.895$

　　　$= 63.36$　tP_2O_5/d

C. 计算 Q_{min}

最小转速 5min/r 对应于最小生产能力

$\therefore$　$Q_{min} = 2Q_s t^{-\frac{1}{2}} S \dfrac{\sqrt{400}}{\sqrt{500}} = 2 \times 1.43 \times \dfrac{1}{\sqrt{5}} \times 35 \times 0.895$

　　　$= 40.07$　tP_2O_5/d

如果上述条件不变，要达到 $50tP_2O_5/d$ 的生产能力（即达到 3 万 t/a 磷铵的设计能力）试计算过滤机的转速应为多大？

$\therefore$　$2Q_s t^{-\frac{1}{2}} S \times 35 \times 0.895 = 50$

$\therefore$　$t = \left(\dfrac{2 \times 1.43 \times 35 \times 0.895}{50}\right)^2 = 3.21$　min/r

或

$$\frac{1}{3.21} \approx 0.31 \quad r/min$$

将此过滤机的真空度调为 55.33kPa（400mmHg），转速调为 3.21min/r（或 0.31r/min）即可达到 3 万 t/a 磷铵的磷酸设计能力。

2.3.4.2　滤饼厚度与滤饼洗涤情况讨论

（1）滤饼厚度与过滤时间的关系

研究磷酸料浆过滤时得出，在真空度一定的条件下，随着滤饼厚度的增加，滤层的阻力

增大，过滤时间也相应地延长。但是要注意两者并不是按比例增加的。当滤饼增厚一倍时，过滤时间的延长并不是一倍而是更长。

（2）滤饼厚度对过滤能力的影响

前已分析，最大的过滤能力对应于最大的转速。高转速可以使过滤机在薄层滤饼的条件下运行，也就是说过滤机转速越快，则滤饼愈薄，过滤能力也愈大。但加快转速通常要受下列因素限制：A. 滤饼的洗涤程度及带液情况；B. 过滤机尺寸的大小；C. 过滤机的结构。一般地说，大型过滤机的转速相对地要慢一些。转台式过滤机的转速又比盘式过滤机快一些。然而对于同一台过滤机，转速提高后常常使滤饼的洗涤情况变坏。因此对转速，滤饼厚度与过滤能力应综合考虑。

（3）滤饼洗涤情况的讨论

磷酸料浆经过滤后，滤饼孔隙中含有磷酸母液，必须用水洗涤将其回收，并希望洗涤效率能达到 99％以上。但是工艺过程能允许加入的洗涤水量是不多的，而且是恒定的。因此滤饼洗涤的工艺要求是能以尽可能少量的洗涤水达到充分洗涤的目的。

早期的洗涤方法是将滤饼与稀磷酸或水多次再浆混合。这样的方法显然达不到很好的洗涤效果。现代的过滤机大多采用二次或三次逆流洗涤方式，连续进行滤饼的洗涤，只有最后一次才用水洗。

理想的洗涤是加入的洗涤水像一个活塞一样将滤饼中的磷酸全部置换出来而不与酸混合。这样，所用的洗涤水体积只要与滤饼中的磷酸体积相等即可，但实际上不可能，这是因为：A. 在界面接触处，磷酸和水有某种程度的混合；B. 粘附在固体表面的酸膜是难以洗涤的；C. 由于滤饼产生裂缝（龟裂），洗涤水走短路通过滤饼。因此为了获得良好的洗涤效果，所用的洗涤水（或稀磷酸洗液）的体积必须远大于滤饼中所含磷酸的体积。如以中品位磷矿生产二水湿法磷酸（含量为 22％～25％P_2O_5）为例，洗涤稀酸与滤饼中所含磷酸的体积比大约为（1.6～1.8）：1，最后一次洗涤水与滤饼中所含稀磷酸的体积比大约为 2：1。如果以磷石膏干基为标准，则加入的洗涤水量与干磷石膏质量之比约为 1：1。

2.4 湿法磷酸生产工艺流程和主要设备

2.4.1 二水物法湿法磷酸生产工艺流程

二水湿法磷酸生产包括酸解（磷矿分解反应）与过滤（磷酸与磷石膏的分离）两个主要工序，其工艺流程见图 2-2-9。从原料工段送来的矿浆经计量后进入酸解（萃取）槽，硫酸经计量槽用硫酸泵送入酸解槽，通过自控调节确保矿浆和硫酸按比例加入。酸解得到的磷酸和磷石膏的混合料浆用料浆泵送至盘式过滤机进行过滤分离。为了降低酸解反应槽中料浆温度，用鼓风机鼓入空气进行冷却。酸解槽排出的含氟气体通过文丘里吸收塔用水循环吸收。吸收液用循环泵送至文丘里吸收塔进行循环吸收。净化尾气经排风机和排气筒排空。

过滤所得的石膏滤饼经洗涤后卸入螺旋输送机并经胶带运输机送到磷石膏厂内堆场。滤饼采用三次逆流洗涤流程，冲洗过滤机滤盘及地坪的污水送至污水封闭循环系统。各次滤洗液集于气液分离器的相应格内，经气液分离后，滤洗液也相应进入滤洗液中间槽的滤洗液格内。滤液磷酸经滤液泵，一部分送到磷酸中间槽贮存。生产磷铵时，用泵将磷酸送往磷铵工段的尾气洗涤塔；另一部分返回一洗液格内。一洗液由一洗液泵全部送到酸解槽。二洗液和三洗液分别经二洗液泵与三洗液泵返回过滤机逆流洗涤滤饼。吸干气经气液分离器进滤洗液中间槽三洗液格内。水环真空泵的压出气则送至过滤机作反吹石膏渣卸料用。

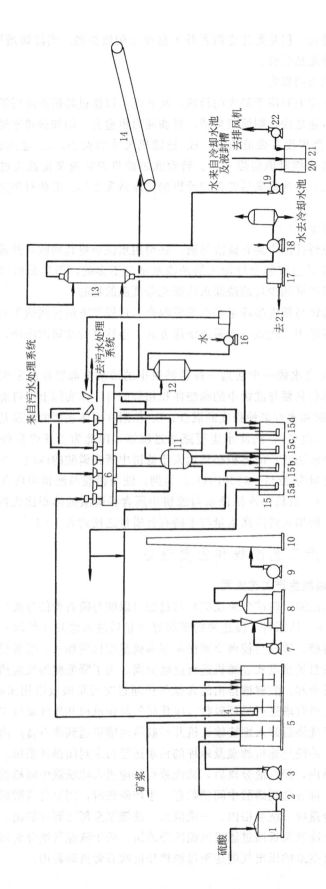

图 2-2-9　二水物湿法磷酸生产工艺流程图

1—硫酸计量槽；2—硫酸泵；3—鼓风机；4—料浆泵；5—酸解（萃取）槽；6—气液分离器；11，12—冷凝器；13—冷凝器；14—石膏运输皮带；15a，15b，15c，15d—盘式过滤机；7—氟吸收液循环泵；8—文丘里吸收塔；9—排风机，10—排气筒，16，18—水环式真空泵；17—液封槽；19—液封槽；20—冷却水池；21—冷凝水池；22—冷凝水泵

15a，15b，15c，15d

来自污水处理系统

去污水处理系统

水

矿浆

水来自冷却水池及液封槽

去液封槽

去排风机

水去冷却水池

去21

硫酸

过滤工序所需真空由水环式真空泵产生。抽出的气体经冷凝器用水冷却。真空泵冷却水集中在冷却水池，通过泵送至冷凝器作冷却水。从冷凝器中排出的废水经液封槽排入冷凝水池后，由泵送至文丘里洗涤塔和磷铵工段混合冷凝器。

湿法磷酸生产的主要设备是酸解反应槽与过滤机。常用的反应槽有多桨同心圆单槽、方格多桨单槽、单桨单槽及等温反应器等。尽管酸解槽的形式很多，但它们的基本工艺要求都是一致的，总结起来大致有以下几点：

① 能有效地控制料浆中 SO_4^{2-} 和 Ca^{2+} 浓度以及硫酸钙的成核速率，以利于结晶的长大并在生产过程中不会发生晶形的改变。

② 有良好的搅拌和回浆，避免出现局部过饱和度增高。

③ 酸解槽有足够大的容积，可以保证足够的停留时间。

④ 具有冷却料浆的有效手段，并能控制好料浆温度与消除泡沫。

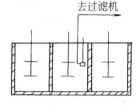

3 万 t/a 料浆法磷铵采用的酸解反应槽为 $\varphi 8600mm \times 4200mm$ 的同心圆多桨单槽，其结构示意图见图 2-2-10。槽体为两个用钢筋混凝土捣制的同心圆筒组成。内筒与外筒直径的比例一般按 1：3 进行分配，即外筒的容积为内筒的 8 倍。外筒的料浆溢流到内筒后再泵送去过滤。同心圆环室按相等圆心角设置了 8 台搅拌桨并从工艺上依次相应分为 8 个区；中心圆筒设置 1 台搅拌桨为第 9 区。每个搅拌轴上装有同向双层开启式涡轮搅拌器，9 台桨的方向与搅拌率都相同。除第 1 桨向下翻动外，其余各桨均向上翻动。

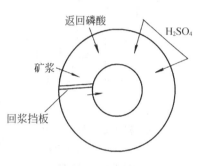

图 2-2-10 同心圆多桨单槽结构示意图

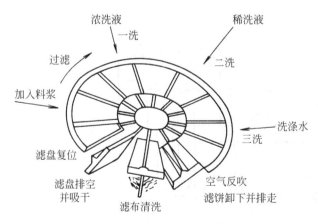

图 2-2-11 盘式过滤机示意图

湿法磷酸生产的过滤机，目前使用比较广泛的有盘式、转台式和带式三种。前两种使用最多。这些过滤机的基本特点：A. 连续操作，利用真空抽气进行过滤和洗涤；B. 滤饼自动排除。工艺上对过滤机的基本要求：A. 生产强度高，滤洗液中机械杂质含量少；B. 洗涤效果好；C. 产品磷酸被稀释、浓度高；D. 结构简单、造价低廉、利用效率高。3 万 t/a 料浆法磷铵采用的盘式过滤机的结构示意图见图 2-2-11。总过滤面积为 $42m^2$（有效过滤面积为 $35m^2$），滤机转速为 $0.2 \sim 0.5 r/min$。滤机每旋转一周连续完成加料、初滤、过滤、一洗、二洗、三洗、翻盘、反吹、卸渣、洗清滤布、吸干、复位等操作过程。

2.4.2　湿法磷酸生产的其它流程

湿法磷酸生产除二水物法外，还有半水物法及再结晶法等。

2.4.2.1　半水物法制湿法磷酸

半水物法的主要优点是能够直接制得高浓度（40%～45% P_2O_5）磷酸。这种磷酸不经浓缩即可用于高浓度磷肥与复肥的生产。此外，半水物法与二水物法相比还具有可使用较粗粒度矿粉，磨矿费用较低及磷酸质量较好的优点。主要缺点是结晶小，过滤速度较低；半水物晶型不够稳定，易水化，石膏质量较差；磷回收率（90%～94%）比二水物法低而材质要求却比二水物法高。半水物法的代表性流程有美国西方石油公司的双槽流程（见图 2-2-12）和挪威制氢肥料公司的带挡板的双反应器流程。西方石油公司双槽流程（溶解槽的容积为结晶槽的 3 倍左右）的特点是：在溶解槽中 SO_3 浓度低，不易成包裹；而在结晶槽 SO_3 浓度高，有利于结晶的长大。

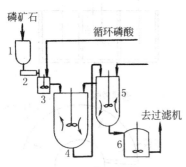

图 2-2-12　西方石油公司半水
物法流程（反应部分）简图
1—矿石料仓；2—给料器；
3—料浆槽；4—溶解槽；
5—结晶槽；6—过滤机给料槽

2.4.2.2　再结晶法制湿法磷酸

为了克服半水法磷酸回收率较低、副产石膏质量较差的缺点，近年来发展了再结晶法的新工艺，它包括半水物-二水物法和二水物-半水物法两种流程。

（1）半水物-二水物法

这是再结晶法中的主要流程，也是湿法磷酸生产的一种有发展前途的流程，主要为日本所开发。此法的特点是先使硫酸钙形成半水物结晶，然后再水化重结晶为二水物。这样，可使硫酸钙晶格中所含的 P_2O_5 释放出来，P_2O_5 的总收率可达 98%～98.5%，同时也提高了磷石膏的质量，扩大了它的应用范围。半水物-二水物法又分为一次过滤的稀酸流程（也称"H"法流程）和两次过滤的浓酸流程（也称"C"法流程）。"H"法流程示意见图 2-2-13。生产工艺一般可分为半水物反应、二水物水化再结晶及过滤三个主要过程。由于反应槽的半水物未经分离就直接水化为二水物，故所得产品酸的浓度不高，约为 $30\%P_2O_5$，但只进行一次过滤，流程和设备都比较简单。

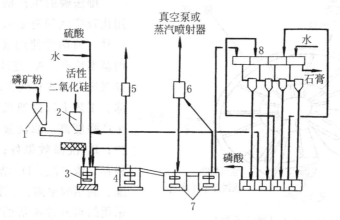

图 2-2-13　半水物-二水物法的"H"法工艺流程图
1，2—料斗；3—预混合罐；4—分解罐；5—洗涤器；
6—冷却器；7—水合罐；8—过滤机

"C"法流程示意见图 2-2-14。该法的特点是经过两次过滤。半水物料浆经第一次过滤后可直接得到 40%～45% P_2O_5 的浓磷酸。分离后的半水物用水化酸洗涤后送到二水水化再结晶槽。在 60℃、10%～15% SO_4^{2-} 和 10%～15% P_2O_5 的条件下，半水物迅速水化再结晶成粗大的二水物晶体。

在"H"法改变为"C"法后，不仅产品酸由 30%P₂O₅ 提高到 40%～45%P₂O₅，而且 P₂O₅ 工艺磷回收率由 97% 提高到 98% 以上。虽然"C"法增加了一台过滤机，但可以省去磷酸浓缩设备，在投资上还是相当的。

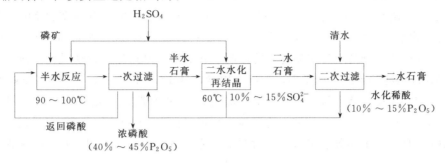

图 2-2-14　半水物-二水物法 "C" 法流程

（2）二水物-半水物法

此法的特点是除 P₂O₅ 总收率高以外，所得半水磷石膏含结晶水少，有利于制硫酸与水泥。磷矿首先在二水物生产条件下被分解。由于二水物需要后处理转变为半水物，在二水物阶段对 P₂O₅ 的收率要求不高，故可使产品酸提高到 35%P₂O₅，高于普通的二水物法。过滤得到的滤饼在 90～100℃、10%～20%H₂SO₄ 和 20%～30%P₂O₅ 条件下，在脱水槽中转化为半水物。

2.5　二水物法湿法磷酸生产工艺条件的选择及操作控制[1,16]

湿法磷酸生产主要是要控制酸解与过滤的工艺指标，希望达到最大的 P₂O₅ 回收率和最低的硫酸消耗量。这就要求在酸解部分硫酸耗量低，磷矿分解率高，并尽量减少 P₂O₅ 的损失。同时还要求反应生成的硫酸钙晶体粗大、均匀和稳定。在过滤部分则要求过滤强度与洗涤效率高，尽量减少水溶性 P₂O₅ 的损失。为此，特对湿法磷酸生产中有关选择和控制的工艺条件进行分析。

2.5.1　酸解过程工艺条件的选择

2.5.1.1　液相 SO₃ 含量

酸解槽反应料浆中液相 SO₃ 含量，代表液相中游离硫酸含量，它是湿法磷酸生产中最重要的操作控制指标。实践证明，它对磷矿分解、硫酸钙晶核生成、晶体的成长，晶体外形、结晶转化及 HPO₄²⁻ 在晶格上取代 SO₄²⁻ 均有很大影响。SO₃ 的含量常以每毫升液相中 SO₃ 的克数表示（g/ml）。也可用 SO₄²⁻ 离子含量或 H₂SO₄ 的含量表示。

前已分析，过低 SO₃ 含量会促使硫酸钙结晶成为薄片状难于过滤和洗涤，故应避免。工艺上希望能适当提高 SO₃ 含量，以便能获得长宽比为（2～3）：1 并具有相当厚度的斜方六面单晶的最佳晶型。SO₃ 含量提高后还能减少硫酸钙结晶中 HPO₄²⁻ 对 SO₄²⁻ 的取代作用，从而减少"共晶磷"的损失。同时还会增加磷酸铁在磷混酸中的溶解度，减少磷酸铁沉淀析出而造成的 P₂O₅ 损失。

但要注意过高的 SO₃ 浓度也是不行的。SO₃ 含量过高，不但增加了硫酸的消耗，降低了产品磷酸的纯度，而且还会使晶型变坏或导致磷矿产生"包裹"，从而降低磷矿的分解率，使磷的得率相应降低。

在生产中，由于使用磷矿品位与杂质含量不同，故需要控制的 SO₃ 含量范围也有差异，有时差异还很大。因此，最佳的 SO_3 含量范围应通过试验确定。但一般规律是磷矿中杂质（主要指铁、铝、镁）含量愈高，相应的 SO_3 含量范围也愈高。以国产中品位磷矿为原料时，SO_3 含量的控制范围大致为 $0.03\sim0.05g/ml$。

实验证明，MgO 对 SO_3 含量的控制影响较大。国产磷矿中又有许多含 MgO 高的矿，故 MgO 的影响不应忽视。磷矿中的 MgO 反应后生成的 $MgSO_4$ 将全部进入磷酸中，造成液相中表观 SO_3 浓度升高，对结晶过程的控制十分不利。因此对含 MgO 较高的磷矿就必须同时考虑 MgO 消耗的硫酸。如果不增加硫酸用量，H_3PO_4 中第一个 H^+ 将部分被 MgO 中和，使 H^+ 浓度降低。经计算，因 MgO 增加的硫酸量为理论用量的百分率应为磷矿中 $[MgO]/[CaO]$ 的 1.4 倍。磷酸溶液中这一 SO_3 增值又称为"MgO 的 SO_3 当量浓度"。它是磷矿中 $[MgO]/[P_2O_5]$ 以及磷酸中 P_2O_5 含量的函数，并与 $[MgO]/[P_2O_5]$ 及磷酸中 P_2O_5 含量成正比。磷矿的 $[MgO]/[P_2O_5]$ 愈大，磷酸中 P_2O_5 含量愈大，"MgO 的 SO_3 摩尔分数"也愈大，也就是说，用这类磷矿生产磷酸时，对液相 SO_3 含量控制的干扰也愈大。

液相 SO_3 含量的控制通常是在稳定投矿量的情况下，定时采用快速方法进行分析，并在显微镜下观察结晶，然后根据测定结果调节硫酸加入量。正常生产时测定频率一般每半小时一次。调节硫酸增减量的简单计算如下例。

例 2-3 已知 3 万 t/a 磷铵的磷酸工段的酸解槽内径为 $\phi8600mm$，料面高度 H 为 3250mm；料浆液固比为 3∶1；槽内磷酸密度为 $1.3g/cm^3$；料浆密度为 $1.5g/cm^3$。

试计算欲使酸解槽液相 SO_3 浓度升高 $0.01g/ml$ 时需添加的 H_2SO_4 量。

计算简式如下。

$$需添加的\ H_2SO_4\ 量=0.785\times8.6^2\times3.25\times1.5\times\frac{3}{3+1}\times\frac{0.01}{1.3}\times\frac{98}{80}$$

$$=2.00tH_2SO_4(100\%)\ 或\ 2.04tH_2SO_4(98\%)$$

$$或\ 2.15tH_2SO_4(93\%)$$

SO_3 浓度的控制必须稳定，切忌忽高忽低地波动。

SO_3 浓度的快速测定方法很多，常用的有离心沉降法、二次滴定法、玫瑰红酸钡法、快速比浊连续测定法、电导法和热效应法等。根据"料浆法"磷铵近年来的工业实践，采用玫瑰红酸钡法较多。该法具有简单、快速和准确度也能满足控制分析要求的特点。

2.5.1.2 反应温度

反应温度的选择和控制十分重要。提高反应温度能加快反应速度，提高分解率，降低液相粘度，减小离子扩散阻力。同时又由于溶液中硫酸钙溶解度随温度的升高而增加并相应地降低过饱和度，这些都有利于生成粗大晶体和提高过滤强度。因此。温度过低是不适宜的。但温度过高也不行。因为过高的反应温度，不但对材质要求提高，而且会导致生成不稳定的半水物甚至生成一些无水物，使过滤困难；同时多数杂质的溶解度随温度升高而加大，势必影响产品的质量。但杂质铁的行为相反，温度升高磷酸铁的溶解度反而降低，可以减少沉淀析出 P_2O_5 的损失。另外，高温条件将增大硫酸钙及氟盐的溶解度，这些钙盐及氟盐在磷酸温度降低的情况下会从溶液中析出，严重时甚至会堵塞过滤系统的磷酸通道，从而缩短清理周期。目前，二水物法流程的温度一般为 $70\sim80℃$，以中品位磷矿为原料时，生产上多趋向于控制其上限温度。温度波动不应超过 $1℃$。

反应温度的控制，生产上都是采用冷却料浆的方式来实现。这是因为磷矿与硫酸的反应是一个强放热过程。对二水物法流程，需要移除的热量比半水物法的更多，否则槽内温度将远高于工艺指标。现在使用最广泛的料浆冷却法有鼓风冷却和真空冷却两种。鼓风冷却主要用于小型湿法磷酸装置。3 万 t/a 料浆法磷铵即选用此法。它和真空冷却相比虽然冷却效果差一些，但具有能耗低、设备少、投资少、维修简单、不存在料浆造成的腐蚀、结垢，而且还有消泡作用等优点。鼓风冷却的调节方式主要是通过调节鼓泡空气量或鼓泡管的深度来达到。此外，采用调节槽内液位及返回稀磷酸温度的办法也可影响反应温度。

近年来，不少生产装置采用了低位真空冷却方法来冷却料浆。把真空冷却器的高度降低，从而可将真空冷却器从原来的高位（大气腿高度）移到低位，甚至可放在反应器的顶盖上，使料浆的输送及配置较方便。也有采用低位、高真空的方法。在此种情况下，进行冷却的料浆是靠器内的负压吸入，而料浆出冷却器则可用 1 台轴流泵抽出。低位真空冷却和其它真空冷却一样，可以比较准确地控制酸解槽反应温度。一般情况下，料浆的进、出口温差约为 2℃。

2.5.1.3　液相 P_2O_5 含量

液相 SO_3 含量即代表磷酸浓度。提高磷酸浓度可节约浓缩部分能耗，从而提高经济效益。但是提高磷酸浓度后也会带来不利影响：A. 增加磷酸粘度，降低离子扩散速度，这不仅降低了反应速度而且使硫酸钙结晶变得细小；B. 使优化的 SO_3 浓度范围变窄，对 SO_3 浓度的控制要求更高；C. 延缓半水物到二水物的转化过程，浓度过高时甚至会导致生成半水物，给生产过程造成困难。由此可见，磷酸浓度的提高也是受到限制的。适当降低浓度虽然增加了浓缩部分的能耗，但可使硫酸钙结晶变得粗大，工艺指标的操作范围变宽，同时还可减少氟硅酸盐沉积和堵塞滤布的程度。

关于二水物法磷酸中 P_2O_5 的理论含量，前已分析是根据 $CaSO_4$-P_2O_5-H_2O 平衡图的区域Ⅱ确定的。如在 80℃下，二水物法磷酸中 P_2O_5 的极限含量约 33％P_2O_5。但在实际生产中综合上述因素考虑后，可作如下选择：当使用质量好的磷矿时，可选择 26％～30％ P_2O_5 的磷酸。如果采用含铁、铝、镁有害杂质较高的中品位磷矿，可选择 20％～25％ P_2O_5 的磷酸，但不应低于 20％P_2O_5。磷酸浓度一经确定后就不允许产生剧烈波动。

磷酸含量的调节方法，生产上多采用调节返回稀磷酸的含量与用量来实现，其实质是调节滤饼的洗涤水量。磷酸含量的控制方法常采用含量-密度对照法。一般情况下，磷酸含量与密度都呈一简单的线性关系。可列表或绘图。经快速测定出磷酸密度后即可从图或表上查出相应的磷酸含量。但要注意的是用不同磷矿时由于杂质含量及液相 SO_3 含量的影响，使含量-密度关系产生差异，有时差异还很大。因此，对不同的磷矿都应事先通过对照分析，作出实际的浓度-密度查对表或图，以便能正确控制好磷酸浓度。如国内某磷矿作二水物湿法磷酸时，得出其含量与密度关系如图 2-2-15 和表 2-2-7。生产上就可利用此图表进行控制。

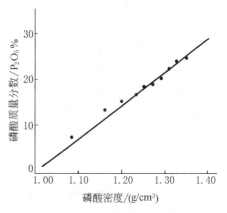

图 2-2-15　根据某磷矿做出的磷酸含量与密度的关系

表 2-2-7　根据某磷矿做出的磷酸含量与密度关系

磷酸密度 （g/cm²）	1.09	1.17	1.20	1.24	1.26	1.28	1.29	1.30	1.32	1.35
磷酸质量分数 P_2O_5 ％	7.70	14.29	16.44	18.44	19.32	20.13	21.23	21.75	23.60	25.29

将表 2-2-7 进行回归得到一简单的直线方程。

$$P_2O_5\% = 64.71\rho - 62.07 \tag{2-2-35}$$

式中 ρ——磷酸密度，g/cm^3。

式（2-2-35）的适应范围：$1.09 < \rho < 1.35$。

2.5.1.4 料浆液固比

料浆液固比是指料浆中液相（磷酸溶液）对固相（磷石膏）的质量比。它代表了反应料浆中固体物的含量。液固比过低（即料浆中固相物含量过高）时，会使料浆粘度增高，不利于搅拌与输送并使反应速度降低，对磷矿的分解和晶体长大都不利。过高的固相含量，还会增大晶体和搅拌桨叶的碰撞几率，从而增大二次成核量并导致结晶细小。提高液固比虽然可以改善操作条件，有利于磷矿分解与硫酸钙的结晶，但会降低酸解反应槽的生产能力或缩短反应时间。例如当料浆液固比 2∶1 增大到 3∶1 时，反应槽的生产能力将降低 38.5%。适宜的料浆液固比一般是根据所用磷矿的质量而定，还要考虑结晶状况与磷酸浓度。在料浆法磷铵生产中，如果使用含有害杂质较高的中品位磷矿，所得料浆粘度较大，故液固比选择不能过低，通常为 $(2.5～3)∶1$。

料浆液固比的测定一般采用烘烤法与密度对照法。密度法主要基于磷石膏的密度是一恒定值，由此对于不同密度的料浆与磷酸可以通过下式计算出料浆的液固比 S。

$$S = \frac{r(2.32 - R)}{(R - r)2.32} \tag{2-2-36}$$

式中 S——料浆液固比；

R——料浆密度，g/cm^3；

r——磷酸密度，g/cm^3；

2.32——二水磷石膏密度，g/cm^3。

为了操作控制的方便，可将常用范围的 R 与 ρ 代入上式（2-2-36）计算出一系列 S 值，然后制成图表。生产中只要快速测出 R 与 ρ 后即可查图表得到液固比 S 的值。密度法快速、简单，准确度能满足工艺控制要求，故被广泛采用。测定频率一般每小时 1 次。

2.5.1.5 回浆

回浆也称循环料浆，系将大量料浆送回酸解槽加矿区（Ⅰ区）进行循环。加大回浆倍数是制取粗大、整齐石膏结晶的有效措施之一，其优越性有以下四点：A. 大量回浆能冲淡钙离子与硫酸根离子的含量，使酸解槽各区 SO_3 含量保持均匀，溶液的过饱和度不会太大且较稳定，可避免生成过多的晶核；B. 大量成熟的回浆能提供硫酸钙晶种，缩短结晶的转化期，便于获得粗大的结晶；C. 能对加料过程的不精确起到缓冲作用，减少工艺条件的波动；D. 加入的硫酸能被大量的回浆稀释，矿粉不易产生"包裹"现象，能保证磷矿分解反应与结晶过程稳定运行。

回浆倍数高是单槽酸解的特点之一，在二水物法生产中，可高达 100～150 倍。

2.5.1.6 搅拌强度

提高搅拌强度，能使反应物料混合均匀，有助于消除局部过浓并加速界面层离子的扩散，促进磷矿颗粒表面的更新，对防止"包裹"现象，增加反应速度，改善结晶条件和消除泡沫等均有好处。但过高的搅拌强度也不好，因为既增加动力消耗，又可能破碎大量晶体导致二次成核增多，结晶变小。

酸解槽各区因反应情况不同，对搅拌强度的要求也不一样。加矿区与加硫酸区（酸解槽的 1，2，3 区也称主晶槽区）及回浆区（8 区）对搅拌强度要求高一些，最好采用强度较高的透平桨，线速 5～7m/s。其余各区可采用倾斜平板桨，桨尖线速 3～5m/s 即可。生产上为了操作控制和维护、检修的方便，常采用同一类型与同一线速的搅拌桨，但从工艺要求来看是太欠佳的。

2.5.1.7　反应时间

反应时间是指反应物料在酸解槽内的平均停留时间。磷矿的分解反应速度很快，一般在 1～1.5h 即可基本完成。因此反应时间物料在酸解槽内的停留主要取决于硫酸钙晶体的成长时间。

对容积一定的酸解槽，停留时间的变化就意味着单位时间内物料加入量的改变。如停留时间延长即表示单位时间内的投料量（磷矿及硫酸）减少，槽内平衡过饱和度相应降低，有利于结晶生长。但对杂质较多的中品位磷矿，停留时间的增加可能使杂质溶解量增大，磷酸粘度增加，产生的磷酸铁、铝沉淀会堵塞滤布与滤饼孔隙，给过滤造成困难，同时还会降低酸解槽的生产强度，故二水物流程的反应时间一般控制在 4～5h 为好。对于含杂质较高的矿，可以适当缩短反应时间。此外，要注意的是在缩短反应时间的同时，还必须加强料浆的冷却措施。因为增加投料量后，要移走的剩余反应热将增大，反应温度也相应增高，如果不采取有效的冷却措施，工艺所要求的反应温度就无法维持，缩短反应时间也无法实现。

2.5.1.8　矿粉细度

由于磷矿的分解速度与颗粒的表面积成正比，故粗矿粉不利于分解。提高矿粉细度可以加快反应速度，提高磷矿分解率。但过细的矿粉也是不合适的，因为不但增加动力消耗而且由于加矿区反应剧烈将增加该区硫酸钙的过饱和度，使槽内过饱和度的均匀程度降低，对结晶不利。过细的矿粉还可使细颗粒分散性泥质产生的不良影响加剧，这些超细的泥质与酸反应生成凝胶沉淀物，堵塞滤布和滤饼的孔隙，严重影响过滤操作，使过滤强度明显降低。

二水物法生产中，矿粉细度为 85%～90% 通过 100 目即可，−250 目以下的粒度应尽量少，−320 目的分散性泥质一般应小于 5%。

需着重指出，上述分析的 8 个工艺条件是互相联系，相辅相成的，不可孤立地、片面地去看某一条件，搞好各项指标的协调极为重要。由于磷矿质量不同，各厂湿法磷酸的工艺条件也不完全一样。优惠工艺条件一般需通过试验确定。一般说来，对一个工厂而言，磷矿品位、杂质成分及含量是早已确定了的。回浆倍数、搅拌强度和设备容积又是由设计给定的。因此，在生产工艺上能调整的仅有 SO_3 含量、P_2O_5 含量、反应温度、料浆液固比、反应时间和磷矿粉细度等 6 个指标，而投矿量和矿粉细度在正常生产中它是稳定不变的，故生产中主要控制的是 SO_3 含量、液相 P_2O_5 含量、反应温度和液固比这 4 个主要工艺指标。

根据近年来的试验和生产实践证明，如果使用含有害杂质较高的中品位磷矿，二水物湿法磷酸的适宜工艺条件范围大致如下：

磷酸质量分数	20%～25%P_2O_5	反应时间	4.5～5.0h
液相 SO_3 质量浓度	0.04～0.05g/ml	料浆液固比	2.5～3.0
反应温度	75～80℃		

在生产中，如更换矿种则需事先进行评价试验，至少应参考同矿种的生产工艺条件进行试生产，以确定正常生产的适宜工艺条件。

2.5.2　过滤过程工艺条件的选择及强化途径

2.5.2.1　适当提高过滤真空度

根据式（2-2-25）泊肃叶方程式，提高过滤真空度即提高了经过滤饼和滤布的压力降，加大了过滤过程的推动力，这不仅可以加快过滤速度，提高过滤强度和生产能力，而且还可提高洗涤效率和降低滤饼中的残余水分量。但生产中为节省动力消耗及保证长期稳定操作，真空度也不宜选择过高，一般以 $53\sim60kPa$（$400\sim450mmHg$）为宜。

2.5.2.2 选择适宜的滤饼厚度

调整好过滤机转速与料浆加入量，以选择滤饼洗涤效率最佳时的滤饼厚度，一般为 $30\sim40mm$。但要注意滤饼的均匀性。因为滤饼厚度不均匀对洗涤效率有很大的不利影响。试验曾得出，如果滤饼厚度一端为 $60mm$ 而另一端为 $40mm$ 时，其平均洗涤率仅为 82% 左右，与正常情况下洗涤率大于 98% 的指标相差甚大。

2.5.2.3 调节好洗涤分布器的位置

实践证明，调节好各次洗涤液分布器的位置，对提高洗涤效率有很大的作用。调节的主要原则是使每一次洗液加入点都应在滤饼表面已吸干的情况下加入。

2.5.2.4 防止壁效应

如果希望通过延长过滤或洗涤时间，以减少滤饼的含液量，减少两种液体的混合从而提高洗涤率，则应注意"壁效应"现象。因为一旦滤饼上没有液体时，滤饼即趋向于从四壁脱开形成裂缝并成为液体优先的通道而大大降低洗涤率。试验曾测出此种因素可使洗涤率从 98% 下降到 80%。

2.5.2.5 适当提高洗液温度

由于液体粘度随温度升高而降低，故滤饼中液体流速随温度升高而增加，试验得出，当洗液温度从 $25℃$ 上升到 $80℃$ 时，过滤速度大约增加 50%。故洗液温度一般选取 $70\sim80℃$。温度升高后还可溶解一部分细小结晶，减少滤饼的阻力，从而提高过滤速度。但要注意对于含钠、钾较高的矿，滤饼中将会有相当量的 Na_2SiF_6 或 K_2SiF_6，洗液温度过高将促使氟硅酸盐水解生成硅胶及胶状的 CaF_2，导致滤饼渗透性能下降并堵塞滤布，故在此情况下，洗液温度应适当降低。

2.5.2.6 利用添加剂提高过滤速率

试验证明，用某些絮凝剂，如聚丙烯酰胺类或阴离子型聚合电解质作为添加剂可以大大提高过滤速率。适宜的添加量应通过试验确定，一般都在 $100mg/kg$ 以下（以过滤料浆量计）。由于絮凝剂易被酸破坏，故不能在料浆中停留过久，要十分注意加料位置。

2.5.2.7 选择合适的滤布

选择好过滤介质（滤布），可增加产量，改进产品质量，降低操作费用和生产成本。对滤布的要求是：受热后不起皱、不缩；酸通过时阻力小、穿滤率低；不易堵塞；有足够的耐机械损伤性能；使用时间长，费用低。

在湿法磷酸生产中，目前使用最多的是国产涤纶734型滤布。使用一段时间后将会有堵塞、发硬及破损等情况产生，可换下，用化学方法处理。若滤布上沉积物以硫酸钙结晶为主，则先用板刷清除部分结垢后再用 5% 稀盐酸浸泡，最后用自来水冲洗。如滤布上沉积物以氟硅酸盐为主，亦先用板刷刷洗，然后再用 $8\%NaOH$ 溶液浸泡，还可稍通蒸汽加热，最后用水冲洗。有时还可视滤布上结垢物的性质，用酸碱交替处理。处理滤布后的酸液碱液澄清后可重新使用。

2.5.3 关于 P_2O_5 损失

湿法磷酸生产中的 P_2O_5 损失一般包括工艺损失与机械损失两大类。

工艺损失主要指经洗涤后磷石膏中的 P_2O_5 损失。一般由以下 5 种因素造成：A. 洗涤不完全；B. 未被分解的磷矿；C. 磷酸溶液陷入硫酸钙晶体的空穴中；D. 磷酸盐沉淀；

E. 磷酸根进入硫酸钙的晶格中而损失（又名"晶间损失"）。

机械损失是指设备管道不严密和操作过程中产生的损失，如物料的跑、冒、滴、漏损失；开停车的损失及取样损失等。

生产中如何降低 P_2O_5 损失是提高 P_2O_5 回收率的重要途径。在上述两大类损失中，机械损失可以从设计方面减到最小程度。而工艺损失中的 5 种因素除与操作控制条件有关外，还与所用磷矿的特性有关。因此要减少 P_2O_5 损失则应综合考虑。

2.6 湿法磷酸主要工艺技术指标的计算[1]

2.6.1 石膏值的计算

单位质量磷矿可取 1 份或 100 份磷矿作基准。为计算方便，常取 100 份磷矿作基准。它的单位根据计算要求而定，可视具体情况选择克（g）、千克（kg）和吨（t）等。实验室试验中常取 g，而在工业生产中则常取 kg 或 t。单位质量磷矿酸解后所获得的磷石膏质量称为石膏值。石膏值是磷酸工艺计算的基础，利用石膏值可简化转化率、洗涤率等工艺指标的计算。

磷石膏实际上包含酸解过程中形成的石膏、未被分解的酸不溶物及未分解的磷矿粉、难溶性磷酸盐及其它杂质等。酸解过程工艺条件一定，形成的磷石膏量也基本上一定。因此，磷石膏值为一定值，可以用实验方法确定。

如果不计未分解的磷矿粉及其它杂质，沉淀的磷酸盐以及被磷酸溶解的石膏量（实际上它们的量都是很少的），则磷石膏值可根据磷矿粉中氧化钙及酸不溶物含量近似计算。

100 份磷矿粉的磷石膏值为

$$P_{磷石膏} = \frac{100 \times CaO\% \times 172.1}{56} + 100 \times A_i\% \qquad (2\text{-}2\text{-}37)$$

式中　$P_{磷石膏}$——100 份磷矿所得的磷石膏值；

　　　172.1——$CaSO_4 \cdot 2H_2O$ 的摩尔质量；

　　　A_i——酸不溶物的含量，%；

　　　56——氧化钙摩尔质量。

例 2-4　设磷矿中含 CaO44.86%，含酸不溶物（A_i）8.74%，求石膏值：

$$P_{磷石膏} = \frac{100 \times 0.4486 \times 172.1}{56} + 100 \times 0.0874$$

$$= 137.86 + 8.74$$

$$= 146.6 \text{（如以 1 份磷矿为基准，则石膏值为} \frac{146.6}{100} = 1.466\text{）}$$

2.6.2 三大技术指标的计算

磷矿中 P_2O_5 的转化率、石膏滤饼的洗涤率（转化率与洗涤率的乘积为工艺磷得率）及石膏滤饼的过滤强度是湿法磷酸生产中三个最重要技术指标，也是湿法磷酸工业装置设计的主要依据之一。因此，在湿法磷酸的试验研究及生产过程中都要定期地进行测定。

2.6.2.1 转化率（习惯称萃取率）

磷矿与硫酸反应后，磷矿中绝大部分的 P_2O_5 进入磷酸溶液，小部分则形成难溶性磷酸盐（主要是磷酸铁铝和磷酸二钙）和未分解的磷矿与固相磷石膏一起沉淀下来。进入磷酸溶液中的 P_2O_5 与磷矿中的 P_2O_5 之比称为转化率 $X_{转化}$，是酸解过程中实际能从磷矿中转入磷酸溶液的 P_2O_5 百分率。

$$X_{转化}=\frac{P_2O_5（磷酸溶液中）}{P_2O_5（磷矿粉中）}\times100\% \tag{2-2-38}$$

若磷矿粉的石膏值为已知，转化率一般可通过测定其磷石膏中非水溶性 P_2O_5 含量来计算：

$$X_{转化}=\left[100-\frac{P_2O_5（石膏中非水溶性）\times P_{磷石膏}}{P_2O_5（磷矿粉中）}\right]\% \tag{2-2-39}$$

式中 $P_{磷石膏}$——100 份磷矿粉所得石膏值。

例 2-5 用含 $28.76\%P_2O_5$ 的磷矿生产湿法磷酸，已知石膏值为 146，磷石膏中不溶性 P_2O_5 含量为 0.65%（干）。试计算该磷矿的转化率。

$$X_{转化}=\left(100-\frac{0.65\times146}{28.76}\right)\%=96.70\%$$

2.6.2.2 洗涤率

酸解过程完成后的酸解料浆立即送去过滤。经过过滤及洗涤后，绝大部分的水溶性 P_2O_5（磷酸溶液）被回收，但滤渣（磷石膏及少量其它固体杂质）中仍有极少量的水溶性 P_2O_5 未被洗除。被过滤及洗涤后回收的 P_2O_5 与磷矿粉中进入液相的 P_2O_5 之比称为洗涤率 $X_{洗涤}$，是洗涤过程回收磷石膏中磷酸的重要指标。

$$X_{洗涤}=\frac{P_2O_5(回收的)}{P_2O_5（磷矿粉中）\times K_{转化}}\times100\% \tag{2-2-40}$$

若已知磷矿粉的石膏值，洗涤效率一般可以通过测定磷石膏中水溶性 P_2O_5，按下式近似计算。

$$K_{洗涤}=\left[100-\frac{P_2O_5（石膏中水溶性）\times P_{磷石膏}}{P_2O_5（磷矿粉中）}\right]\% \tag{2-2-41}$$

式中 $P_{磷石膏}$——100 份磷矿粉所得的磷石膏值。

例 2-6 同上题但已知石膏中水溶性 P_2O_5 为 0.12%（干），试计算洗涤率。

$$X_{洗涤}=\left(100-\frac{0.12\times146}{28.76}\right)\%=99.39\%$$

2.6.2.3 过滤强度

在国内，过滤强度常以单位时间（小时）内，每 m^2 过滤机有效过滤面积上得到的磷石膏质量（干基）来表示，即 kg（干）/（$m^2\cdot h$）。国外则常以单位时间（每小时或每天）内，每 m^2 的有效过滤面积上通过滤液中的 P_2O_5 量来表示，即 kgP_2O_5/（$m^2\cdot h$）。

例 2-7 盘式过滤机有效过滤面积为 $10m^2$，在 8h 内得到含水 25%（湿基）的磷石膏 62.8t，含 $22\%P_2O_5$ 的磷酸 41.80t。试计算过滤强度 [分别以 kg 干石膏/（$m^2\cdot h$）与 kgP_2O_5/（$m^2\cdot h$）表示]。

解： ① 以干石膏表示的过滤强度：

$$\frac{62.8\times1000\times(1-0.25)}{8\times10}=588.8 \quad kg 干石膏/（m^2\cdot h）；$$

② 以通过的 P_2O_5 表示的过滤强度

$$\frac{41.80\times1000\times0.22}{8\times10}=115.0 \quad kgP_2O_5/（m^2\cdot h）。$$

2.7 湿法磷酸的浓缩[1]

湿法磷酸浓缩是磷酸生产过程的组成部分。二水物法制得的湿法磷酸（质量分数）为

$20\%\sim32\%P_2O_5$；半水物法为 $40\%\sim45\%P_2O_5$，但技术不够成熟。除了料浆浓缩法制磷铵可直接使用稀磷酸外，用于其它高浓度磷复肥的生产均需对稀磷酸进行浓缩。

肥料工业的磷酸消耗量最大，对磷酸浓度的要求范围很宽，比其它工业更具有典型性。现将各种传统法高浓度磷复肥生产工艺实际应用的磷酸质量分数列于表 2-2-8。

表 2-2-8 适用于各种传统法高浓度磷复肥生产工艺的磷酸质量分数

磷酸铵肥料	$P_2O_5/\%$	重过磷酸钙等	$P_2O_5/\%$
自热干燥法	45~48	浓酸法（重钙）	45~40
返料造粒法	39~40	稀酸（或料浆法）（重钙）	38~40
喷浆造粒法	32 以上	硫磷酸铵肥料	38~40
转鼓造粒法	38~40	多磷酸铵肥料	54 以上
喷雾干燥法	30~35	商品磷酸	52~54

湿法磷酸浓缩工艺的特点：A. 腐蚀性强；B. 浓缩过程中有固相物料析出；C. 有含氟水蒸气逸出并夹带有酸雾。

湿法磷酸实质上是磷酸、硫酸和氟硅酸的混酸，又要在沸腾状态下操作，因此腐蚀性很强。浓缩设备的材质不仅要耐温、耐腐蚀而且导热性能又要好。目前广泛采用的石墨加热器就能满足要求。

磷酸浓缩的方法，以其加热方式可分为两类：直接加热蒸发和间接加热蒸发。工业上常采用强制循环的真空浓缩、鼓泡浓缩、浸没燃烧浓缩以及喷洒浓缩等四种类型装置，但采用最普遍的是蒸汽加热的强制循环真空蒸发型浓缩工艺。

主要的磷酸浓缩方法和设备类型如下：

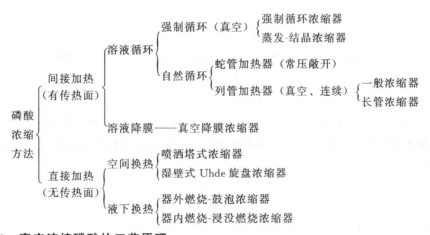

2.7.1 真空浓缩磷酸的工艺原理

中国大型磷酸工厂和中小型传统法磷铵装置采用的是强制循环磷酸真空浓缩。

磷酸的蒸发浓缩操作，在 $300\,℃$ 以下，当磷酸被提浓到 $98\%H_3PO_4$ 以前，在其液面上只存在水蒸气（见图 2-2-16），因而可利用加热方法实现磷酸的脱水，并且极容易将它浓缩到很高的浓度。通常在其提浓过程中虽没有磷酸蒸气逸出，但由于气流的夹带也会产生磷酸的雾沫。其严重程度与浓缩装置的结构和操作状况有关。由于湿法磷酸常含有氟硅酸、硫酸以及铁、铝、镁的化合物和硫酸钙等杂质，这些杂质在蒸发浓缩过程中将产生许多不良影响。A. 使磷酸的腐蚀性增大；B. 使磷酸溶液的密度、粘度增大及沸点升高；C. 使浓缩酸中产生沉淀，一部分还会在传热面上生成垢物，从而降低传热效果；D. 蒸发出的水汽含氟，需要进行吸收和处理。由于这些原因使磷酸浓缩的工艺过程变得复杂起来。为此，发展了减压蒸发，溶液强制循环和多段浓缩等工艺，使得磷酸浓缩在工业上更趋合理和完善。

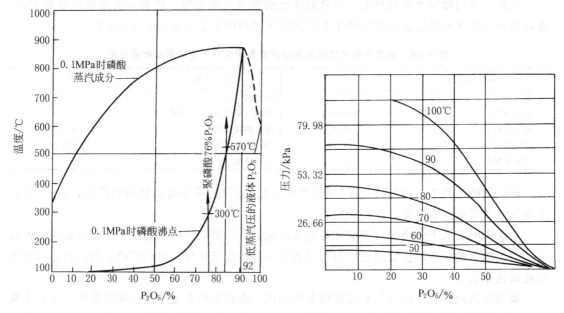

图 2-2-16　P_4O_{10}-H_2O 系统中的沸点和蒸汽成分　　图 2-2-17　纯磷酸浓度对蒸汽压的影响

采取真空减压操作，可使磷酸水溶液的沸点降低（见图 2-2-17）。其蒸汽压 p 与温度 T 有以下关系

$$\log p = m\left(\frac{1}{T}\right) + b \tag{2-2-42}$$

由于溶液沸点下降可以增加传热推动力（即温度差 ΔT），有利于缩小浓缩装置的传热面，节约能量和材料，并可适当减轻腐蚀作用。

采取强制循环操作可使杂质沉淀结垢作用减轻，并大大改善和强化传热状况。例如，以 2m/s 的液体流速与 4m/s 相比较，后者通过加热管传递的热量将为前者的 1.74 倍。这是由于管壁向液体传热时，传热系数随流体流速增加而增加，即液膜给热系数与液体流速的 0.8 次方成正比，如下式所示。

$$\alpha = 2.673 \times 10^{-5} \frac{\lambda}{d}\left(\frac{wd\rho}{\eta}\right)^{0.8}\left(\frac{3600\mu g\psi}{\lambda}\right)^{0.4} \tag{2-2-43}$$

对强制循环真空浓缩装置的传热数学模型，具有如下关联式。

$$K = 14.53\left(1+\frac{2.5}{T}\right)\frac{d^{0.57}w^{\frac{1.08}{T}}}{\eta^{0.25}\Delta T^{0.1}} \tag{2-2-44}$$

式中　α——给热系数，$W/(m^2 \cdot K)$；

$\quad\quad\lambda$——热导率，$W/(m \cdot K)$；

$\quad\quad K$——传热系数，$W/(m^2 \cdot K)$；

$\quad\quad w$——液体流速，m/s；

$\quad\quad d$——加热器管径，m；

$\quad\quad \eta,\ \mu$——液体粘度，$Pa \cdot s$；

ρ——液体密度，kg/m^3；

T——温度，K；

ΔT——传热温差，K。

虽然采取溶液强制循环的操作方法可延缓传热面的结垢，但仍需对设备进行周期性的洗涤和维护。过去认为，在磷酸浓缩中易出现结垢和产生腐蚀性气体，只能采用一段浓缩的蒸发操作，可是近年来发展了多段蒸发-结晶的磷酸浓缩流程，使杂质的过饱和度减小，杂质结晶的粒度变大，磷酸浓缩装置的结垢情况进一步得到了改善。

2.7.2 磷酸浓缩的物理化学基础及含氟气体处理

湿法磷酸在浓缩过程中，随着水分的蒸发，溶液温度和浓度的变化，会引起酸腐蚀性增大，固相沉淀的析出及含氟蒸气的放出等问题。为合理地解决这些问题，使磷酸浓缩过程的装置设计和操作控制趋向复杂化。

2.7.2.1 腐蚀

如前所述，湿法磷酸是一种混酸，一般来说 28%P_2O_5 的磷酸溶液中还含有 2%左右的游离 H_2SO_4 和 2%左右氟化物，两者均能增加磷酸腐蚀性。在蒸发初期，酸浓度比蒸发后期为低，由于蒸发时水和挥发性氟化物的大量逸出，腐蚀一般更为严重。因此，不仅磷酸本身有腐蚀性，逸出气体的腐蚀性也很强。在这种工作条件下，一般的金属很难承受其腐蚀，故在设备管路材质的选择上，凡与酸或蒸汽相接触的表面，尽可能采用非金属材料，如热交换器一般以浸渍石墨制作，蒸发室、循环管、氟吸收室、大气冷凝器采用钢壳衬胶结构，氟吸收液循环泵选用衬胶泵，仅磷酸循环泵采用高级不锈钢制造。

2.7.2.2 固体沉积

温法磷酸中一般都含有多种杂质，如钙、镁、氟、铁、铝、硫酸根等离子，在浓缩过程中，它们会逐渐沉淀析出。这些沉淀一般都以一些复杂的化合物的形式沉积在换（加）热器的器壁上，使换（加）热器传热性能降低，严重时还可能造成堵塞，导致无法生产。

湿法磷酸从过滤机获得的磷酸质量分数约 28%P_2O_5，这种较稀的磷酸溶液通常溶有多种化合物，其中若干化合物还处于饱和或过饱和状态。当酸浓缩时，这些化合物大都会超过它们的溶解度而产生沉淀。在浓缩中以及浓缩后，沉淀的盐类有三大类：钙盐、氟盐和继沉淀盐。

（1）钙盐

蒸发时，溶解在磷酸中的钙离子可以和存在的各种阴离子结合生成相应的钙盐。大多数钙盐在 54%P_2O_5 的酸中溶解度都很低。有关沉淀物的组成举例如下：

$$Ca^{2+} + SO_4^{2-} + 2H_2O \xrightarrow{30\% \sim 45\%P_2O_5} CaSO_4 \cdot 2H_2O \downarrow (二水物)$$

$$Ca^{2+} + SO_4^{2-} \xrightarrow{45\% \sim 54\%P_2O_5} CaSO_4 (无水物)$$

$$Ca^{2+} + 2H_3PO_4 \xrightarrow{54\%P_2O_5,低硫酸盐含量} Ca(H_2PO_4)_2 \downarrow + 2H^+$$

$$Ca^{2+} + H_2SiF_6 \xrightarrow{30\%P_2O_5,低硫酸盐含量} CaSiF_6 \downarrow + 2H^+$$

$$Ca^{2+} + 2HF \xrightarrow{低硫酸盐含量} CaF_2 \downarrow + 2H^+$$

因为有 H_2SO_4 存在，通常沉淀的钙盐是硫酸盐，因而可用过量硫酸有效地控制钙盐。若 54%P_2O_5 的磷酸中有 2.0%或更多的 H_2SO_4，几乎可以将溶液中全部钙离子除去。当磷酸从 30%P_2O_5 浓缩到 45%P_2O_5 时，硫酸钙趋向二水物形态结晶析出；超过 45%P_2O_5 时，则硫酸钙成无水物，其结晶细小得多。

假若 H_2SO_4 量降低，从 54％酸中会沉淀出磷酸一钙，其量随 H_2SO_4 的不足程度而异，或者说由钙的含量而定。这些磷酸一钙细小的结晶很难澄清，它使酸粘稠而浑浊。

在含硫酸盐较少的 30％P_2O_5 的磷酸中还可能有氟硅酸钙析出并结垢于冷的管道和设备的表面上。

通常在制取 28％P_2O_5 的磷酸时，维持适当的高游离酸量，可以大大减少钙盐沉淀，减少新蒸发的酸中固体量和蒸发器中的结垢。但是，采用这个方法也有缺点，即会使酸的沸点升高和酸的腐蚀性增大。

（2）氟盐

氟盐，除钙盐外，还包括钠和钾的氟硅酸盐以及铝盐。

$$2Na^+ + H_2SiF_6 \xrightarrow{\text{酸浓缩}} Na_2SiF_6 \downarrow + 2H^+$$

$$2K^+ + H_2SiF_6 \xrightarrow{\text{酸浓缩}} K_2SiF_6 \downarrow + 2H^+$$

在工业蒸发器中，这些盐部分在蒸发器及加热管的表面上结垢析出，部分成极细小的结晶悬浮于酸中，且很难将它们从酸中除去。这对于制取纯度较高的成品浓磷酸是十分不利的。

（3）继沉淀盐

继沉淀盐通常存在于含 Fe_2O_3 高于 1.0％的磷矿制取的浓磷酸中。由于这些沉淀一般在酸浓缩后过一段时间才开始，并且在贮存或运输过程中不断地析出，故被称作继沉淀盐。常见的是 $(Fe,Al)_3KH_{14}(PO_4)_8 \cdot 4H_2O$ 类质同晶系的各种化合物，其中钾的数量虽然较少，却是主要组分。这种盐不会结垢，对蒸发过程本身的影响很小，但不利于随后的贮存和运输过程。

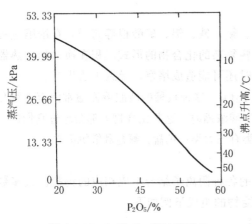

图 2-2-18　85℃时，湿法磷酸的沸点升高和蒸汽压

2.7.2.3　蒸汽的逸出

有关蒸发过程的汽液平衡关系示于图2-2-18。该图标绘了 85℃时不同含量磷酸的沸点升高（超过指定压力下水的沸点的温度值）和蒸汽压的关系。85℃是通常用于蒸发器橡胶衬里的最高使用温度。

湿法磷酸浓缩时，溶于磷酸中的氟硅酸分解成四氟化硅（SiF_4）和氟化氢（HF），与水蒸气一起逸出。

$$H_2SiF_6 \xrightarrow{\text{加热酸性}} SiF_4 \uparrow + 2HF \uparrow$$

一般来说，浓缩磷酸的浓度在 45％P_2O_5 以前，其气相逸出的氟大部分呈 SiF_4 形态，此时吸收后回收的氟硅酸中就有絮状的白色硅胶出现。

$$3SiF_4 + (2+n)H_2O \longrightarrow 2H_2SiF_6 + SiO_2 \cdot nH_2O$$

随着磷酸浓度的提高，从磷酸中挥发出的 HF 和 SiF_4 的比例也逐渐提高。已经发现从浓缩器中沸腾的、质量分数为 50％～55％P_2O_5 的磷酸中挥发出来的 HF 和 SiF_4 的摩尔比接近 2：1，假如磷酸质量分数超过 56％P_2O_5，则 HF：SiF_4 比就要高于 2：1。这些含氟蒸气通常是在冷凝器前设置一台或由二台串联的氟吸收装置中予以吸收后，制成氟硅酸溶液而加以利用。

2.7.2.4　氟的吸收

在硫酸法湿法磷酸生产中，磷矿中的氟化物会与硫酸起反应。这些反应可表示如下。

$$Ca_5F(PO_4)_3+5H_2SO_4+10H_2O \longrightarrow 5CaSO_4 \cdot 2H_2O \downarrow +3H_3PO_4+HF$$

$$CaF_2+H_2SO_4+2H_2O \longrightarrow 5CaSO_4 \cdot 2H_2O \downarrow +2HF$$

$$4HF+SiO_2 \longrightarrow SiF_4+2H_2O$$

$$3SiF_4+2H_2O \longrightarrow 2H_2SiF_6+SiO_2$$

$$CaSiF_6+H_2SO_4+2H_2O \longrightarrow 5CaSO_4 \cdot 2H_2O \downarrow +2H_2SiF_6$$

磷矿中含有数量不等的氟。大体上，磷矿中氟含量以 F/P_2O_5 计，沉淀型矿为 0.10～0.14；火成岩矿为 0.04～0.06。氟在湿法磷酸生产过程中的大致分布：反应槽气体中逸出的氟占 5%，产生沉淀而进入磷石膏占 30%，其余约 65% 进入滤酸里。滤酸在浓缩时，例如从 28%P_2O_5 浓缩至 54%P_2O_5 时，又有 40% 随水蒸发逸出，存留在浓酸中约占 25%。从气相中逸出的氟，一般都要用水进行循环吸收，吸收液以各种方式进行处理，然后予以排放或回收的目的是为了控制对环境的污染。通过有效的回收制成副产品，还能从中获得经济效益。一般加工 1 吨 54%P_2O_5 的磷酸，从空气冷却型反应槽尾气中，以稀氟硅酸形态回收约 2.7～3.2kg 氟；从真空冷却系统中回收约 1.3～1.8kg 氟（因为在系统中逸出的氟，有相当数量进入后面的大气冷凝器的水中，无法回收了）。由于这一段能回收的氟量不多，且浓度也低，所以目前国内一些中小型磷肥厂，在该工段设置洗涤尾气装置的目的，仅为了控制污染——把吸收液用石灰乳中和处理后排放。仅有少数工厂，将吸收所得的稀氟硅酸液送往过磷酸钙车间的尾气吸收工序，作为那里的尾气吸收液再加以利用。从湿法磷酸厂的浓缩磷酸工序中，回收蒸发气体中的氟来制取氟化物。当生产 54%P_2O_5 的磷酸时，进入湿法磷酸厂的氟化物有 40% 之多是在浓缩器的蒸汽中。蒸汽离开蒸发器进入后面的氟吸收器（流程中为二段吸收）。在吸收器中含氟气体被循环泵打入的液体喷淋吸收。从吸收器流出的液体通过大气腿流入氟硅酸液封槽，氟硅酸溶液循环吸收到达指定浓度后，部分通过循环泵出口的旁路阀不断取出，送往其它工段，作进一步加工。在大多数工厂中，这种吸收液用来生产氟硅酸钠或氟化铝。吸收液的补充水通常有两种做法，一种是通过循环槽液位控制器来调节加入新鲜水；另一种是用间壁冷却循环液（通过一列管换热器）来冷凝部分蒸汽，作为水补充，以此来控制吸收液的浓度（见图 2-2-20 所示流程）。

采用上述真空洗涤的方法从蒸汽中回收氟化物的效率，取决于洗涤器的压力以及洗液中 H_2SiF_6 含量。根据耶特洛夫（Етлов）和皮那斯卡娅（Пинаская）的数据计算，并以帕里许的数据补充，得到如图 2-2-19 的曲线，可以用来求取从真空洗涤器的蒸汽中回收氟化物效率的近似值。

图 2-2-19 的使用，以一段真空浓缩为基础，举例如下：

首先计算氟的分配情况

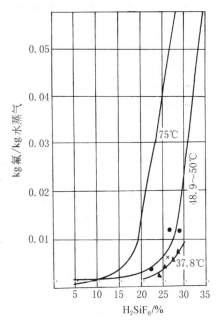

图 2-2-19　沸腾的 H_2SiF_6 上面 HF 与 SiF_4（按 F 计）与水蒸气的平衡

▲—帕里许（37.8℃）；

●—帕里许（48.9℃）

×—耶特洛夫（50℃）；

无标记曲线—耶特洛夫（75℃）

操作条件：

蒸发器进料	30％P_2O_5	2.0％F	压力（绝对）	8466Pa
成品	54％P_2O_5	1.6％F		

计算得氟的分配情况（kg/tP_2O_5 进料）

进料中的氟	60.6	蒸汽中的氟（差值）	33.7
成品中的氟	26.9		

蒸汽中的氟若以 H_2SiF_6 形态计，则 H_2SiF_6 的产量为 42.7kg/tP_2O_5 进料，蒸汽夹带的氟量为0.02585kgF/kg 水蒸气。若略去由溶解的 H_2SiF_6 造成很小的沸点升高，则蒸汽和洗涤液的温度约为43℃。先估算 43℃ 的平衡曲线的位置（介乎于38℃和49℃曲线之间），然后可以从图得知43℃下与 25％H_2SiF_6 溶液平衡的每 kg 水蒸气中的氟量为 0.005kgF/kg 水，因而在此条件下，可能达到的最大回收率：

[(0.02585－0.005)/0.02585]×100＝80.7％(以 25％的 H_2SiF_6 形式回收)

如果在相同压力下生产 15％H_2SiF_6，那么最大回收率将增至 93.3％。若操作压力（绝对）为 5066Pa（38mmHg）时，温度为 32.2℃，则最大回收率（25％H_2SiF_9），将提高至 90％。由此可知，在操作压力相同的情况下，氟的回收率与最终产品的氟硅酸含量有关，而操作压力（即吸收液温度）又是氟损失的函数。所以为提高回收率人们常采用多级吸收装置。

2.7.3 生产流程与主要设备

2.7.3.1 生产流程

图 2-2-20 所示是湿法磷酸强制循环真空蒸发浓缩的生产流程图。这种浓缩流程 P_2O_5 的

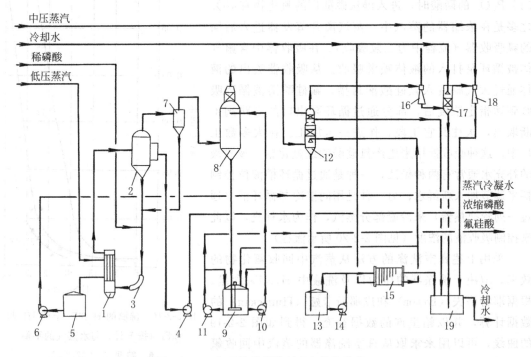

图 2-2-20 典型的强制循环真空蒸发流程

1—石墨热交换器；2—闪蒸室；3—循环泵；4—浓磷酸泵；5—冷凝水槽；6—冷凝水泵；7—除沫器；8—第一氟吸收塔；9—第一吸收塔槽；10—第一吸收塔泵；11—氟硅酸泵；12—第二氟吸收塔；13—第二吸收塔槽；14—第二吸收塔泵；15—吸收塔冷却器；16—主蒸汽喷射器；17—中间冷凝器；18—辅蒸汽喷射器；19—热水槽

回收率可大于 99.5％，适合于回收氟，且控制方便，自动化程度高。它是世界上采用最为广泛的一种流程。该流程简述如下。

稀磷酸经计量后进入磷酸浓缩强制循环回路，与大量循环磷酸混合，借助强制循环泵送入石墨热交换器，采用低压蒸汽加热后的热酸进入闪蒸室，水分闪蒸后获得浓磷酸。

闪蒸室逸出的二次蒸汽经旋风除沫器，分离 P_2O_5 酸沫后的含氟气体首先进入第一氟吸收塔，第一氟吸收塔的循环氟硅酸浓度可在 10％～18％ 范围内调节。

由第一氟吸收塔吸收后的含氟气体进入第二氟吸收塔进一步吸收，吸收液约为 3％ 的稀氟硅酸溶液。在第二氟吸收塔中，循环氟硅酸温度可借助吸收塔冷却器的循环冷却水流量来加以调节。通过调节吸收塔冷却器循环冷却水流量即可控制成品氟硅酸浓度。

第二氟吸收塔上部设有大气冷凝器，不凝性气体及少量水蒸气则经真空系统排入大气。

浓缩装置所需的真空由主蒸汽喷射器、中间冷凝器和辅蒸汽喷射器所组成的真空系统来实现。

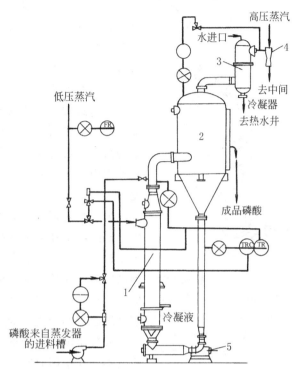

图 2-2-21　强制循环蒸发器的典型控制系统
T—温度计；R—记录器；C—控制器；F—流量计
1—石墨加热器；2—蒸发器；3—含氟气体洗涤器；
4—喷射器；5—轴流泵

生产流程中还设有清洗液泵槽，配制 5％ 稀硫酸供磷酸循环回路清洗之用。清洗后的流体排入地槽供萃取部分作工艺洗涤水用。

针对上面提到的磷酸浓缩过程的特点，在控制操作方法上和蒸发器的结构上又有种种新的改进和设计。如采用多段浓缩法、淤渣循环法（图 2-2-21）[15]以及引入带有成长型结晶器的蒸发器（图 2-2-22），意在延缓浓缩装置的结垢速度，提高装置的有效开车率。

强制循环蒸发器的典型控制系统见图 2-2-21。来自湿法磷酸工序的稀磷酸（约 28％～30％P_2O_5），由电磁流量计控制调节计量后，进入石墨加热器的酸出口管线中，与已经加热的循环酸合并，借助负压吸入蒸发器闪蒸室内，水分在此蒸发。浓缩后的成品酸在液封下溢流入浓酸中间槽，由此泵送至成品酸贮槽。如果蒸发器是一种带有结晶器的设备（见图 2-2-22），那么，蒸发水分后的磷酸，由结晶器的中心导流筒进入下部结晶器内，依靠结晶器的容量和足够的悬浮晶体表面消除磷酸溶液中杂质化合物的过饱和度，使沉淀在结晶器内析出。一般来讲，所形成的固相硫酸钙颗粒 95％ 大于 $50\mu m$，该值是其它装置形成结晶的 5～10 倍。达到浓度的成品磷酸，从闪蒸室较低的部位或结晶器底部，在液封下流入中间槽。

由总管送入石墨加热器壳程的 $0.5×10^5 Pa$ 左右低压蒸汽，用气动薄膜调节阀自动控制蒸汽流量，经热交换形成的冷凝液自石墨加热器下部排入冷凝水槽，然后由泵送至磷酸制造工序作为工艺水利用。

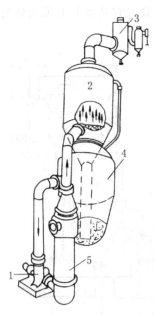

图 2-2-22　浓缩磷酸用的克里
斯特带有结晶器的蒸发器

1—循环泵；2—蒸发器闪蒸室；

3—大气冷凝器和喷射泵；

4—悬浮晶粒的结晶器；5—加热器

2.7.3.2　主要设备

（1）石墨加热器

列管石墨加热器，外壳用钢板制成，保温层采用膨胀珍珠岩
保温砖，并外涂石棉水泥。目前国内用于磷酸浓缩的石墨加热器
单台传热面积限于 $60m^2$。加热器列管的材料采用酚醛树脂石墨
粉挤压管，所以使用的压力不宜过高，且温度应不超过120℃。

（2）蒸发器

目前磷酸真空浓缩系统的蒸发室有两种类型：一种是上部为
圆柱体，下部为锥体的简单容器，如图 2-2-21 所示。这种蒸发室
结构简单。目前在强制循环蒸发浓缩装置上多数采用这一类型。
其外壳用钢板制成，内衬有橡胶和石墨砖，石墨砖用酚醛树脂胶
泥粘合。

另一种是带有结晶器的蒸发器，如图 2-2-22 所示。该设备系
由上部闪蒸室和下部结晶器构成。上部闪蒸室是磷酸蒸发水分的
主要构件。此时，蒸发的磷酸中杂质呈过饱和状态，然后在结晶
器内的悬浮晶粒表面上析出固体，使酸溶液中杂质的过饱和度降
低。这样磷酸在浓缩过程中改善了装置内的结垢现象，从而使浓
缩系统装置的清洗周期延长。这一类型的蒸发结晶结构较为复
杂，安装难度高，造价也较前者为高。这种类型的带有结晶器的
蒸发器已在中国研制成功，并在部分工厂投入使用。

（3）含氟气体洗涤塔

该设备形状为筒形空塔。外壳用碳钢制成，内衬橡胶，塔内安装有数只均匀分布的离心
式喷头。如果流程安排是二段洗涤，则两塔结构形式一样，尺寸大小略有差异。一般前者稍
大，后者略小。

（4）大气冷凝器

外壳用碳钢制成，内衬橡胶。在器内安装有数块淋水板。

（5）磷酸循环泵

这种用途的泵系强制循环浓缩磷酸装置的关键设备。一般采用低压头、大扬程的轴流式
泵，并对材质的要求较高。

2.7.4　工艺指标与操作条件的选择

在强制循环真空浓缩磷酸的工艺流程中，送入浓缩系统的稀磷酸质量分数一般为
27％～30％P_2O_5，经电磁流量计自动控制，按给定的数量自动进料。

稀磷酸加入口一般设在加热器出口管线上。目的是为了减小循环磷酸的过热程度，减少
磷酸在蒸发室内暴沸引起的沫滴损失。此外，含有较多杂质的新酸进入蒸发器后产生的沉淀
可首先在蒸发室内析出，有利于减轻加热面上的结垢。

不同质量的湿法磷酸，其沸点有差异。对于一种新矿种制得的磷酸，其蒸发压力的确
定，通常是通过评价试验或生产实践。大体上，真空度的控制范围是 14.66～5.33kPa
（110～40mmHg）。真空度的提高，可以使浓缩温度降低。图 2-2-23 所示是湖北大峪口磷酸
的沸点和蒸气分压的关系曲线。

在加热器壳体内通入低压蒸汽，经过管壁传热使磷酸受热并提供蒸发水分所需的热量。

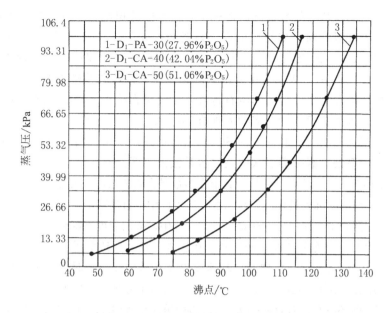

图 2-2-23　湖北大峪口磷酸的沸点和蒸气分压的关系曲线

磷酸蒸发操作的主要控制参数，是蒸发器中磷酸的温度、蒸发室的真空度和磷酸含量三个因素，只要控制其中两个因素，第三个因素就可确定了。参见图 2-2-23。

操作温度通常取决于蒸发浓缩装置所选用的制造材料。蒸发部分往往受橡胶内衬的耐热程度限制，一般取 75～85℃较合适。加热器主要受加热管材料的耐温程度限制，对于酚醛石墨挤压管不宜大于 120℃。所以使用的加热蒸汽压力（表压）通常不大于 0.25MPa，加热器壳程间的蒸汽压力一般仅为 78.4kPa。蒸汽消耗量约为 2.3t/tP$_2$O$_5$。

如果采用带结晶器的蒸发器，结晶器下部含有悬浮结晶的循环磷酸，其固相含量应维持 3%的最小值。

磷酸溶液的循环量，一般选用加入蒸发器的稀磷酸流量的 100 倍。配用的强制循环泵应能使列管加热器内磷酸流速在 2～3m/s。

蒸发系统装置的结垢是难免的，结垢速度与磷酸所含杂质关系较大。对于通常型式的蒸发装置在 5～7 天就应进行清洗作业，而带有结晶器的蒸发装置则可延长至 25～40 天。清洗作业是先用热水（70～80℃）循环 8h，然后用 5% H$_2$SO$_4$ 在真空度 27kPa 下循环 2～3h。

强制循环真空浓缩磷酸系统的 P$_2$O$_5$ 回收率可达 99.5%，为了使系统保持良好的真空状态，大气冷凝器出水温度应低于 45℃。

2.8　湿法磷酸的净化

为了节约能耗、降低成本，近年来用净化后的湿法磷酸来逐步取代热法磷酸，已成为当前精细磷化工生产的发展趋势。要获得用于制取工业级、饲料级与食品级磷酸盐产品的湿法磷酸，必须对生产的粗磷酸进行净化。湿法磷酸的净化包括：A. 除去湿法磷酸中生成的淤渣，提高磷酸质量并消除商品磷酸在贮存、运输中带来的麻烦；B. 根据湿法磷酸后加工产品需要除去溶解在磷酸中的部分或全部杂质。

2.8.1　湿法磷酸中的淤渣及处理方法[10]

淤渣是对湿法磷酸在贮存中沉降的固体沉积物的通称。它不仅影响磷酸后加工产品的质量，而且在设计不周或缺乏处理措施的情况下，这种因沉积作用产生的淤渣将会给湿法磷酸的贮存与输送带来许多麻烦，如使贮槽进出口管道、阀门、仪表、泵等产生堵塞。在 30%P_2O_5 以下的稀磷酸中，淤渣主要是由硫酸钙、碱性氟硅酸盐和铁、铝的磷酸盐等所组成。在浓磷酸（如＞50%P_2O_5）中淤渣中大部分固相是铁、铝的酸性磷酸盐。

淤渣除产生在磷酸过滤时穿滤的磷石膏外，主要来自磷矿。磷矿是湿法磷酸中可溶性杂质的主要来源。进入淤渣组成中最多的元素有 Fe、Al、F、Si、Ca、Mg、Ka 和 K 等。它们与磷酸生产过程产生的 PO_4^{3-} 和加入的 SO_4^{2-} 结合形成淤渣化合物。此外，磷矿在选矿时所用的药剂和设备的腐蚀、磨损等引入的杂质也是淤渣来源之一。

淤渣除因细小石膏的穿滤而产生外，其余大多数是在磷酸浓度或温度变化过程中产生的。即淤渣主要产生于过滤后的沉淀过程。如在二水物法生产中，过滤酸的温度为 70～85℃，此酸对于硫酸钙和氟硅酸盐都处于饱和状态。在真空过滤系统中，酸的温度下降到 40～50℃左右，处于过饱和状态从而沉淀出硫酸钙和碱性氟硅酸盐。在进入贮槽后，磷酸进一步冷却，沉淀则继续进行，故又称继沉淀。继沉淀量与贮槽的冷却速度以及在槽中存放的时间有关。在磷酸浓缩过程中，随着 P_2O_5 含量的增加，还会有分子结构很复杂的新组分进一步析出。

淤渣的处理目前还没有很有效的办法。如后加工的产品为重过磷酸钙或磷铵类肥料，对净化要求不高，允许少量淤渣均匀带入产品。这样处理很简单，不但减少了磷损失且对肥料产品质量影响不大。但是，后加工的产品为饲料级、食品级及其它精细磷酸盐时，对净化要求高，则必须对淤渣进行处理。目前除去淤渣大多采用沉降、分离的方法。由于淤渣中固相粒度小，故沉降速度很慢，沉降器较大。淤渣的沉降可采用自然沉降或絮凝沉降。淤渣的分离可用各种机械处理，以提高分离效率。自然沉降所用设备通常包括带有进料装置的沉降槽，将淤渣耙至排出端的机械装置和澄清酸的溢流口等。沉降槽中若加斜板可强化沉降并减少沉降槽体积，但这类设备一般只适用于沉降如硫酸钙等颗粒较大的固体。为了提高沉降效率，可允许溢流的清酸中含有一些细小的粒子。这类沉降槽排出的淤渣中固相含量可提高到约 25%。

絮凝沉降是在酸液中加入适量的絮凝剂，如聚丙烯酰胺，使细小颗粒聚集在一起成为絮凝物。这种絮凝物的沉降速度要比单颗粒固体快得多，可提高沉淀效率。所用设备与自然沉降相同，但可分出较小的颗粒。采用絮凝剂可有效地分离除去钙盐和继沉淀盐，但对氟盐的效果欠佳。絮凝剂要从几处加入，以保证分布均匀。经絮凝沉降后的淤渣中固体含量可达 20%。

旋流分离器可用来分离淤渣，澄清效果与自然沉降相似或略高一些，占地面积也要少得多，其缺点是动力消耗大。旋流分离器适用于分离硫酸钙和继沉淀盐，如控制得当，淤渣中固体含量可达 40%～50%。

经沉降后的悬浮料浆中分离淤渣，一般采用离心机。加压离心机用于分离细小氟盐最合适。锥形沉降式离心机一般用于钙盐和继沉淀的分离，并可将淤渣中的固体含量提高到 70%。

一般的过滤机用于淤渣分离效果不大好。因为淤渣中的细小氟盐粒子易堵塞滤布。

2.8.2　湿法磷酸中杂质离子的除去

湿法磷酸中需要除去的主要杂质是氟、硫酸根、铁、铝、镁、硅、钙等。有的湿法磷酸还含有微量的有害重金属如砷、铅、镉等。对这些杂质，应根据饲料级或食品级磷酸盐的不同要求，进行相应的净化处理。

2.8.2.1　化学沉淀法[11,12]

加入一定量的沉淀剂，使杂质沉淀。这是湿法稀磷酸脱氟和除去各种有害重金属离子普遍采用的方法之一。代表性方法有中和沉淀法和硫化物沉淀法。

（1）除氟与硅

由于湿法磷酸中的氟，常以 SiF_6^{2-} 形式存在，因此在工业上常加入钠盐（如 Na_2SO_4、$NaCl$）或钾盐（如 K_2SO_4、KCl）与湿法磷酸中的 SiF_6^{2-} 形成难溶性的 Na_2SiF_6 或 K_2SiF_6 沉淀而达到脱氟、脱硅的目的。Na_2SiF_6 溶解度较大，一般只能脱除湿法磷酸中 70％ 左右的氟，故多用于预脱氟工序。要注意的是，磷酸中的 Al^{3+} 对钠、钾盐的脱氟将产生较大的负面影响。因为存在于酸中的 Al^{3+} 能牢固地与氟形成多种形态的络合物。此时，即使在酸中加入活性 SiO_2 或过量钠钾盐，也难以再形成氟硅络合物或碱金属的氟硅酸盐沉淀。这就是当磷酸溶液中 Al^{3+} 含量较高时，脱氟率提不高的主要原因。深度脱氟一般都采用加入钙盐［如 $Ca(OH)_2$，$CaCO_3$ 等］或氨进行中和的方法，在 pH＝2.5～3 时形成 CaF_2 或含氟的铵盐沉淀而达到进一步脱氟。对质量要求高的食品级磷酸盐还可采用加入硼酸（以生成氟化硼气体）进行脱氟。

（2）除 SO_4^{2-}

要求不高时可采用加入钙盐或少量磷矿粉的沉淀法。如要求高时则可采用钡盐沉淀法。

（3）除铁、铝、镁

在湿法磷酸中通 NH_3 或加入其它碱性化合物对磷酸进行部分中和，在 pH＝2.5～3.0 时，形成一系列非水溶性含铁、铝、镁磷酸盐的复杂化合物，从而除去磷酸中的大部分的铁、铝、镁杂质。

（4）除砷、铅、镉

大多采用加入硫化物（如 Na_2S）以生成难溶性的硫化合物而除去这些重金属。如在磷酸中加入硫化钠就有硫化砷析出，通过过滤可除去砷。

2.8.2.2　有机溶剂萃取法[11]

有机溶剂萃取法是基于磷酸可溶于有机溶剂中，其它杂质则不被萃取出来，从而使磷酸与杂质分离而达到净化的目的。有机溶剂萃取法中的关键是溶剂的选择。溶剂选择的标准：A. 对磷酸的选择性和溶解能力好；B. 萃取后的萃出相（有机相）与萃余相（水相）的分离性能佳，分层速度快，分层彻底；C. 在采用的操作条件下较稳定，有利于安全操作和输送过程；D. 容易分离回收，以降低生产成本；E. 价格低廉，供应充足。可用于湿法磷酸萃取净化的有机溶剂有脂肪醇、磷酸酯、醚、酮及酯、胺与酰胺等。其中，使用最多的是碳原子数 4～5 的脂肪醇。有代表性的脂肪醇有正丁醇、异丁醇、异戊醇等。近年来，磷酸酯［以三丁基磷酸酯或磷酸苯丁酯（简称 TBP）为代表］，用于湿法磷酸净化发展较快，虽然价格较高，但对各种浓度的磷酸均有很大的萃取能力，且对磷酸的选择性优良。醚在低浓度磷酸几乎无萃取能力，只能用于高浓度磷酸的净化。

2.8.2.3　溶剂沉淀法[10,11]

采用一种可与水完全混溶的水溶性有机溶剂，过量地加至湿法磷酸中，再加入一定量的碱金属盐或铵盐，使杂质沉淀析出，经蒸馏回收有机溶剂，馏余液即为净化磷酸。常用的溶剂有甲醇、乙醇、异丙醇和丙酮等。美国 TVA 开发的流程系在湿法磷酸中加入甲醇及少量氢，使所含的金属离子杂质或金属磷酸铵络盐与氟盐一起析出，经分离后，将滤液中的甲醇与水蒸馏回收，进一步精馏将甲醇与水分离后，再循环使用；沉淀物则以甲醇洗涤后进行干燥。

2.8.2.4　离子交换法

用强酸性离子交换树脂处理湿法磷酸，能够除去其中大部分阳离子杂质。还有一种方法是将磷矿用过量磷酸分解，滤去不溶物，再将 $Ca(H_2PO_4)_2 \cdot H_2O$ 冷却结晶，将结晶分离，洗涤后溶解于水，通入 H 型阳离子交换树脂塔中，可制得精制磷酸。母液、洗液返回循环处理原料磷矿。但母液中 Fe、Al 等杂质会积累，故应按一定比例，将部分母液进行净化。离子交换树脂用无机酸再生，因所用强酸种类不同，副产物可为 $CaSO_4$、$CaCl_2$ 或 $Ca(NO_3)_2$ 等。

2.8.2.5 结晶法[10,12]

结晶法有以下三类。

(1) 由磷酸溶液中结晶出 $H_3PO_4 \cdot 1/2H_2O$ （熔点 29.32℃）或 H_3PO_4 （熔点 42.35℃）的方法

将浓磷酸（85%～92% H_3PO_4）冷却到 8～12℃，磷酸则以半水物形式结晶析出，可以很方便地与杂质分离。若加入晶种，可大大加快结晶的析出，并使晶体生长良好，易于过滤分离。要注意：磷酸中的杂质会增大粘度而阻碍结晶的析出。

(2) 与磷酸生成复盐结晶析出的方法

如使尿素与磷酸反应，生成尿素磷酸盐晶体 $[CO(NH_2)_2 \cdot H_3PO_4]$。经过滤，将其与杂质分离，再经热解、水解即可使尿素磷酸盐分解并得到净化磷酸。还可以使尿素磷酸盐在与杂质分离后与硝酸反应生成尿素硝酸盐和磷酸，它们分别为固相和液相，经过滤即可将磷酸分离。固态的尿素硝酸盐再与氨反应又可生成尿素和硝酸铵。

(3) 结晶析出磷酸盐的方法

例如析出磷酸钙或磷酸铵然后将其转化成磷酸的方法。

2.8.2.6 浓缩净化法[10]

湿法磷酸被加热到一定程度后，氟大部分呈气态氟化物（SiF_4，HF）逸出。若加入活性硅并通入饱和蒸汽，会增加氟逸出量；杂质多以焦磷酸盐或偏磷酸盐形式沉淀，过滤即可除法。若加热到 300℃，可将磷酸中所含的有机物碳化。传统法磷铵生产，磷酸浓缩不仅提高了磷酸浓度，满足后加工过程的要求，而且对磷酸进行了净化，使产品质量得以明显提高。

2.8.2.7 其它净化方法[11]

(1) 电渗析法

选择合适的离子交换膜，在电流密度 $3.8A/dm^2$ 下进行渗析，电耗为 3.95kW·h/kgP_2O_5。目前，此法只能用于稀磷酸。

(2) 吸附法

湿法磷酸中的有机物及某些杂质如氟等，也可用吸附法除去。常用吸附剂为活性炭、活性二氧化硅、活性白土、膨润土，阴离子交换树脂等也可作为吸附剂。

(3) 磷矿焙烧法

磷矿中的有机物、碳酸盐等杂质，在用于湿法磷酸加工前可通过焙烧除去。

(4) 磷化物水解直接制高纯磷酸。

上述方法各有其优缺点。

① 化学沉淀法。优点：工艺流程简单，操作控制要求不高，且投资低，成本低。缺点：净化深度不够，且又引入了另一种离子，给净化处理带来了新的麻烦。

② 有机溶剂萃取法。优点：湿法磷酸与溶剂接触后可一次除去酸中各种杂质，并可连续操作，所得净化酸纯度高。缺点：由于采用多级萃取设备和反萃设备，以及有机溶剂，不但有机溶剂价昂，且挥发性强，易燃、易爆，必须增加安全设施及有机溶剂回收设备，故流

程长、设备多、投资费用较高。此外，所得精制酸浓度较低，且还会生成含大量杂质的残渣。该法的发展趋势是由一段法发展为二段法，由单一溶剂发展为多种溶剂。在溶剂的研究中，重点进行磷酸和杂质选择性及在溶剂相和水相中的分配率的研究。

③ 溶剂沉淀法。优点：只需简单的溶解操作即可达到较高的收率，废液量少，磷酸盐渣可作肥料用，而且溶剂多数价廉。缺点：磷酸与溶剂的分离需蒸馏、能耗大（以碱进行反萃时例外），且溶剂回收时有一定损失，杂质去除率不高，磷酸的收率也受一定限制。

④ 离子交换法。操作控制简单，所得净化酸纯度高。但目前只能用于较稀的磷酸，故所得酸需进一步浓缩，离子交换树脂需进行再生处理，因此需增设再生设备和消耗一定量的化学药剂。

⑤ 结晶法。工艺流程短，投资费用较低且操作控制要求不高。但由一次结晶得不到高纯度磷酸，必须进行多次结晶。同时要尽可能使纯的结晶与不纯的母液分离，所以还必须研究不纯母液的利用等。

⑥ 浓缩净化法。此法既可满足后加工对高浓度磷酸的要求，又可对湿法磷酸进行脱氟与去除杂质的初步净化。但所得磷酸纯度不高，需进一步净化。浓缩过程对设备腐蚀严重，故对设备材质要求高。

总之，由于湿法磷酸中杂质的种类比较复杂，各种磷酸产品质量的要求又各不相同，所以，应根据实际情况选择不同的方法进行净化。由于单一的方法一般都不全面，也不能达到深度净化的目的，故近年来对食品级与医药级磷酸盐原料磷酸的净化多采用复合净化法。如有机溶剂萃取-离子交换法，沉淀法-有机溶剂萃取法、有机溶剂萃取-结晶法等。这些复合净化法可充分发挥各单一方法的优点是今后高纯度磷酸生产的发展方向。

2.9　湿法磷酸的物料及热量衡算[13,14,15]

2.9.1　二水湿法磷酸的物料衡算

现以 3 万 t/a 料浆法磷铵装置为例，对湿法磷酸的物料衡算的方法和步骤作如下介绍。

（1）绘出物料流程简图

① 首先画出二水湿法磷酸的工艺流程简图。

② 在上述工艺流程图的基础上，画出供物料平衡计算的简化方框图（图 2-2-24）。

（2）明确计算任务和目的

二水物湿法磷酸物料衡算的主要任务：确定加入水量、硫酸量、成品酸量、返回稀磷酸及排出石膏量等。此外还要计算料浆量、排出废气量、各次洗液量等。

（3）列出已知条件（以下条件取自国内某磷铵厂的生产数据）

① 规模　年产 3 万 t 磷铵折合 22%P_2O_5 的湿法磷酸为 63400t。

（以产品磷铵含有效 $P_2O_5$46.5% 计，故磷酸量为 $\dfrac{30000\times0.465}{0.22}=63400t$）

年操作日 300 天，每天 22.5 小时。

② 磷矿化学组成

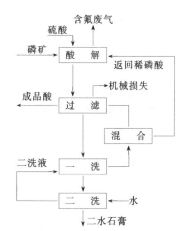

图 2-2-24　湿法磷酸物料
衡算用简化方框图

组分	P_2O_5	CaO	Fe_2O_3	Al_2O_3	MgO	F	CO_2	A·I
%	26.84	40.23	2.70	4.03	1.50	2.65	5.78	11.43

③ 硫酸　为 98% H_2SO_4，用量为理论量的 105%。

④ 转化率　磷矿中主要组分进入磷酸中的百分率

组分	P_2O_5	Fe_2O_3	Al_2O_3	MgO
%	96	45	60	100

⑤ 洗涤率　97.5%

⑥ 成品磷酸质量分数　22% P_2O_5

⑦ 料浆液固比　3∶1

⑧ 机械损失　2.5%（磷酸溶液）

⑨ 水分蒸发量　20kg/100kg 磷矿

⑩ 氟分配

相态	气相	液相	固相	损失
%	3	70	17	10

⑪滤饼含湿量（湿基）

滤饼	过滤后滤饼	一洗滤饼	二洗滤饼
%	45	35	25

⑫ 二洗液　P_2O_5 含量 2%

（4）选取计算基准

　　100kg 磷矿

（5）进行物料衡算

① 全系统平衡

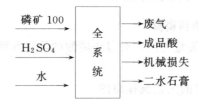

A. 进料

a. 磷矿　$J_1 = 100$ kg

b. 硫酸　$J_2 = \dfrac{40.23 \times \dfrac{98}{56} \times 1.05}{0.98} = 75.4$ kg

c. 洗水　$J_3 = ?$

进料总和 $\Sigma J = J_1 + J_2 + J_3 = 175.4 + J_3$

B. 出料

a. 成品磷酸 $C_1 = \dfrac{26.84 \times [100\% - (100\% - 96\%) - (100\% - 97.5\%) - 2.5\%]}{22\%}$

　　　　$C_1 = 111.0$ kg

其中 $SO_3\% = \dfrac{75.4 \times 0.05}{1.05} \times 0.98 \times \dfrac{80}{98} \times \dfrac{95\%}{111.0} = 2.46\%$

　　　　$Fe_2O_3\% = \dfrac{2.70 \times 45\% \times 95\%}{111.0} = 1.04\%$

$$\mathrm{Al_2O_3}\% = \frac{4.03 \times 60\% \times 95\%}{111.0} = 2.07\%$$

$$\mathrm{MgO}\% = \frac{1.50 \times 95\%}{111.0} = 1.28\%$$

$$\mathrm{F}\% = \frac{2.65 \times 70\% \times 95\%}{111.0} = 1.59\%$$

以上计算中 95% 是扣除洗涤和机械损失后的收率。

磷酸组成为：

组分	P_2O_5	SO_3	Fe_2O_3	Al_2O_3	MgO	F
%	22.00	2.46	1.04	2.07	1.28	1.59

b. 逸出废气 C_2

（a） CO_2　　$100 \times 5.78\% = 5.8$ kg

标准状况下的体积 $V_{CO_2} = \frac{5.8}{44} \times 22.4 = 3.0$ m³

（b） F　　$100 \times 2.65\% \times 3\% = 0.079$ kg

折合 SiF_4　$0.079 \times \frac{104}{76} = 0.1$ kg

标准状况下的体积　$V_{SiF_4} = \frac{0.1}{104} \times 22.4 = 0.02$ m³

（c） 水汽　　$100 \times 0.20 = 20.0$ kg

标准状况下的体积　$V_{水汽} = \frac{20.0}{18} \times 22.4 = 24.9$ m³

　　$C_2 = 5.8 + 0.1 + 20 = 25.9$ kg

标准状况下废气的体积　$3.0 + 0.02 + 24.9 = 27.9$ m³

c. 机械损失　2.5%

　　　　　　$C_3 = 26.84 \times 2.5\%/22\% = 3.1$ kg，其中 P_2O_5 0.67 kg

d. 磷石膏

（a） 石膏值 $= 40.23 \times \frac{172}{56} + 11.43 = 135.0$ kg

（b） 湿石膏量（含湿量 25%）

$$C_4 = \frac{135.0}{1 - 0.25} = 180.0 \text{ kg 其中液相 45 kg}$$

出料总量：$\Sigma C = C_1 + C_2 + C_3 + C_4$

　　　　　　$= 111.0 + 25.9 + 3.1 + 180.0 = 320.0$ kg

∵ $\Sigma J = \Sigma C$，即 $175.4 + J_3 = 320.0$

∴ 加水量　$J_3 = 320.0 - 175.4 = 144.6$ kg

② 酸解系统平衡

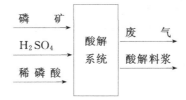

A. 进料

a. 磷矿　$J_1 = 100$ kg

b. 硫酸　$J_2=75.4$ kg

c. 稀磷酸　$J_3=?$

B. 出料

a. 废气　$C_1=25.9$ kg

b. 料浆　已知磷矿石膏值为 135.0 kg，料浆液固比为 3：1。

∴ 生成料浆量　$C_2=135.0\times(1+3)=540.0$ kg

其中固相 135.0 kg，液相 405.0 kg。

出料总和　$\Sigma C=C_1+C_2=25.9+540.0=565.9$ kg

∵ $\Sigma J=\Sigma C$，即 $175.4+J_3=565.5$

∴ 返回系统稀磷酸 $J_3=565.9-175.4=390.5$ kg

③ 过滤系统平衡

A. 进料　酸解料浆　$J=540.0$ kg

B. 出料

a. 成品磷酸　$C_1=111.0$ kg

b. 过滤滤饼（含水分 45%）　$C_2=\dfrac{135.0}{1-0.45}=245.5$ kg

其中固相 135.0 kg，液相 110.5 kg。

c. 机械损失　$C_3=3.1$ kg（磷酸）

d. 用于配酸用的滤液　$C_4=?$

出料总和：$\Sigma C=C_1+C_2+C_3+C_4$

$$=111.0+245.5+3.1+C_4=359.6+C_4$$

∵ $\Sigma J=\Sigma C$，即 $540.0=359.6+C_4$

∴ $C_4=540.0-359.6=180.4$ kg

④ 二次洗涤平衡

A. 进料

a. 洗水　$J_1=144.6$ kg

b. 一洗石膏（含水分 35%）　$J_2=\dfrac{135.0}{1-0.35}=207.7$ kg

其中固相 135.0 kg，液相 72.7 kg。

进料总和　$\Sigma J=J_1+J_2=144.6+207.7=352.3$ kg

B. 出料

a. 二洗石膏　$C_1=180.0$ kg

b. 二洗液　$C_2=?$

出料总和　$\Sigma C=C_1+C_2=180.0+C_2$

∵ $\Sigma J=\Sigma C$，即 $352.3=180.0+C_2$

∴ 二洗液　$C_2 = 352.3 - 180.0 = 172.3$ kg

⑤ 一次洗涤平衡

A. 进料

a. 过滤滤饼　$J_1 = 245.5$ kg

b. 二洗液　　$J_2 = 172.3$ kg

进料总和　$\Sigma J = J_1 + J_2 = 245.5 + 172.3 = 417.8$ kg

B. 出料

a. 一洗滤饼　$C_1 = 207.0$ kg

b. 一洗液　$C_2 = ?$

出料总和　$\Sigma C = C_1 + C_2 = 207.7 + C_2$

∵ $\Sigma J = \Sigma C$，即 $417.8 = 207.7 + C_2$

∴ 一洗液　$C_2 = 417.8 - 207.7 = 210.1$ kg

⑥ P_2O_5 平衡

A. 磷矿中 P_2O_5 量 $= 26.84$ kg

B. 石膏中 $P_2O_{5不溶}$ 量 $= 26.84 \times (1 - 96\%) = 1.07$ kg

C. 酸解料浆中的 $P_2O_{5水溶}$ 量 $= 405 \times 22\% = 89.10$ kg

D. 返回稀磷酸中的 $P_2O_{5水溶}$ 量 $= 89.10 + 1.07 - 26.84 = 63.33$ kg

$$返酸质量分数 = \frac{63.33}{390.5} \times 100\% = 16.2\%$$

E. 成品酸中 $P_2O_{5水溶}$ 量 $= 111.0 \times 22\% = 24.42$ kg

F. 配酸用滤液浓度与成品酸相同，所含的 $P_2O_{5水溶}$ 量 $= 180.4 \times 22\% = 39.69$ kg

G. 过滤滤饼液相浓度与成品酸相同，所含的 $P_2O_{5水溶}$ 量 $= 110.5 \times 22\% = 24.31$ kg

H. 一洗液中含 $P_2O_{5水溶}$ 量 $=$ 返酸中 $P_2O_{5水溶}$ 量 $-$ 配酸滤液中 $P_2O_{5水溶}$ 量
$$= 63.33 - 39.69 = 23.64 \text{ kg}$$

I. 一洗液质量分数 $= \frac{23.64}{210.1} \times 100\% = 11.3\%$

J. 二洗液中 $P_2O_{5水溶}$ 量 $= 172.3 \times 2\% = 3.45$ kg

K. 一洗滤饼中 $P_2O_{5水溶}$ 量 $= 24.31 + 3.45 - 23.64 = 4.12$ kg

　　二洗滤饼中 $P_2O_{5水溶}$ 量 $= 4.12 - 3.45 = 0.67$ kg

(6) 列出总物料平衡表并画出物料平衡图

生产中，以小时物料量为基准比较实用。因此，总物料平衡表与物料平衡图最终均换算成以小时为单位。

先算出装置每小时成品磷酸产量：

$$\frac{63400 \times 10^3}{300 \times 22.5} = 9393 \quad \text{kg}$$

由于以 100kg 磷矿为基准可得成品磷酸 111.0kg，所以换算为上列物料时的系数为
$$9393/111.0 = 84.6$$

将物料平衡中的各项均乘以系数 84.5，即得以小时物料量为基准的物料平衡。

以 100kg 磷矿为基准的物料平衡图见图 2-2-25。以小时物料量为基准的物料平衡列于表 2-2-9 并绘于图 2-2-26 上。

生产 1t 实物磷铵消耗的磷矿（26.84%P_2O_5）：

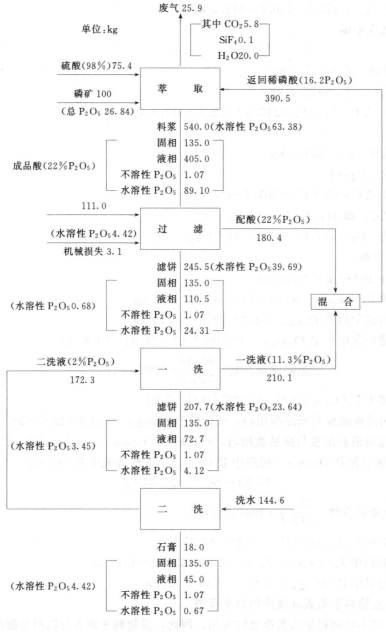

图 2-2-25 湿法磷酸物料平衡图(一)(以 100kg 磷矿为基准)

$$\frac{63400 \times 10^3 \times 100}{30000 \times 111.0} = 1904 \text{ kg}$$

消耗的硫酸(98% H_2SO_4):

$$\frac{1904}{100} \times 75.4 = 1436 \text{ kg}$$

生产 1 吨 P_2O_5 的湿法磷酸的消耗定额:

$$磷矿(26.84\% P_2O_5)\frac{10^3 \times 100}{111.0 \times 22\%} = 4095 \text{ kg}$$

$$硫酸(98\% H_2SO_4)\frac{4095}{100} \times 75.4 = 3088 \text{ kg}$$

$$水 \quad \frac{4095}{100} \times 144.6 = 5921 \ kg$$

上述主要原料的消耗定额列于表 2-2-10。

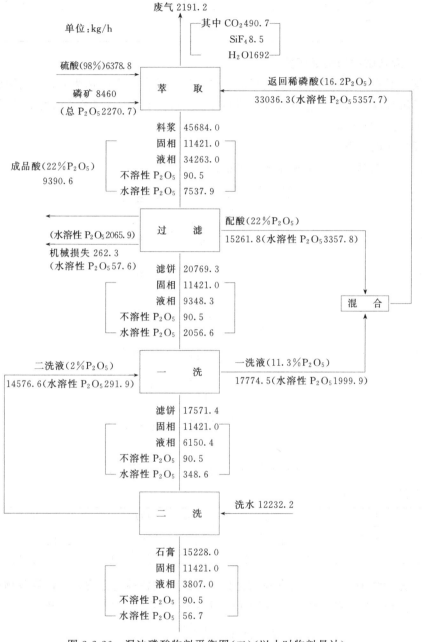

图 2-2-26 湿法磷酸物料平衡图(二)(以小时物料量计)

表 2-2-9 湿法磷酸总物料平衡表

	进　　料				出　　料		
序号	名称及规格	流量/(kg/h)	%	序号	名称及规格	流量/(kg/h)	%
1	磷矿粉(26.84%)	8460.0	31.3	1	成品磷酸(22%P_2O_5)	9390.6	34.7
2	硫酸(98%)	6378.8	23.5	2	废气	2191.2	8.1
3	洗水	12233.2	45.2	3	机械损失	262.2	1.0
				4	二水石膏	15228.0	56.2
	合　　计	27072.0	100.0		合　　计	27072.0	100.0

表 2-2-10 　主要原料消耗定额

序号	名称及规格	每吨 P_2O_5 磷酸消耗 /t	每吨磷铵产品消耗 /t
1	磷矿（26.84% P_2O_5 ）	4.095	1.904
2	硫酸（98% H_2SO_4 ）	3.088	1.436
3	水	5.921	2.753

2.9.2　湿法磷酸的热量衡算

热量衡算是在物料衡算基础上进行的。热量衡算的参考温度选为 0℃。化学反应热和稀释热均按标准反应热计算。忽略标准反应热（25℃，0.1013MPa）与参考温度下的反应热（0℃，0.1013MPa）之间的差别。

（1）反应热的计算

以 1kg 磷矿为基准，计算矿中各组分的量。

P_2O_5 ：　　　　　　　　$\dfrac{26.84/100 \times 1000}{142} = 1.89 \text{ mol}$

CaO ：　　　　　　　　　$\dfrac{402.3}{56} = 7.18 \text{ mol}$

Fe_2O_3 ：　　　　　　　　$\dfrac{27}{160} = 0.17 \text{ mol}$

Al_2O_3 ：　　　　　　　　$\dfrac{40.3}{102} = 0.40 \text{ mol}$

MgO ：　　　　　　　　　$\dfrac{15.0}{40.32} = 0.37 \text{ mol}$

CO_2 ：　　　　　　　　　$\dfrac{57.8}{44} = 1.31 \text{ mol}$

F ：　　　　　　　　　　$\dfrac{26.5}{19} = 1.39 \text{ mol}$

A_i 　　　　（以 SiO_2 计）$\dfrac{114.3}{60} = 1.91 \text{ mol}$

将以上结果列表如下。

组　分	P_2O_5	CaO	Fe_2O_3	Al_2O_3	CO_2	F	MgO	A.I
%	26.84	40.23	2.70	4.03	5.78	2.65	1.50	11.43
mol/kg 矿	1.89	7.18	0.17	0.40	1.31	1.39	0.37	1.91

将化学分析结果按矿中可能存在的化合物形式组成各种化合物，并计算各物质的量。

① $Ca_5F(PO_4)_3$ 。磷矿中 1.5mol P_2O_5 相当于 1mol $Ca_5F(PO_4)_3$ ，故

$$Ca_5F(PO_4)_2 = \frac{1.89}{1.5} = 1.26 \text{ mol}$$

② CaF_2 。磷矿中含氟 1.39mol，其中 1.26mol 来自 $Ca_5F(PO_4)_3$ ，故

$$CaF_2 = (1.39 - 1.26)/2 = 0.065 \text{ mol}$$

③ $MgCO_3$ 。因 1mol MgO 相当于 1mol $MgCO_3$ ，1kg 矿中含 MgO 0.37mol，故

$$MgCO_3 = 0.37 \text{ mol}$$

④ $CaCO_3$ 。矿中 CaO 为 7.18mol，扣除 $Ca_5F(PO_4)_3$ 中 CaO 　5×1.26mol 及 CaF_2 中 CaO 0.065mol 后，剩下应为 $CaCO_3$ ，故

$$CaCO_3 = 7.18 - (5 \times 1.26 + 0.065) = 0.82 \ mol$$

将计算结果列表如下。

组　　　分	$Ca_5F(PO_4)_3$	$CaCO_3$	$MgCO_3$	Fe_2O_3	Al_2O_3	CaF_2	SiO_2
mol/kg 矿	1.26	0.82	0.37	0.17	0.40	0.065	1.91

下面计算的标准反应热是从反应物和生成物的标准生成热得到的。有关热化学数据可从本书的附表中查得。各物质的标准生成热均写在反应式中该物质的下方。

① $Ca_5F(PO_4)_3(s) + 5H_2SO_4(98\%) + 10H_2O(l) \longrightarrow$
　　-6872　　　　　-5×815　　　-10×286

　　$5 CaSO_4 \cdot 2H_2O(s) + 3H_3PO_4(30\%) + HF(aq)$
　　-5×2023　　　　　-3×1292　　　-316

　　$\Delta H_1^{\ominus} = -(5 \times 2023 + 3 \times 1292 + 316) - (-6872 - 5 \times 815 - 10 \times 286)$
　　　　$= -500 \quad kJ/mol Ca_5F(PO_4)_3$

② $CaF_2(s) + H_2SO_4(98\%) + 2H_2O(l) \longrightarrow CaSO_4 \cdot 2H_2O(s) + 2HF(aq)$
　　-1215　　-815　　　-2×286　　　-2023　　　　　-2×316

　　$\Delta H_2^{\ominus} = -(-2023 + 2 \times 316) - (-1215 - 815 - 2 \times 286) = -53 \quad kJ/mol CaF_2$

③ $HF(aq) + \dfrac{1}{6}SiO_2(s) \longrightarrow \dfrac{1}{6}H_2SiF_6(aq) + \dfrac{2}{6}H_2O(l)$

　　-316　　　$-\dfrac{1}{6} \times 841$　　$-\dfrac{1}{6} \times 2331$　　$-\dfrac{2}{6} \times 286$

　　$\Delta H_3^{\ominus} = -\left(\dfrac{1}{6} \times 2331 + \dfrac{2}{6} \times 286\right) - \left(-316 - \dfrac{2}{6} \times 841\right) = -27.7 \quad kJ/mol HF$

④ $Fe_2O_3(s) + 2H_3PO_4(30\%) + H_2O(l) \longrightarrow 2FePO_4 \cdot 2H_2O(s)$
　　-824　　　　-2×1292　　-286　　　-2×1871

　　$\Delta H_4^{\ominus} = -2 \times 1871 - (-824 - 2 \times 1292 - 286) = -48 \quad kJ/mol Fe_2O_3$

⑤ $Al_2O_3(s) + 2H_3PO_4(30\%) + H_2O(l) \longrightarrow 2AlPO_4 \cdot 2H_2O(s)$
　　-1610　　　　-2×1292　　-286　　　-2×2353

　　$\Delta H_5^{\ominus} = -2 \times 2353 - (-1610 - 2 \times 1292 - 286) = -226 \quad kJ/mol Al_2O_3$

⑥ $CaCO_3(s) + H_2SO_4(98\%) + H_2O(l) \longrightarrow CaSO_4 \cdot 2H_2O(s) + CO_2(g)$
　　-1207　　　-815　　　-286　　　　-2023　　　　-394

　　$\Delta H_6^{\ominus} = -(2023 + 394) - (1207 - 815 - 286) = -109 \quad kJ/mol CaCO_3$

⑦ $MgCO_3(s) + H_2SO_4(98\%) \longrightarrow MgSO_4(aq) + H_2O(l) + CO_2(g)$
　　-1110　　　-815　　　　-1369　　　-286　　-394

　　$\Delta H_7^{\ominus} = -(1369 + 286 + 394) - (-1110 - 815) = -124 \quad kJ/mol MgCO_3$

根据每 kg 磷矿中各反应物的量，计算 1kg 矿的反应热：

　　$\Delta H_r^{\ominus} = 1.26(-500) + 0.065(-53) + 1.26(-27.7) + 0.17(-48) +$
　　　　$0.40(-226) + 0.82(-109) + 0.37(-124) = -902 \quad kJ/kg 矿$

(2) 稀释热的计算

在计算磷矿酸解过程的反应热时，参加反应的硫酸和磷酸都是采用始末态实际浓度的标准生成热。按照盖斯定律，定压反应热只与始末态有关，因而不应再计稀释热。但所加过量硫酸部分则应计算稀释热[13]。

酸解磷矿的理论用酸量是按矿中 CaO 计算的，没有考虑 $MgCO_3$ 消耗的硫酸，因而还应扣除 $MgCO_3$ 消耗掉的硫酸才是酸解液中实际的过量硫酸。

从前面的物料衡算可知，硫酸用量为理论量的 105%，1kg 矿实际用 98% H_2SO_4 0.754kg。因此 H_2SO_4 的理论过量亦应为：$0.754 \times \dfrac{0.05}{1.05} \times 0.98 = 0.0352$kg/kg 矿

1kg 矿中有 $MgCO_3 0.37$mol，消耗 H_2SO_4 也应是 0.37mol，即 $0.37 \times 98/1000 = 0.036$kg，因此实际过量硫酸为零。故作热衡算时可不计硫酸稀释热。

（3）热量衡算

物料衡算物流量和相关各物质的比热容数据如下。

编号	物料名称	流量 /(kg/h)	温度 /℃	比热容 /(kJ/kg·K)
1	磷矿粉（26.84% P_2O_5）	8460	25	0.770
2	硫酸（98% H_2SO_4）	6379	25	1.445
3	稀磷酸（16.3% P_2O_5）	33036	70	3.506
4	酸解料浆	45684	80	2.745
5	CO_2（g）	491	70	0.843
6	SiF_4（g）	8.5	70	0.708
7	H_2O（g）	1692	70	汽化热：2625kJ/kg

① 输入热量

A. 磷矿粉带入显热
$$Q_1 = 8460 \times 0.770 \times 25 = 0.163 \times 10^6 \quad \text{kJ/h}$$

B. 硫酸带入显热
$$Q_2 = 6379 \times 1.445 \times 25 = 0.230 \times 10^6 \quad \text{kJ/h}$$

C. 稀磷酸带入显热
$$Q_3 = 33036 \times 3.506 \times 70 = 8.108 \times 10^6 \quad \text{kJ/h}$$

D. 化学反应热
$$Q_4 = 902 \times 8460 = 7.631 \times 10^6 \quad \text{kJ/h}$$

E. 搅拌器作功转变为热量

酸解槽共 9 台搅拌浆，实测功率平均为 16kW。设这部分功全变为热，应为
$$Q_5 = 16 \times 9 \times 3600 = 0.518 \times 10^6 \quad \text{kJ/h}$$
$$Q_{输入} = (0.163 + 0.230 + 8.108 + 7.631 + 0.518) \times 10^6 = 1.665 \times 10^7 \quad \text{kJ/h}$$

② 输出热量

A. 酸解料浆带出热
$$Q_6 = 45684 \times 2.745 \times 80 = 10.032 \times 10^6 \quad \text{kJ/h}$$

B. CO_2 气体带出热
$$Q_7 = 491 \times 0.843 \times 70 = 0.029 \times 10^6 \quad \text{kJ/h}$$

C. SiF_4 气体带出热
$$Q_8 = 8.5 \times 0.708 \times 70 = 0.001 \times 10^6 \quad \text{kJ/h}$$

D. 水蒸气带出热

$$Q_9 = 1692 \times 2625 = 4.442 \times 10^6 \quad \text{kJ/h}$$

E. 热损失

设热损失为输入热量的 5%

$$Q_{10} = 1.665 \times 10^7 \times 0.05 = 0.833 \times 10^6 \quad \text{kJ/h}$$

F. 冷却空气带走热量

$$Q_{11} = Q_{输入} - (Q_6 + Q_7 + Q_8 + Q_9 + Q_{10}) = (16.650 - 15.337) \times 10^6$$
$$= 1.313 \times 10^6 \quad \text{kJ/h}$$

这部分热量全由进入冷却空气以显热形式带出。设进入酸解槽的空气温度为 25℃，含湿量为 0.015kg 水汽/kg 干空气，鼓风后排出温度为 70℃，空气比热容为1.03kJ/(kg·K)，则所需空气量：

$$1.313 \times 10^6 / 1.03 \times (70 - 0.25) = 28328 \quad \text{kg/h}$$

出酸解槽空气的湿含量：

$$H = \frac{1692}{28328/1.015} + 0.015 = 0.0756 \quad \text{kg 水汽/kg 干空气}$$

热量衡算结果列于表 2-2-11。

表 2-2-11　湿法磷酸酸解系统热量衡算表

输　入			输　出		
项目名称	热量 $\times 10^{-6}$ kJ/h	%	项目名称	热量 $\times 10^{-6}$ kJ/h	%
磷矿粉带入	0.163	1.0	酸解料浆带出	10.032	60.3
硫酸带入	0.230	1.4	水分蒸发带出	4.442	26.7
稀磷酸带入	8.108	48.7	冷却空气带出	1.313	7.8
反应热	7.631	45.8	CO_2 及 SiF_4 气体带出	0.029	0.2
搅拌功转换热	0.518	3.1	热损失	0.833	5.0
合计	16.65	100.0	合计	16.65	100.0

以上计算与目前 3 万 t/a 磷铵装置的生产实际情况比较接近。但冷却空气的出口饱和度比较低。70℃时空气的饱和湿度 $H_s = 0.276$kg 水汽/kg 干空气。以上计算表明出酸解槽空气的饱和度：

$$\frac{0.0756}{0.276} \times 100\% = 27.4\%$$

若改进鼓风冷却的气液接触方式，加强热交换，酸解槽出口冷却空气饱和度可达80%～90%，这样就可以增加水分蒸发量，减少冷却空气用量。例如，若每投 100kg 矿蒸发水能由 73 页所设 20kg 增加为 24kg，则 1h 蒸发水：

$$24 \times 84.6 = 2030.4 \quad \text{kg/h}$$

蒸发水带走热：

$$2625 \times 2030.4 = 5.33 \times 10^6 \quad \text{kJ/h}$$

将此值代替 Q_9 重新算得冷却空气应带走热为 0.425×10^6 kJ/h，故冷却空气的需要量：

$$0.425 \times 10^6 / 1.03 \times (70 - 25) = 9174 \quad \text{kg/h}$$

出酸解槽空气湿含量：

$$H = \frac{2030.4}{9174/1.015} + 0.015 = 0.239 \quad \text{kg 水汽/kg 干空气}$$

其饱和度为：

$$\frac{0.239}{0.276} \times 100\% = 87\%$$

这样就可大大减少冷却空气量。

2.10 湿法磷酸生产中的三废处理和利用[1]

2.10.1 磷酸生产中的污染问题

磷肥生产中所产生的废气、废水和废渣（简称"三废"）中含有多种有害物质。这些物质不合理排放，会造成对空气、水源和土壤的污染，直接危害人类和生物。防治"三废"应当贯彻预防为主和在生产装置内自行消化的方针。新建和扩建的企业要有"三废"处理设施，以防止污染环境。防治污染除了要全面规划、合理布局外，还要注意改革生产工艺和实施"三废"的综合利用。

磷酸生产中，废气主要是含氟和粉尘的废气。废水主要是含氟和含磷的酸性废水。废渣主要是磷石膏。由于磷石膏的数量相当大，通常约为产品磷铵的 3 倍（以干基磷石膏计），故它的处理和利用，对磷酸的生产，特别是大型磷酸装置的生产具有重要意义。

磷矿中一般含有 2.5%～3.5% 的氟。当用硫酸处理时，这些氟化物几乎全部被释放并转化成其它形式。根据中国二水物湿法磷酸的试验和生产测定，磷矿中的氟约有 70%～80% 进入磷酸中，15%～20% 进入磷石膏中，由气相逸出进入废气中的氟大约只占总氟含量的 3%～10%。这就是说，磷矿中的氟经硫酸分解反应后，大部分进入磷酸溶液，其在磷酸中的主要存在形式为氟硅酸 H_2SiF_6。如果磷矿中活性 SiO_2 不足时，也可能会有少量的氢氟酸（HF）存在。

上述氟化物、粉尘（磷矿粉与磷铵粉尘）和磷石膏都会对水质和大气造成污染。

2.10.1.1 水质的污染

湿法磷酸生产排出的污水主要含氟化物和酸性废物。它主要来源于石膏池中溢出的清液、含氟废气洗涤器流出的洗涤水以及冲洗设备（主要是过滤机）和地面等所得到的大量污水。未经处理的污水，其 pH 值可达 1～1.5，氟化物可达 5000mg/kg，磷酸盐可达 10000～12000mg/kg，这是不允许直接排放的。因为这种污水的直接排放会引起河水 pH 值的变化，毒杀鱼类、水生物和植物。即使河水的 pH 值正常，若氟化物浓度经常保持 50mg/kg 或更高，也将妨碍鱼类的生长和繁殖。美国佛罗里达州规定的水质标准：用作非饮用水的河道和湖泊中氟化物的含量不得超过 10mg/kg。根据国际污水综合排放标准规定，氟化物属二类污染物，最高允许排放浓度为 10～15mg/L。中国国家标准规定：工业废水允许排放的主要指标是 pH6～9；氟的无机化合物（以 F 计）10mg/L；悬浮物 500mg/L。

为了能正确评定水质的污染程度，还必须注意氟化物的分析方法。如果分析结果是可溶性和不溶性氟化物的总量，而又不能将两者区分开，就很难评定出水质的好坏，因为引起水质污染的仅是可溶性氟化物。

关于磷酸盐对水质污染的影响还了解不多。目前了解到的主要影响是磷酸盐进入水中后会使水体"富营养化"，这将使细菌、藻类及其它栖息物不得不进行重新调整以适应新的环境，严重时会因低等生物的过度繁殖而使水体缺氧、发臭，从而威胁鱼类的生存。国际标准规定磷酸盐也属二类污染物，其排放标准为：一级 0.5～1.0mg/L，二级 1.0～5.0mg/L（以 P 计）。此标准系指排入蓄水性河流和封闭性水域的控制指标。

2.10.1.2 大气的污染

磷酸生产中排出的气体对大气会造成污染，其主要的污染是排入大气的氟化物。

随着高浓度磷复肥的发展，湿法磷酸生产量的迅速增加，对大气的污染问题也日趋突出。同时由于磷酸生产规模越来越大，使生产区附近排出的氟化物也愈加集中，影响厂区附近的环境。

磷酸生产排出的气体污染物除主要为氟化物外，还有气体中夹带的磷矿粉尘。美国佛罗里达州规定的磷肥及复肥工厂氟化物的排放极限是：每生产 $1tP_2O_5$，允许排出氟化物总量为 0.18kg。中国国家标准规定的氟化物（以 F 计）允许排放量：30m 高的排气筒为 1.8kg/h，50m 高的排气筒为 4.1kg/h。

（1）氟化物

各种磷复肥生产过程中都有氟化物放出，氟化物逸出量主要取决于所采用的工艺流程。湿法磷酸生产中放出氟化物大多呈 SiF_4 形式，其数量比其它磷肥品种如过磷酸钙、重过磷酸钙、钙镁磷肥等要低得多。大约每生产 $1tP_2O_5$ 成品磷酸只放出氟化物（以 SiF_4 计）约4～5kg，即磷矿中的氟约有 5%左右呈气态逸出。这种气态氟化物主要在硫酸分解磷矿的酸解过程中产生。反应料浆在进行冷却、过滤时也将逸出一部分氟化物。此外，在湿法磷酸浓缩过程中还要逸出大量氟化物，其逸出数量将随浓缩磷酸的浓度而异。

（2）粉尘

粉尘的污染主要来自原料磷矿的粉碎和干燥。在湿法磨矿的流程中，矿粉粉尘大多来源于磷矿的粗碎或中碎工序。产品粉尘主要来自磷铵的干燥系统。在喷浆造粒干燥机、振动筛、破碎机及成品输送带附近都可能有磷铵粉尘的逸出。

2.10.1.3 磷石膏的污染

磷石膏量主要取决于磷矿中 CaO 含量和酸不溶物含量。每生产 $1tP_2O_5$ 的产品大约排出 4.5～5.5t 磷石膏（干基）。要处理如此大量的废渣对不少工厂来说都是很困难的问题。尤其是 60 年代以后建设的一些大型厂（如日产达 $1000tP_2O_5$ 以上）更是如此。

磷石膏是以二水硫酸钙 $CaSO_4 \cdot 2H_2O$ 为主并含有酸不溶物和未分解磷矿及其所含的杂质（如砷、铜、锌、铁、锰、铅、镉、汞等的化合物），未洗净的水溶性 P_2O_5 及少量取代了 $CaSO_4 \cdot 2H_2O$ 的 $CaHPO_4$ 和少量的氟硅酸盐（常为钠、钾、钙的氟硅酸盐）等的废渣。如果处理不当将会污染环境。特别要注意防止磷石膏对水质的污染。其污染源主要是磷石膏中所含的可溶性 P_2O_5 与氟盐。现将国内某厂产出的磷石膏中对环境有影响的 P_2O_5 与 F 的含量列于表 2-2-12。

表 2-2-12　某厂磷石膏中 P_2O_5 与 F 含量/%

不溶性 P_2O_5	水溶性 P_2O_5	不溶性 F	水溶性 F	含湿量
1.09	0.65	0.25	0.29	24.33

2.10.2　污水及废气处理和利用

2.10.2.1　磷酸生产中的污水处理

（1）一般处理方法

磷酸生产排出的污水大都是 pH 值较低的酸性污水。常用的处理方法是采用两段石灰中和——沉降法。中和后污水的 pH 值必须上升到 5～6。石灰（石灰石或石灰乳均可）用量要大大超过理论量。第一段中和将除去大部分（约 75%）的氟化物，生成不溶性的 CaF_2 和铁、铝化合物沉淀，同时生成可溶性的磷酸钙进入第二段。进入第二段的可溶性磷酸盐对第二段除氟很有好处。因为当溶液中 P_2O_5 与 F 之比接近 5∶1（第二段溶液中常存在的比例）时，已接近生成氟磷酸钙 $Ca_5F(PO_4)_3$ 的理论比值。这种沉淀物极难溶于水，故可除去大部分 PO_4^{3-} 及剩余的氟化物。经第二段沉降几小时后，上层清液中氟化合物的含量可降到 10～20mg/kg，磷酸盐降到 20～30mg/kg。pH 上升到 6 左右，可直接排放。

（2）磷酸系统污水封闭循环工艺

磷酸、磷铵生产的污水主要来自磷酸系统。上述一般处理方法虽然可达到排放标准，但是要排出大量污水，因而要消耗大量的水、中和剂和动力，且对环境还有不利影响。为了解决此问题，国内已研制成功污水封闭循环新工艺。其原则流程示意见图 2-2-27。来自盘式过滤机滤盘和地坪的冲洗水流入稀浆槽，经搅拌混合均匀后，将含固量为 2%～10% 的污水由稀浆泵打入旋流分离器。旋流器将污水分离成含固量约为 30% 的底流稠浆和含固量为 0.3%～2.0% 的溢流液，使污水中 80%～90% 的固相物进入稠浆中。旋流器的溢流液进入混合槽，与来自絮凝剂配制槽经过转子流量计计量后进入混合槽的絮凝液充分混合，搅拌均匀。溢流液中的固体细粒在絮凝剂的作用下聚合成较大的絮团。

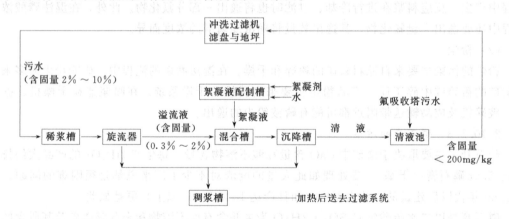

图 2-2-27　磷酸系统污水封闭循环示意图

絮凝后的料液进入沉降槽进行重力沉降分离。澄清后的清液含固量小于 200mg/kg 并溢流至清液池。在清洗池中补充酸解系统氟吸收塔污水后，用清液泵送去冲洗过滤机滤布和地坪。旋流器底流与沉降槽底流的含固量约为 30% 的稠浆流入稠浆槽，经蒸汽加热到 65～75℃后用稠浆泵送入盘式过滤机三洗部分进行过滤分离。生产中的非正常污水排入 2 个污水收集池，并待其中一个污水池澄清后，可用清液泵逐步小量地补充到清液池，而其底层的石膏浆可临时用压缩空气搅动后送至稀浆槽，使整个系统的污水不排出而达到封闭循环。

近年来，为了简化设备与流程，已普遍采用污水封闭循环的"小循环"工艺，即将冲盘污水只经过一个污水循环槽便直接泵送到过滤系统作为过滤机磷石膏的二洗水。

当封闭循环装置正常运转时，整个磷酸系统无污水排放，从而消除了磷酸装置最大的水质污染源。此外，由于能回收污水中所含的水溶性 P_2O_5，故可获得一定的经济效益。返回的冲盘水经试验证明，对过滤强度与过滤速度没有不良影响。

2.10.2.2　含氟废气吸收和利用

（1）含氟气体吸收过程的特点

① 含氟气体不论呈气体形式还是液体形式均有强烈的腐蚀性。当温度低于 93℃ 时，吸收设备可使用非金属材料，如橡胶、各种玻璃纤维增强的聚酯三氟乙烯或环氧树脂。金属材料中的哈斯特罗合金（Hastelly，Ni 基 Fe-Cr-Ni-Cu 或 Fe-Cr-Mo 合金）、蒙乃尔合金（Monel，66Ni29Cu）以及 316L 型不锈钢（低碳 Cr-Ni-Mo 合金）都很适合，但成本较高。

② 用水吸收 SiF_4 时，产生 SiO_2 沉淀

$$3SiF_4 + (n+2)H_2O \Longrightarrow 2H_2SiF_6 + SiO_2 \cdot nH_2O$$

这种硅胶沉淀会在系统内产生堵塞，给生产操作带来很大的困难。当吸收在 50℃ 以下进行并有 HF 存在时，沉淀呈凝胶状或软纤维状。若温度较高时，沉淀物可能呈粒状并黏合在一起。

③ 多数情况下，含氟气体中夹带有固体粉尘，如 Fe、Al、Ca 和其它离子的化合物。这些"惰性"固体并不参与吸收过程，但容易堵塞吸收系统。

④ 吸收液一般单程吸收，循环使用，故控制吸收液中氟化物的分压就成为吸收过程的重要因素。

（2）含氟废气的吸收

磷酸生产中的含氟废气主要在磷酸系统排放，其氟化物的主要存在形式为 SiF_4，HF 极少。由于它们都很易溶解于水，故现代磷酸厂的吸收系统都是用水吸收生成 H_2SiF_6 并回收其中的氟化物。这些氟化物来自磷酸系统的磷矿分解、过滤及地下槽、液封槽等三个部位。这三股废气的吸收一般采取分段处理。酸解槽的废气含氟浓度相对较高，首先单独处理，使含氟浓度降低到与过滤系统的废气相等时再合并处理。使其中氟浓度与地下槽和液封槽的废气氟浓度相等时，最后合并处理以达到排放要求。

3 万 t/a 料浆法磷铵的磷酸系统，由于废气中含氟浓度比较低，没有必要回收并加工成副产品。因而处理也比较简单：酸解反应槽排出的含氟废气经文丘里洗涤塔或喷射吸收塔用稀氟硅酸液洗涤除氟，再经除沫后由排风机经尾气烟囱排空。吸收液流入洗水加热槽，用泵送至污水封闭循环系统的清液池作为过滤机滤盘和地坪的冲洗水返回系统。

在传统法磷酸生产中，由于磷酸浓缩过程要逸出大量氟化物，例如将磷酸浓缩到 54% P_2O_5 时，酸中的氟约有 40% 以上随蒸汽逸出，因而可将其蒸汽冷凝而进行回收。

（3）含氟废气吸收液的回收利用

含氟废气吸收液的主要成分是氟硅酸 H_2SiF_6，可用它作原料生产氟硅酸钠（Na_2SiF_6）、氟化铝（AlF_3）、氟化钠（NaF）和冰晶石（Na_3AlF_6）等副产品。

2.10.2.3　粉尘的回收利用

磷矿粉粉尘一般采用旋风除尘器或袋式除尘器除去，也可采用湿法除尘，但要增加矿浆处理装置。对易产生粉尘的设备和管道等应注意密封或采取负压操作。

2.10.3　磷石膏的处理和利用

随着高浓度磷肥及复混肥工业的发展，磷石膏的排放量愈来愈大。因此，无论从环境保护或经济效益，资源合理利用方面来看都是一个急待解决的重要问题。

磷石膏处理和利用的方法很多，但在没有选择到一种技术、经济都合适的方法以前，大多筑坝堆置起来，排渣堆存有干法与湿法两种。磷石膏在工业上主要用于制墙粉、石膏板、水泥缓凝剂、硫酸铵以及硫酸和水泥。磷石膏在农业上主要用作硫、钙的补充来源、盐碱土

改良剂及某些农药的填料。石膏中所含极少量 P_2O_5 也具有一定的肥效。

2.10.3.1 稍加处理排入大海

欧洲一些磷酸工厂多建在水运方便的海边，石膏处理最简单的做法是排入海中。排渣方法是将过滤机卸出的石膏滤液用 10 倍的海水（或河水）再浆，然后用泵送到海中。也有靠料浆的自重流入海中的。料浆的含固量通常约为 10%，泵送速度不小于 1.8m/s。

用海水再浆的优点是石膏在海水中的溶解度比在淡水中大（石膏在海水中的溶解度约 3.5g/L，而在淡水中只有 2.3g/L）。就有可能使石膏先溶解，然后再把清液放到海中去。但这样做仍免不了污染海域。

为了防止对内河水域的污染，绝不允许将石膏排入江河湖泊。

2.10.3.2 堆置存放

（1）干法排渣与堆存

干法堆存是将磷石膏从磷酸装置的排渣处用汽车、索道或皮带等送至渣场。由于中国土地紧缺，有些磷石膏渣场常因用地限制不得不选在山沟之中。这种选择常给渣场带来地形复杂、工程施工困难等问题。在此种情况下，如果输送距离不远（不超过 3～5km），则选用干法堆存将使渣场处理变得简单和经济。干法堆存适合于小规模的磷酸生产，它具有占地少，环境问题较易解决，排渣系统相对独立，与磷酸装置关系不如湿法密切，一旦排渣系统发生故障，不至于立即影响主装置的正常生产（一般厂区均设有短期临时堆渣场），故 3 万 t/a 磷铵装置大多采用此法。

石膏渣场应力求做到污水不外排。如需外排则必须设置污水处理站，经处理符合标准后才能排放。

有些磷酸厂附近有沙坑、煤坑、矿坑或采石场等空地，也可用作磷石膏堆场。

在山沟、山谷中设渣场时，为防止磷石膏沥滤液及不可避免的雨水淋溶浸出所造成的污染，应考虑在渣场山坡中设置梯田式渠道，利用山沟的自然高差进行自流，有效地利用渣场出水口的末端部分，使沟口排出水的含氟及 P_2O_5 能符合农灌标准。试验表明，磷石膏沥滤液渗入地下的氟及 P_2O_5，大部分都可被山体的土层及部分岩层所吸附。粘土及亚粘土对氟及 P_2O_5 有相当的吸附固定能力，对氟尤甚。土壤对氟的固定，主要有化学沉淀及土壤粘土矿物对氟的吸附代换等两种作用。土壤类型不同，粘土矿物对氟的吸附固定能力也不同。一般情况下，粘土及亚粘土层是良好的天然防渗层。

为了防止磷石膏中的水溶性氟和磷随水向周围环境流失造成二次污染，还应在干法堆场的四周筑一围堤，使含有水溶性氟和磷的污水有组织地流向低处一水池内，并用石灰乳中和后再向下游排放。

预测磷石膏堆存过程中对环境的影响（主要指对水环境的影响）通常采取现场监测的办法。国内某磷铵厂磷石膏干法堆存的监测结果是：A. 磷石膏中水溶性 P_2O_5 和水溶性 F 的含量明显下降。B. 石膏中不溶性 P_2O_5 和不溶性 F 的含量基本无变化，说明这部分磷、氟在存放期间内仍以不溶性化合物的形态存在，不会向周围环境传递。C. 残存在磷石膏中的水溶性 P_2O_5 和水溶性 F，自堆顶到堆底浓度递增，即湿含量增大、浓度增高。D. 磷石膏堆下土壤中氟含量的增加较磷含量增加明显，但都无显著变化。可溶性磷和氟大部分以水分为输送媒介而向环境传递。E. 当降雨量高于浸润量时，地坑渗透水中磷、氟有所增加但不显著。

上述试验结果表明，干法堆存只要强化管理，及时压实（复土最好）减少雨水冲刷淋溶，就能避免污染环境。

（2）湿法排渣与堆存

湿法排渣与堆存适合于大、中型磷酸装置。湿法排渣（见图 2-2-28）是将磷石膏用水再浆成含固量为 $18\%\sim25\%$ 的渣浆，再用泵经管道输送到渣场的石膏沉降池，经澄清后石膏沉积底部，池水溢流至冷却池经冷却后返回磷酸装置，如此实现封闭循环[7]。当水平衡无法维持时，则有一部分酸液需经中和处理后排放。磷石膏湿法输送及堆存在国外极为普遍，在美国尤甚，当渣场与磷酸装置距离较远时，具有明显的优势，能使日常

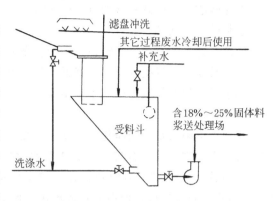

图 2-2-28　典型的石膏湿法排渣系统

经营操作费用维持在较低水平，并且由于石膏池水可返回磷酸系统循环使用，从而可回收一部分 P_2O_5。据报道，每生产 1 吨 P_2O_5 磷酸可以回收约 $36kgP_2O_5$，从而降低了磷酸成本。但与同等堆存量的干法渣场相比，占地较大，工程措施也较复杂，投资较高，这是由于磷石膏长期浸泡在池水中，可溶性有害组分基本溶出，池水中有害组分浓度较大，对由此造成的环境问题及对策也较复杂。此外，湿法排渣系统实际上是磷酸装置不可分割的部分，故一旦发生故障将会直接影响磷酸装置的正常生产。而磷石膏渣浆管道输送系统及池水返回系统的管道堵塞现象却经常发生，使磷酸的正常生产受到影响。因此，湿法排渣系统及渣场设计就更需考虑磷酸装置的可靠运行和环境问题。

湿法渣场和干法渣场均需要考虑场址选择、渣场系统的水平衡、石膏渣堆和冷却池的布置以及对地下水源的保护。

一般磷石膏渣场由沉降池和冷却（缓冲）池组成。沉降池常由两个并联，轮换使用：一个供实际沉淀，另一个沉降池的石膏让其自然干燥后，并用此石膏来加高堤坝。石膏渣场堆渣过程包括从磷酸装置滤饼卸料斗卸下石膏，用来自石膏冷却池的回水制浆并泵送到沉降池，溢流水送磷酸系统循环使用。石膏在池中沉降使池底升高。为使池底升高均匀，料浆进料点要逐渐移动并使粗粒物料尽量沿着外围堤坝沉降，以获得较高的机械结构强度。当池底抬高到一定高度（2～3m），料浆就进入另一池，第一个石膏池任其干燥，同时进一步用电铲把堤提高。石膏堆的坡度和总高度视土壤的物理性质而定，应避免引起塌陷。在土壤能承受的范围内，尽量堆高以节约用地。美国佛罗里达州坦帕附近的加第尼埃厂的石膏堆已达60m，成为世界上最高的石膏堆之一。有的大型磷酸厂还采用三个渣池，分别以进料、排水沥干和挖运三个顺序循环进行。即当磷石膏及其废水进入第一池时，第二池正在排水沥干，而第三池正在挖掘后堆坝或挖掘装运至山沟中。

石膏堆地下排水系统的关键问题是排水管线在酸性环境下的结垢和堵塞问题。这种结垢堵塞问题常常是土壤在酸性环境下产生的粘结物引起的。因此需要一种经特殊处理的矿砾材料来固定排水管。用这种矿砾材料层来固定排水管，不仅可避免土壤在酸液长期作用下生成的粘结物堵塞管子，而且具有分离石膏微粒的能力，可以防止石膏堵塞排水管。

2.10.3.3　磷石膏在工业上的应用

（1）磷石膏制石膏粉与石膏板

石膏粉（也叫墙粉）和石膏板是重要的轻质建筑材料。它的组成是半水硫酸钙（$CaSO_4\cdot0.5H_2O$）。这种轻质建材，大量用于高层建筑。日本是磷石膏综合利用最好的国

家，湿法磷酸的副产磷石膏约有 90% 已被利用，其中用于石膏粉与石膏板的磷石膏已占磷石膏总量的 75% 左右。

用磷石膏生产石膏制品时，其中所含杂质会对凝固速度和产品强度产生很大影响。磷酸和其它磷酸盐将推迟凝固时间，降低产品强度。钾、钠离子易导致风化。有机物会影响石膏制品的色泽，但有促凝作用。由于杂质大多一起存在，因而对产品的影响将是各种杂质离子的综合影响结果。

使用前将磷石膏适当净化很必要。最简单的办法是通过洗涤及中和，除去可溶性杂质及游离酸。中和剂常采用石灰并在煅烧脱水之前加入。当磷石膏中残留的游离磷酸含量较高时，中和后生成较多不溶性磷酸盐，将会妨碍凝固反应的进行。磷石膏中通常存在晶间 P_2O_5 虽不与石灰反应，但在熟石膏水化过程中将发生反应，同样影响熟料的凝固。

(2) 磷石膏用于生产硫酸铵[16]

此法基于以下简单的复分解反应，也称磷石膏的转化反应：

$$CaSO_4 + (NH_4)_2CO_3 \Longrightarrow (NH_4)_2SO_4 + CaCO_3 \downarrow$$

该反应控制的适宜条件大致为：A. 硫酸钙用量为理论量的 105%～110%。B. 碳酸铵溶液中 $2NH_3/CO_2$ 摩尔比为 1.03～1.05。C. 反应温度 55～70℃。D. 反应时间 2～3 小时。E. 溶液 pH8～10。

磷石膏制硫铵在工业上的要求：A. 要有足够的反应速度和转化率。B. 所得 $CaCO_3$ 结晶尽可能粗大、均匀。C. 尽可能获得较浓的硫铵溶液以减少蒸发系统能耗。

该法除可单独生产硫铵外，还可将硫铵加入磷铵中生产硫磷铵（20-20-0）。副产 $CaCO_3$ 比磷石膏减少约 40%，且基本上不含污染物质，是水泥工业的良好原料。

磷石膏制硫铵在奥地利、荷兰、英国、印尼和印度等国均有工业生产。虽然该流程长、能耗高，但它充分利用了磷石膏中的硫，节省了硫酸，总生产成本还低于硫酸与氨的直接中和法，并且硫铵施肥后的氮利用率比碳铵高约 70%。因此，在中国硫资源紧张，碳铵需要改造及磷石膏废渣又急待处理和利用的情况下仍具有一定的现实意义。

(3) 磷石膏用于制硫酸和水泥

磷石膏制硫酸和水泥不但处理了湿法磷酸生产中所带来的大量废渣，循环利用了磷石膏废渣中的硫资源，而且变废为宝制得硫酸和水泥两种重要产品，为工厂增加了效益。由于工艺本身无废渣排出，故避免了废渣的大量外运、堆放与环境污染。特别在中国硫资源少，硫酸供应紧张的情况下，无论从工艺、技术经济及环境保护上都具有明显的优越性。3 万 t/a 磷铵配套的 4 万 t/a 硫酸与 6 万 t/a 水泥已试验成功，并开始推广于部分磷铵装置中。但是，由于装置的一次投资大、硫酸、水泥产值不高且对磷石膏质量要求高（一般要求磷石膏中 $P_2O_5 < 1\%$），故技术经济综合指标尚待工业实践检验。

磷石膏制硫酸和水泥的生产是在天然石膏和硬石膏制硫酸和水泥的基础上发展起来的。直到 60 年代后期，国外才实现了磷石膏制硫酸和水泥的工业化[17]。日产硫酸为 300 吨。中国山东、云南已建成了类似的工业装置。国内外的生产实践表明，此法的发展在于克服投资大、能耗高、炉气中 SO_2 浓度低的不利因素。为发展此工艺，现仍在不断地改进和完善中。此外，石膏窑外分解制硫酸联产水泥的新技术，如循环流化床分解磷石膏等方法已取得成果。此新技术的特点是将传统的窑内分解的三个阶段（煅烧脱水、石膏还原、水泥熟料烧成）分别在三个设备中进行。窑外分解技术虽然还处在试验阶段，但前景光明。

磷石膏制硫酸、水泥的原则流程见图 2-2-29。

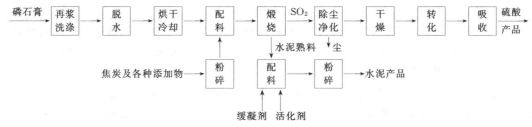

图 2-2-29　磷石膏制硫酸、水泥的原则流程

磷石膏经过再浆、洗涤、净化，降低了磷石膏中游离 P_2O_5 和 F 的含量后进入脱水机和烘干机，脱除了水分及部分氟的磷石膏经冷却后进入配料仓。焦炭和各种添加物（辅助原料）经过粉碎后也进入配料仓。配好的水泥生料加入煅烧窑。窑气一般含 SO_2 约为 8％，O_2 含量约 1％，经过一系列除尘、净化后，将已除去气相中微尘、砷、氟、升华硫及酸雾等有害物质的净化 SO_2 气送到制酸系统，再通过干燥、转化、吸收及尾气净化等工序制得硫酸产品。出煅烧窑的水泥熟料，经冷却加入部分缓凝剂及活化剂等原料后，通过配料、粉碎即得到水泥产品。

（4）磷石膏用作水泥缓凝剂

为了延长水泥的凝结时间，增加水泥的最终强度，一般在水泥熟料中加入 5％左右的石膏作缓凝剂。近年来，国内每年生产天然石膏约 500～600Mt，其中大部分都是供水泥缓凝剂用。

在日本，水泥缓凝剂用的石膏有 75％来自磷石膏。通常先将磷石膏加以中和处理，然后制成直径 10～30mm 的小球粒，也可直接供应粉状制品。无论粒状或粉状，它仅对磷石膏中含的磷和氟有共同要求，即要求水溶性 P_2O_5 ＜0.3％，水溶性氟＜0.05％。试验证明，磷石膏中的杂质大多会延缓水泥的凝固时间，如含有 0.25％的 F 即可使初凝时间推迟 1 小时，P_2O_5 ＞1.5％时有显著的推迟作用。磷酸二钙也会推迟凝固时间，但对水泥的抗弯、抗压强度的影响不大，少量的磷酸二钙甚至有可能增大水泥强度。

国内用磷石膏作缓凝剂的试验正逐步推广应用在水泥生产中。方法是先通过窑灰中和，使磷石膏的 pH＞8，然后压制成直径约 40mm 的球，经陈化提高强度后，即可与熟料一起磨成水泥。国内试验对磷石膏的要求是：总 P_2O_5 ＜1.2％，水溶性 P_2O_5 ＜0.2％。使用磷石膏可比天然石膏节省近一半的费用。中国目前水泥年产量已达 1.2 亿 t 以上，因此利用磷石膏作水泥缓凝剂将是今后利用磷石膏的途径之一。

2.10.3.4　磷石膏在农业上的应用

磷石膏在农业上的应用主要在两个方面：一是作为以硫、钙为主的肥料直接施用，经农田试验证明，在许多作物上都具有明显的增产作用；二是作为碱性土壤的改良剂，效果良好。

（1）磷石膏是一种以硫、钙为主的肥料

硫是植物营养必需的元素之一，需要量低于氮、磷、钾，却远高于锌、铁等微量元素。缺硫时，一部分氮不能形成蛋白质，植物体内积累非蛋白态氮，降低农作物质量和产量。硫还有利于叶绿素和豆科作物根瘤的形成。钙也是植物不可缺少的营养元素之一，它是构成细胞壁的主要元素，使细胞壁坚韧，不易破裂。缺钙时，一般作物表现为植株矮小，根系生长不好，植株幼叶卷曲、茎软下垂、叶边由发黄到枯死、根尖腐烂死亡。虽然石膏的溶解度只有 2％左右，但是与石灰性土壤中的碳酸钙相比较，仍然属于易溶物质，因为两者的溶解度相差达一千倍。由于磷石膏系磷酸生产中的废料，故作为以硫、钙为主的肥料，其成本最为低廉。

磷石膏含有的少量水溶性 P_2O_5，在土壤缺磷时也有一定肥效。磷石膏还具有沉降作用，它能使浮泥迅速下沉，有利于稻秧扎根，防止稻苗发僵并能加快秧苗返青。磷石膏对水稻、十字花科植物、豆类作物等能明显地提高其结实率、千粒重，起到增产效果。对于缺硫、钙的土壤效果更佳。

磷石膏还具有固氮保肥的作用，它能促进有机质分解，加快氨化作用的进行。如用绿肥等有机质肥料作基肥时，施用磷石膏能促使绿肥腐烂分解。稻田施用磷石膏，水稻能间接地获得大量的铵盐作为养料。

磷石膏中所含的硅，对禾本科作物抗倒伏、抗病虫害能起一定作用。磷石膏中含有铁、锰、锌、铜、钼等微量元素也具有增产作用，含有的微量稀土元素有刺激作物生长的作用。

由于磷石膏含有食用菌（如蘑菇和平菇）生长所必须的硫、钙等养分，故可以代替石膏和部分腐肥。用于食用菌上，可促进丝体发育、提高产量、延长保鲜期、改进品质和降低生产成本。此外，磷石膏用于防治大白菜干心病、苹果苦病瘤及提高西红柿质量等均有效果。

（2）磷石膏在改良土壤上的作用

磷石膏呈酸性，pH 在 2.5～3.5 之间，施用于碱性或微碱性的盐碱地上，可以显著降低土壤碱度，对土壤的酸碱度能起缓冲作用，甚至消除碱性。某试验曾得出，施用磷石膏后，土壤的氯盐降低 0.015%～0.208%，pH 降低 0.5～1.0。

（3）磷石膏的施用原则

原苏联的农田试验表明，每年每公顷施 50kg 磷石膏，连年施用，其效果不如一次性大量施入磷石膏好。因为一次性大量施入磷石膏（每亩❶施用量为 800～1600kg），使土壤中的 Na_2CO_3 迅速下降。在 6 年中，大约有 5 年时间，农作物将在较好的土壤环境中生长，增产效果也比较明显。

在中国，一般每亩❶施用磷石膏 30～50kg 即可。在碱性土壤上的施用量可根据碱土代换钠的含量来计量，通常每亩可施 100kg 左右，重碱地每亩可施 150～300kg。对稻田，磷石膏可作耙面肥，也可在插秧后撒施。若用于大豆，可在苗期及花期前施用。花生、白菜、甘兰、番茄、芹菜等作物施磷石膏的效果都很好。有条件时，可将磷石膏干燥并磨细到 60～100 目，以便撒施均匀，增加溶解性，提高肥效。当然最好能与绿肥和农家肥合用，效果更好。

2.11 湿法磷酸生产新工艺[18～22]

湿法磷酸主要包括磷矿酸解（萃取）与磷酸料浆过滤两大部分。近年来，湿法磷酸在生产技术上的新进展主要体现在酸解（萃取）反应槽槽型（包括搅拌浆）的改进、磷酸料浆冷却方式以及节能降耗措施等方面。磷酸料浆过滤装置基本上已标准化，国内普遍采用倾复盘式过滤机，其次是尤西戈（UCEGO）转台式过滤机。带式过滤机大多使用在中、小型规模的装置上，现在由于工程放大技术及密封技术已解决，故已开始在大型装置上使用。湿法磷酸酸解反应槽槽型（包括搅拌装置）的改进主要是为硫酸钙提供更好的结晶条件，以便在反应槽内生成粗大、均匀、易于过滤洗涤的硫酸钙结晶，并获得高的磷矿转化（萃取）率与磷回收率。要获得良好的硫酸钙结晶、高生产强度与节能降耗，除了反应槽槽型（包括搅拌装置）外，反应热（包括稀释热）的移除、温度的控制（70～85℃）更为重要。因此，磷酸料

---

❶　1 亩＝667m²，下同。

浆的冷却方式是当今湿法磷酸生产技术新进展的主要内容。现根据反应槽槽型及其冷却方式，将国内外有代表性的四种二水物流程作一简介。

2.11.1 比利时普莱昂（Prayon）第四代多格多槽湿法磷酸工艺

普莱昂（Prayon）二水湿法磷酸工艺现已发展到第四代。反应器采用多格方槽，并由反应部分和熟化部分组成。由于技术不断更新，在世界大型磷酸装置上被广泛采用。工艺流程示意见图 2-2-30。

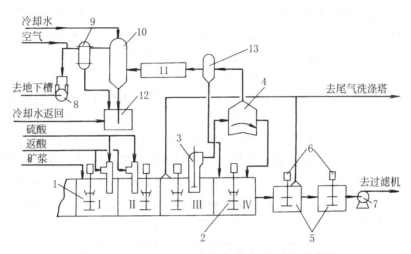

图 2-2-30　Prayon 二水物湿法磷酸工艺流程示意图

1—多格反应槽（共有Ⅰ，Ⅱ，Ⅲ，Ⅳ四个室）；2—反应槽搅拌桨；3—闪蒸冷却器泵；
4—闪蒸冷却器；5—熟化槽；6—熟化槽搅拌桨；7—给料泵；8—真空泵；9—分离器；
10—闪蒸冷却器冷凝器；11—氟回收设备；12—液封槽；13—雾沫分离器

磷矿酸解时，通过反应器在不同区域（室）建立硫酸浓度梯度以保持未反应和共晶的 P_2O_5 损失最低。因各种磷矿的反应条件不同，反应系统一般分成 4～6 个室（图 2-2-30 为四个室），可在不同区域（室）加硫酸，因而可对各种磷矿的操作条件进行优化，获得最高的 P_2O_5 回收率。熟化系统的目的是消除反应料浆中硫酸钙的过饱和度，使硫酸钙结晶粗大，以提高过滤强度和洗涤效率，降低从过滤机排出的磷石膏中水溶性 P_2O_5 的损失，并减轻过滤系统设备和管道中的结垢。

为了控制稳定的操作条件，必须将反应时产出的热量移走。普莱昂二水物磷酸工艺第四代技术采用低液位闪蒸冷却循环料浆。通过调节闪蒸冷却器的真空度来维持反应温度，冷却后的料浆返回反应槽第Ⅳ室。由于轴流式循环泵与反应槽上方闪蒸冷却器内的物料处于低液位，故循环料浆所需的功率最小。所设置的大流量、低压头闪蒸冷却器的料浆循环泵能耗较低（泵的进出口差 1.1m，功率消耗为 4.5kW/tP_2O_5）。该系统的料浆温差仅2.5℃，反应槽的温度容易控制。由于冷却前后磷酸料浆的温差小，降低了磷酸料浆中各盐的过饱和度，从而降低了系统中的结垢趋势。

反应器的每一区域（室）安装一台搅拌器，在普莱昂第四代工艺中采用变角度的螺旋透平桨（PHT），使反应料浆进行强烈的轴向流动。轴向和径向循环量大而且能耗低。对反应槽的隔墙设计进行了改进，使料浆在反应槽中既具有竖向流动又有水平流动。

过滤系统多采用 Bird-Prayon 倾复盘式真空过滤机。也有少数采用带式过滤机的。

中国云南云峰化学工业公司 1994 年建成投产的 275t/d（以 P_2O_5 计）磷酸装置及贵州

瓮福重钙厂正在建设中的 1000t/d（以 P_2O_5 计）磷酸装置即采用此项技术。

搅拌浆为大直径双层螺旋浆，浆叶为薄长扭型、装配式，叶片根部倾角 45°，此种搅拌浆可保证料浆的良好混合及高循环比（全槽料浆每 25～50 秒即可循环一次）[19]。

2.11.2 法国罗纳-普朗克（Rhoue-Poullnc）单浆单槽湿法磷酸工艺

罗纳-普朗克，简称 R-P。R-P 磷酸工艺采用圆柱形带中心搅拌器的单浆单槽反应器，磷矿的分解和磷石膏的形成都是在匀一的 SO_4^{2-} 含量条件下完成。工艺流程见图 2-2-31。该流程的主要特点是大型磷酸装置的反应系统中，惟一不采用真空冷却而采用空气冷却的流程。R-P 专利技术是在磷酸反应槽内设置了 4 台表面冷却器，其转速为 1040r/min。它们将磷酸料浆抛起来，洒成细滴，落在反应槽内冷却空气流通的空间，大大地提高了与空气的换热面积和换热时间，料浆被抛洒同时具有消除泡沫的作用。磷酸反应槽内还设有 4 台硫酸分布器（转速与表面冷却器相同，1040r/min），它们把硫酸喷洒在磷酸料浆的细滴间，使得料浆中的硫酸分布均匀，不易产生局部过热与过饱和，有利于硫酸钙结晶的长大。表面冷却器和硫酸分布器结构类似，都是螺旋式的。料浆温度控制采用调节风机转速或风机吸入口风门大小，以改变冷却空气量来实现。R-P 工艺流程简单，操作可靠，冷却效果好。但需注意，采用空气冷却时，每立方米排放空气所移除的热量取决于进口空气的温度、相对湿度以及出口空气的温度和饱和度。这种对周围环境条件的依赖性决定了空气冷却系统的适用范围有局限性，即在热带地区由于空气温度高、相对湿度高，致使其冷却效果不佳，影响磷酸装置的产量。为此，我们必须重视装置所建地区的空气温度和相对湿度，因为当空气温度和相对湿度增大时，它携带水蒸气的容量就减小。在一般的工业装置中，反应槽排出的尾气相对湿度实际只能保持在 92%～94%。如果空气的相对湿度过高，又不增加冷却空气量，就达不到预期的冷却效果，磷酸反应槽中的料浆温度必然升高。

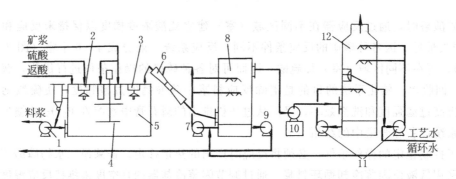

图 2-2-31　法国 R-P 二水物湿法磷酸工艺流程示意

1—过滤机给料泵；2—硫酸分布器；3—表面冷却器；4—搅拌浆；5—反应槽；6—文丘里洗涤器；7—洗涤塔循环泵；8——洗塔；9—过滤机洗水泵；10—排风机；11—二洗塔循环泵；12—二洗塔

R-P 流程的磷矿加料是根据槽体大小，在圆柱形套筒内通过特殊导管的一处或两处加入。加料位置设在与抽气罩相反的一边（搅拌器的湍流区）。这样的布置可防止磷矿被带入气体洗涤塔。料浆通过溢流堰由泵送去过滤，并使反应槽料浆液面维持恒定。

R-P 流程的过滤系统常采用尤西戈（Ucego）转台式过滤机。该机转速易于调节、运转平衡、过滤强度大、真空耗量小。由于转台式过滤机无需设专门的滤洗液分离器和滤洗液密封槽，因而其安装高度比其它型式过滤机低 3～3.5m。

江西贵溪化肥厂引进的、于 1991 年投产的 400tP_2O_5/d 磷酸装置则采用 R-P 流程[20]，

其单槽规格为 $\phi 13200 \times 6700$，有效容积 $750m^3$；中心搅拌桨 1 台，功率为 280kW，转速 35r/min，桨径 $\phi 4800mm$。所用过滤机为尤西戈（Ucego 9#）过滤机，过滤面积109m^2[23]。

近年来 R-P 单浆单槽工艺在原有基础上又开发了一种 Diplo 双槽工艺，该工艺对提高 P_2O_5 回收率、产生粗大的石膏结晶及提高过滤强度上均具有特色。甘肃金昌化工总厂引进的 200tP_2O_5/d 的磷酸装置即采用此工艺。

2.11.3 美国巴吉尔（Badger）等温反应器磷酸工艺[22,24]

美国巴吉尔二水物湿法磷酸工艺，主要以巴吉尔等温反应器为特色。现在世界上最大的生产能力已达 950tP_2O_5/d。等温反应器是一个特殊设计的真空蒸发结晶器，内设一个导流筒及高效率的循环器，磷矿浆从反应器底部加入，浓硫酸和大量返酸分别从导流筒上部不同点加入，循环器使得反应料浆自下而上翻动，迅速地分散磷矿、硫酸和返酸。其工艺流程示意见图 2-2-32。

巴吉尔二水物磷酸工艺中的等温反应器控制在一定的真空度下操作。值得介绍的是等温反应器中设有一个敞口的导流筒，筒内配置了一台单层三叶的螺旋桨式循环器。导流筒和循环器使得从反应器底部直接加入的矿浆由下而上翻动，也使从反应器不同点加入的返酸、硫酸都得到迅速分散（循环器和导流筒可使料浆的循环量达到 54500m^3/h）。反应器中的磷酸料浆在器内循环一次的时间仅为 45 秒，使得反应器上部与底部料浆的温差仅为 0.5℃，这正是等温反应器内料浆温度恒定的关键技术。且该工艺控制的反应温度较低，优化了结晶条件，减轻了对设备材质的腐蚀。除此之外，该工艺无专门的料浆冷却设备，流程比较简短。

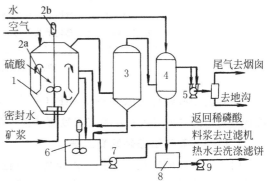

图 2-2-32 巴吉尔等温反应器二水物磷酸
工艺流程示意图

1—等温反应器；2a—导流筒；2b—循环器；
3—雾沫分离器；4—大气冷凝器；5—真空泵；
6—过滤机给料槽；7—给料泵；8—热水槽；9—热水泵

等温反应器的最佳反应温度通过蒸发反应料浆中的水分来控制。操作中，依靠调节等温反应器的绝对压力，利用负压蒸发水分来控制料浆温度。真空则由真空泵来实现。操作工艺条件为：游离 SO_4^{2-} 含量 2%，料浆含固量 37.5%，返酸为 27%～28.5%P_2O_5 的稀磷酸；料浆停留时间 4h；操作压力 30.7kPa，操作温度 79℃。

广西鹿寨化肥总厂的 400tP_2O_5/d 装置即采用此技术。其等温反应器规格为 9144mm×9144mm，壳体为碳钢衬胶，底部衬碳砖。过滤机采用带式真空过滤机，有效过滤面积为 108m^2。

2.11.4 美国多尔-杰克布斯（Dorr-Jacbos）改进型同心圆单槽多桨工艺

同心圆单槽多桨二水物湿法磷酸工艺在中国中、小规模的磷酸装置上使用很普遍。但大多采用空气冷却流程。料浆在反应槽内循环。而改进的 Dorr-Jacbos 二水物法工艺则采用低位真空闪蒸冷却系统冷却料浆，通过大流量、低压头的轴流泵在反应槽槽外循环。工艺流程见图 2-2-33。

该工艺技术成熟。回浆量大，料浆的大量循环及低温差（3.5～3℃）造成良好的反应条件和石膏结晶条件。冷却后的料浆进入熟化槽上部密封室，一股作为冷循环，回到反应槽加料区；另一股经熟化槽送到过滤机给料槽，再由过滤机给料泵将磷酸料浆加入过滤机。

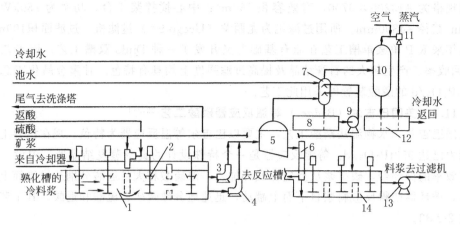

图 2-2-33　Dorr-Jacbos 二水物磷酸工艺流程示意图

1—反应槽；2—搅拌桨；3—料浆循环泵；4—真空冷却器循环泵；

5—真空冷却器；6—熟化槽及密封室；7—真空冷却器预冷器；8—密封槽；

9—预冷器泵；10—真空冷却器冷凝器；11—蒸汽喷射器；12—地下槽；

13—过滤机给料泵；14—过滤机给料槽

湖北黄麦岭磷化工公司的 $300tP_2O_5/d$，湖北荆襄磷化总公司的 $670tP_2O_5/d$ 及中阿化肥有限公司的 $300tP_2O_5/d$ 等二水物湿法磷酸装置均采用此项工艺。

2.11.5　其它湿法磷酸新工艺

由于二水法磷酸技术成熟，操作易于掌握，设备材质要求不高，对磷矿的适应性强，故世界上的湿法磷酸生产以二水物法占绝对优势。本书也只重点介绍二水物法。国内的湿法磷酸装置除引进的少数大型装置外，均为中、小型。但近年来在技术上取得了许多新成就。如双槽聚晶技术，快速酸解（萃取）技术，具有穿孔式或变径式搅拌桨叶的新型节能型单浆单槽、单槽双区反应槽，以及磷酸污水封闭循环磷石膏制硫酸和水泥或硫酸钾等新工艺、新装备。这些技术都已实现了工业化并正在不断完善与改进中。

关于半水物法及半水物-二水物法直接制取高浓度磷酸的新工艺利用国内技术在云南昆明化肥厂建有 $50tP_2O_5/d$ 的半水法生产装置，在广东湛江化工厂引进有 $110tP_2O_5/d$ 的美国OXY 双槽半水物法磷酸装置，在云南红河州磷肥厂引进有挪威 Norsk Hydor 公司 210tP_2O_5/d 的半水-二水物再结晶法生产技术。

今后，湿法磷酸生产技术进步的重点仍是节能降耗、提高 P_2O_5 回收率和装置作业率（开车率），以及磷石膏废渣的综合利用等。对于大型磷酸装置还要努力提高关键设备的国产化率。

2.12　元素磷与电炉法制黄磷

2.12.1　元素磷的性质和用途

磷有三种同素异形体；黄磷（也称白磷）、红磷和黑磷。其中黄磷又有 α-黄磷和 β-黄磷两种形式。最重要的是 α-黄磷。

黄磷为白色蜡状有光泽的固体，由 P_4 四面体组成。由于光和热的作用或杂质的影响，常呈黄色，故称黄磷。纯黄磷无气味，但由于与空气中的氧接触生成臭氧和低级氧化物，这时的黄磷便带有蒜臭味。黄磷难溶于水，每 100 g 水中只溶解 0.0003 g，微溶于醇，能溶于苯、甲苯、醚及松节油中，最易溶于二硫化碳及液氨。

黄磷的熔点 44.1℃，沸点 281℃，相对密度为 1.82。在 44.1℃时熔化成清亮无色液体，其相对密度为 1.75。黄磷极易自燃，其自燃温度为 35～45℃，暴露于空气中会自燃着火。因此，在贮存和运输时，均应置于水面下，与空气隔绝。黄磷有剧毒！对人的致死量为 0.12 g。磷蒸气在空气中最大允许浓度为 0.003 mg/m³。气态时的分子结构为 P_4。

黄磷的性质活泼，除碳、硼、硅以外，大部分元素均能与它直接化合。例如和 O_2 作用生成一系列磷的氧化物 P_4O_6、P_4O_{10}、P_2O_4，其中，最重要的氧化物是 P_4O_{10}（常简写成 P_2O_5 形式）。黄磷和卤族元素能生成三价（如 PCl_3）或五价（如 PCl_5）卤化物。黄磷与硫磺可直接作用生成 $P_4S_3 \cdot P_2O_5$。黄磷和 NaOH 水溶液作用生成 PH_3 和 NaH_2PO_2。

将 α-黄磷冷却至 -77℃ 以下则可制得 β-黄磷。

红磷是将黄磷在 230～260℃下隔绝空气长时间加热而制得。红磷无毒，在空气中很稳定，起火温度在 200℃以上。熔点 595℃，沸点 725℃，相对密度 2.30。

黑磷是由黄磷在高温高压下转化制得，熔点 610℃，相对密度为 2.69，它具有石墨状的片层结构和良好的导电性。

磷的用途十分广阔。黄磷主要用来制造热法磷酸，进而加工成肥料，用于生产饲料级、食品级、医药级磷酸盐，以及洗涤剂、软水剂等多种用途的磷酸盐。黄磷也用于制取氯化物、氯氧化物、硫化物并进而制成高效有机磷农药、染料及其它精细磷化工产品。在军事上，黄磷可制烟雾弹、燃烧弹。红磷可用于安全火柴和阻燃材料。

2.12.2 电炉法制黄磷[16,25]

现代工业中生产磷的方法是将磷矿石与焦炭、硅石加热至熔融状态而制得元素磷。由于供给反应所需热量的方式不同，黄磷的生产方式可分为高炉法与电炉法。高炉法投资大，磷收率低，尚处于试验阶段，故本书只讨论电炉法。

2.12.2.1 电炉法制磷的基本原理[26]

电炉法制黄磷是将磷矿石、助熔剂、硅石与还原剂焦炭按一定的配比混匀后在三相电炉中熔融，磷以蒸气形式从电炉中逸出，将磷蒸气冷凝得到固体黄磷。其总反应式如下：

$$4Ca_5F(PO_4)_3 + 30C + 21SiO_2 \longrightarrow 3P_4 + 30CO + 20CaSiO_3 + SiF_4 \uparrow$$

这是强烈的吸热反应，约在 1000℃开始，而反应加剧则是在 1450℃左右形成熔融体之后。在此高温下，磷以 P_2 状态逸出，然后再结合成 P_4 分子：$2P_2 \longrightarrow P_4$。

对于磷酸盐的还原反应，各国学者曾进行了大量研究，对总反应 $2Ca_3(PO_4)_2 + 6SiO_2 + 10C \longrightarrow P_4 + 6CaSiO_3 + 10CO$ 提出了一些不同反应机理。比较有代表性的以下两种[25]。

① $Ca_3(PO_4)_2$（代表磷矿的有效成分）首先与 SiO_2 反应生成 P_4O_{10} 蒸气与 $CaSiO_3$，然后再被碳还原成磷并放出 CO，反应式如下：

$$2Ca_3(PO_4)_2 + 6SiO_2 \longrightarrow P_4O_{10} + 6CaSiO_3$$

$$P_4O_{10} + 10C \longrightarrow P_4 + 10CO$$

② $Ca_3(PO_4)_2$ 首先与碳反应生成磷化钙 Ca_3P_2，然后再与多余的 $Ca_3(PO_4)_2$ 及碳等反应生成 CaO、CO 和磷，CaO 与 SiO_2 则生成 $CaSiO_3$，反应式如下：

$$Ca_3(PO_4)_2 + 8C \longrightarrow Ca_3P_2 + 8CO$$

$$Ca_3P_2 + Ca_3(PO_4)_2 + 2C \longrightarrow P_4 + 2CO + 6CaO$$

$$6CaO + 6SiO_2 \longrightarrow 6CaSiO_3$$

硅石作为助熔剂，使 SiO_2 和 CaO 结合，生成熔点低的硅酸钙，促使反应在较低温度下向生成磷的方向进行,同时也可使炉渣易于排出。炉渣的组成及熔点可根据酸度指标(即 SiO_2/CaO 质量比)来判断。通过对 SiO_2-CaO 系统熔度图的分析并结合生产实际,一般控制酸度指标为 $0.75\sim0.85$,与此相对应的熔点约为 $1470℃$,同时炉内需维持 $98\sim588Pa$ 的正压。

电炉法生产中,不仅发生上述主反应,而且由于磷矿石中多种杂质的影响,还发生以下副反应:

① Fe_2O_3。炉料中的 Fe_2O_3 被碳还原,生成元素铁,然后又与磷结合成磷铁:

$$Fe_2O_3 + 3C \rule[0.5ex]{1.5em}{0.4pt} 2Fe + 3CO$$

$$4Fe + P_2 \rule[0.5ex]{1.5em}{0.4pt} 2Fe_2P$$

上述反应将导致焦炭、电能的消耗和磷的损失。Fe_2O_3 在电炉内的还原率可达 $80\%\sim90\%$,一般磷铁含磷量约为 20%。如果磷矿 P_2O_5 品位为 30%,磷的收率按 90% 计算,则磷矿中 Fe_2O_3 增加 1%,每生产 $1t$ 磷时,将多耗焦炭 $20\ kg$、电 $120\ kWh$,磷产量减少 $13\ kg$。

② Al_2O_3。炉料中的 Al_2O_3 有 99.5% 进入炉渣中,Al_2O_3 可代替一部分 SiO_2 作为助熔剂:

$$2Ca_3(PO_4)_2 + 6Al_2O_3 + 16C \rule[0.5ex]{1.5em}{0.4pt} 6[Ca(Al_2O_3)] + P_4 + 16CO$$

一般炉料中的 Al_2O_3 含量小于 20% 时,对还原反应无不良影响。含量过高将导致电炉电极上提和炉气温度上升,影响电炉的正常操作。

③ CO_2。炉料中的碳酸盐是一种有害物质。碳酸盐的分解与 CO_2 的还原都要消耗能量。磷矿中 CO_2 含量每增加 1%,则每生产 1 吨磷将增加电耗 $190\ kW \cdot h$、焦炭 $29\ kg$。

④ 氟。炉料中的氟,最终以 CaF_2 的形式残留在炉渣中,但有一部分氟以 SiF_4 形式从炉中逸出。在磷蒸气冷凝过程中,SiF_4 被水分解而生成硅酸,污染产品。氟的逸出受炉料酸度的影响,当炉料酸度高时,即 SiO_2 含量增加时,F 的逸出率可达 $80\%\sim90\%$。当酸度指标为常规的 0.8 左右时,氟的逸出率约为 $30\%\sim50\%$。

此外,原料中所含的水分成为水蒸气而与磷化物作用生成少量 PH_3。原料中所含的硫化物和硫酸盐在还原过程中生成 H_2S。

用焦炭还原氟磷酸钙的反应速度受反应组成的扩散速度控制。因此,凡能加速向固体扩散的因素都可提高磷的还原率。还原率还随炉料粒度的减少而增大,特别是把炉料压制成团块时效果更好。提高温度也可提高反应速度从而加快还原反应的进行。

2.12.2.2　电炉法制磷工艺条件选择与控制

(1) 对原料的要求

① 磷矿。由于黄磷生产的主要原料是磷矿石、焦炭和硅石,因此磷矿中所含的硅就不是杂质而是有效成分。在电炉法制黄磷生产中,将磷矿石和硅石称为混合料,其质量通常以混合料中 P_2O_5 的含量来衡量。通常以混合料中 P_2O_5 含量大于 25% 为优质炉料。如果 P_2O_5 含量降低,电耗就要增加,一般情况下,混合料中每降低 $1\%P_2O_5$,则生产 $1t$ 黄磷的电耗将增加 $340\ kW \cdot h$。某些含硅高的中低品位磷矿,往往是制磷的好原料。对碳酸盐含量较高的磷矿,如条件可能,都应进行煅烧预处理,以分解 CO_2,然后作炉料加入电炉,因为直接作为炉时,混合料中每增加 $1\%CO_2$ 将使每吨磷矿的电耗增加 $150\sim250\ kW \cdot h$。

选用磷矿石除了对所含杂质有一定限制外,对其机械强度、热稳定性与粒度也有一定要求。磷矿石如果没有一定的机械强度或粒度过小,在其加工及运输过程中,不但会产生大量粉尘污染环境,而且造成炉料透气性差而引起塌料。粒度也不能过大,否则易引起料管堵塞,加剧炉料中各组分的离析现象,影响电炉正常稳定操作,还会降低还原速度。磷矿石的软化点不能太低,否则在电炉中容易软化变粘,从而引起炉料在反应区上部结壳,阻止炉气均匀地排出,使电炉内操作压力波动,甚至发生塌料。

② 焦炭。焦炭的质量、用量和粒度是影响炉料导电性的主要因素之一。焦炭既是还原剂又是导电体。在炉料中的作用十分重要。焦炭质量低将降低磷还原速率并增加磷损失。焦炭用量不足，炉渣中的 P_2O_5 含量升高，电极消耗增加，炉衬侵蚀加快。焦炭用量过多，则电极位置升高，反应区缩小，炉气温度和含尘量增加，出渣困难，磷泥增多。粒度过小，增加粉尘量，降低炉料的透气性。焦炭的密度一般只有磷矿和硅石的 $1/2 \sim 1/3$，如粒度控制不当，易在炉料中产生离析而增大不均匀性。因此粒度应适中、一般控制为 $3 \sim 5mm$。

③ 硅石。硅石在还原过程中起助熔剂作用，能降低反应温度，加快速原反应速度。硅石的机械强度和热稳定性与磷矿有相同的要求，其含量一般要求 $SiO_2 > 96\%$。杂质中的 Fe_2O_3 含量愈低愈好。水分 $< 2.5\%$。硅石粒度控制在 $3 \sim 30mm$ 为宜。磷矿中的 SiO_2 含量达不到要求时应外加硅石。

（2）电炉正常运行的工艺条件与安全操作

电炉制磷操作的关键是在原料合适及其配比正确的条件下，对电极电流的精确控制。因为在电炉操作中，电压的波动对功率影响不大，而主要是靠控制电极电流的大小来改变电流的功率。在生产中，欲增大电流时可下降电极，反之则提升电极。总的要求是控制三相电极端头在同一平面。电炉必须正压操作以防炉内吸入空气引发爆炸事故。还应保证电极密封水封的正常状况，不应逸出炉气而引起人员中毒或火灾。黄磷极易自燃，因此应特别注意避免脱水与黄磷的跑、冒、滴、漏。

（3）粗磷的精制

含磷炉气虽然经过了除尘器除尘，但仍有部分粉尘与磷蒸气在冷凝塔中同时进入液相，而形成较稳定的胶状物。为得到工业黄磷就必须对粗磷予以精制。

粗磷的精制一般是将泥磷置入精制锅内，加水并用蒸汽直接加热，使泥磷升温。随着粗磷中杂质的逸出，磷与杂质形成的胶状结构被破坏。当锅内有黄烟冒出时即停止加热，并在约 $60℃$ 保温静置，使锅内液体分层，下部液体即为精制磷。

2.12.2.3 电炉制磷副产物的利用

每生产 1 吨元素磷，约副产炉渣 $8 \sim 10t$，炉气 $2500 \sim 3000m^3$。磷铁 $100 \sim 200 kg$，炉灰 $100 kg$，磷泥约 $150 kg$。如能充分利用这些副产物，则电炉制磷的成本将明显下降。

（1）炉渣的利用

炉渣的成分随炉料组成而变化，其中 P_2O_5 含量与生产操作控制直接有关。一般含 CaO $42\% \sim 52\%$，SiO_2 $40\% \sim 43\%$，Al_2O_3 $2\% \sim 5\%$，Fe_2O_3 $0.2\% \sim 1\%$，P_2O_5 $0.8\% \sim 2\%$。炉渣经水淬后，粒度一般为 $0.5 \sim 5mm$。松散状炉渣的容重为 $0.8 \sim 1t/m^3$，密度 $2.9g/cm^3$ 左右。制磷炉渣可作为硅酸盐水泥的掺合料，其掺合量不大于 15%，在第 28 天时，所得水泥的耐压强度约为 $67.5 MPa$，抗拉强度约为 $3.1 MPa$，比用炼铁矿渣作掺合料的水泥强度有所提高。

（2）炉气的利用

制磷炉气主要组分为 CO，含量约 90%，剩余组分为 CO_2 $2\% \sim 4\%$，O_2 $0.1\% \sim 0.5\%$，其它气体（如 P_4，PH_3，H_2S，有机硫，HF，SiF_4，As 等）$2\% \sim 5\%$。对此炉气的净化常采用：A. 碱洗法，用 $0.8\% \sim 1\%NaOH$ 溶液在填料洗涤塔中进行；B. 活性炭氧化法，在尾气中配入部分氧气、使含氧量达 1% 左右，再经预热器加热至 $110℃$，然后进入活性炭固定床层。磷、硫等杂质即被催化氧化。

经净化后的炉气，主要含 CO，可用于工业草酸与甲酸的生产。

（3）磷铁的利用

磷铁的组成约含 P 25%，Fe 70%，还有少量 Mn、Ti、Si、S 等元素。磷铁通常供冶金部门用于特殊钢的制造，并用作脱氧剂，也可用碱处理制成磷酸三钠或用于制造高强度生铁及高磷肥料。

（4）磷泥的利用

磷泥主要来自精制锅、沉淀池及除尘器等处，含磷量约 70%～90%。生产上普遍采用黄磷法回收元素磷。气态磷经冷凝便得到元素磷，其收率约 80%～90%。近年来研制的连续蒸磷锅与化学处理法，可使磷回收率高达 95%左右。

2.12.2.4　电炉法制黄磷的工艺流程

电炉法制磷的主体设备是电炉。电炉上电极的摆布有直线形、三角形。以圆形电炉电极呈三角形排列为主。

电炉法生产黄磷流程见图 2-2-34。

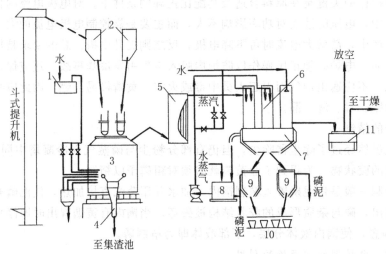

图 2-2-34　电炉法生产黄磷流程图

1—高位槽；2—料柜；3—电炉；4—排渣道；5—除尘器；6—冷凝塔；
7—受磷槽；8—贮槽；9—精制锅；10—冷凝池；11—总水封

磷矿石、焦炭和硅石经破碎至一定粒度后，再经烘干、筛选，然后按比例加入配料车中，再由提升机提至料柜中，经加料管连续不断地加入电炉内。炉料在炉内经加热熔融，生成 CO、磷蒸气、炉渣和磷铁。炉渣约 4 h 从炉眼中排一次，熔融炉渣经水淬后（水压 0.3～0.4 MPa），流入渣池中用电动抓斗抓至贮斗，用车运走。磷铁每天从铁口排出一次，至沙坑中冷却成型后回收。

含磷蒸气、CO 等气体及被炉气夹带的粉尘，经导气管进入除尘器，再进入三个串联的冷凝塔，1 号、2 号塔顶喷 60～70℃热水，3 号塔顶喷冷水。

磷炉气中磷含量约 300 g/m³，粉尘约 50～150 g/m³，CO 含量大于 70%（体积分数），出电炉温度约 300℃，由于磷蒸气沸点为 281℃，含磷炉气露点为 180℃，因此除尘器应保持在 250～300℃，以防止磷蒸气冷凝。

磷蒸气在冷凝塔中被水冷凝为液态磷，未被除去的粉尘同时落入受磷槽中，沉积在槽底的纯磷用泵抽出送往贮槽。形成的混磷另行处理，回收纯磷。冷凝塔出来的尾气约 50～60℃，含 CO80%～90%（体积分数），磷 2～4 g/m³。还含有少量 PH₃、CO₂、H₂O 等，送往原料工段作干燥源或作它用。

2.13　热法磷酸[10,16]

以黄磷为原料，经氧化、水化等反应而制取的磷酸称为热法磷酸。根据不同温度下，P_2O_5 不同的水合反应，可得到正磷酸（简称磷酸）、焦磷酸与偏磷酸等多种，但其中最重要的是正磷酸。含 P_2O_5 60％～70％的磷酸在常温下会结晶。浓磷酸会生成熔点为 29.82℃ 的半水物，$H_3PO_4 \cdot \frac{1}{2} H_2O$，含 P_2O_5 66.36％。无水磷酸（含 P_2O_5 72.45％）的熔点为 42.35℃。

在正磷酸至焦磷酸的浓度范围内，磷酸的密度可用下式计算：

$$\rho = (0.7102 + 0.01617C) + (11.7 \times 10^{-4} - 6 \times 10^{-6}C)T \tag{2-2-45}$$

式中　ρ——密度，t/m^3；

T——温度，℃；

C——磷酸质量分数，％P_2O_5。

2.13.1　热法磷酸生产基本原理

2.13.1.1　燃烧与水合

黄磷燃烧的总反应式为

$$P_4 + 5O_2 == P_4O_{10} + 3030 \text{ kJ}$$

实际上，上述反应是一个复杂的多级反应，反应常常不能进行到底，因此反应物中，除主产品 P_4O_{10} 外，还存在少量磷的低级氧化物 P_4O、P_2O、P_4O_6 等。磷的低级氧化物经水合后，将生成次磷酸（H_3PO_2）与亚磷酸（H_3PO_3）。如有必要，可用硝酸、双氧水等强氧化剂将次、亚磷酸氧化为正磷酸。

在不同温度下，P_2O_5 与水有以下不同的水合反应：

① 230℃时，P_2O_5 与三个水分子结合，生成磷酸

$$P_2O_5 + 3H_2O == 2H_3PO_4$$

② 450℃时，P_2O_5 与二个水分子结合，生成焦磷酸

$$P_2O_5 + 2H_2O == H_4P_2O_7$$

③ 700℃时，P_2O_5 与一个水分子结合，生成偏磷酸

$$P_2O_5 + H_2O == 2HPO_3$$

当大量空气与磷进行氧化时，首先生成磷酸酐（P_2O_5），磷酸酐在 359℃时升华，在高温状态下，它的蒸气聚合成 P_4O_{10}。

磷酸酐如作为产品，是一种白色晶体，具有很强的吸湿性，放置在空气中能自行潮解，工业上用作干燥剂，或者将磷酸酐溶于水生产优质正磷酸。

热法磷酸生产过程中，聚合 P_4O_{10} 或气态 P_2O_5 是中间氧化物，它能强烈吸收空气中的水分，特别在高温燃烧条件下。随着磷酸酐的水合，整个反应向生成磷酸方向进行。

2.13.1.2　雾化、吸收和磷燃烧热的移除

在热法磷酸生产中，最重要的是黄磷的充分雾化和磷酸酐的充分水合，以及磷燃烧热的移除。黄磷的充分雾化在国内大多采用气流雾化形式。气源多为压缩空气或中压过热蒸汽。气流式喷嘴，属于膜状雾化，雾滴比较细，黄磷雾粒与空气充分混合，使整个燃烧反应趋于完全。在气流式喷嘴中，中心管走液体黄磷，雾化气体走环隙。当气、液两相在喷嘴端面接触时，由于从环隙喷出的气体速度很高（200～300 m/s），从而产生很大的摩擦力，把黄磷

雾化。喷嘴所用压缩空气的压力一般为0.3~0.7 MPa。使用蒸汽时压力为 0.6~1.2 MPa。提高压力虽可改善雾化状况，但动力消耗也相应增加。前苏联专利提出用 85~110℃的热空气来雾化磷，并以 400~500 m/s 的流速鼓入反应器内，可提高磷的氧化。其优点是适用范围广，操作弹性大，制造简单，维修方便。其缺点是雾化空气的动力消耗大，大约为压力式和离心式雾化器的5~8倍。正常的雾化状态应是一个充满气体的锥形薄膜，薄膜不断地膨胀扩大，然后分裂成极细雾滴。

磷酸酐的水合是放热反应。P_2O_5 吸收完全与否体现了磷酸装置的经济性。由于用磷酸吸收 P_2O_5 比用水吸收速度高得多，且在温度从 1000℃到 500~600℃范围内。酸吸收率的提高可以通过减少气体冷却速度来达到。所以在生产中，多采用低温热法磷酸循环逐步吸收 P_2O_5，以得到所需磷酸浓度。为加强吸收效果，在有些磷酸生产装置中，用机械压力式酸喷头向热气流中喷磷酸以加强吸收效果。

磷氧化燃烧时将放出大量热。燃烧 1t 元素磷必须移走 $2500×10^3$ kJ 的热量。移走热量的方式主要是依靠循环磷酸吸热，再通过热交换器移出热量。另外，也有采用燃烧塔外壁喷淋冷水移出热或用水夹套的方式或几种方式的组合。归纳起来有水冷和酸冷两大方式。英、美等国一般都采用水冷法。而中国及德国、俄罗斯等国则常采用酸冷法。

2.13.2　热法磷酸生产工艺流程及操作控制[10,17]

热法磷酸的生产方法普遍采用"电炉两步法"。此法是将电炉还原磷矿所得的升华磷，经过除尘后使磷冷凝呈液态磷。然后液态磷经燃烧、水化、除雾制成磷酸。此两步法根据移除热量方式的不同又分为酸冷流程与水冷流程。它们的特点：A. 电炉逸出气体中的 CO 含量达到 85%~90%，易于利用；B. 制得磷酸的纯度高；C. 回收磷酸的设备小。

除了"电炉两步法"外，还有"高炉一步法""富氧空气氧化磷法""优先氧化法"及"水蒸气氧化磷法"等。近年来，美国西方化学公司提出了"窑法制磷酸"的专利，称为 KPA 法。它的基本原理是把磷矿还原和磷的氧化在一个过程中进行，可大大提高热效率。据称，该法的成本可与湿法磷酸竞争。中国已完成了年产 1 万 t 窑法磷酸中试，并正在据此数据建设 3 万 t/a 的工业性试验装置。但上述方法均无普遍意义，故不作专门的介绍。

2.13.2.1　酸冷法制热法磷酸工艺流程

酸冷法流程的显著特点是磷的燃烧和五氧化二磷的水化在同一设备（称为燃烧水化塔）中进行，磷燃烧产生的热量靠喷淋在塔内壁、预先冷却过的大量稀磷酸移走。故酸冷却器的换热面积大（1 万 t/a 规模，需要换热面积约 420 m^2）。

工艺流程如图 2-2-35。燃烧水化塔为圆筒形，塔壁稍带锥形，塔顶直径略大于塔底，用不锈钢制造，外面用喷淋水冷却，也可以用橡胶作内衬，再衬几层耐酸砖。塔的顶端设计成溢流环形式，冷却的稀磷酸由此沿塔内壁流下，使内壁形成一层液膜。磷的燃烧喷头安装在塔顶的中心，用压力为 680kPa 的空气或蒸汽使液体磷雾化。燃烧所需空气沿磷喷头周围进入燃烧塔。磷燃烧的火焰完全由沿着塔壁流下的磷酸所包围，生成的 P_2O_5 有一部分就收集于酸中，因而稀磷酸一面流下，一面被增浓，要加入适量的水，以调节磷酸的浓度。磷酸离开溢流环进入塔内的温度约 40~60℃，离开燃烧塔时被加热到 90~95℃，然后经过冷却再循环至溢流环。磷酸最高允许温度取决于泵、冷却器及管道所用材料，若采用含钼低碳不锈钢，温度可达 90℃。在塔内下半部装的几排酸喷头向塔内壁喷酸形成酸膜，用以冷却气体以及水化磷酐。

磷喷嘴用黄铜或不锈钢制成，固定在顶盖（或侧壁）上，喷嘴的尖端有夹套，通水冷

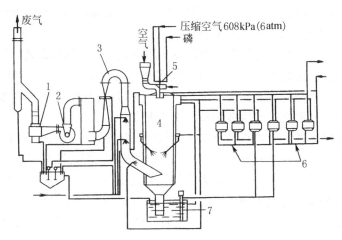

图 2-2-35　酸冷流程制热法磷酸工艺流程图
1—分离器；2—风机；3—文丘里装置；4—燃烧塔；

5—燃烧喷头；6—换热器；7—泵

却，防止喷嘴遭受高温侵蚀。所需空气送至磷喷嘴的周围。此流程对磷的雾化及燃烧的要求
比水冷流程严格。任何未完全燃烧磷粒的存在均会影响成品磷酸质量。火焰长度也是一个重
要因素。如果火焰碰到酸膜，就有被酸滴熄灭的危险，造成燃烧不完全。废气中含有大量的
酸雾及液滴，须在净化装置中除去。

此法生产 1t 热法磷酸（85% H_3PO_4）需耗黄磷 270～280 kg，水 100 m³，空气 1850
m³，蒸汽 280 kg，电 160 kW·h。磷的回收率≥99%。

2.13.2.2　水冷法流程制热法磷酸

水冷法生产热法磷酸的流程见图 2-2-36。

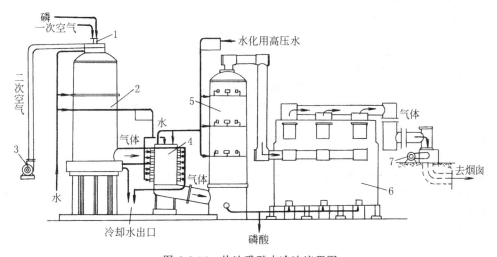

图 2-2-36　热法磷酸水冷法流程图
1—磷喷嘴；2—燃烧炉；3—鼓风机；4—气体冷却器；5—水化塔；6—电除雾器；7—排风机

水冷法流程的特点：A. 液态磷的燃烧单独在燃烧室内进行，燃烧过程中所发生的热量
用水移去；B. 冷却后气体中的 P_2O_5 与水化合生成磷酸；C. 材料多使用石墨板（管）和碳
砖；D. 气体冷却器的冷却面积较小（1 万 t/a 规模的冷却面积仅 100 m²）。

198

液态磷经喷嘴送入磷燃烧室，并用压缩空气或蒸汽使磷雾化，管道和设备均用蒸汽或热水保温，维持 60℃ 以上，以防止液态磷凝固。

燃烧室为圆柱形，室壁及底均用石墨砌成。燃烧室顶盖用钢板制造并衬高铝水泥和高铝耐火砖。磷喷嘴与酸冷法相似。燃烧室的温度很高（约 1000℃），故室外必须喷淋水冷却，室壁因积聚一层缩合磷酸液膜而得到保护。也有采用卧式石墨燃烧室，两端均装有燃烧喷嘴。燃烧室的燃烧强度取决于磷的雾化和空气的供应。

燃烧室出来的气体进入管式石墨冷却器，气体在管间，冷却水在管内，并可在器外喷淋水。经过冷却后气体从 800℃ 下降到 180℃，进入水化塔。塔为圆柱形，塔上部装 3 层水喷嘴，将 P_2O_5 水化成磷酸。从水化塔出来的气体温度约 100℃，进入三段并联的电除雾器，回收气体中夹带的酸雾。水化塔中得到的磷酸为 75%～95% H_3PO_4，其量约占总酸量的 55%。从电除雾器得到的磷酸为 90%～95% H_3PO_4，约占 45%，二者合并就是成品磷酸（80%～85% H_3PO_4）。

水冷法每生产 1t 热磷酸（85% H_3PO_4）约需黄磷 273kg，空气 1715m³，水 80m³。磷酸回收率比酸冷法略低，约为 98%。

参 考 文 献

1 张允湘,罗澄源,钟本和等.磷酸磷铵的生产工艺.成都:成都科技大学出版社,1991

2 *Phosphorus & potassium*.1992,(178):28

3 *Phosphorus & potassium*.1978,(98):20～25

4 Ангелова，М·А,Хим.Пром.1996,(9):544～548

5 《化肥和化肥催化剂标准全书》编辑组,化肥和化肥催化剂标准全书.北京:化工部标准化研究所出版发行(内部发行).1996,(10):849～850

6 A. V. Slack,Phosphoric Acid·part Ⅰ.New York:Marcel Dekker Inc.1968

7 吴佩芝.湿法磷酸.北京:化学工业出版社,1987.2～4,68～76

8 李成蓉,钟本和,张允湘.化工学报.1998,(3):336～341

9 Pierre Becker. Phosphates and Phosphoric Acid.New York:Marcel Dekker Inc,1983.78～98,369～373

10 《化肥工业大全编委会》,化肥工业大全.北京:化学工业出版社,1988.575～579

11 熊家林,刘钊杰,贡长生主编.磷化工概论.北京:化学工业出版社,1994.63～66

12 陈嘉甫,谭光薰主编.磷酸盐的生产与应用.成都:成都科技大学出版社,1989.16～20

13 吉林化学工业公司设计院,化工部第二、第八设计院.物性数据计算.北京:化学工业出版社,1983.5;附录Ⅱ～Ⅹ,附表1～4

14 姚永发,方天翰主编.磷酸、磷铵、重钙技术与设计手册.北京:化学工业出版社,1997;66,203,276

15 张允湘.磷酸、磷铵的工艺计算与主要设备简算.成都科技大学化工系(内部资料),1983.10

16 陈五平主编.无机化工工艺学.(三)化学肥料.第二版·北京.化学工业出版社,1989.224～231

17 Ивэнчкцй,B.B.Фосфогцпс Иего Использование,Москва:Химия,1990.181～185

18 刘亦武.硫磷设计.1997,(1):6～10

19 郭景阁.硫磷设计.1998,(3):20～21

20 葛祖元.磷肥与复肥.1996,(1):40～41

21 *Phosphorus & Potassium*.1996,(204):28～31

22 *Phosphrus & Potassium*.1997,(211):45～48

23 葛祖元.磷肥与复肥.1994,(3):34～35

24 刘亦武,黄文雄.磷肥与复肥.1996,(6):74～77

25 上海化工研究院磷肥室编.磷肥工业.修订本.北京:化学工业出版社,1979.4:138～160

26 Arthur D. F. Toy,Edward N. Walsh.Phosphorus Chemistry in Everyday Living.2nd ed.Washington,DC:American Chemical Society,1987.2～5

第三章 磷 肥

3.1 酸法磷肥

酸法磷肥通常指用硫酸、磷酸、盐酸等无机酸分解磷矿所制得磷肥的通称。主要品种有普通过磷酸钙（single superphosphate，缩写为 SSP），简称过磷酸钙或普钙；重过磷酸钙（triple superphosphate，缩写为 TSP），简称重钙；富过磷酸钙（简称富钙）和磷酸氢钙（又称沉淀磷酸钙，简称沉钙）以及氨化过磷酸钙等。它们的比较如表2-3-1。

表 2-3-1 主要酸法磷肥的简略比较

序号	酸法磷肥名称		分解酸	产品主要组成	产品含磷量/有效 P_2O_5 %
	全　称	简称			
1	普通过磷酸钙	普钙,过磷酸钙	H_2SO_4	$Ca(H_2PO_4)_2 \cdot H_2O + CaSO_4$	12～20
2	重过磷酸钙	重钙	H_3PO_4	$Ca(H_2PO_4)_2 \cdot H_2O$	40～50
3	富过磷酸钙	富钙	$H_2SO_4 + H_3PO_4$	$Ca(H_2PO_4)_2 \cdot H_2O + CaSO_4$	25～35
4	沉淀磷酸钙（磷酸二钙）	沉钙（氢钙,二钙）	H_2SO_4, HCl	$CaHPO_4 \cdot 2H_2O$	36～38①
5	氨化过磷酸钙	—	H_2SO_4	$Ca(H_2PO_4)_2 \cdot H_2O + NH_4H_2PO_4$	14～20 2～3N%

① 为枸溶性 P_2O_5。

3.1.1 普通过磷酸钙[1~3]

普通过磷酸钙（简称普钙）是世界上最早工业化的化肥品种。早在 19 世纪中期就已开始生产，一直到本世纪 50 年代末的一百多年时间均居磷肥生产的主导地位。由于它有效成分低，在磷肥中所占比重在逐步下降，但因其生产工艺简单、成本低，又含作物需要的磷、硫养分，故其绝对产量仍未降低。中国磷肥中普钙一直是第一大品种，据 1997 年统计，普钙生产能力仍达 439 万 tP₂O₅，约占当年中国磷肥总生产能力 850 万 tP₂O₅ 的 51.65%。

3.1.1.1 普通过磷酸钙生产的基本化学反应

普钙是用硫酸分解磷矿粉，经过混合、化成、熟化工序制成的。其主要化学反应：

$$2Ca_5F(PO_4)_3 + 7H_2SO_4 + 3H_2O = 3Ca(H_2PO_4)_2 \cdot H_2O + 7CaSO_4 + 2HF \quad (2-3-1)$$

上式表明磷矿中以 P_2O_5 含量作基准时，P_2O_5 消耗的 H_2SO_4 用量：

$$P_2O_5 \times \frac{7 \times 98}{3 \times 142} = 1.61 \ P_2O_5$$

实际上，上述反应是分两个阶段进行。第一阶段是硫酸分解磷矿生成磷酸和半水硫酸钙。该反应是在化成室中化成时完成的。

$$Ca_5F(PO_4)_3 + 5H_2SO_4 + 2.5H_2O = 3H_3PO_4 + 5CaSO_4 \cdot 0.5H_2O + HF \quad (2-3-2)$$

由于硫酸是强酸，反应温度又高（可达 110℃ 以上），因而这一阶段的反应进行很快，特别是在反应初期更为剧烈，一般在半小时以内即可完成。随着反应的进行，磷矿不断被分解，硫酸逐渐减少，CO_2、SiF_4 和水蒸气等气体不断逸出，固体硫酸钙结晶大量生成，使反应料浆在几分钟内就可以变稠，离开混合器进入化成室后便很快固化。

"化成"作用，是使浆状物料转化成一种表面干燥、疏松多孔、物理性质良好的固体状物料（又称鲜肥）。固化过程进行得好坏，主要取决于所生成硫酸钙结晶的类型、大小和数量。在正常生产条件下，料浆中首先析出细长形如针状或棒状的半水硫酸钙 $CaSO_4 \cdot 0.5H_2O$ 结晶。它们交叉生长、堆积成"骨架"，使大量液相（约占料浆的 40％以上）包藏在晶间空隙中，形成固体状物料。反应条件下，$CaSO_4 \cdot 0.5H_2O$ 在热力学上是一种介稳态形式，最后转变为稳定的无水硫酸钙结晶：

$$2CaSO_4 \cdot 0.5H_2O = 2CaSO_4 + H_2O \tag{2-3-3}$$

无水硫酸钙是一种细小致密的结晶，不能形成普钙固化的骨架，而且脱出的水会使料浆变稀，更不利于固化。因此，要选择合适的反应条件，使 $CaSO_4 \cdot 0.5H_2O$ 能保持较长的稳定时间，以保证反应物料形成完好的固体结构。磷矿中含有一定量的硅酸盐有利于料浆的固化。因为它们在反应后可以从料浆中析出网状结构的硅凝胶，便于形成骨架。

第二阶段反应是以第一阶段生成的磷酸分解剩余的磷矿粉，只有当硫酸耗尽后，才能发生此反应，生成普钙的主要有效成分磷酸一钙（或称磷酸二氢钙）$Ca(H_2PO_4)_2 \cdot H_2O$。该阶段反应是在化成的后期开始，以后还要在仓库堆放很长一段时间，生产上又称为"熟化"，经过熟化，达到规定指标后才能作为产品出厂。在这个阶段生成的磷酸一钙最初溶解于液相中，当溶液过饱和时，则不断析出 $Ca(H_2PO_4)_2 \cdot H_2O$ 结晶。

磷矿中所含杂质，如方解石、白云石、霞石与海绿石等也同时被硫酸分解并消耗一定量的硫酸：

$$(Ca,Mg)CO_3 + H_2SO_4 = (Ca,Mg)SO_4 + CO_2\uparrow + H_2O \tag{2-3-4}$$

以 CO_2 作基准，CO_2 消耗的硫酸量为

$$CO_2 \times \frac{98}{44} = 2.23\ CO_2 \tag{2-3-4a}$$

上述反应在第二阶段有磷酸和氟磷酸钙存在时，将转变为磷酸二氢盐：

$$5(Ca,Mg)SO_4 + 7H_3PO_4 + Ca_5F(PO_4)_3 = 5(Ca,Mg)(H_2PO_4)_2 + 5CaSO_4 + HF \tag{2-3-5}$$

磷矿中的倍半氧化物（Fe_2O_3、Al_2O_3）也和硫酸反应生成硫酸盐，以后在磷酸和磷酸一钙的介质中转变为中性或酸性磷酸盐：

$$Fe_2O_3 + H_2SO_4 + Ca(H_2PO_4)_2 = 2FePO_4 + CaSO_4 + 3H_2O \tag{2-3-6}$$

Fe_2O_3 消耗的硫酸量为

$$Fe_2O_3 \times \frac{98}{159.7} = 0.61Fe_2O_3 \tag{2-3-6a}$$

$$Al_2O_3 + H_2SO_4 + Ca(H_2PO_4)_2 = 2AlPO_4 + CaSO_4 + 3H_2O \tag{2-3-7}$$

Al_2O_3 消耗的硫酸量为

$$Al_2O_3 \times \frac{98}{102} = 0.96Al_2O_3 \tag{2-3-7a}$$

每份磷矿的硫酸理论用量为磷矿中所含 P_2O_5、Fe_2O_3、Al_2O_3 消耗 H_2SO_4 量的总和，即分解磷矿的硫酸理论用量等于

$$1.61 \times P_2O_5\% + 2.23 \times CO_2\% + 0.61 \times Fe_2O_3\% + 0.96 \times Al_2O_3\% \tag{2-3-8}$$

上述反应生成的 $FePO_4$ 与 $AlPO_4$ 料浆固化时，呈 $FePO_4 \cdot 2H_2O$ 与 $AlPO_4 \cdot 2H_2O$ 水合结晶形式析出。它们均是非水溶性的。这种由水溶性 P_2O_5 转变为非水溶性 P_2O_5 的变

化，称为"退化"。由此表明，要减少普钙产品中水溶 P_2O_5 的"退化"现象，就必须对磷矿中的铁、铝含量有一定限制和要求。

3.1.1.2 普通过磷酸钙生产的物理化学分析

普钙生产的总反应式表明，在反应过程中析出了大量的硫酸钙，它在普钙液相中的溶解度很小，实际上不影响磷酸钙盐的溶解度。反应过程中形成的 HF，约有一半以 SiF_4 形式逸入气相，其余生成微溶性氟化合物，因此可以不考虑 $CaSO_4$ 与 HF 的影响，而用 CaO-P_2O_5-H_2O 三元体系相图来对普钙生产过程进行物理化学分析。

（1）CaO-P_2O_5-H_2O 体系相图

图 2-3-1 示出了 CaO-P_2O_5-H_2O 体系在 80℃时的等温溶解度图。图中纵坐标为 P_2O_5 的质量分数，横坐标为 CaO 的质量分数，坐标原点表示水的组成点。M 为 $Ca(H_2PO_4)_2 \cdot H_2O$ 的组成点（56.30% P_2O_5 及 22.19% CaO）。L 为 $CaHPO_4$ 的组成点。T 为 $Ca_3(PO_4)_2 \cdot H_2O$ 的组成点（43.27% P_2O_5 及 51.25% CaO）。图中有 $Ca(H_2PO_4)_2 \cdot H_2O$、$CaHPO_4$、$Ca_3(PO_4)_2 \cdot H_2O$、$Ca(H_2PO_4)_2 \cdot H_2O + CaHPO_4$ 和 $Ca_3(PO_4)_2 \cdot H_2O + CaHPO_4$ 几个结晶区。

在等温图内，E_1E 线及 EO 线分别为 $Ca(H_2PO_4)_2 \cdot H_2O$ 和 $CaHPO_4$ 的溶解度曲线。交点 E 为两种盐的共饱点。

$Ca(H_2PO_4)_2 \cdot H_2O$ 的溶解线 OM，不与溶解度曲线相交，可见它是不相称盐，所以磷酸一钙盐在水溶液中易于水解；

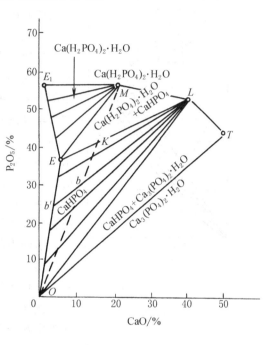

图 2-3-1 80℃时 CaO-P_2O_5-H_2O 的等温线

$$Ca(H_2PO_4)_2 + aq = CaHPO_4 + H_3PO_4 + aq$$

由图上还可以看出，在低 P_2O_5 含量区域内溶液与 $CaHPO_4$ 成平衡，在 P_2O_5 含量较高时，溶液与 $Ca(H_2PO_4)_2 \cdot H_2O$ 及 $Ca(H_2PO_4)_2$ 成平衡。故生产上只有在 H_3PO_4 含量较高时才能得到 $Ca(H_2PO_4)_2 \cdot H_2O$。

图 2-3-2 是 CaO-P_2O_5-H_2O 系统多温相图。图上绘出 25℃、40℃、50.7℃、75℃和 100℃的溶解度等温线。由图可以看出，它们都与 80℃下的溶解度曲线相类似。值得注意的是，共饱点 E 随着温度的升高，向 P_2O_5 含量增高的方向移动，CaO 含量略为减少；随着 $Ca(H_2PO_4)_2 \cdot H_2O$ 溶解度增高，$CaHPO_4$ 的溶解度则有所减少。

（2）过磷酸钙物相组成的物理化学分析图

普钙生成反应的第二阶段，在生产过程中处于物料由混合器进入化成室并在其中继续进行分解反应阶段称为化成阶段，物料从化成室卸出后堆置于仓库中并继续进行反应阶段称为熟化阶段。化成与熟化阶段是一个十分复杂的相变过程。在此期间，反应温度将从化成室内的 100℃以上降低到熟化仓库的 50℃左右，甚至接近常温。同时由于水分大量蒸发，固、液两相会发生量与质的变化。这种变化可以用 CaO-P_2O_5-H_2O 体系相图对普钙的物相组成进

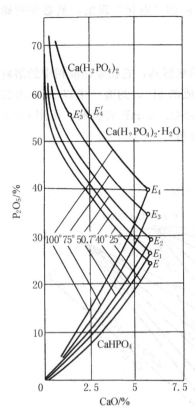

图 2-3-2 $CaO-P_2O_5-H_2O$
体系多温图

行物理化学分析。

在图 2-3-3 的下部分给出了 $CaO-P_2O_5-H_2O$ 体系在 25℃、40℃和100℃下的等温线，从原点出发的射线束是中和度射线，中和度为 100％ 的射线终止于表示磷酸一钙的组成点 N。

图 2-3-3 的上部绘出了两种硫酸定额下的磷灰石精矿分解率和中和度的关系曲线。左边的辅助图绘出了第二阶段反应开始时液相中 P_2O_5 浓度与过磷酸钙成品中水分的关系（硫酸定额为 72 份）。

生成过磷酸钙反应的第二阶段，可以看成是羟基磷灰石在磷酸溶液中溶解以及随之而进行的结晶过程。代表原始磷酸溶液的点位于纵轴上，由过磷酸钙中水分含量通过左边辅助图找出初始磷酸浓度。代表羟基磷灰石组成点的坐标为：$CaO55.82％$，$P_2O_542.38％$（这一点图中未示出）。磷酸组成点与羟基磷酸灰石组成点的联线是磷灰石的溶解线。图上绘出了不同浓度的磷酸溶解羟基磷灰石的射线束。在反应过程中，过磷酸钙的复合物相组成点沿着溶解射线由纵轴向羟基磷灰石方向移动。

由测得的过磷酸钙在某瞬间的分解率，通过辅助图可以找出此时复合物相中磷酸第一氢离子的中和度。磷酸钙盐复合物相组成点位于溶解线和中和线的交点上。

例如，当磷酸定额为 72 份、磷灰石分解率为 92％、过磷酸钙中水分为 12％时，磷酸钙盐复合物相组成以 A 点表示（46.2％P_2O_5 和 8.5％CaO）。此点在 25～100℃的范围内处于磷酸一钙 $Ca(H_2PO_4)_2 \cdot H_2O$ 的结晶区内。因此，此例中的磷酸钙盐复合物是由液相（被磷酸一钙盐饱和的磷酸溶液）和磷酸一钙固相所组成。借助于自 N 点引出并通过 A 点的结晶射线，按杠杆规则可以计算出不同温度下复合物相中固相与液相之间的比例。结晶线与等温线的交点（如 25℃的 P 点）表示相应温度下的液相组成。

当硫酸定额为 72 份时，化成室内新鲜过磷酸钙中的磷矿分解率平均为 87％（上图为 C 点），复合物相的中和度为 30％。当过磷酸钙含水 16％、14％、12％或 9％时，过磷酸钙复合物相组成点分别为中和度射线与相应的溶解射线的交点 D_1、D_2、D_3 或 D_4 点。由这些 D 点的位置可以看出：当过磷酸钙含水 16％时，磷酸钙盐复合物在100℃或更高的温度下不含磷酸一钙固体（D_1 点处于不饱和区域）；当水分为 14％时，其含量也很少（D_2 靠近100℃等温线）；过磷酸钙中水分含量越少，则出化成室的过磷酸钙复合物相里所含的磷酸一钙结晶越多（D_3 和 D_4 点位于 100℃等温线上方）；冷却到 40～25℃时，含水分 16％的新鲜过磷酸钙中的复合物相里也含有固体磷酸一钙。

3.1.1.3 普通过磷酸钙生产的工艺流程和主要设备

（1）普钙生产的工艺流程

普钙的生产工艺可分为稀酸矿粉法和浓酸矿浆法。浓酸矿浆法是中国开发的新工艺。该工艺不直接使用磷矿粉而是使用磷矿浆，也无需设置对材质要求高的浓硫酸稀释冷却器，而

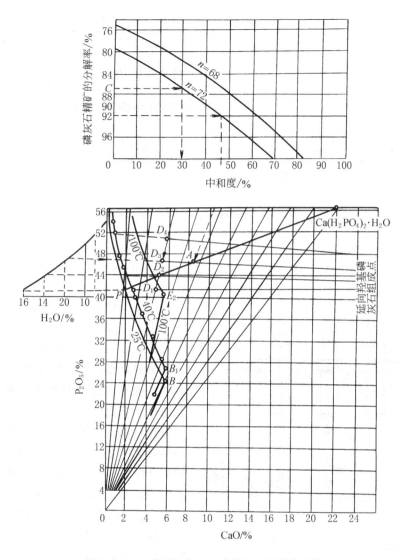

图 2-3-3　过磷酸钙物相组成的物理化学分析图

是将浓硫酸与磷矿浆（含水约 30％）直接加入混合器。由于该工艺在节能降耗，特别是在改善环境条件方面的优越性。现已在中国得到广泛的应用。现在除个别亲水性强的磷矿（矿浆含水＞35％才有流动性）因加入水量太大而影响水平衡外，采用磷矿湿磨和直接使用浓硫酸的浓酸矿浆法流程已占全国普钙生产的绝大部分。该工艺流程见图 2-3-4。粗碎后的磷矿碎矿经斗式提升机、贮斗圆盘加料机与由流量计计量后的清水一起进入球磨机。湿磨好的矿浆经振动筛流入带搅拌的矿浆池，再经矿浆泵与 H_2SO_4 一起加入混合器中。出混合器料浆进入回转化成室（或皮带化成室），由胶带输送机送到设置有桥式吊车的熟化仓库。由混合器与化成室排出之含氟废气经氟吸收室后放空。吸收制得的 H_2SiF_6 溶液在氟盐反应器与 NaCl 反应后生成 Na_2SiF_6 结晶，经离心机分离，干燥机干燥后得到 Na_2SiF_6 副产品。

　　上述流程中的关键设备是回转化成室或皮带化成室。故在普钙生产中，常根据采用何种化成设备来分类。若流程中采用回转化成室则称为"回转化成流程"，采用皮带化成室则称为"皮带化成流程"。

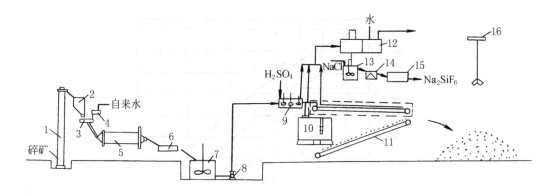

图 2-3-4　普通过磷酸钙生产流程（浓酸矿浆法）

1—斗式提升机；2—碎矿贮斗；3—圆盘喂料机；4—自来水流量计；5—磨机；6—振动筛；
7—矿浆池；8—矿浆泵；9—立式混合器；10—回转化成室；11—皮带化成室；
12—氟吸收室；13—氟盐反应器；14—离心机；15—干燥机；16—桥式吊车

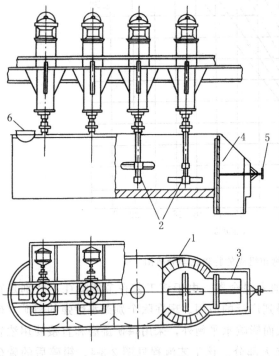

图 2-3-5　多桨立式混合器

1—混合槽；2—搅拌器；3—出料口；4—出料口挡板；
5—挡板压紧螺旋；6—加料口

② 化成室

A. 回转化成室。回转化成室是对磷矿适应性较强的一种化成设备。其结构示意见图 2-3-6。化成室分顶盖、筒体、切削器、传动和支承装置等。顶盖用钢筋混凝土制成，内涂水玻璃辉绿岩胶泥。筒体圆柱形，材料与顶盖相同，外包钢板。筒体内部，被固定在顶盖上的竖直弧形护板，将化成室分为化成区和切削区两部分，切削区有中心出料管和切削器。

料浆由顶盖进入化成室化成区的护板附近，筒体缓慢旋转，料浆逐渐凝固，转到切削区

（2）普钙生产的主要设备

① 混合器。硫酸与磷矿混合并进行反应的主要设备。采用最普遍的是椭圆的立式多桨混合器。其结构简图见图 2-3-5。混合器外壁和底部，用钢板焊制，内壁衬耐酸混凝土或耐酸瓷砖作防腐层。搅拌桨一般用钢衬橡胶。混合器有搅拌桨 3～5 个，每桨有桨叶 2～3 层，每层两叶成 180°，相邻桨叶层成 90°与轴成 30°。各桨叶的线速度不同，第一桨约为 10 m/s，第二、三桨约为 7 m/s，第四、五桨约为 5 m/s。

除立式多桨混合器外，也常采用卧式混合器。该混合器为一长槽，上部长方形，下部半圆形。扩大段的前端进料，缩小段的末端出料。扩大段搅拌强度大，两段长度的比例根据磷矿分解难易程度而定。此外，还有采用锥形混合或透平混合器。近年来，国内还开发了一种结构简单的节能型管式反应器，虽然转化率略有降低，但经应用表明，经济效益显著。

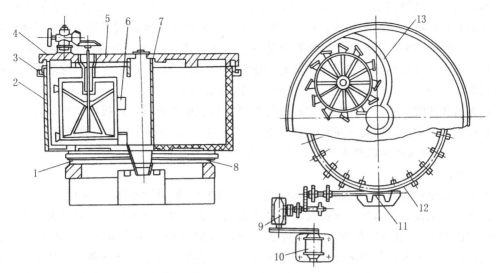

图 2-3-6 回转化成室

1—挡轮；2—筒体；3—水封；4—顶盖；5—切削器；6—刀架；7—中心筒；

8—托轮；9—减速机；10—电动机；11—蜗杆；12—蜗轮；13—护板

时已经固化，被切削器切碎，经中心出料筒落入化成室底部的皮带运输机送去熟化。切削器的直径不到化成室直径的一半，转速 6～12 r/min，旋转方向和化成室相反。切削刀最易磨损，一般采用铬钢玉或用铸铁刀，刀口焊上合金钢，也有用辉绿岩刀片的。回转化成室旋转一周的时间为 0.8～2.5 h，根据料浆所需的固化时间调节。

B. 皮带成化室[3]。皮带化成时间较短，一般在 15～20min，故适用于易分解的磷矿。其结构简图见图 2-3-7。

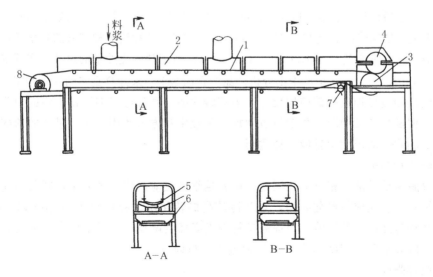

图 2-3-7 皮带化成室结构简图

1—皮带；2—皮带罩；3—主动轮；4—切削器；5—挡皮；

6—托辊；7—梅花滚筒；8—从动轮

皮带化成室的外形和结构与一般的皮带输送机相似。主要不同点在料浆未凝结的一段皮带带面为凹形，以免料浆外漏，这段皮带长度相当于全长的 1/3。皮带系以氯丁橡胶为主料，再加其它配料，按配比制成，具有耐酸、耐热和耐磨等性能。皮带罩用薄钢板制成，内衬一层 3～4 mm 厚的软聚氯乙烯塑料板防腐。罩子与皮带接触的边缘安装橡胶挡皮密封，罩上开有进料孔和排气孔。皮带出料端有一滚轮式的切削器，将鲜钙切碎。皮带化成室的有效面积为 65%～75%，生产强度约 400～1000 kg/(m² · h)。

在美国和西欧，常常采用与皮带化成相似的链板化成室流程。链板化成室是由运动的耐酸钢板块制成。化成时间比皮带化成长，约为 0.5～1h，故对磷矿的适应性较强。

3.1.1.4 普通过磷酸钙生产的操作控制与工艺条件选择

(1) 硫酸浓度

工艺上要求硫酸浓度尽可能高，其优点：A. 能加快第一阶段反应的进行。B. 减少液相量，加剧水分蒸发，使磷酸浓度提高，有利于磷酸二氢钙的生成和结晶，同时也可加快第二阶段反应的进行，缩短熟化时间。一般情况下，可减少产品中水分 1%，相应增加有效 P_2O_5 含量。C. 带入产品中水分少，产品物性好。但硫酸浓度也不能过高，否则因反应过快使 $CaSO_4 \cdot 0.5H_2O$ 迅速脱水成细小的无水 $CaSO_4$，既不能形成固化骨架，又包裹了未分解的磷矿粉。这样不但降低了磷矿的分解率，而且使产品粘结，物性变坏。硫酸一般采用 60%～75% H_2SO_4，对易分解且细度高的磷矿，可取上限。

(2) 硫酸温度

提高硫酸温度能加速反应进行，提高磷矿分解率，促进水分蒸发和氟逸出，改善产品特性。但温度过高也会造成类似浓度过高的不良后果。只是影响要小一些。因此，硫酸温度必须和硫酸浓度相配合。硫酸浓度高，温度可低一些。通常是以调节硫酸温度来适应最高的硫酸浓度。一般控制的温度范围为 50～80℃（含铁、铝高的磷矿宜采用 50～60℃，含镁高的磷矿可提高到 70～80℃）。

(3) 硫酸用量

分解 100 份磷矿粉（质量）所需的硫酸量（以 100% H_2SO_4 计）称为硫酸用量。如前已述理论硫酸用量系根据磷矿中 P_2O_5、CO_2、Fe_2O_3、Al_2O_3 四种组分和硫酸的化学反应进行计算的。也就是磷矿中所含 P_2O_5、CO_2、Fe_2O_3、Al_2O_3 所消耗的硫酸量的总和。实际硫酸用量常为理论量的 100%～110%。生产中由分析产品所含的 SO_4^{2-} 来计算真实的硫酸用量。

提高硫酸用量可加速磷矿前期反应，提高转化率，并且可以抑制铁、铝的退化作用，缩短熟化期。但随之产品中游离酸含量也增加，须经中和方可使用。而且过高的硫酸用量还会使料浆不易固化。故硫酸用量应选择适当。

(4) 磷矿粉细度

硫酸分解磷矿是液固相反应。因此，矿粉越细则反应越快、越完全，料浆迅速变稠，从而大大缩短混合、化成与熟化时间，并获得较高的转化率。粒径小于 30 μm 以下的矿粉将不再受硫酸钙包裹作用的影响。但提高矿粉细度必然会降低粉碎系统的生产能力，增加电耗和成本。一般要求磷矿细度 90%～95% 通过 100 目即可。

(5) 搅拌强度

搅拌的作用主要是促进液固相反应，减少扩散阻力，降低矿粉表面溶液的过饱和度。但搅拌强度也不能过高，否则会破坏 $CaSO_4 \cdot 0.5H_2O$ 所形成的骨架，使料浆不易固化，而且还会使桨叶机械磨损加剧。搅拌强度以桨叶末端的线速度表示。立式混合器桨叶采用 5～12m/s，卧式混合器桨叶一般采用 10～20m/s。

（6）混合及化成时间

混合时间即物料在混合器内的停留时间，可以混合器的有效容积除以单位时间内通过的料浆体积计算而得到。混合时间的长短主要根据磷矿分解的难易程度来确定，一般短的 1～2min，长的 5～8min。最短的如锥形混合器，仅 2 秒左右。混合时间不够，料浆分解率低，不易固化。混合时间过长，料浆太稠，流动性变差，使操作发生困难，甚至固化在混合器内。化成时间即料浆进入化成室至变成鲜钙卸出时的停留时间。物料在化成室内温度可高达110～130℃。降低温度有利于磷酸二氢钙的结晶，因此，化成时间不宜过长。回转化成室一般为45～60min。皮带化成室15～20min，以保证料浆正常固化。

（7）熟化和中和

① 熟化

A. 熟化时间。由化成室卸出的鲜钙，一般含有15％～22％尚未分解的磷矿粉，必须在仓库中堆置一定时间，使半成品中的游离酸同磷矿粉进行继续分解，使第二阶段反应接近完成，这个过程称为熟化。熟化过程在仓库中进行。鲜钙熟化时间，随磷矿类型不同而有较大的差别。易分解矿要7～10天，难分解矿要10～15天或更多。因此，如何缩短熟化期对普钙生产的经济效益有重要影响。

经过第二阶段反应后，磷矿转化率可提高15％左右，当熟化后期磷矿分解率达到95％左右，游离酸降至5％以下（一般每降低1％游离 P_2O_5，可相应增加有效 P_2O_5 0.43％），磷矿的分解和熟化过程就基本结束。

B. 熟化温度。从化成室卸出的物料温度在80～90℃左右，对蒸发水分有好处。但实际上，磷矿的种类和成分不同，对于所得鲜钙的熟化温度亦不同。根据矿种的不同，可分为"高温"和"低温"两种。

a. 高温熟化：温度控制在70～80℃，主要适用于含镁高或易分解的磷矿。采用较高硫酸用量时，高温可提高反应速度。生产中高温熟化采取不翻堆、少翻堆或大堆熟化来实现。

b. 低温熟化：温度控制在30～50℃，主要适用于含铁铝较高的磷矿，以避免或减少产品中水溶性 P_2O_5 的退化。低温熟化主要采取撒扬、小堆熟化和增加翻堆次数来实现。

② 中和。熟化后期，如果因混合化成工艺条件控制不严，使成品游离酸含量过高（如＞5％），产品吸湿性强，物性差，直接施用会损伤农作物，并腐蚀包装及运输材料。因此，需加入一些中和剂进行中和。中和剂可选择能中和游离酸的氨、石灰石、白云石、骨粉、钙镁磷肥、脱氟磷肥、磷矿粉等。以磷矿粉使用最为普遍。用氨中和游离酸又称为普钙的氨化，产品称为氨化普钙。普钙氨化后水分有所下降，不粘结，物性得到显著改善，易于撒布。普钙因氨化而增加了少量氮，从而提高了肥效。如要进一步提高氮含量，可用尿素硝铵的氨溶液来进行普钙的氨化。

3.1.1.5　普钙生产中含氟气体的吸收与氟硅酸及其钠盐的应用

（1）含氟气体的吸收

氟主要是在料浆固化前的较短时间内，主要以 SiF_4 形态从混合器与化成室逸出。料浆一经固化，SiF_4 就很难从凝胶体扩散，随之氟的逸出就减少，但此时，SiF_4 的蒸汽分压还没有达到平衡，在普钙切削、堆置和造粒干燥过程中还有少量氟逸出，以后渐渐接近于平衡状态。氟的总逸出率大致在35％～45％，包括堆置熟化过程中逸出约1％，粒肥干燥过程中逸出约5％。

SiF_4 气体一般采用水逆流循环吸收生成 H_2SiF_6，并同时析出硅胶 $SiO_2 \cdot 2H_2O$。其反

应式为

$$3SiF_4 + 4H_2O \Longrightarrow 2H_2SiF_6 + SiO_2 \cdot 2H_2O \downarrow$$

国内含氟气体吸收流程,多数工厂采用两个串联的泼水轮吸收室和一个湍动塔或喷射塔,也有用一个泼水轮吸收室,一个文氏管和一个吸收塔。还有采用几个串联的吸收塔。这些流程的总吸收率都可以达到98%以上。生产中要注意的主要问题是如何减少硅胶的堵塞和便于清理。

吸收液温度50~60℃,吸收液氟硅酸浓度约10%~12%。浓度超过12%时,吸收效率明显降低。一般吸收液浓度降低1%时,吸收效率可提高约1.3%。制得的H_2SiF_6溶液中含有大量硅胶,故应当将此H_2SiF_6放于贮槽内加以澄清后,再送去制造氟硅酸钠。

(2) 氟硅酸钠的生产

吸收得到的H_2SiF_6有多种用途。意大利[13]、前苏联[14]等将H_2SiF_6返回系统代替部分硫酸分解磷矿。中国在浓酸矿浆法中采用H_2SiF_6返回系统方面也做了不少工作,有的已用于生产,如将氟硅酸吸收液加入球磨机研磨磷矿,这样既提供了磨矿所需要的液相,又利用了其中的氟硅酸分解磷矿。中国氟硅酸溶液普遍用于生产氟硅酸钠。利用 NaCl 或 Na_2SO_4 与 H_2SiF_6 作用,生产 Na_2SiF_6,其化学反应如下:

$$H_2SiF_6 + 2NaCl(或 Na_2SO_4) \Longrightarrow Na_2SiF_6 \downarrow + 2HCl(或 H_2SO_4)$$

氟硅酸钠的生产包括 NaCl (或 Na_2SO_4) 溶液的制备、Na_2SiF_6 的结晶和沉降,结晶的过滤与干燥等工序。Na_2SiF_6 的产率系根据所用磷矿的氟含量 (约 2.5%~3%) 来确定,一般情况下,每生产1t普钙可制得 Na_2SiF_6 约 7~8 kg。

(3) 氟硅酸吸收液的其它应用

① 由于氟硅酸溶液中含有大量硅胶 $SiO_2 \cdot 2H_2O$,在工业上可以利用此硅胶与 NaOH 溶液作用生产水玻璃 (Na_2SiO_3):

$$SiO_2 \cdot nH_2O + 2NaOH \Longrightarrow Na_2SiO_3 + (n+1)H_2O$$

② 利用硅胶生产白炭黑 (含 SiO_2 在 90% 以上)。白炭黑是橡胶工业的重要原料,在塑料、纺织、玻璃、珐琅、陶瓷、油墨及耐酸材料中应用广泛。

③ 从氟硅酸中提取碘。利用离子交换树脂法提取氟硅酸中的碘 (吸收时,以 HI 形态溶解于氟硅酸中)。

④ 制取 $MgSiF_6$。利用 H_2SiF_6 与 MgO 作用生产 $MgSiF_6$。$MgSiF_6$ 是一种白色针状结晶,能溶解于水,不溶于乙醇,有毒,易分解。用于果树的杀虫、陶瓷和水泥的固化等。

$$H_2SiF_6 + MgO \Longrightarrow MgSiF_6 + H_2O$$

⑤ 生产冰晶石。冰晶石是白色粉末结晶,微溶于水,密度为 2.95~3g/cm³,莫氏硬度为 2~3,熔点约为 1000℃,易吸水受潮。冰晶石主要用于炼铝工业,作铝电解的熔盐。利用 H_2SiF_6 生产冰晶石的方法有合成法与氨法。

3.1.1.6　普钙生产主要技术经济指标及产品标准

(1) 普钙生产主要技术经济指标

普钙生产技术经济指标有产量、质量、转化率、矿耗和酸耗等。

产量的计算方法有实物产量、标准产量、折纯法和营养元素法等四种。工厂内部和商品计价采用实物产量,计算方法如下式:

$$实物产量 = 磷矿粉用量 \times 产率$$

或

$$实物产量 = \frac{硫酸（100\%）用量}{产品硫酸含量\% - \dfrac{矿粉硫酸含量\%}{产率}} \qquad (2\text{-}3\text{-}9)$$

产率指磷矿 P_2O_5 含量和产品 P_2O_5 含量之比。

大多数国家和联合国粮农组织公布的肥料统计数字，采用有效 P_2O_5 折纯法。折纯法是将实物产量折算成为纯有效 P_2O_5，即

$$折纯（P_2O_5）产量 = 实物产量 \times 有效 P_2O_5\% \qquad (2\text{-}3\text{-}10)$$

为了与世界采用的统计方法一致，中国现已用有效 P_2O_5 折纯法为统计基准。

产品质量指标为有效 P_2O_5、游离酸（以 P_2O_5 计）和游离水。产品的成本、价格主要与有效 P_2O_5 含量有关。有的国家如日本等强调水溶性 P_2O_5，则有效 P_2O_5 这一指标以水溶性 P_2O_5 表示。

产品的有效 P_2O_5 和总 P_2O_5 含量之比称为转化率，一般为 90%～95%。

酸耗或矿耗系生产 1 t 有效 P_2O_5 肥料所消耗的硫酸（100%）量或磷矿量（按含 P_2O_5 30%的标准磷矿计）。

一般情况下生产 1 吨有效 P_2O_5 的普钙，其硫酸消耗量约为 1.9～2.0t（100% H_2SO_4），其磷矿消耗量约为 3.5～3.6t（以磷矿含 P_2O_5 30%的标准磷矿计）。

（2）普钙产品的质量标准

中国于 1995 年制定的普钙质量标准，如表 2-3-2。

表 2-3-2　过磷酸钙质量标准 HG 2740—95（代替 ZB G21 003—87）

指 标 名 称		指　标			
		优等品	一等品	合格品	
				I	II
有效五氧化二磷（P_2O_5）含量	≥	18.0	16.0	14.0	12.0
游离酸（以 P_2O_5 计）含量	≤	5.0	5.5	5.5	5.6
水分	≤	12.0	14.0	14.0	15.0

3.1.2　重过磷酸钙[1,2]

重过磷酸钙简称重钙。重钙含有效 P_2O_5 40%～50%，比普钙高 2～3 倍，因此，也叫三倍过磷酸钙。国外将含有效 P_2O_5 30%～50%的富钙与重钙统称为浓过磷酸盐（concentrated superphospate.）。含有效 P_2O_5 >54%的重钙又称超重过磷酸钙。重钙的主要有效成分是一水磷酸二氢钙（或称一水磷酸一钙）$Ca(H_2PO_4)_2 \cdot H_2O$，还含有少量游离酸。

重钙的生产方法主要有化成室法（也称浓酸熟化法）与无化成室法（简称稀酸返料法）。

重钙最早工业化在 1872 年，德国曾建设了一个小型厂[4]。因受磷酸浓缩技术的制约，发展受到限制。1935 年后，随着湿法磷酸浓缩的工业化，使重钙生产在 50 年代到 60 年代得到了迅速发展。70 年代以后，由于高效复合肥料磷铵的发展，重钙生产渐趋稳定。约占磷肥总产量的 10%左右。

中国从 50 年代末开始进行重钙的研究。现已建成的有广西柳城磷肥厂 5 万 t/a（热法磷酸，浓酸熟化法），云南磷肥厂 10 万 t/a（湿法磷酸，稀酸返料固化无化成室法），以及贵州开阳磷肥厂 10 万 t/a、湖北大峪口磷肥厂 56 万 t/a 和贵州瓮福磷肥厂 80 万 t/a 均采用浓酸熟化法。

3.1.2.1 重钙生产的基本原理

（1）主要化学反应

重钙生产过程的反应机理及物理化学分析均与普钙生产的第二阶段相同，即

$$7H_3PO_4 + Ca_5F(PO_4)_3 + 5H_2O = 5Ca(H_2PO_4)_2 \cdot H_2O + HF \qquad (2\text{-}3\text{-}11)$$

此外，磷矿中所含杂质也同时被磷酸分解

$$(Ca,Mg)CO_3 + 2H_3PO_4 = (Ca,Mg)(H_2PO_4) \cdot H_2O + CO_2 \qquad (2\text{-}3\text{-}12)$$

$$(Fe,Al)_2O_3 + 2H_3PO_4 + H_2O = 2(Fe,Al)PO_4 \cdot 2H_2O \qquad (2\text{-}3\text{-}13)$$

磷矿中的酸溶性硅酸盐亦被分解成硅酸而与 HF 作用生成 H_2SiF_6 和气态 SiF_4。H_2SiF_6 可进一步加工成氟硅酸盐。

（2）磷酸用量的计算

磷酸用量是指每 100 份质量的磷矿粉所耗用 100% H_3PO_4 的质量份数。使用湿法磷酸与热法磷酸在计算上是有区别的。湿法磷酸由于含有较多杂质，故部分 P_2O_5 已被阳离子杂质化合而失去活性，因此不能按磷酸的全部 P_2O_5 来计算磷酸用量。同时，湿法磷酸中又含有游离硫酸和氟硅酸，增加了酸中活性氢离子含量。因此湿法磷酸分解磷矿的能力应以氢离子浓度来表示，氢离子浓度测定可用碱滴定，采用甲基橙-溴甲酚绿混合指示剂，滴定终点为 pH=4.35，即中和了磷酸的第一个氢离子和硫酸、氟硅酸的两个氢离子。

由反应方程式可见，1molCaO，MgO，Fe_2O_3，Al_2O_3 均需 2molH_3PO_4 与其反应，其中 CaO 只应指 $CaCO_3$ 和 CaF_2。按磷矿中以 CaO 含量计算磷酸用量时，须减去与磷矿中 P_2O_5 生成磷酸钙中的 CaO，即减去相当于磷矿中 P_2O_5 含量的磷酸量。故分解每 100 份磷矿（质量）的理论酸用量按下式计算：

$$n = \dfrac{\dfrac{CaO}{71} + \dfrac{MgO}{20} + \dfrac{Fe_2O_3}{80} + \dfrac{Al_2O_3}{51} - \dfrac{P_2O_5}{71}}{[H^+]} \qquad (2\text{-}3\text{-}14)$$

式中　CaO，MgO，Fe_2O_3，Al_2O_3 和 P_2O_5 分别为磷矿中各相应组分的含量（质量分数）/%；$[H^+]$ 为分解磷矿所用磷酸中的氢离子含量（质量分数）/%。

按上式计算的磷酸用量有时受磷酸中游离 H_2SO_4 和 H_2SiF_6 含量的影响较大，磷酸组成稍有变化，反应物料的 P_2O_5/CaO 比就有差异。因此有时可直接采用配料的 P_2O_5/CaO 比进行计算。

（3）磷矿分解率的计算

重钙中所含有效 P_2O_5 并不单纯由磷矿分解得到，因磷酸中也带入了大量的水溶性 P_2O_5。因此，磷矿分解率不能只根据有效 P_2O_5 对总 P_2O_5 之比计算，而应扣除磷酸带入的 P_2O_5，故应按下式计算：

$$\text{磷矿分解率 } \eta = \left(1 - R \cdot \dfrac{\text{重钙肥料中未分解的 } P_2O_5 \%}{\text{磷矿中所含的 } P_2O_5 \%}\right) \times 100\% \qquad (2\text{-}3\text{-}15)$$

式中　R 为单位磷矿制得的重钙产品的产率，由下式计算

$$\text{产率 } R = \dfrac{\text{磷矿所含 } P_2O_5 \% + (\text{磷酸／磷矿}) \text{ 质量比} \times \text{磷酸的 } P_2O_5 \%}{\text{重钙肥料中所含总 } P_2O_5 \%} \qquad (2\text{-}3\text{-}16)$$

3.1.2.2 重钙生产对原料的要求

生产重钙对磷矿的要求是 P_2O_5 含量尽可能高；P_2O_5/CaO 比尽可能大，有害杂质如 Fe_2O_3、Al_2O_3、MgO 等含量尽可能低，以提高产品水溶性 P_2O_5 的含量，减少有效 P_2O_5

的退化和改善产品的物理性质。特别是注意控制磷矿与磷酸中 MgO 含量。因为在重钙生产中，与磷酸作用的 MgO 将中和部分磷酸的第一个氢离子，从而使磷矿分解率降低。在堆置熟化期间，由于磷酸镁盐的吸湿性和缓慢结晶析出而导致产品的粘结与结块，物性变坏。因此对 MgO 含量的要求更为严格。此外，重钙生产对磷矿的活性指标比磷酸生产更为重要。活性差的磷矿，要求粒度更细且反应时间要适当增加。

3.1.2.3 重钙生产的工艺条件

磷酸分解磷矿主要受扩散控制。工艺条件包括磷酸浓度、反应温度、混合强度、磷矿粉细度等。

（1）磷酸含量

这是重钙生产关键的工艺条件。提高磷酸含量相应提高了氢离子浓度，从而加快了反应速率；同时又降低了产品水分含量，缩短了熟化时间，减轻了干燥负荷，提高了产品质量。但是，提高磷酸含量也有不利影响：A. 低液固比使酸、矿不易混合均匀；B. 磷酸粘度的增加，使磷酸通过反应层的扩散系数迅速减小，阻滞反应进行，降低反应速度；C. 离解度随磷酸含量的提高而减小，从而导致氢离子活度的减小。磷酸含量在 $26\% \sim 46\% P_2O_5$ 范围内，磷矿分解率随着磷酸含量与氢离子浓度的提高而增加。但是，到某一临界浓度，磷酸粘度则急剧增大，导致磷矿分解率迅速下降。在有化成室的浓酸熟化法中，还应注意磷酸含量对料浆固化的影响。如果磷酸含量过低，则料浆液固比太大；磷酸含量过高时，又很易导致局部反应。这两种情况都会使料浆不能固化。磷酸含量的选择还与磷矿性质有关。一般在浓酸熟化法生产中，如使用较易分解的磷块岩作原料时，磷酸含量可选择 $40\% \sim 45\% P_2O_5$ 为宜。若使用较难分解的磷灰石为原料时，选择 $50\% \sim 55\% P_2O_5$ 较合适。

（2）磷酸温度

磷酸温度主要影响初始的磷矿分解率。磷酸含量较低时，采用较高的磷酸温度有利于磷矿的分解。磷酸含量较高时以采用较低的磷酸温度为好。提高磷酸温度，降低了磷酸粘度和增加了磷酸二氢钙的过饱和度，但结晶速度也相应加快，过多地析出细小的磷酸二氢钙结晶，不利于磷矿的继续分解。

（3）混合强度与时间

磷酸和磷矿粉混合时，其物料形态变化可依次分为流动期、塑性期、固态期。流动期内，反应物为均匀的料浆，混合效果好。塑性期反应物渐趋粘稠，混合已略有困难。塑性期结束时消耗的功率最大。固态期反应物已固化，较干燥，也易粉碎。流动期和塑性期的长短与矿种、磷矿品位、磷酸用量、反应温度、矿粉细度、混合强度等因素有关。由于料浆有触变性，故流动期的长短和混合强度关系更为密切，强烈搅拌可以延长流动期。适当增加流动期可使酸矿充分反应，这对加速以扩散为主的磷矿分解是十分有利的。同时还可改善产品物性并提高生产能力。降低磷酸含量、磷酸温度和使用较粗矿粉细度都能使混合和化成时间延长。如能延长混合时间，可以明显提高磷矿分解率。

（4）磷矿粉细度

重钙所用矿粉细度比普钙高，一般要求通过 200 目的粒度要占 50% 以上。但矿粉也不能过细，否则，会增加动力消耗，缩短混合的流动期，从而导致磷矿的前期分解率虽高但后期的分解速率反而缓慢。

3.1.2.4 重钙生产工艺流程[1]

（1）化成室法（浓酸熟化法）

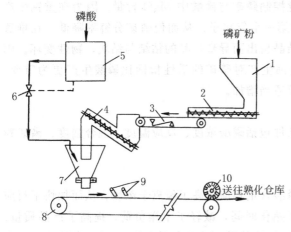

图 2-3-8　化成室法制造重过磷酸钙工艺流程图

1—磷矿粉贮斗；2，4—螺旋输送机；3—加料机；

5—转子流量计；6—自动控制阀；7—锥形混合器；

8—皮带化成室；9—切条刀；10—鼠笼式切碎机

如图 2-3-8 所示，45％～55％P$_2$O$_5$ 的浓磷酸在圆锥形混合器中与磷矿粉混合，酸经计量后分四路通过喷嘴，按切线方向流入混合器。矿粉经中心管下流与旋流的磷酸相遇，经过 2～3 秒的剧烈混合后，料浆流入皮带化成室。重过磷酸钙在短时期内就能固化。刚固化的重过磷酸钙被切刀切成窄条，然后通过鼠笼式切碎机切碎，送往仓库堆置熟化。

（2）无化成室法（稀酸返料法）

无化成室法制造重过磷酸钙所用磷酸含 30％～32％P$_2$O$_5$（也有采用 38％～40％P$_2$O$_5$ 的）分解磷矿，制得的料浆与成品细粉混合，再经加热促进磷矿进一步分解而得重过磷酸钙。由于这个方法无明显的化成与熟化阶段，故称无化成室法。

图 2-3-9 为无化成室法制造粒状重过磷酸钙工艺流程图。磷矿粉与稀磷酸在搅拌反应器内混合，反应器内通入蒸汽控制温度在 80～100℃ 之间。从反应器流出的料浆与返回的干燥细粉在双轴卧式造粒机机内进行混合并造粒，得到湿的颗粒状物料进入回转干燥炉，用从燃烧室来的与物料并流的热气体加热，使尚未分解的磷矿粉进一步充分反应。干燥炉温度必须控制到出炉物料温度为 95～100℃。干燥后成品含水量为 2％～3％。

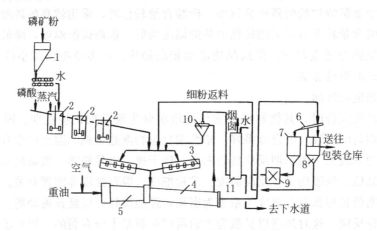

图 2-3-9　无化成室法制造重过磷酸钙的工艺流程

1—矿粉贮斗；2—搅拌反应器；3—双轴卧式造粒机；4—回转干燥炉；

5—燃烧室；6—振动筛；7—大颗粒贮斗；8—粉状产品贮斗；

9—破碎机；10—旋风除尘器；11—洗涤塔

无化成室流程，需要 4.5～10 倍成品作为返料，增加了动力消耗和设备容积。此外，对于某些难于分解的磷矿，采用较稀的磷酸，磷矿分解率较低，制得产品的物理性质也欠佳。但由于该流程比较简单，可用稀磷酸生产，不需要庞大的熟化仓库，故近年来发展较快。

重钙产品中游离酸含量比普钙高，故更易吸潮和结块。为了克服此缺点，可将粉状重钙进行中和，干燥并加工成颗粒状。

3.1.3　富过磷酸钙

富过磷酸钙简称富钙。富钙的主要成分为一水磷酸二氢钙（或称磷酸一钙）与部分石膏。产品含有效 P_2O_5 为 25%～35%。富钙用磷酸和硫酸的混酸分解磷矿制得。有效成分介于普钙与重钙之间，产品实质上是普钙和重钙的混合物。

富钙早在 20 世纪 20 年代，由前苏联与美国开发[5~7]。它们有效成分虽然比重钙低，但因含有一定量作物所需的硫素，对于缺硫地区更为合适。另外，生产富钙可直接用浓硫酸（98%）与稀磷酸（26%～28% P_2O_5）的混合酸，不需要进行磷酸浓缩，因此简化了流程。

生产富钙的工艺和设备与普钙、重钙生产基本相同。因此，原来生产普钙或重钙的装置，可以很容易调整工艺改产富钙。

3.1.4　沉淀磷酸钙

3.1.4.1　概述

沉淀磷酸钙也称磷酸氢钙或磷酸二钙（dicalcium phosphate），简称沉钙。主要成分为二水磷酸氢钙（$CaHPO_4 \cdot 2H_2O$）。

早在 1867 年 Way[8] 就提出沉钙可以用作肥料与动物饲料添加剂。50 年代由于湿法磷酸生产的发展以及氯碱工业副产盐酸的增多，沉钙也相应得到发展。但由于沉钙生产成本较高，产品又为非水溶性，故用作肥料的产量不大。近年来，由于湿法磷酸脱氟技术的发展，沉钙主要加工成饲料产品。

中国的沉钙早期也是作为生产骨胶的副产物制得的。在 60 年代前后，上海、青岛建有小规模生产车间。随后，由于氯碱工业和有机氯工业副产盐酸急需处理利用，故陆续建立起一批小型盐酸法生产沉钙肥料及饲料的生产厂。近年来，随着硫酸法湿法磷酸脱氟净化技术的发展，大中型生产厂开始建立。考虑综合经济效益，肥料级沉钙一般均作为饲料磷酸氢钙的副产品（俗称"白肥"）而生产。现四川龙蟒集团公司已建立了年产 20 万 t 饲料级磷酸氢钙并副产肥料级磷酸氢钙 10 万 t/a 的工厂。

磷酸氢钙为干燥、松散的粉末状结晶体。用湿法磷酸制得的产品，因含有杂质，肥料通常为灰白色或灰黄色。产品呈中性、吸湿性小，储存、运输、施用均较方便。

磷酸氢钙有二水磷酸氢钙（$CaHPO_4 \cdot 2H_2O$）和无水磷酸氢钙（$CaHPO_4$）两种。常用的是二水物。纯二水物含 P_2O_5 41.25%，无水物含 P_2O_5 52.17%。二水物为单斜晶体，密度 2.31 g/cm^3，稍溶于水，易溶于酸，不溶于酒精。由于它可溶于柠檬酸铵溶液，故肥效好。无水物为三斜晶系，密度 2.89 g/cm^3，不溶于柠檬酸铵溶液，故无肥效。因此，在磷酸氢钙的干燥中，要严格控制温度，不使超过 80℃，以确保二水磷酸氢钙不致失水变成无肥效的无水物。沉钙是由磷酸与石灰乳（或石灰石悬浮液）中和制得。当反应温度低于 50℃ 时，总的反应式为

$$H_3PO_4 + Ca(OH)_2 == CaHPO_4 \cdot 2H_2O \qquad (2-3-17)$$

或　　　　　$$H_3PO_4 + CaCO_3 == CaHPO_4 \cdot 2H_2O + CO_2 \uparrow \qquad (2-3-17a)$$

工业生产有连续法（大型厂）和间歇法（中、小型厂）两种。目前，生产中大多采用以下三种流程：A. 间歇法不去渣一段沉淀流程；B. 连续法去渣一段沉淀流程；C. 两段沉淀流程，并可同时生产饲料级磷酸氢钙。

3.1.4.2 两段沉淀法生产饲料级并副产肥料级磷酸氢钙流程

饲料磷酸氢钙对氟、砷、重金属铅等有严格规定，它的生产方法主要有热法磷酸法、湿法磷酸法、盐酸法与普钙水萃法等。随着湿法磷酸净化技术的发展，用湿法磷酸为原料以饲料级磷酸氢钙为主，并副产肥料级磷酸氢钙的两段沉淀法工艺在中国使用最为广泛。此流程示意见图 2-3-10。

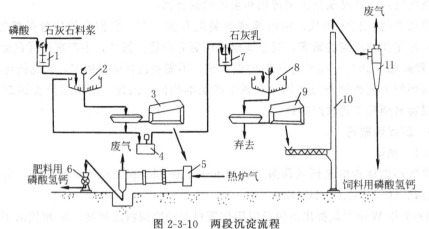

图 2-3-10　两段沉淀流程

1，7—中和槽；2，8—沉降槽；3，9—盘式过滤机；4—溢流液和滤液受槽；
5—转筒干燥机；6—粉碎机；10—气流干燥器；11—旋风除尘器

该工艺的特点是在生产饲料级同时可制得部分肥料级磷酸氢钙。一般饲料级与肥料级比例为（0.6：0.4）～（0.7：0.3），一段料浆易于过滤，一段肥料级的 P_2O_5 枸溶率＞85%。

图 2-3-10 为湿法磷酸两段沉淀法制造饲料和肥料磷酸氢钙流程。第一段石灰乳在中和槽中的加入量为 CaO 总量的 75%～80%（溶液 pH1.9～2.2）。加石灰乳的时间约 1～2 h，再继续搅拌 10～15 min，添加聚丙烯酰胺沉降剂后，由中和槽底部放入到沉降槽经过约 2 h 沉降后，上部已除去绝大部分氟及杂质后的澄清液（P/F＞100：1）溢流入母液贮槽，下部含 CaF_2 的磷酸氢钙及其它磷酸盐的稠浆经盘式过滤机（或离心机）后，所得湿滤饼送到转筒干燥机，再经粉碎机粉碎后作为肥料级磷酸氢钙。来自过滤机的滤洗液与来自沉降槽的澄清液合并后进入母液贮槽，然后泵送到第二段中和槽。用剩余 20%～25% 的石灰乳中和至 pH4.5～5.0 后，进入沉降槽，经盘式过滤机（或离心机），所得湿滤饼再经气流干燥机，由旋风除尘器的下部出料，即为饲料级磷酸氢钙产品。对有些含铝、铁、镁等杂质较高的湿法磷酸，为了提高脱氟效果，在一段中和之前，还增加一个预脱氟槽。在该槽中加入 NaCl 或 Na_2SO_4（或钾盐），使湿法磷酸中的一部分氟以 Na_2SiF_6（或 K_2SiF_6）的沉淀形式除去。

3.2 热法磷肥

热法磷肥是指以热化学方法在高温（＞1000℃）下加入（或不加）某些配料分解磷矿制得的磷肥。这类磷肥显然均为非水溶性的缓效磷肥，但肥效持续时间长，不易被土壤固定或流失，故肥料的总效果及利用率比较高。特别在一些硫资源缺乏、能源供应充足的地区，发展不需要酸的热法磷肥是合适的。热法磷肥的加工方法有熔融法和烧结法两种，主要品种有钙镁磷肥、脱氟磷肥、烧结钙钠磷肥、偏磷酸钙及钢渣磷肥等。它们的简略比较如表 2-3-3。

表 2-3-3 热法磷肥的简略比较

序号	名称	代号	主要有效组分	化学性质	有效 P_2O_5	有效磷提取液[①]
1	钙镁磷肥	FMP	α-$Ca_3(PO_4)_2$	碱性	12～18	2%柠檬酸
2	钢渣磷肥		$Ca_4P_2O_9 \cdot CaSiO_3$	碱性	14～18	2%柠檬酸
3	钙钠磷肥		$CaNaPO_4$	碱性	23～29	中性柠檬酸铵
4	脱氟磷肥	DFP	α-$Ca_3(PO_4)_2$	碱性	20～42	中性柠檬酸铵
5	偏磷酸钙	CMP	$Ca(PO_3)_n$	碱性	64～68	中性柠檬酸铵

① 能被柠檬酸或柠檬酸铵溶液提取的磷酸盐，亦能为植物根部所分泌的弱酸溶解而被植物吸收利用。由于柠檬酸又称为枸橼酸（citric acid）。因此，能为这些提取液提取的磷又称为枸溶性 P_2O_5。

3.2.1 钙镁磷肥

钙镁磷肥又称熔融含镁磷肥（fused calcium magnesium phosphate）。它是一种含有磷酸根（PO_4^{3-}）的硅铝酸盐玻璃体的微碱性肥料。无明确的化学式。其主要成分为 $Ca_3(PO_4)_2$ 与 Ca_2SiO_4。钙镁磷肥的制备首先由德国在 1939 年取得专利权[9]。1946 年后美国开始用电炉法进行生产并建立了 150t/d 的工业装置[10]。日本于 1948 年开始用电炉和平炉生产钙镁磷肥，随后南非、巴西、韩国、波兰、印度、俄罗斯等国都先后进行了研究与生产。中国的钙镁磷肥的研制 1951 年起始于台湾枢科公司，生产 1953 年起始于云南省化工厂，均采用电炉法。1958 年后开始试用炼铁小高炉生产钙镁磷肥，至 70 年代后，高炉法几乎完全取代了电炉法，钙镁磷肥是一种低浓度磷肥，含有效 P_2O_5 12%～20%，与普钙相似。但它对磷矿适应性强，且产品中除含磷外，还含有镁、钾、铁、锰、铜、锌、钼等多种营养元素，肥效良好，成本低，特别适用于全国大量的酸性土壤、砂质土壤和缺镁的贫瘠土壤。因此，一直保持一定的生产量，1998 年产量为 81.2 万 tP_2O_5[11]。在中国已成为热法磷肥中占绝对优势的品种。

3.2.1.1 钙镁磷肥生产的主要原料

主要原料是磷矿和助熔剂（如蛇纹石、白云石、橄榄石等含镁、硅的矿物），以及燃料，如焦炭、煤、重油等。

（1）磷矿

可直接使用中低品位磷矿，特别对不适合酸法加工的高镁磷矿更有优越性，但是从经济效益与产品质量上考虑，希望 P_2O_5 含量尽可能高一些。磷矿的杂质中 MgO 与 SiO_2 起有益作用，可以高一些；过多的 Fe_2O_3 与 Al_2O_3 是有害的。磷矿粒度选择要适当。若块度过大，矿石不易熔化；块度太小，在炉内又会堵塞料间空隙，使透气性变坏。一般控制在 10～120mm 范围内。

（2）助熔剂

助熔剂的作用是降低炉料熔点，改善熔料的流动性，增加肥料中其它营养元素。常用的助熔剂有：

①蛇纹石。主要成分为硅酸镁，含有结晶水，化学式可写为 $3MgO \cdot 2SiO_2 \cdot 2H_2O$，有时含少量铁，其化学式可写作为 $3(Mg,Fe)O \cdot 2SiO_2 \cdot 2H_2O$。蛇纹石一般含 MgO 约 35%，含 Fe_2O_3 约 10%，含 SiO_2 约 40%。并且常含有金属镍（约 0.2%）可作为副产品回收。

②白云石。主要成分是碳酸钙与碳酸镁,化学式为$(Ca,Mg)CO_3$。一般含 CaO 30%～

37％，MgO15％～21％。因 SiO_2 含量低，故需同时配加硅石。此外，还可采用橄榄石（Mg_2SiO_4 与 Fe_2SiO_4 的混合物）、菱镁矿（主要成分为 $MgCO_3$）和滑石 [（主要成分为 $Mg_3(OH)_2Si_4O_{10}$）]。

（3）燃料

① 焦炭。要求固定碳含量大于80％，灰分少于15％，粒度10～60mm，每生产1t钙镁磷肥约需焦炭0.2～0.3t。

② 无烟煤（白煤）。固定碳含量80％左右，挥发分在10％以下，灰分为10％～16％，块度20～120mm。也可将煤粉制成煤棒、煤球使用。

3.2.1.2 钙镁磷肥生产基本原理[2]

钙镁磷肥生产包括三个基本过程：炉料熔融；熔体水淬骤冷；水淬渣的干燥和研磨。前两个过程是生产的关键。

炉料熔融主要是在熔融炉——高炉（也有少数用平炉、电炉或旋风炉）中进行的。炉料进炉后经历加热和熔融两个阶段。加热过程中，首先是在较低的温度下脱除游离水。加热到550～650℃时，配料中的蛇纹石等矿物脱除结晶和水。

$$Mg_3Si_4O_{11} \cdot 3Mg(OH)_2 \cdot H_2O = Mg_3Si_4O_{11} + 3MgO + 3H_2O \tag{2-3-18}$$

加热到750～1000℃之间时，碳酸盐分解。

$$(Ca,Mg)CO_3 = (Ca,Mg)O + CO_2 - Q(热量) \tag{2-3-19}$$

而与蛇纹石反应生成硅酸镁。

$$Mg_3Si_4O_{11} + 3MgO = 2Mg_2SiO_4 + 2MgSiO_3 \tag{2-3-20}$$

继续加热到1000～1350℃时，炉料开始软化、熔融并产生脱氟等化学反应，再加热到1500℃左右时，炉料形成流动性良好的熔体。

在炉料有足够的水蒸气和 SiO_2 存在下，磷矿中的氟磷酸钙脱氟而形成磷酸三钙和正硅酸钙：

$$2Ca_5F(PO_4)_3 + SiO_2 + H_2O = 3Ca_3(PO_4)_2 + CaSiO_3 + 2HF \tag{2-3-21}$$

当水蒸气不足时，则发生下列脱氟反应。

$$2Ca_5F(PO_4)_3 + SiO_2 = 3Ca_3(PO_4)_2 + 0.5Ca_2SiO_4 + 0.5SiF_4 \tag{2-3-22}$$

上述反应中生成的磷酸三钙属高温型变体，称为 α-磷酸三钙。它能溶于柠檬酸溶液，具有很高的枸溶性，是作物可以吸收的磷酸盐。但是当缓慢冷却到1180℃以下时，这种高温型 α-磷酸三钙将转变为作物很难吸收的低温型 β-磷酸三钙。当脱氟不完全时，还可能重新析出作物完全不能吸收的氟磷酸钙结晶。

为了使高温型的 α-磷酸三钙稳定下来，需将熔体用水淬的方法迅速冷却，使之形成稳定的玻璃体结构。水淬的好坏对产品质量影响极大。如果熔体不能骤冷，就会析出结晶，出现所谓"反玻璃化"，使产品中有效 P_2O_5 含量大大降低。因此，通常采用高压水流喷射，使熔体迅速冷却并分散成细粒，使高温型的 α-磷酸三钙和玻璃体结构固定下来，以保证钙镁磷肥产品具有很高的枸溶率。

在高炉中，燃料中的碳与空气燃烧生成 CO_2 并放出大量热来熔融炉料。

$$C + O_2 = CO_2 \uparrow + Q(热量) \tag{2-3-23}$$

为了避免炉内产生还原气氛对炉料的熔融过程不利，所以在不降低炉温的条件下，一般要鼓入过量空气。

在熔融过程中，还可能产生一些副反应：炉料中的氧化铁能部分地被焦炭还原成金属铁、金属铁与熔料接触后，夺取炉料中的 P_2O_5 而造成磷的损失。

$$Fe_2O_3 + 3C \Longrightarrow 2Fe + 3CO\uparrow \tag{2-3-24}$$

$$5Fe + P_2O_5 \Longrightarrow 5FeO + P_2\uparrow \tag{2-3-24a}$$

炉料和燃料中的碳发生反应，也会引起元素磷以气体形态挥发逸出。其化学反应式为

$$Ca_3(PO_4)_2 + 5C + 3SiO_2 \Longrightarrow 3CaSiO_3 + P_2\uparrow + 5CO\uparrow \tag{2-3-25}$$

被还原的铁与磷结合成磷铁，沉入炉底。磷蒸汽在自炉顶排出前与新鲜炉料相遇，大部分又被炉料吸收下来，少量磷则随炉气一道排出而损失。

若助熔剂是蛇纹石（或橄榄石）时，则其中的镍被还原。

$$NiO + CO \Longrightarrow Ni + CO_2 \tag{2-3-26}$$

生成的镍与被还原的铁和磷形成镍磷铁沉入炉底，可定期排出导入磷铁模中让其凝固成型，可作为炼镍的原料回收利用。一般每生产 1t 钙镁磷肥，约可得到镍铁（含镍 15% ～ 16%）80 kg。

在高温熔融过程中，熔融磷酸盐对各种衬砖的腐蚀能力很强。对普通耐火砖的腐蚀最强，对镁砖、铬砖和铬镁砖的腐蚀次之，对碳砖的腐蚀最小，但易氧化。当砖中的铁、铝、硅等物质熔入钙镁磷肥之后，会降低熔融物的流动性。所以在工业生产中，高炉采用水夹套或水冷壁的冷却办法，使熔体能在炉子内壁凝结成一层薄膜，作为保护层。旋风炉炉膛内则涂以碳化硅为炉衬，以保护管壁。

3.2.1.3 关于钙镁磷肥的配料及玻璃体结构理论

（1）配料的基本计算

钙镁磷肥的配料是炉料熔融前的重要工序，它直接关系到炉的熔点、流动性和产品质量。配料时，通常是控制镁硅比和余钙碱度两个指标。镁硅比指配成炉料中 MgO 对 SiO_2 的摩尔比；余钙碱度则是指除了和 P_2O_5 结合生成 $3CaO \cdot P_2O_5$ 的 CaO 以外，剩余的 CaO 与 MgO 的总和对 SiO_2 的摩尔比。余钙碱度和镁硅比的计算式如下：

$$余钙碱度 = \frac{(CaO/56 - 3 \times P_2O_5/142) + MgO/40}{SiO_2/60} \tag{2-3-27}$$

$$镁硅比 = \frac{MgO/40}{SiO_2/60} \tag{2-3-28}$$

式中 CaO、P_2O_5、MgO 和 SiO_2 分别指配成炉料中各相应组分的含量，%。56、142、40、60 为相应的摩尔质量。

炉料中 MgO 含量高一些对过程是有利的。当用蛇纹石作助熔剂时，一般控制镁硅比为 1.0 左右；用白云石（配加硅石）作助熔剂时，控制余钙碱度为 0.8～1.3。实践表明，配料中四种主要组分的摩尔比控制在下述范围之内的炉料熔度较低，熔体流动性好且产品枸溶率高。

$$CaO : MgO : SiO_2 : P_2O_5 \Longrightarrow (3～5) : (1.5～3) : (2～3) : 1$$

（2）关于玻璃体结构理论

近年来，郑州工业大学通过对钙镁磷肥中各阴、阳离子的配位关系及各阳离子间电场强度的分析，按照玻璃体结构的"网络-晶子"学说，提出了利用玻璃结构因子（O_b/Y_b）进行配料的新方法[12]。

关于玻璃体结构理论，通常用"网络-晶子"学说解释。认为在玻璃体结构中既存在远程无序的网络，又存在近程有序的晶子，不过这些晶子来不及长大，就"冻结"在网络中。

钙镁磷肥玻璃体结构模型可看作是由一定数量的［RO_4］四面体（其中 R——主要是 Si^{4+}，其次是 Al^{3+} 以及少量的 Mg^{2+}、Fe^{2+}）以不同的连接方式歪扭地聚合而连接成单链或双链结构。这些歪扭的链状结构错杂交织，构成玻璃体的无定型部分——网络；而磷则以 $(PO_4)^{3-}$ 单独四面体存在于网络之外。在 $(PO_4)^{3-}$ 周围配置有 Ca^{2+}，在 Ca^{2+} 周围配置有 F^-，构成 $F\text{-}Ca\text{-}PO_4$（或 $Ca\text{-}PO_4$）集团，成为玻璃体中的晶子部分。晶子分散在交织的链状结构之中难以长大。钙镁磷肥中的镁主要以 Mg^{2+} 的形式存在于玻璃网络之外，并主要配置在［SiO_4］四面体周围，构成 $MgO\text{-}SiO_2$ 低熔点体系，而有利于降低炉料熔点。此外，Mg^{2+}、Ca^{2+} 在 $(PO_4)^{3-}$ 周围形成不对称电场，阻碍熔体中磷灰石析出，有利于提高产品枸溶率；而 Al^{3+} 大部分以 (AlO_4) 四面体进入玻璃网络，使玻璃体结构强化，妨碍 $(PO_4)^{3-}$ 的溶出，从而降低产品的枸溶率。

在钙镁磷肥玻璃体结构中，若玻璃网络太小，不足以阻止晶子的成长，不能获得完全的玻璃体，产品枸溶率降低；而网络太大，玻璃体结构强化，也将妨碍营养元素的溶出。因此，配料的原则是要形成一个适合大小的玻璃网络。

玻璃结构因子（O_b/Y_b）是反映钙镁磷肥玻璃网络大小的参数，其计算式如下。

$$O_b/Y_b=\frac{[CaO]+[MgO]+2[SiO_2]+3[Al_2O_3]+[FeO]-3[P_2O_5]}{[SiO_2]+2a[Al_2O_3]+b[MgO]+c[FeO]} \qquad (2\text{-}3\text{-}29)$$

式中　［CaO］、［MgO］、［SiO_2］、［Al_2O_3］、［FeO］、［P_2O_5］分别代表钙镁磷肥中 CaO、MgO、SiO_2、Al_2O_3、FeO、P_2O_5 的摩尔质量。a、b、c 分别代表 Al^{3+}、Mg^{2+}、Fe^{2+} 进入玻璃网络的分率。玻璃网络因子能表征钙镁磷肥中玻璃网络的大小。O_b/Y_b 大，则网络小；反之，O_b/Y_b 小，则网络大。O_b/Y_b 的最适宜配料范围是 2.87～3.07。但对含钾钙镁磷肥，O_b/Y_b 的范围可扩大到 3.20。

3.2.1.4　钙镁磷肥生产工艺流程[13]

钙镁磷肥的生产方法主要有高炉法、电炉法与平炉法三种。国外多采用电炉法与平炉法。中国基本上采用高炉法。电厂旋风炉制钙镁磷肥虽然试验成功，但因含氟废气的处理还存在一些问题，故尚未推广应用。生产方法的区别主要在于炉型和炉料形态。生产工艺流程包括：原料加工和配料、高温熔融；熔体水淬骤冷；半成品加工；尾气处理等四个主要部分。图 2-3-11 是中国高炉法钙镁磷肥生产工艺流程。

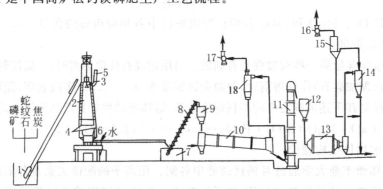

图 2-3-11　高炉法制钙镁磷肥工艺流程图

1—卷扬机；2—高炉；3—加料罩；4—风嘴；5—炉气出口管；6—出料口；7—水淬池；8—沥水式提升机；9，12—贮斗；10—回转干燥机；11—斗式提升机；13—球磨机；14—旋风分离器；15—袋滤器；16，17—抽风机；18—料尘捕集器

磷矿石、蛇纹石（或白云石）和焦炭经破碎到一定大小，并按一定比例配好装入料车，用卷扬机送入高炉。从热风炉来的热风经风嘴喷入高炉。焦炭迅速燃烧而产生高温，此时高温区的温度可以高达 1500℃ 以上。物料在炉内充分熔融后，自出料口放出熔融体，并用表压大于 0.2MPa 的水喷射（水量约为 20m³/t 物料），使其急冷而凝固并破碎成细小的粒子流入水淬池中。这样的骤然冷却，可以使熔融物的玻璃体结构固定下来，防止氟磷灰石结晶复原。水淬后的湿料送入回转干燥机干燥。干燥后的半成品一般含水0.5％以下，再送入球磨机磨细。要求细度有80％以上通过80目筛。细度对钙镁磷肥的肥效有影响，因为一定的细度使它能更快地溶于土壤的弱酸溶液和作物分泌的根酸中而被作物吸收。

一般钙镁磷肥含有效 P_2O_5 14％～20％，SiO_2 20％～28％，CaO 25％～30％，MgO 10％～18％；在炉料配料中若加入难溶性低品位钾矿（如钾长石）则含有枸溶性钾。还含有随矿石配料带入的硼、锰、锌、铜、钴、钼、铁等微量元素。

3.2.1.5 钙镁磷肥质量标准

钙镁磷肥可因原料和操作条件的不同而具有灰白、灰绿、灰黑及黑褐等不同的颜色。中国钙镁磷肥质量标准见表 2-3-4。

表 2-3-4　钙镁磷肥质量标准 HG 2557—94

指标名称		指标		
		优等品	一等品	合格品
有效五氧化二磷（P_2O_5）含量/％	≥	18.0	15.0	12.0
水分含量/％	≤	0.5	0.5	0.5
碱分（以 CaO 计）含量/％	≥	45.0	45.0	
可溶性硅（SiO_2）含量/％	≥	20.0	20.0	
有效镁（MgO）含量/％	≥	12.0	12.0	
细度：通过 250μm 标准筛/％	≥	80	80	80

3.2.2 钙钠磷肥

钙钠磷肥是以磷矿、纯碱和硅砂为原料，在 1150～1250℃ 下经高温烧结制得的，故又称烧结钙钠磷肥，1917 年由德国钾盐化学公司研制开发[2]。由于这种磷肥在德国由雷诺尼亚公司生产，因此在欧洲又常称为雷诺尼亚磷肥（Rhenaniaphosphate）。主要反应如下：

$$Ca_5F(PO_4)_3 + 2Na_2CO_3 + 2SiO_2 \Longrightarrow 3CaNaPO_4 \cdot Ca_2SiO_4 + NaF + 2CO_2 \uparrow \quad (2\text{-}3\text{-}30)$$

上式表明，钙钠磷肥中磷酸盐主要为 $CaNaPO_4$ 和 Ca_2SiO_4 的固溶体。其中 Na_2O 与 P_2O_5 的摩尔比为 1.0～1.3。实际配料比大致为磷矿∶纯碱∶硅砂＝100∶30∶10。氟以 NaF 的形式存在于肥料产品中，并不影响肥效。它是一种不吸潮、不结块、不含酸性物质的枸溶性磷肥。在酸性或微碱性土壤中，与等磷量的普钙肥效相当。

钙钠磷肥一般含 20％～30％ P_2O_5，其中约有 95％ 可溶于 2％柠檬酸中，在 pH＝9 的柠檬酸铵溶液中也有 90％～95％ 的可溶率。

钙钠磷肥的生产主要包括生料制备、煅烧、冷却与细磨四个工序。生料的制备是将磷矿与硅砂分别进行干燥，然后与一定量的磷矿一同加入球磨机磨碎和混合，再与纯碱一起进入混料机、造粒机，即可制得含水分为 10％左右、粒度为 2～5mm 的生料。生料加入内衬含铝耐火砖的回转窑内，以煤粉作燃料（1t 产品约耗煤粉 150 kg），在 1200℃ 左右进行煅烧，窑的出口端常设有喷水装置，以促进肥料骤冷和进行部分脱氟反应。出窑物料在冷却筒内冷却至 400~600℃ 后，送入储仓中进行自然冷却，再经磨碎后即为成品。

上述方法需耗大量纯碱（1t 产品要消耗纯碱 250~310kg），这在经济上是欠佳的。为了降低成本，德、美等国近年来正进行以芒硝（硫酸钠）代替部分或全部碳酸钠的试验研究并取得了成功，但由于操作控制要求严格，设备生产强度低等原因，尚未工业化。芒硝法的反应过程可分为两步：首先是碳将硫酸钠还原成硫化钠，然后再与磷矿发生以下反应，生成磷酸钠钙

$$Ca_5F(PO_4)_3 + 2Na_2S \xrightarrow{\text{约}120℃} 3CaNaPO_4 + 2CaS + NaF \qquad (2\text{-}3\text{-}31)$$

炉料的大致配比（质量比）

磷矿粉：硫酸钠：煤=100：60：30。煅烧后出窑物料与使用 Na_2CO_3 相似，都要求迅速冷却至 400℃ 以下，以避免或减少有效磷的退化。

3.2.3　脱氟磷肥

脱氟磷肥分为烧结脱氟磷肥和熔融脱氟磷肥两类。

3.2.3.1　烧结脱氟磷肥

烧结脱氟磷肥是用磷矿粉加入某些配料后制成粒状物料，经高温烧结脱氟而成。产品组成因加工方法及配料不同而有所区别。主要有效成分为 $\alpha\text{-}Ca_3(PO_4)_2$。如配料中含有钠盐则可生成枸溶性 $CaNaPO_4$。此外，还含有 Ca_2SiO_4、$CaSiO_3$、SiO_2 等。产品有效 P_2O_5 含量因所用磷矿品位与配料量的不同而异，一般为 20%~25%，如加入磷酸造粒，也可制得含有效 P_2O_5 高达 35%~38% 的产品。

烧结脱氟磷肥是一种中性或微碱性（pH＝7~8）的枸溶性磷肥，粉状产品呈灰色或浅灰色。不吸湿、不结块。大部分产品含氟量很低（约 0.05%~0.4%）。氟与 P_2O_5 含量之比小于 1% 的产品不仅可作为肥料，还可用作家畜、家禽的饲料添加剂，而成本比沉淀磷酸钙低得多。

烧结脱氟过程可以在回转窑中进行，也可以在沸腾炉中进行。但在技术上，回转窑较为成熟可靠，能量和动力消耗也较少。

生产烧结脱氟磷肥的配料方法有多种，主要有低硅法、高硅法和芒硝-磷酸法三种。配料不同，过程中发生的化学反应和要求的操作温度也不相同。适宜的操作温度应是炉料的烧结温度，应略高于炉料开始软化的温度，但又不能过分接近炉料的熔融温度，避免使炉料粘结或粘壁，以保证过程能正常进行。在恰好的炉料烧结温度下，各种化学反应进行得最好，其转化率也最高。因此，对炉料的要求应是烧结温度尽可能低，熔融温度尽可能高。只有当这两者的温度差足够大时，才可能有较大的操作温度范围。这是各种配料方法需要考虑的主要问题。

高硅法和低硅法的共同缺点是操作温度高。芒硝-磷酸法配料的主要目的是降低烧结温度并提高产品有效 P_2O_5 含量。这是目前国内外普遍采用的方法。

采用芒硝-磷酸法制取烧结脱氟磷肥时，配料中除了添加芒硝和磷酸外，通常还需加入一定比例的焦炭粉或煤粉。一般认为发生如下反应。

$$Na_2SO_4 + 2C = Na_2S + 2CO_2 \uparrow \qquad (2\text{-}3\text{-}32)$$

$$2Na_2S + 3O_2 = 2Na_2O + 2SO_2 \uparrow \qquad (2\text{-}3\text{-}33)$$

$$Ca_5F(PO_4)_3+H_2O \Longrightarrow Ca_5(OH)(PO_4)_3+HF\uparrow \qquad (2-3-34)$$

$$2Ca_5(OH)(PO_4)_3 \Longrightarrow 2Ca_3(PO_4)_2+Ca_4P_2O_9+H_2O \qquad (2-3-35)$$

$$4Ca_5(OH)(PO_4)_3+SiO_2 \Longrightarrow 6Ca_3(PO_4)_2+Ca_2SiO_4+2H_2O \qquad (2-3-36)$$

$$Ca_3(PO_4)_2+Na_2O \Longrightarrow 2CaNaPO_4+CaO \qquad (2-3-37)$$

$$2CaO+SiO_2 \Longrightarrow Ca_2SiO_4 \qquad (2-3-38)$$

产品由枸溶性的 α-$Ca_3(PO_4)_2$、$Ca_4P_2O_9$、$CaNaPO_4$ 和 Ca_2SiO_4 等组成。

由于加入芒硝在反应过程中生成 Na_2O，具有很高的反应活性，可降低烧结脱氟过程的反应温度。采用芒硝-磷酸法生产时，通常炉料最高温度仅为 1300～1350℃，比低硅法降低了100～150℃，可以大大降低能耗。

配料中加入焦炭粉的目的是加速芒硝的还原分解。而添加磷酸，除可提高产品 P_2O_5 含量外，同时还可作为粉料造粒的粘结剂。采用芒硝-磷酸法配料时，通常应控制 Na_2O/P_2O_5 摩尔比和剩余钙硅比。剩余钙硅比是指炉料中除了和 P_2O_5、Al_2O_3、Fe_2O_3 等酸性氧化物结合的 CaO（+MgO）以外剩余的 CaO（+MgO）与 SiO_2 的摩尔比。当用含 $P_2O_5$31%～32%的磷矿生产时，每100份磷矿配入的无水芒硝为16～18份，磷酸（按 P_2O_5 计）8～10份，焦炭粉4～6份。

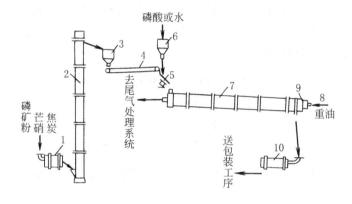

图 2-3-12　回转窑法制烧结脱氟磷肥工艺流程图

1—混料机；2—斗式提升机；3—混料贮斗；4—皮带计量器；
5—盘式造粒机；6—高位槽；7—回转窑；8—重油喷嘴；
9—冷却筒；10—球磨机

采用回转窑煅烧的芒硝-磷酸法烧结脱氟磷肥生产流程如图 2-3-12。磷矿粉、无水芒硝或石英粉、焦炭粉按一定比例在混料机中混合后送至盘式造粒机，喷洒磷酸或水造粒。粒状生料从回转窑尾端进料管进入回转窑。回转窑体用钢板制成，内衬耐火砖，高温带内衬高铝砖。转速 0.3～1r/min。回转窑头前端装重油喷嘴，用压缩空气将重油喷入窑内燃烧（也可使用煤粉），二次空气从窑头四周环隙吸入。炉料在转窑回转过程中由窑尾逐渐向窑头运动，经过预热进入高温带煅烧。炉料在窑内总停留时间为 2～3h，高温带停留时间约 0.5h。烧成熟料从窑头卸出，经冷却后送去研磨包装即为产品。窑尾排出的尾气经除尘和洗涤除氟后放空。

3.2.3.2　熔融脱氟磷肥

熔融脱氟磷肥的生产方法和钙镁磷肥相似，也包含炉料熔融和熔体水淬骤冷两个主要工序。

熔融脱氟磷肥的生产方法是选用熔点较低（≤1400℃）的磷矿，不添加熔剂，使磷矿在高温熔融条件下与水蒸气接触进行脱氟。化学反应与低硅法烧结脱氟磷肥基本相同。熔体经水淬后形成含部分高温型磷酸三钙的玻璃质肥料。由于不加熔剂,产品 P_2O_5 含量较高,而含氟量 $<0.1\%$,可用作动物饲料添加剂。

熔融脱氟磷肥可以在竖炉或旋风炉中生产,但用旋风炉较为优越。用竖炉生产时,存在炉壁腐蚀和结料问题,而且脱氟率和转化率等指标也不理想。

3.2.4 钢渣磷肥

钢渣磷肥是用含磷生铁炼钢时,排出的废渣加工而成的肥料,是炼钢工业的副产品。因为这种磷肥首先是在托马斯碱性转炉炉渣中获得,故又称为托马斯磷肥。

钢渣磷肥属于枸溶性肥料,其主要成分为硅磷酸五钙($5CaO \cdot P_2O_5 \cdot SiO_2$)是磷酸四钙($4CaO \cdot P_2O_5$)和正硅酸钙($CaO \cdot SiO_2$)结合而成的复盐。此外,还含有铁、锰、镁、钙、硅等杂质,它们对作物有一定的营养作用。钢渣磷肥为灰黑色粉末,密度 $3.0 \sim 3.3 g/cm^3$,不含游离酸,不吸湿,不溶于水,不结块,利于包装、运输和储存。但大部分溶于 2% 柠檬酸溶液中。其化学组成随含磷生铁质量,石灰用量及冶炼方法不同而有较大的区别。

磷在钢中是一种很有害的物质,因此,当生铁中含磷量超过钢中能允许的含量时,必须在炼钢时采取措施将磷从生铁中排出。这就是把造渣剂石灰加入铁水中进行造渣,使铁水中绝大部分磷被氧化成 P_2O_5 并与石灰结合形成含有磷酸四钙的炉渣,浮在钢水上面。铁水在炉内受空气的氧化,并与石英作用,磷和硅、锰、镁等杂质都生成相应的氧化物,而放出大量的热量。铁水脱磷过程的化学反应式如下。

$$P_4 + 5O_2 \longrightarrow 2P_2O_5 \tag{2-3-39}$$

$$P_4 + 10FeO \longrightarrow 2P_2O_5 + 10Fe \tag{2-3-40}$$

$$P_2O_5 + 3FeO \longrightarrow Fe_3(PO_4)_2 \tag{2-3-41}$$

$$Fe_3(PO_4)_2 + 4CaO \longrightarrow Ca_4P_2O_9 + 3FeO \tag{2-3-42}$$

生成的磷酸四钙 $Ca_4P_2O_9$,在有 SiO_2 存在下,生成硅磷酸五钙 $5CaO \cdot P_2O_5 \cdot SiO_2$,这是钢渣磷肥的主要成分。

生产钢渣磷肥的主要设备是碱性炼钢炉,其类型有底吹碱性转炉、侧吹碱性转炉,纯氧顶吹和纯氧侧吹碱性转炉及碱性平炉等。

从碱性炼钢炉得到的含磷钢渣,即为钢渣磷肥半成品,经过冷却、破碎、磁选和粉碎等过程就成为钢渣磷肥成品。其有效 P_2O_5 含量约为 $14\% \sim 18\%$。此外,还含有 $CaO45\% \sim 50\%$、$SiO_2 6\% \sim 11\%$ 及少量镁、锰、铁等的化合物。

3.2.5 偏磷酸盐[13]

3.2.5.1 偏磷酸钙

偏磷酸钙 $Ca(PO_3)_2$（理论含量为 $CaO28.3\%$ $P_2O_5 71.7\%$）。生产中因含有铁、铝等杂质,故有效 P_2O_5 含量为 63% 左右。熔点为 $970 \sim 980℃$。有高枸溶率的玻璃态与低枸溶率的结晶态两种形态。玻璃态偏磷酸钙能在水中缓慢溶解和水解生成一水磷酸二氢钙：

$$Ca(PO_3)_2 + 3H_2O \longrightarrow Ca(H_2PO_4)_2 \cdot H_2O \tag{2-3-43}$$

因此,它是一种良好的,含有效 P_2O_5 很高的枸溶性磷肥。生产中采取迅速冷却方法以获得玻璃状的产品。工业上制造偏磷酸钙的方法是在竖式炉中利用黄磷燃烧时发出大量热量产生的高温（约 $1000℃$）,用气态 P_2O_5 和在有水蒸气存在下与磷矿反应生成熔融状的偏磷酸钙：

$$2Ca_5F(PO_4)_3 + 7P_2O_5 + H_2O \longrightarrow 10Ca(PO_3)_2 + 2HF \uparrow \tag{2-3-44}$$

块状磷矿加入竖炉的栅板上，黄磷在竖炉底部燃烧，高温的 P_2O_5 气体和水蒸气通过块状磷矿层，发生上述反应。生成的偏磷酸钙顺栅板流下，集于炉底，定期排出，水淬，迅速冷却熔料，使生成玻璃态的偏磷酸钙，再经研磨和筛分后，可以得到细度为 80% 以上通过 20 目筛的产品。

3.2.5.2 偏磷酸钾

偏磷酸钾 KPO_3 理论上含 K_2O 89.8%，含 P_2O_5 60.13%，全部组分都是植物的营养成分。它微溶于水，易溶于草酸铵溶液中，施于土壤后，可被作物吸收，是一种高浓度的磷钾复合肥料。

因所用原料不同，偏磷酸钾有两种制法：①以磷酸和氯化钾为原料；②以元素磷和氯化钾为原料。

（1）以磷酸和氯化钾为原料

在高温下磷酸和氯化钾作用，首先生成磷酸二氢钾和氯化氢气体。磷酸二氢钾再缩合脱水，生成偏磷酸钾，其反应式如下：

$$KCl + H_3PO_4 \rightleftharpoons KH_2PO_4 + HCl \tag{2-3-45}$$

$$KH_2PO_4 \rightleftharpoons KPO_3 + H_2O \tag{2-3-46}$$

工业上，上述反应是在高温炉中加热到 $700 \sim 900℃$，生成的熔融状偏磷酸钾从炉底放出，在冷却器中迅速冷却即可制得结晶状偏磷酸钾。以热法磷酸和氯化钾为原料时，产品含 P_2O_5 58.2%、K_2O 39.3%、Cl 0.6%，该法缺点是 KCl 与 H_3PO_4 在高温下生成的料浆对炉衬耐火材料具有强烈的腐蚀性。

近年来，已采用湿法磷酸和氯化钾在特殊设计的反应器内，于 $500℃$ 左右温度下反应制成 KPO_3，并回收 HCl，解决了设备材料的腐蚀问题。工业产品含营养成分 94%～95%，产品不吸水，不结块，可以散装运输或贮存。

（2）以元素磷和氯化钾为原料

以元素磷和 KCl 为原料制偏磷酸钾 KPO_3 的过程包括元素磷与空气燃烧生成 P_2O_5，KCl 与 H_2O（蒸汽）作用生成 K_2O 和 HCl 气体，K_2O 与 P_2O_5 作用生成 KPO_3 等三个步骤，其反应式如下。

$$P_4 + 5O_2 \rightleftharpoons 2P_2O_5 \tag{2-3-39}$$

$$2KCl + H_2O \rightleftharpoons K_2O + 2HCl \tag{2-3-47}$$

$$K_2O + P_2O_5 \rightleftharpoons 2KPO_3 \tag{2-3-48}$$

工艺流程与 $Ca(PO_3)_2$ 相似。液态磷和 KCl 粉分别用压缩空气喷入燃烧室（同时喷入水蒸气），磷氧化燃烧而生成 P_2O_5 放出大量的热量，在燃烧室 $1000 \sim 1050℃$ 下发生上述反应生成 KPO_3。未反应的 P_2O_5，在吸收塔内与 KCl 和水蒸气继续作用，生成熔融状偏磷酸钾，从吸收塔下部流入燃烧室。从吸收塔排出的含有 HCl 的气体再由吸收塔吸收。从燃烧室（包括吸收塔）排出的熔融物，约为 $900℃$，流入盘式冷却器，其结晶即为偏磷酸钾。产品含总 P_2O_5 56%，有效 P_2O_5 55%，总 K_2O 31%，水溶性 K_2O 20%，Cl 1.3%。

3.2.5.3 偏磷酸铵

偏磷酸铵的分子式为 NH_4PO_3，纯品理论上含 14.4% N，73% P_2O_5。工业产品因含有少量其它磷化物，NH_4PO_3 含量为 80%～86%，是一种高浓度的氮磷复合肥料。偏磷酸铵的生产原理是，首先把元素磷氧化成 P_2O_5，然后，在高温和水蒸气存在下，P_2O_5、水蒸气

和 NH_3 相互作用生成 NH_4PO_3，其反应式如下：

$$P_2O_5 + 2NH_3 + H_2O \Longrightarrow 2NH_4PO_3 \qquad (2\text{-}3\text{-}49)$$

NH_4PO_3 的生产有一步法与二步法。一步法就是将气态 P_2O_5、NH_3，在有水蒸气存在情况下，直接反应生成以 NH_4PO_3 为主要成分的混合产品，可直接用作肥料。此法流程短，工艺简单，操作方便。二步法就是用干燥空气燃烧黄磷生成 P_2O_5，在无水蒸气情况下和气态 NH_3 反应生成一种粉末状中间产品，然后在另一设备中通入水蒸气进行水解而成块状物，经粉碎过筛为粒状产品。

参 考 文 献

1 陈五平主编. 无机化工工艺学.（三）化学肥料. 北京：化学工业出版社，1989. 268～274，286～287，289～291

2 《化肥工业大全》编辑委员会编. 化肥工业大会. 北京：化学工业出版社，1998. 628，672～674，686，699～703

3 南京化学工业公司磷肥厂，广东湛江化工厂编. 普通过磷酸钙生产工艺与操作. 北京：化学工业出版社，1979. 117

4 *Phosphorus and Potassium*. 1975，（80）：33～38

5 Вольфкович С. И. . *Труды Ниу. Вып.* 1923，67

6 Вольукович С. И. . Камзопкин В. П. . *Труды Ниу. Вып.* 1929，67

7 Jacob，K. A. *Ind. Eng. Chem.* 1931，（1）：14

8 Brit. 2344. 1867

9 Deutschces Reichspatentamt 681698. 1939

10 Moulton，R. W. ，*Chem. Eng.* July，1949. 102～104

11 陈玉如. 南化集团设计院. 中国磷复肥工业建设模式与经济规模探讨. 全国高浓度磷复肥会议资料. 山东泰安：1998

12 许秀化. 郑州工学院学报，1982，（2）：1～9

13 上海化工研究院. 磷肥工业. 修订本. 北京：化学工业出版社，1979. 195～202

14 国家和石油化学工业局主办. 中国化学工业年鉴，北京：中国化工信息中心，1999/2000. 273

第四章 复合肥料

4.1 磷酸铵类肥料[1,2]

4.1.1 磷铵工业发展简述

磷铵类肥料主要指磷酸一铵（monoammonium phosphate，简称 MAP）、磷酸二铵（diammonium phosphate，简称 DAP)是复合肥料最主要品种。它们的脱水产物聚磷酸铵（ammonium polyphosphate，简称 APP)也是磷铵类肥料。尿磷铵、硫磷铵和硝磷铵，是磷铵分别与尿素、硫铵或硝铵形成的复合肥料，它们还能与钾盐结合形成 NPK 三元复合肥料。现将磷酸铵类肥料的主要品种列于表2-4-1。

表 2-4-1　磷酸铵类肥料的主要品种

名　称	代号	主 要 有 效 组 分	N-P_2O_5	N-P_2O_5-K_2O 典型成分
磷酸铵类				
磷酸一铵	MAP	$NH_4H_2PO_4$	10-50，12-52	
磷酸二铵	DAP	$(NH_4)_2HPO_4$，$NH_4H_2PO_4$	18-46，16-48	
硫磷酸铵	APS	$NH_4H_2PO_4$，$(NH_4)_2SO_4$，$(NH_4)_2HPO_4$	16-20	13-13-13，14-28-14，12-36-12，6-24-24
硝磷酸铵	APN	$NH_4H_2PO_4$，$(NH_4)_2HPO_4$，NH_4NO_3	23-23	14-14-14，17-17-17
氯磷酸铵		$NH_4H_2PO_4$，$(NH_4)_2HPO_4$，NH_4Cl	18-22，20-20	14-14-14，12-18-14
尿素磷酸铵	UAP	$NH_4H_2PO_4$，$(NH_4)_2HPO_4$，$(NH_2)_2CO$	28-28，20-20	22-22-11，19-19-19，17-17-17，14-28-14
聚磷酸铵	APP	$(NH_4)_{n+2}P_nO_{3n+1}$，$(NH_4)_2HPO_4$，$NH_4H_2PO_4$		
固体			15-62，12-58	
流体			10-34，11-37	
偏磷酸铵	AMP	NH_4PO_3	12-60	

磷酸一铵和磷酸二铵养分含量高、物理性质和农化性质优良，既可作肥料直接施用，也是复混肥和液体肥料的重要磷源。聚磷酸铵养分含量更高，因其对金属离子有螯合作用，故在土壤中不易退化，它既可作微量元素肥料的载体，也是液体肥料优良原料。尿磷铵和硝磷铵是高浓度氮磷复合肥，所含酰胺态氮和硝态氮各具独特的农化性质。硫磷铵物性好，不吸潮，含有植物需要的硫养分，对缺硫土壤特别适用。

早在 1920 年，美国氰胺公司（American Cyanamid Company）即开始生产 MAP。到20 世纪 30 年代初期，加拿大 Dorr 公司管理的工厂进行了 MAP 的生产。从 1940 年到 1955年在美国和欧洲相继建立了许多类似的工厂，一般采用 3 个氨中和槽，将含 P_2O_5 36％～38％的磷酸加到第一中和槽，通氨至 H_3PO_4 的第一个 H^+ 有 80％被中和，其余的氨加入第二中和槽，只有少量的氨加入第三中和槽。当需提高产品氮含量时，可在第一中和槽加硫酸。将中和料浆加入双轴造料机中，用 8～12 倍的返料进行造粒后，在转筒干燥机中干燥。干燥后的颗粒进行筛分，合格粒子作产品，粗粒粉碎后与粉粒一道作返料。

生产 DAP 的工艺是从生产 MAP 的工艺演变过来的。美国首次工业化生产 DAP 是 1954年，其流程与生产 MAP 差不多，在 3 个中和槽中，第一个中和槽的加氨量相当于 MAP 所需或稍多一点，第二中和槽加氨到 DAP 所需的 80％，在第三中和槽中最终完成氨化，但后来又改在造粒机中加氨完成。生产 DAP 与生产 MAP 不同之点是前者在造粒和干燥过程中的氨逸出要大得多，需要用酸及高效吸收设备进行氨回收，同时还需采用较低的干燥温度。

20 世纪 50 年代初，美国 Tennessee Valley Authority（简称 TVA）研制了转鼓氨化造粒机，首先用于普钙或重钙的氨化与造粒，并于 1956 年获准专利。这种造粒机简单、耐用，从过磷酸钙到 MAP、DAP 和 NPK 三元复合肥均可用它进行造粒，这在化肥工业上是一项重大的技术革新。从此，预中和-转鼓氨化造粒便成为生产磷铵和颗粒复合肥的通用流程。但这种流程的缺点是预中和设备庞大和只能用 P_2O_5 质量分数小于 40％的磷酸进行氨中和（为避免料浆过稠不便操作和输送），因而干燥产品要耗较多燃料。

1947～1955 年间已出现很多关于管式反应器的专利，但直到 1965 年仍很少用于工业。美国 TVA 对管式反应器进行了 10 多年的研究之后，才于 20 世纪 70 年代初建立起中试装置，用管式反应器代替预中和槽，将磷酸和氨同时通入反应管中，剧烈的中和反应后生成的料浆借自身压力直接喷洒在造粒机返料上进行造粒。在磷酸浓度足够高的条件下，利用反应热可以除去酸中大量水分，甚至可不必进行产品干燥。管式反应器的开发成功，是化肥工业又一重大技术进步。

20 世纪 70～80 年代，磷铵生产技术革新的重点是降低能耗、提高设备生产能力、降低原料消耗和减少环境污染。在采用管式反应器和高效氨回收设备后，有的流程已经实现不需干燥工序，氨回收率达到 99％以上，设备生产能力较前提高 20％～40％。本书将重点介绍已经开发出的各种有代表性的生产流程。

用上述方法生产磷铵通常都以 P_2O_5 质量分数 50％～54％的湿法磷酸为原料。这种磷酸一般都是由二水物流程生产的磷酸浓缩而来。但用含杂质太高的湿法磷酸生产浓缩磷酸则会遇到困难。

世界磷矿经过几十年的开采已逐渐趋于贫化，优质磷矿明显减少。前苏联两大磷矿之一的卡拉-塔乌磷矿是含铁、铝、镁等杂质较高的磷矿，富集问题未很好解决，不适于作为生产浓缩磷酸的原料。他们在 20 世纪 60～70 年代进行了大量的研究开发工作，绕开了浓缩磷酸的困难，改为浓缩结垢较少且垢层也易于清洗的氨中和料浆，并于 1969 年建成了第一套料浆浓缩法生产磷铵的工业装置。在此基础上先后建成了单系列规模为 13 万 tP_2O_5/a 的 5 个料浆法磷铵厂，总生产能力约占前苏联磷铵总产量的 1/3。

中国南京化学工业公司磷肥厂于 1966 年建成了第一套 3 万 t/a 磷铵的工业装置。20 世纪 70 年代又相继在安徽、江西、云南、广东等地建成了 12～24 万 t/a 磷铵的工厂。它们均采用浓缩磷酸为原料。

为了充分利用中国储量丰富、杂质含量较高的磷矿，原成都科技大学和四川银山磷肥厂借鉴国外经验，于 1983 年成功开发了中和料浆浓缩法制磷铵工艺，并在 1984 年和 1987 年先后完成了喷雾干燥制粉状磷铵和喷浆造粒制粒状磷铵两种流程的中试。1988 年又在银山磷肥厂完成了料浆浓缩、喷浆造粒、干燥的 3 万 t/a 磷铵工业性试验。在此基础上由南京化学工业公司设计院完成了 3 万 t/a 磷铵的通用设计，并在全国推广。1996 年四川硫酸厂与原成都科技大学合作建成了 6 万 t/a 磷铵的工业装置。

为加快中国磷复肥工业的发展和技术进步，20 世纪 80～90 年代先后从国外引进了多项先进的磷酸和磷铵生产技术。在磷铵方面主要有美国 Davy-Mckee 管式反应-转鼓氨化造粒制 MAP、DAP 和 NPK 复合肥技术（大连、南京、云南），法国 AZF 双管反应器制 DAP 技术（秦皇岛），西班牙 ERT-ESPINDESA 单管反应、一次氨化制 MAP 和 DAP 技术（鹿寨）等。这批大型工厂的建成，对加速中国磷复肥工业的发展和技术进步起了促进作用。

4.1.2 磷铵的性质

磷酸铵盐的主要性质见表 2-4-2。

表 2-4-2 磷酸铵盐的性质

项　　目	$NH_4H_2PO_4$	$(NH_4)_2HPO_4$	$(NH_4)_3PO_4$
结晶形态	正方晶系	单斜晶系	斜方晶系
N/%	12.2	21.2	28.6
P_2O_5/%	61.8	53.8	48.3
N:(P_2O_5)	1:5.1	1:2.5	1:1.7
密度 (19℃)/(kg/m)	1803	1619	—
摩尔热容 (25℃)/[J/(mol·K)]	0.1424	0.1821	0.2301
熔融温度/℃	190.5	分解	分解
生成热 ΔH_{298} (kJ/mol)	−1451	−1574	−1673
溶解热 ΔH_{sol}/(kJ/mol)	16	14	—
熔融热 ΔH_1/(kJ/mol)	35.6	—	—
临界相对湿度 (30℃)/%	91.6	82.5	—
pH (0.1 mol/L 溶液)	4.4	8.0	9.0

4.1.2.1 磷酸一铵

磷酸一铵热稳定性好，不易吸潮，在水中溶解度大。即使磷酸一铵加热到100℃，也难察觉分解放出氨。大约在200℃左右才会有 NH_3 和 H_2O（蒸汽）放出：

$$n\,NH_4H_2PO_4 \begin{cases} \xrightarrow[-H_2O,\ -NH_3]{200\sim400℃} (NH_4)_{n-x}H_xP_nO_{3n+1} \\ \xrightarrow{400℃以上} \quad \Big\downarrow {}_{-H_2O（部分脱水）} \\ \qquad\qquad (NH_4PO_3)_n \end{cases} \tag{2-4-1}$$

固体磷酸一铵的氨和水蒸气平衡压力见表 2-4-3。从表 2-4-3 数据可以看出，常压下磷酸一铵在低于125℃进行干燥作业时，气相中 NH_3 体积分数不到万分之一，氨损失是非常小的。

表 2-4-3　固体磷酸一铵的氨和水蒸气平衡压力

温度/℃	p_{NH3}/Pa	p_{H2O}/Pa	温度/℃	p_{NH3}/Pa	p_{H2O}/Pa
125.1	9.5	60.6	179.1	1823	9093
135.0	15.7	537	199.0	5517	2.05×10^4
144.9	40.2	617	219.5	6803	1.93×10^4
150.9	99.3	1000	199.5	1.82×10^4	1.70×10^4
160.7	164	1023	349.4	2.09×10^4	2.37×10^4
170.0	1350	5138			

磷酸一铵在水中的溶解度见图 2-4-1。可以看出，磷酸一铵在水中有较大的溶解度，且随温度的升高而急剧增大。而磷酸一铵水溶液的氨平衡分压却很低。

从磷酸一铵的热分析得出，在198℃处出现一吸热效应，它相当于盐的熔融同时开始分解。

超过 200℃后,随着温度的升高,质量不断减少。这是由于发生缩聚而释放出了氨和水之故。

4.1.2.2 磷酸二铵

磷酸二铵的稳定性较磷酸一铵差,其平衡氨分压见表 2-4-4。可以预计,磷酸二铵如果常压下高于 80℃进行干燥作业时,气相中 NH_3 的体积分数将达千分之三,氨逸出量就会明显增大。

表 2-4-4　固体磷酸二铵的平衡氨分压[3]

温度/℃	p_{NH_3}/Pa	温度/℃	p_{NH_3}/Pa
50	26.7	100	1200
60	66.7	110	2139
70	147	120	3667
80	307	124	4510
90	760	130	6360

磷酸二铵水溶液比它的固体有更高的蒸汽压。例如 50℃时磷酸二铵溶液的平衡氨分压是 1000 Pa,它是相同温度下干盐氨分压的 37 倍 $[n(N)/n(P)=2.0$ 时的饱和溶液在不同温度下的氨分压可从图 2-4-7 查得]。

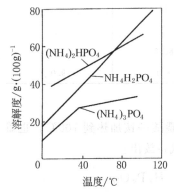

图 2-4-1　磷铵在水中的溶解度

磷酸二铵在水中的溶解度也很大（见图 2-4-1）。

磷酸一铵和磷酸二铵的比较:

① MAP 的密度较 DAP 大,故对包装、储存和运输均较有利。

② MAP 的稳定性和临界相对湿度较 DAP 高,故 MAP 可散装储运。

③ MAP 的氨蒸汽压很低,故生产和使用过程中氨损失较 DAP 小得多。

④ DAP 与过磷酸钙混合时因生成磷酸二钙而结块,并使 P_2O_5 水溶率降低。MAP 与过磷酸钙相混退化程度较小。

⑤ 用杂质（主要指金属离子）含量高的磷酸生产 DAP 时,难于制得 18-46-0 规格的产品;生产 MAP 对磷酸质量要求不高,磷酸不必预澄清。

⑥ MAP 的 P_2O_5 质量分数可达 52%,对缺磷不缺氮的地区购买 MAP 比较合算。

⑦ 作为复混肥或掺混肥的磷原料,MAP 的适应范围较 DAP 广。用 MAP 作磷源生产悬浮肥料时只需补充氨即可达到最大溶解度的氮磷比 $[n(N)/n(P)=1.4]$,用 DAP 时则需补加磷酸,这对一般液体肥料厂会增加麻烦。

⑧ MAP 在土壤中溶解后 pH 在 4.4 左右,有利于磷被作物吸收利用;DAP 溶解后 pH 在 8.0 左右,如果是碱性土壤就可能释放出氨,使种子或幼苗受到伤害。用 MAP 与尿素混合作基肥时,由于其略带酸性能减少尿素的氨挥发损失。

⑨ DAP 含氮量较 MAP 高,对生产厂来说因其可固定较多廉价的氨而获利;对用于生产多元复混肥的厂来说也可因少加价格较贵的尿素而感到合算。

⑩ 用管式反应器生产 MAP 时,氨损失少,设备生产能力高,可产品无需进行干燥。如果用预热过的浓磷酸还可获得含 10%～25%聚磷酸铵产品,后者可用于制造浓度高、稳定性好的悬浮肥料。

由于生产 DAP 对原料磷酸质量要求较高,在目前优质磷矿日渐匮乏的情况下,利用中品位磷矿生产 MAP 已逐渐得到广泛重视。

4.1.2.3　聚磷酸铵

聚磷酸铵是由聚磷酸或浓磷酸在较高温度和压力下氨化脱水而得。其组成不定，随聚合度和 $n(NH_3)/n(P_2O_5)$ 而异。

聚磷酸铵的通式可表示为：$(NH_4)_{n+2}P_nO_{3n+1}$，属直链型聚合物。用作肥料的聚磷酸铵多为低聚合度产物，其中主要含焦磷酸铵、三聚磷酸铵和四聚磷酸铵，它们在水中有较高的溶解度，故适于作液体肥料。

聚磷酸铵易吸潮，其吸湿点（临界相对湿度）与氨化度（聚磷酸中的氢被 NH_4^+ 置换分数）有关。随氨化度增高，其吸湿点也相应升高。

聚磷酸铵的粘度随 P_2O_5 含量的增加而增高。当 P_2O_5 质量分数达 64% 时，由于聚合度的增大而使粘度急剧升高。

原料中的杂质对粘度也有影响，当 Al_2O_3 含量超过 2% 和 Fe_2O_3 含量超过 3% 时，会析出铁铝的复杂磷酸盐沉淀而使粘度增大。

聚磷酸铵在水溶液中会水解，最后生成正磷酸盐。影响水解速度的主要因素是温度，其次是 pH。水解速度随温度升高而加快，随 pH 值升高而减慢。金属离子也会起催化作用而加速水解。

固体聚磷酸铵在吸收空气中的水分后也会产生局部水解。

聚磷酸盐可螯合金属离子，用它作微量元素肥料的载体可减少土壤对微量元素的固定作用。由于聚磷酸铵溶解度高，因而可用它制得高浓度液体肥料。磷酸中的金属杂质与聚磷酸铵螯合后不再析出沉淀，能保持液体肥料质量均匀，流动状况良好。

4.1.3　生产磷铵所需原料

4.1.3.1　正磷酸

生产磷铵的主要原料是湿法磷酸。目前世界上 90% 以上的湿法磷酸由二水物流程生产，一般都得到 20%～30% P_2O_5 的稀磷酸。这种酸可不经过浓缩直接用于料浆浓缩法生产磷铵。如果稀酸杂质含量不高，也可先浓缩到含 40%～54% P_2O_5 的磷酸，然后再用于生产磷铵。

正磷酸是三元酸，可生成三种不同取代的磷酸盐，即一代磷酸盐（XH_2PO_4），二代磷酸盐（X_2HPO_4）和三代磷酸盐（X_3PO_4）。

湿法磷酸中常含有一定量的杂质，它们是铁、铝、镁、钾、钠和钙等金属离子，也有硫酸根、氟硅酸、氟和氯等阴离子。其含量取决于磷矿原料成分和加工流程。铁、铝和镁等含量高会使磷酸粘度过大和加热管壁结垢而造成浓缩过程的生产发生困难。

当杂质总量超过 8% 时，就难于获得合格的 18-46-0 DAP 产品。文献[4]中指出，要想生产出规格为 18-46-0 的 DAP 产品，磷酸中的杂质含量比：

$$\frac{Fe_2O_3\% + Al_2O_3\% + MgO\% + MnO_2\%}{P_2O_5\%} \qquad (2\text{-}4\text{-}2)$$

应小于 0.10；固体悬浮物应小于 2%。当上述比值较高时可加入含氮高的尿素；但如比值高达 0.135～0.155，则只能生产规格为 16-48-0 的产品。

4.1.3.2　氨

氨是氮磷复肥生产的重要原料，一般复肥厂都有自己的液氨贮罐、液氨蒸发器和供氨系统。氨的主要物理性质见表 2-4-5。

表 2-4-5　氨的主要物理性质

项目	相对分子质量	沸点 ℃	凝固点 ℃	临界温度 ℃	临界压力 kPa	比热容 J/kg·K			生成热 kJ/mol		水中溶解度 %			
						0℃	100℃	200℃	0 K	298 K	0℃	20℃	40℃	60℃
数据	17.03	−33.35	−77.7	133.0	11425	2097	2226	2105	−39.22	−46.22	42.8	33.1	23.4	14.1

通常条件下，氨在空气中不会燃烧，可是在 780℃ 能自燃，当与一定比例的空气混合时会形成爆炸性气体。例如在常压和 18℃ 下，氨-空气混合气中 NH_3 在 16.1%～26.6% 时，遇火能发生爆炸。氨会在氧气中燃烧，火焰显绿色。

液氨蒸发时要吸收大量的热，在磷铵生产中要消耗不少蒸汽去蒸发液氨。目前已有不少工厂从两方面着手节能[5]：一是利用废热代替蒸汽使液氨气化，例如用造粒-干燥洗气塔排出的约 75℃ 洗涤液作热源；二是在液氨进入氨蒸发器之前先进行节流致冷，然后通过热交换器降低进入磷铵产品冷却机的空气温度。

4.1.4　磷酸的氨化

磷酸的三个氢离子可依次被氨中和生成磷酸一铵、磷酸二铵和磷酸三铵：

$$H_3PO_4(液) + NH_3(气) =\!\!= NH_4H_2PO_4(固) \quad \Delta H_{298} = -126 \text{ kJ} \tag{2-4-3}$$

$$H_3PO_4(液) + 2NH_3(气) =\!\!= (NH_4)_2HPO_4(固) \quad \Delta H_{298} = -203 \text{ kJ} \tag{2-4-3a}$$

$$H_3PO_4(液) + 3NH_3(气) =\!\!= (NH_4)_3PO_4(固) \quad \Delta H_{298} = -256 \text{ kJ} \tag{2-4-3b}$$

纯的磷酸铵盐都是白色晶体，其中以磷酸一铵最稳定，磷酸二铵次之，磷酸三铵最不稳定，不宜作肥料使用。

纯磷酸与氨中和是瞬间即可完成的快速反应，过程速率取决于气氨分子扩散进入磷酸的传质速率。因此，凡能够强化这一传质过程的手段，均可加快中和过程的速度。例如用管式反应器进行磷酸氨化，就可使中和过程缩短到约 1 秒。

氨化过程放出的热量很大，可利用它蒸发除去溶液中一部分水分。通常每中和 1kg 气氨即可蒸发 1～2kg 水，这与磷酸浓度和温度有关。如用预热过的含 P_2O_5 54% 的磷酸在管式反应器中快速氨化，还可实现高温脱水生成部分聚磷酸铵。在浓酸氨化时料浆本身形成相当高的温度和压力，在此条件下，磷铵溶解度增高，料浆粘度变小，流动性能良好，这时可借助自身压力直接喷入造粒机或喷雾塔中生产粒状或粉状磷铵。

湿法磷酸中常含有铁、铝、镁、氟和硅等杂质，在氨中和过程中，这些杂质将生成多种复杂化合物，它们将影响料浆粘度以及磷铵产品组成、物性和 P_2O_5 溶解性。对于料浆浓缩法制磷铵工艺来说，料浆粘度至关重要。

4.1.4.1　湿法磷酸与氨的反应和析出的物相

湿法磷酸及其所含杂质在氨中和过程中可能发生下列反应：

① $H_3PO_4 + NH_3 =\!\!= NH_4H_2PO_4$ $\hfill$ (2-4-3)

② $H_2SO_4 + NH_3 + NH_4H_2PO_4 =\!\!= NH_4HSO_4 \cdot NH_4H_2PO_4$ $\hfill$ (2-4-4)

③ $H_2SiF_6 + 2NH_3 =\!\!= (NH_4)_2SiF_6$ $\hfill$ (2-4-5)

④ $(Fe,Al)_3(H_3O)H_8(PO_4)_6 \cdot 6H_2O + NH_3 =\!\!= (Fe,Al)_3NH_4H_8(PO_4)_6 \cdot 6H_2O + H_2O$ $\hfill$ (2-4-6)

⑤ $(Fe,Al)_3(H_3O)H_8(PO_4)_6 \cdot 6H_2O + 3Mg(H_2PO_4)_2 + 9NH_3 + H_2SiF_6$

$\qquad =\!\!= 3(Fe,Al)MgNH_4(HPO_4)_2F_2 + 6NH_4H_2PO_4 + SiO_2 + 5H_2O$ $\hfill$ (2-4-7)

⑥ $NH_4HSO_4 \cdot NH_4H_2PO_4 + NH_3 =\!\!= (NH_4)_2SO_4 + NH_4H_2PO_4$ $\hfill$ (2-4-8)

⑦ $6(Fe，Al)MgNH_4(HPO_4)_2F_2+(NH_4)_2SiF_6+4NH_3+2H_2O$

$$===6(Fe,Al)Mg(NH_4)_2(HPO_4)_2F_2+SiO_2 \tag{2-4-9}$$

⑧ $Mg(H_2PO_4)_2+NH_3===MgHPO_4+NH_4H_2PO_4 \tag{2-4-10}$

⑨ $(Fe，Al)_3NH_4H_8(PO_4)_6 \cdot 6H_2O+2NH_3$

$$===3(Fe,Al)NH_4(HPO_4)_2 \cdot 0.5H_2O+4.5H_2O \tag{2-4-11}$$

⑩ $NH_4H_2PO_4+NH_3===(NH_4)_2HPO_4 \tag{2-4-12}$

⑪ $MgHPO_4+(NH_4)_2HPO_4+4H_2O===Mg(NH_4)_2(HPO_4)_2 \cdot 4H_2O \tag{2-4-13}$

⑫ $Mg(NH_4)_2(HPO_4)_2 \cdot 4H_2O===MgNH_4PO_4 \cdot H_2O+NH_4H_2PO_4+3H_2O \tag{2-4-14}$

⑬ $CaSO_4 \cdot 2H_2O+2NH_3+H_3PO_4===CaHPO_4+(NH_4)_2SO_4+2H_2O \tag{2-4-15}$

⑭ $5CaHPO_4+2NH_3+H_2O===Ca_5(PO_4)_2OH+2NH_4H_2PO_4 \tag{2-4-16}$

上述反应在 pH≈2.5 时形成水溶性化合物［反应式（2-4-3）～式（2-4-5）］和枸溶性复合物［反应式（2-4-6）和式（2-4-7）］；当 pH 升到 4.35 则生成铁、铝复合物（反应式（2-4-9）和式（2-4-10）］，同时析出磷酸氢镁和磷酸氢钙［反应式（2-4-10）和式（2-4-15）］，它们均属枸溶性。进一步氨化到 pH>5.6 则生成磷酸氢钙、磷酸铵镁和不溶性羟基磷灰石。所成沉淀的组成和量，都随氨化的进行而不断变化。

湿法磷酸中的氟主要呈 H_2SiF_6 的形式存在，氨中和时将进行如下平衡反应：

$$SiF_6^{2-}+4OH^-+(n-2)H_2O===SiO_2 \cdot nH_2O+6F^- \tag{2-4-17}$$

随着中和反应的进行，上式平衡向右移动，游离 F^- 增多，有利于含氟复合物的生成，同时生成硅凝胶，影响料浆粘度。

各种湿法磷酸的杂质种类和含量不尽相同，因而各研究者所得氨化沉淀物组成也不一样，但主要结果基本上是一致的。表 2-4-6 列出湿法磷酸氨化至不同 pH 时沉淀物的组成。可以看出，氨化到 pH≈1.6 时形成的复合物 $(Fe，Al)_3NH_4H_8(PO_4)_6 \cdot 6H_2O$，不溶于水，但属有效磷；氨化到 pH≈2.3，形成复合物 $(Fe，Al)NH_4(HPO_4)_2 \cdot 0.5H_2O$ 及 $(Fe，Al)NH_4HPO_4F_2$，它们也都属有效磷；氨化到 pH≈4.3～5.6 则生成含镁复合物，它溶于中性柠檬酸盐溶液。到 pH>6 则生成枸不溶物。酸中的硅在中和过程中可能形成二氧化硅凝胶。

表 2-4-6　湿法磷酸氨化至不同 pH 时的沉淀物

介　质	pH	沉　淀　物
磷酸的沉淀物		$(Fe,Al)_3(H_3O)Mg(PO_4)_6 \cdot 6H_2O$
		$(CaSO_4 \cdot AlF_6SiOH) \cdot 12H_2O$
		$(Ca,Mg)NaAlF_6 \cdot 2H_2O$
		$Fe(H_2PO_4)_3；Al(H_2PO_4)_3$
磷酸氨化料浆的沉淀物	1.0～1.6	$(Fe,Al)_3NH_4H_8(PO_4)_6 \cdot 6H_2O$
	1.6～2.2	$(Fe,Al)NH_4(HPO_4)_2 \cdot H_2O$
	2.3	$(Fe,Al)NH_4(HPO_4)_2 \cdot 0.5H_2O$
	>2.3	$(Fe,Al)NH_4HPO_4F_2$
	3.5	$\begin{cases} (Fe,Al)_3NH_4H_8(PO_4)_6 \cdot 6H_2O \\ (Fe,Al)NH_4(HPO_4)_2 \cdot 0.5H_2O \\ (Fe,Al)Mg(NH_4)_2(HPO_4)_2 \cdot F_3 \end{cases}$
	4.3	$\begin{cases} (Fe,Al)NH_4(HPO_4)_2 \cdot 0.5H_2O \\ (Fe,Al)Mg(NH_4)_2(HPO_4)_2 \cdot F_3 \end{cases}$
	5.6	$\begin{cases} (Fe,Al)NH_4(HPO_4)_2 \cdot 0.5H_2O \\ (Fe,Al)Mg(NH_4)_2(HPO_4)_2 \cdot F_3 \end{cases}$
	>8	$\begin{cases} (Fe,Al)_2NH_4(PO_4)_2OH \cdot 2H_2O \\ (Fe,Al)(NH_4)_2H_2(PO_4)_2F \cdot nH_2O \end{cases}$

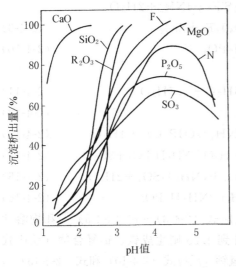

图 2-4-2 湿法磷酸氨化料浆中各组分析
出量与 pH 的关系[16]

氨化卡拉-塔乌磷矿生产的湿法酸在其 pH 达平衡后，各组分析出的量示于图 2-4-2。可以看出，酸中的铁、铝杂质在 pH>3 时基本上全部析出[3]。

日本的安藤淳平和秋山尧也对湿法磷酸氨化反应进行过研究。他们得出，随着氨化反应的进行，磷酸中的杂质将生成所谓"S""Q""R""T"和"U"等非水溶性复合物，其生成条件主要取决于中和料浆 pH 及湿法磷酸的 F/(Fe+Al) 原子比。这些化合物形成的 pH 值及它们的溶解性列于表 2-4-7。可惜他们未考虑镁这一重要杂质[6]。从表中可以看出，除"U"化合物外这些水不溶盐都是枸溶性的，对农作物都属有效磷。

表 2-4-8 列出湿法磷酸、氨化料浆、滤饼及水洗后滤饼的化学组成。经对滤饼的 X 射线衍射分析，得出磷铵的结晶相主要是磷酸一铵、硫酸铵、复合物 $(Fe，Al)(NH_4)_2Mg(HPO_4)_2F_3$，以及少量氟硅酸盐。水洗滤饼中主要是复合物、磷酸氢钙和二氧化硅。据报道[5]，复合物约占水不溶物的 80%，而复合物在 2% 柠檬酸中可溶解 30%。磷铵产品中磷的有效性将随复合物含量的增高而降低，也将随水不溶磷化物结晶度的增高而降低。

表 2-4-7 湿法磷酸氨化过程产生的非水溶性盐类

盐类名称	化 学 式	生成时的 pH	溶 解 性	
			中性柠檬酸铵溶液	2% 柠檬酸溶液
"S"化合物	$(Fe，Al)NH_4HPO_4F_2$	2～8	易溶	易溶
"Q"化合物	$(Fe，Al)NH_4(HPO_4)_2 \cdot 0.5H_2O$	2.5～4	易溶	难溶
"R"化合物	$(Fe，Al)_3NH_4H_8(HPO_4)_6 \cdot 6H_2O$	～2	易溶	难溶
"T"化合物	$(Fe，Al)(NH_4)_2H_2(PO_4)_2 \cdot nH_2O$	～6	难溶	易溶
"U"化合物	$(Fe，Al)_2NH_4(PO_4)_2OH \cdot 2H_2O$	6～9	难溶	难溶

表 2-4-8 湿法磷酸及氨化到 pH=5.0 的产物组成/%[7]

项 目	$P_2O_{5总}$	$P_2O_{5有效}$	$P_2O_{5水溶}$	SO_3	MgO	CaO	Fe_2O_3	Al_2O_3	N	F
湿法磷酸	20.64	20.64	20.64	2.10	1.19	0.41	0.74	0.51	—	1.90
氨化料浆	19.80	19.80	16.80	4.39	1.35	2.16	0.67	0.49	4.90	2.07
未经水洗滤饼	40.54	40.45	29.88	4.21	5.72	6.58	2.40	1.96	8.18	7.35
水洗滤饼	30.81	28.75	3.10	1.03	9.69	8.49	5.13	0.70	7.38	18.62

磷铵及其水不溶物的物相组成主要是通过化学分析和 X 射线衍射物相分析，再经物料平衡计算而来。表 2-4-9 和表 2-4-10 列出两种磷铵产品的物相组成计算结果。可以看出不同作者对有关化合物的表述方式不完全一致。

表 2-4-9　佛罗里达磷矿生产的 MAP 肥料及其水不溶物的组成计算结果[8]

溶解性	化　　合　　物	MAP 组成/%	MAP 水不溶物组成/%
水不溶部分	$MgAl(NH_4)_2H(PO_4)_2F_2$	4.2	26.4
	$FeNH_4(HPO_4)_2$	7.2	45.3
	$AlNH_4HPO_4F_2$	0.9	5.7
	$Mg-Al-F-xH_2O$	1.4	8.8
	$CaSO_4$	0.4	2.5
	SiO_2	0.1	0.6
	H_2O(结晶水)	1.7	10.7
	水不溶物总计	15.9	100.0
水溶部分	$Ca(NH_4)_2(SO_4)_2$	0.8	
	$(NH_4)_2SO_4$	6.1	
	$(NH_4)_2SiF_6$	0.2	
	$(NH_4)_2HPO_4$	1.0	
	$NH_4H_2PO_4$	73.8	
	未知	2.2	

表 2-4-10　清平磷矿生产的 MAP 肥料及其水不溶物组成的计算结果[9]

溶解性	化　　合　　物	MAP 组成/%	MAP 水不溶物组成/%
水不溶部分	$Mg(Fe,Al)(NH_4)_2(HPO_4)_2F_3$	4.40	15.44
	$Fe(NH_4)_2F(PO_4)_2 \cdot H_2O$	11.56	5.47
	$MgHPO_4 \cdot 3H_2O$	8.95	31.40
	$CaHPO_4$	2.67	9.37
	MgF_2	4.48	15.72
	SiO_2	4.04	14.17
	K_2SiF_6	0.73	2.56
	未知物	1.67	5.86
	水不溶物总计	28.5	100.0
水溶部分	$NH_4H_2PO_4$	60.79	
	$(NH_4)_2SO_4$	10.71	

4.1.4.2　湿法磷酸氨化料浆的性质

(1) NH_3-H_3PO_4-H_2O 三元体系溶解度图

图 2-4-3 是 NH_3-H_3PO_4-H_2O 三元体系的溶解度图（75℃）。图中 GDCEF 是 75℃的液-固饱和曲线。曲线下方是不饱和溶液，曲线上方是含固相的饱和溶液。当一定浓度的磷酸被氨中和后的组成点落在曲线下方时，则可确定在此温度下尚未饱和；如果落在曲线上方，则有磷铵固体析出。图中 ACD 是磷酸二铵结晶区；BCE 是磷酸一铵结晶区；ACB 是磷酸一铵和磷酸二铵的共同结晶区。如果中和料浆组成点落在 BCE 区，则析出固相是 MAP，与这平衡的饱和溶液的组成点则落在 CE 线上；如果中和料浆组成点落在 ACB 区，则结晶出 MAP 和 DAP 混合物，其饱和溶液组成保持 C 点不变，直到完全干涸。

OB 线上 NH_3/H_3PO_4 摩尔比是 1；OA 线上的 NH_3/H_3PO_4 摩尔比是 2；两线之间的 NH_3/H_3PO_4 摩尔比则在 1～2 之间。这一区间是磷铵生产的工作区。

采用料浆浓缩法生产磷铵时使用的是未经浓缩的稀磷酸，当其中和到 NH_3/H_3PO_4 摩尔比 1.1 附近时，其组成点尚处于不饱和区，料浆的搅拌和输送都没有困难。如果在常压下用含 P_2O_5 40%以上的磷酸进行氨化，则会因料浆过稠而难于操作。因此，按传统法生产磷铵时，采用回收洗气塔来的稀酸与浓磷酸相混得含 P_2O_5 40%的磷酸，再进行氨中和。生产 MAP 时在预中和槽先

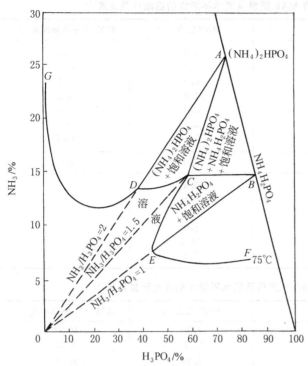

图 2-4-3 NH₃-H₃PO₄-H₂O 三元体系溶解度图（75℃）

氨化到 $NH_3/H_3PO_4 = 0.5 \sim 0.7$，生产 DAP 时先氨化到 $NH_3/H_3PO_4 = 1.3 \sim 1.4$。从图 2-4-4[10] 可以看出，在 NH_3/H_3PO_4 为 0.6 或 1.4 附近，磷铵的溶解度最大，这时氨化料浆流动性最好，搅拌和输送都不难，进一步加氨到产品要求的氨化度，则在造粒机中完成。

浓磷酸在加压升温的条件下进行氨化也可获得流动性好的料浆。从图 2-4-4 和图 2-4-5[11] 可以看出，磷铵溶解度随温度升高得很快。含 P_2O_5 40% 以上的磷酸在加压中和反应器中或管式反应器中氨化，中和反应热可使料浆温度升到 150℃ 以上。相应蒸汽压力达 0.2 MPa 以上，借自身压力，料浆即可直接喷入造料机或喷雾塔中生产粒状或粉状磷铵。

（2）$NH_4H_2PO_4$-H_2O 体系的性质

图 2-4-6[12] 是 $NH_4H_2PO_4$-H_2O 体系性质列线图。图中列出了溶解度、密度和蒸汽压与浓度和温度的关系。图中 AB 是冰与溶液的饱和线。横向线系列是等蒸汽压线；纵向线系列是等密度线。例如要确定给定浓度和温度下溶液的蒸汽压，则从浓度和温度坐标引线相交，交点所在的等压线读数，即为溶液的蒸

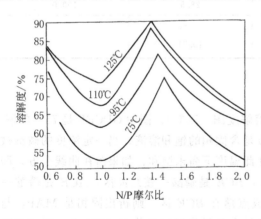

图 2-4-4 磷铵在水中的溶解度与温度和 N：P 摩尔比的关系

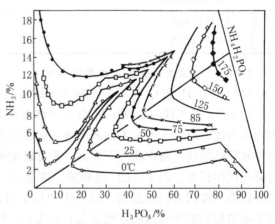

图 2-4-5 NH₃-H₃PO₄-H₂O 体系溶解度多温图（0～175℃）

汽压；两交点所在的等密度线读数，即为该溶液的密度。又如要确定给定浓度和蒸汽压下溶液的沸点，则从浓度坐标引线与等压线相交，交点对应的温度坐标读数即是溶液的沸点。如将此等压线向左延长至与浓度为零的坐标轴相交，交点对应的温度坐标读数即为该压力下水的沸点，两沸点之差即为该溶液的沸点升高值。不同温度下磷铵的溶解度，可从温度坐标引线与 BC 线相交，交点对应的浓度即为饱和浓度。

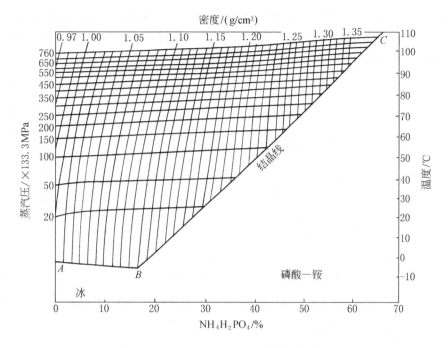

图 2-4-6　$NH_4H_2PO_4-H_2O$ 体系的性质

此图虽是用纯物质作出，与湿法磷酸得出的实际体系有一定差异，但当缺乏可靠的实测数据时，也可供磷铵生产和设计参考。

（3）磷酸氨化溶液的蒸气压

磷铵溶液的氨蒸气压与它在氨化、造粒和干燥等一系列加工过程的氨逸出紧密相关。影响溶液氨分压的主要因素是 NH_3/H_3PO_4 摩尔比和温度。对于纯磷铵饱和溶液可用下式计算：

$$\ln p_{NH_3} = 4.26x^2 - 7.47x + 30.41 - \frac{9845}{T}$$

$$(2\text{-}4\text{-}18)$$

式中　x——NH_3、H_3PO_4 摩尔比；

T——溶液温度，K；

p_{NH_3}——溶液氨分压/mmHg，1mmHg $=133.3$ Pa。

不同 NH_3/H_3PO_4 摩尔比和温度下磷铵饱和溶液的氨分压可直接从图 2-4-7[13] 和图 2-4-8[14] 读出。氨分压随 NH_3/H_3PO_4 摩尔比和温度的增加而增大是十分显著的。

从图 2-4-9[13] 可以看出，即使在 124℃当 NH_3/H_3PO_4 摩尔比低于 1.4，氨分压仍不太高，而当 NH_3/H_3PO_4 摩尔比超过 1.7，则氨分压急剧增大，这说明 DAP 的生产需要

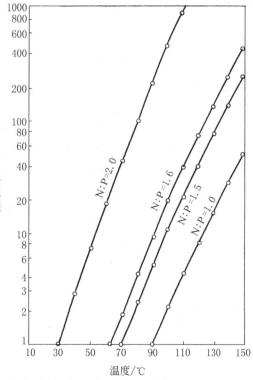

图 2-4-7　NH_3 在 $NH_3-H_3PO_4-H_2O$ 饱和溶液上面的分压[13]

在较低温度和较理论值小的 NH_3/H_3PO_4 摩尔比下进行。由此可以理解，在 MAP 生产过程中氨逸出很少，而生产 DAP 时为避免氨逸出过多，通常将 NH_3/H_3PO_4 摩尔比赋予 1.8，干燥机物料出口温度低于 85℃。

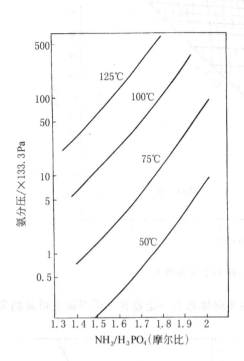

图 2-4-8　磷铵溶液氨分压与 NH_3/H_3PO_4
摩尔比的关系[14]

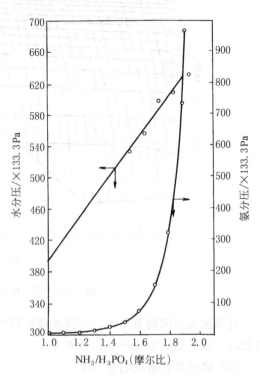

图 2-4-9　124℃下，氨和水分压与
NH_3/H_3PO_4 摩尔比的关系[13]

磷铵溶液的蒸气压是氨分压和水分压之和。从图 2-4-9 可看出水分压会随 NH_3/H_3PO_4 摩尔比的增大而增大，这一现象有利于 DAP 的干燥。

(4) 磷酸氨化料浆中和度（NH_3/H_3PO_4 摩尔比）与 pH 的关系

纯磷酸被氨中和时，其中和度（NH_3/H_3PO_4 摩尔比）和 pH 之间有明确的关系。通常把磷酸第一氢离子完全被氨中和成磷酸一铵时的中和度定为 1，这时 NH_3/H_3PO_4 摩尔比也是 1。0.1 mol/L 溶液的 pH 是 4.4。磷酸第二氢离子完全被氨中和成磷酸二铵时的中和度定为 2，这时 NH_3/H_3PO_4 摩尔比也是 2。1 mol/L 溶液的 pH 是 8.0。湿法磷酸中常含有少量游离硫酸，氨中和后成为 $(NH_4)_2SO_4$。准确计算 NH_3/H_3PO_4 摩尔比时须将 $(NH_4)_2SO_4$ 中的 N 和非水溶物中的 N 和 P_2O_5 扣除。

如果湿法磷酸中含有较多金属阳离子，特别是镁离子，因其中和了部分磷酸第一氢离子，显示出在低 NH_3/H_3PO_4 摩尔比范围内的 pH 偏高。从图 2-4-10[15] 便可看出，含

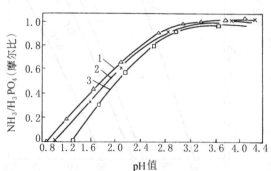

图 2-4-10　磷铵料浆 pH 与 NH_3/H_3PO_4 的关系
1—试剂磷酸；2—磷灰石精矿湿法磷酸；
3—卡拉-塔乌磷矿湿法磷酸[15]

镁高的卡拉-塔乌磷矿生产的湿法磷酸在低 NH_3/H_3PO_4 摩尔比范围内的 pH 偏高[15]，pH 超过 3 以后就见不到明显的差异了。

对于一定的肥料品种其 N/P 是确定的。因此控制中和料浆 NH_3/H_3PO_4 摩尔比非常重要。但料浆 NH_3/H_3PO_4 摩尔比不便快速测定，生产中常采用酸碱滴定或测定料浆 pH 进行控制。但当磷酸中金属离子含量高时，酸碱滴定法测得的中和度较实际 NH_3/H_3PO_4 摩尔比高；当阴离子杂质含量高（例如硫酸过量大）则酸碱滴定法测得的中和度较实际 NH_3/H_3PO_4 摩尔比低。前一种情况使产品 N/P 偏低；后一种情况使产品 N/P 偏高。因此最好是对具体湿法磷酸实测出 NH_3/H_3PO_4 摩尔比与 pH 的关系，

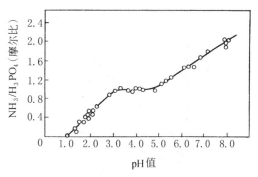

图 2-4-11　某湿法磷酸氨化料浆的 NH_3/H_3PO_4 摩尔比与 pH 的关系

作出相应的工作曲线供生产控制使用。图 2-4-11 便是用某湿法磷酸测得的这种关系。由于选用的 pH 范围比较窄，因而这种关系近乎一直线。

(5) 湿法磷酸氨化料浆的流变性

湿法磷酸的氨化料浆、特别是浓缩料浆的粘度，对料浆浓缩法生产磷铵的工艺至关重要。当未经浓缩的湿法磷酸氨化到一定 pH 或磷铵料浆浓缩到一定浓度后，常出现非牛顿流体性质，这时料浆粘度将随剪切速率而变。如用旋转粘度计测定粘度，则测得的粘度值将随转速改变，且经常出现粘度随测量转筒转速的增高而降低。显示出假塑性流体的性质。这时其流变性可用幂律方程来描述：

$$\tau = KD^n \tag{2-4-19}$$

式中　τ——剪应力，N/m^2；

D——剪切速率，s^{-1}；

K——稠度系数，$Pa \cdot s$；

n——流动指数。

对假塑性流体又可定义其表观粘度：

$$\mu_a = \frac{\tau}{D} = KD^{n-1} \tag{2-4-20}$$

假塑性流体的 $n<1$。当 $n=1$ 时即为牛顿流体，这时稠度系数即粘度。磷铵料浆在一定剪切速率范围属假塑性流体，在更高的剪切速率下可能变成牛顿流体。

图 2-4-12 和图 2-4-13 分别是开阳磷矿和金河磷矿制得的湿法磷酸（组成见表 2-4-11）通氨中和到 pH=5.0，再于 80℃用旋转粘度计测得的流变曲线[16]。从图可以看出，含水大于 50%～60% 的料浆其流变曲线为通过坐标原点的直线，显示出牛顿流体性质。当料浆含水量减少后，在一定剪切速率范围内出现假塑性流体性质，流变曲线出现弯曲段，过此范围又出现直线段，显示牛顿流体性质。在一定剪切速率范围内，料浆表观粘度随剪切速率的增高而降低。过此范围粘度不再随剪切速率改变，又恢复牛顿流体性质。这一流变性质的变化表明，在相对静止或搅动不太强烈的条件下，料浆中的固体粒子形成了絮凝网状结构。随着剪切速率的增大，剪切力随之增大，结构为剪应力所拆散，粘度随之降低，如果完全拆散，

粘度就不再改变。根据这一特性，可用加强机械搅拌或加大料浆在加热管中的流速来减小料

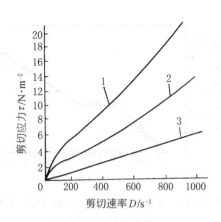

图 2-4-12　开阳磷矿湿法磷酸
氨化料浆流变曲线

1—料浆含水 30%；2—料浆含水 37.3%；
3—料浆含水 49.3%

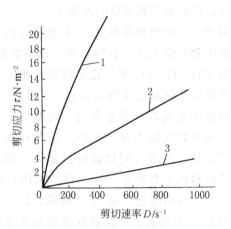

图 2-4-13　金河磷矿湿法磷酸氨
化料浆流变曲线

1—料浆含水 35.1%；2—料浆含水 45.2%；
3—料浆含水 60%

浆粘度，这已在料浆浓缩法生产磷铵工艺中获得应用。

表 2-4-11　湿法磷酸组成/%

酸　　名	P_2O_5	SO_3	Fe_2O_3	Al_2O_3	MgO	F
开阳磷矿湿法磷酸	19.9	2.56	0.70	0.42	0.60	1.19
金河磷矿湿法磷酸	22.0	3.72	0.81	1.77	1.92	1.75

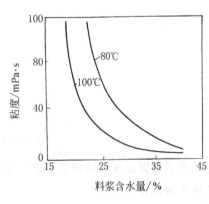

图 2-4-14　磷铵料浆粘度与温
度和含水量的关系[18]

影响料浆粘度的因素很多，通常是粘度随温度的升高而降低，随浓度或固形物含量的增加而升高（见图 2-4-14）。对固相粒子均一的料浆，它的粘度与固相体积分数和液相粘度的关系可用下式表示[17]：

$$\eta_P = \frac{0.403\eta_l}{0.403 - \varphi_s} \qquad (2-4-21)$$

式中　　η_P——料浆粘度，mPa·s；

　　　　η_l——液相粘度，mPa·s；

　　　　φ_s——固相体积分数。

上式准确度随固相含量的降低而增大，可以看出料浆粘度将随固相体积分数增大而急剧增高。

然而影响料浆粘度特别严重的是凝胶物质的生成[3]。例如前苏联丘拉克塔乌变质磷矿中含有相当量的硅酸镁，硫酸分解磷矿后形成单硅酸 $Si(OH)_4$ 存在于磷酸中。随着磷酸被氨中和到 pH>2.5 之后，溶液中的 OH^- 浓度已足够起到催化作用，使单硅酸聚合成凝胶。原矿变质程度愈高，湿法酸中硅酸含量也愈多，中和料浆粘度也愈大。这种磷酸中和到 pH>4 后，实际上无法进行氨化操作。表 2-4-12 列出这类磷酸氨化到不同 pH 的粘度测定值。

表 2-4-12　不同磷酸氨化料浆的粘度[3]/mPa·s

矿　名	pH				
	2.5	3.5	4.0	4.5	5.0
季拉塔克	2.0	7.0	8.3	21	23
丘拉克塔乌（严重变质）	36.6	38.5	79.0	—	—
丘拉克塔乌（中等变质）	3.3	33.2	73.0	290	500
丘拉克塔乌（轻度变质）	3.3	30.0	30.0	266	360

注：剪切速率均为 48.3 s^{-1}。

又如卡拉-塔乌某磷矿含铁、铝、镁杂质较高，所生产的湿法磷酸氨化至 pH＞2.85 后，由于料浆中形成了具网状空间结构的凝胶而使料浆粘度急剧增高（见图 2-4-15）[18]。为了使料浆在氨化和浓缩过程中有足够的流动性，这种酸氨化的 pH 不能超过 2.8。只好在产品干燥之前再进行二次加氨，或在氨化造粒机中补氨。

磷酸中的杂质对氨化料浆粘度的影响，至今仍缺乏系统的研究。张凤华等[19]用化学试剂模拟不同杂质含量的湿法磷酸,保持磷酸中 P_2O_5 30％,SO_3 3％不变,其它四种主要杂质的变化范围是：Fe_2O_3 0.27％～2.32％；Al_2O_3 0.06％～2.38％；MgO 0～2.29％；F 1.35％～2.86％（按 SiF_6^{2-} 加入），用二次回归正交组合设计实验法研究了杂质对磷铵料浆粘度的影响。各次实验都在 80～90℃用气氨使磷酸中和到 pH＝4.9。再于 85℃测料浆粘度。得出了表达杂质对料浆粘度影响的数学模型：

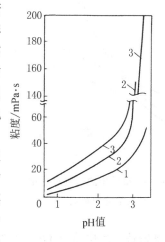

图 2-4-15　料浆粘度与 pH 的关系[8]
1—固:液＝1:20; 2—液:固＝1:10;
3—液:固＝1:5

$$\eta_p = 44.08 - 0.205 x_{Fe_2O_3} - 21.47 x_{Al_2O_3} - 20.73 x_{MgO} - 0.74 x_F + 1.16 x_{Fe_2O_3} x_{MgO}$$
$$+ 4.24 x_{MgO} x_{Al_2O_3} + 1.21 x_{Al_2O_3} x_F + 1.323 x_{Al_2O_3}^2 + 1.53 x_{MgO}^2 \qquad (2\text{-}4\text{-}22)$$

式中　η_p——料浆粘度，mPa·s；

x_i——各组分的相对浓度。

$$x_{Fe_2O_3} = \frac{Fe_2O_3}{P_2O_5} \times 100, \quad x_{Al_2O_3} = \frac{Al_2O_3}{P_2O_5} \times 100, \quad x_{MgO} = \frac{MgO}{P_2O_5} \times 100, \quad x_F = \frac{F}{P_2O_5} \times 100。$$

为了揭示个别杂质对料浆粘度影响的规律，在保持另三种杂质含量在平均水平不变的条件下改变给定杂质含量，其结果见图 2-4-16。可以看出，铝和镁对料浆粘度影响最大，铁和氟影响较小，从数学模型的交互项还可看出，镁与铝、镁与铁、铝与氟的交互效应不可忽视。由此看来，对杂质含量高的湿法磷酸，决定其能否采用料浆法生产磷铵之前，应对其氨化料浆的流变性先进行试验。

（6）磷铵料浆的比热容

表 2-4-13 列出某磷铵料浆比热容实测数据。

表 2-4-13　磷铵料浆比热容与含水量的关系[20]

磷铵料浆含水量/%	20	25	30	40	50	60
比热容/[kJ/ (kg·K)]	1.841	1.987	2.134	2.427	2.720	3.192

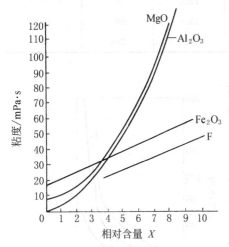

图 2-4-16　磷酸中的杂质对氨化料浆粘度的影响

当溶液质量分数低于 $40\%\sim50\%$，可将溶质与溶剂比热容相加合，近似计算出溶液比热容。例如水与 MAP 的 比热容分别是 $4.18\ kJ/(kg\cdot K)$ 和 $1.238\ kJ/(kg\cdot K)$，则含水 50% 磷铵料浆比热容是 $0.5\times4.184+0.5\times1.238=2.711\ kJ/(kg\cdot K)$。

4.1.4.3　湿法磷酸氨化过程的物料和热量衡算

（1）物料衡算

湿法磷酸含杂质较多，氨化产物组成比较复杂，在作下面的计算时对反应产物组成作了适当的简化。

例 4-1　用于生产磷铵的湿法磷酸组成是：P_2O_5 23.0%，MgO 1.65%；SO_3 2.3%；Fe_2O_3 1.2%；Al_2O_3 0.8%；F 1.65%。要求产品中的磷铵有 90% 以 MAP 形式，10% 以 DAP 形式存在。

① 计算每吨产品的理论氨耗量。

② 按干基计算的磷铵产品组成。

③ 计算磷铵产品中总 P_2O_5、水溶性 P_2O_5 和 N 量。

④ 磷铵料浆校正了的 NH_3/H_3PO_4 摩尔比；

⑤ 氨化料浆含水量（未被中和热汽化失水之前）。

解：以 1000 kg 湿法磷酸为计算基准

① 磷酸中的铁生成 $FePO_4\cdot2H_2O$ 的量：

$$Fe_2O_3+P_2O_5+4H_2O =\!=\!= 2\,FePO_4\cdot2H_2O$$

$$\begin{array}{cccc} 160 & 142 & & 2\times187 \\ 12 & x_1 & & y_1 \end{array}$$

生成磷酸铁消耗 P_2O_5 量：

$$x_1=\frac{12\times142}{160}=10.6\quad kg\ P_2O_5$$

生成磷酸铁的量：

$$y_1=\frac{12\times2\times187}{160}=28.0\quad kg\ FePO_4\cdot2H_2O$$

② 磷酸中的铝生成 $AlPO_4\cdot2H_2O$ 的量：

$$Al_2O_3+P_2O_5+4H_2O =\!=\!= 2\,AlPO_4\cdot2H_2O$$

$$\begin{array}{cccc} 102 & 142 & & 2\times158 \\ 8.0 & x_2 & & y_2 \end{array}$$

生成磷酸铝消耗 P_2O_5 量：

$$x_2=\frac{8.0\times142}{102}=11.1\quad kg\ P_2O_5$$

生成磷酸铝的量：

$$y_2 = \frac{8.0 \times 2 \times 158}{102} = 25.0 \quad \text{kg AlPO}_4 \cdot 2\text{H}_2\text{O}$$

③ 磷酸中的镁生成 $MgHPO_4 \cdot 3H_2O$ 的量：

$$MgO + P_2O_5 + 3H_2O \mathrel{=\!\!=\!\!=} MgHPO_4 \cdot 3H_2O$$

40	71	174
16.5	x_3	y_3

生成磷酸氢镁消耗 P_2O_5 量：

$$x_3 = \frac{16.5 \times 71}{40} = 29.3 \quad \text{kg P}_2\text{O}_5$$

生成磷酸氢镁的量：

$$y_3 = \frac{16.5 \times 174}{40} = 72 \quad \text{kg MgHPO}_4 \cdot 3\text{H}_2\text{O}$$

④ 磷酸中的硫酸（以 SO_3 表示）生成 $(NH_4)_2SO_4$ 的量：

$$2NH_3 + SO_3 + H_2O \mathrel{=\!\!=\!\!=} (NH_4)_2SO_4$$

2×17	80	132
x_4	23	y_4

生成硫铵消耗 NH_3 量：

$$x_4 = \frac{23 \times 2 \times 17}{80} = 9.8 \quad \text{kg NH}_3$$

生成硫铵的量：

$$y_4 = \frac{23 \times 132}{80} = 38.0 \quad \text{kg} \quad (\text{NH}_4)_2\text{SO}_4$$

⑤ 磷酸中的 H_2SiF_6 生成 $(NH_4)SiF_6$ 的量（酸中的氟可认为全以 H_2SiF_6 形式存在）：

$$2NH_3 + H_2SiF_6 \mathrel{=\!\!=\!\!=} (NH_4)_2SiF_6$$

2×17	6×19	176
x_5	16.5	y_5

生成氟硅酸消耗 NH_3 量：

$$x_5 = \frac{16.5 \times 2 \times 17}{6 \times 19} = 4.9 \quad \text{kg NH}_3$$

生成氟硅酸铵的量：

$$y_5 = \frac{16.5 \times 176}{6 \times 19} = 25.5 \quad \text{kg } (\text{NH}_4)_2\text{SiF}_6$$

⑥ 磷酸中的杂质消耗 P_2O_5 总量：

$$10.6 + 11.1 + 29.3 = 51 \quad \text{kg P}_2\text{O}_5$$

⑦ 磷酸铵（一铵和二铵）消耗 P_2O_5 总量：

$$230 - 51 = 179 \quad \text{kg P}_2\text{O}_5$$

⑧ 生成磷酸一铵的量及消耗 NH_3 量：

$$2NH_3 + P_2O_5 + 3H_2O \mathrel{=\!\!=\!\!=} 2NH_4H_2PO_4$$

2×17	142	2×115
x_6	179×0.9	y_6

生成磷酸一铵消耗 NH_3 的量：

$$x_6 = \frac{179 \times 0.9 \times 2 \times 17}{142} = 38.6 \quad kg\ NH_3$$

生成磷酸一铵的量：

$$y_6 = \frac{179 \times 0.9 \times 2 \times 115}{142} = 261 \quad kg\ NH_4H_2PO_4$$

⑨ 生成磷酸二铵的量及消耗 NH_3 量：

$$
\begin{array}{ccccc}
2NH_3 + & P_2O_5 + 1H_2O & =\!\!=\!\!= & (NH_4)_2HPO_4 \\
2 \times 17 & 71 & & 131 \\
x_7 & 179 \times 0.1 & & y_7
\end{array}
$$

生成磷酸二铵消耗 NH_3 量：

$$x_7 = \frac{179 \times 0.1 \times 2 \times 17}{71} = 8.6 \quad kg\ NH_3$$

生成磷酸二铵的量：

$$y_7 = \frac{179 \times 0.1 \times 131}{71} = 33.0 \quad kg\ (NH_4)_2HPO_4$$

⑩ 磷酸氨化耗 NH_3 总量：

$$9.8 + 4.9 + 38.6 + 8.6 = 61.9 \quad kg\ NH_3$$

⑪ 校正了的氨化料浆 NH_3/H_3PO_4 摩尔比：

$$NH_3/H_3PO_4 = \frac{(38.6 + 8.6)/17}{179 \times 1.38/98} = 1.10$$

式中 1.38 是 P_2O_5 换算成 H_3PO_4 的系数。

表 2-4-14 列出每 t 湿法磷酸制得磷铵产品的量及产品的计算组成（干基）。

表 2-4-14 磷铵产品的量与计算组成（以每 t 湿法磷酸为基准）

组　分	$NH_4H_2PO_4$	$(NH_4)_2HPO_4$	$MgHPO_4$ $\cdot 3H_2O$	$FePO_4$ $\cdot 2H_2O$	$AlPO_4$ $\cdot 2H_2O$	$(NH_4)_2SO_4$	$(NH_4)_2SiF_6$	总计
组分质量/kg	261	33.0	72	28	25	38	25.5	482.5
%	51.4	6.8	14.9	5.8	5.2	7.9	5.3	100

⑫ 磷铵中总 P_2O_5 含量：

$$\frac{230}{482.5} \times 100\% = 47.7\%$$

⑬ 磷铵中水溶性 P_2O_5 含量：

$$\frac{179}{482.5} \times 100\% = 37.1\%$$

⑭ 磷铵中氮含量：

$$\frac{61.9 \times 14}{482.5 \times 17} \times 100 = 10.6\%$$

⑮ 氨化料浆中水含量（未汽化失水之前）：

$$(1000 + 61.9) - 482.5 = 579.4 \quad kg\ H_2O$$

（2）热量衡算

例 4-2 计算例4-1磷酸氨化条件下反应热可能蒸发的水量。

已知条件：

① 有关化合物标准生成热列于表 2-4-15。

表 2-4-15　有关化合物的标准生成热

化合物	H_3PO_4 $(23\%P_2O_5)$	NH_3 （气）	H_2SO_4 （水溶液）	$NH_4H_2PO_4$ （水溶液）	$(NH_4)_2HPO_4$ （水溶液）	$(NH_4)_2SO_4$ （水溶液）	H_2SiF_6 （水溶液）	$(NH_4)_2SiF_6$ （水溶液）
$\Delta H_f^{\ominus}/(kJ/mol)$	-1291	-46.1	-907	-1435	-1560	-1173	-2331	-2602

② 气氨比热容：2.065 kJ/(kg·K)。

③ 磷酸比热容：3.10 kJ/(kg·K)。

④ 氨化料浆比热容：2.85 kJ/(kg·K)。

⑤ 沸点时料浆中水汽化热：2250 kJ/kg。

⑥ 磷酸从 40℃升到料浆沸点 102℃开始沸腾。

⑦ 略去氨中和反应以外的其它反应热。

解：以 1000 kg 湿法磷酸为计算基准

① 磷酸与氨的中和热：

$$H_3PO_4(23\%P_2O_5)+NH_3(气)=\!=\!=NH_4H_2PO_4(水溶液)$$
$$-1291 \qquad\qquad -46.1 \qquad\qquad -1435$$
$$\Delta H_1^{\ominus}=-1435-(-1291-46.1)=-97.9\ kJ/mol$$

$$H_3PO_4(23\%P_2O_5)+2NH_3(气)=\!=\!=(NH_4)_2HPO_4(水溶液)$$
$$-1291 \qquad\qquad -2\times46.1 \qquad\qquad -1560$$
$$\Delta H_2^{\ominus}=-1560-(-1291-2\times46.1)=-176.8\ kJ/mol$$

生成 $NH_4H_2PO_4$ 的量：$261\times10^3/115=2269.6$ mol

生成 $(NH_4)_2HPO_4$ 的量：$33\times10^3/131=252.0$ mol

磷酸与氨中和总放热量：

$$-97.9\times2269.6+(-176.8\times252.0)=2.667\times10^5\ kJ$$

② 硫酸与氨的中和热：

$$H_2SO_4(水溶液)+2NH_3(气)=\!=\!=(NH_4)_2SO_4(水溶液)$$
$$-907 \qquad\qquad -2\times46.1 \qquad\qquad -1173$$
$$\Delta H_1^{\ominus}=-1173-(-907-2\times46.1)=-173.8\ kJ/mol$$

生成 $(NH_4)_2SO_4$ 的量：$38\times10^3/132=287.9$ mol

磷酸与氨中和放热：

$$173.8\times287.9=5.004\times10^4\ kJ$$

③ 氟硅酸与氨的中和热：

$$H_2SiF_6(水溶液)+2NH_3(气)=\!=\!=(NH_4)_2SiF_6(水溶液)$$
$$-2331 \qquad\qquad -2\times46.1 \qquad\qquad -2602$$
$$\Delta H_1^{\ominus}=-2602-(-2331-2\times46.1)=-178.8\ kJ/mol$$

生成 $(NH_4)_2SiF_6$ 的量：$25.5\times10^3/176=145$ mol

氟硅酸与氨中和放热：

$$178.8\times145=2.59\times10^4\ kJ$$

④ 中和热总计：$(2.677+0.5004+0.259)\times10^5=3.4336\times10^5$ kJ

⑤ 氨化料浆从40℃升高到102℃消耗的热：

$$(1000+61.9)\times2.85(102-40)=1.876\times10^5 \text{ kJ}$$

⑥ 估计热损失为中和热的5%：

$$3.436\times10^5\times0.05=1.718\times10^4 \text{ kJ}$$

⑦ 蒸发水量由热平衡确定。设蒸发水 x kg：

$$(3.436-1.876-0.1718)\times10^5=2250x$$

$$x=61.7 \text{ kg}$$

⑧ 磷酸中每吸收1 kg NH_3 所蒸发的水量：

$$\frac{61.7}{61.9}\approx1 \text{ kg } H_2O/\text{kg } NH_3$$

⑨ 蒸发水量占料浆中水含量：

$$\frac{61.7}{579.4}\times100=10.6\%$$

如果磷酸的浓度和温度更高，则蒸发的水量将会更多。物料与热量衡算结果分别列于表2-4-16与表2-4-17。

表 2-4-16　湿法磷酸氨化过程物料衡算表（基准：1000 kg 湿法磷酸）

进　料			出　料		
项　目	物料质量/kg	%	项　目	物料质量/kg	%
湿法磷酸	1000	94.2	中和料浆	1000.2	94.2
气　氨	61.9	5.8	蒸发出水	61.7	5.8
合　计	1061.9	100.0	合　计	1061.9	100.0

表 2-4-17　湿法磷酸氨化过程热量衡算表（基准：1000 kg 湿法磷酸，0℃）

输　入			输　出		
项　目	热量/$\times10^{-5}$ kJ	%	项　目	热量/$\times10^{-5}$ kJ	%
湿法磷酸带入	1.240	26.5	中和料浆带出	3.087	65.9
气氨带入	0.006	0.1	水分蒸发	1.388	29.6
中和反应热	3.436	73.4	热损失	0.207	4.5
合　计	4.682	100.0	合　计	4.682	100.0

4.1.4.4　磷酸氨化的工艺和设备

(1) 常压氨化

① 槽式中和法。图2-4-17是目前中国料浆浓缩法年产3万t磷铵工厂普遍采用的磷酸氨化流程。磷酸先经干燥机尾气洗涤塔，再进入中和槽，与液氨蒸发站送来的气氨在中和槽内强烈搅拌下进行反应。由于通常是用含 P_2O_5 20%～25%的稀磷酸，因而可使料浆中和度一次达到1.1左右仍能保持良好的流动性。中和料浆溢流入蒸发给料槽，经给料泵送去蒸发浓缩。中和槽逸出的主要是水蒸气，其中只有微量的氨和氟化物，经风机从排气筒放空。

年产3万t磷铵工厂所用中和槽是一个圆筒平底搅拌反应器，外形尺寸 $\phi2.2\text{m}\times2.75$ m。搅拌桨为透平式，转速为85 r/min。装载系数约50%。料浆平均停留时间约

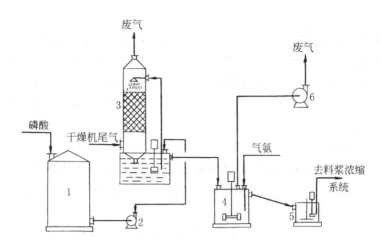

图 2-4-17　槽式中和法工艺流程图

1—磷酸贮槽；2—磷酸泵；3—洗涤塔；4—中和槽；

5—蒸发给料槽；6—排气风机

45 min。槽体开有溢流口和底流口。槽内壁装有挡板以增加轴向流。槽盖上开有抽气口，磷酸与氨入口及测 pH 锑电极安装口等。反应槽体和搅拌桨等接触料浆部分均用 Mo2Ti 不锈钢制成。槽底还装有防磨垫板。

一些年产 12～24 万 t 磷铵的大型工厂，采用不设搅拌的一次扩大式预中和槽。此中和槽下段筒体为 2.8m×2.0 m；中段锥形筒高 0.7 m；上段圆筒为 3.6m×2.5 m。外壳是 316 不锈钢，内衬厚度 100 mm 的碳砖，总容积 60 m^3。含 P_2O_5 50％的浓磷酸与含 P_2O_5 15％～30％的洗涤液混合后得到含 P_2O_5 约 40％的溶液加入预中和槽。压力 0.5～0.6 MPa 的气氨从装于中和槽底段的四个喷口沿切线方向以 100 m/s 的速度通入槽中，借助于气氨的猛烈冲击和反应热使溶液沸腾气化，溶液可达到充分混合而不需机械搅拌装置。中和槽下段截面较小，使这里的搅拌混合更为有效；上段截面较大，对沸腾起泡具有缓冲作用，同时也提供了足够大的气液分离空间。料浆在中和槽的停留时间约 40 min。中和度控制在 1.5 左右，这时料浆流动性最好。当生产 MAP 时则在造粒机中加磷酸回滴到中和度 1 左右；生产 DAP 时则在造粒机中补加氨到中和度 1.8 左右。

槽式中和法的优点是缓冲性好，容易操作控制，产品质量稳定。缺点是设备较大，耗用金属材料多；所用磷酸浓度不宜高于 40％P_2O_5，否则因流动性差不利氨化操作和料浆输送；由于料浆浓度低，造粒返料比大，干燥能耗高。此外，由于反应物在中和槽停留时间长，磷与酸中杂质易产生水不溶复合物导致磷的退化。

鉴于槽式中和法具有的优点及近期用管式反应器生产 DAP 经验不足，许多厂家在使用管式反应器的同时也保留了预中和槽。

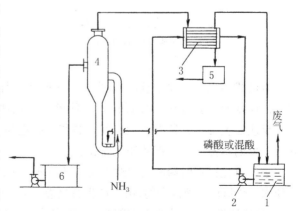

图 2-4-18　快速氨化蒸发器工艺流程

1—原料酸贮槽；2—离心泵；3—热交换器；

4—快速氨化蒸发器；5—冷凝液贮槽；6—料浆贮槽

② 快速氨化蒸发器工艺

快速氨化蒸发器是前苏联开发的一种新型外环流式氨化反应器。其流程见图2-4-18。与现有槽式中和流程相比，它具有停留时间短（2～3 min），生产强度高，氨损失小，无机械搅拌装置，以及可回收利用蒸发的二次蒸汽等优点。四川大学与安徽铜陵化工集团公司磷铵厂、四川硫酸厂合作，已分别在16万 tDAP/a 与12万 tMAP/a 的磷铵装置上实现了外环流氨化。

（2）加压氨化设备

① 加压氨化反应器[13]

在采用常压氨化时，磷酸质量分数不宜超过 40% P_2O_5。为了能用含 52%～54% P_2O_5 的磷酸生产磷铵以降低干燥能耗，必须在更高的温度和相应的压力下氨化，以提高磷铵溶解度，保持料浆良好的流动性。

1964年英国 Fisons 肥料公司开发了加压氨化制粉状磷铵流程。图2-4-19为加压反应器示意图。用含 P_2O_5 48%～50%的磷酸，在压力 0.3 MPa、温度 170℃的条件下在装有机械搅拌浆的加压反应器中进行氨化。料浆可借助反应器压力喷入喷雾干燥塔中生产粉状磷铵。

鉴于这种具有压力密封的搅拌反应器投资及维护费用都较高，于是人们设想开发无搅拌加压反应器。利用中和反应释放出的能量去搅拌料浆。这一设想已由在反应器中安装导流筒得以实现。1974年首先在 Minifos 实验工厂试验成功。

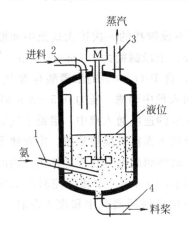

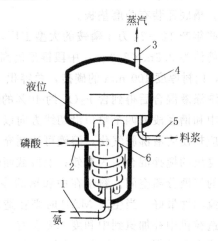

图2-4-19　加压氨化反应器　　　　图2-4-20　导流式加压反应器
1—喷氨管；2—进料口；　　　　　1—喷氨管；2—磷酸切向入口；3—蒸汽排出口；
3—蒸汽排出口；4—料浆出口　　　4—挡板；5—料浆出口；6—套管

导流式加压反应器示意图如图2-4-20所示。导流部分由同心套筒构成。内筒由支撑固定。内筒截面、套管环隙截面和下部环形通道截面面积均相等，可使料浆循环流动速度均匀。反应器上部扩大留有较大空间，料浆保持适当液位，可以实现良好的气液分离。由反应热所蒸发的水蒸气经顶部减压阀排出。

进行氨化操作时磷酸按切线方向从导筒环隙进入反应器，氨从底部喷入内筒。强烈的反应热使水气化形成气液混合物，由此产生密度差，再加上气氨向上喷射的推力，使料浆快速向上流动，经除沫挡板折回，再通过导筒环隙向下流动形成循环，达到了充分、有效地混合。

1980年在土耳其建成投产的导流式反应器上部 ϕ3.5 m，下部 ϕ1.4 m，导流筒长 2.0 m，每天生产 MAP440 t。生产 DAP 时将反应料浆中和度调到 1.4，然后喷入氨化造粒机中补充加氨。

生产实践表明，这种氨化反应器比管式反应器容易操作。

② 管式反应器[21~23]。前面已经讲过，氨与酸的反应主要受传质速度的控制，只要两反应物能迅速实现完全混合，即可立即完成反应过程。

1947~1955 年之间已有大量专利报道了用液氨、气氨或氨溶液与单一的或混合的磷酸、硫酸、有时还可用硝酸在管式反应器中进行中和反应。反应物在反应管中停留 1~2 s 的时间内即完成反应过程，但由于结垢、堵塞和腐蚀问题未得到很好解决，直到 1965 年工业化装置仍不多见。

经美国 TVA 和西班牙 Cros 公司研究，并在管式反应器的设计和操作方面积累了丰富经验之后，到 20 世纪 70 年代才在复肥生产中获得推广应用。图 2-4-21 是直径 200 mm 的TVA 型管式反应器图。氨从伸入管中心的小管引入。磷酸和硫酸分别从主管相对两侧的支管引入。两支管与主管形成十字状，故又称十字管反应器。当使用液氨为原料时，为了使酸与氨的混合均匀和防止反应温度过高，在液氨中要混加一定量的水。氨与水先在 T 形管中混合后伸入主管一定距离，再与已混合好的磷酸、硫酸混合液进行反应。有时为了控制温度也可从另一支管加入氨回收塔洗涤水。反应物经过长约 6 m 的反应管后，在不到 1 秒的时间内即完成反应。反应热使温度升高到约 150℃，产生背压 0.2~0.25MPa。生成的高温浓溶液或熔体借助于自身压力通过 90°弯头的圆形喷口或长条形槽口喷出，分布在造粒机物料床上。应尽量避免这种粘稠物料喷到造粒机的其它部件上，因其迅速冷却后会立即堆积成块。

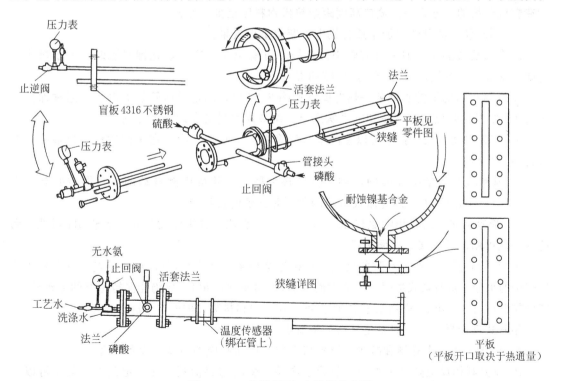

图 2-4-21　美国 TVA 十字管反应器

在生产条件下物料的腐蚀性较大，反应管应采用耐腐蚀镍基合金 C-276 制造。生产DAP 时由于中和度较高，可用 316 不锈钢制造。

TVA 管式反应器的设计操作参数见表 2-4-18。

表 2-4-18　生产 DAP 的 TVA 十字管反应器设计操作参数

产量 /(t/h)	反应管直径 /cm	反应管长 /m	喷料口尺寸 /(cm×cm)	氨负荷 /[kgNH$_3$/(h·cm^3)]	热通量 /[kJ/(h·cm^2)]
15	12.16	7.62	30.48×2.54	0.0482	9.97×10^4
36	15.24	9.144	50.8×2.54	0.0427	9.91×10^4
67.5	20.32	9.144	91.44×3.8	0.0452	9.98×10^4
90	25.4	9.144	91.44×5.08	0.0384	9.98×10^4

设计这种管式反应器的考虑是：

A. 反应管最佳热通量是 $9.8×10^4$ kJ/(h·cm^2)（按反应管内截面计）。

B. 通氨的管道应伸入管内 0.48 m，让磷酸与硫酸混合均匀后再与氨反应。

C. 送入反应管每 kg 液氨应混合 0.2 kg 水。但在生产 DAP 时，因要加入氨回收洗涤水则可不加水。

D. 为防止管道结垢，每产 1 吨产品需配料加入 23 kg 硫酸。

E. 为了减轻反应管的腐蚀，每吨产品的配料中至少含有 45 kg 湿法磷酸。湿法磷酸中的固体杂质对反应管的操作影响不大。已用含固体悬浮物 20％的磷酸进行过生产。

F. 反应管长度不应小于 3 m。用含 52.54％ P$_2$O$_5$ 的湿法磷酸生产 MAP 时的最大通氨负荷是 0.055 kg/(h·cm^3)；生产 DAP 时是 0.028 kg/(h·cm^3)。

G. 从反应管喷出浓溶液或熔体的位置应在造粒机中部或稍偏向进料端，至少距进料端为造粒机全长的三分之一。喷口高度距造粒机物料床至少 0.6 m。

H. 同时使一部分磷酸加于造粒机中可获得最佳效果。

I. 全部硫酸必须都加于反应管中。这样，可避免在生产含氯化钾复肥时，由于氯化钾与硫酸反应，在有氨存在时产生氯化铵烟雾。

J. 在氨出口的下游管壁装一热电偶（见图 2-4-21），测定反应管表面温度。通常保持不超过 150℃以延长反应管寿命和减少氨逸出。调节加水量可实现温度控制。

K. 安装自动蒸汽吹扫系统以便停车时将管中物料吹扫干净。在生产过程中也最好定期进行蒸汽吹扫。

L. 氨和酸的计量必须准确可靠，流量必须稳定，并按比例自动调节。供酸的泵需有 0.05～0.1 MPa 的压力，以克服反应器的背压并保证流量稳定。

M. 最容易腐蚀的是出喷氨口 200～500 mm 的管段，这里温度最高，溶液 pH 最低，因此这一段可用法兰连接，以便更换。

N. 在管式反应器中氨和酸的反应是在接近绝热条件下进行，其反应热的绝大部分用于蒸发酸中的水分。这时料浆虽因水分蒸发而变稠，但由于温度很高，故仍能保持足够的流动性，并能依靠自身压力喷出，不需用泵输送，因而不存在预中和料浆过稠即难于输送的问题。

用管式反应器进行磷酸氨化具有如下特点。

A. 由于不用预中和槽和减少了造粒机返料，因而相应的节省了设备投资。

B. 充分利用反应热除去水分，节约了产品干燥的燃料消耗，在一定条件下甚至可以不需进行产品干燥。

C. 不用料浆输送泵，用液氨作原料时不用氨蒸发器。

D. 由于反应时间短，来不及形成水不溶磷酸盐复合物，故产品水溶性磷含量高。

E. 操作简便，设备启动快，1 分钟内各流速即可稳定下来，而预中和槽开车后需较长时间才能稳定。

F. 由于物料在反应管中停留时间极短，缓冲性很小。因此，要求反应物计量准确，流量稳定，完全按比例调节，绝对不容许物料中断或流速波动太大。

G. 生产 MAP 时氨逸出约 $1\%\sim3\%$；生产 DAP 时氨逸出 $15\%\sim20\%$，有时会更高。前者的尾气处理只需少量酸洗或只用水洗即可，而后者需大量酸洗以回收尾气中的氨。

经过较长时间的研究和摸索，对管式反应器设备的操作已积累了不少经验。反应管的结垢和腐蚀问题也已逐步得到解决。下面介绍一些管式反应器的操作经验，可能对帮助我们理解管式反应器的特性有所裨益。

A. 反应管温度过高或过低都会影响造粒质量。用装在管壁上的热电偶指示温度变化即可，不必测定管中实际温度。

B. 反应物流量须准确计量并保持稳定，如果酸流量中断就可能引起管道堵塞。

C. 反应管中加水对反应温度和造粒都有很大影响。完全不加水会引起管道堵塞和造成"管喷"。含有磷铵的洗涤液不能从喷氨管加入，以避免造成堵塞。

D. 反应管中的 NH_3/H_3PO_4 摩尔比对造粒有影响，须实验确定其最佳值。

E. 氨和磷酸进入反应管的量和直接进入造粒机的量的比例应实验确定，以期获得最佳效果。

F. 开车初期容易出现"管喷"现象，即突然产生很大的震动和喷出，严重时可能使反应管遭受破坏。原因可能是由于管道堵塞造成。堵塞物多半是硫铵。下列情况下容易发生"管喷"：

a. 硫酸加量过大，磷酸加量过少；

b. 开始时通氨量过大；

c. 液氨中混合水量过少；

d. 未用洗涤液调节反应温度；

e. 用了来自磷酸贮槽底部含沉淀物过多的磷酸；

f. 反应管表面温度超过 $150℃$。

针对上述情况，开车时须按洗涤液→磷酸→硫酸→氨的顺序进行。加氨速度应缓慢，并注意用洗涤液调节反应管温度。

G. 反应管壁和喷浆口容易结垢，它与磷酸所含杂质种类和量有关。例如，已发现含镁较多的磷酸形成的垢层主要是 $MgNH_4PO_4 \cdot H_2O$，不溶于水，微溶于酸，蒸汽吹洗无效。又如含氟硅酸较多的磷酸，在氨存在下水解生成含 SiO_2 的垢层，用蒸汽吹洗也无效，只能拆开采用机械清理。操作不当时也可能产生硫铵结晶堵塞管道，引起"管喷"。如果发现装于喷氨管上的压力计上压力升高，即可能由于结垢堵塞引起背压升高，这时应停止供料并用蒸汽吹扫或用稀酸清洗。通常在配料中加入适量的硫酸即可大大减轻结垢。用聚四氟乙烯衬里的反应管也不能完全避免结垢。

（3）固体颗粒上磷酸的氨化[24,25]

除上述的磷酸氨化过程外，在化肥生产的氨化造粒或肥料颗粒的最后表面调理中，还涉及多孔固体中酸的氨化问题。这时过程的速率主要受氨分子趋近颗粒外表面，再从表面进入毛细孔的扩散速率控制。研究结果指出，对运动中的颗粒，气体扩散到表面的速率很快，在颗粒内部的扩散则较慢。因为气体分子不仅要进入孔道，而且还要通过液膜和反应产物形成的屏蔽层。随着氨的吸收，反应前沿不断向颗粒内部深入，扩散阻力也愈来愈大。

气氨到达颗粒表面的速率与设备类型和进气方式有关。氨气通过颗粒床的流态可分两种：一种是滤过式，这时氨气通过颗粒之间的缝隙连续流过，几乎不影响粒子的运动；一种是喷射式，这时氨气通过喷嘴流速较大，在颗粒床形成空间或喷舌，引进颗粒作剧烈的旋转运动，大大强化了传质和传热过程。但应注意这种情况容易引起气体隙漏。

在喷舌式流态条件下进行氨化的研究指出，由于喷射引力使喷口附近形成减压，大量细颗粒被吸引而迅速氨化，造成过热，并使其粘附在喷口形成垢块，工艺过程遭受破坏。为避免这一现象出现，可调整气速使刚好开始形成喷舌。为保持合适的气速，喷口直径应较颗粒直径大 10 倍以上。

氨化速率还与颗粒的湿含量有关。但均匀增湿不如只在表面增湿的效果好，因为在增湿表面进行化学反应的速率，比扩散进入颗粒内部再进行反应快得多。但也应防止表面过湿会产生粘结。最好是把增湿的水量控制到能由化学反应热完全蒸发为限，这样也能使操作温度保持在最佳范围。

瞬时完成氨化反应也是不希望的。这样会造成过热，使产品粉化或分解，破坏最佳温度条件。

固体颗粒上磷酸的氨化通常都在造粒机中进行。气氨通过埋在颗粒床中的分布管，沿造粒机轴向均匀喷出。良好的设计可使氨的吸收率达 75％～80％。通常每吸收 1 公斤氨可蒸发约 1 公斤水。因此，氨化过程对造粒机的干燥作用、造粒质量和产品含氮量等都有重要影响。

氨化造粒机中氨分布器是其重要部件。设计氨分布器需要考虑的问题是：氨的计量及压力；用气氨或是液氨；氨分布器的结构及其在造粒机中安装的位置[15]。

4.1.5 磷铵肥料的生产工艺

传统的磷铵生产方法是先将二水物湿法磷酸浓缩到含 54％P_2O_5 为原料，在预中和槽、管式反应器或加压反应器中进行氨化。所得氨化料浆再行造粒、干燥制粒状磷铵，或喷雾干燥制粉状磷铵。20 世纪 70 年代前苏联所开发出的料浆浓缩法制磷铵是直接用二水物湿法磷酸为原料，在中和槽或快速氨化蒸发器中进行氨化，再将中和料浆蒸发浓缩，使含水量从 55％～65％降到 25％～35％，经喷浆造粒干燥制粒状磷铵，或喷雾干燥、流化造粒干燥制粉状磷铵。

随着世界磷矿资源的日趋贫化，中、低品位磷矿的开发利用势在必行，因此料浆浓缩法制磷铵工艺已逐渐引起人们的重视。

4.1.5.1 料浆浓缩法制磷铵

(1) 磷酸氨化料浆的浓缩

用含杂质较高的二水物湿法磷酸进行浓缩时，在加热管壁容易形成坚硬致密、难以清除的酸不溶垢层，有时甚至会造成加热管堵塞，使浓缩操作无法进行。但如果先用氨中和磷酸，再浓缩中和料浆，很容易获得含水 25％～35％的磷铵料浆，可直接用于喷浆造粒。实践证明，浓缩中和料浆时加热管壁结垢较少，而且也易于用磷酸清洗除掉。

对磷铵料浆加热器垢层的化学分析和物相鉴定表明[26]，这种垢层的主要物相是：$Fe(NH_4)_2H_2(PO_4)_2F$，$CaMgPO_4F$，$MgHPO_4$，$Fe_2NH_4OH(PO_4)_2 \cdot H_2O$，$NH_4H_2PO_4$，$CaSO_4 \cdot 2H_2O$，以及非晶质 SiO_2 等。其中大部分是易溶于酸的物质，而且多数物相中有 NH_4^+ 离子。由于 NH_4^+ 的电荷低，离子半径大，含有这种离子的分子结合力弱，易于溶解，这是磷铵垢易于清洗的根本原因。与此相反，浓缩磷酸所得垢层的主要物相是硫酸钙、氟钠镁铝石型化合物、非晶质硅化物和铁铝磷酸盐。它们互相掺杂、粘结在一起，形成坚硬致密的酸不溶工艺岩石，有时用机械钻也难于将加热管中的垢层清除。

浓缩磷铵料浆的实践还表明，由于磷酸中的杂质基本上已在中和过程中呈固相析出，浓缩过程继续析出的物质多半粘附在已析出的固体颗粒上，因而大大减少了在加热管壁上的析出。同时由于采用了强制循环蒸发器，进一步减少了管壁的结垢。

值得注意的是，料浆浓缩法除了受料浆流变性制约外，还须满足中和度应低于 1.15、温度低于 115℃ 的条件，使浓缩过程的氨损失能降低到合理的范围内。

① 利用 NH_3-H_3PO_4-H_2O 溶解度图分析磷铵料浆浓缩过程。磷铵料浆的浓缩和干燥过程，可从图 2-4-22[27] 的分析得出各阶段的液相和固相组成及其相对量的变化。

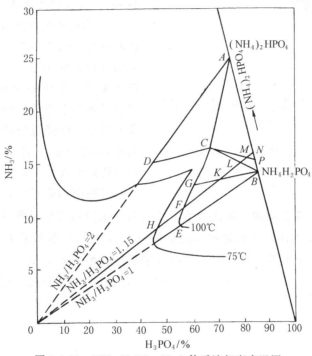

图 2-4-22 NH_3-H_3PO_4-H_2O 体系溶解度多温图

设中和料浆的 NH_3/H_3PO_4 摩尔比是 1.15，它的组成相当于图 2-4-22 的 H 点，在 100℃ 下它是不饱和溶液[27]。随着浓缩的进行，水分不断蒸发，组成点将沿等中和度射线向远离水点的方向移动，到 F 点时，溶液在 100℃ 下饱和，开始析出 $NH_4H_2PO_4$ 晶体。继续蒸发到达组成点 K 时，饱和溶液组成变为 G 点，固相仍为 $NH_4H_2PO_4$，这时的液相量：固相量＝BK：KG。继续蒸发到 L，饱和溶液组成变为共饱点 C，这时开始 $NH_4H_2PO_4$ 和 $(NH_4)_2HPO_4$ 一道析出，液相量：固相量＝BL：LC。继续蒸发至 M，饱和溶液组成维持在 C 点不变，固相组成则变为 P，固相中 $(NH_4)_2HPO_4$ 增多，$(NH_4)_2HPO_4$：$NH_4H_2PO_4$＝BP：PA。液相量：固相量＝PM：MC。直到料浆全部蒸干，系统组成点达到 N，这时固相组成是 $(NH_4)_2HPO_4$：$NH_4H_2PO_4$＝BN：NA。

如果中和料浆的 NH_3/H_3PO_4 摩尔比改变，或浓缩和干燥的温度改变，仍可用相应的溶解度多温图对过程进行类似的分析。

② 磷铵溶液的沸点升高。溶液的沸点与溶质含量及外界压力有关。图 2-4-23 是以相同外压下水的沸点为参考，实际测得不同含水量的湿法磷酸氨化料浆（中和度 1.15）在不同

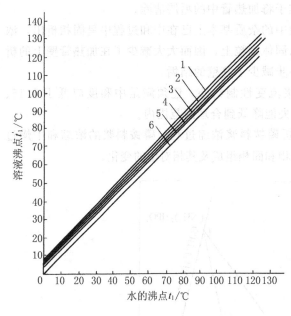

图 2-4-23　湿法磷酸氨化料浆的沸点（中和度 1.15）

1—25%水分；2—30%水分；3—35%水分；
4—40%水分；5—50%水分；6—100%水分

外压下的沸点图。为求得蒸发器中溶液的沸点，先按该效蒸发器的二次蒸汽压力查得相应水蒸气的饱和温度 t_1（即该外压下水的沸点）。从图 2-4-23 横坐标上这一温度 t_1 垂直向上与该效相当的浓度线相交，从交点引水平线与纵坐标相交，交点的温度即溶液沸点 t_1'。溶液的沸点升高＝$t_1'-t_1$，利用 $NH_4H_2PO_4$-H_2O 体系的性质图（图 2-4-26）可查得纯磷铵溶液的沸点升高值。

③ 磷铵料浆加热器的传热系数　影响磷铵料浆加热器传热系数的主要因素是料浆粘度和管壁垢层。因此，必须采用强制循环来提高传热系数和减轻垢层的形成，垢层对传热系数的影响是很明显的。根据实测结果，刚经过清洗后的加热器传热系数是 $800W/(m^2 \cdot K)$，结垢 $0.1 \sim 0.2$ mm后的传热系数是 540 $W/(m^2 \cdot K)$。料浆含水量对粘度影响很大，因而对传热系数有较大影响。图 2-4-24 是金河磷矿湿法磷酸氨化料浆含水量与传热系数的关系；图 2-4-25 是前苏联卡拉-塔乌磷矿湿法磷酸氨化料浆的结果[24]。又根据前苏联某工厂实测数据[28]，磷铵料浆经过三效及一个再蒸发器，从含水 64% 浓缩到含水 19%，四个加热器的传热系数依次是：1630、1300、1160 及 930 W/（$m^2 \cdot K$）。以上数据已足够说明垢层及料浆含水量对传热系数影响之大。

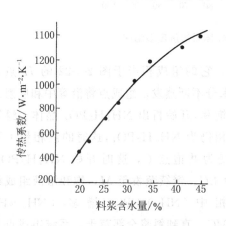

图 2-4-24　料浆含水量与传
热系数的关系

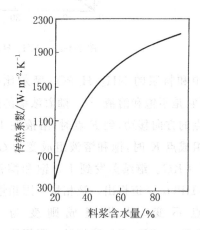

图 2-4-25　料浆含水量与传
热系数的关系[24]

　　为了减少加热器管壁结垢，增大传热系数，通常可采取如下措施。

　　A. 增大加热管内料浆流速。过饱和度是溶质从溶液中结晶的推动力，过饱和度高，则晶核生成速度快，大量细小晶核容易在管壁形成垢层。因此，需要从设计和操作两方面创造条件，使蒸发器中维持一个比较低的、稳定的过饱和度。蒸发过程的过饱和度主要是含晶体的溶液在加热器中被升温溶解，到闪蒸室汽化降温形成的。由于汽化和降温双重原因而使闪蒸后的溶液成了过饱和溶液。显然，降温愈多，过饱和度愈大。目前广泛采用的强制循环蒸发器料浆在加热器进出口温差约 1～3℃，能有效控制过饱和度。增大循环速度既可降低过饱和度，又使管壁受到冲刷，对减少结垢起到良好作用。流速增大还可破坏凝胶的生成，减小料浆粘度。然而，过高的流速也会增大动力消耗和设备磨损。通常加热管内流动线速度选为 3～4 m/s。

B. 防止料浆在加热管内沸腾。如果料浆在加热管内沸腾气化，形成局部过饱和，会很快在管壁析出结晶引起结垢。因此，通常在加热器上端加一垂直管段以形成液体静压头，此静压头足以使料浆过热而不沸腾。由于加热器中温升只 1～3℃，因而要求静压头并不高。具体数值可计算求得。

C. 选择适合的料浆终点浓度和 pH。采用料浆浓缩法时，都希望通过蒸发过程除去尽可能多的水分。但随着料浆浓度的提高、析出的固相增多，料浆粘度迅速增大、流动性减小，管壁也容易结垢。同时过浓的料浆对喷浆造粒干燥也极其不利，因而需对料浆终点浓度作出恰当的选择。

有的湿法磷酸用氨中和到一定 pH 后，粘度急剧增大，无法进行浓缩操作。但如适当降低中和度，减小中和液 pH，这种酸性料浆粘度较小，可浓缩到含水 10%～20%，再于氨化造粒机中二次氨化，达到要求的中和度。这一生产方法已由前苏联肥料及杀虫剂研究所进行了工业性试验[3]。

D. 定期清洗加热器。如果发现蒸发器生产能力下降，就有可能是加热管壁结垢所致。清洗后的加热管表面光洁不易结垢。但一经开始结垢，管壁粗糙度增加，会导致垢层迅速增厚。因此，定期清洗加热管，经常保持加热管壁清洁，是减少结垢的有效措施之一。

④ 磷铵料浆双效蒸发流程。目前中国普遍推广的年产 3 万 t 磷铵料浆法工艺流程，采用的是由原成都科技大学与四川银山磷肥厂开发的双效料浆蒸发流程（图 2-4-26）。

中和料浆由贮槽经加料泵送入二效蒸发器闪蒸室，随即由循环泵送入二效加热器。然后进入闪蒸室蒸发出一部分水分。经初步浓缩的料浆由过料泵送入一效蒸发器闪蒸室，进一步浓缩达指定浓度后，可借助蒸发器内自身压力放入料浆缓冲槽，再经料浆泵送往喷浆造粒干燥机。

一效加热器通常用（0.3～0.4）MPa（表压）的低压蒸汽加热。一效的二次蒸汽作二效加热器的热源。出二效

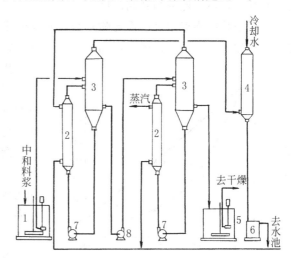

图 2-4-26　双效料浆浓缩工艺流程

1—蒸发给料槽；2—加热器；3—闪蒸室；

4—混合冷凝器；5—料浆缓冲槽；6—液封槽；

7—料浆循环泵；8—过料泵

闪蒸室的蒸汽在混合冷凝器中用冷却水冷凝。冷却水经液封槽送循环水池。

由于磷铵料浆的黏度随浓度增加而增高，但随温度上升而减小，故适于采用逆流进料

流程。

蒸发系统的加热器是一单程列管式换热器。列管选用 Mo2Ti 不锈钢管,壳体用碳钢。为了使料浆在管内有较高线速(通常 3～4 m/s),在传热面和流量一定的条件下,长管比短管有较高的线速。因此管长选为 6 m,管外径选为 32 mm,年产 3 万 t 磷铵需传热面积 75 m²。

料浆循环泵是用 Mo2Ti 不锈钢制作的混流型离心泵。

年产 3 万 t 磷铵的料浆浓缩双效蒸发操作条件列于表 2-4-19。

表 2-4-19　磷铵料浆浓缩双效蒸发操作条件

中和度	加热蒸汽压力 MPa		闪蒸室压力 MPa		料浆含水量 %		料浆温度 ℃		传热系数 W/ (m²·K)	
	1效	2效	1效	2效	1效	2效	1效	2效	1效	2效
1.15	0.3	0.1	0.1	0.05	30	40	107	82	1040	1280

⑤ 料浆浓缩需注意控制的参数。

A. 料浆中和度和温度。料浆氨蒸汽压随中和度和温度的增高而急剧升高。实践表明,浓缩时的料浆中和度不宜超过 1.15,温度不宜大于 115℃。不同中和度和温度的磷铵溶液氨蒸汽压可从式 2-4-18 算得或从图 2-4-7 或图 2-4-8 查得。如果希望增大产品氮含量,则可将浓缩后的料浆在中和槽中进一步氨化到中和度 1.4 左右,这时磷铵溶解度增大,料浆流动性仍然较好。可以进行喷浆操作,当然也可在氨化造粒机中再加氨。

如果把氨化料浆中和度降到 0.7 左右,则可在更高的浓度和温度下进行浓缩且能保持足够流动性而无氨损失的危险。此酸性料浆可进一步在管式反应器中加氨、氨化造粒机中加氨或流化床造粒以达到所需的氮含量[29,30]。

B. 料浆的终点浓度。料浆终点浓度要视料浆流变性而定。有的磷酸杂质含量高,氨化料浆粘度大,不可能浓缩到高浓度。

料浆浓缩的终点浓度也需与喷浆造粒的效果综合考虑。料浆太浓会使喷浆困难,喷头易堵塞,雾化不良,粘结作用差,细粉过多。合适的料浆含水量在 25％～35％之间[31]。

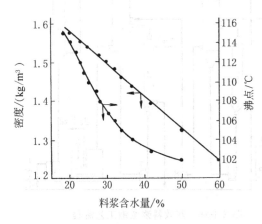

生产中常采用测定料浆沸点或密度的方法控制终点料浆浓度[32]。当外压一定时,溶液沸点与浓度有关 (见图 2-4-27)。因此在稳定的操作条件下可由沸点温度来控制浓度。

溶液密度随浓度的增高而增大 (见图 2-4-27),由于密度几乎不受外压的影响,且与浓度变化成直线关系,因而比测定沸点温度更稳定可靠。中国已有工厂采用核辐射密度计进行料浆浓度的远距离显示和自动控制。

双效蒸发流程比较简单,投资较少,操作控制也比较容易,适合于小型磷铵厂采用。对于大、中型磷铵厂需要考虑节约蒸汽,这时采用三效蒸发比较恰当。

图 2-4-27　磷铵料浆沸点和密度与含水量的关系 (卡拉塔乌磷矿制的磷酸)[32]

(2) 喷浆造粒转筒干燥制粒状磷铵

对于肥料产品,通常希望为直径 1～4 mm 的球形颗粒,这是因为:A. 与粉状肥料相比，颗粒肥料的外表面要小得多，而球形颗粒的相互接触面又是最小的，因而可大大降低肥料的结块性，这对结块倾向比较严重的高浓度复肥来说，意义更为重大。B. 球形颗粒肥料流动性好，机械强度高，不易破损和产生粉尘，便于贮存和使用，特别符合机械化施肥的要求。C. 颗粒肥料溶解速度较慢，类似缓效肥料的作用，可提高农作物对肥料的有效利用。

喷浆造粒干燥机是把造粒和干燥合并在一起的颗粒肥料生产设备。料浆喷洒在抄板扬起的返料细粒料幕上，颗粒表面涂布的料浆层立即被热气流干燥。这种造粒方法所得产品有较好的物化和机械性能，在料浆浓缩法中已被广泛采用。

（3）喷浆造粒干燥过程物料和热量衡算举例

例 4-3 喷浆造粒干燥机的外形尺寸 $\phi 3m \times 15\ m$。磷铵产量为 4500kg/h。所用浓缩料浆含水 25％，比热容 1.987 kJ/(kg·K)，进干燥机时温度 100℃。产品含水分 1％，比热容 1.42kJ/(kg·K)，出干燥机温度 90℃。进干燥机的烟道气温度 450℃，湿含量 0.015kg 水/kg 干气，出干燥机温度 100℃，返料比为 4∶1，返料进干燥机温度 65℃。试求：

① 水分蒸发量（W）。

② 出干燥机气体的湿含量（H_2）。

③ 出干燥机气体的露点（t_2）。

④ 烟道气消耗量（L）和比耗量（l）。

⑤ 进干燥机气体体积流量（V'）。

⑥ 热效率（η_h）和干燥效率（η_d）。

⑦ 湿基水容量（$\overline{W}$）。

解： 计算时把烟道气视为空气处理。所用的符号，说明同前。

干燥机热量衡算示意见图 2-4-28。

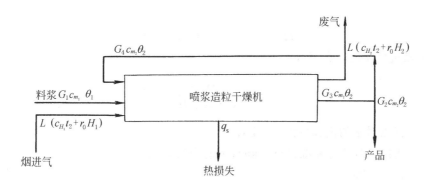

图 2-4-28 干燥机热量衡算示意图

① 水分蒸发量（W）

已知：$\overline{W}_1 = 25\%$；$\overline{W}_2 = 1\%$；$G_2 = \dfrac{4500}{3600} = 1.25$ kg/s

$$G_0 = G_2(1 - W_2) = 1.25(1 - 0.01) = 1.238 \quad \text{kg/s}$$

$$X_1 = \frac{\overline{W}_1}{1 - \overline{W}_1} = \frac{0.25}{1 - 0.25} = 0.3333 ; X_2 = \frac{\overline{W}_2}{1 - \overline{W}_2} = \frac{0.01}{1 - 0.01} = 0.0101$$

$$W = G_0(X_1 - X_2) = 1.238(0.3333 - 0.0101) = 0.400 \quad \text{kg/s}$$

② 出干燥机气体的湿含量（H_2）

干燥机中虽未补加热量，但应增加返料从 θ_4 变到 θ_2 所带入的热量：$G_4 c_{m_2}(\theta_4 - \theta_2)$，

可写出计算式如下。

$$\frac{c_{H_1}(t_1-t_2)}{H_2-H_1}+\frac{G_4 c_{m_2}(\theta_4-\theta_2)}{W}=(r_0+c_v t_2-C_w\theta_1)+\frac{G_2 c_{m_2}(\theta_2-\theta_1)}{W}+\frac{q_5}{W} \qquad (2\text{-}4\text{-}23)$$

壁温小于 150℃ 的圆筒形保温设备的热损失，可按下列经验式计算[33]。

$$\alpha_t=9.4+0.052(t_w-t) \quad W/(m^2\cdot K) \qquad (2\text{-}4\text{-}24)$$

式中 α_t——从器壁向环境的传热系数，$W/(m^2\cdot K)$；

t_w——壁温，℃；

t——环境温度，℃。

喷浆造粒干燥机的外表面积：

$$3\times3.1416\times15=141 \ m^2$$

测得平均壁温为 75℃，环境温度 25℃。

热损失：

$$Q_s=141\times[9.4+0.052(75-25)]=84800 \ W/m\cdot K=84.8 \ kJ/s$$

已知：$t_1=450℃$，$t_2=100℃$；$H_1=0.015$ kg 水/kg 干气；$C_{H_1}=1.005+1.884H_1=$ 1.033kJ/(kg·K)；$C_{m_2}=1.42 \ kJ/(kg\cdot K)$；$G_4=G_2\times4=1.25\times4=5.0$ kg/s；$\theta_4=65℃$；$\theta_2=90℃$；$W=0.400 \ kg/s$；$r_0=2491 \ kJ/kg$；$c_v=1.864$ kJ/(kg·K)；$c_w=4.187 \ kJ/(kg\cdot K)$；$\theta_1=100℃$；$G_2=1.25 \ kg/s$；$q_5=84.8 \ kJ/s$。

将以上数据代入式 (2-4-23)

$$\frac{1.033(450-100)}{H_2-0.015}+\frac{5.0\times1.42(65-90)}{0.400}=(2491+1.884\times100-4.187\times100)$$

$$+\frac{1.25\times1.42(90-100)}{0.400}+\frac{84.8}{0.400}$$

求解得：

$$H_2=0.141 \ kg \ 水/kg \ 干气$$

③ 出干燥机气体的露点 (t_d)

$$p_s=\frac{H_s p}{0.622+H_s} \qquad (2\text{-}4\text{-}25)$$

式中 p_s——露点时水的饱和蒸汽压，Pa；

H_s——达露点时的饱和湿含量，kg 水/kg 干气；

p——总压，Pa。

设 $p=101325 \ Pa$（大气压）；将 $H_s=0.141 \ kg \ 水/kg \ 干气$代入得：

$$p_s=0.187MPa$$

查水的饱和蒸汽压表，得此饱和蒸汽压下的饱和温度是 58℃，这就是出干燥机气体的露点。

④ 烟道气耗量(L)和比耗量 (l)

$$L=\frac{W}{H_2-H_1}=\frac{0.400}{0.141-0.015}=3.175 \ kg \ 干气/s$$

$$l=\frac{L}{W}=\frac{3.175}{0.400}=7.937 \ kg \ 干气/kg \ 汽化水$$

⑤ 烟道气体积流量 (V')

根据湿比容与湿气体体积流量式：

$$V_H = (0.2872 + 0.4617 H_1)\frac{t_1 + 273}{p} \quad \text{m}^3 \text{ 湿气/kg 干气}$$

$$V_H = (0.2872 + 0.4617 \times 0.015)\frac{450 + 273}{101.325} = 2.10 \text{ m}^3 \text{ 湿气/kg 干气}$$

$$V' = L V_H = 3.175 \times 2.10 = 6.67 \text{ m}^3 \text{ 湿气/kg 干气}$$

⑥ 热效率 (η_h) 和干燥效率 (η_d)

热效率　　　$\eta_h = \dfrac{C_{H_1}(t_1 - t_2)}{C_{H_1}t_1 + r_0 H_1} = \dfrac{1.033(450 - 100)}{1.033 \times 450 + 4291 \times 0.015} = 0.68$

干燥效率　　$\eta_d = \dfrac{W(r_0 + C_v t_2 - C_w \theta_1)}{L C_{H_1}(t_1 - t_2)} = \dfrac{0.400 \times 2260.7}{3.175 \times 1.033 \times 350} = 0.84$

喷浆造粒干燥机的物料衡算与热量衡算结果分别列于表 2-4-20 和表 2-4-21。

表 2-4-20　喷浆造粒干燥机物料衡算表

输　入	kg/s	%	输　出	kg/s	%
烟道气 $L(1+H_1)$	3.22	32.6	磷铵产品 G_2	1.25	12.7
磷铵料浆 G_1	1.65	16.7	返料 $4 \times G_2$	5.00	50.7
返料 $4 \times G_2$	5.00	50.7	废气 $L(1+H_2)$	3.62	36.6
总　　计	9.87	100	总　　计	9.87	100

表 2-4-21　喷浆造粒干燥机热量衡算表

输　入	kJ/s	%	输　出	kJ/s	%
烟道气带入 $L(c_{H_1}t_1 + r_0 H_1)$	1595	66.4	废气带出 $L(c_{H_2}t_2 + r_0 H_2)$	1518	63.2
料浆带入 $G_2 c_{m_2}\theta_1 + W c_w \theta_1$	343	14.3	产品带出 $G_2 c_{m_2}\theta_2$	160	6.7
返料带入 $G_4 c_{m_2}\theta_4$	462	19.3	返料带出 $G_4 c_{m_2}\theta_2$	639	26.6
			热损失 Q_s	85	3.5
总　　计	2402	100	总　　计	2402	100

（4）喷浆造粒干燥流程和设备

图 2-4-29 是中国普遍推广的料浆浓缩法生产磷铵的造粒干燥流程。磷铵料浆泵将浓缩料浆送入喷浆造粒干燥机的喷枪，并由压缩空气使之雾化。雾化料浆从水平方向喷出。随着干燥机的转动，筒内抄板将物料抄扬形成料罩，料浆喷射在料罩上。来自热风炉的烟道气与颗粒物料并流通过转筒，进行物料和热量交换。在转筒内同时完成造粒与干燥两项作业。干物料从机尾排出，经斗式提升机送至双层振动筛，分出大于 4 mm 的颗粒进入破碎机，破碎后的物料落在返料皮带运输机上。小于 1 mm 的颗粒也落到返料皮带运输机上。1~4 mm 的合格粒子大部分作为成品，落到成品皮带运输机，经风冷后送去包装。超过平衡产量的部分合格粒子

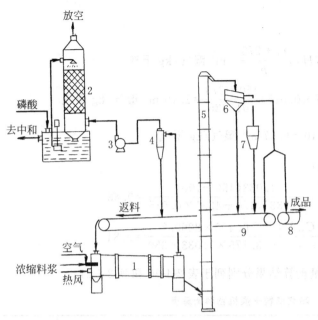

图 2-4-29　喷浆造粒干燥工艺流程图

1—喷浆造粒干燥机；2—洗涤塔；3—尾气风机；

4—旋风分离器；5—斗式提升机；6—振动筛；

7—破碎机；8—成品皮带运输机；9—返料皮带运输机

被分流落到返料皮带运输机上，以保持一定的生产裕度，这也是保证长周期稳定运转的必要条件。过筛后的细颗粒、破碎后的物料、出干燥机尾气经旋风分离器分出的细粉及部分合格产品组成返料，由返料皮带运输机送到干燥机头部加入干燥机。

干燥用的烟道气由燃煤热风炉提供，热风温度由二次风机鼓入空气调节。干燥机尾气经过旋风除尘后，通过尾气风机送入尾气洗涤塔，经原料磷酸洗涤后，由烟囱排空。原料磷酸加入循环槽，由循环泵送入尾气洗涤塔循环，一部分则送去磷酸中和槽。

二次风机的进风口与成品皮带运输机的护罩相接，利用流动空气使产品冷却。

图 2-4-30 是 60 年代中期前苏联化工机械研究院设计的内返料喷浆造粒干燥机示意图[33]。转筒水平倾角 1°~3°，转速 3~5 r/min。转筒前端有进料箱，尾端有出料箱，筒体与进、出料箱之间由迷宫式密封连接。筒体前端内壁装有倾斜或螺旋抄板，使返料能顺利导入筒内。内壁其余部分装有 Γ 形升举式抄板，它们有的与轴平行，也有与轴成 12°倾角排列。尾部有一段无抄板光滑筒体，目的是减少干燥物料扬起时产生粉尘被尾气带走，造成损失。热气体经环形栅栏式气体分布器进入筒内，使进气分布均匀。造粒区和干燥区之间由环形挡圈隔开，使造粒区保持较大的填充系数。转筒尾部装一夹角为 35°的截锥体作为内部分级装置，经分级溢出了大

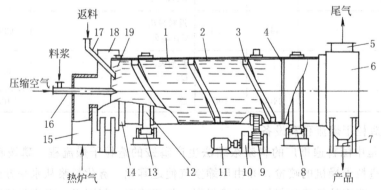

图 2-4-30　内返料喷浆造粒干燥机示意图

1—转筒；2—升举式抄板；3—逆螺旋；4—挡圈；5—加热介质废气出口；

6—卸料室；7—产品出口；8—托轮；9—齿轮；10—减速机；11—电动机；

12—轮箍；13—托轮；14—密封；15—干燥气体入口；16—喷枪位置；

17—外返料进口；18—进料室；19—螺旋抄板

颗粒后的细粒部分，通过沿转筒内壁设置的一条反螺旋内返料通道，返回到干燥机头部，再经螺旋抄板送入干燥机中。为了使大于 40 mm 的物料分离出来，以免进入斗式提升机堵卡提斗，转筒尾设有栅条转筒筛。

具内返料的干燥机特点是外返料比低，一般是 0.5～1.5。内返料比约 0.2～1。而无内返料装置的干燥机返料倍数通常为 4～6。因此，内返料使机外设备负荷大大减小，能耗下降、物料机械损失减少，操作环境改善。生产磷铵的喷浆造粒干燥机的技术指标见表 2-4-22。

表 2-4-22　生产磷铵的喷浆造粒干燥机技术指标[34]

转筒尺寸/m	$\phi 4.5 \times 16$	水分蒸发强度/[kg/(m³·h)]	25～30
磷铵生产能力/(t/h)	25～28	蒸发 1 kg 水能耗/MJ	4.6～5.03
料浆水分/%	30～35	每 m³ 料浆压缩空气耗量/m³	50～70
产品水分/%	0.5～1.0	排气体积(110℃)/(km³/h)	70
进气温度/℃	500～600	各粒级产率 1～4 mm/%	70～80
出气温度/℃	100～110	>4 mm/%	20
返料温度/℃	60～70	<1 mm/%	10
出料温度/℃	80～90		

喷浆造粒干燥机 60 年代初由美国 CIC-Girdler 公司开发，法国 PEC 公司首先用于硝酸磷肥生产。前苏联 65％的复合肥料均采用喷浆造粒干燥机生产，由于这种设备操作简单可靠，传热效率高，在同一设备中兼有造粒和干燥功能等优点，故在磷铵、硝酸磷肥、粒状重钙及各种复肥生产中得到广泛应用。原成都科技大学借鉴前苏联的经验与鲁北化工总厂、河南三门峡化工机械厂等合作，在外返料的基础上开发了内分级、内筛分，内返料技术，但仍不能完全去掉外返料。1991 年原成都科技大学和河北遵化化肥厂等又在内返料的基础上，在设备内增设了破碎和筛分装置，开发出了无外返料喷浆造粒干燥机[35]，现普遍应用在年产 3 万 t 磷铵生产装置上。

（5）喷浆流化造粒干燥流程

流化造粒干燥是把料浆雾化喷入处于流化态的颗粒上，达到同时造粒和干燥的目的。喷下的液滴作为粘结剂，使部分粒子粘结成大颗粒。液滴的粘结力取决于液体性质及固体表面的粗糙度。粘连后的颗粒由于干燥、冷却等原因，液相消失，形成晶桥，使粒子间牢固结合。同时，在颗粒之间的碰撞或颗粒在加热区与低温区之间循环时，由于温度变化产生的热应力，使颗粒破碎，形成更多的新粒子。

流化床中的成粒特性及粒子生长速度，在很大程度上与传质、传热条件有关，即与成粒物质液相的气化强度有关。液滴与气体和颗粒交换热量，其汽化所需 60％～70％的热量来自热颗粒。由于液滴碰到颗粒时不是瞬时即布满颗粒表面，如汽化过快，则液体展布不匀；如热量不足以移动汽化全部液相，则产物颗粒会仍然是潮湿的。

流化造粒干燥的优点是：相际接触面积大，传质、传热强度高，设备投资省，产品质量好，还可同时进行造粒和干燥。缺点是：能耗高，加入液相量需准确控制、稳定正常操作条件的范围很窄。

（6）喷雾干燥制粉状磷铵

在复肥的各种造粒技术中，经常需要粉状磷铵作为主要磷源。因此由磷铵料浆喷雾干燥制粉状磷铵仍具有现实意义。

喷雾干燥是利用喷雾器将料液（含水分 25％～80％的溶液、悬浮液、料浆或熔融液）喷成雾滴分散于热气流中，使水分迅速蒸发的操作。通常雾滴直径为 10～60 μm，据此计算，每升溶液将有 $100\sim600$ m² 的蒸发表面。因此所需干燥时间很短，一般仅 $3\sim10$ 秒。

当雾滴与干燥空气接触时，热量由空气经过雾滴表面的饱和蒸汽膜传给雾滴，于是雾滴中的水分蒸发。只要雾滴内部水分扩散到表面的量，足以补充表面水分的损失，蒸发就快速进行。这时雾滴的表面温度相当于空气的湿球温度，这是恒速干燥阶段。当雾滴内部向表面扩散的水分不足以保持表面润湿状态，雾滴表面逐渐形成干壳，随着干壳的增厚，水分向外扩散的速度也慢慢降低，表面温度将高于热空气的湿球温度。这时属降速干燥阶段。整个干燥过程是热量、质量传递同时发生的过程。

喷雾方式可分下列三种类型。

① 离心式喷雾器。为一高速旋转的圆盘，转速达 $7000\sim20000$ r/min，圆盘的圆周速度为 $100\sim160$ m/s。圆盘内装放射状叶片，料浆送入圆盘中央受离心力作用而加速。到达周边时呈雾滴洒出。

② 压力式喷雾器。用高压泵（压力 $2\sim4$ MPa）把料浆压入喷雾器，沿切线通道（一般 $2\sim4$ 个）进入旋涡室，然后成雾滴喷出。

③ 气流式喷雾器。用压缩空气或过热蒸汽（$0.2\sim0.5$ MPa）抽送料浆经喷嘴喷出，同时把它吹成雾滴。

这三种喷雾器都可用于磷铵料浆的喷雾干燥。压力式喷雾器动力消耗比较低，但高压泵投资和维护费用较高；气流式喷雾器结构简单，适用于粘度范围大的场合，但动力消耗大；离心式喷雾器的操作弹性较大，产品粒度均匀，但喷雾器机械加工要求高，喷雾塔的直径比其它两类喷雾器要大得多。

产品含水量是干燥操作的主要控制指标。它将随出塔气温的升高而降低。当产品含水量大于 4% 时，会在输送、贮存过程中结块；小于 2% 时，会在输送、包装过程中产生粉尘飞扬，影响环境卫生。合适的产品含水量应是 $2\%\sim3\%$，相应的出塔气温为 $120\sim130℃$。在此条件下操作氨损失约 1%，一般可不考虑氨回收。

喷雾干燥可以处理含水量高的稀料浆，而处理含水量低的料浆则可大大提高设备生产能力和降低干燥的热量消耗。例如将料浆含水率从 54.5% 减少到 29.1%，则设备生产能力是原来的三倍，而单位产品干燥的能耗只有原来的三分之一。但料浆过浓也容易使喷盘堵塞。通常控制含水量 30% 左右较好。

现在，国内还有部分料浆法磷铵厂采用原成都科技大学与什邡化肥总厂共同开发的压力式喷雾-流化干燥制粉粒状磷酸一铵的流程。该工艺的干燥介质采用天然气直接燃烧后的烟气或经与蒸汽换热后的空气从喷雾干燥塔塔底通个若干个风帽孔喷出。干燥介质同时也作为流化介质，料浆高压泵采用三缸柱塞泵。

喷雾干燥的缺点是容积蒸发强度低 [约 3 kg水/($m^3\cdot h$)]，设备体积庞大，操作弹性较小和热量利用率低（约 40%）。优点是直接从料浆获得粉状产品，能避免干燥过程造成的粉尘飞扬。

4.1.5.2 浓缩磷酸氨化制磷铵

（1）槽式预中和-转鼓氨化造粒

① 转鼓造粒机理[24]。当粉状原料或返料与作为粘结剂的各种溶液或料浆混合时，借助于液体的润湿作用和颗粒之间的缝隙形成的毛细管力，使液体迅速充满缝隙而使颗粒粘结。这时如适当使其流动，即可形成湿的颗粒胚。颗粒胚在造粒机中流动下落时，在颗粒表面不仅受到冲击力，也受到剪切力，其大小取决于滚动速度和颗粒质量。借助于这些力量，经多

次滚动、撞击，使颗粒变得圆滑结实。颗粒中多余的水分也可能被挤出露于表面，它将进一步粘附干粒子，使颗粒强度进一步提高。

物料在转鼓中借助于筒壁的摩擦力，使靠近筒壁的物料上升到一定高度，超过自然倾角后，则最上层物料开始快速向下滑落。但物料层的重心位置仍保持不变。在转筒中各层颗粒物料运动速度的轨迹见图 2-4-31。看起来好像各层颗粒物料都围绕着一个不动点"O"在旋转，靠近筒壁的颗粒上升速度最快，愈接近不动点则速度愈小。过不动点则颗粒开始向下坠落，最外层向下坠落速度最快。颗粒运动的线速度取决于转筒的转速和颗粒之间的摩擦

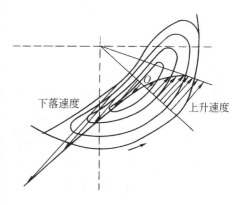

图 2-4-31　在转筒中各层颗粒物料运动速度的轨迹图

力。由于细粒的摩擦系数大，很快减慢下落速度，进入半径较小的回转运动轨迹。通过多次上升、下降的回转运动，大颗粒被抛向外围，小颗粒则相对集中在不动点周围。

如果干返料从湿颗粒表面吸收水分占了优势，则会使颗粒失水粉碎。因此为了使颗粒在造粒过程不断长大，需配合返料不断补充液体，使颗粒表面经常保持最佳润湿度。

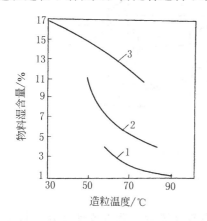

图 2-4-32　物料最佳湿含量与造粒温度的关系
1—尿磷铵钾复肥；2—磷铵；3—过磷酸钙

A. 液固比对造粒过程的影响。液相的存在是粉状物成粒的关键。适当增加液相（粘结剂）可使物料塑性增加、成粒容易，颗粒密度和强度增高。液固比也是影响粒度分布的重要因素。各种物料的最佳湿含量是不同的，而且各自的范围都很窄。如果物料湿含量不在此范围，就不会成粒或粘结成块。

B. 温度对造粒的影响。盐的溶解度一般随温度升高而增大，因此造粒温度高时液相量也随之增多，这时外加流体的量应适当减少。由此可见，造粒的湿含量应随温度而定。例如磷铵造粒温度从 50℃ 改为 85℃ 时，其物料湿含量应从 10.5% 降为 4%，这种改变对减小产品干燥负荷是十分有利的。从图 2-4-32 还可看到其它肥料有类似关系[24]。

升高温度也使液相粘度和表面张力减小，从而在机械外力的作用下可获得更结实的颗粒。但每种肥料都有一最高允许温度，过此温度则氨逸出明显。多数肥料的最高允许温度在 75～110℃ 之间。

总的说来，物料湿含量和造粒温度是影响造粒过程的重要因素。图 2-4-33 是某肥料的造粒条件曲线。可以看出，液相量过高则颗粒含水和粒度都较大；液相量不足则情况相反。为了获得粒度 1～4 mm 的产品，就必须把造粒条件控制在 AB 和 EF 曲线之间，曲线 CD 显然是最佳造粒条件。

实践证明，在造粒过程的成粒阶段加热升温最为有效。因为增湿阶段液相主要在颗粒表面，这时升高温度会导致结块。成粒后表面水分已部分移去，这时加热可补偿水分的不足。

以水作粘结剂时，用蒸汽加热最为简单有效，这时形成的冷凝水起增湿作用。但最有效的方法是利用化学反应热，这种加热方式能使热量分布非常均匀，可避免局部过热。在化肥

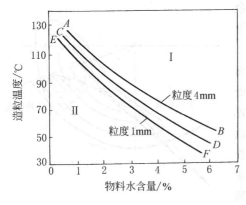

图 2-4-33　造粒条件曲线
Ⅰ—液相量过高（湿料）；Ⅱ—液相量不足（干料）

生产的氨化造粒机中，经常利用酸与氨的中和热作为造粒过程的主要热源。

值得一提的是磷铵料浆的粘结力不仅与磷氨比有关，也与原料化学组成有关。湿法磷酸中含有铁、铝等杂质，它们所生成的凝胶状物质的粘结作用对成粒非常有利。热法磷酸不含这些杂质，其磷铵料浆造粒就困难得多。

② 生产流程[5]。预中和-转鼓氨化造粒的流程如图 2-4-34 所示。先将一部分原料磷酸送去各洗气塔回收氨后再返回预中和槽，使磷酸质量分数达 40% P_2O_5。生产 MAP 时控制预中和 NH_3/H_3PO_4（摩尔比）为 0.5～0.7，生

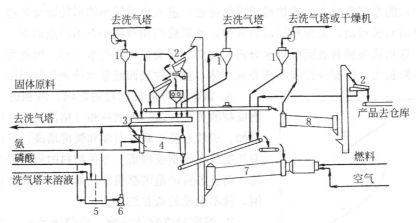

图 2-4-34　槽式预中和-转鼓氨化造粒流程
1—旋风除尘器；2—筛；3—细粉皮带机；4—造粒机；5—中和槽；
6—料浆泵；7—干燥机；8—冷却器

产 DAP 时为 1.3～1.4，这时磷铵溶解度最大，从而可在较高浓度下获得流动性好的料浆。预中和料浆由泵送入造粒机，喷洒在物料床上。埋于转鼓物料层中的氨分布管继续通氨进行氨化，生产 MAP 时氨化到 NH_3/H_3PO_4（摩尔比）略高于 1.0，生产 DAP 时氨化到 1.8。

造粒后的物料含水 3%～4%，再送入转筒干燥机中与热气体并流干燥。干燥后的物料含水约 1%。大块物料从机尾掉入破碎机。通过条筛的物料进入斗式提升机，再到振动筛将物料分级。大粒再经破碎后与筛下细粒一起经返料皮带送回造粒机。生产 NPK 时可将氯化钾等固体原料加到返料皮带上送入造粒机。合格的成品由皮带送入冷却机与进入的空气逆流换热。经冷却的产品可减少贮存中结块。有的 NPK 产品还需送至包裹筒加包裹油和包裹粉，以减少产品粉尘和防止结块。出冷却机的热空气经旋风除尘后，可作为干燥机热气的稀释气，以降低干燥能耗。

干燥机、冷却器、振动筛及斗式提升机等出来的含尘气体先通过高效旋风除尘器，然后进入文丘里洗涤器。出造粒机的气体则不经除尘，直接进入洗涤器。这里用 15%～36% P_2O_5 的磷酸作洗涤液，后者是用 52% P_2O_5 的磷酸与尾气洗涤器来的酸性洗涤水配成的。控制溶液的 NH_3/H_3PO_4 摩尔比约 0.8，以保持磷铵溶解度较大，并对氨有较高的吸收能

力。出文丘里的废气再由风机送至用橡胶衬里并装有聚四氟乙烯填料层的卧式尾气洗涤器。尾气洗涤器第一级用含低浓度硫酸、pH 为 5～6 的循环液洗涤吸收残留的氨，第二、三级用循环水作洗涤液吸收残余的含氟气体。

采用槽式中和时，为了保持料浆有足够的流动性而不得不使料浆含较多水分。显然这就必须为返料比的增高和产品的干燥付出更多的能耗。虽然在造粒机中要放出大量的热，但仍不够使产品完全干燥，还需要在另一干燥机中进行干燥。据估算，生产 MAP 时干燥产品的能耗约占总能耗的 50％；生产 DAP 时占 36％。

为使造粒后的颗粒有一定的强度，在进入干燥机之前不变形，通常需保持高达 5～6 的返料比。这就需要设置比较庞大的造粒、干燥、破碎和运输系统的设备，从而增大投资和操作费用。

管式反应器在磷铵生产中开发成功，为克服上述槽式预中和流程的缺点创造了有利条件。

③ 转鼓氨化造粒机。典型的转鼓氨化造粒机如图 2-4-35 所示。这种造粒机既适用于槽式预中和料浆造粒，也适用于在其中安装管式反应器，故可广泛用于生产 MAP、DAP、

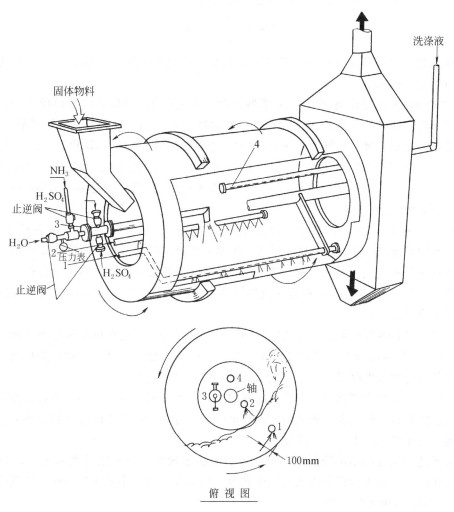

俯视图

图 2-4-35 转鼓氨化造粒机示意图

1—氨分布管；2—磷酸或预中和料浆分布管；3—管式反应器；4—洗涤液分布管

TSP 及多种 NPK 复合肥料的造粒。

目前美国有从 $\phi 1.83 m \times 3.66 m$ 到 $\phi 3.66 m \times 7.6 m$ 系列氨化造粒机，其长度与直径之比约为 2∶1。使用最多的是 $3.05 m \times 6.10 m$。筒体用不锈钢或不锈钢衬里制成，筒内安装刮刀以清除疤垢。但使用最多的是碳钢外壳，内衬橡胶的筒体。橡胶板由若干钢条固定在内壁上。筒体转动时，当粘结在橡胶板上的料块转至筒体上部高位，则因重力作用使橡胶板变形下垂，物料自然坠落，因而不必安装除垢刮刀。为防止橡胶板与筒壁形成真空，妨碍运转时橡胶变形下垂，在筒体上钻有若干呼吸孔。

造粒机内氨分布管的安装位置很重要。一般取氨分布管长度为造粒机长的 3/4。安放在距筒壁为物料层总高的 1/3 处。这里是物料在造粒机中强烈运动的位置，有利于氨被颗粒物料的均匀吸收，同时这里物料对分布管的牵引力也比较小。分布管上钻孔的总面积当使用液氨时为 $0.0028\ cm^2/(kgNH_3 \cdot h)$；使用气氨时为 $0.0142\ cm^2/(kgNH_3 \cdot h)$。所有孔的总面积不应超过氨分布管截面积。

造粒机的旋转速度为临界速度的 35% 时，混合作用最好。临界速度是物料附于筒壁停止滚动时的转动速度。计算最佳转速的经验公式为：

$$\text{转速} = \frac{15}{\sqrt{D}} \quad \text{r/min} \tag{2-4-26}$$

式中 D 为造粒机的直径/m。卸料挡圈的高度以保持造粒机填充系数 25%～30% 为准。物料停留时间为 2～7min。

④ 生产 MAP 的操作条件[36]。采用槽式预中和流程生产 MAP 可按两种方式进行。① 先在预中和槽中使磷酸氨化到 NH_3/H_3PO_4 摩尔比 0.6～0.7。这时磷铵溶解度很大，可保持料浆有较高浓度而不失其较好的流动性，然后再于氨化造粒机中继续氨化到 NH_3/H_3PO_4 摩尔比 1.0。(2) 称为回滴法。同生产 DAP 的预中和一样，先在预中和槽中氨化到 $NH_3/H_3PO_4 = 1.3～1.5$。这时磷铵溶解度很高，流动性也很好，再送去造粒机中喷 50%～54% P_2O_5 的磷酸使中和到 $NH_3/H_3PO_4 = 1.0$。

采用前一种方式生产 MAP 时，为保持预中和料浆的流动性，只能全部采用 40% P_2O_5 的磷酸。而生产 MAP 时由于中和度不高，在预中和槽、造粒机和干燥机逸出氨很少，不需要用很多稀磷酸去洗气装置回收氨。这时，如果把浓磷酸稀释后再使用是不合算的。但如采用"回滴法"生产 MAP，则可在造粒机中使用约占总酸量 1/3 的浓磷酸，这种方法无疑可降低产品干燥的能耗。

⑤ 生产 DAP 的操作条件[36]。生产 DAP 时，如果最后在造粒机中氨化到 NH_3/H_3PO_4 摩尔比 =2，造粒温度 98℃，这时氨分压约 $5.5 \times 10^4 Pa$，估计氨逸出可达进造粒机总氨量的 35%。即使将造粒温度降至 73℃，氨分压也达 $8.6 \times 10^3 Pa$。

为了提高造粒机生产强度，造粒机的氨逸出是最大障碍。许多厂不得不设法强化氨的回收，多加洗涤设备，用较多的稀磷酸作洗涤回收液。好在稀酸与浓酸混合后，还能满足槽式预中和流程要求的 40% P_2O_5 的磷酸。

用降低造粒温度的办法降低氨分压，可以减少氨逸出。具体措施是通入一定流量的空气，以带出热量；加入冷返料或增大预中和度，以减少造粒机中氨化反应热。但预中和度也不宜超过 1.6，以免料浆过稠。

⑥ 生产以磷铵为基础的 NPK 复肥操作条件[36]。槽式预中和-转鼓氨化造粒流程不仅用于生产 MAP 和 DAP，也能用于生产 NPK 三元复肥。这时预中和槽中除了加入磷酸外，还

经常加入硫酸来调整产品含氮量。在预中和槽中氨化达预定中和度的料浆,用泵送至造粒机喷洒在颗粒床上。钾盐则加到返料皮带上与返料一道送入造粒机。造粒机内还同时加入硫酸和氨以维持造粒所需温度。出造粒机的物料送去干燥、筛分。产品还需进行冷却和调理加工。

美国 Jacobs 主张在使用管式反应器的同时保留预中和槽[5]。这不仅原先已有预中和槽的厂家是这样,而一些新建的如中国南京、大连、云南的年产 24 万 t 磷铵厂也都是二者兼备。主要原因是预中和槽对除去多余反应热具有比较灵活的调节作用。例如生产规格为 16-20-0 或 18-22-0 的复肥时,需在磷酸中加入一定硫酸以调节氮含量,而硫酸与氨的中和热比磷酸与氨的大,如果使反应都在管式反应器中进行,则为了防止造粒机中温度过高,势必限制其生产能力。但如采用预中和槽先除去部分反应热,就能保持较高产量。

Jacobs 也提出,仅由管式反应器提供浓度很高的料浆也是有缺点的。用管式反应器按 DAP 组成制得低返料比所要求的浓料浆,粘度往往过高,它在返料颗粒外表形成较厚的不透气料浆壳,使内部水分无法排出,很不利于干燥。如果料浆粘度合适,只在颗粒表面形成薄层,则在几分钟内即可干燥。故 Jacobs 主张高返料比、薄涂层、干燥停留时间短来使干燥过程强化。

(2) 管式反应器-转鼓造粒生产 MAP

前面已经讲过,槽式预中和只宜用 P_2O_5 40% 的磷酸才能得到流动性好,便于用泵输送的料浆,但其后果是产品干燥的能耗比较高,造粒所需返料量大。管式反应器在较高温度和压力下操作,可使用比较浓的磷酸,生成的料浆可借助自身的压力直接喷入造粒机中,不需用泵输送。因而流程简化,节能显著,近年来在复肥生产中获得了广泛应用。

利用管式反应器生产 MAP 通常有两种方式:A. 氨和磷酸的中和反应全部在反应管中完成,生成的料浆直接喷入造粒机中。由于生产 MAP 时中和度仅 1.0,因而氨的逸出很少,气体洗涤设备只需用少量或甚至不用稀酸。B. 在管式反应器中氨化到 NH_3/H_3PO_4 摩尔比 0.7 左右,料浆喷入造粒机中,再由埋于造粒机颗粒层中的氨分布管进一步氨化到 NH_3/H_3PO_4 摩尔比 1.0~1.2。后一种方式的氨逸出稍多,但设备生产能力较大。

用 P_2O_5 52.5% 的磷酸按管式反应预中和流程生产 MAP 时,干燥过程所需燃料比槽式预中和流程降低约 60%,而用 P_2O_5 57% 的磷酸时则产品可不必进行干燥。

(3) 管式反应器-转鼓造粒生产 DAP 和 NPK 复肥

采用槽式预中和流程生产 DAP 时,由于大量中和热已在预中和槽释放,造粒机中的反应热不会给造粒过程带来太大影响,比较容易将造粒过程控制在 80~90℃ 下进行。因此一些厂家直到现在还采用这种流程生产 DAP。而管式反应器与槽式预中和的最大差别是前者的中和反应是在接近绝热的条件下进行的。如果将中和料浆通过反应管直接喷入造粒机,则造粒机中温度会大大超过 100℃,使造粒过程无法进行,也无法控制氨损失。因此,所有用管式反应器生产 DAP 的工艺流程,都是以如何移去造粒机中过多的反应热,保持造粒温度 80~90℃ 为其特色。

① 西班牙 Cros 公司中和槽-反应管混合流程[37]。用管式反应器生产 DAP 的关键是移走多余的反应热,保持造粒机中最佳工作温度为 80~90℃,因此涉及整个生产系统的热平衡。下面先粗略了解槽式预中和、管式反应器和 Cros 混合流程的热平衡,就可看出它们各自的特点。

A. 槽式预中和流程生产 DAP。该流程是磷酸和氨先在预中和槽中氨化至 NH_3/H_3PO_4 摩尔比 1.3~1.4,然后用泵送到造粒机继续氨化至 NH_3/H_3PO_4 摩尔比 1.8~1.9。从热量平衡图 2-4-36 可以看出,在预中和槽中,大量反应热被水蒸气带走,每吨 DAP 带走的热约

0.73MJ。这时造粒机就不存在大量的热转移问题。但为了能用泵输送料浆,料浆至少应含水 12%～14%,而造粒允许的含水量只 3%,以免产生过度粒化。因此,常采用较高的返料比（通常为 5～6）。每吨 DAP 用于干燥的能量约 0.25GJ（见图 2-4-36）。

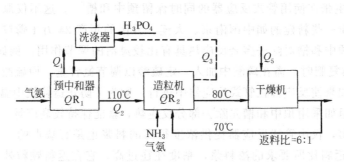

图 2-4-36 槽式预中和生产 DAP 热量平衡

$QR_1 = 9.6 \times 10^5$ kJ/tDAP; $QR_2 = 3.3 \times 10^5$ kJ/tDAP;

$Q_1 = 7.3 \times 10^5$ kJ/tDAP; $Q_2 = 2.3 \times 10^5$ kJ/tDAP;

$Q_3 = 3.8 \times 10^5$ kJ/tDAP; $Q_5 = 2.5 \times 10^5$ kJ/tDAP

B. 管式反应器流程生产 DAP。该流程中,磷酸和氨在管式反应器中产生的热量和在造粒机中继续氨化放出的热量都进入造粒机。这些热量一部分化为水蒸气被强大的抽风机排走。但这还不足以使物料温度降至 90℃ 以下。必须再给造粒系统增加冷却返料装置。

与槽式预中和流程相比,它的优点是料浆含水分只有 4%～5%,若只考虑水平衡,则该流程的返料量很少。然而,为了使造粒机温度降至 90℃ 以下,需要较多的冷返料。显然返料温度愈低,所需返料量愈少。一般取返料比为 4 即可获得满意效果。由于从造粒机出来的产品水分很低（2% 或更少）,因此不需要再进行干燥,这是该流程的另一优点（见图 2-4-37）[37]。

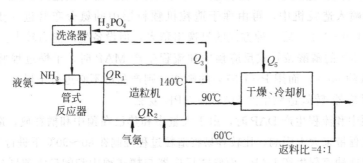

图 2-4-37 管式反应器生产 DAP 热量平衡[37]

$QR_1 = 6.8 \times 10^5$ kJ/tDAP; $QR_2 = 7.5 \times 10^5$ kJ/tDAP;

$Q_3 = 7.5 \times 10^5$ kJ/tDAP; $Q_5 = 0$ kJ/tDAP

C. 混合流程生产 DAP 和 NPK 复肥。许多磷铵工厂都要求既能生产 MAP、DAP,又能生产多种规格的 NPK 复肥。Cros 公司开发的混合流程,既保留了预中和槽,又采用了管式反应器,它具有较高的生产灵活性,能较好地满足上述要求（见图 2-4-38）。

当要求工厂既能生产 DAP,又能生产 NPK 时,在设计上必须考虑更多的因素。

生产高浓度的 NPK 复肥所使用的原料中常有溶解度很大的尿素或硝铵,这时过程的控制因素不再是热量平衡而是造粒机的水平衡。每生产 1t 这类产品的反应热大约是 4.0×10^5 kJ,没有必要再从造粒机移走热量。而控制水量则十分重要。液相过多会产生过度粒化。用管式

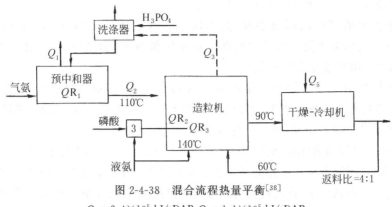

图 2-4-38　混合流程热量平衡[38]

$Q_1 = 2.4 \times 10^5 \ kJ/tDAP; Q_2 = 1.1 \times 10^5 \ kJ/tDAP;$

$Q_3 = 5.4 \times 10^5 \ kJ/tDAP; Q_5 = 0 \ kJ/tDAP$

反应器生产这类 NPK 复肥的优点是料浆水分低,允许采用低返料操作。

这类 NPK 复肥的干燥也比较困难。为了防止结块,最终产品的水分必须小于 1%;为了避免物料分解,必须采用低温干燥。因此,同时生产 DAP 和 NPK 的工厂,一定要有一套适合干燥 NPK 复肥的干燥机。

为解决生产 DAP 时从造粒机转移热量的难题而把上述前两种流程结合起来,即将一部分磷酸供给预中和槽,其余部分磷酸供给管式反应器。适当分配二者的比例,即可满足热平衡要求。这一流程的另一优点是气体洗涤器和预中和槽可以用较稀的磷酸。

生产 NPK 复肥时可不用预中和槽,充分利用管式反应器来改进水平衡,减少返料量。

②　西班牙 ERT 公司管式反应流程[37]。多数磷铵造粒流程采用管式反应器预中和,然后再向造粒机中继续通氨,以达到所需产品要求。这样造粒机逸出氨量比较高。而西班牙 ERT 公司开发的低返料磷铵造粒流程是磷酸的氨化反应全部在管式反应器中完成,造粒机不再加氨。据报道,生产 MAP 时氨损失可忽略。生产 DAP 时氨逸出仅 10%～15%,明显低于多数现有流程。

西班牙 ERT 公司低返料生产 DAP 流程示于图 2-4-39。此流程的特点是所有原料磷酸先

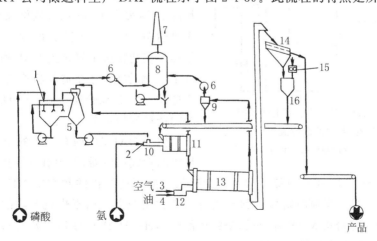

图 2-4-39　西班牙 ERT 公司低返料生产 DAP 流程

1—磷酸入口;2—氨入口;3—空气入口;4—油入口;5—氨洗涤器;6—风机;

7—烟囱;8—气体洗涤器;9—旋风分离器;10—管式反应器;11—转鼓

造粒机;12—燃烧炉;13—干燥机;14—筛;15—破碎机;16—返料槽

通过两级氨洗涤装置,造粒机逸出氨的回收率达 99%。

从氨洗涤器来的磷酸已部分中和,其 NH_3/H_3PO_4 摩尔比约 0.25。磷酸也稀释到含 P_2O_5 40%。再将其用泵送至管式反应器进一步氨化到 NH_3/H_3PO_4 摩尔比 1.9~2.05。可能达到的中和度与酸中杂质含量有关。

反应管材料选用 316 不锈钢。生产能力为每小时 25tDAP 的反应管直径为 10.2cm,长 6.1m,伸入造粒机 1.52m。料浆直接喷在返料上。返料比是 2.5~3.5。出造粒机的 DAP 含水 3%,再经转筒干燥机干燥,然后筛分处理。

该流程的特点是反应管能在 NH_3/H_3PO_4 摩尔比 1.0~2.0 之间正常工作。由于物料在管式反应器中停留时间短,酸中杂质还来不及生成水不溶性磷酸盐复合物,因而产品水溶性磷高达 98%。另外,它还有返料比小,在造粒机内不需二次加氨,设备尺寸小,操作简化等特点。

③ 法国 AZF 双管反应器流程[39]。如前所述,生产高浓度 NPK 复肥时,常需添加尿素或硝铵,但后二者在水中的溶解度很大,当管式反应器把料浆和高温蒸汽喷入造粒机时,更增大了溶解度,液相量加多,产生过度粒化。常用的解决办法是冷却返料和加大返料量,但都会增大能耗。

法国 AZF 采用双管反应器流程比较满意地解决了这一难题。它是在干燥机入口安装第二个管式反应器,将过量的液相和热量转移到另一设备中去,并使这部分反应热和结晶热为干燥机所利用。这样,造粒机中多余的热量在干燥机中得以使用。

在干燥机中从管式反应器喷出的过热蒸汽约 140℃,混合空气后出干燥机约 100℃,放出的热量用于加热空气和干燥产品。如果控制干燥机的空气通过量,在磷酸浓度不低于 46% P_2O_5 的条件下,送入干燥机的空气就不需加热,整个过程可自热进行。

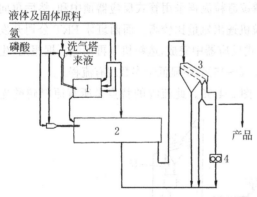

图 2-4-40　AZF 双管反应器生产 DAP 及 NPK 复肥的造粒流程

1—造粒机;2—干燥冷却机;3—筛;4—破碎机

喷入干燥机中的料浆,将在气流中形成 MAP 的粉状结晶。约 30% 的粉状晶体随干燥机排出的气体进入旋风分离器。其余部分将附在 DAP 粗粒晶体上,过筛后即可分离,并与旋风分离器的细粉一道送去作返料。MAP 结晶颗粒的 80% 都大于 50 μm,故旋风分离的效率几乎可达 100%。由于其分散度大,反应活性高,很容易在造粒机中氨化到 DAP 所要求的 NH_3/H_3PO_4 摩尔比,并在造粒机中与返料和料浆一道造粒。AZF 双管反应器生产 DAP 及 NPK 复肥的造粒流程见图 2-4-40。

生产 DAP 时,约有一半的原料磷酸加入造粒机的管式反应器,其中有一部分是先经洗涤回收氨后的 28%~30% P_2O_5 的稀磷酸及少量硫酸。离开造粒机的颗粒中 NH_3/H_3PO_4 摩尔比为 1.8~1.9。另一半原料磷酸加到干燥机的管式反应器。出干燥机产物的 NH_3/H_3PO_4 摩尔比为 1.80。将粉状 MAP 筛出后,最终产品的 NH_3/H_3PO_4 摩尔比为 1.87。生产过程中物料的氮磷摩尔比变化见图 2-4-41。

采用 AZF 流程也可以生产 MAP 及高浓度 NP 或 NPK 复肥。一些老厂经过改造也可达到显著提高生产能力,降低能耗,减少氨损失,增加操作适应性等目的。例如保留预中和槽,只在干燥机安装管式反应器,即可提高产量,降低燃料消耗。如果同时在造粒机和干燥机中安装

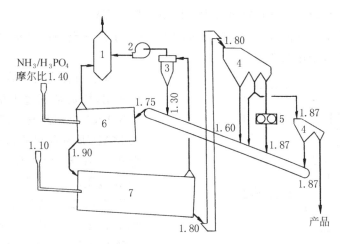

图 2-4-41　AZF 流程生产 DAP 过程中的 N/P 摩尔比

1—洗气管；2—风机；3—旋风分离器；4—筛；

5—破碎机；6—造粒机；7—干燥-冷却机

管式反应器，就可全面达到上述目的。

双管反应器流程的氨逸出量远比其它流程低，大约是造粒机氨逸出量的 10％，干燥机 2％，因而回收氨是比较容易的。但从环保和经济效益出发，要求氨逸出量最少，氨回收率不低于 99％。AZF 的特殊气体洗涤流程由压降很低的孪生文丘里洗涤器为第一级，旋风喷淋塔为第二级所组成。从造粒机来的含尘湿气和干燥机来的经除尘的干气，先进入文丘里洗涤器，用部分中和了的磷酸、硫酸或混合酸溶液循环喷淋。保持溶液 pH＝4～5，使氨能很好地被吸收，从文丘里出来的气体再进入旋风喷淋塔，用 pH＝2～3 的弱酸溶液喷淋，以吸收气体中残留的氨，然后经烟囱放空。第二级的弱酸溶液溢流入第一级的循环槽，相应量的第一级洗涤液则送去造粒机的管式反应器。循环洗涤液的酸浓度由补充水调节。

（4）管式反应器-喷雾干燥生产粉状 MAP 和 DAP

粉状 MAP 和 DAP 广泛用于复肥和悬浮肥料的生产，因而受到普遍重视。

1981 年西班牙 ERT 公司鉴于原 Minifos 加压中和-喷雾干燥制 MAP 产品水分不易控制，对原装置进行了改造，用管式反应器代替加压中和槽。从管式反应器喷出的 MAP 料浆，在 17m 高的塔内自由下落过程中，被自然通风的空气冷却固化。落于塔底的产品呈粉状，在 60℃收集送仓库贮存，不会结块。

西班牙 ERT 公司生产粉状 MAP 流程见图 2-4-42。该工艺较加压中和流程容易控制产品中水分。在保持 NH_3/H_3PO_4 摩尔比不变的条件下改变磷酸浓度，便可将产品中水分控制在 2％～12％范围。产品中水分最好是 4％～6％，这既可避免产生大量粉尘，也不会引起产品结块。用含 P_2O_5 44％～45％的磷酸为原料，便可获得这种含水量的产品。

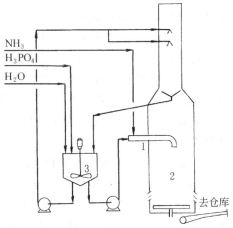

图 2-4-42　西班牙 ERT 公司生产粉状 MAP 流程

1—管式反应器；2—喷雾塔；3—送酸槽

270

另一影响产品结块的因素是料浆酸度,pH 值愈低愈容易结块。

出喷雾塔的冷却空气仍含有少量的氨和粉尘,可用水洗涤氨和捕集粉尘。洗涤后水可用作磷酸稀释液。也可用作酸洗液。

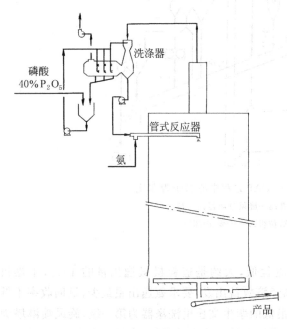

图 2-4-43　西班牙 ERT 公司生产粉状 DAP 流程

基于用管式反应器生产粒状 DAP 获得成功,特别是氨逸出量较少的经验,西班牙 ERT 公司开发了产品组成较生产粉状 MAP 更为有利的粉状 DAP。这是因为在用粉状 DAP 作为磷源生产粒状 NPK 复肥时,可获得较多的氮养分,因而少用价格较贵的尿素和硝铵。其次是 NPK 复肥的尿素含量减少后,可用较高温度进行干燥而无增大缩二脲含量的危险。产品干燥常是造粒过程的控制步骤,增高干燥温度即可提高产量。此外,粉状 DAP 可用 40％P_2O_5 的磷酸生产,它比粉状 MAP 所需的 44％～45％P_2O_5 的磷酸含量低,因而浓缩磷酸时可少耗蒸汽。

西班牙 ERT 公司生产粉状 DAP 的流程见图 2-4-43。原料磷酸及从第一级氨洗涤器来的磷酸溶液一同加入磷酸中间槽。此混酸送去洗涤系统循环,一部分则送去管式反应器。所采用的错流喷淋文丘里洗涤系统的效率几乎可达 100％,故排出气中的氨含量可以忽略。当要求排出气中氨含量很低时,则需采用另外的洗涤系统。

管式反应器使用来自洗涤器已部分中和的磷酸,其 NH_3/H_3PO_4 摩尔比为 0.25～0.30。从管式反应器喷出的熔体被自然对流的空气冷却后落于塔底,得到含水 6％～10％的能自由流动的粉状 DAP。与生产粉状 MAP 一样,产品含水量由原料磷酸浓度控制。产品的水溶性磷和枸溶性磷都很高,可能是物料在反应器中停留时间很短,酸中杂质还来不及生成不溶性盐类[20]。

据称,用粉状 DAP 造粒制 NPK 复肥效果很好,返料比可小到 1.0,因而花费不太大的投资增设一个喷雾塔,即可使造粒能力大幅度提高。设计新的高产颗粒肥料厂时,采用喷雾塔制粉状 DAP 与一个比较小的造粒机配合,即可获得投资省、效率高的效果。

(5) 加压氨化制粉状 MAP 和粒状 DAP

① 英国 Minifos 流程生产粉状 MAP[40]。加压氨化法生产粉状 MAP 的流程见图 2-4-44。浓度为 46％～54％P_2O_5 的磷酸按切线方向从套管环隙进入导流反应器,液氨或气氨从反应器底部喷入内管,在导流筒中混合并发生反应,

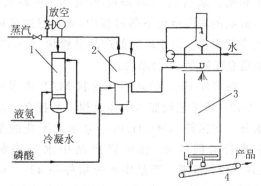

图 2-4-44　Minifos 流程生产粉状 MAP
1—氨蒸发器;2—导流反应器;
3—喷雾塔;4—皮带运输机

控制反应器内压力 0.3 MPa，反应器中 NH_3/H_3PO_4 摩尔比 1.0，温度 170℃。产生的蒸汽通过节流阀排出。通过特殊设计的喷嘴使料浆从自然通风的喷雾塔顶喷下，闪蒸释放水蒸气。塔顶喷下的料浆冷却固化，落于塔底，收集送去仓库贮存。

② 英国 Norsk Hydro 流程生产粒状 DAP[40]。加压氨化生产粒状 DAP 的流程见图2-4-45。

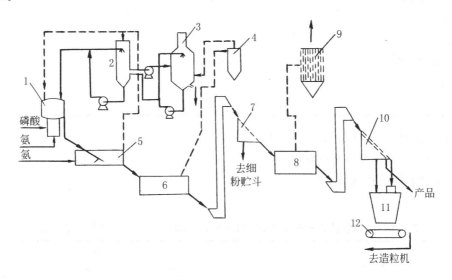

图 2-4-45　英国 Norsk Hydro 流程生产粒状 DAP

1—反应器；2—氨洗涤器；3—气体洗涤器；4—旋风除尘器；5—造粒机；6—干燥机；

7，10—筛；8—流动床冷却器；9—袋式过滤器；11—细粉贮斗；12—皮带运输机

将磷酸和氨加入反应器中，保持压力为 0.2 MPa，反应器中磷铵料浆 NH_3/H_3PO_4 摩尔比 1.4，反应时间 20～30min。从反应器中放出的料浆与返料同时进入转鼓造粒机，继续氨化达所需产品要求。造粒产品经干燥后进行第一次筛分，细粉进粉料贮斗，合格产品及粗粒物料经流化床冷却，进行第二次筛分。粗粒经粉碎后与粉料一道去粉料贮斗。如有必要也可将部分合格产品粉碎后去粉料贮斗作返料。细粉返料通过计量送入造粒机，以经常维持最佳造粒条件。造粒操作的返料比是 4，而一般常压料浆造粒法是 5～6。

从造粒机出来的蒸汽-空气混合气与反应器出来的蒸汽，先通过氨洗涤器用磷酸溶液回收其中绝大部分的氨，然后再与来自干燥机、旋风分离器的空气一道，经逆流气体洗涤器用稀磷酸洗涤后放空。

从冷却器来的含尘空气，经袋式过滤器回收其中粉尘后直接放空。

加压氨化反应器与常压中和槽相比的优点是：A. 加压氨化料浆的水分含量低，从而降低了返料比和干燥产品的能耗。B. 加压反应器不用搅拌，也不用泵输送料浆。它与管式反应器相比的优点是：A. 加压反应器的最佳操作条件与产量无关，而管式反应器则否。B. 反应停留时间长，容易保持生产的稳定性。C. 反应器空间大，结垢对生产操作影响小。D. 设备使用寿命可长达 10 年。

加压反应器和常压反应器生 DAP 的操作条件比较见表2-4-23。

4.1.6　磷铵肥料的标准

为了确保磷铵肥料的质量。从1988年起,陆续制订了传统的磷酸浓缩法与中国新开发

表 2-4-23 加压和常压反应器生产粒状 DAP 操作条件比较

反　应　器	加　压	常　压
操作压力/MPa	0.2	0.1
操作温度/℃	142~145	120
NH_3/H_3PO_4 摩尔比	1.5	1.4
料浆含水量/%	12~15	20
造粒温度/℃	80~85	85
产品 NH_3/H_3PO_4 摩尔比	1.8~1.85	1.8~1.85
产品含水量/%	2~2.5	3
返料比	4	6

的料浆浓缩法的国家标准和化工行业标准。

4.1.6.1　磷酸浓缩法制磷铵标准

（1）粒状磷酸一铵（MAP）

见表 2-4-24。

表 2-4-24　粒状磷酸一铵（MAP）技术标准（GB 10205—88）（磷酸浓缩法）

指　标　名　称		指　　标		
		优等品	一等品	合格品
有效磷（中性柠檬酸铵溶性磷，以 P_2O_5 计）含量/%	≥	52	49	46
水溶性磷（以 P_2O_5 计）含量/%	≥	47	42	40
总氮（N）含量/%	≥	11	11	10
水分/%	≤	1.0	1.5	2.0
粒度(1~4 mm)/%	≥	90	80	80
颗粒平均抗压强度/N	≥	30	25	20

（2）粒状磷酸二铵（DAP）

见表 2-4-25。

表 2-4-25　粒状磷酸二铵（DAP）技术标准（GB 10205—88）（磷酸浓缩法）

指　标　名　称		指　　标		
		优等品	一等品	合格品
有效磷（中性柠檬酸铵溶性磷，以 P_2O_5 计）含量/%	≥	46~48	≥42	≥38
水溶性磷（以 P_2O_5 计）含量/%	≥	42	38	32
总氮（N）含量/%		16~18	≥15	≥13
总养分（有效磷＋总氮）含量/%	≥	61	57	51
水分/%	≤	1.5	2.0	2.5
粒度（1~4 mm）/%	≥	90	80	80
颗粒平均抗压强度/N	≥	30	25	20

（3）粉状磷酸一铵（MAP）

见表 2-4-26。

表 2-4-26　粉状磷酸一铵（MAP）标准（ZBG 21009—90）（磷酸浓缩法）

指 标 名 称		指　　标	
		优等品	一等品
有效磷（中性柠檬酸铵溶性磷，以 P_2O_5 计）含量/%	≥	49	47
水溶性磷（以 P_2O_5 计）含量/%	≥	44	41
总氮（N）含量/%	≥	9	8
水分/%	≤	7.0	9.0
粒度（1～4 mm）/%	≥	80	80

4.1.6.2　料浆浓缩法制磷铵标准

（1）粒状磷酸一铵（MAP）

见表 2-4-27。

表 2-4-27　粒状磷酸一铵（MAP）（GB 10206—88）（料浆浓缩法）

指 标 名 称		指　　标		
		优等品	一等品	合格品
有效磷（EDTA 溶性磷，以 P_2O_5 计）含量/%	≥	44	42	40
水溶性磷（以 P_2O_5 计）含量/%	≥	31	29	26
总氮（N）含量/%	≥	11	11	10
水分/%	≤	1.0	1.5	2.0
粒度（1～4 mm）/%	≥	90	80	80
颗粒平均抗压强度/N	≥	30	25	20

（2）粒状磷酸二铵（DAP）

见表 2-4-28。

表 2-4-28　粒状磷酸二铵（DAP）（HG 2558—94）（料浆浓缩法）

指 标 名 称		指　　标	
		一　等　品	合　格　品
有效磷（EDTA 溶性磷，以 P_2O_5 计）含量/%	≥	42.0	38.0
水溶性磷（以 P_2O_5 计）含量/%	≥	29.0	26.0
总氮（N）含量/%	≥	15.0	13.0
水分/%	≤	2.0	2.5
粒度（1～4 mm）/%	≥	80	80
颗粒平均抗压强度，N	≥	25	20

（3）粉状磷酸一铵（MAP）

见表 2-4-29。

表 2-4-29　粉状磷酸一铵（MAP）（ZBG 21009—90）（料浆浓缩法）

指 标 名 称		指　　标	
		一　等　品	合　格　品
有效磷（EDTA 溶性磷，以 P_2O_5 计）含量/%	≥	40	38
水溶性磷（以 P_2O_5 计）含量/%	≥	28	24
总氮（N）含量/%	≥	9	8
水分/%	≤	5.0	6.0

4.2 硝酸磷肥与磷酸二氢钾

硝酸磷肥与磷酸钾类肥料也是复合肥料的重要品种。现将比较列于表 2-4-30。

表 2-4-30 硝酸磷肥与磷酸钾类肥料的简略比较

序号	生产方法或产品名称	简称	主要有效组分	N-P$_2$O$_5$/%	N-P$_2$O$_5$-K$_2$O 典型成分/%
1.	硝酸磷肥	NP			
(1)	冷冻法		NH$_4$H$_2$PO$_4$，CaHPO$_4$，NH$_4$NO$_3$	20-20，23-23，26-14	15-15-15，17-17-17，22-11-11
(2)	硝酸、硫酸法		NH$_4$H$_2$PO$_4$，CaHPO$_4$，NH$_4$NO$_3$	12-12	11-11-11
(3)	硝酸、磷酸法		NH$_4$H$_2$PO$_4$，CaHPO$_4$，NH$_4$NO$_3$	16-23，17-35，20-21	14-14-14
(4)	硝酸、硫酸盐法		NH$_4$H$_2$PO$_4$，CaHPO$_4$，NH$_4$NO$_3$	14-14，15-15，20-10	11-11-11
(5)	碳化法		CaHPO$_4$，NH$_4$NO$_3$	16-14，18-12	13-11-12
2.	磷酸钾类				
(1)	磷酸二氢钾	MKP	KH$_2$PO$_4$		0-47-31
(2)	偏磷酸钾	KMP	KPO$_3$		0-55-37

4.2.1 硝酸磷肥

硝酸分解磷矿制得的氮磷复合肥料通常称为硝酸磷肥。它是由俄国 Д·Прянишников 和 З·В·Брицке在 1908 年提出的。1927 年德国法本公司首先开发了硝酸-磷酸法工艺技术。1928 年，挪威 Odda Smelt 公司首先提出用冷冻法分离硝酸钙获得成功，也称 Odda 法。50 年代以后，随着合成氨和硝酸工业的迅速发展和硫价的高涨，因而促使各国相继发展硝酸磷肥的生产。目前，世界上硝酸磷肥总产量已达千万吨以上。主要产地在缺乏硫资源的欧洲各国，如德国、挪威、法国等。现已成为复合肥料的重要品种之一。但中国因受磷矿质量和硝酸来源的限制及一些技术问题的影响发展较慢。1997 年的产量仅 720kt。

硝酸磷肥不消耗硫酸，对缺硫资源的国家具有现实意义。它不但利用硝酸的化学能分解磷矿，而阴离子硝酸根又作为养分留在肥料中，硝酸得到了双重利用。硝酸磷肥不排出大量磷石膏，可减少三废处理量。该产品中既含有速效的硝态氮 NO$_3^-$ 与水溶性 P$_2$O$_5$，而又具有肥效持久的铵态氮 NH$_4^+$ 与枸溶性 P$_2$O$_5$，养分比例优于其它复肥，其增产作用略高于等养分的复（混）肥而且肥效稳定。

4.2.1.1 硝酸分解磷矿制硝酸磷肥的基本原理

（1）硝酸分解磷矿的化学反应[2]

硝酸分解磷矿的主要反应式：

$$Ca_5F(PO_4)_3 + 10HNO_3 + aq = 5Ca(NO_3)_2 + 3H_3PO_4 + HF + aq \qquad (2-4-27)$$

从此反应看出，酸解液中的 Ca^{2+} 大于 PO$_4^{3-}$，如不除钙，则氨中和后，产品的磷全部为枸溶性的 CaHPO$_4$。为了制得含有一定水溶性 P$_2$O$_5$ 的产品，必须除去一部分钙。硝酸磷肥根据除钙的方法不同从而发展为不同的生产工艺。其中以析出四水物硝酸钙的冷冻结晶法在国内外使用最普遍，其次是碳化法、混酸法及硫酸盐法。本节重点介绍冷冻结晶法工艺的原理与流程。

磷矿分解时生成的氟化氢与磷矿中含有的硅酸盐反应，生成氟硅酸。

磷矿中所含的杂质，如碳酸钙，碳酸镁，铁、铝、稀土元素矿物，以及氟化钙等与硝酸作用生成相应的硝酸盐：

$$(Ca, Mg)CO_3 + 2HNO_3 =\!=\!= (Ca, Mg)(NO_3)_2 + CO_2 + H_2O \qquad (2\text{-}4\text{-}28)$$

$$Fe_2O_3 + 6HNO_3 =\!=\!= 2Fe(NO_3)_3 + 3H_2O \qquad (2\text{-}4\text{-}29)$$

$$Al_2O_3 + 6HNO_3 =\!=\!= 2Al(NO_3)_3 + 3H_2O \qquad (2\text{-}4\text{-}30)$$

$$CaF_2 + 2HNO_3 =\!=\!= Ca(NO_3)_2 + 2HF \qquad (2\text{-}4\text{-}31)$$

其中碳酸盐矿物最易被硝酸分解。铁、铝矿物（以倍半氧化物表示）大部分被硝酸分解而进入溶液，煅烧处理过的磷矿，铁、铝矿在酸中的溶解度将降低，细粒度的硅酸盐或粘土经烧结后酸解，可不致再悬浮于溶液中。硝酸铁（或铝）还能与酸解液中的磷酸反应生成不溶于水的磷酸铁（或铝），而降低水溶性 P_2O_5 的含量。

$$(Fe, Al)(NO_3)_3 + H_3PO_4 =\!=\!= (Fe, Al)PO_4 + 3HNO_3 \qquad (2\text{-}4\text{-}32)$$

磷矿中若夹带含硫矿物和硫铁矿，在酸解时，硝酸被还原成氮的低价氧化物，造成氮的损失；硫化物则被氧化成硫酸盐而进入溶液。

磷矿中可能含有少量有机物，也能还原硝酸，从而造成氮的损失，同时产生泡沫，给操作增添麻烦。因此，有些磷矿须经 $800 \sim 900℃$ 煅烧处理，以除去有机物。

为使分解磷矿的反应完全，硝酸用量一般应略高于硝酸的化学计量。化学计量习惯上是按磷矿中 CaO 和 MgO 含量计算的耗酸量。在冷冻法中，因结晶工艺的要求，采用化学计量的 $105\% \sim 110\%$，在硫酸盐法和碳化法中，可低于化学计量。硝酸用量还与产品对 N：P_2O_5 的要求及磷矿的性质有关。因此，实际的硝酸用量均须通过试验来确定。

硝酸分解磷矿是一个非均相反应过程。其反应速率由反应物和生成物的扩散速度所控制。按照 Nernst 定律，单位时间内矿物转移入溶液的量 (y)，可用下式表示：

$$y = kS\frac{D}{\delta}(C_1 - C_0) \qquad (2\text{-}4\text{-}33)$$

式中　k——速率常数，与温度和溶液的流体力学状态有关；

　　　S——固体物（磷矿）的表面积；

　　　D——扩散系数；

　　　δ——扩散层的厚度；

C_1，C_0——固体物在表面上和溶液中的含量。

从式 (2-4-33) 可知，分解反应速率主要决定于磷矿的细度和磷矿的性质、反应温度、硝酸浓度和用量，以及搅拌强度等。

不同的磷矿品种、不同的粒度和不同的矿石预处理方式，分解所需的时间是不同的。一般来说，磷块岩的分解时间约需 1h，磷灰石较磷块岩难分解，时间要长些。实际的分解时间应由实验确定。

提高反应温度可降低溶液的粘度，从而改善扩散条件，加快反应速率。但过高的温度会使硝酸逸出而损失，并加剧对设备的腐蚀。实验证明，以 $50 \sim 60℃$ 温度为宜。分解反应是放热过程，若硝酸预热到 $30℃$，则反应热可维持 $50 \sim 60℃$ 的反应温度。

HNO_3 含量在 $30\% \sim 55\%$ 范围内，对磷矿分解率无显著影响。但在冷冻法工艺中，硝酸钙结晶操作要求较高的 HNO_3 含量，以 $55\% \sim 60\%$ 为宜。

据溶解速度方程式，矿物的溶解速度与其细度成正比。因硝酸分解能力强，生成的硝酸钙溶解度大，给扩散过程创造有利条件，故可采用较粗的粒度，以 $1 \sim 2$ mm 的粒度为宜。

酸解搅拌强度高，可降低扩散层厚度 δ。因为硝酸分解时扩散速度较快，可不过分强调搅拌速度。

当硝酸用量高于理论量时，用含 50% 左右 HNO_3 的硝酸分解磷矿，其 P_2O_5、CaO、MgO 的分解率一般可达 98% 以上，氟的分解率可达 95% 以上，Fe_2O_3 和 Al_2O_3 的平均分解率约为 50%。硝酸分解磷矿所得溶液（下称酸解液）中含有 H_3PO_4、游离 HNO_3、$Ca(NO_3)_2$、$Mg(NO_3)_2$、$Fe(NO_3)_3$ 和 $Al(NO_3)_3$ 等，以及 H_2SiF_6、水和酸不溶物等。

（2）硝酸分解磷矿的酸解液化学加工原理[43]

目前世界上加工硝酸酸解液的方法按照不同的除钙方式可以概括为四种，即碳化法、混酸法、硫酸盐法和冷冻法。

① 碳化法。碳化法加工硝酸萃取液是先通氨中和：

$$6H_3PO_4+10Ca(NO_3)_2+2HF+14NH_3$$
$$=6CaHPO_4+14NH_4NO_3+3Ca(NO_3)_2+CaF_2 \qquad (2\text{-}4\text{-}34)$$

继续通氨和二氧化碳处理萃取液，使上式中剩余的硝酸钙转化为碳酸钙：

$$3Ca(NO_3)_2+6NH_3+3CO_2+3H_2O=3CaCO_3+6NH_4NO_3 \qquad (2\text{-}4\text{-}35)$$

合并上述两个方程式，总反应式为：

$$6H_3PO_4+10Ca(NO_3)_2+2HF+20NH_3+3CO_2+3H_2O$$
$$=6CaHPO_4+20NH_4NO_3+CaF_2+3CaCO_3 \qquad (2\text{-}4\text{-}36)$$

用二氧化碳沉淀钙离子，需在碱性溶液中进行，所以应先通氨，然后再将二氧化碳与氨同时通入。而在单独通氨时，由于溶液中钙离子并未减少而且磷矿中的大部分氟仍存在于溶液中，因此当碱性较大时（如当 pH 值超过 3.5 以上时）形成的磷酸二钙会退化成为无效的磷酸三钙，甚至还可能有部分退化为氟磷酸钙。

$$2CaHPO_4+Ca(NO_3)_2+2NH_3=Ca_3(PO_4)_2+2NH_4NO_3 \qquad (2\text{-}4\text{-}37)$$

为了防止这类反应的产生，可在分解液中加入少量的稳定剂（镁或锰的盐类，如每生产 1t 产品需加入 3 kg 的硫酸镁）。

氨化和碳化反应是在多个 U 形管状反应器中进行的。第一、二个反应器只通氨（pH2~5），最后一个反应器只通二氧化碳（pH 6.5~7.5），其余的均同时加入氨和二氧化碳（pH 7~8）。

整个反应器的温度应控制在 50~60℃，以防止枸溶性磷降低。反应器具有水夹套，用冷却水带走多余反应热来控制温度。经过氨化和碳化后的料浆约含 30% 以上的水分，可以加入一部分成品返料在造粒机中进行造粒，亦可采用喷浆造粒法造粒，这样可以制得 $N:P_2O_5$ 约为 15:15 的产品。若在造粒前加入固体钾盐，则可以制得氮磷钾复肥。

碳化法制硝酸磷肥的特点是流程和设备都较简单，易于推广。但是产品中有效 P_2O_5 含量不高，又全部是枸溶性的，且复肥中各营养组分对土壤和作物的适应性也不完全相同，这些缺点又限制了碳化法硝酸磷肥的发展。

② 混酸法

A. 硝酸-硫酸法。用硝酸和硫酸的混酸处理磷矿时，硫酸根可使硝酸萃取液中的钙离子形成硫酸钙沉淀。一般加入硫酸的量要使 40%~60% 钙离子从溶液中析出，用氨中和萃取液，产品中除含有枸溶性的磷酸二钙以外，还含有水溶性的磷酸一铵。反应方程式如下：

$$Ca_5F(PO_4)_3+6HNO_3+2H_2SO_4=3H_3PO_4+3Ca(NO_3)_2+2CaSO_4\downarrow+HF \qquad (2\text{-}4\text{-}38)$$
$$6H_3PO_4+6Ca(NO_3)_2+4CaSO_4\downarrow+2HF+13NH_3$$

$$=5CaHPO_4+NH_4H_2PO_4+12NH_4NO_3+4CaSO_4+CaF_2 \qquad (2-4-39)$$

在产品中含有无效的硫酸钙，它的存在使总的有效组分含量降低。

B. 硝酸-磷酸法。在用硝酸和磷酸的混酸分解磷矿的方法中，加入磷酸的目的是为了调整钙磷比。这样，在氨化时可以多生成磷酸一铵或磷酸一钙，少生成磷酸二钙。通常分解 1mol 氟磷灰石需添加 4mol 的磷酸，使溶液中 $CaO:P_2O_5=5:3.5$，氨化时磷酸转变为磷酸二钙和磷酸一铵：

$$Ca_5F(PO_4)_3+10HNO_3+4H_3PO_4=7H_3PO_4+5Ca(NO_3)_2+HF \qquad (2-4-40)$$

$$7H_3PO_4+5Ca(NO_3)_2+12NH_3=5CaHPO_4+2NH_4H_2PO_4+10NH_4NO_3 \quad (2-4-41)$$

添加磷酸是降低萃取液中的钙磷比和增加磷肥中水溶性 P_2O_5 含量的最简单和行之有效的方法。还可使磷酸的氨加工和硝酸萃取液的氨加工合并进行。这是一种经济合理的加工途径。但是，此法需要大量的磷酸，在推广上受到一定限制。

③ 硫酸盐法。硫酸盐法也是调节硝酸萃取液中 $CaO:P_2O_5$ 比值的一种方法。它是将萃取液中的钙离子与加入的硫酸盐中的硫酸根离子结合成为不溶性的硫酸钙沉淀，然后再进行氨化，或将硫酸钙分离后，再将母液氨化而制得含有部分或全部水溶性磷的复肥。

开封化肥厂采用硝酸-硫酸-硫酸盐法石膏分离流程制造硝酸磷肥。产品为 22-15-0，若加入 K_2SO_4 可制得 17-14-14 的三元复肥。生产过程中若不分离石膏，则产品为 14-14-0 或 11-11-11 三元复肥。产品中 P_2O_5 的水溶率为 30%～50%。而且，加入的硫酸盐，如系铵盐则可以增加产品中的含氮量；如系钾盐则可以生产氮磷钾复肥。

A. 添加硫酸铵除去部分钙离子。在硝酸萃取液中加入浓度约为 40% 的硫酸铵溶液以除去部分钙离子，然后再氨化，其化学反应式：

$$3H_3PO_4+5Ca(NO_3)_2+3(NH_4)_2SO_4+5NH_3$$
$$=2CaHPO_4+NH_4H_2PO_4+10NH_4NO_3+3CaSO_4 \qquad (2-4-42)$$

氨化可以在过滤分离硫酸钙以后进行。这样产品所含有效成分可进一步提高，肥料组成为磷酸二钙、磷酸一铵和硝酸铵。

B. 添加硫酸铵全部脱除钙离子。加入足够的硫酸铵将钙离子全部除去，可以制得全部为水溶性 P_2O_5 的复肥，反应式如下：

$$3H_3PO_4+5Ca(NO_3)_2+5(NH_4)_2SO_4+3NH_3=3NH_4H_2PO_4+10NH_4NO_3+5CaSO_4 \qquad (2-4-43)$$

将硫酸钙分离后，用氨中和母液使其中磷酸成为磷酸一铵（中和至 pH 值 4.0 左右），然后将母液浓缩、造粒制成 $N:P_2O_5$ 为 28:14 的复肥（产品中含有 95% 水溶性 P_2O_5）。

C. 硫酸铵母液循环法。将上述沉淀出来的硫酸钙再与用氨及二氧化碳制成的碳酸铵溶液反应，将硫酸钙再转化成为硫酸铵，钙则形成碳酸钙沉淀：

$$(NH_4)_2CO_3+CaSO_4=(NH_4)_2SO_4+CaCO_3\downarrow \qquad (2-4-44)$$

分离碳酸钙后所得的硫酸铵母液再加入到硝酸萃取液中，重复形成硫酸钙沉淀，这样利用硫酸钙再制成硫酸铵母液重复使用。

这一流程因为循环硫酸铵母液，将引入大量水分，从而使浓缩过程中需要蒸发的水量甚大，耗燃料较高，同时从产品中氮磷比来看，含氮量也偏高一些。

D. 硫酸钾法。添加硫酸钾既可除去萃取液中的钙离子，又将钾引入产品中成为氮磷钾三元复肥。其反应式如下：

$$3H_3PO_4+5Ca(NO_3)_2+3K_2SO_4+5NH_3$$
$$=2CaHPO_4+NH_4H_2PO_4+4NH_4NO_3+6KNO_3+3CaSO_4 \qquad (2-4-45)$$

④ 冷冻法。将硝酸分解磷矿制得的酸解溶液冷冻至较低的温度（如−5℃），使溶液中的硝酸钙以四水物结晶 $Ca(NO_3)_2 \cdot 4H_2O$ 形式析出，将结晶和母液分离，得到 CaO：P_2O_5 比适宜的滤液。用氨中和滤液，形成的料浆再经浓缩、造粒，得到含有硝酸铵、磷酸二钙和磷酸铵的粒状产品。这种加工方法称为冷冻法硝酸磷肥。一般产品中氮磷含量为23-23，如在造粒前加入钾盐则可制成氮磷钾含量为 16-16-18 的三元复肥。

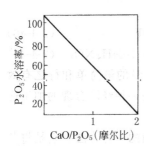

图 2-4-46　氨化产物中
CaO：P_2O_5 比值和 P_2O_5
水溶率的关系
[除去 $Ca(NO_3)_2 \cdot 4H_2O$
结晶后]

冷冻法制硝酸磷肥工艺中，冷冻结晶过程是很重要的。冷冻程度不同，从酸解液中除去硝酸钙的数量也不同，因而产品中水溶性 P_2O_5 含量也不同。除去硝酸钙后母液中 CaO：P_2O_5 比值与氨化后成品中 P_2O_5 水溶率的关系如图 2-4-46 所示，大致成直线关系。当母液中 CaO/P_2O_5（摩尔比）为 2.0 时，最终成品中无水溶性磷，磷酸盐全部为枸溶性的磷酸二钙 $CaHPO_4$；当 CaO/P_2O_5 的比值进一步降低，磷的水溶率逐步增高，如当 CaO/P_2O_5 为 1.0 时，将有 50% 的 P_2O_5 为水溶性的；而当硝酸钙完全脱除时，即 CaO/P_2O_5 为 0，则 P_2O_5 全部为水溶性。此图系溶液中没有其它杂质存在下的结果，但一般磷矿中均含有氟、铁、铝、镁等，这些杂质能与 CaO 或 P_2O_5 结合，在氨化时生成不溶性的盐类，故在实际生产中曲线位置略微向右移动。

从硝酸萃取液中冷冻析出 $Ca(NO_3)_2 \cdot 4H_2O$ 结晶的过程是以 $CaO\text{-}P_2O_5\text{-}N_2O_5\text{-}H_2O$ 四元体系相平衡为理论基础。因此，学习和了解此四元体系的特性和 $Ca(NO_3)_2 \cdot 4H_2O$ 冷冻结晶的相图分析是有实际意义的。

A. $CaO\text{-}P_2O_5\text{-}N_2O_5\text{-}H_2O$ 体系相图。$CaO\text{-}P_2O_5\text{-}N_2O_5\text{-}H_2O$ 体系包括了硝酸分解磷矿的主要组分，是指导冷冻硝酸磷肥的理论基础。国外学者对此已进行过广泛的研究[41~43]。

图 2-4-47[44] 与图 2-4-48[44] 是 25℃ 和 5℃ 时按耶涅克正方形图以干盐和水溶液表示的 $CaO\text{-}P_2O_5\text{-}N_2O_5\text{-}H_2O$ 体系等温线。在水溶液相图上，x 线的值系根据相对每 mol 干盐含水的 mol 量 m 标绘，即建立垂直投影。等水线以虚线表示。

$CaO\text{-}P_2O_5\text{-}N_2O_5\text{-}H_2O$ 体系可从纯磷酸三钙和硝酸按下列反应式的前后生成物来表示：

$$Ca_3(PO_4)_2 + 6HNO_3 \longrightarrow 2H_3PO_4 + 3Ca(NO_3)_2 \tag{2-4-46}$$

从图 2-4-47、图 2-4-48 与图 2-4-49 中横坐标 x 上的数值是 $(PO_4^{3-})_2$ 与阴离子总和的摩尔比：

$$x = \frac{[PO_4^{3-}]_2}{[PO_4^{3-}]_2 + [NO_3^-]_6} \tag{2-4-47}$$

纵坐标 y 上的值是 $[H^+]_6$ 与阳离子总和的摩尔比：

$$y = \frac{[H^+]_6}{[H^+]_6 + [Ca^{2+}]_3} \tag{2-4-47a}$$

根据图 2-4-47 和图 2-4-48，如果分别以 55%、52%、50% 和 47% 含量的 HNO_3 在 25℃ 和 5℃ 时分解磷矿得到的溶液组成，在水图上分别以 A_1、A_2、A_3 和 A_4 表示。5℃ 时这些点均在四水物硝酸钙的结晶区内。从图 2-4-47 与图 2-4-48 看出，随着硝酸浓度的增加，硝酸钙的结晶水含量降低。如 25℃ 时，用 60% HNO_3 分解磷矿所得到的溶液液处于硝酸钙三水物区。为了制取四水物硝酸钙，可将 HNO_3 含量降低到 47%～55%，然后将酸解液冷却，就能从酸解液中析出 $Ca(NO_3)_2 \cdot 4H_2O$。根据图 2-4-48（5℃）可以确定，用 47％ HNO_3 时将酸解液冷却，可以析出 31％ 的 $Ca(NO_3)_2 \cdot 4H_2O$；用 50％ HNO_3 时，析出量为 47.5％；用 52％ HNO_3 时析出量为 55％；用 55％ HNO_3 时，析出量可达 62％。

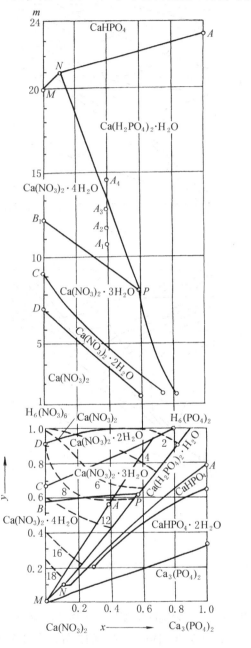

图 2-4-47　25℃时，$CaO-P_2O_5-N_2O_5-H_2O$
体系的等温线（水图：m 为 1mol
干盐的水的 mol 量）[44]

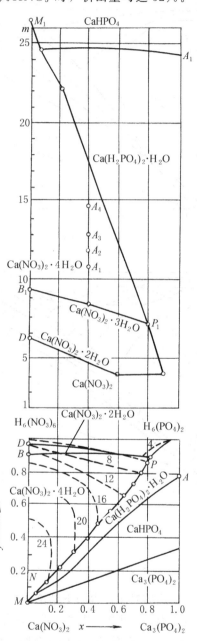

图 2-4-48　5℃时，$CaO-P_2O_5-N_2O_5-H_2O$
体系的等温线（水图：m 为 1 mol
干盐的水的 mol 量）[44]

图 2-4-49 列出了该体系在 50℃、25℃、5℃、0℃时的等温图，四边形图中的四个角表示 $Ca_3(PO_4)_2$、HNO_3、H_3PO_4、$Ca(NO_3)_2$[45]。

图 2-4-49 中示出了各盐的结晶区，各结晶区的边界线都表示为相邻的两种盐类共饱和

的溶液组成（以无水盐的摩尔分数表示），两线的交点（结点）是三种盐类的共饱和点。图中的细实线是等水线，也就是等水量溶液的曲线。

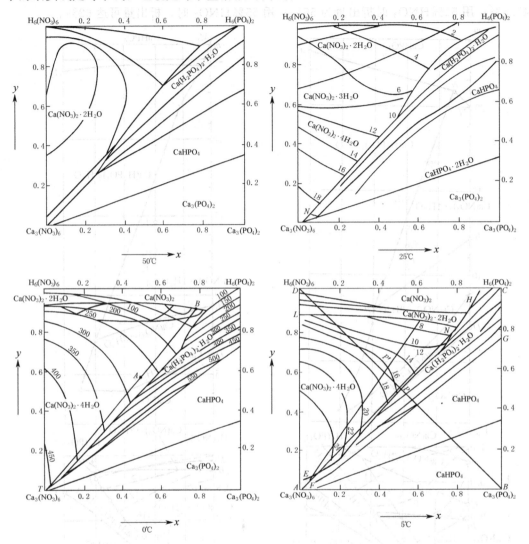

图 2-4-49 0℃、5℃、25℃、50℃时 $CaO-P_2O_5-N_2O_5-H_2O$ 体系相图[45]

对比上述等温图可得如下结论。

a. 随着温度的升高，磷酸一钙结晶区逐渐缩小，并向较高酸浓度的方向移动，磷酸二钙的结晶区却略有扩大，硝酸钙的不同水合物的饱和区随着温度的不同而有显著的差异。在 25℃ 时，存在 $Ca(H_2PO_4)_2 \cdot H_2O$、$Ca(NO_3)_2 \cdot 2H_2O$、$Ca(NO_3)_2 \cdot 3H_2O$ 和 $Ca(NO_3)_2 \cdot 4H_2O$ 四个结晶区。而在 5℃ 时，$Ca(NO_3)_2 \cdot 4H_2O$ 结晶区最大，同时，还存在着 $Ca(NO_3)_2 \cdot 2H_2O$ 的结晶区。但是，随着温度升高，$Ca(NO_3)_2 \cdot 4H_2O$ 结晶区就逐渐缩小，升至 50℃ 时已完全消失。

b. 在酸性介质中，$Ca(NO_3)_2 \cdot 4H_2O$ 结晶区内磷酸盐对硝酸钙有盐析作用。在磷酸与硝酸共存下，硝酸钙的溶解度显著地降低；而 $Ca(H_2PO_4)_2 \cdot H_2O$ 结晶区内，硝酸钙对磷酸盐也有强烈的盐析作用。

c. 硝酸分解 $Ca_3(PO_4)_2$ 时，酸解液的组成点应落在连接 HNO_3 和 $Ca_3(PO_4)_2$ 的对角线上，酸用量为理论计算量时，组成点即为对角线的中心点。但由图 2-4-49 中 5℃等温图可看出，此时组成点 P 不是落在 $Ca(NO_3)_2 \cdot 4H_2O$ 的结晶区，而是在 $Ca(H_2PO_4)_2 \cdot H_2O$ 的结晶区内。为了防止在冷冻结晶过程中，$Ca(H_2PO_4)_2 \cdot H_2O$ 随着 $Ca(NO_3)_2 \cdot 4H_2O$ 一起析出。因此，在酸解液中必须有一定的游离硝酸存在，亦即使酸解液的平衡组成点向图中 HNO_3 角方向移动，而进入了 $Ca(NO_3)_2 \cdot 4H_2O$ 的结晶区内。游离硝酸量视原始体系的组成点而定。由于磷矿中往往是 $Ca_3(PO_4)_2$ 与石灰石或白云石等共生，故磷矿中的 CaO/P_2O_5 的摩尔比较 $Ca_3(PO_4)_2$ 的 CaO/P_2O_5 的摩尔比 3 大得多。例如锦屏精选矿，CaO/P_2O_5 的摩尔比为3.8～4.0。如用理论硝酸用量分解磷矿，则所得酸解液组成点较易落在 $Ca(H_2PO_4)_2 \cdot H_2O$ 结晶区。因此，必须用过量的硝酸，来保证四水硝酸钙结晶的析出。

d. 从图 2-4-49 中也能看出，硝酸浓度愈高，析出的 $Ca(NO_3)_2 \cdot 4H_2O$ 结晶量也愈多。硝酸浓度从 45% 提高到 53% 时，$Ca(NO_3)_2 \cdot 4H_2O$ 析出率将由 52% 增加到 85%，由此计算出相应的 P_2O_5 水溶率则可由 10% 提高到 77%。故一般选择用 53%～60% 左右的硝酸较为适宜，低于 50% HNO_3，除钙度较低，结晶温度就要降得很低，在能量上是不经济的。

从图 2-4-49 5℃时 CaO-P_2O_5-N_2O_5-H_2O 体系相图中可看出：图中 A、B、C、D 四点分别代表硝酸钙、磷酸钙、磷酸、硝酸的组成点。TH 线和 LN 线包围的区域为 $Ca(NO_3)_2 \cdot 4H_2O$ 的结晶区，EH 线和 FG 线包围的区域为 $Ca(H_2PO_4)_2 \cdot H_2O$ 结晶区。在以一定的酸和矿量配比时，体系点应落在 DB 连线上，若以理论用量的硝酸分解磷矿时，相当于硝酸和磷酸钙等摩尔配料，此时的体系点正好落在 DB 连线的中点 P。从相图中可以看出，P 点是在 $Ca(H_2PO_4)_2 \cdot H_2O$ 的结晶区内，若在此体系点下冷却结晶，将析出一部分 $Ca(H_2PO_4)_2 \cdot H_2O$ 结晶。这和冷冻法硝酸磷肥以 $Ca(NO_3)_2 \cdot 4H_2O$ 形式除钙是相悖的。因此，为了解决此问题，只有加大硝酸用量，使体系点沿 BD 线向 D 方向靠近，如移动到 P' 点，这样就析出 $Ca(NO_3)_2 \cdot 4H_2O$ 的结晶。在硝酸磷肥装置上，人们多取其值为理论用量的 105%～110%，这样，既可保证磷矿的完全分解，又利于 $Ca(NO_3)_2 \cdot 4H_2O$ 结晶的析出。酸用量太大也没有必要，因为太大表示多用硝酸，降低硝酸化学能的发挥并增加产品中的氮磷比；另外，多用硝酸，也就意味着多加入了水分，会使酸解液中 $Ca(NO_3)_2$ 的溶解量增大，除钙率会相应降低。

B. 冷冻结晶法的除钙率及硝酸钙析出量计算

a. 酸解液的组成。用湖北王集矿，以 58% 的硝酸分解磷矿，酸用量为理论用量的 115%，其酸解液组成见表 2-4-31。

表 2-4-31　酸解液组成/%

组 分	P_2O_5	CaO	HNO_3	H_2O	MgO	Al_2O_3	Fe_2O_3	F	A_i
含 量	10.81	14.65	3.62	32.50	0.62	0.24	0.15	0.9	2.32

b. 利用相图的近似计算。采用图 2-4-49（0℃）进行计算、计算中不考虑 Mg、Al、Fe 等杂质的影响。

计算基准：100 g 酸解液。

(a) 先将酸解液组成换算成反应 mol 量及确定 "A" "B" 点坐标。

$$[PO_4^{3-}]_2 = \frac{10.81}{142} = 0.07613 \text{ mol}$$

$$[NO_3^-]_6 = \frac{14.65}{56 \times 3} + \frac{3.62}{63 \times 6} = 0.09678 \text{ mol}$$

$$\therefore \qquad x = \frac{[NO_3^-]_6}{[PO_4^{3-}]_2 + [NO_3^-]_6} \times 100\% = \frac{0.09678}{0.07613 + 0.09678} \times 100\% = 55.97\%$$

$$[Ca^{2+}]_3 = \frac{14.65}{56 \times 3} = 0.0872 \text{ mol}$$

$$[H^+]_6 = [0.07613 + 0.09678] - 0.0872 = 0.08571 \text{ mol}$$

$$\therefore \qquad y = \frac{[H^+]_6}{[Ca^{2+}]_3 + [H^+]_6} \times 100\% = \frac{0.08571}{0.08720 + 0.08571} \times 100\% = 49.57\%$$

图 2-4-49 （50℃）看出，对应于酸解液组成为 $y_{50} = 49.57\%$，$x_{50} = 55.97\%$ 的系统组成点 "A" 处于不饱和溶液区。所以在 50℃ 以下，用硝酸分解磷矿不会有任何结晶析出。如果将硝酸酸解液冷却至 0℃，见图 2-4-49 （0℃），则酸解液的组成点处于 $Ca(NO_3)_2 \cdot 4H_2O$ 的结晶区内。在图 2-4-49 （0℃），此时 "A" 点是复合物相组成点，其相应的固相点在 $Ca_3(NO_3)_6$ 顶点上。液相点（即与固相呈平衡的母液组成点）则为 $Ca_3(NO_3)_6$ 顶角点与 "A" 点连线的延伸线与 $Ca(NO_3)_2 \cdot 4H_2O$ 和 $Ca(NO_3)_2 \cdot 2H_2O$ 共饱线的交点 "B"。从图 2-4-49 （0℃）可以查出 "B" 点的组成为 $x_0 = 79.60\%$，$y_0 = 90.20\%$。

（b）四水硝酸钙结晶产率及析出量的计算。将 "A"、"B" 两点组成换算成 $Ca(NO_3)_2$ 的数值

	"A"（硝酸酸解液）	"B"（母液）
$[Ca^{2+}]_3$	$100 - 49.57 = 50.43$	$100 - 79.60 = 20.40$
$[NO_3^-]_6$	55.97	90.20

按照杠杆规则，母液量与酸解液量之比应等于 $Ca_3(NO_3)_6$ 顶角点 "T" 与 "A" 点连线长和 $Ca(NO_3)_2$ 顶角点 "T" 与 "B" 点连线长之比。也等于其在 $Ca_3(NO_3)_6$-$Ca_3(PO_4)_2$ 边线上或 $Ca_3(NO_3)_6$-$H_6(NO_3)_6$ 边线上投影长度之比，即母液量∶酸解液量 $= TA : TB = 49.57 : 79.60 = 55.97 : 90.20$。

$$\therefore \qquad Ca(NO_3)_2 \cdot 4H_2O \text{ 的结晶产率（也称为最大析出率）为}$$

$$\frac{49.57/79.60 \times 20.4}{50.43} \times 100\% = 74.81\%$$

母液量：$100 \times \dfrac{49.57}{79.6} = 62.27 \text{ g}$

$Ca(NO_3)_2 \cdot 4H_2O$ 析出量：$100 - 62.27 = 37.73 \text{ g}$

上述计算表明，硝酸酸解液冷却到 0℃ 时，用相图计算的 $Ca(NO_3)_2 \cdot 4H_2O$ 最大析出率为 74.81%，此为理论计算值。由于磷矿中带入酸解液中杂质的影响，实际上达不到此值。为了达到 80% 以上的除钙率（设计值一般取 83%），酸解液的温度必须再降低。考虑到结晶料浆的粘度随温度的降低而增大，高粘度条件下对硝酸结晶与过滤均不利，因而工业生产中酸解液的冷冻结晶终点温度常常控制在 -5℃。

（3）酸解过程的流程及主要工艺条件

① 磷矿酸解过程的流程。见图 2-4-50。

磷矿粉经斗式提升机、矿粉贮槽、皮带计量器与 HNO_3 一起进入预混槽混合。出预混槽的料浆依次进入串联的酸解槽、沉降槽。含酸不溶物的浓相（约占清液量的 15%～20%）经加压叶滤机分离出酸不溶物后的滤液与沉降槽上部清液合并一起送入清液贮槽，最后经泵

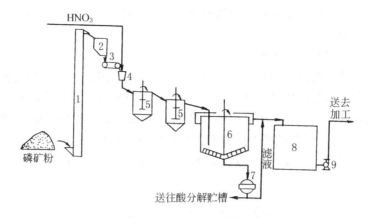

图 2-4-50　硝酸分解磷矿的酸解流程图

1—斗式提升机；2—矿粉槽；3—皮带计量器；4—预混器；5—酸解槽；

6—沉降槽；7—加压叶滤机；8—清液贮槽；9—泵

送至除钙工序。

② 酸解反应过程的主要工艺条件。磷矿酸解反应过程的主要工艺条件有磷矿粒度、反应温度、硝酸用量、硝酸浓度、反应时间以及搅拌强度等。

A. 磷矿粒度。由于是液固多相化学反应，因此反应速度在很大程度上将取决于两相接触表面的大小。矿粉越细和硝酸接触表面积越大，分解速度越快，但由于硝酸分解能力强，而反应过程中生成的产物均为可溶性盐类，不会产生固体膜包裹磷矿颗粒，因此矿粉细度可以稍粗一些。同时，矿粉粒度粗一些可能对酸解后除去酸不溶物更为有利。全部通过 40 目筛的细度一般可以满足要求，对于容易分解的磷矿还可以更粗一些，粒度可保持 1～2mm。

B. 反应温度。反应温度靠反应时放出的热量来维持。如果硝酸温度约 30℃，则基本上可保证分解反应在 50～55℃ 间进行。温度过低（<40℃），分解速度减慢。随着温度的增加，溶液的粘度减少，有利于离子扩散，加快分解速度。但温度超过 60℃ 将加剧设备的腐蚀。

C. 硝酸用量。硝酸分解磷矿的理论用量，通常以磷矿中所含的氧化钙含量作为计算基准，但磷矿中含碳酸镁较高时，则需同时按氧化钙与氧化镁的总量来计算硝酸用量。由于磷矿中经常含有倍半氧化物和有机质等，故实际的硝酸用量约为理论量 102%～105%。有时为了萃取液加工的需要［如冷冻法除去 $Ca(NO_3)_2 \cdot 4H_2O$］，也有采用为理论量 110% 的。

D. 硝酸浓度。为了加速分解反应及尽可能减少以后浓缩时的蒸发水量，一般采用 50% 或更浓一些的硝酸。在冷冻法中，由于硝酸浓度对 $Ca(NO_3)_2 \cdot 4H_2O$ 结晶析出的影响较大，同时也为了减少浓缩过程的蒸发水量，一般需采用 56%～57%HNO_3，至少也应在 52%HNO_3 以上。

E. 分解时间。分解时间与硝酸用量、搅拌强度、磷矿粒度有关。在采用较粗矿粒时，粒度对分解时间影响最大。应通过试验求出在保证 P_2O_5 萃取率的前提下，磷矿粒度与分解时间（即在反应槽停留时间）的合理关系。一般在两个以上反应槽中连续分解磷矿时，磷矿总的停留时间约需 1～1.5h。

F. 搅拌强度。搅拌强度应当以酸、矿能够充分混合，同时酸不溶物应当能与萃取液一起溢流出酸解槽为选定条件的标准。从加速扩散速度来看，由于反应产物都溶解于液相，故不要求太强烈的搅拌。但因为在磷矿中含有少量碳酸盐和有机质，在酸分解过程中将产生气体和泡沫，故在生产中往往需要较强烈的搅拌，使物料对流和生成的气体不能聚集，并可击破泡沫，防止料浆溢泛而影响正常操作。

（4）中和浓缩流程及工艺条件

经除钙（冷冻法即为分离硝酸钙结晶后）的母液，在二至四个带有涡轮搅拌桨串联的中和槽中用气氨中和，涡轮搅拌桨的转速为 350 r/min。如采用三只氨化中和槽，则每只槽中料浆的停留时间均为 45min，三只中和槽内氨化后的 pH 值分别依次为：2.3～2.4；3.4～3.5；4.2～4.3。据此，则三只槽内中和所用氨量的分配比依次为：65%；25%；10%。与此相适应则料浆中所含的酸被中和程度，如以铵态氮（NH_4-N）与硝态氮（NO_3-N）加 P_2O_5 的摩尔比表示：

$$中和度 = \frac{NH_4\text{-}N}{NO_3\text{-}N + 水溶性\ P_2O_5 \times 2} \tag{2-4-48}$$

按上述氨化条件，则第一槽的中和度为 0.65；第二槽加 25%，为 0.90；第三槽再加 10%，最终为 1.0。因为氨化中和是放热反应，每只槽的料浆温度在氨化过程中分别约为：①105～110℃（最高可达 110～115℃）；②100～105℃；③100℃以上。由于在中和过程料浆的温度升高，并在不断搅拌下，故料浆中一部分水分将蒸发，一般料浆中的蒸发水量约相当于母液中原有水量的 15%。从最后一只中和槽流出的料浆其中含水量约 34% 左右。氨化中和的流程见图 2-4-51。

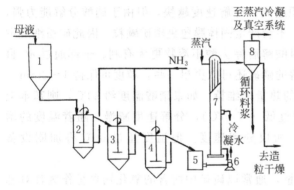

图 2-4-51　母液氨化中和及浓缩流程示意图
1—母液高位槽；2，3，4—分别为第一，第二，第三氨化中
和槽；5—中和料浆贮槽；6—泵；7—列管式料浆
加热器；8—急闪蒸发室

自最后一个中和槽流出的带有 34% 水分的热料浆，经过中间槽后进入列管式加热器，用 0.6 MPa 表压的过热蒸汽间壁加热，将料浆加热至 190℃ 左右。然后，进入蒸发器，蒸发系统真空度为 $2.67 \times 10^4 Pa$，在蒸发器中压力骤然降低，因而料浆中水分急剧气化蒸发，形成暴沸现象，料浆本身即被浓缩。随浓缩后料浆加工造粒方法的不同，料浆被蒸发至不同的含水量。如在返料造粒流程中，料浆浓缩到含水量为 10%～15%，然后进行造粒。在无返料造粒流程中，料浆含水分应低于 1.5%，要将料浆浓缩到这样高的浓度，

一般在强制循环的单效蒸发设备中进行，浓缩至 98.5% 以上熔体的温度为 170℃ 左右。

（5）造粒干燥流程及主要工艺条件

复合肥料的造粒一般分两种方法。

一是将料浆浓缩至成为 98.5% 以上的熔融体，然后直接造粒，而无干燥过程。这种造粒方法是在类似于硝酸铵或尿素造粒所用的有效高度为 40m 以上的造粒塔中进行的。170℃左右的熔融体自塔顶的高位槽流入转速为 250～300r/min 的机械喷头，喷洒出来的液滴自塔的上部下落，塔底鼓入空气（也有靠对流自然通风的），使熔融体的液滴凝固成粒子。至塔底时颗粒的温度已降低至约为 90℃，然后将其在回转式冷却筒中用空气冷却至 40～45℃，冷却后的物料筛除细粉和大颗粒，合格颗粒（2～4 mm）再在滚筒内用相当于复肥质量 2%～3.5% 的硅藻土等调理剂（防其吸水结块）进行扑粉处理，即为成品。

　　另一种为返料造粒法。流程见图 2-4-52。经过浓缩后含水分约 10％的料浆与相当于
8～10 倍量的细粒返料（所谓返料倍数，即
在同一时间内，返回造粒机的物料量与作
为合格成品的量之比，如返料量为同一时
间内所得成品量的 10 倍，即为 10 倍的返
料），在双轴造粒机中进行造粒，然后将含
水分为 2％～3％的湿粒子送入入口炉气温
度约为 170～180℃的回转干燥炉中与炉气
并流进行干燥。炉气出口温度约为 100℃，
物料在炉中停留约 15～20mim，干燥后的
粒状物料约为 90℃，这时其中水分含量已
低于 1％左右。由于造粒机中造成的粒子

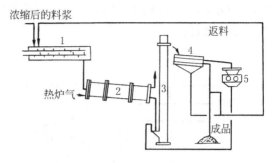

图 2-4-52　返料造粒及干燥流程示意图
1—双轴造粒机；2—回转干燥机；3—斗式提升机；
4—振动筛；5—对辊粉碎机

大小不均匀，故干燥后的粒状物料用斗式提升机送至双层振动筛中。振动筛中上层筛网的孔
径大小约为 4mm，下层筛网孔径约为 2mm，大于 4mm 的粒子送入对辊粉碎机中轧碎（轧
碎后的碎粒可经斗式提升机再送入振动筛过筛）。小于 2mm 的粒子即为细粒，落入下层筛
网下面，将其再送入双轴造粒机中作为返料进行造粒。小于 4mm 大于 2mm 的粒子即成为
合格产品。但由于造粒所须返料量较大，而合格粒子往往要占总量的 60％～65％（其余粗
粒与细粒约各占一半），故只将细粒作返料仍嫌不够，根据返料所需倍数，有一部分合格成
品亦与细粒物料合并返回造粒机作为返料。

　　(6) 间接冷冻法制硝酸磷肥的工艺流程

　　冷冻法制硝酸磷肥包括间接冷冻法与直接冷冻法。直接冷冻法是采用一种与硝酸酸解液
互不相溶的冷冻介质（如煤油）直接接触冷冻，此冷冻过程是连续操作，效率高，但技术难
度较大，对磷矿质量要求高。间接冷冻法是冷却介质通过间壁传热将硝酸分解液的温度降
低。间接冷冻法易于通过控制冷冻介质的温度来控制酸解液的降温速度及过饱和度，获得的
四水硝酸钙结晶粗大，易于过滤洗涤。间接冷冻法与直接冷冻法相比，流程较长，投资也较
高，但由于对磷矿的适应性较强，且技术成熟可靠，故目前世界上采用得最为普遍。最典型
的间接冷冻法流程是挪威的 Norsk-Hydro 流程[46]。该流程主要包括硝酸磷肥湿线、干线、
硝酸钙转化及废气和废水处理四个部分。其基本过程包括：硝酸分解磷矿、酸不溶物分离，
酸解液冷冻结晶,$Ca(NO_3)_2 \cdot 4H_2O$ 结晶分离和洗涤，母液中和，中和料浆浓缩，造粒干
燥，冷却筛分，包裹，成品包装，副产硝酸钙的加工处理以及废气、污水的处理等。其流程
示意见图 2-4-53。该流程采用 58％～60％的硝酸，在一组酸解槽内分解磷矿。酸解液经过
沉降槽、洗涤鼓除去酸不溶物。然后在间壁冷却结晶器内，用氨水或盐水作为冷冻介质，将
酸解液冷却到 −5℃。此时析出大量 $Ca(NO_3)_2 \cdot 4H_2O$ 结晶。用双转鼓真空过滤机分离结晶，
用冷硝酸洗涤后，送去硝酸钙转化工序。母液在一组中和槽内用气氨中和。中和料浆和由硝
酸钙转化工序来的硝酸铵溶液，一并进入真空蒸发器浓缩。该混合料浆浓缩到＞98.5％后，
送入喷淋塔造粒，再经过冷却、筛分和包装后出厂。硝酸钙结晶熔融后与碳化塔制得的碳酸
铵溶液，在一组转化器内转化。

　　转化反应式：　$Ca(NO_3)_2 + (NH_4)_2CO_3 \Longrightarrow 2NH_4NO_3 + CaCO_3 \downarrow$ 　　　　　(2-4-49)

　　用过滤机分离出 $CaCO_3$ 后所得硝酸铵滤液返回硝酸磷肥生产系统。以调节产品氮磷比。
也可将此硝酸铵溶液直接浓缩后用喷淋塔造粒，以获得含氮 34％的硝酸铵肥料。副产硝酸

钙也可直接加工成硝酸钙肥料或加入硝酸、氨或硝酸铵，以制成含氮 15.5％ 的 $5Ca(NO_3)_2$ $\cdot NH_4NO_3 \cdot 10H_2O$ 硝酸铵钙肥料。也可将硝酸钙用 NH_3 和 CO_2 转化后，制成含氮 20％ 的石灰硝铵肥料。

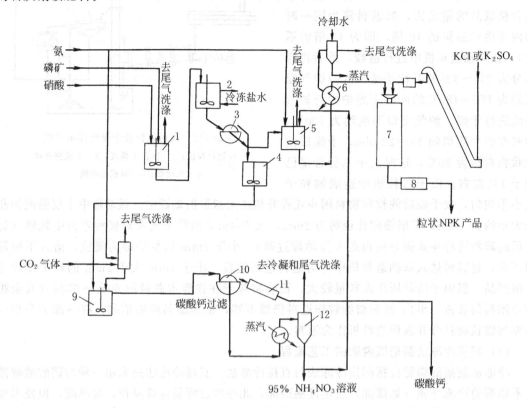

图 2-4-53　Norsk-Hydro 间接冷冻法工艺流程图

1—磷矿溶解槽；2—硝酸钙结晶槽；3—硝酸钙过滤器；4—硝酸钙熔融槽；

5—中和器；6—蒸发器；7—造粒器；8—冷却器；9—硝酸铵槽；

10—碳酸钙过滤器；11—干燥器；12—硝铵蒸发器

冷冻法硝酸磷肥的代表性产品规格为 20-20-0，26-13-0 与 28-14-0。产品磷酸盐水溶率一般为 50％。在生产过程中，常常加入钾盐以制成 15-15-15 三元复肥。

4.2.2　磷酸二氢钾

磷酸二氢钾（potassium dihydrogen phosphate 或 monopotassium phosphate）是一种无氯、水溶性的高浓度速效磷钾复合肥料，特别适合于烟草、土豆、水果、葡萄等忌氯的经济作物。它的营养成分高，$N+P_2O_5$ 可达 80％ 左右，盐指数低，对农作物种子、幼苗和根系都没有灼伤的危险，并且物理化学性质稳定，钾与磷同时溶解于水，对土壤适应性强。但由于成本较高，故目前多用于配制液体肥料的原料或直接用于叶面喷施，其有效成分的利用率高，增产效果显著。

磷酸二氢钾的制造方法有中和法、复分解法、离子交换法与直接法。

（1）中和法

中和法一般用热法磷酸和氢氧化钾或碳酸钾反应，可以得到纯净的磷酸二氢钾。当 K_2O/P_2O_5 摩尔比为 1:1 时，反应产率最高。溶液 pH 值影响磷酸二氢钾的溶解度。在任何温度下，当 pH 值在 3~5 范围内，溶解度最小，生产中控制 pH 在 4.4~4.7。典型的中和法生产流程见图 2-4-54，磷酸和氢氧化钾在闪蒸反应器中中和后，利用反应热经三效蒸发浓缩，可得纯度＞98％的产品[47]。

（2）复分解法

用氯化钾和磷酸二氢铵（或钠）进行复分解，再根据 NH_3-KH_2PO_4-H_2O 或 $NaCl$-KH_2PO_4-H_2O 体系相图分离出磷酸二氢钾，但收率均不高。

也有建议将磷酸、氨、氯化钾加入水中制磷酸二氢钾的。分离出 KH_2PO_4 的母液含有大量的 PO_4^{3-} 和一定量的 Cl^-、K^+、NH_4^+，用以溶解氯化钾。再在 50℃ 温度下加入磷酸，使溶液的 pH 达到 3~4，析出磷酸二氢钾。经分离，在滤液中按磷酸一铵比例加入磷酸和氨。然后，将此溶液冷却到 20℃，用氨调节 pH 到 7，析出氯化铵，分离出氯化铵后的母液再用以溶解氯化钾。这一方法可同时得到磷酸二氢钾和氯化铵。

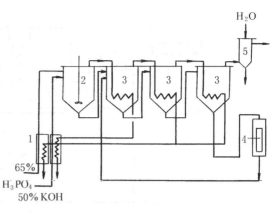

图 2-4-54　中和法制磷酸二氢钾流程
1—换热器；2—闪蒸反应器；3—三效蒸发器；
4—离心机；5—洗涤器

（3）离子交换法

离子交换法是利用阳离子或阴离子交换树脂的吸附和再生过程来合成磷酸二氢钾。将含磷酸或磷酸盐的溶液通过 OH^- 型弱碱性阴离子交换树脂，使树脂转变为 $H_2PO_4^-$ 型，再用 KCl 溶液洗脱，树脂变为 Cl^- 型，蒸发洗脱液可得磷酸二氢钾结晶。树脂用氨水再生，使恢复成 OH^- 型，同时副产 NH_4Cl[48,49]。

离子交换法需用纯净的碱和磷酸或磷酸盐溶液。中国利用国产 001 号强酸性苯乙烯阳离子交换树脂，以氯化钾和湿法磷酸与氨制成的磷酸二铵为原料，采和 U 形管交换柱逆流浮动床技术进行铵、钾交换制取磷酸二氢钾获得成功。产品外观白色，达到国家农用磷酸二氢钾标准（GB 1963—80）。

（4）直接法

直接法以氯化钾、硫酸和磷矿粉为原料。磷矿的酸解，类似湿法磷酸生产，但系用预先制得的硫酸氢钾与硫酸一起酸解磷矿粉：

$$3[3Ca_3(PO_4)_2 \cdot CaF_2] + 19H_2SO_4 + 11KHSO_4 + SiO_2 + 56H_2O$$
$$\longrightarrow 9KH_2PO_4 + 9H_3PO_4 + 30CaSO_4 \cdot 2H_2O \downarrow + K_2SiF_6 \downarrow$$

在酸解过程中，由于 K^+ 的存在，与磷矿中的氟和硅形成难溶性的氟硅酸钾进入石膏中。料浆上部气相中已几乎无氟化物逸出，但仍有相当数量的钾的损失，应予回收。

酸解得到的含磷酸二氢钾的磷酸溶液，可利用磷酸二氢钾在低碳醇、酮和醚中溶解度小的特点，使它从酸解液中析出，一般采用甲醇。直接法的工艺流程见图 2-4-55。该工艺由三部分组成：A. 制取硫酸氢钾，同时吸收逸出气体中的 HCl 制成 30％盐酸，作副产品出售；B. 用硫酸氢钾和硫酸连同返回磷酸分解磷矿，上海化工研究院用摩洛哥磷矿时可得 2-4-6.7 的酸解液，再蒸发浓缩；C. 甲醇盐析酸解液中的 KH_2PO_4 使其结晶析出。母液经过蒸馏得到净化磷酸，可用于洗涤剂生产，同时回收甲醇返回用于盐析过程。

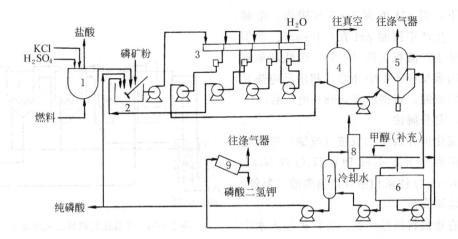

图 2-4-55　直接法制取磷酸二氢钾流程

1—硫酸氢钾反应器；2—酸解反应器；3—过滤器；4—蒸发器；

5—盐析结晶器；6—离心机；7—蒸馏塔；8—冷凝器；9—干燥器

参 考 文 献

1　张允湘、罗澄源、钟本和等．磷酸、磷铵的生产工艺.成都:成都科技大学出版社,1991

2　罗澄源、林乐、钟本和、张允湘．磷酸铵类肥料技术讲座·磷肥与复肥．1999.2~5

3　Эвенчика, С. Д. Технология фосфорных и Комплексных Yдобрений.Москва:Химия,1987.179,187,197,206

4　*Phosphorus and Potssium*. 1996,(206):33

5　*Phosphorus and poteassium*. 1988,(157):32

6　[日]　秋山尧著．复合肥料中的成盐反应．于文洲译．北京:化学工业出版社,1986

7　Гаврилюк, Н. И. *Химия и Хим Технология*.минск.1983,(18):86

8　Sikora. F. J. J. ASSOC. Off. *Anal. Chem.* 1989,72,5,852

9　罗洪波等.成都科技大学学报.1994,(6):1

10　Рылеев, А. А.*Хим. Пром*.1986,(4):212

11　David Crerar. Proceeding of the 33th Annual Meeting Fertilizer Industry Round Table. 1983.106

12　Сареъаев,А. Н. *Хим. Пром*.1973,(2):121

13　1983 年国际化肥会议论文集．化工部科技情报研究所译．英国硫公司,1987

14　Charpentier L. J.Proceedings of the 1976 Technical Conference of ISMA LTD. Netherland. Ilservier,1977

15　Евдокимова, Л. Ц. *Хим. Пром*.1983,(12):728

16　罗洪波等.成都科技大学学报.1993,(3):29

17　Кононов, А. В. *Хим. Пром*.1982,(12):729

18　Ьродский, А. А. *Хим. Пром*.1987,(5):280

19　张凤华等．成都科技大学学报.1992,(5):1

20　成都科技大学化工系．料浆法磷铵某些物化数据测定．1987(内部资料)

21　[美]　F. F. 尼尔逊编．肥料加工手册．黄广惠等译.北京:化学工业出版社,1992.133~170,229~243

22　Medbery, J. L. et al.Proceeding of the 27th Annual Meeting Fertilizer Industry Round Table.1977.52~81

23　Harold Green et al.Proceeding of the 28th Annual Meeting Fertilizer Industry Round Table.1978.47~54,145

24　Кдассен,П. В. Основные Продессы Технологич Мчнеральных Удоьрений.Москва:Химия,1990.84~72,142~160,127,172~180

25　Danos, R. J.*Chem. Eng. Prog.*, 1986,(82):5,50

26　王国华等．成都科技大学学报.1985,(2):45

27　贾文彧．成都科技大学学报.1985,(2):41

28 Ьорисов,В. М. *Хим.Пром.*1973,(12):905

29 Кононов,А. В. *Хим.Пром.*1983,(12):727

30 Кононов,А. В. *Хим.Пром.*1983,(4):219

31 Гришаев,И. Г. *Хим.Пром.*1984,(6):346

32 В. Н. 科契夫编著.磷肥手册.陈嘉祯译.北京:化学工业出版社,1988.145,148,115,185

33 Иванов,С. В 著.化肥工业译丛.吴志伟译.1990,(1):44

34 〔苏〕 А. Н. 多霍洛娃等著.磷酸铵的生产及其应用.吴志伟等译.化工部化肥工业研究所,1988.134,144,172

35 杜燕等.化工机械.1993,(3):125

36 南京化学工业(集团)公司磷肥厂.企业标准.技术规程与操作法.1991

37 *Phosphorus and Potassium*.1986,(144):27

38 Круглов,В. А.*Журн.Прикл.Хим.*1985,(12):2720

39 Chinal P. 著.化肥工业译丛.李庆春译.1987,(1):281

40 化工部科技情报研究所译.国际化肥工业协会1984年技术年会论文集.1986

41 Mcgill, K. E.*Fertilizer Research*.1990,(25):179

42 Lee, R. G. Proceeding of the I. S. M. G. Technical Conference. Norway,1970.5

43 TVA'S 11th Demonstration・New Development in Fertilizer Technology. Oct. 1976,(5~6):44

44 〔苏联〕 M. H. 纳比耶夫著.硝酸磷肥・上册.孙俦、丁德承、陈明磊译.北京:化学工业出版社,1980.30~32

45 江善襄主编,方天翰、戴元法、林乐副主编.磷酸、磷肥和复混肥料.北京:化学工业出版社,1999.854

46 〔苏联〕 M. H. 纳比耶夫著.硝酸磷肥・下册.孙俦,丁德承,陈明磊译.北京:化学工业出版社,1983:13~15

47 US 1971.3 615184

48 日本特许公报.昭46-40560.1974

49 日本特许公报.昭40-14293.1965

第五章 复混肥料[1~5]

复混肥料（compound fertilizer）是指氮、磷、钾三养分中，至少有两种养分标明量的肥料，通常由物理方法加工制成。由于颗粒状物料比非颗粒状物料具有更好的物理性能，可满足装运、贮存和农业施用的要求，故复混肥料绝大多数都是颗粒状。

制取粒状肥料通常有干粉混合造粒、料浆造粒和熔融造粒等方式。在中国，前面两种造粒方式最为普遍。制取粒状肥料与化肥的二次加工是紧密地联系在一起的。这种二次加工通常是把两种或几种肥料进行混合、造粒、干燥、筛分等简单的再加工，生产出适合某种要求的复混肥料品种。中国幅员辽阔，南北方气候条件相差大，农作物品种与土壤类型多，不同土壤间的差别很大，土壤的肥力也千差万别。要使粮食增产，就必须有成百上千种不同氮、磷、钾组分配比的肥料才能满足要求，这种众多组分配比的肥料只有通过肥料的二次加工成复混肥才可能很好地解决。用作复混肥料的原料有固态、液态和气态。根据不同的产品要求，采用不同的物料组合，以制得所需的氮、磷、钾配比的复混肥。此外，还常常添加硫、镁等中量元素及锌、硼等微量元素，以增加肥效。固态物料可以是尿素、氯化铵、硝酸铵、磷酸铵（包括磷酸一铵和磷酸二铵）、普钙、重钙、钙镁磷肥、氯化钾和硫酸钾等等；液态物料一般是硫酸、湿法磷酸；气态物料最常用的是气氨。制粒状肥料时，还需配入粘土等作粘结剂或填料。

复混肥料的产品规格极多，在美国、日本及欧洲各国，生产与使用品种达上千种。其产量约占肥料总产量的 $60\%\sim70\%$。中国近年来在复混肥的生产上发展很快，中、小规模厂已遍布全国。国内已形成总养分（$N+P_2O_5+K_2O$）大于 40% 的高含量、大于 30% 的中含量和大于 25% 或 20% 的低含量的系列复混肥料。

5.1 复混肥料生产中原料的相配性

不管何种原料，在进入复混肥料制造系统之前，都必须考虑水分、粒度和物理化学的相配性。了解它们之间是否存在化学反应，这些反应可能出现在造粒前的物料混合时，也可出现在造粒过程中或造粒之后，甚至还可延伸到成品贮存的全过程中。反应通常伴随着放热、释放出水分，对造粒、干燥、贮存均发生不利的影响，因此必须十分注意并作必要的控制。根据制得的复混肥料是否存在有效养分损失、物理性质变坏，大致可以把各种原料肥料的相互配合分为"可配性""不可配性"和"有限可配性"三种情况。表 2-5-1 列出了常见肥料之间的可配性情况。

在制造复混肥料时，要首先选择具有"可配性"的肥料原料进行混合造粒，其次，对于"有限可配性"的原料组合，可在一定的配比范围内或经过适当处理后再使用，"不可配"的肥料一般是不能同时使用的。

5.1.1 具有"可配性"的肥料

这类肥料在混合时物化性质不发生变化或物料性质比混合前得到改善，其有效成分也不会发生损失。例如，硫酸铵与普钙或重钙混合时，其临界相对湿度比硫酸铵还高，混合后的物料变得疏松、干燥、容易破碎。反应式如下。

$$(NH_4)_2SO_4 + Ca(H_2PO_4)_2 \cdot H_2O + H_2O \rightleftharpoons 2NH_4H_2PO_4 + CaSO_4 \cdot 2H_2O \qquad (2\text{-}5\text{-}1)$$

$$(NH_4)_2SO_4 + CaSO_4 + H_2O \rightleftharpoons (NH_4)_2SO_4 \cdot CaSO_4 \cdot H_2O \qquad (2\text{-}5\text{-}2)$$

反应时将游离水变成结合水，从而改善了混合物的性质，对造粒也有利。

表 2-5-1 肥料配混图

原料肥料	硫铵	硝铵	氯化铵	石灰氮	尿素	普钙	钙镁磷肥	重钙	氯化钾	硫酸钾	磷酸一铵	磷酸二铵	消石灰	碳酸钙
硫铵		△	○	×	○	○	△	○	○	○	○	○	×	△
硝铵	△		△	×	×	○	×	○	△	○	○	○	×	△
氯化铵	○	△		×	○	○	○	○	○	○	○	○	△	△
石灰氮	×	×	×		×	×	○	×	×	×	×	×	○	○
尿素	○	×	○	×		△	○	△	○	○	○	○	×	○
普钙	○	○	○	×	△		△	○	○	○	△	△	×	×
钙镁磷肥	△	×	○	○	○	△		△	○	○	○	○	○	○
重钙	○	○	○	×	△	○	△		○	○	△	○	×	×
氯化钾	○	△	○	×	○	○	○	○		○	○	○	○	○
硫酸钾	○	○	○	×	○	○	○	○	○		○	○	○	○
磷酸一铵	○	○	○	×	○	△	○	△	○	○		○	×	○
磷酸二铵	○	○	○	×	○	△	○	○	○	○	○		×	○
消石灰	×	×	△	○	×	×	○	×	○	○	×	×		○
碳酸钙	△	△	△	○	○	×	○	×	○	○	○	○	○	

注：○——可配混；△——有限配混；×——不可配混。

5.1.2 具有"不可配性"的肥料

这类肥料在混合时通常表现为三个方面：一是混合物吸湿点很低，具有明显的吸湿和结块性，物料的物理性质严重变坏。尿素与硝酸铵混合时就是一个典型的例子。其次，几种物料混合时，所发生的化学反应使有效养分发生变化。例如，普钙与碳酸钙混合时，发生以下反应。

$$Ca(H_2PO_4)_2 \cdot H_2O + CaCO_3 \longrightarrow Ca_3(PO_4)_2 + CO_2\uparrow \qquad (2\text{-}5\text{-}3)$$

使过磷酸钙中的水溶性 P_2O_5 变成枸溶性甚至难溶性 P_2O_5。三是肥料原料混合时发生的化学反应导致有效成分损失。例如，硫酸铵与消石灰混合时，发生如下反应：

$$(NH_4)_2SO_4 + Ca(OH)_2 \longrightarrow CaSO_4 + 2NH_3\uparrow + 2H_2O \qquad (2\text{-}5\text{-}4)$$

导致氨气逸出，造成氮的损失。

5.1.3 具有"有限可配性"的肥料

这类肥料常用于生产复混肥料的原料中。除上述两种情况外，有些属于"有限可配性"。

它们之间的配合或经过处理或掌握一定的配比，以及避开某种不适宜的配比而使制得的复混肥料更加安全。

(1) 尿素与普钙混合

未经氨化的普钙中的游离磷酸、一水磷酸一钙均可与尿素发生加合反应：

$$H_3PO_4 + CO(NH_2)_2 \longrightarrow CO(NH_2)_2 \cdot H_3PO_4 \qquad (2\text{-}5\text{-}5)$$

$$Ca(H_2PO_4)_2 \cdot H_2O + 4CO(NH_2)_2 \longrightarrow Ca(H_2PO_4)_2 \cdot 4CO(NH_2)_2 + H_2O \qquad (2\text{-}5\text{-}6)$$

上述反应的生成物均具有很大的溶解度。它们吸收空气中的水分而使物料变潮，物性变坏。第二个反应还释放出结晶水，使物料越混越潮湿，甚至变成糊状物而无法造粒。但是，如果采取措施，将普钙在混合前先进行氨化，便可解决它与尿素的相配性问题。

(2) 碳酸氢铵与过磷酸钙混合

对过磷酸钙进行氨化时，为方便起见，通常用固体碳酸氢铵作为中和剂，但是，过量的碳酸氢铵与过磷酸钙混合，不仅没有好处，反而会促使有效 P_2O_5 发生退化，并造成氮的损失。

相混时，首先碳酸氢铵与过磷酸钙中的游离酸和磷酸二氢钙反应：

$$NH_4HCO_3 + H_3PO_4 \longrightarrow NH_4H_2PO_4 + CO_2 \uparrow + H_2O \qquad (2\text{-}5\text{-}7)$$

$$NH_4HCO_3 + Ca(H_2PO_4)_2 \cdot H_2O \longrightarrow NH_4H_2PO_4 + CaHPO_4 \cdot 2H_2O + CO_2 \uparrow \qquad (2\text{-}5\text{-}8)$$

第二个反应中水溶性 P_2O_5 变成枸溶性 P_2O_5。随着碳酸氢铵量的再增加，则进一步发生如下反应：

$$NH_4HCO_3 \longrightarrow NH_3 \uparrow + CO_2 \uparrow + H_2O \qquad (2\text{-}5\text{-}9)$$

$$2CaHPO_4 + CaSO_4 + 2NH_3 \longrightarrow Ca_3(PO_4)_2 + (NH_4)_2SO_4 \qquad (2\text{-}5\text{-}10)$$

前一个反应中，碳酸氢铵自行分解，造成氨的损失。后一个反应中，枸溶性 P_2O_5 转变成不溶性 P_2O_5，造成有效磷的损失。

试验和生产实践表明，在过磷酸钙的粒度、水分含量相适宜的条件下，碳酸氢铵氨化过磷酸钙时，以 10 份碳酸氢铵和 100 份过磷酸钙相混合比较适宜。如果碳酸氢铵量高达 20 份，则氨损失严重，有效 P_2O_5 也将发生严重的退化。

(3) 磷酸盐、硝酸铵和氯化钾混合

在采用硝酸铵和氯化钾制造复混肥料时，应严格控制配比，使其不落在发生无焰燃烧的区域，产生无焰燃烧区域中的 $N : P_2O_5 : K_2O$ 为 $1 : 1 : 1.5$；$1.5 : 1 : 2$；$2 : 1 : 3$；$1 : 0 : 1$ 和 $3 : 0 : 2$。其次，尽量避开燃烧区附近的配比，它们是 $1.5 : 1 : 1$；$3 : 1 : 2$；$1 : 1 : 1$。其它配比，如 $1 : 2 : 2$；$2 : 2 : 1$；$1 : 2 : 1$；$2 : 3 : 2$；$2 : 1 : 1$ 等均属于安全范围，不发生无焰燃烧。此外，产品送入仓库贮存之前进行充分的冷却，并在仓库内采取降温（低于 40℃）贮存，也是安全措施之一。

(4) 硝酸铵、磷酸盐与硫酸铵混合

这种物料体系在造粒时生成称之为 "B" 物料：$2NH_4NO_3 \cdot (NH_4)_2SO_4$。该物料在干燥时发生热分解而成为各自的组分，在冷却时又还原成 "B" 物料，这样很容易引起粒状产品的粉化和结块。为了防止这种现象的发生，可采用控制 NO_3^- 与 SO_4^{2-} 比例的办法，以减少 B 物料的生成。当 NO_3^- 与 SO_4^{2-} 的比例在 2.5 以上时，产品有很好的贮存性能。也可通过采用较低的干燥温度，减少 "B" 物料的受热分解。还可采用延长这种物料在冷却机中的停留时间，让其充分冷却并在此时还原成"B"物料，生成的细粒及粉尘在此后的筛分中被处理掉，以达到减少成品结块的目的。

5.2 复混肥料的物化性质

肥料的物理数据，包括其粒度分布、颗粒硬度、堆密度、休止角、临界相对湿度、结块性、熔点等。肥料的化学数据，通常是指其中氮、五氧化二磷、氧化钾的百分含量。可对样品进行测定而得到其物理和化学数据。表 2-5-2 列出了几个物料体系不同配比时的物理化学数据供参考。不同样品，数据有差异。

表 2-5-2　几种物系不同配比时的主要物化数据

物料体系		尿素、磷酸铵、氯化钾系		氯化铵、磷酸铵、氯化钾系		普钙、氯化钾系	氯化铵、普钙系	
N:P 或 N:P:K 比例		1:1:0	2:1:2	1:1:0	1:1:1	0:1:5	1:1:0	1:1:1
公称品位		27-27-0	21-10-21	20-20-0	15-15-15	0-7-38	10-10-0	9-9-9
松散密度/(kg/m³)		740	850	826	—	1076		
摇实密度/(kg/m³)		780	940	—	—	1289		
颗粒硬度/(N/粒)		27.5	25.1	35.3	35.3	15.6	31.2	16.0
休止角/度		30	31	31.7	—	35	—	—
临界相对湿度(30℃)/%		54	41	65	65	61	63.5	72.5
吸水速率/(mg/cm²)		14.27[②]	30.27[②]	—	—	221.62[③]		
水分渗透深度/mm		2.0[①]	4.75[①]	—	—	16	—	—
熔点/℃		128						
主要化学组成质量分数/%	N	26.92	21.04	20.86	14.62	0.35	9.78	10.38
	总 P_2O_5	28.06	10.11	21.87	15.15	7.15	11.98	9.17
	水溶性 P_2O_5	25.75	9.05	19.77	12.90	5.56	7.21	6.62
	枸溶性 P_2O_5	2.12	0.94	2.04	1.92	1.59	3.93	2.52
	K_2O	—	20.97	—	15.56	38.26	—	9.06
	H_2O	0.93	1.42	2.55	2.60	1.01	2.99	2.07
pH (0.1%溶液)		6.00	5.60	5.90	6.05	4.04		
筛分分析	+4 mm	6.5	8.5	1.2	2.3	5.0		
	−4 mm+2 mm	93.0	90.0	95.8	96.2	90.0	95	97
	−2 mm	0.5	1.5	3.0	1.5	5.0	5	3

①表示 30mm 深，平均相对湿度 65%，存放 21 天后增重%；②表示 30℃，相对湿度 79%，6h 后增重%；③表示 30℃，相对湿度 86%，72h 后的吸水速率。

5.2.1　颗粒粒度分布

肥料粒度对农艺效果、贮存和运输性能以及颗粒肥料的掺合性能均有影响。用一套标准化的金属网试验筛从小到大重叠起来，放在机械振动器上振动数分钟（也可用手摇），分别称量每个筛子上的物料，由此测定样品的粒度分布。

5.2.2 颗粒硬度

肥料颗粒必须具有足够的机械稳定性，以便经得起一般的搬运而不破碎和不产生过多粉末。颗粒硬度通常包括颗粒压碎强度，抗磨性，抗冲击性等三项，通常以压碎强度来衡量。一般通过测定单个颗粒抗压强度的方法，使用简单的点压仪或精密的自动数字显示仪来测定。取 2.0～2.8mm 的颗粒 30 颗测定，然后取其平均值。

5.2.3 堆密度

定义为每单位体积散装肥料的质量。为确定包装袋的大小，仓库和运输设备的容积，有时为了标定容积给料器的体积都需要测定肥料的堆密度。

内部尺寸为 30.5cm×30.5cm×30.5cm 的方形箱，从 15cm 高的地方把物料装入方箱中，并经常移动装料点，然后用直尺刮平箱顶，称重，算出每单位体积的质量即为松密度。用同一方法并在装料之后将箱中物料摇实，再装满，再摇实，直到不能压缩为止，然后刮平物料并称重，为"摇实密度"，后者比前者约高 6%～12%。

5.2.4 休止角

休止角是当肥料从一固定高度自由落下堆成圆锥堆时，堆与地面所形成的角度。它在设计散装贮存库的斜顶和设计贮存设备、溜槽和输送机的特征角度时是重要的参数。用十几公斤肥料慢慢倾下形成一个小的圆锥堆，并且将倾注点保持在形成的圆锥体顶点上方只有几厘米处，堆表面与地面之间的角度可以直接测定。大部分颗粒肥料的休止角在 30～40 度的范围内。

5.2.5 临界相对湿度

临界相对湿度是指肥料暴露在空气中时区分吸收水分或失去水分的大气湿度。若空气的相对湿度高于这一湿度，肥料会自然吸收水分。低于这一湿度，肥料就自然地失去其中的水分。肥料的临界湿度高，意味着不易吸收水分。临界相对湿度在很大程度上决定了包装袋的类型（防湿度）和决定是否可以散装贮运。但是，还不能完全用肥料的临界相对湿度作为区别肥料吸湿结块的惟一方法。事实上，肥料贮存在防潮袋中或者贮存在有防护的（塑料膜覆盖的）散装贮存堆上时，实际上大气湿度影响就很小。它只能确定在给定条件下是否吸收水分，但不能说明它吸收水分的程度。完整的评价要根据其它试验（如吸水速度、渗透深度和流动性等）来一起评价。

可将一定数量的肥料样品放在恒温恒湿箱里，并通入一定湿度的空气流来测定临界相对湿度。表 2-5-3 列出了各种盐及其混合物的临界相对湿度，以供参考。

5.2.6 结块性

肥料在贮存期间如果发生严重的结块，将影响其装卸和施用。为了掌握肥料结块性可进行实验室加速结块试验、小袋试验和大袋试验。大袋试验更接近生产实际，还可试验不同类型的包装袋以及对有发展前途的产品进行最终评价。使用普通的包装袋，将肥料袋放在 10个 45kg 重的砂袋子下面，所加的压力相当于 20 个 2.5kg 袋的压力。贮存 1、3、6、9、12个月，观察结块情况。

5.2.7 熔点

在造粒塔造粒或其它熔融体造粒的工艺中，肥料的熔点是有意义的，干燥过程中肥料的熔点对于限制干燥机的最高温度也是有意义的。

表 2-5-3 肥料混合物的相对湿度（30℃）

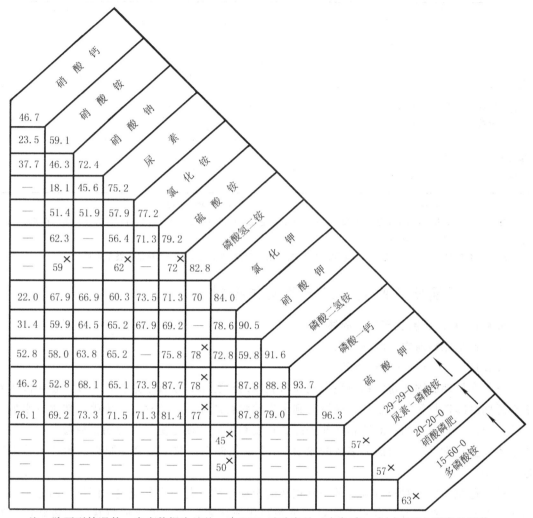

注：除下列情况外，表中数据为纯盐。↑TVA 试验产品（含杂质）：╳由 TVA 测定的约数。

可从手册中查到其纯物质的熔点。不纯物质和混合物没有一定的熔点，一般用测定颗粒肥料熔点近似值的方法来确定。尿素的近似熔点为 136℃（手册为 132.7℃），尿素磷铵肥料（29-29-0）的熔点为 145℃，25-15-15 为 133℃，21-42-0 为 153℃。

5.3 复混肥料的质量要求

原化学工业部于 1994 年发布了中华人民共和国复混肥料国家标准（GB 15063—94），对复混肥料要求如表 2-5-4 所示。

表 2-5-4 复混肥料（包括掺混肥料以及各种专用肥料）技术要求

（1994—12—01）实施

项　　目		高浓度	中浓度	低浓度	
				三元	二元
总养分（N+P$_2$O$_5$+K$_2$O）含量/%	≥	40.0	30.0	25.0	20.0

项 目		高浓度	中浓度	低浓度	
				三元	二元
水溶性磷占有效磷百分率/%	≥	50	50	40	40
水分(游离水)/%	≤	2.0	2.5	5.0	5.0
粒度 球状(1.00～4.75 mm)/%	≥	90	90	80	80
条状(2.00～5.60 mm)/%	≥				
颗粒平均 球状(2.00～2.80 mm)/N	≥	12	10	6	6
抗压碎力 条状(3.35～5.60 mm)/N	≥				

注：1. 总养分含量除应符合表中要求外，组成该复混肥料的单一养分不得低于 4.0%。

2. 以钙镁磷肥为单元肥料，配入氮和（或）钾制成的复混肥料可不控制"水溶性磷占有效磷百分率"的指标，但必须在包装袋上注明为枸溶性磷。

3. 冠以各种名称的以氮、磷、钾为主体的三元或二元的固体肥料，均应符合本标准的技术要求。

5.4 复混肥料的生产工艺及操作控制

5.4.1 复混肥料生产工艺简述

制取粒状肥料通常有四种方法。

5.4.1.1 干态物料混合造粒

它是在早期的固体粉状物料混合制粉状肥料的过程中，增加了造粒、干燥、粗粒破碎和细粒返回继续造粒等工艺步骤，最终得到干燥的颗粒成品。在这种工艺中喷入热水（水加蒸汽或直通蒸汽）增加物料的液相量并提高造粒物料温度，使之更易实现团聚成粒，过程中基本上不发生化学反应。目前大多数的尿素-普钙-氯化钾系团粒型复合混肥料的生产工艺即属这一类型。

挤压造粒（包括对辊造粒）是一种较新的干粉造粒工艺。它是通过对固体物料施加压力而团聚的干法造粒过程。过程中先将固体物料压成坯料，然后破碎成粒状（为条状或椭圆状）。国外在 50 年代开始对氯化钾的挤压造粒进行研究，60 年代初实现工业化。在此基础上，又对各种有机、无机肥料的挤压造粒进行了研究，并建立了生产厂。

挤压造粒的主要优点在于节能。由于产品始终保持干燥状态，可省去干燥或冷却工序，从而降低投资费用和生产成本。同时对环境造成污染。适用于尿素、碳酸氢铵、氯化铵等热敏性物料。此外，更换产品规格简单、快速，微量元素的加入十分容易，产品的组分比较均匀等。目前，德国、美国、法国、加拿大、俄罗斯等国都已实现工业化。中国已建设了许多小规模（1～3 万 t/a）的生产厂。

5.4.1.2 添加部分液体原料的干粉混合造粒

以固体粉状物料混合造粒时，造粒机中导入硫酸、磷酸或硝酸，并且补加一定量的水蒸气，通入气氨以中和加入的酸或中和固体物料中的酸性组分。依靠中和反应热、饱和水蒸气带入的热熔，导入液相（包括反应生成的盐溶液和水分），促使团聚成粒。造粒过程发生有限的化学反应。尿素-磷酸铵-氯化钾系、氯化铵-磷酸铵-氯化钾系物料的造粒属于这一类型。

5.4.1.3 料浆造粒工艺

把反应物料生成的料浆涂布在返料颗粒表面上，通过连续的料浆涂布而使颗粒增大，然后将颗粒进行干燥，蒸发去除水分，从而得到坚硬和具有良好流动性的粒状产品。生产中，由于返料粒度分布范围较宽，所以涂布和粘结作用总是同时发生，对一定的物料和造粒机型式而言，总是以一种造粒作用为主导。例如，对料浆型造粒工艺，即以涂布为主。磷酸铵肥料造粒或以磷酸铵料浆为基础的氮、磷、钾复混肥料的造粒（成品中磷素主要由磷酸铵料浆提供），均属于这一类型造粒工艺。

5.4.1.4 熔融造粒工艺

将熔融料浆（含水分很低的熔融体）冷却或冷凝而使之成为颗粒，如浓缩后尿素熔融体的喷洒造粒，硝酸铵熔融体的造粒即属于这一类型。

生产复混肥料通常采用前三种工艺。在具体的生产流程中，除因原料、产品和使用的设备有所不同之外，一般说来其生产过程大多数由七个工序组成：A. 原料工序；B. 配料工序；C. 原料的混合造粒工序；D. 造粒后物料的干燥工序；E. 干燥后物料的筛分、返料工序；F. 成品的冷却、包装和贮运工序；G. 尾气处理工序。

复混肥料的原料来源和产品要求不同，可以由不同的原料组合构成以下物料体系：尿素-磷酸铵-氯化钾系，尿素-普钙-氯化钾系，氯化铵-磷酸铵-氯化钾系，尿素-钙镁磷肥-氯化钾系等等。这些物料体系的造粒有许多共同之处，但也有一些差别的地方。

本书仅重点介绍在国内外普通采用的尿素-磷酸铵-氯化钾系团粒法生产工艺。

5.4.2 尿素-磷酸铵-氯化钾系复混肥料团粒法生产工艺及操作条件

图 2-5-1 是团粒法生产尿素-磷酸铵-氯化钾系复混肥料的工艺流程图。

流程叙述如下：

生产系统由供料、配料、造粒、干燥、筛分返料、成品冷却、包装和尾气处理等部分组成。尿素、粉粒磷酸铵、氯化钾等固体原料经斗式提升机、振动输送机分别进入各自原料贮斗。运转时，物料经贮斗底部的电磁振动给料机、称量料斗、电子秤及与电子秤联锁的下料门所组成的间断式称量系统计量后，分别卸至装有初步混合调速的原料输送皮带上，经过初步混合的物料一起进入卧式双轴桨叶式混合机中进一步混合，在混合机出口处汇同筛分系统返回的大于 4.6mm 的干物料一起进入立式链磨机，破碎后由斗式提升机加入转鼓造粒机，在此与由返料贮斗、电磁振动给料机、计量器、返料式提升机等设备组成的返料输送计量系统送来的返料一起混合造粒。返料亦可经计量调节后直接进入双轴混合机，以改善链式破碎机的操作。

由硫酸车间送来的 93% H_2SO_4 进入硫酸贮槽，用隔膜式计量泵将硫酸输送至安装在造粒机内的酸喷洒器，使酸液均匀淋洒在滚动着的料床上。由液氨贮槽气化器和气氨缓冲槽组成的供氨系统送来的气氨，经转子流量计计量后，送入埋在料床中的钻有小孔的氨分布器，并以一定的速度喷出。通入的氨量用以完全中和加入的硫酸和使部分磷酸一铵转化成磷酸二铵，同时还向料床通入一定量的蒸汽，促进物料的团聚成粒。自造粒机流出的物料经输送带送入回转干燥机的进料口。燃烧燃料所得的热炉气与造粒物料呈并流方式进入干燥机，以降低物料中的非结合水。

燃烧燃料所得的热炉气能方便地调节其温度送入干燥机。干燥机流出的物料由斗式提升机送往两个单层振动筛，第一个筛子的筛上物料经螺旋输送机、链磨机破碎后送往造粒机。筛下物料进入第二振动筛，筛下物料由螺旋输送机送往返料贮斗，计量后进入造粒机再造粒。筛上物料即为合格的成品颗粒，经溜槽进入成品贮斗，由电磁振动机送入溜管直接计量包装，但更多地送往流化床冷却机。冷却机内物料被风机鼓入的空气冷却，然后由地沟皮带

298

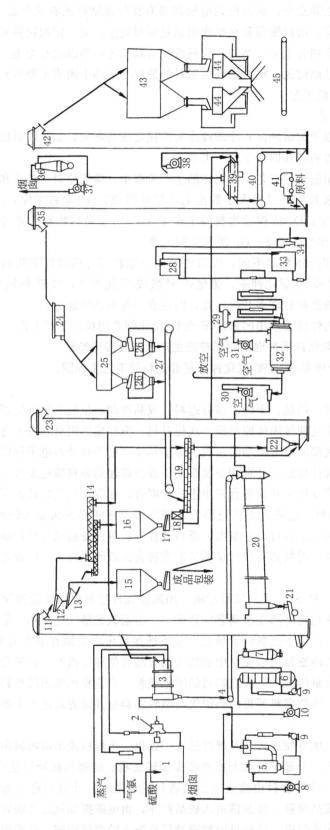

图 2-5-1 尿素-磷酸铵-氯化钾系团粒法生产工艺流程图

1—硫酸储槽；2—计量泵；3—转鼓粒化机；4—粒化输送带；5—文氏洗涤器；6—旋流板塔；7—扩散式除尘器；8—转鼓排风机；9—洗涤液循环泵；10—干燥排风机；11—中间斗提机；12、13—筛子；14—粒化输送带；15—半成品储斗；16—细粉储斗；17—电振给料斗；18—冲悬流量器；19—双浆混合器；20—回转干燥机；21—电振输送机；22—立式磨机；23—返料斗提机；24—机械共振筛；25—原料储斗；26—电子秤；27—原料输送带；28—油高位槽；29—空气压缩机；30—喷射器鼓风机；31—燃烧炉鼓风机；32—燃烧炉；33—齿轮泵；34—原料斗提机；35—原料斗提机；36—扩散式除尘器；37—冷却排风机；38—冷却鼓风机；39—喷射式排风机；40—地沟输送带；41—原料装载车；42—成品储斗；43—成品斗提机；44—成品计量器；45—缝包输送带

输送机、斗式提升机、中间贮斗，并经计量后缝包，送入仓库。

造粒尾气含有少量氨、粉尘和经扩散除尘器回收大部分粉尘后的干燥机尾气，一起经湿法除尘、洗涤后，由烟囱排入大气。洗液含少量肥料粉尘，由地沟进入污水处理系统集中处理。

生产装置还设有吸尘系统，收集来自固体物料转运处以及易产生粉尘场所的粉尘。经湿法洗涤后排入大气。洗液多次循环洗涤，然后送往污水处理系统统一处理。

该工艺操作控制的关键是造粒系统与干燥系统的工艺条件。

造粒系统的主要设备是与传统法磷铵相似的转鼓氨化造粒机。造粒的适宜温度控制范围为 $65\sim80℃$，物料的 pH $5.6\sim5.8$，返料倍数（与成品比例）$1.2\sim1.5$，停留时间 $6\sim7min$，造粒机的装载系数 $15\%\sim25\%$，造粒机的转速一般选取临界转速（$42.2/\sqrt{D}$，D 为造粒机直径）的 $25\%\sim45\%$。

干燥系统的主要设备为转筒干燥机。为减少氨损失，进口热气温度一般选取 $180\sim200℃$，此时相应的尾气温度为 $88\sim90℃$，出口物料温度为 $83\sim85℃$。尾气温度应严格控制高于露点温度，以防止尾气在干法除尘系统中低于露点温度而结料。干燥机的装载系数为 $13\%\sim15\%$。物料在干燥机的停留时间为 $20\sim25mm$。干燥机的容积蒸发强度为 $3\sim5$ $kgH_2O/(m^3\cdot h)$，容积传热系数为 $540\sim580$ $kJ/(m^3\cdot h)$。

5.4.3 复混肥料的工艺计算

复混肥料生产过程中，用得最多的是配料计算。在计算前必须对各种原料进行化学分析，包括其中的氮、磷（以 P_2O_5 表示）、钾（以 K_2O 表示）、水分（游离水）以及 P_2O_5 中的水溶性 P_2O_5 和枸溶性 P_2O_5，以便制得符合国家标准的产品。本章介绍以解析法所作的配料计算。

5.4.3.1　由要求 $N:P_2O_5:K_2O$ 的比例来计算复混肥料的组成和原料量

例 5-1　求解用氨化普钙（含有效 P_2O_5 14%，N 2.5%）、硫酸铵（固体，含 N 21%）和钾盐（含 K_2O 42%）三种原料以何种比例混合造粒后才能得到 $N:P_2O_5:K_2O$ 为 $2:2:1$ 的复混肥料以及这种比例各组分的百分含量。

解：根据已知条件，有六个未知数，需建立六个联立方程，求解而得到结果。

设定复混肥料中 $N:P_2O_5:K_2=A:B:C$，各种原料中所含的养分组分百分含量分别为 a_1、b_1、c_1；a_2、b_2、c_2 和 a_3、b_3、c_3。复混肥料中各种原料的需要量为 x、y、z（kg）。产品中的有效组分的百分含量为 a、b、c。根据要求，建立六个方程，分别求得 x、y、z 和 a、b、c。

$$a=a_1\frac{x}{100}+a_2\frac{y}{100}+a_3\frac{z}{100} \tag{2-5-11}$$

$$b=b_1\frac{x}{100}+b_2\frac{y}{100}+b_3\frac{z}{100} \tag{2-5-12}$$

$$c=c_1\frac{x}{100}+c_2\frac{y}{100}+c_3\frac{z}{100} \tag{2-5-13}$$

$$a/b=A/B \qquad a/c=A/C（或 b/c=B/C） \qquad z+y+x=100 \tag{2-5-14}$$

根据已知条件：产品中要求的 N、P_2O_5、K_2O 的比例，$A=2$，$B=2$，$C=1$；原料普钙中的 N 为 2.5%，P_2O_5 为 14%，即 $a_1=2.5$，$b_1=14$，硫酸铵中的 N 为 21%，即 $a_2=21$，钾盐中的 K_2O 为 42%，即 $c_3=42$，其余 a_3、b_2、b_3、c_1 和 c_2 均为 0。

将

$$A=2, \quad B=2, \quad C=1; \qquad\qquad a_1=2.5, \quad a_2=21, \quad a_3=0;$$
$$b_1=14, \quad b_2=0, \quad b_3=0; \qquad c_1=0, \quad c_2=0, \quad c_3=42;$$

代入式（2-5-1）、式（2-5-2）和式（2-5-3）：

$$a=2.5\times\frac{x}{100}+21\times\frac{y}{100}+0 \qquad b=14\times\frac{x}{100}+0+0 \qquad c=0+0+42\times\frac{z}{100}$$

$$a/b=A/B=2/2=1 \qquad a/c=A/C=2/1=2$$

$x+y+z=100$，整理后，得到：

$$a=\frac{2.5x}{100}+\frac{21y}{100} \qquad b=\frac{14x}{100}$$

$$c=\frac{42z}{100} \qquad a=b \qquad a=2c \text{ 或 } b=2c$$

$$x+y+z=100$$

$$\therefore \qquad \frac{2.5x}{100}+\frac{21y}{100}=\frac{14x}{100} \text{ 即 } y=(14-2.5)x/21$$

$$\therefore \qquad \frac{14x}{100}=2\times\frac{42z}{100} \quad \text{，即} \quad z=\frac{14}{84}x$$

$$\therefore \qquad x+\frac{(14-2.5)x}{21}+\frac{14}{84}x=100 \text{，按此式即可解得 } x=58.33,$$

$$y=\frac{11.5}{21}\times58.33=31.94, \quad z=\frac{14}{84}\times58.33=9.73, \text{ 得 } b=\frac{14\times58.33}{100}=8.165$$

$$\therefore a=b=8.165 \qquad \therefore c=\frac{1}{2}a=4.083$$

至此，所得结果：每 100kg 复混肥料中需加入原料普钙 58.33kg，硫酸铵 31.94kg，钾盐 9.73kg；产品中含 N 为 8.16%，含 P_2O_5 为 8.16%，含 K_2O 为 4.08%。

上述计算只是通过举例说明解析法在配料中的应用。例子中的总有效成分仅为 20%，如要计算总有效成分为 25%，30% 或 40% 以上的三元复混肥的组成和原料量，则根据要求的 N∶P_2O_5∶K_2O 比例按上述解析法进行计算即可。

5.4.3.2 由原料中各组分的含量求原料的配比

在这种计算中，为了达到产品要求的配比，往往需要加入与原料相合性好的填料，如经过干燥的磷石膏等是很好的填料，但填料加入后影响到组分含量的提高。

例 5-2 求用硫酸铵（含 N20.5%），普钙（含有效 P_2O_5 为 20%）、氯化钾（含 K_2O 为 60%）三种原料，制取含 N5%，含 $P_2O_5$10% 和含 K_2O10% 的复混肥料时的物料需要量。

解：设每种单元肥料中的 N、P_2O_5、K_2O 含量分别为 n、p、k，生产 1 吨复混肥料 $\frac{N}{n}+\frac{P}{p}+\frac{K}{k}+C=1$，[式中的 N、P、K 分别为产品中要求的 N、$P_2O_5$、$K_2O$ 的质量分数（%），C 为使物料得到 1 吨时所需添加的物料量]。列出等式为：

$$\frac{N}{n}+\frac{P}{p}+\frac{K}{k}+C=\frac{5}{20.5}+\frac{10}{20}+\frac{10}{60}+C=1, \qquad (2\text{-}5\text{-}15)$$

即 $\qquad 0.25+0.5+0.17+C=1, \quad C=1-(0.25+0.5+0.17), \quad C=0.08$ 吨

即利用上述原料制取 1 吨复混肥料产品时，需加入硫酸铵 250kg，普钙 500kg，氯化钾 170kg 以及填料（不含氮、磷、钾的物料）80kg。

利用上述原料能否制得 N、P_2O_5 和 K_2O 分别为 10％的复混肥料肥？

以 N、P、K 和 10、10、10 代入式（2-5-15），得 $\frac{5}{20.5}+\frac{10}{20}-\frac{10}{60}=1.155$，大于 1，即使不加入填料，总物料量已不能满足式子的要求，显然是得不到所需的养分含量的。其最大含量：

$$\frac{10}{1.155}:\frac{10}{1.155}:\frac{10}{1.155}=8.66:8.66:8.66$$，只能达到分别含有 N＝P_2O_5＝K_2O 为 8.66％的程度，要想提高产品中有效成分的含量，必须使用含有效成分高的原料，如果使用 P_2O_5 为 14％的合格品过磷酸钙，在上述物料体系中，还得不到符合低含量要求的 N：P_2O_5：K_2O 为 1：1：1 的复混肥料。

上述计算都比较简单，在设计一套复混肥料生产装置时计算的内容要广泛得多。

5.5 掺混肥料

颗粒掺混的方法是目前化肥二次加工的一种简单和有效的形式。掺混肥料又称为 BB 肥（bulk blend fertilizer）。它是把颗粒大小分布比较一致的两种或两种以上的颗粒基础肥料，用简单的机械方法进行混合。在有条件的地方，肥料的进出均为散装，可以降低生产成本[6]。

掺混肥料成功的关键是所使用的原料均为颗粒状，组分之间不存在使物料性质变坏的物理化学变化，同时要求肥料的粒径分布基本一致，使掺混产品的化学组分基本均匀。粒径分布不一致的颗粒配成掺混肥料，容易产生粒径分离。颗粒肥料产生偏析分离后导致的不良后果有二：一是养分浓度的分布偏离预定的要求；二是施用养分不均匀的肥料之后，作物不能同时吸收所需的养分，造成作物生长参差不齐，影响最终的增产效果。

要生产出完全没有颗粒分离的掺混肥料就需要选择颗粒大小完全匹配的颗粒原料，这是不太可能做到的。从现实来看，掺混肥料产品在装卸、运输过程中都会或多或少地发生颗粒分离。通过实验室的工作，已经找到了一些关于预防颗粒分离的措施，推荐一定的粒度配合范围。原料肥料粒径是否匹配，可以用比较完整的筛分数据来确定。因为只知道颗粒的粒度范围是 1～4mm 来判断是否粒径匹配显然是不够的，还要知道其中的粒度分布，因为不同产品的肥料粒径分布相差悬殊时，所制得的掺混肥料的颗粒分离作用比较明显。

判断颗粒匹配的程度，可以把筛分数据列成表格或制成图线，最常用的是根据不同筛分。用下述两种（或多种）原料累积筛分数之差来判断各原料间粒度匹配情况，如表 2-5-5 所示。

表 2-5-5　磷酸二铵与两种氯化钾的偏离度

筛　　目	泰勒筛目	6	8	10	14
	mm	3.2	2.5	2	1.6
磷酸二铵 $m/\%$		1	25	86	98
颗粒氯化钾（Ⅰ）$m/\%$		2	36	74	95
偏离度		－1	－11	＋12	＋3
磷酸二铵 $m/\%$		1	25	86	98
颗粒氯化钾（Ⅱ）$m/\%$		0	5	31	71
偏离度		＋1	＋20	＋55	＋27

用表中的偏离度可以判断颗粒分离趋势。颗粒偏离度愈小，颗粒分离作用越小。偏离度试验结果表明，筛分偏离度不超过 10％时，掺混肥料的质量比较稳定，当筛分偏离度超过 20％时，颗粒分离作用将比较明显。

掺混肥料所用的原料都必须是颗粒状的。用浓缩的尿素溶液在转鼓造粒机中制得，其粒度大多数为 1.4～3.2mm，压碎强度为 11.77N/粒，远较普通造粒塔制得的粒状尿素的压碎强度（5.88N/粒）大，粒度也比较大，适合于与颗粒磷酸铵配合。颗粒状磷酸铵（磷酸一铵或磷酸二铵）一般以料浆造料法制得，颗粒有很高的压碎强度，其粒度范围为 2～4mm。氯化钾通常用挤压法制得，粒度为 1.4～3.2mm。氯化钾的粘结造粒性能差，不能自身单独用常规法造成颗粒。可以通过加入过磷酸钙（或重过磷酸钙）象普通的团粒法那样，制成磷钾颗粒肥料。颗粒中的 K_2O 与 P_2O_5 比例可从 1 至 6 变化，颗粒中 K_2O 含量较高，可作为粒状钾素而进入掺混肥料系统。

掺混肥料所用的设备比较简单，除物料的计量、贮存和输送外，掺混机可以选用卧式滚筒或水泥混合机。小规模（15～30t/h）时，常以间歇方式进行操作，大规模（100t/h）时则多为连续混合方式。国际肥料发展中心（IFDC）推荐采用挤压和掺合结合在一起的联合流程。但选用团粒和掺混结合的联合流程更适合中国国情。

在相同规模下，团粒和掺混结合的联合流程的建设投资和生产成本比全团粒法流程约节省 10％～15％，有较强的生命力。

在找到了团粒法解决氯化钾的造粒问题之后，尿素的造粒问题将是制约掺混肥料发展的因素，如果今后能建设一批大颗粒尿素造粒装置，则可使中国的掺混肥料生产更快地发展。

参 考 文 献

1 陈五平主编．无机化工工艺学·（三）化学肥料．北京：化学工业出版社，1989．268～274，286～287，289～291

2 张允湘、罗澄源、钟本和等．磷酸磷铵的生产工艺．成都：成都科技大学出版社，1991

3 《化肥工业大全》编辑委员会编．化肥工业大全．北京：化学工业出版社，1988

4 江善襄主编，方天翰、戴元法、林乐副主编．磷酸、磷肥和复混肥料．北京：化学工业出版社，1999

5 崔英德编．复合肥的生产与施用．北京：化学工业出版社，1995

6 张文辉、牛季收．浅谈中国掺混肥（BB 肥）的发展．陕西化工．1999，（3）：1～4

第六章 液 体 肥 料[1~4]

液体肥料（fluid fertilizer）又称流体肥料，是以含有一种或一种以上作物所需营养元素的液体产品。一般均以氮、磷、钾三大营养元素或其中之一为主体，还常常包括许多微量营养元素。

液体肥料发展至今，已有 200 余年的历史。品种很多，大致可分为液体氮肥和液体复混肥两大类。液体氮肥有铵态、硝态和酰胺态的氮，如液氨、氨水、硝酸铵与氨的氨合物、尿素与氨的氨合物等。液体复混肥含有氮、磷、钾中两种或三种营养元素，如磷酸铵、尿素磷酸铵、硝酸磷酸铵、磷酸铵钾等，还可方便地添加中量营养元素（Ca、Mg、S）和微量营养元素（Zn、B、Cu、Fe、Mn、Mo），以及除草剂、杀虫剂、植物长生素等，故综合作用明显，对作物增产效果显著。液体复混肥又可分为清液肥料（clear solulions）和悬浮液肥料（ferlilzer suspensions）两种。清液肥料中的营养元素完全溶解，不含分散性固体颗粒。但所含营养成分的浓度较低。悬浮液肥料的液相中分散有不溶性固体肥料微粒或含惰性物质微粒，所含营养成分浓度高。

液体肥料的生产过程比固体肥料简单，不需要浓缩、造粒、干燥等工序，因此基建投资和生产成本都比较低。液体肥料一般在农业施肥地区就地加工，可用泵和管道输送、装卸，从而大大节省运输、装卸与施用劳动力及包装费用。同时也容易实现机械化施肥与提高肥料利用率。但液体肥料中所含氮、磷、钾三大营养元素的量比固体复合肥低，故一般只适于就近施用，不宜长距离运输与贮存。

液体肥料以配方为基础的工业生产，创始于美国。美国大规模施用液体肥料迄今已有30 余年的历史。液体肥料在欧洲与美洲各国的生产与施用也很普遍。中国近年来，随着配方施肥的发展，液体肥料的生产与施用也得到迅速发展。

6.1 清液肥料

6.1.1 液氨和氨水

液氨是一种高浓度氮肥。为减少氨损失，直接施用时采用专用施肥机。可深施作为基肥，也可与水渠灌溉与喷灌装置结合作追肥。施用氨水方便、安全，故在中国得到广泛使用。中国常用的氨水肥料有两种：一种是普通氨水，一种是碳化氨水。常温下（25℃）普通氨水容易挥发，而碳化氨水的挥发则大大降低。氨水的生产方法是以液氨和水为原料采用混合罐连续生产法与喷射器连续生产法。氨水的输送已开始采用管道，施用则常使用牵引式氨水施肥机与注射式氨水施肥器。

6.1.2 氮溶液（氨合物）

液氨和氨水由于氨的蒸汽分压高、氨损失较大，故将硝酸铵、尿素或它们的混合物溶解在液氨中制成氮溶液（又称氨合物）则可显著降低氨的蒸汽分压。固体硝酸铵在 -15℃到 25℃温度下，可以吸收氨气而转变为液态，在 -10℃时的组成符合 $NH_4NO_3 \cdot 2NH_3$ 的分子式，在常温下的组成符合 $NH_4NO_3 \cdot NH_3$ 的分子式。硝酸铵溶于液氨制得的氮溶液的组成可用通式 $NH_4NO_3 \cdot nNH_3 \cdot mH_2O$ 表示。含有 $70\%\sim80\%$ 的尿素和 $75\%\sim85\%$ 的硝酸铵是性能良好的液体氮肥，含氮量为 $28\%\sim32\%$。所含氮为铵态氮，不易挥发损失。

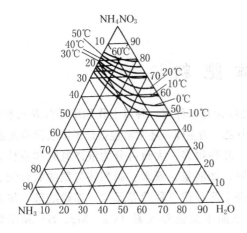

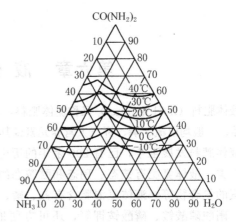

图 2-6-1　NH_4NO_3-NH_3-H_2O 体系溶解度图　图 2-6-2　$CO(NH_2)_2$-NH_3-H_2O 体系溶解度图

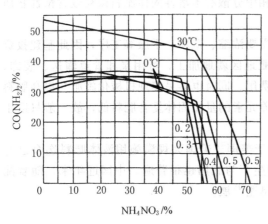

图 2-6-3　0℃和30℃ $CO(NH_2)_2$-NH_4NO_3-
NH_3-H_2O 体系溶解度图

硝酸铵和尿素在液氨和氨水中的溶解度如图 2-6-1、图 2-6-2、图 2-6-3。尿素和氨组成的氮溶液，当 $\dfrac{NH_3}{NH_3+H_2O}=0.4$ 时，其组成可以用 $CO(NH_2)_2 \cdot 0.11NH_3$ 表示。当 $\dfrac{NH_3}{NH_3+H_2O}=0.5$ 时，表示组成的分子式为 $CO(NH_2)_2 \cdot 0.25NH_3$。在图 2-6-3 上，曲线上所标的数值（如 0.4，0.5 等）表示 $\dfrac{NH_3}{NH_3+H_2O}$ 的比值。

6.1.3　叶面肥料

作物不仅从根系吸收养分，也可以从茎叶吸收养分。因此，可以对作物进行根外施肥，也称叶面施肥。这是一种提供补充养分的经济有效方法。叶面肥料一般可制成单养分和以氮、磷、钾为主、添加微量元素的多养分的复混清液肥，也可添加农药与植物调理剂等，进行喷施，提高功效。目前，中国市场上的叶面肥有数十种。它们大致可分为养分型，激素型和综合型三大类。近年来，氨基酸类液肥已开始用于叶面喷施或浸种，不但增产效果显著。而且可增强作物的抗旱、抗寒与抗病虫害的能力。氨基酸是构成蛋白质的基本单位，它不但能被人和动物直接吸收利用，也能被植物直接吸收利用，是植物极好的有机养分。

6.1.4　稀土液肥

中国稀土资源丰富。稀土的农业应用研究和示范推广是中国近年来发展的一项新技术。大量试验结果表明，稀土肥料能促进作物生根、发芽，提高作物叶绿素含量，促进光合作用，提高抗病害能力，增加产量，改善品质等效果。现在，国内定点生产的农用稀土液体肥料产品为 CL—2 型（混合轻稀土硝酸盐），商品名"常乐"益植素。主要组分的分子式为 $RE(NO_3)_3 \cdot 6H_2O$,主要组分含量不小于 $38\%RE_2O_3$。产品的比放射强度为 5×10^{-9} 居里/kg,

低于国家放射物质规定，属于非放射性物质范畴，可以安全使用。

6.1.5 多元清液肥料

液体肥料工业的发展趋势是，希望新的液肥产品能溶入更多种类的固态化肥、微量元素甚至农药，以提高功能和降低运费。多元清液肥料生产所需的主要原料有：氨、尿素、氮溶液（包括各种氨合物）、氯化钾、湿法正磷酸、过磷酸、热法磷酸和一些基础液体肥料，如8-24-0，10-34-0，11-37-0 等规格的复混肥溶液。

6.1.5.1 聚磷酸铵溶液肥料

聚磷酸盐由于溶解度大，可增大液体肥料浓度，同时因它对金属离子有螯合能力，可使湿法磷酸中的金属杂质不析出而增高液肥的稳定性。利用其螯合作用可在液肥中添加微量元素肥料。一些微量元素在磷铵或聚磷酸铵溶液中的溶解度见表 2-6-1。如果在液肥中加入农药、除草剂还可节约人力和费用。

表 2-6-1　一些化合物在磷铵或聚磷酸铵溶液中的溶解度/%

化 合 物	8-24-0 （含正磷酸铵）	10-34-0 （含聚磷酸铵）	11-37-0 （含聚磷酸铵）
CuO	0.03	0.55	0.7
$CuSO_4 \cdot 5H_2O$	0.13	1.13	1.5
$Fe_2(SO_4)_3 \cdot 7H_2O$	0.08	0.80	1.0
MnO	<0.02	0.15[1]	0.2[1]
ZnO	0.05	2.25	3.0
$ZnSO_4 \cdot H_2O$	0.05	1.50	3.0[2]

①数天后即沉淀。②pH 为 6.0。

通常是在 $(N : P_2O_5) \approx (1 : 3)$ 的基础液肥中添加其它养分，制成各种规格的液肥。

规格为 10-34-0 的基础液肥中，至少应有 50% 的 P_2O_5 是聚磷酸铵；品级为 11-37-0 的基础液肥中，至少应有 65% 的 P_2O_5 是聚磷酸铵。如果镁含量高，则最好有 80% 的 P_2O_5 是聚磷酸盐。通常湿法磷酸中有 20%～30% 的 P_2O_5 是聚磷酸，当超过 50% 的 P_2O_5 是聚磷酸时则粘度太大，生产和使用都很困难。

过磷酸原料多从湿法磷酸浓缩而来。过磷酸中总 P_2O_5 含量为 68%～70%，其中 20%～30% 的 P_2O_5 是聚磷酸，后者基本上是焦磷酸。生产过磷酸要增加成本，但可从节省运输费用中得到补偿。

聚磷酸含量低的过磷酸在管式反应器中与氨反应可生成高浓度聚磷酸铵。美国 TVA 生产聚磷酸铵基础液肥的流程见图 2-6-4。液氨与液肥产品在一段氨蒸发器中换热而部分蒸发，再进入二段蒸发器与 82℃ 的产品溶液换热而全部气化，进管式反应器时温度为 54℃。

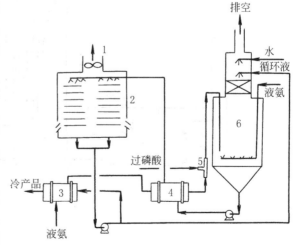

图 2-6-4　TVA 生产聚磷酸铵溶液
（10-34-0，11-37-0）流程

1—排风机；2—气化冷却器；3—一段蒸发器；
4—二段蒸发器；5—管式反应器；6—混合槽

用计量泵将已预热至 118℃ 的过磷酸送入管式反应器与氨进行反应，反应温度可达 316～371℃。生成的熔融体进入混合槽中与水和循环液混合，保持溶液温度 82℃。混合槽中加液氨的量约占总加氨量的 40%。混合槽上部有一填料洗涤段，用冷却过的循环液喷淋回收氨。水则从更上一层喷淋加入，也可起到回收氨的作用。混合槽中的溶液通过二段氨蒸发器后，即进入气化冷却器进一步冷却，一部分作为循环液返回混合槽，一部分经过一段氨蒸发器冷到 27℃ 作为产品。产品品级为 10-34-0 或 11-37-0，其中聚磷酸盐含量占总 P_2O_5 的 65%～70%，液肥粘度(24℃)为 75 mPa·s，密度(27℃)为 1.40 g/cm³。析盐温度为 0℃，pH＝6.0。

6.1.5.2 氮磷钾清液肥料的配制

绝大多数清液肥料是以尿素、硝酸铵、氯化钾及聚磷酸铵等为主要原料。美国代表性的产品规格为 5-10-10。

清液多元复肥的生产一般可分为"冷混"与"热混"两种流程。冷混法多以基础溶液(10-34-0，11-37-0)和尿素、硝酸铵以及钾肥、微量元素等为原料，通常设在使用地区，即固定式装置，就地生产，就地使用，一般供应半径为 25～50km。

热混法生产是由磷酸提供一半 P_2O_5，其余部分由 10-34-10 溶液提供，最终产品 pH 为 6.0。生产设备主要有混合槽、再循环泵、搅拌器和冷却器。

还有一种热混兼冷混的生产装置。常以聚磷酸铵(10-34-0、11-37-0)与无压氮溶液(28%～32% N)和钾盐混合，可制得 7-21-7，8-25-3，4-10-10 等多规格产品，这些不同规格的清液多元复肥一般都具有低于 0℃ 的盐析温度。

近年来，发展了没有基础溶液的清液复合肥。它的主要原料为 H_3PO_4、氨水、KCl 和尿素。磷酸由磷酸贮槽经高位槽、转子流量计与氨水一起进入中和槽，得到的磷铵溶液与来自 KCl 与尿素盐溶解槽的料液一起经混合槽混合而制得。其流程见图 2-6-5。

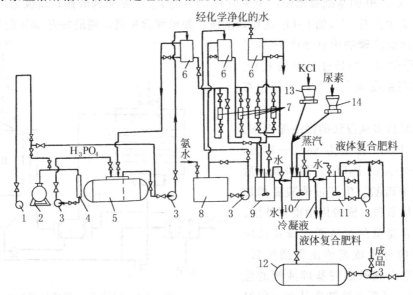

图 2-6-5　清液复合肥料的生产流程

1—真空泵；2—铁路槽车；3—离心泵；4—虹吸装置；5—磷酸贮槽；6—高位槽；
7—转子流量计；8—氨水供应槽；9—磷酸中和器；10—盐溶解槽；11—最终
混合槽；12—清液复合肥料贮槽；13，14—带加料器的料仓

6.2 悬浮液肥料

6.2.1 概述

如果使一部分养分通过悬浮剂的作用而使固体微粒悬浮在液体中，就可得到较一般清液肥料浓度高得多的流体肥料。通常称这种液肥叫悬浮肥料。悬浮肥料的生产方法与清液肥料差不多，所不同的是添加少量悬浮剂（通常用活性白土）。它在水溶液中形成凝胶态悬浮体，使溶液粘度保持在 $300\sim700$ mPa·s 范围，能防止结晶长大和防止固体迅速沉淀。另外，在混合槽中要进行强烈搅拌，使固体原料形成高度分散状态。因此，通常在混合槽中安装透平式搅拌桨和大型循环泵。反应溶液需要强制循环冷却，产品也应冷至室温，不让细小结晶在贮存的自然降温过程中继续长大。为防止贮存过程中沉淀，在贮槽中都装有压缩空气分布管，以便于定期搅动。

生产悬浮肥料的主要原料是 MAP 和 10-34-0 基础液肥，但前者的运输费用较后者便宜。也可以用 DAP 作为磷源，但同时需要使用磷酸。当然也可以用磷酸作原料。自从美国 TVA 用管式反应器生产出粒状 APP 之后，用磷酸作原料更为合理。它既具有固体商品原料便于运输、贮存的优点，又因含聚磷酸盐能使杂质螯合而形成更稳定的悬浮液。

生产过程中应控制操作条件使溶液中形成 DAP 晶体，因它比 MAP 晶体要细小得多，故易于悬浮。同时应注意加氨或磷酸调整溶液 NH_3/H_3PO_4 摩尔比在 1.4 左右，以保持磷铵溶解度最大。悬浮液粘度不宜过小，否则不利于微晶体的悬浮；但也不宜过大，致使输送和施用发生困难，一般不应超过 800 mPa·s（测定条件为布氏旋转粘度计，3 号转子，100 r/min）。

TVA 开发了用 $54\%P_2O_5$ 的湿法磷酸为原料，经过三级氨化生产规格为 13-38-0 的正磷酸盐基础悬浮肥料工艺。于这种悬浮液中加入含氮溶液和钾盐等组分可生产出多种规格的悬浮肥料。

由于悬浮肥料受原料溶解度限制不大，故可生产出高钾 NPK 悬浮肥料，如 7-21-21、3-10-30、4-12-24；高氮悬浮肥料，如 20-10-10、21-7-7、14-14-14 等。例如配制品级为 13-13-13 的悬浮肥料 10 t，计算所需原材料如下。

水 1816 kg；氨水（N32%）2620 kg；基础悬浮肥（13-38-0）3241 kg；干粘土 48 kg；钾盐 2095 kg。总计 10000 kg（10t）。

由于农药与悬浮液易于均匀混合，利用悬浮液增加粘稠度，使可湿性粉末不致沉降。这样，农药与微量元素均能顺利配入，并形成均匀一致而能持久不离析的液体混肥。

一些固体原料化肥既不溶于水，又不易起反应或分解，则可以磨细至 20 目粒度以下作为悬浮剂使用。悬浮液肥料的规格应根据作物、土壤、种植条件（如 pH 值、气候、肥效等）来决定。所需主要与次要营养元素及微量元素可在广泛的范围内寻求。选择的标准必须是费用支出合理，处理成本低，加工收率高，并易于得到高质量产品。

悬浮剂是制成悬浮液肥料不可缺少的辅助原料，是一种粘土类物质。在悬浮液中经过剪切搅拌作用，使不溶解的微小颗粒物质在悬浮液中保持悬液状态，不会沉降，其功能是使悬浮液呈凝胶状，具有较高粘度。常用的悬浮剂有硅镁土、海泡石土、钠基膨润土、黄原酸树胶等四类。悬浮剂的添加量一般为产量的 1% 左右。

6.2.2 液体磷铵

纯磷酸铵溶液应为清液肥料，但是液体磷铵大多由湿法磷酸制得，由于湿法磷酸中含有铁、铝、镁等多种杂质，在氨中和时，会生成一系列不溶性化合物，并呈微小的粒子悬浮在

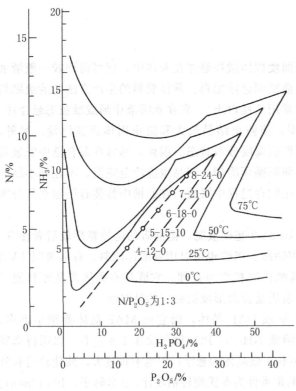

图 2-6-6　NH_3-H_3PO_4-H_2O 三元体系溶解度图

液体肥料中，使肥料呈乳白状，故将液体磷铵归入悬浮液肥料。为提高液体磷铵中有效营养物质（$N+P_2O_5$）的浓度，由图 2-6-6 看出，在 $0\sim75℃$ 范围内的 NH_3-H_3PO_4-H_2O 三元体系的溶解度曲线上，只有在磷酸一铵与磷酸二铵共同溶解的结点处，磷酸铵盐在系统中的溶解度为最大。又从图 2-6-7 NH_3-H_3PO_4-H_2O 三元体系性质图上也可以看出，磷酸一铵与磷酸二铵共溶解的结点位于 NH_3/H_3PO_4 的摩尔比为 1.5 处，此处的磷酸铵盐的溶解度为最大，其值为 185 g/100 g 水，溶液的相对密度（1.44）与粘度（22mPa·s）均为最大值。在 0℃ 的三元体系相图上，磷酸一铵和磷酸二铵共饱和溶液所含氮与磷的质量比（$N:P_2O_5$）约为 1.3。在图 2-6-6 $N:P_2O_5=1:3$ 虚线上。这些点都是液体磷铵肥料在工业上选择的优惠点。

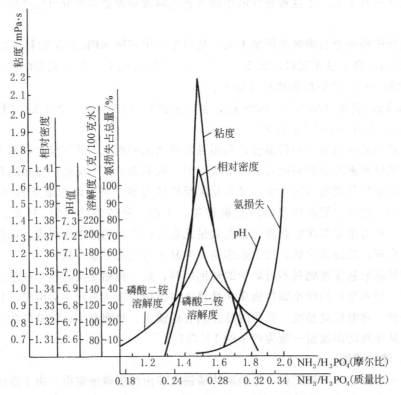

图 2-6-7　NH_3-H_3PO_4-H_2O 三元体系性质图

用含杂质少的湿法磷酸为原料，在工艺上可生产 7-21-0 或 8-24-0 的液体磷铵肥料。用含杂质较高的湿法磷酸则生产 5-15-0 或 6-18-0 的液体磷铵肥料。表 2-6-2 看出，此类液体肥料属于中性肥料（pH 约等于 7）。为避免不溶性杂质在贮存或运输过程中沉淀，在生产中应控制操作条件，如加快中和反应速度，降低中和反应温度或高低中和法等，使形成细小的质点高度分散于液相中，并呈胶体型悬浮状态。必要时可添加膨润土等悬浮剂，以改善液体磷铵的悬浮性能。

图 2-6-8 为液体磷铵的生产工艺流程。氨（0.3～0.4 MPa）与磷酸（0.1 MPa）分别经计量后同时加入到一个特制的 T 形喷射中和反应管内，喷射中和反应管的下端安在装有搅拌器的料浆冷却循环槽内，反应后的料浆由循环泵送到旋流板冷却塔的上部与空气进行逆流冷却，然后再返回循环槽。从循环槽上部溢流的中和料浆即为液体磷铵产品。

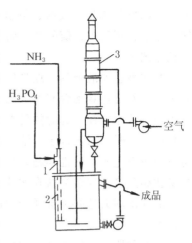

图 2-6-8　液体磷铵工艺流程
1—T 形喷射反应管；2—料浆冷却循环槽；3—旋流板冷却塔

表 2-6-2　液体肥料成分与 pH 值

液体肥料 $N:P_2O_5:K_2O$	pH 值	相对密度 （15℃）	液体肥料 $N:P_2O_5:K_2O$	pH 值	相对密度 （15℃）
8-24-0	6.85	1.269	5-15-0	6.86	1.161
7-21-0	6.85	1.225	4-12-0	6.90	1.128
6-18-0	6.85	1.193			

6.2.3　液体硫磷酸铵肥料

此种液体肥料是含有磷酸一铵、磷酸二铵、硫酸铵和其它添加剂的液体肥料。这种肥料所含的有效营养成分比单独的磷酸铵溶液或硫酸铵溶液高并具有较高的溶解度是与溶液中磷酸一铵和磷酸二铵混合物的比例有一定关系。如果在硫酸铵和磷酸铵混合物里加入硝酸铵，则可以制得有效养分达 55%～56% 的液体肥料。

6.2.4　液体硝酸磷肥

磷矿的硝酸萃取液中加入硫酸铵，使萃取液中的钙以硫酸钙沉淀析出：

$$Ca_5F(PO_4)_3 + 10HNO_3 + 5(NH_4)_2SO_4 + 10H_2O$$
$$=\!=\!= 3H_3PO_4 + 5CaSO_4 \cdot 2H_2O \downarrow + 10HNO_3 + HF \qquad (2\text{-}6\text{-}1)$$

过滤分离除去石膏，再用氨中和含有磷酸和硝酸铵的滤液，便可制得含有磷酸铵和硝酸铵的肥料。分离出的石膏再与 NH_3 和 CO_2 进行复分解反应使其转变为硫酸铵与碳酸钙，生成的硫酸铵再返回到硝酸分解槽循环使用。此法也称硫铵循环法。此外，还可采用节约硝酸用量一半的硫酸氢铵 NH_4HSO_4 循环法。同时使产品中的硝酸铵含量也减少一半，从而制得含磷量较高的液体硝酸磷肥。

6.2.5　配方型悬浮液肥料

根据作物与土壤的需要把各有关原料按一定比例配制成所需品级的肥料称为配方型肥料。现已有常用的配方型悬浮液肥 70 余种。生产该类肥料时，首先要作好原料的选择。主要液态原料有磷酸、液氨、氨水、氨溶液、磷铵溶液、液态农药等。主要固态原料有磷酸铵、尿素、硝酸铵、硫酸铵、硫酸钾、氯化铵、碳酸氢铵、氯化钾、重钙、普钙与微量元素及悬浮剂等。

配方型悬浮液肥的特点是比清液肥具有较高浓度的营养元素。它不仅是一种多元素的饱和溶液，而且还具备含有微细的不溶性悬浮固体而持久不沉降的特点。该类肥料生产时还需考虑各有关原料在一起时的可混性。因为各原料混配时，可能生成不溶性化合物，并产生盐析作用。这时，对于许多不溶物质则可以用悬浮剂使之呈悬浮态。正确选择各种原料化肥，可以减少发生不可混性问题。如硝酸盐和氯化物在水中的溶解度要比硫酸盐高得多。而硫酸盐又比碳酸盐或碳酸氢盐在水中的溶解度高得多。由于化肥的溶解度和粘度会随温度而变化。故在配料时还必须选择合适的温度条件，以保证在最低的贮存温度下，仍能保持足够的流动性。

螯合化肥由于溶入水中或施入土壤后不易形成不溶性化合物，因此能保持较高的肥效。但螯合物成本较高，必须考虑其综合经济效益。生产悬浮液肥与生产清液肥相似，也有冷混与热混两种不同的工艺和设备。在制备不同规格的悬浮液时，如在两种或两种以上原料化肥混配时，产生相当大的热量，这种混配工艺称为热混工艺。在混配两种或以上原料化肥时不产生热量或产生热量不大时则称为冷混工艺。

热混法如聚磷酸氨化生产聚磷酸铵。反应过程中产生的大量反应热则由冷却水移去，以保持反应温度在 82℃ 以下。在混合槽中，温度控制在 66℃ 以下并加入 2% 硅镁土，然后搅拌再加 KCl 制成氮磷钾各种产品。此法可根据需要生产清液或悬浮液复合肥料，其流程见图 2-6-9。有的生产工艺中是先制备不分层的粘土悬浮液，然后同时加入湿法磷酸和氨，制成悬浮液肥料。再加酸调节溶液 pH，在 40℃ 以下添加氨溶液和细晶氯化钾。优良的悬浮液中的结晶粒度不超过 800μm，不产生固体颗粒沉淀并且粘度不超过 1000 mPa·s。

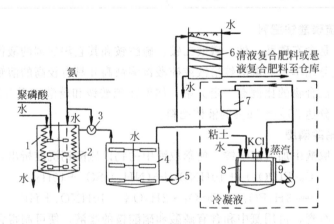

图 2-6-9　清液复合肥料和悬浮液复合肥料的生产流程
1—反应混合器；2—冷却蛇管；3—pH 计；4—混合器；5，9—泵；
6—喷淋式冷却器；7—粘土悬浮液高位槽；8—粘土悬浮液制备槽

冷混法常以 NPK 基础悬浮液，NP 基础悬浮液以及氨溶液或悬浮液为原料，分别贮于贮罐中，罐内有空气分布器可搅拌悬浮液。原料经计量后送入混合罐进行混合，制成所需配方的悬浮液肥料并立即装入运肥槽车。有时还在混合罐内加入农药。

为了扩大原料范围，有些工厂兼有冷混与热混的生产装置。冷混法生产时，首先生产以磷酸盐为基础的悬浮液 10-30-0 和 11-33-0 产品，然后与氮溶液、粘土和钾盐混合生产 NPK 悬浮液肥料。最常用的基础悬浮液是 10-30-0 和 11-34-0，常以颗粒或粉状磷酸一铵为原料，它与水、粘土可制成含有 1%～2% 粘土的 10-30-0 悬浮液。以固体磷酸一铵（或磷酸）生产悬浮液的生产装置为间歇式，每批生产量为 10 吨。混合罐内装有搅拌器和大型循环泵。当氨加入罐内时，使循环液中的固体物料部分溶解，颗粒的体积减小，并分布于液体中。

当采用磷酸为原料时，化学反应热使固体物料的溶解度增加而有利于液体混合物的形成。悬浮液经过间歇式悬浮液冷却器，使悬浮液内的小晶体在贮存时处于稳定状态。悬浮液肥料经常贮存在装有空气分布器的锥形底贮罐内。如果所用磷酸一铵的杂质少，而且 $(Al_2O_3 + Fe_2O_3) : F$ 在 1.8～2.8 之间，则成品 10-30-0 每天搅拌一次，可保存数月之久。经测试证明，悬浮液粘度应大于 200 mPa·s，低于 800 mPa·s。这样，无论在装卸和施用过程中，物料可以保持均匀，且在贮存时保持固体颗粒呈悬浮状态。

钾基悬浮液肥料如 3-10-30、7-21-21 和 4-12-24，一般采用磷酸盐基悬浮液、钾盐和粘土冷混制成。

参 考 文 献

1 陈五平主编. 无机化工工艺学·（三）化学肥料. 北京：化学工业出版社，1989. 268～274，286～287，289～291

2 《化肥工业大全》编辑委员会编. 化肥工业大全. 北京：化学工业出版社，1998. 628，672～674，686，699～703

3 谢天镳、李玉纯编. 液体肥料. 北京：化学工业出版社，1992

4 江善襄主编. 磷酸、磷肥和复混肥料. 北京：化学工业出版社，1993. 965～977

附 表

附表1 磷酸、硫酸及氢氟酸溶液的标准摩尔生成焓

磷 酸			硫 酸		氢 氟 酸	
H_3PO_4	P_2O_5	$-\Delta H_m^{\ominus}$	H_2SO_4	$-\Delta H_m^{\ominus}$	HF	$-\Delta H_m^{\ominus}$
%	%	kJ/mol H_3PO_4	%	kJ/mol H_2SO_4	%	kJ/mol HF
84.47	61.17	1278.97	100	811.32	18.17	316.00
73.12	52.95	1282.98	98	815.21	9.99	316.33
64.46	46.68	1285.37	95	820.82	5.26	316.45
57.63	41.73	1286.96	93	824.54	3.57	316.50
52.11	37.73	1288.00	91.59	827.05	2.70	316.54
47.56	34.44	1288.84	90	829.90	2.17	316.56
40.48	29.31	1289.89	85	838.56	1.10	316.67
35.23	25.51	1290.60	84.48	839.39	0.55	316.75
31.20	22.59	1291.06	78.40	848.22	0.37	316.82
26.62	19.28	1291.56	73.13	853.24	0.28	316.90
21.39	15.49	1292.06	64.47	860.31	0.22	316.98

注：氟硅酸（H_2SiF_6）水溶液：$\Delta H_m^{\ominus} = -2331.33$ kJ/mol H_2SiF_6。

附表2 磷酸、硫酸溶液的比热容

附表2-1 磷酸水溶液的比热容

%		读数值×4.1868J/(g·℃)					
H_3PO_4	P_2O_5	15℃	25℃	40℃	60℃	70℃	80℃
0	0	1.0004	0.9990	0.9987	1.0010	1.0013	1.0030
5	3.62	0.9576	0.9591	0.9613	0.9638	0.9654	0.9666
10	7.24	0.9172	0.9208	0.9251	0.9282	0.9330	0.9347
15	10.86	0.8794	0.8839	0.8895	0.8946	0.8980	0.9017
20	14.49	0.8414	0.8465	0.8534	0.8622	0.8652	0.8639
25	18.11	0.8042	0.8102	0.8184	0.8287	0.8303	0.8297
30	21.73	0.7679	0.743	0.7833	0.7945	0.7956	0.7968
35	25.35	0.7322	0.7387	0.7479	0.7601	0.7623	0.7658
40	28.97	0.6971	0.7036	0.7134	0.7256	0.7294	0.7342
45	32.59	0.6622	0.6689	0.6803	0.6911	0.6969	0.7008
50	36.22	0.6281	0.6353	0.6477	0.6580	0.6649	0.6674
55	39.84	0.5952	0.6030	0.6149	0.6274	0.6334	0.6350
60	43.46	0.5639	0.5725	0.5838	0.5970	0.6021	0.6042
65	47.08	0.5361	0.5439	0.5545	0.5673	0.5724	0.5754
70	50.70	0.5096	0.5166	0.5264	0.5385	0.5540	0.5474
75	54.32	0.4844	0.4960	0.4998	0.5114	0.5172	0.5202
80	57.94	0.4606	0.4662	0.4746	0.4861	0.4919	0.4941
85	61.57	0.4380	0.4434	0.4511	0.4614	0.4666	0.4692
90	65.19	0.4174	0.4228	0.4294	0.4389	0.4429	0.4454
95	68.81	0.3994	0.4045	0.4096	0.4187	0.4212	0.4227
100	72.43	0.3839	0.3889	0.3918	0.4008	0.4013	0.4010

附表 2-2 硫酸水溶液的比热容

%	读数值×4.1868J/(g·℃)			
H₂SO₄	20℃	40℃	60℃	80℃
100	0.335	0.343	0.351	0.359
96.00	0.348	—	0.364	0.374
92.50	0.373	0.380	0.391	0.399
88.90	0.406	—	—	0.429
87.60	0.417	—	0.432	0.438
85.50	0.434	—	0.444	0.449
85.00	0.438	—	0.446	0.452
84.48	0.441	0.445	0.448	0.455
82.80	0.446	0.452	0.457	0.464
78.10	0.452	0.462	0.468	—
72.20	0.467	0.475	0.487	0.499
66.10	0.494	0.500	0.510	—
65.10	0.499	—	0.516	0.524
60.10	0.527	0.532	0.542	0.548
53.80	0.568	0.573	0.584	0.583
48.20	0.610	0.616	0.626	0.622
45.30	0.634	—	0.640	0.642
42.00	0.662	0.666	0.669	0.671
40.00	0.683	—	0.684	0.685

附表 3 一些物质的标准生成热和比热容（25℃）

物　质	$\Delta H_{f,298}^{\ominus}$ kJ/mol	c_p J/mol·K	c_p J/g·K	物　质	$\Delta H_{f,298}^{\ominus}$ kJ/mol	c_p J/mol·K	c_p J/g·K
$Al_2O_3(s)$	−1610	79	0.775	$Ca(H_2PO_4)_2(s)$	−3115	—	—
$AlPO_4(s)$	−1716	93	0.762	$Ca(H_2PO_4)_2·H_2O(s)$	−3410	259	1.026
$AlPO_4·2H_2O(s)$	−2353	—	—	$H_2O(l)$	−286	75.3	4.183
$NH_3(g)$	−46.1	35.1	2.065	$H_2O(g)$	−242	33.6	1.866
$NH_4H_2PO_4(aq)$	−1435	—	—	$H_2SO_4(l)$	−811	139	1.418
$NH_4H_2PO_4(s)$	−1451	142	1.235	$H_2SO_4(aq)$	−907	—	—
$(NH_4)_2HPO_4(aq)$	−1560	—	—	$H_3PO_4(l)$	−1279	145	1.480
$(NH_4)_2HPO_4(s)$	−1574	188	1.424	$HF(g)$	−271	29.1	1.455
$(NH_4)_2SO_4(s)$	−1181	187	1.417	$H_2SiF_6(aq)$	−2331	—	—
$(NH_4)_2SO_4(aq)$	−1173	—	—	$Fe_2O_3(s)$	−824	104	0.651
$(NH_4)_2SiF_6(aq)$	−2602	—	—	$FePO_4(s)$	−1297	—	—
$Ca_5F(PO_4)_3(s)$	−6872	752	0.746	$FePO_4·2H_2O(s)$	−1871	181	0.968
$CaCO_3(s)$	−1207	81.3	0.813	$MgCO_3(s)$	−1110	76	0.902
$CaF_2(s)$	−1215	67.8	0.869	$MgSO_4(s)$	−1278	96.5	0.801
$CaSO_4·2H_2O(s)$	−2023	186	1.082	$MgSO_4(aq)$	−1369	—	—
$CaSO_4·\frac{1}{2}H_2O(s)$	−1573	122	0.843	$MgNH_4PO_4·6H_2O(s)$	−3682	—	—
$CaSO_4(s)$	−1432	100	0.735	$SiO_2(s)$	−841	44.4	0.694
$CaHPO_4(s)$	−1821	110	0.809	$SiF_4(g)$	−1548	73.6	0.708
$CaHPO_4·2H_2O(s)$	−2410	197	1.146	$CO_2(g)$	−393.5	37.1	0.843

第三篇　钾　　肥

第一章　绪　　论

1.1　钾肥的作用

动物体内所摄取的钠要比钾多得多。但植物正好相反,在植物体内,钾含量要比钠含量高出 50 倍,甚至 100 倍。由此可见,植物选择吸收钾的能力可以远远超出它的环境浓度。

钾是作物营养的三要素之一。但钾肥与氮肥、磷肥不同,钾素不是构造作物体内有机化合物的成分。到目前为止,在作物体内尚未发现含钾的有机化合物。钾素呈离子状态,或溶于作物的汁液之中,或吸附在原生质胶状的表面。因此,流动性强,非常活跃。钾是可以再度利用的元素,是酶的最有效活化剂,具有高速透过生物膜的特性,能促进光合作用,对植物体内各种醣类的代谢作用有很大的关系。当植物缺钾时,就可能影响植物体内各种醣类的合成。由于醣类的代谢作用受到了影响,转而又影响到植物体内蛋白质和脂肪的合成,使植物不能正常发育。钾素能促进豆科作物的固氮作用,提高根瘤菌的固氮能力,促进作物有效地利用土壤水分,减少水分的蒸腾作用;促进碳水化合物的代谢,并加速同化产物流向贮藏器官;增强作物的抗寒、抗旱、抗病和抗倒伏的能力。由此可见,为了增加农作物的产量和提高农作物的质量,必须施用足够的钾肥。

此外,大量田间试验表明,氮、磷、钾三者配合施用时,增产效果明显。当钾肥施用不足,而氮肥使用过多时,会引起作物疯长,组织柔软,导致病害、倒伏减产等一系列不良后果,并使部分氮肥未被利用而流入水中,既污染了环境,又使土壤受到破坏。新中国成立以来,随着农业的不断发展,单位面积产量和复种指数不断提高,使三种营养元素供应失去平衡,造成多氮、少磷和缺钾的状况。现在全国已有三分之一的土壤缺钾,且缺钾土壤的比例还在继续扩大。如南方的红壤土、砂性土和熟化程度低的耕地,北方的砂性土均为低钾土壤[1],这就更增加施用钾肥的紧迫性。据统计,1997 年[2],中国化肥产量为 2632.1 万 t,其中氮肥为 2043.9 万 tN,磷肥为 559.6 万 tP_2O_5,钾肥为 28.6 万 tK_2O。或三者比例为 1：0.27：0.14[2]。按农业专家推荐的三者最佳施肥比例 N：P_2O_5：K_2O 为 1：0.45：0.4相差甚远,所以少磷缺钾,需要加快磷、钾肥的发展。钾在地壳中的含量是丰富的,仅次于 O、Si、Al、Fe、Ca、Na 而居第七位,占地壳总量的 2.59%。钾在页岩,砂岩和石灰石等沉积岩中的含量比钠还高。在一般土壤中,以 K_2O 计的钾含量约在 1%~2.5% 之间,但在砂土和红壤土中的钾含量可能低至 0.2%~0.3%,在泥炭土中则仅为 0.05%~0.14%。

在土壤中的钾存在形态大致可以分为三种,即水溶性钾、代换性钾和不溶性钾。水溶性钾易被作物吸收。代换性钾是指被土壤复合体所吸附而又能被其它阳离子所交换的钾,也易被作物吸收利用。

在土壤中,水溶性钾和代换性钾所占的比例是较少的。当作物收获时,钾随之带走。虽然这些被带走的钾大部分可以以动物排泄物和草木质等形式返回土壤，但总的说来是有损失的，而且随着复种次数和单位面积产量的提高，这种损失也随之增加。因此为了保持和提高土壤的肥力以增加作物的收获量，就有必要在种植期间使用钾肥。

不溶性钾是各种硅铝酸钾，如土壤中的长石、云母、粘土等。它们经过风化也可变为水溶性钾，但由于它们的变化速度太慢，只能满足作物需要量的很小部分。为了加速硅铝酸钾的分解速度，中国农业部门提倡施用菌肥。当这些细菌施入土壤以后，它会促进硅铝酸钾的分解，将钾释放成为作物易于吸收的盐类。

1.2 钾肥原料

地壳中钾平均含量为 2.4%，但基本上是火成岩，沉积岩和变质岩等非水溶性矿物，不能为作物所摄取。

海水中含有 0.0460% 钾。其浓度虽低，但每 km^3 海水中就含有 48 万 tK_2O，全地球海水中 K_2O 的总储量为 720 万亿 t。可惜迄今尚未有经济的从海水中提钾的技术路线，因而海水尚不能作为钾资源看待。中国有的盐场也利用海水制盐的苦卤提取 KCl，但提取量极少，且能耗高，不足以列入现代钾肥工业原料中。

固体钾盐矿列于表 3-1-1，大致分为以下三类。

① 氯化物类。主要是钾石盐，光卤石，是钾肥的主要原料。绝大部分是古海浅湾海水经长期蒸发析出的钾盐，小部分是由更新世地质年代的淡水湖发育而成的盐湖和天然盐水。封闭状态的海水经蒸发后，其残留的卤水中富含钾、钠、镁等盐类，其中的钾一般以光卤石（Carnallite，$KCl \cdot MgCl_2 \cdot 6H_2O$）形式和 NaCl 共析。后来由于淡水浸泡，将光卤石分解，其中 $MgCl_2$ 随溶液流走，而 KCl 和 NaCl 成为钾石盐析出。属于这类矿床的有加拿大、原苏联和美国等一些大型钾石盐矿。全世界总计有这种矿床 18 个。中国迄今为止，尚未发现大型钾石盐矿。

② 硫酸盐类。主要是钾盐镁矾（kainite，$KCl \cdot MgSO_4 \cdot 3H_2O$）、无水钾镁矾（langbeinite，$K_2SO_4 \cdot 2MgSO_4$）和杂卤石（polyhalite，$K_2SO_4 \cdot MgSO_4 \cdot 2CaSO_4 \cdot H_2O$），并伴生有石盐（NaCl）和硬石膏（$CaSO_4$）。波兰的杂卤石矿和意大利西西里的钾盐镁矾矿属之。

③ 钾、镁氯化物和硫酸盐混合物。此外，钠钾的硝酸盐也是固体钾矿，在中国新疆境内有小型的钾硝石（niter，KNO_3）和水硝碱镁矾［humberstonite，$Na_7K_3Mg_2(SO_4)_6(NO_3)_2$］发现，近年来已经加工成为 KNO_3 商品出售。

除了水溶性钾矿以外，非水溶性矿石有明矾石（alunite，$K_2O \cdot 3Al_2O_3 \cdot 4SO_3 \cdot 6H_2O$），霞石（nepheline，$K_2O \cdot Al_2O_3 \cdot 2SiO_2$）和钾长石（potash feldspar，$K_2O \cdot Al_2O_3 \cdot 6SiO_2$）。明矾石盛产于浙江平阳和安徽庐江，霞石产于云南个旧。明矾石和钾长石的开采利用只有在综合利用其中的 Al_2O_3 生产工业级氧化铝或铝盐，以及利用其中的 SiO_2 生产水泥的基础上才经济合理。钾长石含 K_2O 更低，在中国利用它生产水泥，逸出的窑灰，含 K_2O 甚高可用作钾肥。

另有一类钾资源是含钾盐湖的卤水。

盐湖一般是已与海洋隔绝的海水或内陆淡盐水经过长期的自然蒸发而形成的高浓度的盐水。浓缩后的盐湖卤水富集了大量具有工业价值的各种无机盐类，如氯化钠、氯化钾、氯化镁、芒硝、碳酸钠、硫酸镁、硼盐、溴盐、锂盐和铯、铷等稀有元素。卤水中如果氯化钾含量在 1% 左右，就认为是具有工业利用价值的含钾盐湖。

　　一般盐湖的沉积，主要是氯化钠，而提取钾盐的原料主要是卤水部分。盐湖卤水按其存在部位不同，可分为表面湖水和晶间卤水。表面湖水是在盐沉积上部暴露于空气中的湖水；而晶间卤水是指填充于下部盐沉积孔隙中的卤水，约占盐沉积总体积的 25%～30%。晶间卤水常较表面湖水中含有更多的钾、镁、溴、硼和其它元素，因而具有更大的工业价值。

表 3-1-1　各种含钾矿物

矿物名称	英文名称	主要成分的分子式	溶于水否	密度 /(g/cm³)	硬度	理论 K₂O 含量	成因及共生情况
钾岩盐	sylvite	KCl	可溶	1.987	2.2	63.2	原生沉积或由光卤石次生
钾石盐	sylvine	KCl 和 NaCl 的混合物	可溶	—	—	不定	
光卤石	carnallite	$KCl \cdot MgCl_2 \cdot 6H_2O$	可溶	1.64	2.5	16.95	原生和次生都有，都与石盐、硬石膏共生，少量和钾盐、钾盐镁矾共生
硫酸钾石	arcanite	K_2SO_4	可溶	2.07～2.59	2～3	54.0	
钾盐镁矾	kainite	$KCl \cdot MgSO_4 \cdot 3H_2O$	可溶	2.082～ 2.138	3	19.3	原生矿与石盐、泻利盐共生，次生矿与无水钾镁矾共生，由硫镁矾和钾盐变成
无水钾镁矾	langbeinite	$K_2SO_4 \cdot 2MgSO_4$	可溶	2.86	4.2	22.7	次生，与硫镁矾，钾盐及石盐共生，或与硬石膏和杂卤石共生
钾镁矾	leonite	$K_2SO_4 \cdot MgSO_4 \cdot 4H_2O$	可溶	2.20	2.7	25.7	
软钾镁矾	picromerite	$K_2SO_4 \cdot MgSO_4 \cdot 6H_2O$	可溶	203	2.5～3	23.4	在低温下可能与 KCl 和 HCl 一起原生；通常由钾盐镁矾和钾镁矾变成，与钾盐镁矾、白钠镁矾和钾盐硝共生
钾芒硝	aphitalite	$3K_2SO_4 \cdot Na_2SO_4$	可溶	2.692	2.7	42.5	
杂卤石	polyhalite	$K_2SO_4 \cdot MgSO_4 \cdot 2CaSO_4 \cdot H_2O$	不溶	2.72	3～3.6	15.6	由硬石膏次生于光卤石和硬石膏中
钾硝石	niter	KNO_3	可溶	2.11	2	46.59	
水硝碱镁矾	humberstonite	$Na_7K_3Mg_2(SO_4)_6(NO_3)_2 \cdot 6H_2O$	可溶	2.252	3～4	12.45	

　　世界上重要的含钾盐湖有中东的死海（Dead Sea），美国的大盐湖（Great Salt Lake），塞尔斯湖（Searles Lake），中国的察尔汗和大小柴旦盐湖。

　　死海长 55km，宽 12～17km，海水最大深度为 360m，平均深度为 146m，在过去 40 年，每年深度以 0.5m 的速度下降。水面下降原因主要是从北部约旦河流入的水量已从 20 世纪 60 年代的 17 亿 m³/a 减少到目前的 3 亿 m³/a，其余水量都被上游的以色列、约旦和叙利亚等国瓜分，同时一些公司从死海中汲卤日晒提炼钾和其它盐类，也是导致死海水面下降的原因。60 年代死海表面积为 725km²，水面低于海平面 410m，为地球上最低陆地表面。湖体总容积为 136km³，每年补给该湖的平均水量为 $1.6 \times 10^9 m^3$。其中约旦河占 65%，其余的为其它河流、泉水和雨水。而三分之一的盐类却来自约旦河，三分之二来自高盐度的泉水。死海卤水中盐度为 340g/L（相当于海水的 10 倍）。其 25m 以上卤水平均化学组成（g/L）：$MgCl_2$ 180，$NaCl$ 100，$CaCl_2$ 45，KCl 14，$MgBr_2$ 6。溶解固体总量 430 亿 t，其中 KCl 为20 亿 t。湖底沉积物由石盐、石膏和文石（$CaCO_3$）组成。死海中各种盐量的储量为 $NaCl$ 120 亿 t，KCl 20 亿 t，$MgCl_2$ 220 亿 t，$MgBr_2$ 10 亿 t，$CaSO_4$ 1 亿 t，堪称为氯化钾的宝库，综合加工可生产 KCl，$NaCl$，$MgCl_2 \cdot 6H_2O$，Br_2 及溴盐。

美国犹他州的大盐湖是西半球最大的盐湖，长约 120.7km，宽 19.3～32.2km，面积 3626km²，湖水最深处为 4.88m，平均深度 1.46m。湖水主要成分为：Na^+、K^+、Mg^{2+}、SO_4^{2-}、Cl^-，并含有少量 Li^+、Ca^{2+}。它属硫酸盐湖，根据美国地质调查的初步估计，含 $NaCl$ 32.3 亿 t，$MgCl_2$ 2100 万 t，KCl 1700 万 t，B_2O_3 60 万 t，Li 56 万 t。1959 年由于铁路堤坝横贯东西，将湖分成南北两部，南部由于接纳了 95％的河水被淡化，北部则由于自然蒸发而被浓缩，因此南北两湖的湖水化学组成有明显的差异（参见表 3-1-2）。

表 3-1-2 大盐湖的湖水化学组成/(g/kg)

湖 区		密度/(g/cm³)	Na	K	Ca	Mg	Li	HCO_3^-	SO_4^{2-}	Cl^-	F^-	B	Br^-	总盐
北湖	最浓季节	1.223	85.60	7.74	0.312	13.50	0.066	0.523	27.0	155	0.006	0.052	0.16	296
	最淡季节	1.214	76.00	6.78	0.164	11.20	0.042	0.477	20.0	141	0.0048	0.029	0.10	277
南湖	最浓季节	1.218	86.0	6.70	0.342	11.30	0.058	0.473	24.8	149	0.0058	0.046	0.14	286
	最淡季节	1.153	65.1	4.17	0.126	7.10	0.034	0.369	11.4	113	0.0038	0.019	0.08	212

美国 Searles 湖位于洛杉矶东北 270km，是一个干盐湖，面积约 460km²。上层盐由石盐（$NaCl$）、碳酸芒硝（$9Na_2SO_4 \cdot 2Na_2CO_3 \cdot KCl$）、晶碱石（$NaHCO_3 \cdot Na_2CO_3 \cdot 9H_2O$）、钾芒硝（$3K_2SO_4 \cdot Na_2SO_4$）、氟硫盐（salfohalite $2Na_2SO_4 \cdot NaCl \cdot NaF$）和硼砂；下层盐含晶碱石、碳酸钠矾［burkeite，中国译称芒硝碱（$2Na_2SO_4 \cdot NaCO_3$）］、无水硫酸钠、苏打石（$NaHCO_3$）、碳酸钠镁石（$Na_2CO_3 \cdot MgCO_3$）。而晶间卤水含 $NaCl$ 16.35％、Na_2SO_4 6.96％、KCl 4.75％、Na_2CO_3 4.74％、$Na_2B_4O_7$ 1.51％、Na_3PO_4 0.155％、$NaBr$ 0.109％、$LiCl$ 0.021％、Na_2S 0.020％、As_2O_3 0.019％、CaO 0.0022％，以及微量的 $Fe_2O_3 + Al_2O_3$、NH_3、NaI、Sb_2O_3。如果忽略少量及微量盐类不计，也是 Na^+，K^+，H^+/SO_4^{2-}，CO_3^{2-}，$B_2O_4^{2-}$，Cl^-，F^-，PO_4^{3-}，H_2O 九元体系。J. E. Teeple[3]教授研究了 120 多个体系的相图。美国钾碱化学公司[4~6]（American Potash Chemical Corp）[4~6]应用相图原理、过饱和原理等将它们分离，生产出 KCl、Na_2CO_3、Na_2SO_4、$Na_2B_4O_7 \cdot 10H_2O$、Li_3PO_4、K_2SO_4、Br_2 等产品。

1.3 钾肥品种

人们早先利用草木灰肥田。直到 1861 年德国在 Stassfurt 地方首先开采光卤石矿，才开始建立起钾肥工业。在 20 世纪的初年，世界其它各地相继发现钾矿并产钾肥。

当今，氯化钾和硫酸钾是主要的钾肥品种，其余为硫酸钾镁盐、磷酸氢钾和硝酸钾，产量都很少。

由于氯化钾是自然界存在的数量最大的水溶性钾盐，所以也是用量最大的钾肥，占全世界钾肥总量的 90％以上。氯化钾纯品含水溶性 K_2O 为 63.2％。肥料级氯化钾一般含 K_2O 58％～60％。硫酸钾纯品含水溶性 K_2O 54.0％，肥料硫酸钾含 K_2O 一般在 50％左右。硫酸钾约占世界钾肥的 5％，它主要用于忌氯作物，由于中国种植果树、烟草等经济作物的面积很大，近年来需要量约在 100 万 t 以上。

硝酸钾纯品含 K_2O 46.5％，N 13.8％，农业硝酸钾的纯度为 98％左右，其中约含 K_2O 44％和 13％N。由于它含氮、钾且物理性能良好，不易潮解、结块，是十分理想的肥料。中国新疆吐鲁番境内有两家化工厂，利用乌宗布克拉的钾硝石以水沥取其中可溶组分，利用相图分离出 KNO_3 作为成品出售。

钾镁矾和钾盐镁矾含 26％～30％ K_2O、8％～12％ MgO、40％～45％ SO_3，适用于忌氯需镁作物，如马铃薯，某些水果和蔬菜，牧草和森林。

近年来，国内外生产磷酸二氢钾（KH_2PO_4），含 K_2O 35％、P_2O_5 52％，是有效成分高的速效磷钾复合肥料，化学性质稳定，适用于各种作物的不同生长期，肥效十分显著，深受农民欢迎，中国现在有许多工艺路线在进行生产和试生产。

在水泥生料中通常都含有 K_2O，当在高温煅烧时，含 K_2O 的矿石结构就被破坏，挥发出来的 K_2O 与烟道气中的 SO_2、CO_2 生成水溶性的 K_2SO_4 和 K_2CO_3，随着温度的降低，凝固成微细晶体，可以在除尘设备中回收。它含 K_2O 5％～12％，并含有多种微量元素。现在中国一些水泥厂也增设设备，改进配料，副产这种钾肥。此外，在这一基础上加以改进，首创了以石灰石和钾长石为水泥生料，在高炉中熔融制造白色水泥和碳酸钾的工艺。由于窑灰水泥和碳酸钾都是水泥工业的副产品，在本教材中不作介绍。

第二章 氯化钾的生产

2.1 氯化钾的性质

氯化钾为无色结晶体，等轴晶系，六八面体组，晶胞分子数为 4，晶胞参数 $a_0 = 6.2931 \times 10^{-10}$ m（6.2931Å）。天然产出的，因含有杂质可染成红色、玫瑰色、灰色、黄色及乳白色（含微细的气泡），玻璃光泽，性脆，硬度 2，密度 $1.97 \sim 1.993$g/cm³。在水中的溶解度（100g 水中的 g 数）：0℃时 27.6，20℃时 34.0，100℃时 56.7，在 −10.6℃以下可形成 $KCl \cdot H_2O$。氯化钾除直接用作肥料外，还用作取其它钾肥、钾盐（如碳酸钾、氯酸钾、高氯酸钾）和苛性钾的原料；苛性钾和碳酸钾又是制取高锰酸钾、铬酸钾等的原料，故氯化钾被认为是钾盐的母体产品。

2.2 钾石盐制取氯化钾

2.2.1 钾石盐的开采和预加工

钾石盐是氯化钾和氯化钠的混合物，是自然界中最主要的可溶性钾矿。其中主要杂质是光卤石（$KCl \cdot MgCl_2 \cdot 6H_2O$）、硬石膏（$CaSO_4$）和粘土物质，有的还混有硫酸盐。钾石盐由于具有组成简单、储量大和加工方便等优点，它一直作为钾肥工业的主要原料。中国迄今为止，除在云南思茅境内有少量低品位钾石盐矿发现外，尚无大型矿发现，成为发展中国钾肥生产的瓶颈，很多学者建议与周边有大型钾石盐储量的邻国合作开采，2000 年 10 月中国已与泰国和老挝签订联合开采协议。它和光卤石的加工原理是开发中国察尔汗盐湖的理论基础，为此在本教材中予以介绍。

钾石盐中氯化钾的含量，按矿床形成条件的不同而在 10%～60% 范围内波动，一般认为氯化钾含量在 20% 以上才有工业开采的价值。

钾石盐的开采有旱采和溶采两种。旱采通常与井下采煤相似，用房柱式采掘，回采率只有 50% 左右。由于地压的限制，旱采时可采深度一般不超过 700m；当矿床呈波状高低起伏时，旱采就显得困难。

溶采系在地面往矿床钻孔，通过注水管注入水或氯化钾稀溶液将矿床溶浸，在矿体中造成人工空穴以容纳溶解盐层的区间。溶解钾石盐后的浓溶液经出口管压出地面，送去冷却结晶，分离出 KCl。所得 KCl 母液加热后重新返回地下矿层中溶采。溶采法的可采深度可达 1000～2000m，并适用于矿层厚度较小的矿床。一般溶采法的回采率可达 60%～70%，远远高出旱采法。由于溶采法可以直接得到溶液，因此开采、输送和加工都较方便，且易于实现自动化，劳动生产率可以大为提高。

由旱采的钾石盐矿，首先要经过破碎和磨碎。其破碎和磨碎的细度应取决于矿石的结构和随后加工的方法。钾石盐是与其它盐类共生的矿物。当采用浮选法等机械方法加工时，经破碎和磨碎后必须达到单体分离的程度。所谓单体分离即不同物质的晶体自成一体，不粘结其它晶体。

用爆破法开采的钾长石最大块度为 300～400mm，用溶解结晶法加工时，要求破碎到 5～7mm，才能达到满意的溶解速度和浸取率。

2.2.2 溶解结晶法制取氯化钾

溶解结晶法系根据 NaCl 和 KCl 在水中的溶解度随温度变化规律的不同而将两者分开的。

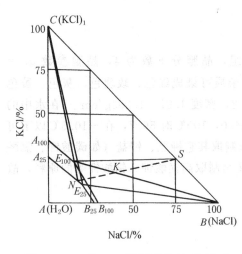

图 3-2-1 25℃、100℃下 KCl-NaCl-H_2O 体系溶解度图

图 3-2-1 为 KCl-NaCl-H_2O 体系在 25、100℃下的溶解度图。图中的 E_{25}、E_{100} 分别为 25、100℃的 KCl-NaCl 二盐共饱点，$A_{25}E_{25}$、$A_{100}E_{100}$ 和 $E_{25}B_{25}$、$E_{100}B_{100}$ 分别表示 25℃和 100℃的 KCl 与 NaCl 溶解度线。设 S 为钾石盐的组成点（把钾石盐视为 KCl-NaCl 二盐混合物，而将其中的 $CaSO_4$、$MgCl_2$ 等各种少量杂质都忽略不计）。从图可以看出，100℃时的共饱溶液 E_{100}，冷却到 25℃时处于 KCl 结晶区内，因此就有 KCl 呈固相析出，而液相落在 CE_{100} 的延线与 $A_{25}E_{25}$ 的交点 N 处。过滤分出 KCl 固体后，重新把溶液由 N 点加热到 100℃与钾石盐 S 混合成点 K。因为 K 点落在 100℃的 NaCl 结晶区内，KCl 是不饱和的，因而 KCl 溶解，留下固相 NaCl 而得共饱溶液 E_{100}。过滤去 NaCl 以后将共饱溶液 E_{100} 重新冷却，开始新的循环过程。

根据上述的相图分析，可以拟出从钾石盐中提取 KCl 的方法。

① 经过粉碎的钾石盐用氯化钾结晶后的母液在高温下溶浸，以制成高温的 KCl-NaCl 共饱液。当用溶采法时将高温的氯化钾母液注入钾石盐矿床，得到的共饱溶液被压出地面。

② 高温的共饱溶液和盐泥残渣分离并加以澄清，以除去溶液中夹带的固体颗粒。

③ 将共饱溶液冷却到常温，使其中的氯化钾结晶，再将氯化钾晶体与母液分离，将湿氯化钾固体送去干燥。

④ 将 KCl 母液加热去溶浸新的一部分钾石盐或重新注入矿床去浸溶矿层以得到共饱溶液。

如果钾石盐的溶浸温度和氯化钾的结晶温度相差愈大，则每一循环的氯化钾产率愈高，但溶浸过程一般在常压下进行，由于受沸点的限制，在 100～105℃之间。这时，溶浸液约含 KCl 270g/L，NaCl 210g/L。氯化钾的结晶温度要视当地当时冷却水的温度而定，在可能的冷却水源条件下，尽可能采用较低的温度。

钾石盐所含的其它少量盐类，在循环过程中会逐渐累积，使 NaCl-KCl-H_2O 体系的溶解度发生变化，从而影响 KCl 溶浸和结晶的工艺条件。当积累到一定程度以后，就会使 KCl 产品纯度下降，此时就有对 KCl 增加洗涤，甚至有对 KCl 进行重结晶的必要。当出现这种情况时，就应该从系统中排出一部分 KCl 母液另行处理或将它抛弃。

溶解结晶法的工艺流程如图 3-2-2。钾石盐经破碎机破碎和振动筛过筛后，送入三个串联的螺旋溶浸槽中，用 KCl 母液进行溶浸。KCl 母液先进入第二槽中，与来自第一槽的钾石盐逆流溶浸，第二槽排出的固体进入第三溶浸槽用洗水洗涤后，基本上是 NaCl 残渣，经 NaCl 残渣离心机脱水后排弃之。钾石盐从第一槽流经第二槽，再流入第三槽；洗水先进入第三槽，然后与 KCl 母液一起进入第二槽，再进入第一槽，这称之为外部逆流，它可以提高 KCl 的溶解速度和溶浸率。

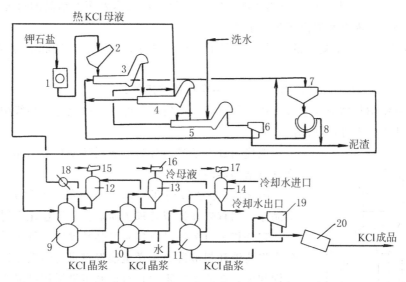

图 3-2-2　溶解结晶法从钾石盐制取氯化钾流程图

1—破碎机；2—振动筛；3，4，5—第一，第二，第三螺旋溶浸槽；6—NaCl 残渣离心机；7—澄清槽；8—真空转鼓过滤机；9，10，11—结晶器；12，13，14—冷凝器；15，16，17—蒸汽喷射器；18—加热器；19—KCl 晶浆离心机；20—干燥机

第一溶浸槽中，钾石盐和溶液是并流的。这样钾石盐中 KCl 晶浆含的细盐就有较长的时间与溶液接触，让其充分溶解，因而可以减少细盐的损失，这称为内部并流。

而在第二、三溶浸槽中，仍然采用内部逆流。

溶浸槽的水平部分是卧式圆底的筒体，内设螺旋输送机将固体推向右边。右边抬起部分是括板提升机，将固体抬起并将溶液沥干，从而将液固两相进行粗略分离。

从第一溶浸槽出来的溶液，含有细盐和粘土等不溶物，加入絮凝剂后送入澄清槽澄清，底流用真空转鼓过滤机过滤，将泥砂排弃。滤液用泵送回澄清槽。

从澄清槽出来的溢流液，即为 NaCl、KCl 热共饱和液，送往真空结晶器 9、10、11 结晶。真空结晶器往往设置多个，有时甚至多到 46 个串联操作。每组结晶器由结晶罐、蒸发室（两者常上下合在一起，蒸发室直接布置于结晶罐的上面）、冷凝器和蒸汽喷射器所组成。溶液逐个流过各结晶罐，在喷射器中借蒸汽喷射使蒸发罐处于真空状态。其真空度按流程顺序逐级增加，因此结晶罐内的温度也就逐级下降。在最后一级结晶罐中，溶液的温度已接近常温。将 KCl 晶浆送至 KCl 晶浆离心机脱水，再经干燥机干燥后即为成品。离心机的滤液返回最后一个结晶罐中。从最后一个结晶罐中取出的冷母液自后往前通过各级冷凝器以升高温度并充作二次蒸汽的冷凝介质。从第一级冷凝器出来的 KCl 母液，再在加热器中通蒸汽加热，然后回到溶解槽中进行新钾石盐原料的浸取。只有最后一级的冷凝器是用冷水做冷凝介质的，以获得更低的温度。还应指出，在结晶器中当蒸发过量时，应加水补充，以免 NaCl 一起析出。

采用真空结晶器进行氯化钾结晶，具有如下优点：

① 由于绝热蒸发，其结晶热可以用于蒸发溶液使溶液浓缩，在图 3-2-1 的

KCl-NaCl-H$_2$O体系溶解度图中，N 点溶液沿着 KCl 的饱和线 $A_{25}E_{25}$ 移至共饱点 E_{25}，因此可以提高 KCl 的产量。

② 在真空结晶器中不存在加热表面，因而避免了在加热表面上结晶的可能性，从而延长了结晶器的生产周期和提高了生产能力。

③ 可以获得均匀而粗大的晶体，有利于分离、洗涤、干燥、包装和贮存等后继工序，也便于施肥。

④ 结构简单，便于防腐，操作容易，一次投资费用低。

如果把真空结晶器分为多级操作，各级间保持较小的温差，可以避免每级中产生过大的过饱和度，从而达到控制结晶的目的。

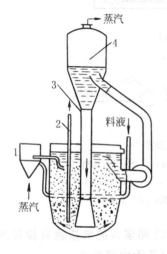

图 3-2-3　清液循环型真空结晶（奥斯陆结晶器）

1—细晶分离器；2—晶体取出管；3—大气腿；4—蒸发室

现代的真空结晶器分为清液循环型真空结晶器和浆液循环型真空结晶器两类。

图 3-2-3 是清液循环型真空结晶器，也称奥斯陆（Oslo）结晶器，因首先在挪威首都奥斯陆实现工业化而得名。

它是移去过多细晶以控制产品粒度的一种最早设计。其过程为将清液和料液混合后送至蒸发室进行蒸发，以产生一定的过饱和度，然后依靠重力将过饱和溶液返回结晶罐悬浆层底部和晶体相接触，使晶体长大。过量细晶从细晶层移出，并经加热溶解后重新返回到循环溶液中去。由于从蒸发室循环回来的溶液全部通过结晶层，而细晶又位于过饱和度最低区域，所以采用这种循环方式是合理的。但这种设备因受结晶罐流体的上升速度限制，循环量不能太大，生产能力比较低；操作一周后，在和过饱和溶液相接触的器壁上生成大量盐垢，特别是在中心管内壁更为严重，必须停产清洗。

具有导流筒和折流板的浆液循环结晶器（draft tube and baffle crystallizer，简称 DTB 结晶器）示于图 3-2-4，系由结晶室、蒸发室、沉降区和分级腿组成。在结晶室的中央有导流筒（draft tube）；由折流板（baffle）与壳体构成的环隙则为沉降区；在结晶室的下面则为分级腿。溶液从导流筒底部螺旋桨下送入与悬浮液混合。借螺旋桨之作用自下而上流动，当悬浮液上升至蒸发表面时，进行绝热蒸发，由于浓缩和降温的双重作用而产生过饱和度，使晶体成长。螺旋桨是低转速和大扬量的，低转速可以防止晶体被打碎和过剧的机械震动而产生大量细晶；大扬量可以将足够量的晶浆送至蒸发表面，使在蒸发时的温度仅仅降低 0.2～0.5℃，不致形成大量的晶核。

已经成长的晶体从结晶罐的锥底流至分级腿中，从沉降区上部取出的母液经循环泵，在分级腿内自下而上地流动，细粒晶体被上升的液流淘洗重新进入结晶区，而粗粒晶体向下沉降，在底部取出。

从沉降区取出的母液约含 0.2% 细晶，细晶过多时可以送入细晶溶解器（图中未画出）加热，将其溶解后重新加入结晶室中，以此控制晶核数目。

在这种结晶器中有大量的晶体与过饱和溶液相接触，使其过饱和度迅速消失，因而可使在器壁上结出的盐垢大为减轻，同时晶浆含量可提高到 30%～40%。从而增加了晶体在结晶器的停留时间，而使单位体积的生产能力为清液循环型结晶器的 4～8 倍。现今世界上已有多台这种结晶器用于氯化钾生产。其中最大型的结晶器，直径大于 6m，高度大于 23m，每台结晶器的生产能力为日产100～400t，而年产量为0.15～0.6Mt的多级真空结晶器，每班操作人员只需1～2人。用DTB型结晶器所生产的氯化钾结晶粒度有99.6％大于48目。

由真空结晶器出来的氯化钾晶浆经离心机滤去母液。为了降低成品氯化钾的结块性，可在过滤前的晶浆中加入一种含有16～20个碳原子的脂肪胺，加入量为180g/t成品。

氯化钾干燥采用转筒干燥机，并流操作，即湿氯化钾和热的炉气向同一方向移动，这样可使炉气出口温度降低，从而防止氯化钾熔化。成品氯化钾含水0.5％～1.0％。

近来也采用沸腾干燥炉干燥氯化钾，其流程如图3-2-5。

沸腾干燥炉由燃烧室和干燥室组成。燃烧室是钢板卷制的圆筒，内衬耐火砖。在燃烧室的一端装有喷雾器，以重油或天然气为燃料。干燥室是立式圆筒，下部呈锥形，筛板开孔率为10％，筛板下有气体分布器。温度为700～750℃的烟道气由燃烧室进入干燥炉中，在沸腾层中的物料约130℃，排出的气体温度为100～115℃，按进入干燥炉中氯化钾粒度大小，被气体带走的氯化钾为5％～25％。用粉尘沉降室和旋风除尘器来回收尾气中的氯化钾粉尘。

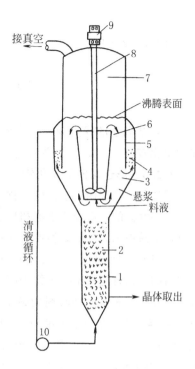

图 3-2-4　浆液循环型真空结晶器

（DTB 结晶器）

1—分级腿；2—部分分级区；3—结晶室；
4—沉降区；5—折流板；6—导流筒；
7—蒸发室；8—螺旋桨；
9—螺旋桨驱动器；10—循环泵

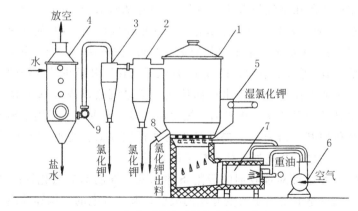

图 3-2-5　沸腾干燥炉干燥氯化钾工艺流程图

1—沸腾干燥炉；2—粉尘沉降室；3—旋风除尘器；4—泡沫洗涤器；
5—进料装置；6—鼓风机；7—燃烧室；8—出料装置；9—送风机

常用的沸腾干燥炉的燃烧室长4600mm，直径3000mm；干燥室筛板以上的高度3700mm，筛板直径4000mm；除去水分能力是250kg/（m² · h），以固体物料计的干燥强度为1300kg/（m² · h）。

溶解结晶法氯化钾的总收率为90％～92％，每生产1t 95％纯度的氯化钾的消耗定额如下：

钾石盐（22%KCl）	5t	煤（按84%C计算）	15kg
蒸汽	0.75t	脂肪胺	180g
电	90MJ(25kWh)	聚丙烯酰胺	120g
水	$9m^3$		

溶解结晶法的优点为钾的收率较高，废渣等带走的氯化钾少，成品结晶颗粒大而均匀，纯度也比较高。其缺点是要消耗燃料，浸溶温度较高，设备腐蚀严重。

2.2.3 浮选法制取氯化钾

浮选是泡沫浮游选矿法的简称。系利用矿石中各组分被水润湿程度的差异而进行选矿的方法。可溶性盐的浮选介质是饱和盐溶液。把要选别的矿物悬浮在水或饱和溶液中，当鼓入空气泡时，不易被水润湿的矿物颗粒即附着于气泡被带到液面，而易被水润湿的矿物沉到器底。但NaCl与KCl均易被润湿，必须人为地加入某种药剂，使各种矿物具有不同的湿润性以达到分离的目的。这种能使某些矿物表面生成一层憎水膜，与气体泡沫结合而使之上浮的药剂称为捕收剂。浮选钾石盐的捕收剂为碱金属的烷基硫酸盐（如十二烷基硫酸钠$C_{12}H_{25}OSO_3Na$）和碳原子数为 $16\sim20$ 的盐酸十八胺（$C_{18}H_{37}NH_2\cdot HCl$）和醋酸十八胺（$C_{18}H_{37}NH_2\cdot CH_3COOH$）。十二烷基硫酸钠为离子型表面活性剂，十八胺盐为阳离子活性剂，它们的离子大小与KCl的晶格相近，而与NaCl的晶格相距较大，因而只能吸附在KCl的晶体表面，使KCl不被水润湿从而被空气泡浮选，达到浮选的目的。为了提高其捕收能力，减少其用量和提高氯化钾的收率，可将胺盐溶解于极性溶剂（如丁酮、丙酮、二甲基甲酸胺等等）之中，或将十八胺和$C_{14}\sim C_{16}$胺的醋酸盐混合使用，或在浮选介质中加入C_5醇$\sim C_8$醇。

在浮选时，为了促使液体形成结实外膜的气泡，生成能较长时间存在的大量泡沫，要添加起泡剂。起泡剂都是表面活性物质，含有—OH、—NH$_2$、—COOH、=CO等极性集团。起泡剂在矿浆中定向吸附在空气与水的界面上，其极性基向水，非极性基朝向空气。这样当气泡互相接触时，就不易兼并破裂。又由于起泡剂分子的定向吸附作用，使气液界面上的界面张力降低，气泡变得较为坚韧稳定。常用的起泡剂有松油，桉树油，煤焦油，甲酚及某些高级醇。近年来用二醇类混合物，可增加氯化钾的收率、加快浮选速度和减少捕收剂的用量。

为了增加矿石中非上浮组分的亲水性而使之完全地沉底以提高选矿效率，要添加抑制剂，如淀粉，羧甲基纤维素钠盐、硫酸铝、氯化铝和多聚糖等。最近用乙磺醚纤维素作粘土矿泥的抑制剂代替羧甲基纤维素，可提高过程的选择性并取得更好的精矿质量。加入磷酸钠，可减少抑制剂的用量，并能加速粘土粒子的絮凝。

为了改善KCl矿粒表面对捕收剂的吸附条件和减少抑制剂对氯化钾的作用。要加入活化剂铅盐和铋盐。加调整剂是为了改变介质的酸度，调整气泡的结构和提高药剂的效率。常用的调整剂有碳酸钠，硫酸钠，草酸，多醣类和聚丙烯酰胺等。

细粒粘土表面能吸附捕收剂，使捕收剂的耗量增加；粘附在氯化钾的表面使精矿的品位降低；聚集在空气小气泡的表面使浮选效果下降，并使精矿上的泡沫不易破碎并增加料浆的粘度，从而增加过滤和输送的困难。为此，在进行浮选前应消除和减少矿泥的含量和它的有害作用。

浮选的流程为：首先将钾石盐矿石粉碎至$-4\sim+120$目（这表示矿石的粒度在4目以下，120目以上），KCl和NaCl晶体达到单体分离的程度，并使矿石中的粘土分散。然后将矿粉悬浮于 NaCl 和 KCl 的共饱溶液中，先漂洗去大部分泥渣或利用矿泥具有被气泡吸附的能力，加入一种白节油（white spirit，为沸程在 130～220℃间的溶剂油）的氧化产物先行浮选，除去原矿中的 85% 矿泥；或者加入少许淀粉作"抑制剂"，将泥渣包裹，以阻止残留的泥渣与浮选剂结合，然后加入浮选剂进行浮选。

在浮选过程中，分粗选和精选两步，KCl 晶体卷入泡沫里，经真空过滤机或离心机过滤。溶液重新用于浮选，而 NaCl 则随同泥渣进入废渣中，这种废渣称之为尾矿。得到的精矿含 KCl 90% 以上，KCl 的提取率高于 90%。

其工艺流程如图 3-2-6 所示。钾石盐矿石先用锤式破碎机破碎，再在棒磨机中湿磨。为了不致过度粉碎并提高粉碎效率，将棒磨机和弧形筛构成闭路循环作业。筛下料浆送入水力旋流器中脱泥。脱泥后的钾石盐料浆（水力旋流器的底流）送浮选机中，加入捕收剂进行粗选和精选。所得精矿氯化钾先用离心机脱水后送入干燥机中干燥之。然后经振动筛过筛，其筛上部分粒度较大者为氯化钾标准产品；其筛下部分经压紧机挤压后适当粉碎之，再经振动筛过筛得到粗粒氯化钾和细粒氯化钾两种产品。

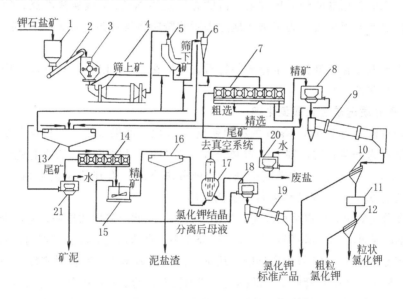

图 3-2-6　浮选法由钾石盐制造氯化钾流程图

1—矿石贮斗；2—皮带输送机；3—锤式破碎机；4—棒磨机；5—弧形筛；
6—水力旋流器；7，14—浮选机；8，18，20，21—离心机；9，19—干
燥机；10，12—振动筛；11—压紧机系统；13—增稠器；15—加热溶
解器；16—保温增稠器；17—DTB 型结晶器

由浮选机排出的尾矿，主要为 NaCl，经离心机滤去母液，并用水洗涤后弃去。滤液和洗涤液与离心机出来的滤液一道送至增稠器中沉降。其清液返回浮选机中用作浮选液，并用来供给湿磨用液及调节水力旋流器的进料。底流泥浆送往矿泥浮选机浮选出细的氯化钾精矿。为了回收这种精矿中的氯化钾，在加热溶解器中用氯化钾结晶后的母液，在加热下将氯化钾溶解，然后在增稠器中保温增稠，其底流为泥盐渣，排弃之。溢流出的清液经真空结晶器结晶后用离心机分离和干燥机干燥之，即得氯化钾的标准产品。离心机排出的母液返回加热溶解器重新浸溶氯化钾。由矿泥浮选机排出的矿泥尾矿经离心机分离洗涤后弃去。

用浮选法生产 1t 纯度为 95% 的氯化钾，其消耗定额：

钾石盐矿（以 22%KCl 计）	5.2t	胺盐捕收剂	225g
电	306MJ（85kWh）	矿泥捕收剂（白节油氧化后产物）	1200g
水	4m³	聚丙烯酰胺（矿泥絮凝剂）	120g
重油	9.5kg	煤油（用于改善矿泥泡沫性质）	1100g

与溶解结晶法相比，燃料的消耗量大为下降，这就是浮选法获得广泛应用的原因。

浮选尾矿还含有 3.5%KCl，当用脂肪族胺作捕收剂时，还含有一些被吸附的脂肪族胺。由于高级脂肪族胺有毒，所以尾矿需经进一步加工后方能用作工业用盐。

尾矿加工成工业用盐主要是清除泥渣，其法先用循环的氯化钠溶液混合成为晶浆，经二级水力旋流器脱泥，顶流即为泥浆，澄清后将泥渣排弃，将清液返回循环使用。水力旋流器的底流为 NaCl 晶浆，自流到溶解槽中，加热使其中的 KCl 溶解，然后进一步用水力旋流器脱泥并同时增稠。增稠后的料浆用回转真空过滤机过滤而得工业用盐。循环母液中的氯化钾聚积到一定浓度后，取出进行冷却使之结晶加以回收。

将尾矿加工成食用盐的最简单和最经济的方法是用 NaCl 溶液逆流洗涤，使大部分胺盐进入溶液，借过滤分离出去。为了彻底地除去脂肪胺应将洗涤过的尾矿加热到 450℃使之完全挥发。

按目前生产的氯化钾规模，全世界的钾石盐尾矿在 10Mt 以上，只有部分用来制取食用盐和用作生产纯碱的原料。

2.2.4 重介质选矿法制取氯化钾

KCl 的相对密度为 1.98，NaCl 的相对密度为 2.14，如果采用一种相对密度介于这两者之间的悬浮液作为分离介质，则 KCl 晶体上浮，而 NaCl 晶体下沉。工业上先将钾石盐粉碎到介于 1~5mm，用 0.1mm 的磁铁矿悬浮液做分离介质，得到的氯化钾精矿含 KCl65%，钾的提取率约为 90%，所得的结果是不够满意的。

为了提高分选效率，可以采用旋流分离器进行选矿。此时采用的磁铁矿悬浮介质的相对密度也可以较 KCl 略小。将细碎的钾石盐悬浮于介质中，高速通过旋液分离器时，由于离心力的作用，相对密度较大的 NaCl 被抛向外围，从锥底卸出成为尾矿；而相对密度较小的钾盐随介质围绕中心管集中，经中心管而从上部排出，即为精矿。精矿和尾矿分别送至沥水筛中，分出大部分磁铁矿悬浮液返回重新使用。然后再用饱和溶液洗涤以除去其中所带的磁铁矿粒子。为了使用此时所得到的稀悬浮液，必须增稠至相对密度相当于系统中循环使用的悬浮液。

为了避免来自钾石盐中的粘土沉渣在悬浮液中积累，必须把部分磁铁矿悬浮液导出再生。同时，磁铁矿会被氧化而失去原有的相对密度，致使悬浮液的相对密度下降，故也需再生。再生借助于磁选机，把磁铁矿粒子和泥渣及已氧化了的磁铁矿粒子分开，损失掉的部分用新磁铁矿补充。

这种旋流分离器也可以用来选别由不同相对密度矿物组成的其它矿石。

利用重力分离，虽然工艺较简单但分离效果不好，所得精矿的纯度不高，故虽然已在法国的钾肥工业中应用，但迄今未能够推广。

有的钾石盐加工厂采用重介质选矿法和浮选法联合加工。该法将钾石盐粉碎，取其 1~5mm 的粒度部分送去重介质选，取其 1mm 以下的粒度进行浮选。这样就不需要将全部钾石盐磨细到 1mm 以下，因而可以节省磨矿的部分动力；另一方面由重介质选排出的含 65%KCl 的中矿，使需要浮选的矿石数量大大减少，可大幅地减少进入浮选设备的料浆，从而提高了设备的生产能力。特别是含矿泥较多的钾石盐，单用浮选法将消耗大量药剂，采用联合法生产就显得更为有利。

摇床选矿法也是重介质选矿的一种方法，系按两种成分的相对密度不同而进行选别的。将粉碎后的钾石盐悬浮在一个略带倾斜的床面上，作左右往复不对称摇动，则较重的 NaCl 晶体被推到摇床的一边，而较轻的 KCl 晶体被推到另一边，处于中间状态的中矿返回重新选别。如果在矿浆中加入捕收剂将 KCl 晶体表面进行覆盖，再加油使之附聚，就可以增加 KCl 和 NaCl 的相对密度之差，从而提高选别效率。但即使采用这种措施，所得到的精矿含 KCl 也不超过 80％，故迄今尚未在工业上应用。

2.2.5　静电分离法制取氯化钾

分离钾石盐也可以采用静电分离法。钾石盐经破碎和过筛后，加热到 450℃ 左右而后冷却时，KCl 便带负电，而 NaCl 却带正电。如果将这些带有电荷的矿粒通过高压静电场，氯化钾和氯化钠即向相反的方向移动，从而得到分离。其分离效率与分离器的结构、电压、矿石的组成、粒度、预热温度等因素有关。预热不但能使氯化钾和氯化钠矿粒产生不同的电荷，而且会降低粘土活性。减少在矿粒表面包裹，从而提高分离效率。当矿泥细粒包裹在矿粒表面时，能产生与氯化钾相同的电荷，使分离困难。如果在矿粒中加入氢氧化铝、氢氧化镁、活性氧化铝或熟石灰等表面活性剂进行表面包裹，就可避免被粘土吸附，提高分离效率。用长链的脂肪族胺处理矿粒表面也可达到同样目的。

静电分离法的流程是这样安排的，钾石盐经两步粉碎到 14～100 目之间，在转炉中加热到 425～480℃。转炉以煤气为燃料，逆流操作。然后将矿粒用空气冷却到 120℃ 左右，进行一级分离。在分选时所需的电极间的直流电压约为 90kV，每 1cm 距离的电位降约为 2～6kV。当钾石盐中含 KCl 15％～30％ 时，经一级分离后的精矿含 78％～85％KCl。

如果进行二级分离，还需再一次加热和冷却。经二级分离后，可将 KCl 由 85％ 提高到 95％。

静电分离法的优点为耗电低，设备简单，矿石不需细磨，设备腐蚀轻微，成品不需要干燥等。

2.3　光卤石生产氯化钾

2.3.1　光卤石的赋存情况

纯光卤石是钾镁氯化合物的复盐，其分子式为 $KCl \cdot MgCl_2 \cdot 6H_2O$，含 26.8％KCl、34.3％$MgCl_2$ 和 38.9％水。天然光卤石矿是由沉积钾石盐后的母液经进一步自然蒸发浓缩生成的，故一般位于钾石盐矿层的上部。当被地下水分解时，氯化镁被溶解而流失，留下的氯化钾与光卤石中的石盐（氯化钠）形成次生钾石盐矿。

光卤石一般都成粒状块体，它经常和石盐共生，有的还含有硫酸镁、氯化钙、硫酸钙等盐类。天然光卤石由于含有极少量六角镜铁矿鳞片而显红、橙、黄等颜色。

有的国家认为有价值开采的光卤石矿的平均组成是 KCl 19.3％、NaCl 24.4％、$MgCl_2$ 24.0％、H_2O 29.9％、不溶物 2.4％。

光卤石是一种在 −24℃ 至 ＋167.5℃ 温度范围内稳定的复盐。工业上利用其不相称溶解性，加适量水使其中的 $MgCl_2$ 全部转入溶液而将大部分 KCl 保留在固相中。

由于天然光卤石中都含有固体氯化钠，而氯化钠在饱和氯化镁溶液中的溶解度不大，因此可以认为在加工光卤石时，液相是为 NaCl 所饱和的，所以应该用 $KCl\text{-}MgCl_2\text{-}NaCl\text{-}H_2O$

四元体系相图来讨论生产条件。图 3-2-7 为 NaCl 饱和时的 KCl-MgCl₂-H₂O 相图，也就是 KCl-MgCl₂-NaCl-H₂O 四元体系相图的各 NaCl 饱和面从 NaCl 顶点所作的放射投影图。在图中画出 100℃ 及 25℃ 的二组溶解度线，其中 A 为 KCl 和 NaCl 的共饱点，B 为 MgCl₂·6H₂O 和 NaCl 的共饱点，P 为 KCl、KCl·MgCl₂·6H₂O 和 NaCl 的三盐饱点，E 为 KCl·MgCl₂·6H₂O，MgCl₂·6H₂O 和 NaCl 的三盐共饱点。A、B、P、E 右下角的数字表示体系的温度，C_{ar} 为光卤石（carnallite）组成点。

加工光卤石的方法有完全溶解法和部分溶解法。

2.3.2 完全溶解法

完全溶解法将一部分 25℃ 下共饱液 P_{25} 加水配制成溶液 Q（图 3-2-7），其浓度为每升溶液中含 MgCl₂ 280g、KCl 40g、NaCl 40g，加热到 100℃ 去溶解光卤石，得到饱和溶液 L。过滤除去泥渣后，将溶液冷却到 25℃，大部分氯化钾就结晶出来，其中也夹杂 NaCl，溶液又落到 25℃ 的 KCl-NaCl-光卤石的三盐共饱点 P_{25}，将分离掉 KCl 以后的母液 P_{25} 大部分返回循环，小部分在 25℃ 下等温蒸发到 S 点（S 点落在光卤石的组成点 C_{ar} 与 E_{25} 的联线上），就析出光卤石，而母液为 E_{25} 的组成为 MgCl₂ 35.34％、NaCl 0.33％、KCl 0.11％，所含者大部分为 MgCl₂，经脱水后用作制造金属镁的原料。

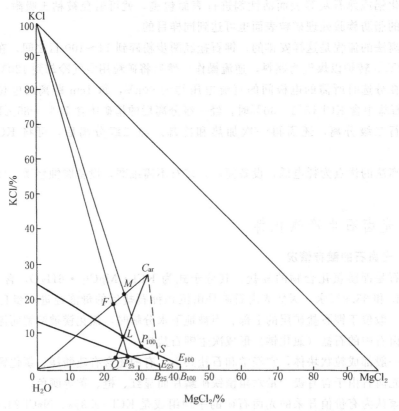

图 3-2-7　NaCl 呈饱和时的 KCl-MgCl₂-H₂O 体系溶解度图

完全溶解法的工艺流程如图 3-2-8。经过粉碎的光卤石加入溶解槽中，来自增稠器和离心机的氯化钾母液，经热交换器预热后，从倾斜式螺旋输送机加入溶解槽中将光卤石溶解。未溶解的氯化钠由溶解槽底部经倾斜式螺旋输送机排出。排出时与进口的 KCl 母液逆流运动，以起到洗涤 KCl 的作用。用离心机分离并洗涤后将氯化钠固体弃去。母液也送入螺旋输送机的顶部用来分解光卤石。由溶解槽溢流出来的浓热溶液，送入增稠器中保温沉降除去细盐和泥渣，后者经逆流洗涤后弃去。清液送往真空结晶器析出氯化钾。氯化钾晶浆经增稠器增稠、离心机过滤和洗涤，在干燥器中干燥即得氯化钾成品。

由增稠器和离心机排出的氯化钾母液和洗液，大部分返回分解光卤石矿。一部分送往真空蒸发器中蒸发浓缩，在真空结晶器中冷却析出人造光卤石。经增稠器增稠、离心机分离后返回溶解槽分解。

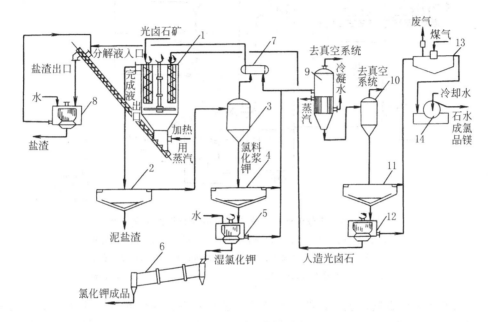

图 3-2-8　完全溶解法加工光卤石制取氯化钾工艺流程

1—立式螺旋溶解槽；2,4,11—增稠器；3,10—真空结晶器；5,8,12—离心机；
6—转筒干燥器；7—热交换器；9—真空蒸发器；13—浸没燃烧蒸发器；14—冷辊机

自增稠器和离心机排出的光卤石母液经浸没燃烧蒸发器蒸发，回收其中的氯化镁。

完全溶解法的优点是不溶物经沉降除净，故成品氯化钾质量高，可适用于低品位矿石的加工。但消耗热能，而且腐蚀严重。

2.3.3　冷分解法

冷分解法是正常温度（例如 25℃）下，向光卤石加水由图 3-2-7 中的 C_{ar} 点到 F 点。由于它落在 KCl 结晶内，因此光卤石中的 $MgCl_2$ 全部进入溶液，而分解出来的 KCl 固体成为细渣悬浮在母液里。此时光卤石中的 NaCl 固体也很少溶解，因而 NaCl 固体与 KCl 掺杂在一起。但由于光卤石原料中的 NaCl 晶体与冷分解进析出的 KCl 晶体相比要粗大得多，因此如果将晶浆经过短时间的沉降，便可以将一部分氯化钠分离出去，从而提高了晶浆中固体 KCl 与固体 NaCl 的比例。当分离除去大部分 NaCl 固体以后，接着将固体与母液分离，得到的固体主要是氯化钾，含 KCl 58%～62%，称为粗钾。母液的组成点落在 P_{25}，与完全溶解法一样进行加工。

粗钾可以直接作为肥料使用，也可以加入一定的水量，将其中较细的氯化钠全部溶入溶液中，而大部分氯化钾仍以固体存在，经分离干燥后即得氯化钾的高品位成品，称为精钾。由此可以看出，冷分解法仅适用于含氯化钠较低的光卤石。如氯化钠含量过高，在用水洗去较细的氯化钠以制取精钾时，会引起较多、甚至全部的氯化钾溶解。

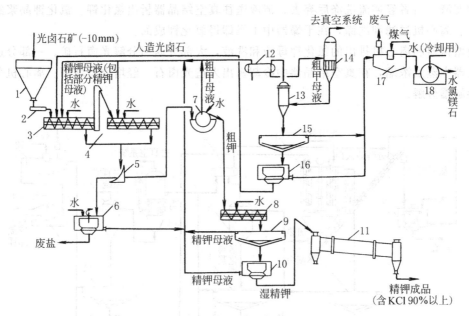

图 3-2-9　冷分解法加工光卤石制取氯化钾的工艺流程

1—贮斗；2—给料器；3,4,8—螺旋溶解器；5—弧形筛；6,10,16—离心机；
7—回转真空过滤器；9—增稠器；11—回转干燥机；12—冷凝器；13—真空结
晶器；14—真空蒸发器；15—增稠器；17—浸没燃烧蒸发器；18—冷辊机

图 3-2-9 为光卤石制取氯化钾的冷分解法工艺流程图。粉碎至粒度小于 10mm 的矿石，在两只串联的螺旋溶解器中，用水和精钾母液进行冷分解。将分解后所得的料浆在弧形筛上分级。未通过的粗粒氯化钠进入离心机过滤并洗涤后弃去，洗液仍用来分解光卤石。通过弧形筛的料浆，用泵送到回转真空过滤机过滤。所得湿粗钾送往螺旋溶解器，用定量水溶解其中的全部细粒氯化钠，所得氯化钾料浆经增稠器增稠后，底流在离心机中过滤并洗涤，再经回转干燥机干燥，即为氯化钾成品。增稠器和离心机排出的溶液送去继续分解光卤石。

部分粗钾母液用来调整分解后料浆的液固比，以适合于分离氯化钠的操作条件，其它部分送往真空蒸发器中浓缩，以制取人造光卤石。所得人造光卤石晶浆经增稠器增稠和离心机过滤后，加入原料中。增稠器的溢流液和离心机的母液，送往浸没燃烧蒸发器蒸发浓缩，使溶液中氯化镁的浓度提高到 46%，冷却后即得水氯镁石固体，可进一步加工利用。

冷分解法的优点为在常温下操作，节省热量，且可减少对设备的腐蚀；过程简单，操作容易，生产成本低。其缺点为氯化钾产品成细泥状，吸附母液多，易结块；大部分水不溶物杂质仍存留于氯化钾成品中，故产品纯度低。如果有高质量的光卤石和只要求生产肥料用的氯化钾产品时，采用这种生产方法在经济上是合理的。

从光卤石提取氯化钾要比从钾石盐提取 KCl 昂贵的多，但是如果将其中的 $MgCl_2$ 用来制取金属镁和其它各种镁盐，则经济性就大为提高。

在加工各种天然钾盐时，可以顺便提取所含的溴素。在钾石盐和光卤石中溴离子同晶取代了一部分氯离子，以溴化钾（KBr）、溴化镁（$MgBr_2$）和溴光卤石（KBr·$MgBr_2$·$6H_2O$）的形式存在。在天然光卤石中，溴含量可达 0.02%～0.03%；在钾石盐中，溴可达 0.02%～0.05%。

在钾石盐提取氯化钾过程中，溴离子就在循环卤水中积累起来，在 $1m^3$ 卤液中的浓度可达数百克。为了提取其中的溴，可用空气吹出法。先将卤水酸化至 $pH=3\sim3.5$，然后通氯气使 Br^- 氧化成 Br_2，再通空气将 Br_2 吹出，使 Br_2 与铁屑作用生成溴化亚铁。脱溴后的卤液用纯碱中和其中的酸度，并用硫代硫酸钠除去游离氯和溴后重新返回氯化钾的生产系统中去。得到的溴化亚铁溶液经澄清后在铸铁锅或搪瓷锅中蒸发，直到沸点升高到 $133\sim134℃$ 为止。此时相应地含有 $49\%\sim50\%$ 溴素，装入铁桶，凝固成块后作为成品出售。

2.4 由含钾盐湖提取氯化钾

含钾盐湖的组成及当地的气候条件不同，提钾的方法当然也就随之而异。中国察尔汉盐湖的组成与死海极其相似，死海的提钾方法可兹借鉴。

死海当地年平均降雨量为 $50mm$，蒸发量为 $1700mm$。冬季气温 $10\sim20℃$，夏季 $25\sim40℃$，最高可达 $50℃$。全年日照天数为 300 天。四月至九月的平均湿度为 $30\%\sim40\%$。

加工是利用自然条件进行的，在湖边浅水区开辟大面积盐田，借日晒蒸发浓缩卤水。原卤水的相对密度为 1.22，当蒸发到原体积 94% 时，相对密度为 1.23，开始析出 NaCl；当蒸发到原体积的 51% 时，相对密度为 1.30，开始析出光卤石；当蒸发到原体积 35% 时，相对密度为 1.34，开始析出氯化镁。盐田法制得的光卤石，最高纯度可达 83%，其它主要是氯化钠，其组成：KCl $19\%\sim20\%$，NaCl $11\%\sim15\%$，$MgCl_2$ $28\%\sim30\%$，$CaCl_2$ $0.5\%\sim1\%$，$CaSO_4$ 0.26%，其余主要是结晶水和少量不溶物。

盐田中晒制的光卤石用具有抽吸管的采矿船吸出，并随同母液用管道送往工厂，经增稠器和过滤机进行液固分离，湿光卤石送去加工，母液仍返回盐田。死海地区每 $26km^2$ 盐田，每年可晒 $30Mt$ 卤水，生产 $1.2Mt$ 光卤石。

中国青海的察尔汉盐湖也是世界上最大的盐湖之一，是中国近期开采的最重要的钾资源。全湖面积约 $5800km^2$，除个别地区潴有湖水外，湖表面绝大部分为黄沙和石盐的胶结层所覆盖。湖区各处盐层厚度不一，一般为 $30m$，最深处达 $60m$。盐层的孔隙度为 20% 左右，在盐层下面 $30\sim50cm$ 处开始出现晶间卤水，其浓度随深度方向和水平均有明显变化。其晶间卤水是从该盐湖提取钾盐的主要原料。

在整个察尔汉盐湖中，长年潴有湖表卤水的部分有南霍布逊湖、北霍布逊湖、达布逊湖和涩聂湖，在干旱年份，湖水依然一片汪洋，只在达布逊湖沿岸析出光卤石。而每年逢多雨年份，河水纳入湖水中，新生光卤石旋又溶解。现将察尔汉湖的晶间卤水和达布逊湖的湖表卤水的组成列于表 3-2-1 中。

表 3-2-1　察尔汉湖的晶间卤水和达布逊湖的湖表卤水组成

| 试样编号 | 溶 液 组 成/% | | | | |
	KCl	NaCl	$MgCl_2$	$MgSO_4$	$CaSO_4$
察尔汉湖的 晶间卤水　1	1.87	5.30	20.36	0.49	0.18
2	$1\sim3$	$4\sim7$	$10\sim18$	$0.6\sim0.7$	—
3	1	1.5	24	—	4.0（$CaCl_2$）
达布逊湖 的湖水　1	1.1	$13\sim14$	8	$0.2\sim0.3$	$0.4\sim0.5$
2	1.62	12.9	11.2	0.25	0.32
3	1.91	13.9	10.6	0.24	0.3

盐湖中除钾盐外，其中的 Na^+、Mg^{2+}、Br^-、$B_4O_7^{2-}$、Li^+、Cs^+、Rb^+ 等元素都可

以分别提取。据认为，察尔汉盐湖不仅是中国最大的 NaCl、$MgCl_2$、KCl 资源，也是中国最大的锂资源。

察尔汉盐湖的晶间卤水和湖水的组成基本上属于 KCl-$NaCl$-$MgCl_2$-H_2O 体系。

湖区属大陆性气候，干旱，多风少雨，日照时间长；海拔为 2760m；年最高温度达 31℃，最低为 -20℃；年降雨量为 20～30mm，蒸发量约为 2860mm。由于气候干旱，盐田日晒时，光卤石（$KCl \cdot MgCl_2 \cdot 6H_2O$）也可以直接从卤水中结晶析出。这就为用日晒法制取氯化钾创造了条件。

2.4.1 从察尔汉盐湖卤水中提取光卤石

由于察尔汉湖海拔高，气候干旱，因而具有特优的天然蒸发条件，单位盐田的生产能力比死海要高出 2 倍以上。

在当地四月至十月平均气温 25℃ 下蒸发时，其蒸发过程可以用图 3-2-10 表示。在图中，A' 为原始卤水的组成，当达到饱和时，首先析出的是 NaCl 固体；析出 NaCl 以后再继续蒸发时，液相组成就沿着 A—A' 的延线变化到 B' 点，固相停留在 A 点不动；当液相点到达 B' 点以后，KCl 也开始析出，液相点就沿着 NaCl 与 KCl 的共饱线移动最终到达 E_{25}，此时固相沿着 AB 边移动，最终到达 C'；液相到达 E_{25}，开始析出光卤石，而原先析出的 KCl 固相又重新溶解，此时液相点停留，在 E_{25} 不动；等到固相 KCl 全部溶解完时，固相点应该落在 $A'E_{25}$ 延线与 AC_{ar} 联线的交点 D' 上；继续蒸发时，液相点就沿着 NaCl 与 $KCl \cdot MgCl_2 \cdot 6H_2O$ 的共饱线 $E_{25}P_{25}$ 移到 P_{25}，而固相点沿 AC_{ar} 移动到 F'；直到全部水分蒸干为止，液相点停留在 P_{25} 不动，而固相点沿 $F'A'$ 线到达 A' 点。

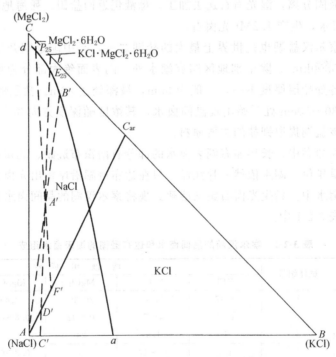

图 3-2-10　察尔汉盐湖的日晒法相图分析

从以上讨论可以看出，初始析出的是氯化钾固体，在平衡条件下应全部转化为光卤石，但在实际操作中仍有少量未转化的氯化钾固体残留在混合盐中。这是由于固相转变很慢，未能达到平衡的缘故。

在冬季，当地气候严寒，平均气温在－10℃左右，表层冰盖升华，卤水复又结冰，其固相析出的顺序与夏季相同；但由于冰的升华速度较慢，实际结晶路线与理论值的偏差较夏季小。当卤水组成进入氯化镁区域时，析出的固相不是夏季 $MgCl_2 \cdot 6H_2O$，而是 $MgCl_2 \cdot 8H_2O$；当硫酸根含量较高时，则有 $MgSO_4 \cdot 12H_2O$ 析出。在冬季由于结晶慢，前一阶段析出的氯化钾和光卤石的质量均较夏季为高。

在以前，对察尔汗湖水，曾采用了盐田法和沟槽法两种不同的方法进行日晒生产。

日晒盐田分为氯化钠结晶池、光卤石结晶池和卤水贮池三种，各池埝高 60～100cm，日晒时卤水深度以 35～60cm 为宜。到达蒸发终点时，可将饱和氯化镁卤水排出，分别留下固体NaCl和光卤石于各自的结晶池中，灌入新鲜卤水继续晒制，待盐类沉积到一定厚度以后再收集之，一般一年采矿两次。所得光卤石的组成：KCl 17％～20％，$MgCl_2$ 28％～30％，NaCl 10％～17％，$CaSO_4$ 0.75％～0.85％，折合成光卤石纯度是 65％～75％，吸附母液量达15％～25％，光卤石的粒度大于 60 目的达 90％以上，而氯化钠的粒度主要分布在 40～80目之间，石膏主要分布在 100 目以下。冬季结晶粒度较夏季为大。

沟槽法是在组成接近于析出光卤石的晶间卤水的湖区内，揭开盐盖，将充填有晶间卤水的盐层挖掘成沟槽，使晶间卤水暴露，利用日晒浓缩析出光卤石。由于沟槽四周是多孔隙的盐层，因此卤水蒸发时，四周的晶间卤水便自动流入补充。此法修池容易，造价低廉，但光卤石的质量较差而且波动大，修建沟槽的地点也受到卤水组成严格限制，不宜应用于大规模工业生产。

由上述两种方法制得的光卤石和某些地段所产的天然沉积光卤石用收盐机收集之，送入工厂生产氯化钾。

2.4.2　由光卤石加工制取氯化钾

从日晒法得到含氯化钠的光卤石用冷分解法加工时，只能得到低品位氯化钾。为了制得高品位的氯化钾，采用了冷分解-洗涤法、冷分解-浮选法和冷分解-溶解结晶法。

冷分解-洗涤法与冷分解法所介绍的工艺流程完全相同。在这种加工方法中，氯化钾的提取率受光卤石的纯度和其中氯化钠的粒度变化影响很大，如果光卤石中氯化钠含量增加或氯化钠的粒度减小，则氯化钾的提取率就急剧下降。此外，利用精钾母液冷分解光卤石时，由于 $MgCl_2$ 溶解使氯化钠也呈细微的晶体析出，结果将降低粗钾的品位和氯化钾的提取率。

为了避免以上缺点，可用浮选法除去冷分解光卤石所得粗钾中的氯化钠。先将光卤石加水分解、沉降除去粗粒氯化钠以后，再经回转真空过滤机滤去母液，所得湿粗钾用 NaCl 和 KCl 的共饱溶液作浮选介质进行浮选，所得湿精钾经干燥后，可得纯度为 98％的氯化钾成品。

最近数十年来，冷分解-溶解结晶法的联合流程也获得应用。这是由于国际市场对氯化钾产品的粒度要求提高了，而与完全溶解法加工光卤石的流程相比联合流程的燃料费用又比较低。

第三章 硫酸钾的生产

硫酸钾是无氯钾肥,主要用于烟草、甜菜、甘蔗、马铃薯、葡萄、柑橘、西瓜、茶叶、菠萝等喜钾忌氯作物。它能改善农作物的质量,例如改善烟草的可燃性,提高浆果和瓜类的甜度,增加淀粉含量等等。硫酸钾系中性,不会损伤农作物;物理化学性能良好,不易吸潮结块,便于贮存和使用。

全世界硫酸钾的年产量约为350万 t,其中50%来自天然开采的硫酸钾及其复盐,37%是由氯化钾与硫酸或硫酸盐复分解而成,其余的13%则由天然盐湖和其它含钾资源加工而成的。

中国由于烟草种植面积广、果树种类多而产量大、对硫酸钾需求量在100万 t 以上,而实际产量只有60多万 t,其中50多万 t 依赖进口。

中国尚未发现硫酸钾矿,目前除少量是由明矾石加工得到外,其余都是由氯化钾加工得来的。中国各地生产厂家,根据当地资源和经济效益采取了不同的工艺路线。

由氯化钾生产 K_2SO_4 的基本反应列于表 3-3-1。

表 3-3-1   由氯化钾为原料生产硫酸钾

硫酸或硫酸盐	化 学 反 应 式	副 产 物	
		名　称	理论产量 t/tK_2SO_4
H_2SO_4	$2KCl+H_2SO_4 \longrightarrow K_2SO_4+2HCl$	31%HCl	1.348
$MgSO_4 \cdot H_2O$	$2KCl+MgSO_4 \cdot H_2O+5H_2O \longrightarrow K_2SO_4+MgCl_2 \cdot 6H_2O$	$MgCl_2 \cdot 6H_2O$	1.367
$CaSO_4 \cdot 2H_2O$	$2KCl+CaSO_4 \cdot 2H_2O+4H_2O \longrightarrow K_2SO_4+CaCl_2 \cdot 6H_2O$	$CaCl_2 \cdot 6H_2O$	1.268
Na_2SO_4	$2KCl+Na_2SO_4 \cdot 10H_2O \longrightarrow K_2SO_4+2NaCl+10H_2O$	NaCl	0.671
$(NH_4)_2SO_4$	$2KCl+(NH_4)_2SO_4 \longrightarrow K_2SO_4+2NH_4Cl$	NH_4Cl	0.614

3.1 曼海姆法生产硫酸钾

本法因创始人为德国 V. 曼海姆(Mannheim)而命名。

氯化钾和浓硫酸在高温下反应放出 HCl 气体而生成硫酸钾。实际上反应是分两步进行的。第一步在较低温度下反应生成硫酸氢钾:

$$KCl+H_2SO_4 \longrightarrow KHSO_4+HCl\uparrow \tag{3-3-1}$$

第二步是 $KHSO_4$ 与 KCl 进一步反应生成 K_2SO_4:

$$KCl+KHSO_4 \longrightarrow K_2SO_4+HCl\uparrow \tag{3-3-2}$$

后者是一个强烈的吸热反应。由于在第一阶段,H_2SO_4 是在 KCl 固体表面反应生成 $KHSO_4$,因此就在氯化钾的表面形成一层薄壳,将未反应的氯化钾固体包裹,阻止了反应的进行,使氯化钾转化率不能提高。硫酸钾有两种酸式盐:$KHSO_4$ 和 $K_3H(SO_4)_2$,前者的熔点为 218.6℃,后者的熔点为 286℃,而 KCl 的熔点为 760℃和 K_2SO_4 的熔点为 1076℃。所以如果要使反应在液固相之间进行,最终反应温度应该高于 760℃。

图 3-3-1 表示不同温度下氯化钾生成硫酸钾的转化速度。但温度超过 800℃时,硫酸将大量分解成 SO_3 逸出,所以工业生产时,一般选择 600~700℃。

工业生产时，如将这两步反应合并在一个炉子中进行，称为一炉法；如将这两步反应分别在两个炉子中进行，则称为两炉法。这两种方法在工业上均有应用。

鉴于高温下硫酸钾有强烈的腐蚀性，两炉法系在第一炉中使硫酸和氯化钾在低温下进行反应，从而大大减轻腐蚀。由于在第一炉中，反应已进行一半，这样也就可减轻第二炉的生产负荷，并可适当降低第二炉中的反应温度，延长第二炉的使用寿命。但是，由于降低了温度，出炉的硫

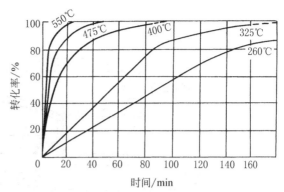

图 3-3-1　温度对硫酸转化氯化钾生成硫酸钾的转化率

酸钾中残余氯化钾含量要提高到 6％左右，不能满足忌氯化物的需要，需另设回转炉进一步煅烧，才能将氯根含量降低到 1.5％以下。两炉法生产流程长，1t 硫酸钾耗电 165kWh。

采用一炉法时，两步反应都在高温下进行。为了延长炉子的使用寿命，选用优质耐火砖和黑硅砖（含 SiC 的耐火砖）砌筑炉子，炉龄可超过 10 年。

不论一炉法还是两炉法，在高温下总有少量硫酸分解，使得副产氯化氢气体含有少量 SO_3。为了除去这些 SO_3 和随 HCl 气体带出的 K_2SO_4、KCl 粉尘以制得较纯的盐酸，出炉的 HCl 气体如果用浓硫酸洗涤和直接冷却，就要产出 89kg 的 75％H_2SO_4；如果用浓盐酸洗涤，就要生产含 5％H_2SO_4 的不纯盐酸。

图 3-3-2 为曼海姆（Mannheim）炉法生产流程框图。将氯化钾粉碎后与浓硫酸一起移入炉中，用 900～1000℃的烟道气将炉料加热到 520～540℃，反应过程中逸出的 HCl 气体先经洗涤塔用少量成品盐酸洗涤以除去从炉中带出的 SO_3 气体和 K_2SO_4、KCl 粉尘，然后进入吸收塔用水吸收以制取盐酸。排出的盐酸大部分作为成品酸出售，少量的盐酸则送入洗涤塔作洗涤之用。排出的空气送入尾气吸收塔进一步除去 HCl，以保护环境。

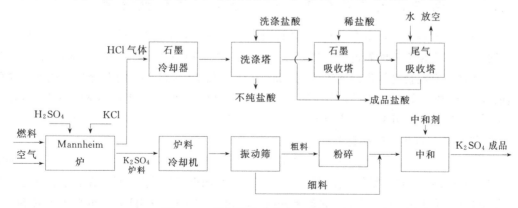

图 3-3-2　曼海姆炉法生产工艺流程框图

曼海姆炉的构造如图 3-3-3，其炉床和炉顶都是用异形高级耐火砖砌成的。炉床下面和炉顶上面都设有烟道。氯化钾由螺旋加热器经加料斗连续加入炉中央，硫酸也沿管道通过硫酸加热分布器加到同一位置，炉料内安装在铸铁轴上的四个耙臂从炉床中心向外围移动，最后由出料孔排出炉外，落入冷却粉碎筒或带有水夹套的管磨机中，经冷却、粉碎和中和后即为硫酸钾成品。

336

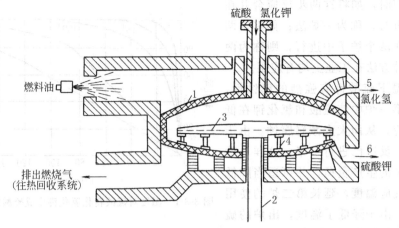

图 3-3-3 曼海姆炉示意图

1—炉膛；2—搅拌轴；3—悬臂；4—耙；5—HCl 出口；6—硫酸钾出料口

反应所需的热量由在燃烧室中燃烧重油或煤气供给，烟道气从燃烧室送来，进入炉顶上面的烟道，然后经床下面的烟道排出。在行程中靠辐射传热，将炉料加热。

一炉法生产 1t 硫酸钾的消耗定额如下：

氯化钾	0.85t	重油	0.075t
硫酸（98%）	0.57t	水	45t
中和剂（CaO）	0.02t	电	60kWh

副产 31% 的盐酸 1.2t。由于副产盐酸量大，对贮存、运输都很困难，所以只能在盐酸有可靠销路或厂内能自身消化的情况下，才能用此法生产。

盐酸可用于分解磷矿粉生产沉淀磷酸钙作动物饲料以及用于油气井的酸处理等。少量盐酸则用于钢铁表面的氧化物清除和工业设备的化学清洗。

3.2 含硫酸镁的复盐和氯化钾复分解法生产硫酸钾

中国硫酸镁资源丰富，山西运城盐湖的硝板（Na_2SO_4 和 $MgSO_4$ 的复盐，成分不固定），甘肃河西走廊和内蒙额济纳旗的白钠镁矾（$Na_2SO_4 \cdot MgSO_4 \cdot 4H_2O$）都含 $MgSO_4$；在海盐生产时，所产的高温盐是氯化钠和硫镁矾（kieserite，$MgSO_4 \cdot H_2O$）的混合盐。此外，含硫酸镁的各种复盐［如无水钾镁矾（$K_2SO_4 \cdot 2MgSO_4$）和钾盐镁矾（$KCl \cdot MgSO_4 \cdot 3H_2O$）］也都可以利用来生产硫酸钾。

硫酸镁和氯化钾生产硫酸钾的反应：

$$2KCl + MgSO_4 = K_2SO_4 + MgCl_2 \tag{3-3-3}$$

图 3-3-4 是 25℃ 时这一复分解盐对相图[7]，35℃ 的相图也与此类似，只是在靠近 $MgCl_2$ 一角的一些相区发生了变化。在图中，S 是软钾镁矾（$K_2SO_4 \cdot MgSO_4 \cdot 6H_2O$）和钾镁矾（$K_2SO_4 \cdot MgSO_4 \cdot 4H_2O$）的固相组成点；$L$ 为无水钾镁矾的固相组成点；K 为钾盐镁矾的固相组成点。

3.2.1 硫酸镁水合盐与氯化钾复分解生产硫酸钾

硫酸镁有很多水合物。但有工业意义的，只有一水物，称为硫镁矾（$MgSO_4 \cdot H_2O$）和六水泻利盐（$MgSO_4 \cdot 6H_2O$），七水泻利盐（$MgSO_4 \cdot 7H_2O$），它们都可用来复分解生产硫酸钾。

为了提高钾的转化率，复分解反应要分两步进行：第一步在 20~30℃ 温度下，用后面

返回的 K_2SO_4 母液 P（简称钾母液）和固体 $MgSO_4 \cdot H_2O$ 混合成 b，析出软钾镁矾 S（如为 $35℃$，则生成钾镁矾，组成点仍为 S）得到母液 E（简称矾母液）。固液分离后将软钾镁矾 S 和氯化钾 B 混合成 d 并加适量水使之进一步转化、析出 K_2SO_4 而得钾母液 P，固液分离后，钾母液送往第一步继续与 $MgSO_4 \cdot H_2O$ 反应。

在第一步反应时，由于硫镁矾的溶解速度是非常慢的，往往要在 $10h$ 以上才臻平衡，如果反应体系中含有 $NaCl$，更其如此。所以实际配料时，并不使软钾镁矾母液落在 E 点，而是离 E 点有一定距离。

如果用泻利盐或六水泻利盐为原料，由于它们本身就含有大量结晶水，因之在第一步转化时，为了要将第二步生成的钾母液全部返回到第一步，就应在第一步反应时加一部分 KCl。即使如此，由于水量太多，矾母液也不能落在 E 点。

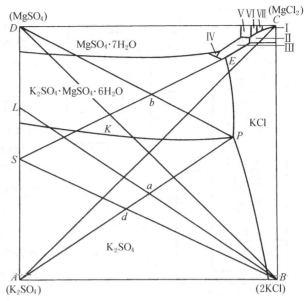

图 3-3-4　$25℃$，K^+，$Mg^{2+} /\!/ Cl^-$，SO_4^{2-}，H_2O 体系相图

Ⅰ—$MgCl_2 \cdot 6H_2O$ 结晶区；Ⅱ—$KCl \cdot MgCl_2 \cdot 6H_2O$ 结晶区；Ⅲ—$KCl \cdot MgSO_4 \cdot 3H_2O$ 结晶区；Ⅳ—$K_2SO_4 \cdot MgSO_4 \cdot 4H_2O$ 结晶区；Ⅴ—$MgSO_4 \cdot 6H_2O$ 结晶区；Ⅵ—$MgSO_4 \cdot 5H_2O$ 结晶区；Ⅶ—$MgSO_4 \cdot 4H_2O$ 结晶区

由泻利盐制硫酸钾的工艺流程如图 3-3-5 所示。

将氯化钾、泻利盐（包括回收的钾盐镁矾）及钾母液和水按比例加入第一转化槽中，在 $25℃$ 左右进行强烈搅拌生成软钾镁矾，得到的晶浆用真空过滤机进行过滤，然后用钾母液洗涤，所得的湿软钾镁矾和氯化钾，水一起进入第二转化槽中。在相同温度和搅拌条件下，使之转化成为硫酸钾固体析出，所得晶浆用回转真空过滤机过滤，湿滤饼送往回转干燥机干燥后，即得硫酸钾成品。

由真空过滤机出来的软钾镁矾母液，送往真空蒸发器蒸发浓缩，然后在真空结晶器中冷却到 $75℃$ 左右，便析出钾盐镁矾（$KCl \cdot MgSO_4 \cdot 3H_2O$），晶浆经真空过滤机过滤，湿渣为钾盐镁矾送回第一转化槽继续复分解，母液主要含氯化镁，或者送去制成片状和粒状六水氯化镁成品，或者抛弃之。

由真空过滤机出来的硫酸钾母液全部回到第一转化槽中。

全流程的钾的总回收率可达 85%，成品纯度可达 90% 以上，$1t$ 产品要消耗 $0.25t$ 蒸汽。

3.2.2　利用海水制盐生产中的混合盐制取硫酸钾

用日晒法自海水制盐后的苦卤在采用兑卤法生产氯化钾时，副产大量混合盐，其主要成分为硫镁矾和氯化钠，含 $NaCl$ $30\%\sim40\%$，KCl 1%，$MgSO_4$ $30\%\sim40\%$，$MgCl_2$ $3\%\sim4\%$，H_2O $10\%\sim20\%$。工业上采用旋流器或浮选法将粗粒 $NaCl$ 和细粒硫镁矾分开，再在 KCl 和 $MgSO_4 \cdot H_2O$ 中加入 KCl，用两步法生产 K_2SO_4。

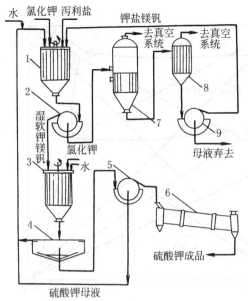

图 3-3-5 由泻利盐和氯化钾
制取硫酸钾的工艺流程

1，3—第一，第二转化槽；2，5，9—回转真空过滤机；
4—增稠器；6—转筒干燥器；7—真空蒸发器；
8—真空结晶器

3.2.4 由钾盐镁矾制硫酸钾

钾盐镁矾（KCl·MgSO$_4$·3H$_2$O）的组成点为图 3-3-4 的 K 点，处于 25℃ 的软钾镁矾结晶区之内，工业上将它加水、自行转变为软钾镁矾。

$$2[KCl·MgSO_4·3H_2O] \longrightarrow K_2SO_4·MgSO_4·6H_2O + MgCl_2$$

所得的软钾镁矾再进行第二步反应，即与 KCl 反应生成 K$_2$SO$_4$。钾母液返回与钾盐镁矾作用。

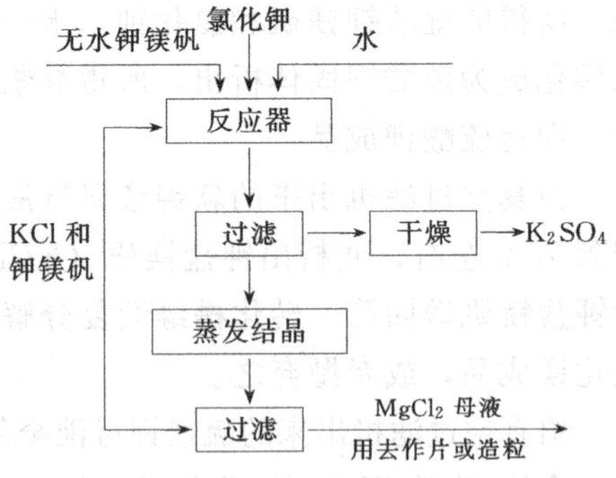

3.2.5 无水钾镁矾热法生产硫酸钾

无水钾镁矾也可以用热法生产硫酸钾，此时可将预先洗去氯化钠杂质的无水钾镁矾在回转混合机内与煤或焦炭按 92：8 的比例混合，在 800～900℃ 下于竖窑中进行还原焙烧 4h，此时进行如下反应：

$$K_2SO_4·2MgSO_4 + C \longrightarrow$$
$$K_2SO_4 + 2MgO + CO_2\uparrow + 2SO_2\uparrow$$

所得固体物在 100℃ 用水浸取，K$_2$SO$_4$ 便进入液相，用过滤机滤去氧化镁固体，冷却液体便得硫酸钾晶体。

3.2.3 由无水钾镁矾制取硫酸钾

在自然界中，含 MgSO$_4$ 的复盐除软钾镁矾和钾镁矾外，还有无水钾镁矾（langbeinite K$_2$SO$_4$·2MgSO$_4$）和钾盐镁矾 （KCl·MgSO$_4$·3H$_2$O）。这些钾镁复盐洗去 NaCl 以后，可以直接作为肥料使用，对缺钾缺镁的土壤，施用这种钾镁肥当然是非常合适的。但为了减少运输费用并使之更加适用于各种作物和土壤，有时也将它们与氯化钾复分解，制成 K$_2$SO$_4$ 肥料。

无水钾镁矾和钾盐镁矾都与 NaCl 共生。由于 NaCl 在水中的溶解速度要比无水钾镁矾快得多，故可以利用这种差异，用水洗涤将 NaCl 从混合物中除去大部分。

将富集后的无水钾镁矾（在图 3-3-4 中为 L 点），与回收的钾盐镁矾（K 点），并配以氯化钾，在带搅拌的反应器中，于 50～60℃ 复分解 6h，生成硫酸钾，经过滤和干燥后即为成品。

其原则性流程图示于图 3-3-6。

```
        无水钾镁矾    氯化钾      水
            │         │         │
            ▼         ▼         ▼
         ┌─────────────────────────┐
         │        反应器           │
         └─────────────────────────┘
                     │
    KCl 和           ▼
    镁镁矾      ┌──────────┐   ┌────────┐
            ┌──│   过滤   │──▶│  干燥  │──▶ K₂SO₄
            │  └──────────┘   └────────┘
            │        │
            │        ▼
            │  ┌──────────┐
            │  │ 蒸发结晶 │
            │  └──────────┘
            │        │
            │        ▼
            │  ┌──────────┐    MgCl₂ 母液
            └─▶│   过滤   │──▶ 用去作片或造粒
               └──────────┘
```

图 3-3-6 无水钾镁矾制硫酸钾流程框图

3.3 芒硝和氯化钾生产硫酸钾

在 K$^+$，Na$^+$ // SO$_4^{2-}$，Cl$^-$，H$_2$O 体系中存在钾芒硝（3K$_2$SO$_4$·Na$_2$SO$_4$）复盐，其相图（见图 3-3-7）与 K$^+$，Mg^{2+} // SO$_4^{2-}$，Cl$^-$，H$_2$O 体系的相图（见图 3-3-4）非常相

似，因此用 Na_2SO_4 和 KCl 生产 K_2SO_4 过程也与 $MgSO_4$ 和 KCl 复分解相同，常采用两步法生产，以提高钾的转化率。图 3-3-8 为 Na_2SO_4 和 KCl 生产 K_2SO_4 的流程框图。

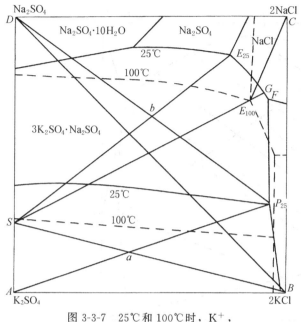

图 3-3-7　25℃和 100℃时，K^+，
$Na^+ /\!/ SO_4^{2-}$，Cl^-，H_2O 体系图
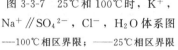
----100℃相区界限；——25℃相区界限

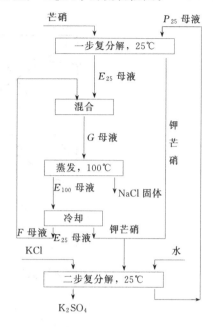

图 3-3-8　芒硝与氯化钾复分解流程框图

将芒硝固体和上一生产循环中生成的 K_2SO_4 母液 P_{25} 混合成溶液 b，在 25℃复分解而得钾芒硝固体 S 和母液 E_{25}。

E_{25} 母液与后面返回的 F 母液混合成 G 后，在 100℃以上的高温蒸发，就析出 NaCl 固体，其母液 E_{100} 冷却到 25℃，又析出钾芒硝得 F 母液，F 母液返回去与 E_{25} 母液混合。两次析出的钾芒硝，加 KCl 和 H_2O 进行二步复分解而得 K_2SO_4 产品，其母液返回一步复分解，生成钾芒硝。

3.4　硫酸铵和氯化钾复分解生产硫酸钾

由于 NH_4^+ 和 K^+ 的离子半径十分相近，因此在 NH_4Cl-KCl-H_2O 体系中和 $(NH_4)_2SO_4$-K_2SO_4-H_2O 体系中都会形成固溶体。图 3-3-9 为 25° 时 K^+，$NH_4^+ /\!/ SO_4^{2-}$，Cl^-，H_2O 体系相图[8,9]。$(NH_4)_2SO_4$-K_2SO_4 形成连续固溶体，中间没有间断，其结晶区为 BCHEFB；相反，NH_4Cl 溶于 KCl 的固溶体 $(K，NH_4)Cl$，结晶区为 DGEH，和 KCl 溶于 NH_4Cl 的固溶体 $(NH_4，K)Cl$，其结晶区为 HEF，介于两区之间的 AHEG 区间则为 $(K，NH_4)Cl$ 和 $(NH_4，K)Cl$ 的混合物。

在图中的 $(K，NH_4)_2SO_4$ 结晶区内还绘出了液固相平衡结线。从平衡结线可以看出，如果要制得纯度为 98% 以上的 K_2SO_4 固体，液相中 K^+/NH_4^+ 的摩尔比应大于 0.65/0.35 = 1.86（图中 m 点）。因此复分解要分两步进行；首先 $(NH_4)_2SO_4$ 与中间溶液 m 混合成 Q，在搅拌下反应，得到固溶体 S 及其平衡溶液 d，固液分离后，溶液 d 蒸发、冷却析出 NH_4Cl；固溶体 S 与固体 KCl 混合成 P，一起加水搅拌得到 K_2SO_4 固体，母流 m 送往第一步，循环使用。复分解也可以在螺旋反应器中进行，液固相逆向流动，以得出纯度较高的 K_2SO_4 固体产品。

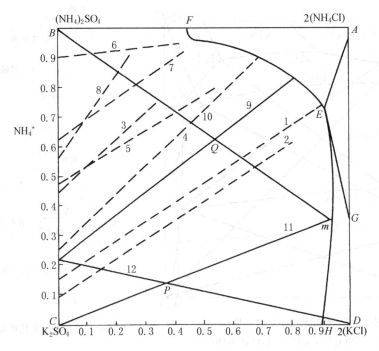

图 3-3-9　25℃时，K^+，NH_4^+ // SO_4^{2-}，Cl^-，H_2O 体系图
（虚线表示固液两相的平衡结线）

硫酸铵复分解制每吨硫酸钾的消耗定额：氯化钾 0.94t，硫酸铵 0.85t，蒸汽 2.5t，电（包括供水用电）100kW·h，副产氯化铵 0.79t。

对于仅生产农用硫酸钾的场合，为了简化流程，可将 KCl 与水直接加入一次复分解槽中，生成硫酸钾铵固溶体为产品，可免去第二步复分解槽及后续的固液分离过程，该产品组成的相当于 $7K_2SO_4 \cdot (NH_4)_2SO_4$，其中含 $K_2O \geq 45.0\%$，N＝2%～3%，Cl≤2.5%，符合中国专业标准 ZBG 21006—89 中一级品的要求。

用 $(NH_4)_2SO_4$ 和 KCl 生产 K_2SO_4 的工艺，褒贬不一。反对者认为，成品氯化铵和硫酸钾都是肥料，而原料氯化钾和硫酸铵也都是肥料，化费财力、人力去生产硫酸钾，从社会效益来衡量是得不偿失的。而支持者却认为，在炼焦工业，三聚氰胺，已内酰胺，有机玻璃和铁红等化工生产中以及 SO_2 尾气治理过程中，都副产硫酸铵，可作为本工艺的原料；其产品硫酸钾和副产品氯化铵又对不同的作物各有所用，因而认为这种复分解法，在特定的条件下，有它的合理性。

3.5　石膏和氯化钾生产硫酸钾

天然硫酸盐中以石膏（$CaSO_4 \cdot 2H_2O$）最为丰富和最便宜，而且在磷酸生产中产出大量磷石膏，海水晒盐时又产出大量盐田石膏；在用石灰石脱除烟道中的 SO_2 时也产出石膏。这些副产品石膏影响环境，亟待加以利用。因此可以说，石膏是生产硫酸钾的最大潜在资源。

由石膏和氯化钾制造硫酸钾有间接法和直接法。

3.5.1 间接法

间接法系先用碳酸铵将石膏转化为 $CaCO_3$ 沉淀和（NH_4）$_2SO_4$ 溶液，然后再将（NH_4）$_2SO_4$ 溶液与 KCl 复分解生成 K_2SO_4。德国 Chemie anlagenbau Stassfurt 公司[10]就是以磷石膏为原料采用间接法生产硫酸钾的，图 3-3-10 为其工艺示意流程。

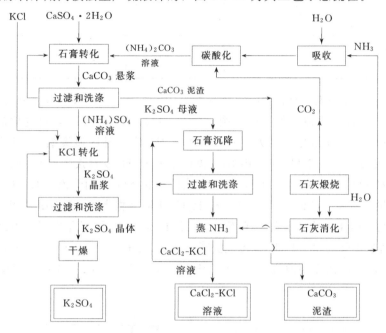

图 3-3-10　磷石膏间接法生产硫酸钾工艺示意图

从蒸氨塔回收的 NH_3 在吸收塔中用水吸收，吸氨时放出的热量在塔下部用冷却水取走。氨水送入碳酸化塔中用石灰窑气碳酸化成为（NH_4）$_2CO_3$ 溶液。

在石膏转化器中，碳酸铵溶液和磷石膏在室温下反应生成碳酸钙沉淀和硫酸铵溶液；经压滤机分离后，硫酸铵溶液送至 KCl 转化器中与 KCl 复分解生成硫酸钾，经压滤和洗涤后，硫酸钾母液含 NH_4Cl，KCl 和 K_2SO_4，加入自后返回的少量 $CaCl_2$ 蒸馏废液与 SO_4^{2-} 反应生成石膏沉淀以减轻尔后蒸馏塔的结疤。经压滤和洗涤后溶液主要含 NH_4Cl 和少量 KCl，送至蒸氨塔、加入石灰乳将 NH_3 蒸出，循环使用。

该法以每吨 K_2SO_4 计的消耗定额为：磷石膏（以 100%$CaSO_4 \cdot 2H_2O$ 计）1045kg；氯化钾（含 K_2O60%，粒度大于 3mm 者≤10%）1100kg；石灰石（100%$CaCO_3$）1175kg；焦炭（热值 29MJ/kg）120kg；工艺水（不包括冷却水）4m^3；能耗 160kWh，蒸汽 1300kg，氨（100%NH_3 计）25kg；硫化钠（100%Na_2S，防腐用）3kg。

3.5.2 直接法

用石膏和氯化钾直接复分解制造硫酸钾是近 20 年来进行研究的课题。由于石膏在纯水中本是复分解盐对的四种盐中溶解度最小的一种，所以在纯水中这一复分解反应不可能进行。当 $(KCl)_2/(CaSO_4 \cdot 2H_2O)$ 的摩尔比很大时，可以按下列反应生成少量钾石膏（$K_2SO_4 \cdot CaSO_4 \cdot H_2O$）：

$$2KCl + 2CaSO_4 + H_2O \longrightarrow K_2SO_4 \cdot CaSO_4 \cdot H_2O + CaCl_2 \qquad (3-3-4)$$

如果在反应体系中加入大量 NH_3、KCl 和 $CaSO_4$ 转化生成 K_2SO_4 就成为可能。究其原因，提高溶液中的氨浓度以后，硫酸钾的溶解度急剧下降。这可以从下面 Orelli[11] 的数据看出（见表 3-3-2）。当石膏溶解度与硫酸钾溶解度之比大于 1 时，反应就可以向生成 K_2SO_4 的方向进行。

表 3-3-2　氨含量与硫酸钾溶解度的关系

0℃	NH_3 质量分数/%	7.35	8.2	16.0	38.3	66.8
	K_2SO_4 溶解度/%	1.96	1.1	0.45	0.30	0.30
23℃	NH_3 质量分数/%	37	8.2	18.7	54.3	70.2
	K_2SO_4 溶解度/%	5.4	2.8	0.60	0.41	0.37

Ю. C. Сафрыгин 等人[12] 研究了 25℃ 下 K^+，Ca^{2+} // Cl^-，SO_4^{2-}，NH_3，H_2O 体系在 15%NH_3 和 25%NH_3 两种条件下的相图（图 3-3-11）。随着 NH_3 含量的增加，K_2SO_4 和 $K_2SO_4 \cdot CaSO_4 \cdot H_2O$ 结晶区扩大，而 $CaSO_4 \cdot 2H_2O$ 结晶区显著缩小。从图 3-3-11（b）可以看出，如果要在 25%NH_3 下，用 KCl 和 $CaSO_4 \cdot 2H_2O$ 直接生产 K_2SO_4，只要将 KCl 和 $CaSO_4 \cdot 2H_2O$ 摩尔比值调节到 F，就可直接析出 K_2SO_4，而母液为 G。但遗憾的是，在如此 NH_3 含量下所需要（2KCl）/（$CaSO_4 \cdot 2H_2O$）比值（相当于 FD/BF 之比）太大，而所得的 K_2SO_4 与总盐量之比值（相当于 FG/AG 之比）仍然太低，工业生产是不经济的。为此，必须将 NH_3 含量提高到 30% 以上，而温度要降低到 0℃ 左右。使 K_2SO_4 的结晶区进一步扩大，工业生产才能经济，因而需要研究 0℃、30%NH_3 的 K^+，Ca^{2+} // Cl^-，SO_4^{2-}，NH_3，H_2O 体系的相图。

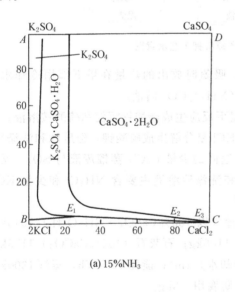

(a) 15%NH_3

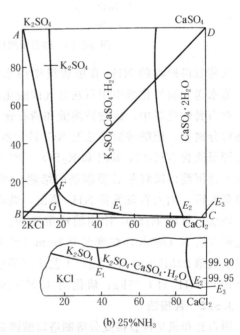

(b) 25%NH_3

图 3-3-11　25℃，K^+，Ca^{2+} // Cl^-，SO_4^{2-}，$NH_3 \cdot H_2O$ 体系相图

J. A. Fernandaz Lozano 等人[13] 指出，只要将体系中 NH_3 含量提高到 36% 以上就可直接生成 K_2SO_4。可惜迄今为止，只有马欣华[14] 极粗略地估算了该体系的溶解度，与实际出入颇大。36%NH_3 的 K^+，Ca^{2+} // Cl^-，SO_4^{2-}，NH_3，H_2O 体系的完整相图正由编者在研究中。

尽管没有相图，Fernandaz Lozano 却用实验证实了在高 NH_3 含量下使石膏转化为

K_2SO_4 的可能性。他测定了不同 NH_3 含量下石膏转化为 K_2SO_4 和 $CaCl_2$ 的速度，其测定结果如图 3-3-12 所示。

所用的为天然产的高纯度石膏。实验条件为：石膏与 KCl 的摩尔比为 1：2，石膏与 NH_3 的摩尔比为 1：4.3；反应温度为 0℃，搅拌速度为 400r/min，氨水的初始含量为 40%、35%、24% 和 15%NH_3。实验结果表明，用 40% 的氨水，反应约 1h 后，有 96%KCl 转化为 K_2SO_4；而用 24% 和 15% 的氨水时，最高转化率约为 50%。且生成物用 X 线衍射和化学分析都证明它是钾石膏。

Fernandaz Lozano 等人提出石膏间接法制取硫酸钾的工艺流程图（图 3-3-13）。马欣华[14]据此流程进行中试。原料石膏可用天然石膏、磷石膏、盐田石

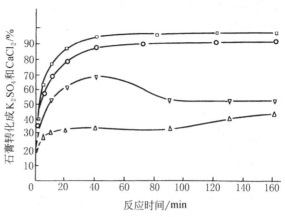

图 3-3-12　不同氨含量下石膏向
K_2SO_4 和 $CaCl_2$ 转化的速度

□ 氨水的初始含量 40%；○ 氨水的初始含量 36%；
▽ 氨水的初始含量 24%；△ 氨水的初始含量 15%
石膏/KCl 1：2　　　石膏/氨水溶液 1：4.32
天然的高纯度石膏　　反应温度 0℃
搅拌速度　400 r/min

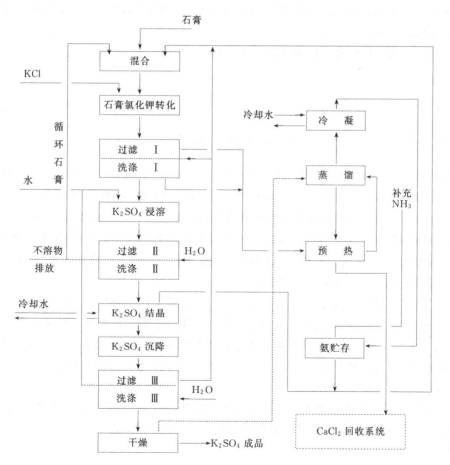

图 3-3-13　$CaSO_4$ 和 KCl 复分解制 K_2SO_4 工艺流程图

膏、制碱蒸馏废液处理苦卤所得的副产石膏。使用时先经粉碎至 $100\sim140\mu m$，氯化钾原料也需经粉碎。

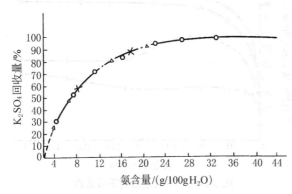

图 3-3-14 用氨自 K_2SO_4 饱和溶液回收 K_2SO_4

分批式结晶器：

△ 结晶温度 15℃； ○ 结晶温度 20℃

氨喷入速度 3g/min 搅拌速度 400r/min

连续式结晶器：

× 结晶温度 20℃ 氨喷入速度 35g/min

搅拌速度 1000r/min

转化时，先将石膏同回收氨水搅拌混合，然后以 $CaSO_4\cdot H_2O/KCl=1.2\sim1.3$ 的摩尔比加入氯化钾，再通氨气使系统中氨水溶液含量达到 $36\%NH_3$。将温度调整到 $0\sim15$℃之间，要避免温度过高造成 NH_3 的挥发损失。在强烈搅拌下反应 40 min 左右，氯化钾的转化率即可达到 90%以上。反应完毕后进行液固分离，所得固体物置于溶浸槽中用水溶浸出其中的 K_2SO_4。再将溶浸液导入结晶器中，往溶液中通入氨气，使 K_2SO_4 溶解度下降，呈结晶析出（参见图 3-3-14）。当液相中 NH_3 含量高于 24% 时，K_2SO_4 即几乎全部析出。经过滤、干燥后即得 K_2SO_4 产品。

过滤分离出 K_2SO_4 转化液含有氨，用蒸馏回收之。蒸氨后的氯化钙残液含 $NH_3 0.3\%\sim0.35\%$，氨的回收率在 90% 以上。

间接法生产硫酸钾的消耗定额（以 $1t\ K_2SO_4$ 计）：

氯化钾（KCl＞90%）	0.92t	水	3.2t
石膏	1.25t	电	300kWh
氨水	0.1t		

3.6 从明矾石生产硫酸钾或钾氮混肥

明矾石的分子式为 $KAl_3(SO_4)_2(OH)_6$ 或写成 $K_2O\cdot3Al_2O_3\cdot4SO_3\cdot6H_2O$，其理论组成：$K_2O 11.40\%$，$Al_2O_3 36.9\%$，$SO_3 38.7\%$，$H_2O 13.0\%$，纯品的硬度为 $3.5\sim4$，相对密度为 $2.58\sim2.75$。一般明矾石矿由于所含脉石和结构不同，硬度的差异很大，高的可达 $8\sim9$，通常为 7 左右。天然产的明矾石中常含有 SiO_2、Fe_2O_3、TiO_2 等杂质，且其中一部分钾离子被钠离子所取代，其中 K_2O/Na_2O（质量比）在 $4\sim5$ 之间，故矿石含 K_2O 在 $5\%\sim7\%$ 之间，Al_2O_3 和 SO_3 均在 20% 左右。

由于明矾石中含 K_2O、Al_2O_3、SO_3，故可用来生产 K_2SO_4、Al_2O_3、$Al_2(SO_3)_3$、H_2SO_4 等化工产品。中国明矾石蕴藏丰富，浙江平阳和安徽庐江两地，贮量尤大。在 20 世纪 30 年代，中国黄海化学工业研究所就开始研究以明矾石为原料提制钾肥。建国后由浙江省化工研究所继续这项研究工作，到 1958 年在南京化学工业公司磷肥厂建成年产 10000t 中间试验车间，生产氮钾复合肥料。

1960 年中国又开展还原焙烧明矾石制取钾肥的研究工作。1965 年建成了中试车间，年产硫酸钾 3000t，联产氧化铝和硫酸铝各 5000t，1979 年转入正式生产。

3.6.1 明矾石的焙烧机理

明矾石是非水溶性矿物，它的化学反应性能也较差，不溶于水和盐酸、硝酸、氢氟酸和氨水中。但它可溶于氢氧化钠、氢氧化钾和热的浓硫酸和高氯酸中。在对它进行化学加工以前必须对矿石加以焙烧，使之分解出水分，以提高其反应性能，然后才能用各种溶剂进行湿加工。

用差热分析曲线和热重曲线研究明矾石的加热过程表明，自室温至 520℃ 以前几乎没有什么变化（图 3-3-15）。在 520～550℃ 之间有一强烈的吸热反应，这是由于明矾石的脱水反应所引起的；但用岩木显微镜不能发现在这一温度区间的脱水明矾石有氧化铝相，且在 500～700℃ 之间脱水的明矾石，在 170℃ 下用饱和热水处理时，可以重新变为明矾石。根据这些理由，可以确认，在这一温度区间明矾石的脱水反应：

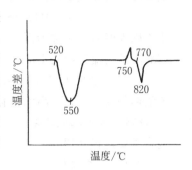

图 3-3-15 明矾石的差热分析曲线

$$2KAl_3(SO_4)_2(OH)_6 \longrightarrow$$
$$K_2SO_4 \cdot Al_2(SO_4)_3 \cdot 2Al_2O_3 + 6H_2O \uparrow$$

但如果在 650℃ 下加热 12h，$K_2SO_4 \cdot Al_2(SO_4)_3 \cdot 2Al_2O_3$ 就崩裂成为 Al_2O_3 和 $Al_2(SO_4)_3$。

当煅烧温度升到 750℃，会发生放热反应。有人认为这是由于 $K_2SO_4 \cdot Al_2(SO_4)_3 \cdot 2Al_2O_3$ 迅速崩裂而生成的 $K_2SO_4 \cdot Al_2(SO_4)_3$ 结晶化所引起。也有人认为是由于生成的 Al_2O_3 结晶化所引起的。

当温度继续升高，在 770～820℃ 之间又出现一个吸热反应，这是由于其中的 $Al_2(SO_4)_3$ 分解，放出 SO_3 的缘故：

$$K_2SO_4 \cdot Al_2(SO_4)_3 \longrightarrow \alpha\text{-}Al_2O_3 + K_2SO_4 + 3SO_3 \uparrow \qquad (3\text{-}3\text{-}5)$$

反应自由能 $\Delta G = (703382 - 597.9T)J$

式中　T——温度，K；

　　　ΔG——反应自由能，J。

当加热到 1000℃ 时，K_2SO_4 与 Al_2O_3 反应生成 $KAlO_2$ 而放出 SO_3

$$K_2SO_4 + Al_2O_3 \longrightarrow 2KAlO_2 + SO_3 \uparrow \qquad (3\text{-}3\text{-}6)$$

反应式（3-3-5）中由于在 770～820℃ 之间直接生成 $\alpha\text{-}Al_2O_3$，故焙烧产品的 Al_2O_3 活性大为下降，不能被 NaOH 溶液浸取。

但是如果明矾石在还原性气氛中进行焙烧，就可以使反应式（3-3-5）的反应温度降低到 520～580℃ 之间，这可以比较下列与式（3-3-5）的反应自由能而看出：

$$K_2SO_4 \cdot Al_2(SO_4)_3 \cdot 2Al_2O_3 + 3CO \longrightarrow K_2SO_4 + 3Al_2O_3 + 3SO_2 + 3CO_2 \uparrow \quad (3\text{-}3\text{-}7)$$

反应自由能 $\Delta G = (139420 - 605T)J$。在 800℃，反应式（3-3-6）的 $\Delta G = -344909J$，$K_p = 4 \times 10^{23}$，而反应式（3-3-5）的 $\Delta G = 225062J$，$K_p = 3.16 \times 10^{-1.5}$。由此可以看出，在还原性气氛中，硫酸铝的分解温度要低得多，在这样的低温下焙烧，所得 Al_2O_3 就具有高的反应活性，容易被 NaOH 溶液浸取。

3.6.2　明矾石氨浸法加工制钾氮混肥

明矾石的氨浸法加工可以分为氨碱法和氨酸法两种。两者都是明矾石的脱水熟料先用氨水进行浸取的：

$$K_2SO_4 \cdot Al_2(SO_4)_3 \cdot 2Al_2O_3 + 6NH_4OH \longrightarrow$$
$$K_2SO_4 + 3(NH_4)_2SO_4 + 2Al(OH)_3 \downarrow + 2Al_2O_3 \qquad (3\text{-}3\text{-}8)$$

溶液中为 K_2SO_4 和 $(NH_4)_2SO_4$，送去加工以制取钾氮混合肥料，过滤得到的残渣称为氨渣，含 $Al(OH)_3$ 和 Al_2O_3，以及明矾石原矿中的 SiO_2、TiO_2 和 Fe_2O_3 等杂质。

氨碱法是用烧碱溶液提取氨渣中的 Al_2O_3 和 $Al(OH)_3$，以 $NaAlO_2$ 形式进入溶液。

$$Al(OH)_3 + Al_2O_3 + 3NaOH \longrightarrow 3NaAlO_2 + 3H_2O \qquad (3\text{-}3\text{-}9)$$

残渣称为碱渣，也称赤泥，一般予以排弃。

氨酸法是用硫酸溶液提取氨渣中的 Al_2O_3 和 $Al(OH)_3$，以硫酸铝形式进入溶液。

$$2Al(OH)_3 + 2Al_2O_3 + 9H_2SO_4 \longrightarrow 3Al_2(SO_4)_3 + 12H_2O \qquad (3\text{-}3\text{-}10)$$

硫酸铝是造纸、印染、净水的化工原料。用氨酸法加工适宜于中小型规模的工厂生产。由于联产硫酸铝，成本降低较多。

现将主要过程介绍如下。

3.6.2.1 焙烧过程

明矾石的脱水焙烧条件对氨浸过程的影响很大。如在低温下脱水愈完全,则明矾石中有效成分的浸出率愈高。如在温度超过 650℃ 进行焙烧时,所生成的 Al_2O_3 活性较差,用烧碱溶液对氨渣进行浸取时的浸出率就大为下降。表 3-3-3 和图 3-3-16 列出了用浙江平阳和安徽庐江两地产的明矾石进行焙烧温度对氨浸时的 SO_3 浸出率和碱浸时的 Al_2O_3 浸出率的试验结果。

试验条件:矿石 100 目,焙烧 2h。浙江平阳矿的化学组成:K_2O 6.30%,SO_3 22.56%,Al_2O_3 21.11%;安徽庐江矿为 K_2O 4.96%,SO_3 19.56%,Al_2O_3 19.08%。

表 3-3-3　明矾石脱水焙烧温度和 SO_3,K_2O 浸出率的影响

焙烧温度 /℃	浙江平阳明矾石			安徽庐江明矾石		
	焙烧失量 /%	氨浸时的 SO_3 浸出率 /%	碱浸时的 Al_2O_3 浸出率 /%	焙烧失量 /%	氨浸时的 SO_3 浸出率 /%	碱浸时的 Al_2O_3 浸出率 /%
450	—	—	—	0.38	3.25	98.11
500	5.18	56.56	95.45	3.19	46.93	98.74
525	7.50	83.73		5.83	84.73	98.47
550	7.86	88.20	95.72	6.53	92.17	97.59
575	7.97	89.07	95.88	6.67	91.87	98.42
600	8.07	89.41	—	6.77	91.47	97.63
625	8.23	88.20	94.82	6.92	91.41	93.54
650	8.61	87.26	86.99	7.35	90.14	63.57
675	9.87	86.35	42.22	8.43	87.32	32.95
700	—	—	—	10.07	78.48	28.18

从图 3-3-16 和表 3-3-3 可以看出,焙烧温度在 550～625℃ 的范围内,不论浙江平阳明矾石或安徽庐江明矾石都可以得到较高的 SO_3 和 Al_2O_3 的浸出率,但庐江矿的浸出率普遍高于平阳矿。从图表还可看出,对 SO_3 的浸出率来说,焙烧温度可以适当加宽。不过焙烧温度高于 675℃ 时,焙烧时间加长也容易引起 $Al_2(SO_4)_3$ 的分解。

提高焙烧温度可以缩短焙烧时间,例如在 550℃ 下焙烧 60min,600℃ 下 30min,625℃ 下 15min,都可以得到满意的结果。在这一温度范围内,焙烧时间即使都延长到 2h,SO_3 和 Al_2O_3 的浸出率也都可保持在 90% 以上。

脱水焙烧可以在回转炉、沸腾炉、载流式炉中进行。采用回转炉脱水焙烧时,明矾石先破碎到 7mm,焙烧时的炉气温度为 820℃,而炉料的温度控制在 575℃ 左右。焙烧时间约 2h，焙烧后明矾石中 SO_3 和 Al_2O_3 的浸出率均在 90％左右。用回转炉焙烧，以煤作燃料，操作费用低，但基建费用高。

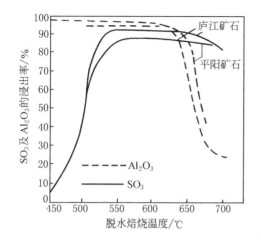

图 3-3-16　明矾石焙烧温度对
Al_2O_3 及 SO_3 浸出率的影响

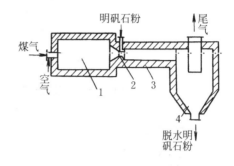

图 3-3-17　载流式脱水炉内部示意图
1—燃烧室；2—喷射管；3—连通管；4—旋风体

沸腾脱水焙烧炉应采用两层，以保证炉料有足够的停留时间。

载流式脱水炉如图 3-3-17 所示。由燃烧室、连通管和旋风体三部分构成。外壳用钢板焊制，内衬耐火材料，在容易磨损的部位，还衬白口铸铁以保护炉体。热炉气以 100～200m/s 的速度通过喷射管，与加入的明矾石相遇，迅速进行热交换，完成脱水过程。在旋风体内继续进行脱水反应，大部分物料自旋风体底部排出，部分细粉随尾气自上部逸出，用除尘器回收。

由于气流在管道内剧烈扰动，热由炉气传给明矾石粉非常迅速，使脱水反应在很短时间内就能完成。因此，载流式脱水炉的生产能力较大，但由于它是一种物料和加热炉气向同一方向流动的并流操作装置，尾气温度较高，约近 600℃，需要有回收废热的装置。

3.6.2.2　氨浸过程

脱水明矾石用氨水浸取时，发生如下反应：

$K_2SO_4 \cdot Al_2(SO_4)_3 \cdot 2Al_2O_3 + 6NH_4OH$

$$\longrightarrow \underbrace{K_2SO_4 + 3(NH_4)_2SO_4}_{\text{进入溶液}} + \underbrace{2Al(OH)_3 \downarrow + Al_2O_3}_{\text{在氨渣中}} \qquad (3\text{-}3\text{-}11)$$

氨浸操作是在三个串联的氨浸槽中进行的。氨浸时，在一定程度内提高氨水浓度和氨用量，提高温度，延长时间和减少明矾石粒度，都能使硫酸盐的浸出率提高。

氨浸过程是一个放热过程，在通常情况下可使料浆温度升高 30～40℃。氨浸温度一般维持在 75℃，所用氨水浓度为 4％～5％，而浸取液中 K_2SO_4 和 $(NH_4)_2SO_4$ 含量可接近饱和。在氨用量为理论量的 100％～110％情况下，浸取时间 40～60min，SO_3 的浸出率在 90％左右，而 K_2O 的浸出率在 92％以上。浸取液的 pH 值维持在 7～8 之间，pH 过低，表示氨含量过低，矿石中的 SO_3 不易浸出，同时可能有 $Al_2(SO_4)_3$ 水解，使过滤发生困难。反之，pH 过高，表示氨用量过大，使蒸发过程中氨的损失增加。

氨水为 4％～5％ NH_3。NH_3 含量过高，会使钾氮肥溶液中析出固体硫酸钾，并使氨浸料浆液的液固比降低，对输送和氨渣分离都增加困难。

浸取时间以 1h 为宜。

明矾石氨浸法的工艺流程如图 3-3-18，在图中同时表示出了氨碱法和氨酸法两种生产过程。

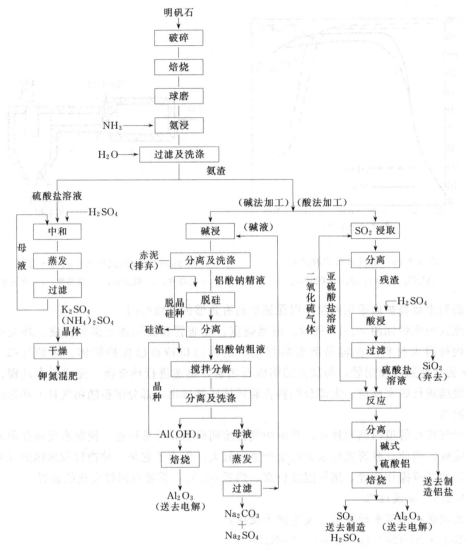

图 3-3-18　明矾石的氨浸法加工流程

明矾石经破碎成 7mm 以下的小块，送入回转炉中在 575℃下焙烧 1h 左右，经冷却后送入球磨机粉碎至 60 目，然后加入氨浸槽与氨水进行反应。

氨浸液中主要含 K_2SO_4 和 $(NH_4)_2SO_4$。此外，尚含有少量的 Na_2SO_4 和微量的铁、钙杂质。当氨浸液为 20～23°Bé[1] 时，每升溶液含 $(NH_4)_2SO_4$ 200～220g，K_2SO_4 约 70g，Na_2SO_4 约 28g，过滤后得到的氨浸液用硫酸中和使成微酸性，以防氨挥发损失，送去蒸发得到钾氮混合肥料，经干燥后就为成品，其中 K_2SO_4 与 $(NH_4)_2SO_4$ 的质量比为 3∶7。

氨浸残渣(氨渣)的合理利用是明矾石开发利用能否在经济上过关的关键。在氨碱法生产

---

[1]　波美度（°Bé），可间接给出液体的密度

$$密度 \rho = \frac{144.3}{144.3 + BC} \quad 克/厘米^3 \quad （BC 为轻波美度）$$

中,氨浸残渣是用拜尔法生产氧化铝的。拜尔法的基本原理是利用氧化铝在高温和高浓度的烧碱溶液中溶解,生成铝酸钠[$NaAl(OH)_4$,也可写成 $NaAlO_2 \cdot 2H_2O$,或简写为 $NaAlO_2$];而在低温下加入氢氧化铝晶种时,铝酸钠便分解成三水软铝石[$Al_2O_3 \cdot 3H_2O$,通常以 $Al(OH)_3$ 表示]析出。

当氨浸残渣用每升含 $NaOH180g$ 的烧碱溶液浸取时,Al_2O_3 和 $Al(OH)_3$ 就溶解在溶液中,经分离去残渣后便得粗铝酸钠溶液。因其中含有可溶性硅酸钠,需送入脱硅槽中,加入硅渣($Na_2O \cdot Al_2O_3 \cdot 2SiO_2 \cdot 2H_2O$)晶种生成硅渣除去:

$$Al_2O_3 + 2Na_2SiO_3 + 2NaOH + 3H_2O \longrightarrow Na_2O \cdot Al_2O_3 \cdot 2SiO_2 \cdot 2H_2O \downarrow + 4NaOH$$

脱硅后的料浆进行液固分离后得到铝酸钠精制液,送入分解槽中,逐步降低温度,通空气搅拌使铝酸钠分解:

$$NaAlO_2 + 2H_2O \longrightarrow Al(OH)_3 \downarrow + NaOH$$

将晶浆送去过滤,所得氢氧化铝固体,除部分返回分解槽作为晶种外,大部分经煅烧成为成品氧化铝,作为电解生产金属铝的原料。

氨渣也可以用 SO_2 浸取,生产硫酸铝作为产品,或将它进一步焙烧制成 Al_2O_3,其生产流程已表示于图 3-3-18 中。

中心的结晶区内。在此以下温度，可以析出纯的水合物。冷却过程中，得到的 $Al(OH)_3$ 沉淀物，工业上称为氢氧化铝。将此 $Al(OH)_3$ 在回转窑中加热，即可得到工业 Al_2O_3。

由于用拜耳法生产 Al_2O_3 成本较低，质量较好，所以，目前世界上绝大部分氧化铝都用拜耳法生产。

$$3K_2O \cdot Al_2O_3 + \cdots$$

$$Na_2O \cdot Al_2O_3 \cdots$$

$$NaAlO_2 + 2H_2O \longrightarrow Al(OH)_3 + \cdots$$

第四章　硝酸钾的生产

硝酸钾密度为 $2.10g/cm^3$。熔点 $337\sim339℃$。无色透明晶体，低温时为斜方晶系，高温时为菱形晶体。在空气中不潮解，易溶于水，温度由 0℃ 升至 114℃ 时，在水中的溶解度大约增加 6 倍。

硝酸钾是理想的肥料，因为它同时含有植物所需要的氮、钾两种营养元素和良好的物理化学性能。但由于制造成本高，售价昂贵，因而无法推广作为肥料应用。仅用作园艺和特种经济作物的特种肥和专用肥。

硝酸钾在工业上主要作为工业原料。它是制造黑色火药和用于烟火、引火线、点火筒和火柴中。硝酸钾是一种最好的食品防腐剂。金属淬火时也用硝酸钾做盐浴。此外，还是制造各种催化剂和玻璃的原料。

在自然界中也有硝酸钾矿床，但都是小型的。它是由复杂的细菌作用和化学过程而生成的。其生成条件要求有含氮有机物分解生成物存在，且必须是碱性土壤，并与大量的空气和水分相接触。在气候温暖的印度、斯里兰卡、伊朗、埃及、西班牙、墨西哥等地，每在雨季过后进入炎热天气时，土壤表面层就有硝酸钾生成。中国古代就是在雨季后从砖墙上刮取这种硝酸钾作为制造黑色火药的原料。在中国新疆境内，有形成小型的杂硝石矿床。

4.1　硝酸钠和氯化钾复分解制造硝酸钾

虽然用苛性钾和碳酸钾和硝酸或硝酸生产中的含硝气体作用可以生成硝酸钾，但由于原料昂贵，制造成本过高，不为工业生产所采用。

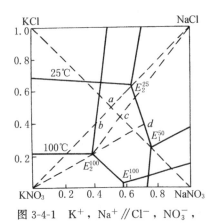

图 3-4-1　K^+，$Na^+//Cl^-$，NO_3^-，H_2O 体系相图

现在世界上制造硝酸钾主要是用氯化钾和硝酸钠复分解生产的。

硝酸钠和氯化钾的复分解反应如下：

$$NaNO_3 + KCl \longrightarrow KNO_3 + NaCl \qquad (3\text{-}4\text{-}1)$$

100℃ 时的相图示于图 3-4-1。从图中可以看出，随着温度的升高，KNO_3 的结晶区缩小，而 $NaCl$ 的结晶区扩大。故在高温时可以析出 $NaCl$，而在低温下有利于析出 KNO_3。例如将 KCl 和 $NaNO_3$ 按等摩尔配成溶液 a，在 100℃ 下蒸发，即可析出 $NaCl$ 固体，直至液相达到 b。过滤除去 $NaCl$ 固体后，将 b 溶液冷却到 25℃，由于落在 KNO_3 结晶区之内，即析出 KNO_3 固体，而液相达到 E_2^{25}。固液分离后，E_2^{25} 溶液又可加入 KCl 和 $NaNO_3$ 的混合物使之回到 a，进行下一循环。但是在这样配料下，每一循环得到的 $NaCl$ 和 KNO_3 产量都不大。

为了提高每一循环的产率，可以将 KCl 和 $NaNO_3$ 的混合溶液调节到 c，在 100℃ 蒸发，析出 $NaCl$ 而得母液 E_2^{100}，过滤除去 $NaCl$ 固体后冷却到 25℃，就析出 KNO_3 而其母液达

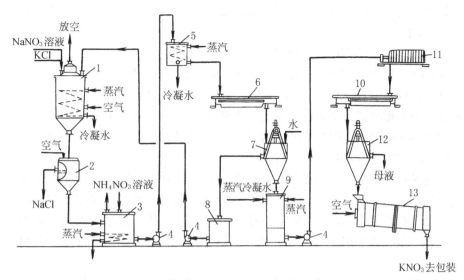

图 3-4-2　转化法制造 KNO_3 的流程

1—反应器；2—过滤器；3—KNO_3 溶液贮槽；4—泵；5—高位槽；6，10—结
晶机；7，12—离心机；8—母液贮槽；9—熔解槽；11—压滤机；13—转筒干燥机

到 d。过滤除去 KNO_3 以后，再加入 $NaNO_3$ 和 KCl 的混合物使之回到 c，开始下一循环。由于 dE_2^{100} 的线段大于 bE_2^{25} 的线段，可以看出循环产量显著提高。

复分解所用的氯化钾成分大致如下：KCl 95%～98%，$NaCl$ 1.4%～4.6%，水分 0.5%～1.0%，SO_4 0.03%，钙、镁盐（以 $CaO+MgO$ 计）0.03%，水不溶物 0.025%。所用的硝酸钠原料可以是固体，但比较经济合理的是直接用以纯碱溶液吸收硝酸生产中的含硝尾气所得的 $NaNO_3$ 溶液。

纯碱溶液吸收含硝尾气的过程是在 1～2 个碱吸收塔内进行的，新鲜的纯碱液配制成浓度为 200～250g/L，吸收了氮氧化物以后，每升含 $NaNO_2$ 200～250g，$NaNO_3$ 60g，Na_2CO_3 10g 和 $NaHCO_3$ 5g。送至转化器中用硝酸将 $NaNO_2$ 转化为 $NaNO_3$。转化器为钢制，在 85～90℃ 和每升 15～20g 过量硝酸下反应，并启用搅拌浆和通空气不断搅拌，使生成的 NO、NO_2 从液相逸出，送往稀硝酸吸收塔制造稀硝酸。

转化后的溶液每升含 $NaNO_3$ 300～350g，$NaNO_2$ 0.5g 和 $NaHCO_3$ 0.3g 以下。过滤除去其中的悬浮物质，如硅酸盐和 $Fe(OH)_3$，然后浓缩到每升 600～700g 的 $NaNO_3$，再送入图3-4-2的反应器中，并徐徐加入氯化钾粉末或氯化钾溶于含少量 $NaNO_3$ 的溶液。$NaNO_3$ 用量应超过理论量 90～120g/L，以提高循环产量。为了加速反应和预防析出的氯化钠将反应器堵塞，在反应器的下部通入压缩空气和直接蒸汽加以搅拌。

在加完规定数量的氯化钾以后，开启反应器中的所有蒸汽盘管蒸发 3～4h。为了减少泡沫的生成，要加入少量矿物油做消泡剂。

在温度达到 119～122℃ 时，复分解反应即告结束，约有 70% 以上的 $NaCl$ 呈泥浆状析出。由于溶液被空气和直接蒸汽强烈搅拌，生成的氯化钠几乎全部处于悬浮状态。

复分解结束后，将反应器内的物料装入过滤器用 0.4MPa 的空气进行压滤，将 $NaCl$ 滤出。然后用蒸汽冷凝液洗涤滤饼，洗液送去与粗 KNO_3 母液混合，返回反应器，继续蒸发。洗涤后的 $NaCl$ 中允许 KNO_3 的含量 1%～3%，就直接排入下水道或作为工业用。

硝酸钾溶液送至贮槽，在 90～105℃ 温度之间加入 NH_4NO_3 以破坏 $NaNO_2$、Na_2CO_3 和 $NaHCO_3$ 等杂质。

$$NaNO_2 + NH_4NO_3 \longrightarrow NaNO_3 + N_2 \uparrow + H_2O \tag{3-4-2}$$

$$Na_2CO_3 + 2NH_4NO_3 \longrightarrow 2NaNO_3 + 2NH_3 \uparrow + CO_2 \uparrow + H_2O \tag{3-4-3}$$

$$NaHCO_3 + NH_4NO_3 \longrightarrow NaNO_3 + NH_3 \uparrow + CO_2 \uparrow + H_2O \tag{3-4-4}$$

溶液送至高位槽再流入结晶机，在此冷却到 25～30℃，析出 KNO_3 的第一次结晶，在离心机上分离掉母液后，硝酸钾产品含 88%～90% KNO_3，1.5%～3% $NaCl$，0.1%～0.3% $NaNO_3$，6.5% H_2O 和 0.3% 其它杂质。

为了制得纯度高的硝酸钾一级品，要将第一次结晶所得的硝酸钾用冷水洗涤后，投入熔化器中用蒸汽冷凝水和蒸汽重新溶解。经板框压滤机过滤，再流入结晶机中进行第二次结晶。第二次结晶前溶液中 $NaCl$ 含量不得超过 1%～2%，硝酸钾结晶在离心机中与母液分离，然后在转筒干燥机中用 105～110℃ 的热空气干燥。第二次结晶后所得的 KNO_3 母液用来制取二级品。

每吨硝酸钾的平均消耗定额：硝酸钠 0.93t；氯化钾 0.92t；硝酸铵 0.050t；电 50kWh，蒸汽 11t；水 20m³。

在中国也用 NH_4NO_3 和 KCl 复分解法制造 KNO_3 和 NH_4Cl。NH_4NO_3 比 $NaNO_3$ 便宜，而且复分解的副产物 NH_4Cl 又可以作为工业原料和农业肥料。但蒸发 NH_4Cl 溶液会使设备受到严重腐蚀，增加了工业生产的困难。

4.2 自罗布泊杂硝矿中提取硝酸钾

新疆罗布泊大洼地和乌勇布拉克盐湖小横山等地有小型的杂硝矿。大洼地合计地质储量大约为 35～45 万 t。其成分大致如下[15]：K^+ 4.49%～4.84%，Na^+ 23.43%～24.77%，NO_3^- 4.19%～4.35%，Cl^- 31.45%～33.70%，SO_4^{2-} 11.13%～11.65%，$Ca^{2+} + Mg^{2+}$ 0.81%～1.00%，水不溶物 19.91%～23.42%。

可溶物盐类中以 $NaCl$ 为最高，KNO_3 虽然在 8% 左右，但经济价值极高。

矿区属典型的荒漠气候，夏季高温酷热，冬季干冷，昼夜温差较大，一年降水稀少，自然蒸发量大。四季多风，风向以西北风居多，风力一般 4～5 级，有时可达 8～9 级，这种气候条件正适宜于盐田蒸发。

杂硝石矿中的主要盐类为 KNO_3、$NaNO_3$、KCl、$NaCl$ 和 Na_2SO_4 5 种，它们各自在水中的溶解度如图 3-4-3 所示。由图可以看出，这 5 种盐在一定的温度范围内都具有良好的水溶性。其中 $NaCl$ 的溶解度最小，且不随温度变化，因而可采用堆浸：以饱和 $NaCl$ 卤水喷淋矿石，KNO_3 溶于水中而 $NaCl$ 不会溶出，能保持矿堆结构完整，不会崩解散架。堆浸时浸出液的组成（g/L）（中间样）[16]：K^+

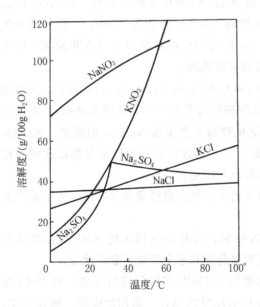

图 3-4-3 杂硝石中各种组分的溶解度

9.22，Na^+ 129.09，NO_3^- 7.55，Cl^- 178.3，SO_4^{2-} 33.84。

然后将浸取液送至盐田分两池日晒，在第一池中析出 $NaCl$，在第二池中析出 $NaNO_3$ 不纯固体。

将盐田日晒得到的硝酸钾半成品收集后送至工厂加水溶解，澄清后除含有 KNO_3，$NaNO_3$ 等有用成分外，还含有 $NaCl$，Na_2SO_4 及钙镁盐，它们可以在高温蒸发过程中一一除去。

$25℃$ 和 $75℃$ 下 K^+，Na^+/NO_3^-，Cl^-，SO_4^{2-}，H_2O 五元体系的溶解度已由 Cornec 和 Krombach[17]，Corenc，Krombach 和 Spack[18] 研究。在这五元体系中，在高温下有利于 $NaCl$ 的析出，而在低温下有利于 KNO_3 的析出。

由于液相中 K^+ 的摩尔数小于 NO_3^- 摩尔数，故在浓缩液中按相图需要加入适当 KCl，然后冷却至常温，即可析出纯 KNO_3 晶体，其纯度可达 99.6% 以上。

参 考 文 献

1 鲍碧娟.磷肥与复肥.1995,(3):73

2 中国化学工业年鉴.中国化工信息中心.1998/99:106

3 Teeple,J.E.The Industrial Development of Searles Lake Brine.1929

4 Robertson,G R.*Ind. Eng. Chem.* 1942,34(2):133

5 Gale,W A. *Ind. Eng. Chem.* ,1938,30(8):867

6 Mumford,R.M. *Ind. Eng. Chem.* 1938,30(8):872

7 Здановский А. Б. , Ляховская, Е. И, Щлеимович, Р. Э. Справочник По Растворимости Солевых Систем. Том. 11. ГосхимиздАт.Ленинград,1954.

8 Hill,A.E,Loucks,Ch M.*J. Am. Chem. Soc.* 1937,59:2095

9 Flatt R Burkhardt.*Helretica* ,*Chim. Acta.* 1944,27:1606

10 林雪梅编译.纯碱工业.1998,(3):59

11 Guyer A,Bieler A,Orelli E.*Helv.Chim.Acta.* 1940,23:28

12 Сафрыгин Ю. С. и др.*ЖПХ.* 1986,(2):245

13 Fernandaz Lozano J A and Wint A.*The Chemical Engineer.* 1979,349,(10):688

14 马欣华主编.卤水化工.北京:化学工业出版社,1995

15 吐鲁番市乌鲁布拉克小横山钾硝石生产勘探地质报告.新疆地质勘探院托克逊院,1995

16 吐鲁番地区化工厂杂硝石喷淋堆浸中间试验报告.化学工业部长沙化学矿山设计研究院,1995

17 *Ann. Chim* (Paris).1929,10(12):203

18 *Ann. Chim* (Paris).1932,10(18):5

内 容 提 要

《无机化工工艺学》是国家教育部"九五"国家级重点教材。作为高等学校化学工程与工艺专业的选修课教材。本教材于1980年和1989年分别出版第一版和第二版。现为该教材第三版。为适应教学改革、拓宽专业的需要，本次修订，对教材内容重新组合，由第一、二版的四个分册改为上、中、下三个分册，并补充了新工艺、新设备，充分反映世界先进技术水平。贯彻了启发式教育和培养创新精神，更加适合学生自学。

本教材为中册，包括：硫酸、磷肥、钾肥。主要介绍硫酸、磷酸、磷肥、复合肥料、复混肥料、液体肥料和钾肥的生产原理、生产方法、工艺流程、主要设备、工艺计算，以及三废治理和综合利用等。